KB092944

첨단 자동차섀시

공학박사 김 재 휘 · 著

자동차문화의 자존심
골든-벨

머 리 말

1994년 초판을 발간한 이래, 그동안 독자 여러분의 성원과 사랑을 받아온 "최신 자동차공학 시리즈 4 - 첨단 자동차섀시"를 시대정신에 맞추어 개정판을 집필하였습니다.

환경 친화성, 저연비(에너지 절약), 경량화, 전자화, 안전도 강화, 편의성 극대화, 고속화, 경제성 등으로 요약되는 자동차기술을 보다 폭넓게, 그리고 깊게 이해하는데 역점을 두었습니다. 그리고 빠르게 발전하는 자동차 기술에 보다 능동적으로 대처하는 능력을 배양하는데 초점을 맞추었습니다.

이 책은 현장기술자 및 전문대학이나 대학에서 자동차를 공부하는 학생 등, 이 분야에 관심을 가지고 있는 다양한 계층이 읽을 수 있도록 평이하게, 그러나 상당한 수준으로의 접근을 목표로 서술하였습니다.

이 책의 특징은 다음과 같습니다.

1. 사용빈도가 높은 용어는 영어와 독일어를 (영 : 독)의 순으로, 경우에 따라 독일어로 만 표기할 때는 (; 독)의 형식, 예를 들면 브레이크(brake : Bremsen), 브레이크 (; Bremsen)와 같이 표기하였습니다.

2. 용어는 표준용어를, 외래어는 교육과학기술부의 외래어 표기법에 따라 표기하였으며, 단위체계는 ISO 단위를 사용하였습니다.

3. 각 장치의 구조와 작동원리를 먼저 이해하고, 보다 학문적 지식을 요구하는 단계로 진행할 수 있도록 설명하였습니다.

4. 제 2장에서는 동력전달장치 특히, 변속기의 단 분할, 자동변속기, 무단변속기, 슬립제어, 총륜구동 등에 대하여 상세하게 설명하였습니다. 그리고 제 4장 조향장치에서는 애커먼 조향이론에서부터 조향장치의 성능시험에 이르기까지 보다 많은 내용들을 보완하였습니다. 또 차륜정렬요소에 대해서도 새로운 이론들을 추가하였습니다.

5. 제 5장 제동장치에서는 제동력제어 시스템 및 에어브레이크에 대하여, 제 6장 휠과 타이어에서는 타이어의 동력전달 특성에 대해 상세하게 설명하였습니다. 제 7장 자동차성능/성능시험에서는 주행저항과 구동력 등, 주로 동력성능에 대하여 기초부터 설명하였습니다.

6. 각 장의 말미에는 관련 계산식을 별도로 편집하여, 본문과는 별도로 취급할 수 있도록 하였습니다. 독자 여러분들의 필요 또는 목적에 따라 생략하거나 보다 자세히 정독할 수 있을 것입니다.

이 책이 자동차공업 발전에 다소나마 기여할 수 있기를 기대하면서, 이 책에 뜻하지 않은 오류가 있다면 독자 여러분의 기탄없는 질책과 조언을 받아 수정해 나갈 것을 약속드립니다.

어려운 여건임에도 불구하고, 독자 여러분을 위해 기꺼이 출판을 맡아주신 도서출판 골든벨 사장님 이하, 편집부 직원 여러분께 진심으로 감사를 드립니다.

2009. 9. 1
저자 김 재 휘

Contents

차 례

제1장 자동차 개요

제2장 동력전달장치

제 6장 휠과 타이어

제 7장 자동차 성능 및 성능시험

제1장

자동차 개요

Introduction to Automotive Vehicles
: Einleitung zur Kraftfahrzeuge

제1장 자동차 개요

제1절 자동차의 역사
(History of Automotive Vehicles)

1860년 르노(Lenoir, 프랑스), 작동 가능한 내연기관(가스기관, 열효율 약 3%)을 개발함.

1867년 오토(Otto, 독일)와 랑엔(Langen, 독일), 파리 박람회에 열효율이 약 9%로 개선된 내연기관을 출품함.

1876년 오토(Otto, 독일), 4행정 사이클로 작동하는 가스기관을 최초로 개발함. 실질적으로 같은 시기에 클러크(Clerk, 영국)는 최초의 2행정 가스기관을 개발함.

1883년 다이믈러(Daimler, 독일)와 마이바흐(Maybach, 독일), 열 튜브(hot-tube) 점화방식의 4행정 고속 가솔린기관을 최초로 개발함.

1885년 다이믈러(Daimler, 독일), 2륜차(motorcycle)를 개발함.
　　　　벤츠(Benz, 독일), 3륜차를 개발함(1886년 1월 29일자로 특허를 받음)

1886년 다이믈러(Daimler, 독일), 가솔린기관이 장착된 4륜차(coach)를 개발함.

1887년 보쉬(Bosch, 독일), 자석점화(magneto ignition) 장치를 개발함.

1889년 던롭(Dunlop, 영국), 압축공기 타이어를 개발함.

1893년 마이바흐(Maybach, 독일), 분사식 기화기를 개발함.

1893년 디젤(Diesel, 독일), 압축착화기관(＝디젤기관)에 대한 특허를 받음

1897년 MAN社, 작동 가능한 최초의 디젤기관을 발표함.

1897년 로너 포르쉐(Lohner-Porsche, 독일), 최초의 전기자동차를 발표함

1913년 포드(Ford, 미국), 자동차 생산라인에 컨베어 벨트 시스템을 도입함.
　　　　T-모델(일명 Tin Lizzy) 생산, 1925년까지 1일 9,109대씩을 생산함.

1923년 Benz-MAN社, 최초의 디젤-트럭을 발표함.(1926년 양산 시작)

1936년 다이믈러-벤츠社, 디젤 승용자동차를 양산하기 시작함.

1949년 미쉘린(Michelin)社, 광폭(Low-profile) 타이어 및 스틸-벨티드 래디얼 타이어 생산을 시작함.

1950년 영국의 Rover社, 가스터빈 자동차를 발표함.

1954년 NSU-Wankel社, 회전피스톤기관을 개발함.

1963년에 회전피스톤기관이 장착된 자동차를 발표함

1966년 Bosch社, 전자제어 가솔린분사장치(D-Jetronic)를 개발함.

1970년 운전자와 앞좌석 동승자용 안전벨트 도입.

1978년 승용자동차에 ABS(Anti-lock Brake System) 도입.

1984년 에어-백 및 안전벨트 장력 시스템 도입.

1985년 촉매기 시스템 도입(무연 가솔린용)

1997년 전자제어 현가장치, 커먼-레일 디젤분사장치 등 도입.

1998년 승용차용 유닛-인젝터 시스템 도입. GDI 도입

2000년 전자 유압식 브레이크(EHB) 도입.

2002년 PRE-SAFE 시스템 도입.

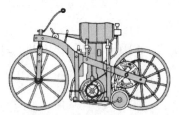

다이믈러 2륜차, 1885년
1기통, 내경 : 58mm
행정 : 100mm, 260cc
0.37kW (600min^{-1}에서), 12km/h

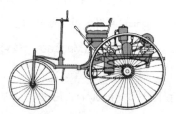

벤츠 특허 3륜차, 1886년
1기통, 내경 : 91.4mm
행정 : 150mm, 990cc
0.66kW (400min^{-1}에서), 15km/h

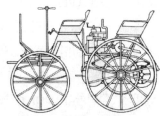

다이믈러 4륜차(Coach), 1886년
1기통, 내경 : 70mm
행정 : 120mm, 460cc
0.8kW(600min^{-1}에서), 18km/h

전기자동차, 1897년
Lohner-Porshe 시스템
휠 허브에 장착된 전기모터에 의해
구동(변속기 없음)

포드 T-모델, 1908년
2,900cc,
15.7kW(1,600min^{-1}에서),
70km/h

폭스바겐 비틀(Beetle), 1938년
985cc,
17.3kW(3,000min^{-1}에서),
100km/h

그림 1-1 자동차 역사의 이정표

제2절 시스템 자동차
(System Automobile)

1. 자동차의 분류(classifications of automotive vehicles)

일반적으로 철로나 가선을 이용하지 않고 일반 도로 또는 고속도로를 주행하는 차량들을 자동차라고 한다. 크게 원동기가 장착된 차량(motor-vehicle)과 원동기가 장착되지 않은 차량(trailer)으로 구분한다.

2. 자동차의 구조

자동차의 구조는 아래 표와 같이 요약할 수 있다.

표 1-1 자동차의 구조

3. 기술적 시스템으로서의 자동차

기술적 시스템은 아래와 같은 특성을 가지고 있다.

① 주위 환경과 구분되는 시스템 경계(boundary)를 가지고 있다.

② 입력 채널과 출력 채널을 가지고 있다.

③ 시스템 내부에서의 개별적인 기능보다, 통합된 전체 기능이 더 큰 의미를 가지고 있다.

그림 1-2 일반적인 기술적 시스템으로서의 자동차

4. 전체 시스템으로서의 자동차

자동차가 하나의 시스템으로서의 기능을 충족시키기 위해서는 다수의 하위-시스템들이 원활하게 상호작용을 할 수 있어야 한다. 시스템 경계의 크기를 최소화함으로서 점진적으로 하위-시스템들은 더욱더 최소화되며, 결국 개별 부품의 수준까지도 고려할 수 있게 된다.

그림 1-3 시스템 자동차

표 1-2 전체시스템으로서의 자동차(15a)

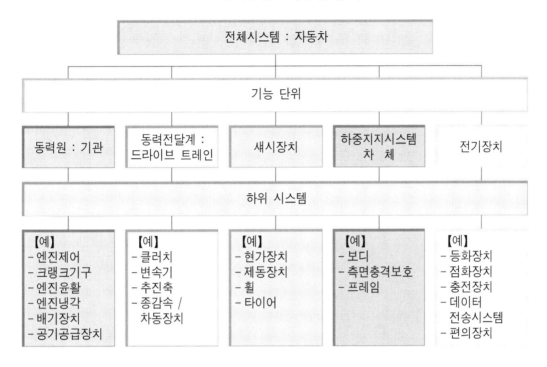

동력전달장치

Drive Train : Antriebsstrang

제2장 동력전달장치

제1절 동력전달방식
(Types of Drive Train)

자동차의 동력전달장치에는 클러치(또는 토크컨버터), 변속기, (추진축), 종감속/차동장치, 구동축(drive shaft), 그리고 구동륜(driving wheel) 등이 포함된다. 동력전달장치는 기관의 회전속도와 토크를 변화시켜 구동륜에 전달하는 기능을 한다.

동력전달과정에서는 동력전달손실을 피할 수 없기 때문에, 구동륜에 전달된 동력은 기관의 출력보다는 더 작다. 동력전달장치의 총 전달효율은 대부분 약 92~95% 정도이다.

동력전달방식은 후륜구동(rear wheel drive), 전륜구동(front wheel drive) 그리고 총륜구동(all wheel drive)으로 구분한다. - KS R 0011

앞-기관/후륜구동방식(FR : Front-engine, Rear-drive)의 자동차에서 기관의 동력은 "클러치(clutch) → 변속기(transmission) → 추진축(propeller shaft) → 종감속/차동장치(final drive/differential) → 구동축(driving shaft) → 구동륜(driving wheel)"을 거쳐 노면에 전달된다.

앞-기관/전륜구동방식(FF : Front - engine, Front - drive) 또는 뒤-기관/후륜구동방식(RR : Rear - engine, Rear - drive)에서는 추진축이 생략된다.

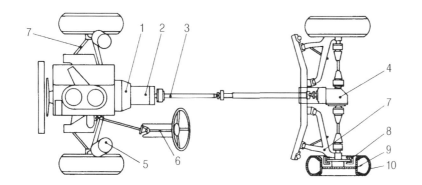

1. 클러치
2. 변속기
3. 추진축
4. 종감속/차동기어
5. 충격흡수기
6. 조향장치
7. 현가장치
8. 제동장치
9. 휠(wheel)
10. 타이어

그림 2-1 승용자동차 새시의 기본 구성(표준방식)

1. 후륜 구동(rear-wheel drive : Hinterradantrieb)

(1) 앞-기관/후륜구동방식(front-engine, rear-drive : Frontmotor-Antrieb)

기관은 대부분 앞차축의 바로 위에 또는 앞차축의 바로 뒤에 설치되지만, 드물게는 앞차축의 전방에 설치되는 형식(overhang-engine)도 있다. 구동력은 추진축을 통해 뒷바퀴에 전달된다.

그림 2-2a 앞-기관/후륜구동식

후차축에 종감속/차동장치를 배치함으로서 중량을 앞/뒤 차축에 거의 균일하게 분포시킬 수 있다.

선회할 때는 약간의 언더-스티어링(under-steering) 특성을 나타낸다. 추진축 터널은 변속기와 종감속/차동장치 사이의 추진축이 자동차의 실내공간과 조화를 이루도록 설계되어야 한다.

(2) 트랜스액슬 구동방식

(transaxle drive : Transaxle-Antrieb)

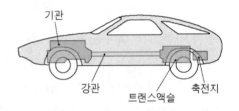

그림 2-2b 트랜스액슬 구동방식

기관은 앞차축에, 변속기와 종감속/차동장치는 후차축에 설치된 형식이다. 전/후 차축의 하중을 50 : 50으로 균일하게 분배할 수 있다. 선회할 때는 대부분 중립 조향(neutral steering) 특성을 나타낸다.

(3) 후-기관/후륜구동방식(rear-engine drive : Heckmotor-Antrieb)

기관은 후차축의 바로 위에 또는 후방에 설치된다. 대향 실린더기관을 사용할 경우에는 기관과 변속기가 차지하는 설치공간이 아주 작다는 이점이 있다. 이 외에도 동력전달경로가 짧고, 앞차축 구조를 간단하게 할 수 있으며, 빙판길과 언덕길에서의 발진성이 우수하다는 점이 장점이다.

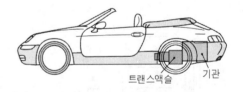

그림 2-2c 후-기관/후륜구동

그러나 후-기관/후륜구동(RR)방식은 아래와 같은 단점들 때문에 아주 드물게 사용된다.

① 화물적재공간의 제한   ② 연료탱크 설치의 어려움
③ 기관 냉각의 어려움   ④ 선회할 때의 오버-스티어링(over steering) 경향성
⑤ 옆바람에 대한 민감성

⑥ 미끄러운 노면에서는 앞바퀴의 안내력(guide force)이 약하다.

⑦ 변속 링크기구가 길어진다.

(4) 중간-기관/후륜구동방식(midship-engine drive : Mittelmotor-Antrieb)

스포츠카 및 경주용 자동차에 주로 사용되며, 엔진은 후차축의 전방에 설치된다. 이와 같은 배치방식은 전/후 차축 간의 중량분포에 유리하며, 무게중심에도 긍정적인 영향을 미치기 때문에 선회할 때의 중립조향특성에 크게 기여한다. 반면에 단점은 엔진에 대한 접근성이 불량하고, 좌석(seat)의 수가 제한된다는 점이다.

그림 2-2d 중간-기관/후륜구동

(5) 하상 기관/후륜구동방식(under-floor engine drive : Unterflurmotor-Antrieb)

이 형식은 버스, 승합, 대형 트럭 등에 적합하다. 기관이 중앙에 낮게 설치되어 있기 때문에 무게중심 및 전/후 차축의 하중분포에 긍정적인 영향을 미친다. 또 버스나 승합차의 차실 이용도의 극대화, 기관에 대한 아래로부터의 접근이 용이하다는 점도 장점이다.

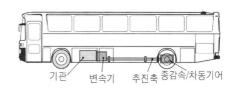

그림 2-2e 하상 기관/후륜구동

2. 전륜 구동(front-wheel drive : Vorderradantrieb)

전륜구동방식의 경우, 기관은 앞차축의 전방, 바로 위 또는 뒤에 설치된다. 기관, 클러치, 변속기, 종감속/차동장치는 단일 블록(single block)을 형성한다.

- front drive assembly

(a) 기관, 앞차축 전방 X축에

(b) 기관, 앞차축 후방 Y축에

(c) 기관, 앞차축 위 Y축에

그림 2-3 전륜구동

(1) 전륜구동방식(front-wheel drive)의 장점

① 차량중량의 경감
② 기관에서 구동륜까지의 동력전달경로가 아주 짧다.
③ 추진축 터널이 없음
④ 화물적제공간을 크게 할 수 있다.
⑤ 기관을 가로방향으로 설치할 경우, 종감속장치(스퍼 기어)가 단순해지고, 앞-오버행 (front overhang)을 짧게 할 수 있으며, 차실하부의 유효공간을 크게 할 수 있다.
⑥ 차량이 밀려가는 것이 아니라 끌려가기 때문에 직진 안정성이 우수하다.

(2) 전륜구동방식(front wheel drive)의 단점

① 고속으로 선회할 때 언더-스티어링 경향성이 현저하게 발생할 수 있다.
② 전/후 차축의 하중분포 불균일 및 앞차축의 복잡성
③ 앞 타이어(구동륜 타이어)의 마모가 빠르다.
④ 토크 조향(torque steering) 현상이 발생할 수 있다. - 구동축의 길이 차이 때문에
⑤ 언덕길에서의 발진특성이 불량하다.

3. 총륜구동(all-wheel drive : Allradantrieb)

(1) 상시 총륜구동(permanent all-wheel drive : Permanenter Allradanrieb)

전/후 차축이 상시 구동된다. 전륜구동방식의 승용자동차에서는 후차축의 종감속/차동장치를 트랜스퍼 케이스(transfer case)를 거쳐 추진축으로 구동한다. 센터 디퍼런셜(center differential)이 전/후 차축 간의 속도차를 조정, 균형을 유지한다. 이를 통해 동력전달계의 비틀림 응력을 제거하고, 동시에 동력전달장치와 타이어의 이상 마모를 방지한다.

그림 2-4 총륜구동

(2) 절환식 총륜구동(switchable all-wheel drive : Zusatzschaltbarer Allradantrieb)

각 차축의 추진축이 변속기에 조립된, 트랜스퍼 케이스를 통해 전/후 차축의 종감속/차동장치에 연결되어 있다. 대부분 후차축을 상시 구동하고, 앞차축에는 필요할 경우에만 동력을 분배하는 방식을 사용한다. 차동장치에는 추가로 차동제한기구를 설치할 수도 있다.

센터 디퍼런셜이 설치되지 않은 차량의 경우, 정상적인 건조한 도로를 주행할 때에 총륜구동을 활성화시켜서는 안 된다. 앞차축이 활성화되지 않았을 경우에는 앞바퀴들의 오버러닝 허브(overrunning hub)들이 앞차축의 추진축과 구동축의 회전을 방지한다.

4. 하이브리드 구동방식(hybrid drive : Hybirdantrieb)

하이브리드 구동방식의 경우, 1대의 차량에 서로 다른 2가지 종류의 동력원이 설치되어 있다. 예를 들면, 장거리 주행용으로는 내연기관을, 시내주행용으로는 전기모터를 사용한다.

전기모터는 축전지에 의해 구동된다. 축전지는 220V-시스템으로 충전하는 Plug-in 방식 또는 주행하는 동안에 내연기관으로 발전기를 구동하여 충전하는 방식 등을 사용한다. 이 때 전기모터는 교류발전기의 역할을 한다. 또 주행 중 주행모드를 간단히 절환 시킬 수도 있다.

그림 2-5 하이브리드 구동방식(승용)

제2장 동력전달장치

제2절 클러치
(Clutches)

클러치는 자동차의 동력전달계에 설치되어, 기관과 변속기 간의 동력을 차단, 또는 연결하는 기능을 한다.

1. 클러치의 기능 및 종류

(1) 클러치의 기능

① 기관의 토크를 변속기에 전달해야 한다.

클러치는 기관의 전체 유효 회전속도 범위에 걸쳐서, 어떠한 주행상황에서도 필요한 회전력을 변속기에 전달해야 한다.

② 부드러우면서도 꿀꺽거림이 없는 발진이 가능해야 한다.

발진할 때, 미끄럼(slip)마찰을 통해 회전하는 플라이휠과 정지 상태인 변속기 입력축 사이의 회전속도를 일치시킨다.

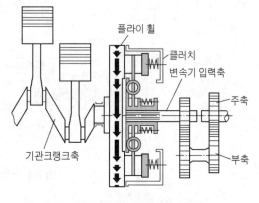

그림 2-6 클러치 설치위치(개략도)

③ 빠르고 고장이 없는 기어변속이 가능해야 한다.

변속해야 할 기어부품들을 동기화시키기 위해서는, 기관과 수동변속기 사이의 동력전달을 반드시 단절시켜야 한다.

④ 비틀림 진동(torsional vibration)을 감쇄시킬 수 있어야 한다.

폭발행정이 주기적으로 반복됨에 따라 크랭크축에는 비틀림 진동이 발생한다. 클러치 디스크의 비틀림 감쇄기구가 이 비틀림 진동을 완화시킨다. 이를 통해 변속기 소음, 예를 들면 덜컹거리는 소음을 최소화시킨다.

⑤ 기관과 동력전달장치의 부품들을 과부하로부터 보호할 수 있어야 한다.

과도한 토크의 전달은 클러치의 슬립에 의해 방지된다.

(2) 클러치의 종류

마찰(friction) 클러치, 유체(fluid) 클러치, 원심력(centrifugal force) 클러치 및 전자(電磁 : electromagnetic) 클러치 등으로 구분할 수 있다.

유체클러치는 유체클러치의 기능을 포함하고 있는 유체 토크컨버터(torque converter)로 대체되었으며, 원심력 클러치는 2륜 자동차에 주로 사용된다.

현재 자동차에는 마찰클러치, 전자클러치, 유체 토크컨버터 등이 주로 사용되고 있다.

① 마찰 클러치(friction clutch)

- 코일 스프링(coil spring) 클러치
  - 단판 클러치(single plate clutch)
  - 다판 클러치(multi-plate clutch)
- 다이어프램 스프링(diaphragm spring) 클러치
  - 단판 클러치(single plate clutch)
  - 복판 클러치(double plate clutch)
  - 트윈(twin) 클러치(twin clutch)
  - 다판 클러치(multi-plate clutch)
- 원심력(centrifugal force) 클러치

② 마그네틱-분말 클러치(magnetic-powder clutch) (일명 전자 클러치)

2. 단판 마찰 클러치(single disc friction clutch)

마찰 클러치는 마찰력을 이용하여 기관의 토크를 기관으로부터 변속기 입력축에 전달한다. 전달 가능한 클러치 토크는 클러치 디스크에 가해지는 압착력에 의해 좌우된다.

이 압착력은
- 센트럴 다이어프램 스프링(또는 디스크 스프링)
- 원통형 코일 스프링(예 : 6개~9개)
- 다수의 플라이웨이트(flyweight) 등에 의해 생성된다.

(1) 다이어프램 스프링 단판 클러치(single-plate diaphragm-spring clutch)

승용차와 상용자동차 모두에 사용된다. 코일 스프링 클러치를 거의 완전히 대체하였다.
주요 구성부품 및 구조는 그림 2-7(a)와 같다.

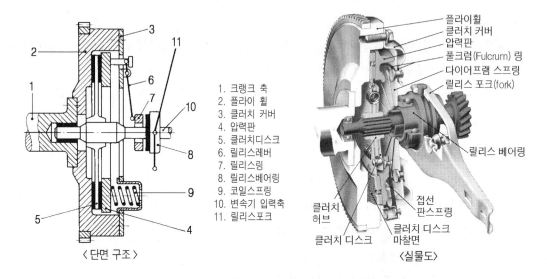

1. 크랭크 축
2. 플라이 휠
3. 클러치 커버
4. 압력판
5. 클러치디스크
6. 릴리스레버
7. 릴리스링
8. 릴리스베어링
9. 코일스프링
10. 변속기 입력축
11. 릴리스포크

〈 단면 구조 〉   〈실물도〉

그림 2-7(a) 단판 클러치

다이어프램 스프링은 내측에 방사선으로 슬릿(slit)이 가공된 원판 스프링으로서 재질은 고장
력 특수강이다. 다이어프램 스프링의 바깥쪽 원주 부분은 클러치 커버에 고정된 2개의 피벗링
(pivot ring) 사이에 끼워진다. 그리고 클러치 압력판과 다이어프램 스프링을 연결하는 접선 판
스프링(tangential leaf spring)의 양단은 각각 다이어프램 스프링과 압력판에 리벳팅되어 있다.
즉, 클러치 커버, 다이어프램 스프링 및 압력판은 일체로 조립되어 있다.

그러나 다이어프램 스프링은 피벗링을 중심으로 지렛대와 같은 기능을 할 수 있다. 다이어프
램 스프링이 피벗링을 중심으로 지렛대 작용을 하면 압력판은 클러치 디스크로부터 분리되게
된다.

1) 다이어프램 스프링 단판–클러치의 작동원리

① 클러치의 연결 - 동력 전달

다이어프램 스프링이 클러치 디스크에 대항해서 클러치 압력판을 누르고 있기 때문에, 클
러치 디스크는 플라이휠의 마찰면과 클러치 압력판 사이에서 압착된다. 클러치 압력판은 클

러치 커버에 조립되어 있고, 클러치 커버는 플라이휠에 조립되어 있으므로 플라이휠, 클러치 압력판은 일체가 된다. 이제 다이어프램 스프링의 압착력에 의해 생성된 마찰력은 클러치 디스크의 유효반경에 작용하는 토크로 변환된다. 이 토크는 클러치 디스크의 허브(hub)를 거쳐서 변속기 입력축(=클러치 축)에 전달된다.

전달 가능한 토크는 아래의 요소들에 의해 좌우된다.
- 다이어프램 스프링의 압착력
- 마찰짝의 마찰계수(friction coefficient of friction pairs)
- 클러치 디스크의 유효반경
- 클러치 디스크의 개수

② 클러치의 분리 - 동력 차단

운전자가 클러치 페달을 밟으면, 릴리스(release) 베어링은 릴리스레버에 의해 다이어프램 스프링 안쪽 선단을 누르게 (또는 당기게) 된다. 다이어프램 스프링의 장력(=압착력)보다 릴리스 베어링이 다이어프램 스프링을 누르는(또는 당기는) 힘이 더 커지면, 피벗링 사이에 지지된 다이어프램 스프링의 지렛대 작용에 의해 먼저 압력판이 클러치 디스크로부터 분리되게 된다.

압력판이 클러치 디스크로부터 분리되면, 플라이휠 ↔ 클러치 디스크 ↔ 압력

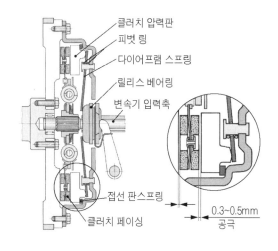

그림 2-7(b) 다이어프램 스프링 클러치(동력 차단 상태)

판 사이에는 각각 공극(air gap)이 조성된다. 이제 플라이휠의 동력은 변속기 입력축에 전달될 수 없게 된다. 즉, 클러치 디스크가 플라이휠 마찰면과 압력판의 마찰면으로부터 분리되어 있는 한, 동력전달은 차단된다.

클러치 페달에서 발을 떼면, 클러치 디스크는 다이어프램 스프링의 장력에 의해 다시 플라이휠과 압력판 사이에서 압착된다. 따라서 플라이휠의 동력은 다시 변속기 입력축에 전달된다. 그리고 클러치 페달과 릴리스 - 베어링은 리턴스프링의 장력에 의해 다시 초기위치로 복귀한다.

③ 공극(air gap)

클러치 폐달을 완전히 밟은 상태에서 클러치 디스크 페이싱(facing)의 양면과 플라이휠 또는 클러치 압력판 사이의 간극을 말한다. 각각의 공극은 약 0.3~0.5mm 정도이이다. 두 공극이 서로 같다면, 두 공극의 합은 약 0.6~1.0mm 정도가 된다.

④ 릴리스(release) 방식

클러치의 접속을 해제(release)시키는 방법에는 다이어프램 스프링의 선단을 누르는 방식과 당기는 방식이 있다.

■ 다이어프램 스프링의 안쪽 선단을 눌러 클러치 접속을 해제(release)하는 방식

운전자가 클러치페달을 밟았을 때, 릴리스-베어링에 의해 다이어프램 스프링의 안쪽 선단이 플라이휠 방향으로 눌려진다. 다이어프램 스프링은 두 피벗(pivot)링을 사이에 두고 지렛대 작용점은 클러치커버에 고정되고, 바깥쪽 선단은 압력판에 고정되어 있기 때문에 다이어프램 스프링의 바깥쪽 부분이 클러치 압력판을 클러치 커버 쪽으로 당긴다.

■ 다이어프램 스프링의 안쪽 선단을 당겨 클러치 접속을 해제(release)하는 방식

다이어프램 내측 선단은 릴리스베어링의 그루브(groove)에 삽입되어 있다. 그리고 릴리스 레버는 운전자가 클러치페달을 밟았을 때, 릴리스-베어링을 변속기 쪽으로 당길 수 있는 구조로 설치되어 있다. 1점 지지식 레버(1-side lever)가 다이어프램 스프링에서의 지렛대 비(a:b)를 크게 하므로, 해제력(release force)이 작아도 된다는 이점이 있다.

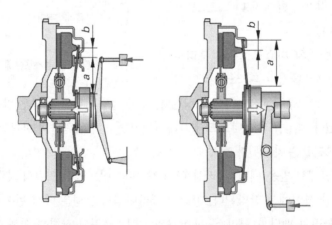

(a) 스프링의 안쪽 선단을 눌러서   (b) 스프링의 안쪽 선단을 잡아 당겨서

그림 2-8 클러치 접속 해제

2) 클러치 특성 곡선

그림은 클러치 압력판의 이동거리와 압력판의 압착력 간의 상관관계, 그리고 릴리스 - 베어링에서의 해제력(release force)과 릴리스 - 베어링의 이동거리 간의 상관관계를 나타내고 있다.

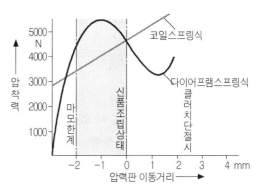

① 코일스프링 클러치의 특성곡선

압착력은 클러치 디스크가 마모됨에 따라 직선적으로 감소하고, 해제력은 릴리스(release) 거리가 증가함에 따라 직선적으로 계속해서 증가한다.

② 다이어프램 스프링 클러치의 특성곡선

압착력은 클러치 디스크의 마모 초기에는 증가하다가 어느 한계점에 도달하면 감

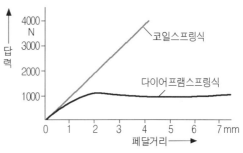

그림 2-9 클러치 특성곡선

소하기 시작한다. 해제력은 릴리스(release) 거리가 증가함에 따라 초기에는 직선적으로 증가하다가, 다이어프램 스프링이 반대방향으로 기울어지기 시작하면 감소한다.

3) 다이어프램 스프링 클러치의 장점

구조상의 차이, 특성곡선으로부터 코일스프링 클러치와 비교했을 때, 다이어프램 스프링 클러치의 장점은 다음과 같다.

① 구조가 간단하다.

릴리스레버와 압력스프링의 기능이 복합된 다이어프램 스프링을 사용하므로

② 압착력이 디스크 페이싱의 마모와 상관없이 거의 일정하다

③ 페달답력이 작아도 된다.(해제력이 작기 때문에)

④ 고속 회전할 때 원심력에 의한 압착력의 감소가 거의 없다.

코일 스프링식의 경우, 고속에서 스프링의 좌굴현상에 의해 압착력이 감소한다,

⑤ 다이어프램 스프링은 원판형이므로 회전평형이 좋고, 압력판의 압착력도 균일하다.

⑥ 수명이 길다.

(2) 단판 클러치 디스크(single plate clutch discs : Einscheibenkupplungsscheibe)

1) 클러치 디스크의 기능

① 기관의 회전토크를 플라이휠로부터 변속기 입력축으로 전달한다.

② 부드럽고 꿀꺽거림이 없는 빌진을 가능하게 한다.

③ 회전진동을 감쇄시킨다.

2) 클러치 디스크의 구조

클러치 디스크는 대부분 다음과 같은 부품으로 구성되어 있다.

① 클러치 페이싱 캐리어로서의 구동 디스크   ② 클러치 허브(플랜지 포함)

③ 쿠션 스프링   ④ 클러치 페이싱(＝라이닝)

⑤ 비틀림 코일스프링

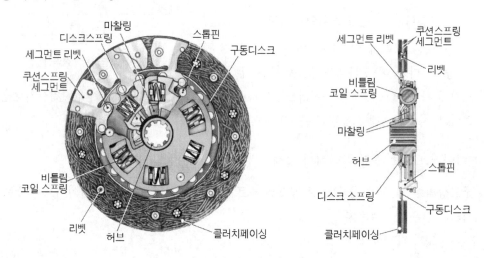

그림 2-10 클러치 디스크의 구조

3) 클러치 페이싱(clutch facing)

클러치 페이싱(＝라이닝)은 플라이휠과 압력판 사이의 마찰짝으로 사용된다.

필요조건은 다음과 같다.

① 내열성이 좋아야 한다. (good heat resistance)

② 내마모성이 좋아야 한다.(high resistance to wear)

③ 마찰계수가 높아야 한다.(high coefficient of friction)

열전도성이 우수하여, 열부하에 관계없이 가능한 한 넓은 온도범위에 걸쳐서 일정하면서
도 높은 마찰계수를 유지하여야 한다.

④ 페이싱 재질의 표면 결합력(surface bonding strength)이 커, 표면이 뜯겨 나가지 않아야
한다.

4) 클러치 페이싱의 종류

① 유기질 페이싱(organic facing)

주성분은 유리섬유, 또는 아라미드(Aramid) 또는 탄소섬유 등이며, 첨가물질로는 금속섬유
(예 : 구리선 또는 청동선)를 사용한다. 여기에 접착제(예 : 페놀수지(Phenol resins))와 충전
재(fillers)(예 : 검댕이(soot), 글라스 비드(Glass beads), 바륨 설페이트(Barium sulphate))를
혼합, 반죽하여 경화시킨 형식이다. 승용 및 상용자동차의 건식 클러치에 주로 사용된다.

② 페이퍼 페이싱(paper facings) - 습식(wet type)

이 페이싱은 목재, 무명 섬유, 탄소섬유 및 유리섬유 등과 에폭시(epoxy) 또는 페놀수지와
같은 합성 접착제를 혼합, 반죽하여 압축, 경화시킨 형식이다.
주로 2륜차의 습식 다판-클러치에 사용된다.

③ 소결 합금 페이싱(sintered-metal facings) - 주로 습식

주성분으로는 여러 종류의 금속(예 : 구리, 철) 또는 합금(예 : 청동, 황동)이 사용된다. 그리
고 마찰계수가 높은 성분(예 : 금속 산화물) 및 흑연 등은 첨가제로 사용된다.

내열성, 내마멸성 및 비상운전특성이 우수하다. 주로 자동변속기 및 2륜차의 습식 다판 -
클러치에 사용된다.

④ 소결 패드(sintered pads)

세라믹(산화 -알루미늄)의 함량이 높은
소결 금속 패드(pad)이다. 다른 재질의 페
이싱에 비해 내열성과 내마멸성이 우수하
고 마찰계수도 높다. 반면에 발진특성은 불
량한 편이다. 스포츠카나 경주용 자동차처
럼 열부하가 큰 자동차의 건식 클러치에 주
로 사용된다.

클러치 페이싱

그림 2-11 클러치 디스크(소결 패드)

5) 토션 댐퍼(torsion dampers)

토션 댐퍼는 기관으로부터 전달되는 비틀림 진동을 감쇄시키는 기능을 함은 물론이고, 동시에 동력전달장치로부터의 비틀림 진동도 차단한다. 따라서 변속기로부터의 변속소음(예 : 덜컹거리는 소음)을 감쇄시키고 기어이의 손상도 방지한다.

① 토션 댐퍼의 구조

클러치 허브는 약간의 회전이 가능한 구조로 설치되어 있으며, 허브 플랜지와 다수의 댐퍼 스프링을 통해 구동 플레이트(drive plate)와 카운터-플레이트(counter plate)에 대항해서 탄성적으로 지지되어 있다.

부하가 가해지면 클러치 허브와 페이싱 기관 사이에 제한된 회전운동이 발생하게 된다. 이때 댐퍼 스프링에 의해 결정되는 회전 토크는 기관에서 발생되는 회전 토크보다 반드시 커야 한다. 그래야만 허브 플랜지가 스톱 - 핀(stop pin)을 타격하는 현상을 방지할 수 있다.

② 마찰기구

마찰기구는 허브 부분에 설치되어 있으며, 마찰링, 디스크 스프링, 스프링 와셔, 그리고 서포트 플레이트(＝쿠션 스프링)로 구성되어 있다.

마찰기구는 마찰에 의해 발생하는 비틀림 진동을 감쇄시킨다. 마찰에 필요한 축방향 압착력은, 클러치 허브와 페이싱 기관 사이에 설치된 얇은 디스크 스프링에 의해 생성된다.

6) 쿠션 스프링(cushion spring)－일명 페이싱 서포트 플레이트(facing support plate)

토션 댐퍼는 클러치의 기능과 발진동작에 영향을 미치지 못한다. 그러므로 토션 댐퍼가 설치되어있는 디스크일지라도 페이싱은 탄성이 있어야 한다. 따라서 양쪽 페이싱 사이에 쿠션스프링이 설치된다. 이 스프링은 부드럽고, 덜컹거림이 없는 발진을 가능하게 한다.

(3) 클러치 오퍼레이터(clutch operator)

클러치 케이블 또는 유압식 기구를 통해, 기관과 변속기 사이의 동력흐름을 차단하는 역할을 한다. 기계식 또는 유압식이 사용된다.

1) 기계식 클러치 오퍼레이터

클러치 하우징에 노출된 변속기 입력축에 끼워진 상태로 고정되어있는 가이드 슬리브(guide sleeve)에 릴리스베어링이 설치되어 축선을 따라 전/후로 이동한다. 이 형식은 클러치유격의 유무와 관계없이 사용된다. 클러치 유격이 없는 형식에서는 이너-링(inner ring)은 항상 릴리스 -

링(또는 클러치의 다이어프램 스프링의 내측 선단)에 일정한 힘(약 40N)으로 밀착된 상태를 유지, 클러치와 함께 회전한다.(그림 2-12(a))

2) 유압식 클러치 오퍼레이터

유압식 클러치 컨트롤의 슬레이브(slave) 실린더와 1개의 유닛을 형성하며, 클러치 하우징에 노출된 변속기 입력축에 설치된다. 클러치 자동제어 시스템에 주로 사용된다.

가이드 슬리브에 설치된 압력 피스톤에는 중간 링(intermediate ring)과 컵 - 씰(cup seal)을 거쳐, 클러치 마스터 실린더로부터 공급되는 유압이 작용한다. 그러면 릴리스 베어링과 스러스트 링은 클러치 다이어프램 스프링의 선단을 밀게 된다. 이제 압력판이 분리되고, 이어서 클러치 디스크가 플라이휠로부터 분리된다.

클러치를 작동시키지 않을 경우(유압이 작용하지 않을 때)에는, 프리-로드(pre-load) 스프링이 릴리스 베어링을 초기위치로 복귀시킨다. 이와 같은 방법으로 릴리스 베어링은 다이어프램 스프링의 선단과 접촉상태를 유지하며, 클러치 유격을 보상한다.

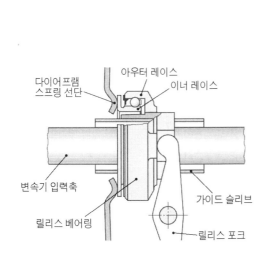

그림 2-12(a) 기계식 클러치 오퍼레이터

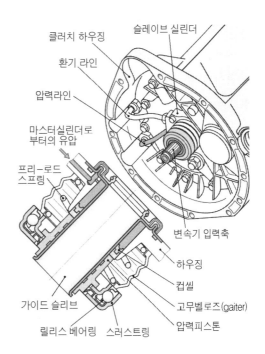

그림 2-12(b) 유압식 클러치 오퍼레이터

(4) 기계식 클러치-조작기구(mechanical clutch-control mechanism)

클러치-조작기구는 운전자가 적용한 페달답력을 배가시켜, 이를 릴리스 베어링에 전달하는 역할을 한다. 기계식과 유압식이 있다.

기계식은 운전자의 답력을 클러치 페달, 케이블 또는 링키지 그리고 릴리스-레버를 거쳐 릴리스 베어링에 전달한다. (그림 2-13(a))

클러치 페달과 릴리스-레버에서의 지렛대 비율은 클러치를 분리하는데 필요한 운전자의 페달 답력이 지나치게 크지 않도록, 그리고 페달 행정이 지나치게 길지 않도록 설계된다.

1) 유격 자동조정기능이 없는 기계식 클러치-조작기구

이 형식의 클러치에서는 릴리스-베어링과 다이어프램-스프링의 선단 사이에 약 1~3mm의 유격, 그리고 클러치 페달에서 약 10~30mm 정도의 유격이 있다.

클러치 페이싱이 마모됨에 따라, 압력판은 플라이휠 쪽으로 이동한다. 그러면 양쪽으로 지렛대 기능을 하는 다이어프램-스프링의 한쪽 끝은 릴리스-베어링 방향으로 이동한다. 그러면 릴리스-베어링에서의 유격 및 클러치페달에서의 유격이 감소하게 된다.

유격을 제때에 조정하여야 한다. 그렇게 하지 않으면 클러치 페이싱이 마모됨에 따라 유격은 완전히 없어지고, 다이어프램-스프링의 선단은 릴리스-베어링과 접촉, 압력을 가하게 된다. 클러치 유격은 릴리스 레버에서 또는 클러치 페달에서 조정 너트를 돌려서 조정한다.

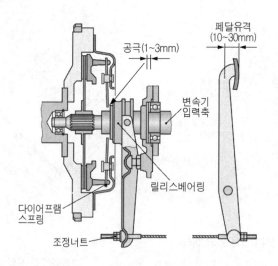

그림 2-13(a) 기계식 클러치-조작기구(유격 자동조정기능 없음)

클러치 유격이 너무 작으면, 아래와 같은 현상들이 발생한다.

① 다이어프램 스프링의 압착력이 감소되어 클러치가 미끄러진다.

② 클러치 페이싱의 과열

③ 다이어프램 - 스프링의 소손

④ 다이어프램 - 스프링 선단의 손상

⑤ 플라이휠 마찰면의 특정 부위의 과열

2) 유격 자동조정기능이 있는 기계식 클러치-조작기구

클러치 페이싱이 마모됨에 따라 클러치 케이블 조정기구에 의해, 릴리스-베어링과 다이어프램 - 스프링 선단 사이의 유격이 자동적으로 "0"으로 조정된다.

케이블 조정기구는 클러치 페달과 릴리스-베어링 사이의 클러치 케이블에 설치된다.

기존의 다이어프램 - 스프링 클러치와 비교할 때, 클러치 페이싱이 많이 마모되어도 해제력 (release force), 페달 답력 및 압착력이 일정하게 유지된다. 따라서 클러치의 서비스 수명이 연장된다.

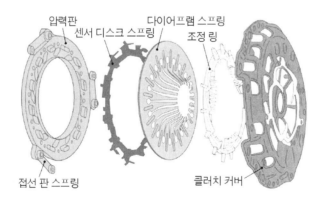

그림 2-13(b) SAC(self adjusting clutch)의 구성 부품들

구조상의 특징은 다이어프램-스프링이 클러치-커버에 영구적으로 리벳팅(rivetting)되어 있지 않으며, 대신에 센서-디스크-스프링과 조정-링 사이에 회전이 가능한 구조로 지지되어 있다는 점이다.

작동원리는 다음과 같다.

클러치 페이싱이 마모됨에 따라 압력판은 플라이휠 쪽으로 이동한다. 클러치를 분리할 때 센서 - 디스크 - 스프링의 지지점에서의 유지력이 초과되면, 센서 - 디스크 - 스프링은 해제력

(release force)과 센서 - 디스크 - 스프링
의 장력이 다시 같아질 때까지 플라이휠
쪽으로 밀려간다. 발생된 링 - 간극은 조정
- 링에 의해 보상된다.

  손상된 SAC - 클러치를 수리할 경우에
는, 클러치 디스크만을 교환하고, 특수공
구를 이용하여 조정-링을 원위치로 돌린
다. 그러면 규정된 압착력은 다시 회복되
게 된다.

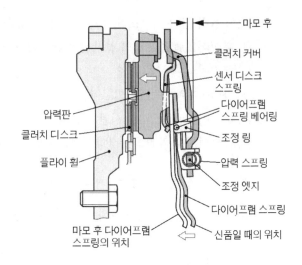

그림 2-13(c) 자기 조정식 클러치(SAC)

(5) 유압식 클러치-조작기구

  (hydraulic clutch-control mechanism)

  운전자의 페달답력을 클러치 마스터 실린더와 슬레이브 실린더를 통해, 유압적으로 배가시켜
릴리스-베어링에 직접 전달한다. 유압 시스템은 클러치 마스터 실린더, 슬레이브 실린더, 유압
파이프와 호스 그리고 작동유로 구성된다.

1) 유압식 클러치-조작기구의 장점

  기계식 클러치-조작기구와 비교했을 때, 유압식
클러치-조작기구의 장점은 아래와 같다.

  ① 클러치 페달과 클러치 사이의 거리가 멀어도
    연결하기가 용이하다.
  ② 유압의 변환비율을 크게 하여 페달답력을 높
    은 비율로 증대시킬 수 있다.
  ③ 힘의 전달손실이 거의 없다.

2) 유압식 클러치-조작기구의 작동원리

① 클러치 분리

  운전자의 답력은 클러치페달로부터 롯드를 거
쳐서 클러치 실린더의 피스톤에 전달된다. 이때
운전자의 답력은 특정한 페달행정부터는 위 사점

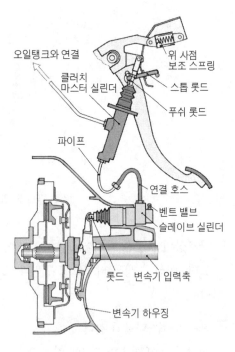

그림 2-14(a) 유압식 클러치-조작기구

보조 스프링의 지원을 받을 수 있다.

마스터 실린더에서 생성된 유압은 유압 파이프와 호스를 거쳐 슬레이브 실린더에 전달된다. 슬레이브 실린더의 유압은 롯드와 릴리스레버를 거쳐 릴리스 - 베어링에 작용한다. 릴리스-베어링이 다이어프램 - 스프링의 선단을 밀면 클러치는 분리되게 된다.

② 클러치 연결

운전자가 클러치 페달에서 발을 떼면, 유압은 소멸된다. 이제 다이어프램-스프링의 장력이 릴리스-베어링과 릴리스-레버를 거쳐 슬레이브 실린더 피스톤과 마스터 실린더의 피스톤을 원위치로 복귀시킨다. 클러치는 다시 연결된다.

3) 클러치 마스터 실린더(clutch master cylinder)

유압식 조작기구가 필요로 하는 유압을 생성한다. 피스톤은 1차 컵-씰과 2차 컵-씰을 갖춘 더블 - 피스톤이다. 1차 컵-씰은 압력실의 기밀을 유지하고, 2차 컵-씰은 외부로의 누설을 방지한다. 두 컵-씰 사이의 공간은 밸런싱 - 포트를 통해 팽창탱크와 연결된다.

피스톤이 초기위치에 있을 때는, 밸런싱 포트를 통해 압력실과 팽창탱크 간의 체적보상이 가능하다. 1차 컵-씰이 밸런싱 포트를 지나가면 압력실에는 유압이 형성되기 시작한다.

4) 클러치 슬레이브 실린더(clutch slave cylinder)

클러치 마스터 실린더에서 생성, 전달된 유압을 릴리스-베어링을 작동시키기 위한 힘으로 변환, 릴리스-베어링을 작동시킨다.

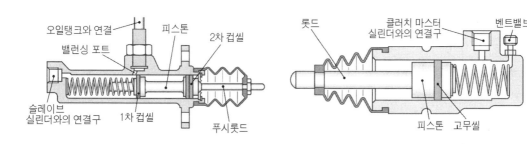

그림 2-14(b) 클러치 마스터 실린더　　　　　그림 2-14(c) 클러치 슬레이브 실린더

3. 복판 클러치(double-disk clutch : Zweischeibenkupplung)

복판 클러치는 단판클러치와 비교할 때, 압착력과 디스크의 유효반경 및 유효 마찰단면적이 같다면 단판 클러치로 전달할 수 있는 회전력의 2배를 전달할 수 있다.

(1) 복판 클러치의 구조

복판 클러치에는 2개의 단판 클러치 디스크가 구동 디스크(= 중간 압력판)를 사이에 두고 연속적으로 배열되어 있으며, 이어서 클러치와 릴리스 - 베어링이 설치된다. 2개의 클러치 디스크는 허브-스플라인을 통해 변속기 입력축 스플라인에 끼워진다. 따라서 클러치 디스크는 변속기 입력축과 같은 속도로 회전이 가능할 뿐이다.

복판 클러치는 대형 상용자동차에 주로 사용된다.

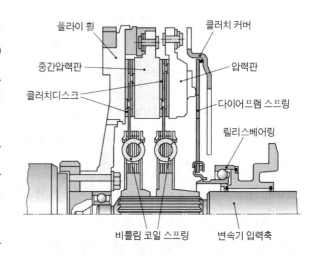

그림 2-15 복판 클러치

(2) 복판 클러치의 작동원리

① 클러치 접속 - 동력 전달

다이어프램 스프링(또는 코일스프링)의 장력은 압력판의 마찰면 ↔ 변속기 쪽 클러치 디스크 ↔ 중간 압력판 ↔ 플라이휠 쪽 클러치 디스크 ↔ 플라이휠의 마찰면 사이에 작용한다. 이 4개의 마찰짝에서 발생된 총 마찰력이 복판클러치 디스크의 유효회전력반경에 작용하는 기관의 회전력에 대응한다.

기관의 회전토크는 플라이휠로부터 클러치커버와 기관쪽 클러치 디스크에 동시에 전달된다. 클러치커버에 설치된 압력스프링의 장력에 의해 2개의 클러치 디스크는 플라이휠과 중간 압력판, 그리고 중간 압력판과 클러치 압력판 사이에서 압착된다. 따라서 기관의 회전토크는 클러치 디스크 각각의 마찰면(facing)과 허브(hub)를 거쳐서 변속기 입력축에 전달된다.

② **클러치 분리-동력 차단**

　운전자가 클러치페달을 누름에 따라 릴리스레버(또는 다이어프램 스프링)의 지렛대작용이 진행된다. 페달답력이 클러치 압력스프링(코일스프링 또는 다이어프램 스프링)의 장력을 능가하게 되면 단판클러치에서와 마찬가지로 압력판과 클러치디스크 사이에 공극이 발생하게 된다. 압력판 ↔ 클러치 디스크 ↔ 중간 압력판 ↔ 클러치 디스크 ↔ 플라이휠의 마찰면 사이에 공극이 발생되면 동력흐름은 차단된다.

4. 트윈 클러치(twin clutch : Doppelkupplung)

　트윈 클러치는 자동화된 수동변속기(예 : 직접 변속 기어박스 ; DSG(Direct-Shift Gear box)에서 구동력을 차단하지 않고도 빠른 변속을 가능하게 한다.

(1) 구조 - (그림 2-16 참조)

　트윈 클러치는 하나의 클러치 하우징에 함께 설치되어 있으나, 서로 각각 독립적으로 작동하는 2개의 개별 클러치(그림에서 C_1, C_2로) 구성되어 있다. 2개의 클러치 디스크 C_1, C_2의 허브는 2개의 변속기 입력축 IS1 및 IS2의 스플라인에 하나씩 끼워져 있다.

　변속기 입력축 IS1에는 1단/3단/5단용 기어가, 변속기 입력축 IS2에는 2단/4단/6단용 기어가 설치되어 있다. 변속기 출력축에는 변속 슬리브(shift sleeve)에 의해 각 기어단의 변속을 담당하는 아이들 기어들이 설치되어 있다.

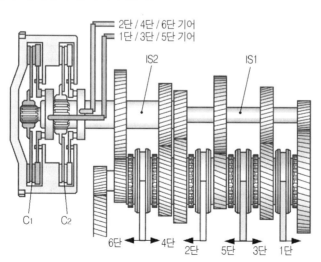

그림 2-16 트윈 클러치(직접 변속 변속기)

(2) 작동 원리

변속기 ECU에 저장되어있는 소프트웨어가 주행상황에 따라 다음을 결정한다.

- 자동차가 주행하고 있는 단 기어
- 미리 선택해야 할 단 기어
- 미리 선택한 단으로 변속할 시점

주행 중인 단 기어용 클러치는 접속되어 있고, 미리 선택한 단기어용 클러치는 분리되어 있다. 변속기 소프트웨어가 1단에서 2단으로의 변속을 결정했다면, 1단용 클러치는 분리되고, 동시에 사전 선택된 2단용 클러치는 접속된다.

클러칭(clutching) 과정에서 구동력의 단절이 발생하지 않도록 하기 위해, 클러치의 분리와 접속이 동시에 이루어지도록 제어한다. → 오버랩 제어(overlap control)

클러치 조작기구 및 단기어 슬리브의 조작은 유압적으로 또는 전기적으로 제어한다.

5. 다판 클러치(multi-plate clutch : Lamellenkupplung)

다판 클러치는 주로 습식으로서 윤활유에 젖은 상태로 작동되며, 2륜 자동차와 유압식 자동변속기에 사용된다.

(1) 다판 클러치의 구조

다판 클러치는 클러치하우징 내에 구동디스크와 피동디스크가 차례로, 여러 쌍 반복적으로 설치된다. 그리고 구동디스크(마찰디스크)의 바깥쪽 원주 상에 기어이가 가공되어 있다면, 피동디스크(철판 디스크)에는 중심부에 기어이가 가공되어 있다. 물론 형식에 따라서는 그 반대도 성립한다.

바깥쪽 원주 상에 기어이가 가공되어 있는 구동디스크는 클러치 하우징의 그루브(groove)에, 중심부에 기어이가 가공되어 있는 피동디스크는 클러치허브의 스플라인에 끼워진다. 압력판에는 다수의 압력스프링의

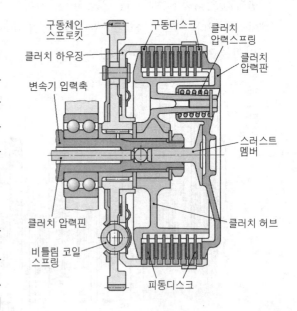

그림 2-17 다판 클러치(2륜차용)

장력이 작용하며, 압력판은 허브를 통해 변속기 입력축과 연결되어 있다.

(2) 다판 클러치의 작동원리

① 클러치 접속 - 동력 전달

클러치 압력스프링이 압력판, 구동디스크 및 피동디스크를 동시에 압착한다. 따라서 클러치하우징과 클러치허브는 일체가 되므로 동력이 전달된다. 기관의 회전력은 클러치하우징 → 구동디스크 → 피동디스크 → 압력판 → 클러치허브를 거쳐서 변속기 입력축에 전달된다.

② 클러치 분리 - 동력 차단

클러치페달을 밟으면 페달답력은 클러치 압력핀 → 스러스트 멤버(thrust member)를 거쳐 클러치 압력판에 작용한다. 클러치 압력판에 작용하는 페달답력이 클러치 압력스프링의 장력의 총합보다 커지면, 압력판과 다판 디스크 사이에 공극이 발생되면서 동력흐름은 차단된다.

6. 마그네틱 분말 클러치(magnetic-powder clutch)

마그네틱 분말 클러치, 일명 전자 클러치는 비교적 출력이 낮은 승용자동차의 발진 클러치로서 무단 자동변속기(CVT)와 함께 사용된다.

(1) 마그네틱 분말 클러치의 구조

클러치 디스크(inner rotor) 안에는 주회로(=발전기 회로)와 연결된 솔레노이드 코일이 내장되어 있다.

구동 디스크(outer rotor)의 안쪽과 클러치 디스크(inner rotor)의 외주에 가공되어 있는 링-그루브 사이의 환상(annular)의 간극은 미세한 철-분말로 채워져 있다.

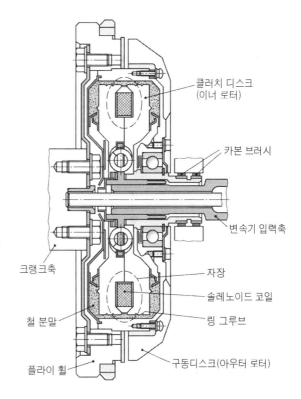

그림 2-18 마그네틱 분말 클러치

(2) 마그네틱 분말 클러치의 작동원리

① 클러치 접속 - 동력 전달

클러치 디스크(=inner rotor)와 구동 디스크(=outer rotor) 사이에 동력을 전달하기 위해 솔레노이드 코일에 전류를 공급, 자장을 형성한다. 공급전류의 양은 주행속도, 가속페달 위치(=기관부하) 및 기관회전속도 등을 고려하여 ECU가 전자적으로 제어한다.

마그네틱 클러치에 의해 전달되는 구동토크는 클러치 디스크(=inner rotor)와 구동 디스크(=outer rotor) 사이의 전자장(electro-magnetic field)의 강도에 따라 결정된다. 자장의 강도는 공급 전류에 따라 결정된다.

동력은 플라이휠로부터, 구동 디스크(=outer rotor), 철 분말, 클러치 디스크(inner rotor)를 거쳐서 변속기 입력축에 전달된다.

② 클러치 분리 - 동력 차단

솔레노이드 코일에 공급되는 전류를 차단하면, 자장이 소멸되고, 동력전달은 차단된다.

7. 자동 클러치 시스템(Automatic Clutch System : ACS)

이 시스템에서는 클러치의 접속과 분리가 센서신호에 의해 자동적으로 이루어진다. 운전자가 클러칭(clutching) 과정을 통제하지 않기 때문에, 클러치 페달이 필요 없다.

제어과정에는 다음과 같은 센서신호들이 영향을 미친다.
- 점화키 스위치
- 기관회전속도
- 기어변속 의지 확인
- 주행속도
- 기어단 확인
- 릴리스(release) 거리
- ABS/TCS 신호
- 가속페달 위치
- 릴리스(release) 속도

자동 클러치 시스템은 생산회사(또는 자동차회사)에 따라
- ECS(Electronic Clutch System)
- ECM((Electronic Clutch Management)
- ACS(Automatic Clutch System) 등의 명칭이 사용되고 있다.

(1) 자동 클러치 시스템의 구조

자동 클러치 시스템의 구성부품들은 다음과 같다.
① 클러치 : 유격 자동조정 다이어프램 스프링 클러치(SAC), 클러치 - 조작기구 포함

② 센서들 : 변속의지 확인, 기어단 확인, 릴리스 거리, 릴리스 속도

③ 클러치 시스템 ECU

④ 액추에이터들 : 전기모터와 웜기어 짝, 마스터 실린더 및 슬레이브 실린더

변속의지 확인은 변속레버에 설치된 회전식 포텐시오미터에 의해 감지된다.

주행단 확인은 변속기의 변속 링키지에 설치된 2개의 무 - 접촉식 회전각센서에 의해 확인된다. 변속의지 확인과 기어단 확인을 위한 센서신호에 추가해서, ECU는 기관 - ECU 및 ABS/TCS 시스템 ECU로부터 CAN 버스를 통해 다수의 신호들을 수신한다.

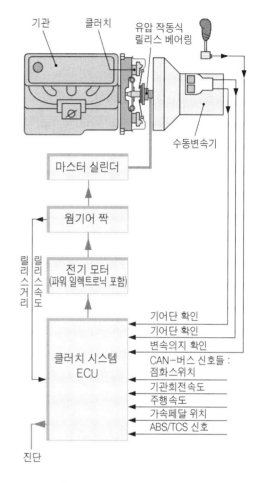

그림 2-19 자동 클러치 시스템의 블록선도

(2) 자동 클러치 시스템의 특징

① 클러치 페달이 필요 없다.

② 클러치 페이싱 및 릴리스 - 베어링의 마모가 적다.

③ 제동할 때 및 발진할 때 기관이 정지하는 일이 없다.

④ 기관의 회전진동은 클러치의 슬립(slip)에 의해 감쇄된다.

⑤ 거슬리는 부하 - 변동 반작용(load-change reaction)이 없음.

(3) 자동 클러치 시스템의 작동원리

순간순간의 시스템 상태를 감지하기 위해, ECU는 센서들로부터 신호를 수신한다. 그리고 ECU는 클러치 소프트웨어로 이들을 처리하여 얻은 출력신호를 액추에이터에 전송한다.

액추에이터들의 동작에 따라 클러치는 분리 또는 접속된다.

① 발진(starting)

ECU는 휠 회전속도, 기관회전속도, 변속기 회전속도 등과 같은 여러 가지 입력신호들을 이용하여 발진과정에 가장 적합한 슬립률(slip rate)을 계산한다.

② 기어 변속

시프트 레버에 설치된 센서들은 운전자의 기어변속 의지를 ECU에 전송한다. ECU는 웜기어 짝(pair)을 갖추고 있는 전기모터에 클러치 마스터 실린더에 필요한 유압을 형성하도록 지시한다. 이 유압이 슬레이브 실린더를 거쳐 클러치를 분리한다. 기어변속 후에는, 기어단 확인 센서가 어느 단이 선택되었는지를 ECU에 알려준다.

ECU는 전기모터에 신호를 보내, 정의된 슬립률로 클러치를 접속시키도록 한다. 변속할 때 운전자는 가속페달로부터 발을 뗄 필요가 없다. 이때 연료분사량은 가속페달의 위치와 상관없이 자동적으로 감소되었다가 다시 증가하기 때문이다.

③ 정상적인 주행모드

비틀림 진동을 감쇄시키기 위해서, ECU는 기관의 회전속도와 변속기 입력축 회전속도신호로부터 속도차를 계산한 다음에, 필요할 경우 슬립률을 필요한 수준으로 제어한다.

④ 부하 변동

가속페달을 급격하게 조작하였을 경우, 클러치가 잠깐 동안 분리되기 때문에 자동차는 피칭(pitching) 현상을 한계범위 내로 유지하게 된다.(bonanza-effect)

이를 통해 자동차는 꿀꺽거림이 없이 가속할 수 있게 된다.

⑤ 미끄러운 도로에서 하향 변속

ECU는 로크(lock)된 구동륜으로부터의 신호를 처리하여, 휠-로크가 시작될 때 클러치를 분리하여 휠-로크가 해제되도록 한다.

8. 관련 계산식

마찰클러치는 발진할 때는 미끄럼 마찰(sliding friction)에 의해서, 클러치페달을 밟지 않은 상태에서는 정지마찰(static friction)에 의해 기관의 회전력을 변속기에 전달한다.

단판 클러치는 2개의 페이싱(=마찰면)을 가지고 있으며, 클러치가 연결된 상태에서 페이싱은 각각 동일한 마찰력 F_R 을 발생시킨다. 다판 클러치에서는 디스크의 수 z 에 따라 단판 클러치의 z 배 만큼의 마찰력 '$z \cdot (2 \cdot F_R)$'을 전달할 수 있다.

(1) 마찰력과 마찰계수

① 마찰력(friction force)

디스크 페이싱의 한 면에서 발생하는 마찰력(F_R)은 클러치스프링 장력의 총합(＝페이싱에 작용하는 수직력)(F_N)과 마찰계수(μ_H)의 곱으로 표시된다.

$$F_R = \mu \cdot F_N$$

$$F_N = \frac{F_R}{\mu_H}$$

F_R : 페이싱 한 면에 작용하는 마찰력[N]
F_N : 압착력(클러치스프링 장력의 총합)[N]
μ_H : 정지마찰계수

② 마찰계수(friction coefficient)

마찰계수(μ)는 마찰짝(예 : 플라이휠 마찰면과 디스크 페이싱)과 마찰의 종류에 따라 크게 다르다.

정지마찰계수(static friction coefficient)는 $\mu_H = 0.1$(습식)에서부터 $\mu_H = 0.6$(무기물 건식)정도에 이른다.(표1 참조)

표1 디스크 페이싱의 특성

재	질	마찰계수(μ_H)	허용 면압
건식	유기물	0.25 ～ 0.50	35 N/cm² 까지
	소결금속 / 세라믹	0.30 ～ 0.60	200 N/cm² 까지
습식	소결금속	0.08 ～ 0.12	300 N/cm² 까지
	페이퍼 페이싱	0.06 ～ 0.10	300 N/cm² 까지
	카본-페이싱	0.08 ～ 0.10	800 N/cm² 까지

정지마찰계수(μ_H)와 발진 시의 미끄럼마찰계수(μ_K)와의 관계는 대략 다음과 같다.

$$\mu_H \leq 2 \cdot \mu_K$$

어떤 건식 디스크의 경우, 미끄럼 속도(v_m)와 미끄럼 마찰계수(μ_K)의 관계는 대략 다음과 같이 조사되었다.

미끄럼 속도(v_m)	60 m/s	10 m/s
미끄럼 마찰계수(μ_K)	0.1 ～ 0.3	0.35 ～ 0.45

(2) 압착력

클러치스프링 장력의 총합 즉, 압착력(F_N)은 다수(6~12개)의 코일스프링 또는 1개의 다이어프램 스프링에 의해서 발생된다. 총압착력은 디스크 페이싱의 허용 면압(표 1 참조) 때문에 제한된다. 또 클러치스프링 장력의 총합은 단판클러치나 복판클러치에서 동일하다. 따라서 총압착력은 디스크 수에 관계없이 각 디스크에서 똑같다.

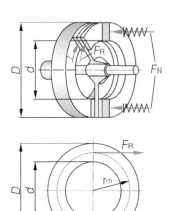

$$F_N = A \cdot p$$

$$p = \frac{F_N}{A} \qquad A = \frac{\pi(D^2 - d^2)}{4}$$

$$F_N = \frac{\pi(D^2 - d^2)}{4} \cdot p$$

D : 디스크 외경[cm]
d : 디스크 내경[cm]
A : 페이싱의 한쪽 단면적[cm²]
p : 면압[N/cm²]
F_N : 클러치스프링 장력의 총합[N]
    (페이싱 표면에 작용하는 수직력)

예제1 장력 400N의 코일스프링이 6개 설치된 클러치가 있다. 이 클러치의 정지마찰계수(μ_H)는 0.3이다. 페이싱 한 면에 작용하는 마찰력 F_R 은?

【풀이】 $F_R = \mu_H \cdot F_N = 0.3 \times 6 \times 400N = 720N$

예제2 디스크 외경 $D = 150mm$, 디스크 내경 $d = 100mm$, 허용 면압 $p = 20N/cm^2$ 이다.
a) 페이싱의 한쪽 단면적 A[cm²], b) 허용총압착력 F_N[N]을 구하라.

【풀이】 a) $A = \dfrac{\pi(D^2 - d^2)}{4} = \dfrac{\pi \times (15^2 cm^2 - 10^2 cm^2)}{4} = 98.2cm^2$

【풀이】 b) $F_N = A \cdot p = 98.2cm^2 \times 20N/cm^2 = 1,964N$

(3) 전달 가능한 토크

디스크 페이싱의 양면은 각각 마찰력 F_R 을 전달한다. 그리고 각 페이싱에 작용하는 마찰력의 총합 F 는 회전력 유효반경 r_m 에 작용한다. 이를 클러치의 전달 가능한 회전 토크 M_K 라 한

다. 이때 클러치 디스크의 수를 z 라고 하면

총 마찰력(F) $F = 2 \cdot F_R \cdot z$ ·· (1)

전달 가능한 토크 $M_K = F \cdot r_m$ ··· (2)

회전력 평균반경(r_m) $r_m = \dfrac{2}{3} \cdot \dfrac{r_a^3 - r_i^3}{r_a^2 - r_i^2} \approx \dfrac{r_a + r_i}{2} = \dfrac{(D+d)}{4}$ ·············· (3)

식 (2)에 식 (1)을 대입하고, 여기에 $F_R = \mu_H \cdot F_N$ 을 대입, 정리하면

$M_K = 2 \cdot F_R \cdot r_m \cdot z,$ $M_k = 2 \cdot \mu_H \cdot F_N \cdot r_m \cdot z$ ························· (4)

식(4)에 식(3)을 대입하면

$M_K \approx 2 \cdot F_N \cdot \mu_H \cdot \dfrac{D+d}{4} \cdot z$ ····································· (5)

페이싱의 허용면압 p 와 클러치 스프링장력의 총합 F_N 의 관계는

$F_N = \dfrac{\pi(D^2 - d^2)}{4} \cdot p$ 이므로 식 (5)는 다음과 같이 된다.

$M_K = 2 \cdot \dfrac{\pi(D^2 - d^2)}{4} \cdot p \cdot \mu_H \cdot \dfrac{D+d}{4} \cdot z$ ························ (6)

예제3 디스크의 외경 $D = 200\mathrm{mm}$, 내경 $d = 130\mathrm{mm}$, 허용면압 $p = 20\mathrm{N/cm}^2$, 마찰계수 $\mu_H = 0.33$ 이다.
a) 페이싱의 한쪽 단면적 A [cm^2],   b) 허용 총 압착력 F_N [N]
c) 페이싱 한 면의 마찰력 F_R [N]   d) 전달 가능한 회전력 F [N]을 구하라

【풀이】   a) $A = \dfrac{\pi(D^2 - d^2)}{4} = \dfrac{3.14 \times (20^2\,\mathrm{cm}^2 - 13^2\mathrm{cm}^2)}{4} = 181.4\mathrm{cm}^2$

b) $F_N = A \cdot p = 181.4\mathrm{cm}^2 \times 20\mathrm{N/cm}^2 = 3{,}628\mathrm{N}$

c) $F_R = \mu \cdot F_N = 0.33 \times 3{,}628\mathrm{N} = 1{,}197.2\mathrm{N}$

d) $F = 2 \cdot F_R \cdot z = 2 \times 1{,}197.2 \times 1 = 2{,}394.4\mathrm{N}$

예제4 복판클러치에서 디스크 외경 $D = 250\mathrm{mm}$, 내경 $d = 155\mathrm{mm}$, 마찰계수 $\mu_H = 0.33$, 그리고 클러치 스프링은 장력 500N의 코일스프링이 6개이다.

a) 작용면압 $p[\mathrm{N/cm}^2]$ b) 전달 가능한 토크 M_K [Nm]를 구하라

【풀이】   a) $p = \dfrac{F_N}{A} = \dfrac{6 \times 500\mathrm{N}}{302.02\mathrm{cm}^2} = 9.93[\mathrm{N/cm}^2]$

b) $M_K \approx 2 \cdot F_N \cdot \mu_H \cdot \dfrac{D+d}{4} \cdot z$

$= 2 \times 3{,}000\mathrm{N} \times 0.33 \times \dfrac{(25\mathrm{cm} + 15.5\mathrm{cm})}{4} \times 2 \fallingdotseq 401[\mathrm{Nm}]$

(4) 안전계수(S)

마찰클러치에는 큰 충격하중이 작용하며, 또 마모에 노출되어 있다. 따라서 기관의 최대 회전 토크를 모두 안전하게 전달하기 위해서는 안전률을 고려해야 한다.

클러치의 전달가능 최대 토크(M_{Kmax}) 즉, 설계용량은 식(1)로 표시된다.

$$M_{Kmax} = M_{Mmax} + I_M \frac{dV}{dt} \quad \cdots\cdots\cdots\cdots\cdots\cdots\cdots\cdots\cdots\cdots\cdots\cdots (1)$$

여기서 M_{Mmax} : 기관의 최대 토크

$I_M \dfrac{dV}{dt}$: 원심력과 진동질량에 의한 추가 토크

그러나 실제 설계에서는 M_{Kmax} 를 간단히 M_{Mmax} 의 약 1.6~2.0배로 한다.

$$M_{Kmax} = S \cdot M_{Mmax} \quad \cdots\cdots\cdots\cdots\cdots\cdots\cdots\cdots\cdots\cdots\cdots\cdots (2)$$

따라서 안전계수 S 는

$$S = \frac{M_{Kmax}}{M_{Mmax}} \quad \cdots\cdots\cdots\cdots\cdots\cdots\cdots\cdots\cdots\cdots\cdots\cdots (3)$$

(5) 클러치 디스크의 치수(예: DIN 73451에서 발췌)

클러치 디스크의 내경(d)과 외경(D)비((d/D)는 $0.6 \sim 0.7$ 범위이다.

$2 \cdot A \cdot r_m$의 값을 알고 있다면 클러치디스크의 치수는 표 2에서 찾으면 된다.

$M_K = 2 \cdot F_N \cdot \mu_H \cdot r_m \cdot z$ 에 $F_N = A \cdot p$ 를 대입, 정리하면 $2 \cdot A \cdot r_m$에 관한 식을 얻을 수 있다.

$$2 \cdot A \cdot r_m = \frac{M_K}{p \cdot \mu_H \cdot z} \quad \cdots\cdots\cdots\cdots\cdots\cdots\cdots\cdots\cdots\cdots\cdots\cdots\cdots\cdots\cdots (4)$$

〈표 2〉 **마찰클러치 디스크의 치수** (DIN 73451에서 발췌)

외 경 D [mm]	150	160	180	200	225	250	280	310	350
내 경 d [mm]	100	110	125	130	150	155	165	175	195
페이싱 한쪽 단면적 A [cm^2]	93.18	106.03	131.75	181.43	220.89	302.18	401.93	514.24	663.47
총 마찰면적 $2 \cdot A$ [cm^2]	196.36	212.06	263.50	362.86	441.78	604.36	803.86	1028.48	1326.94
평균 반경 r_m [cm]	6.33	6.83	7.70	8.37	9.50	10.31	11.37	12.45	13.99
평균 직경 d_m [cm]	12.66	13.66	15.40	16.74	19.00	20.62	22.74	24.90	27.86
$2 \cdot A \cdot r_m$ [cm^3]	1242.96	1448.4	2028.95	3037.14	4196.91	6230.95	9139.89	12804.58	19067.5

예제5 기관의 최대 토크 $M_{Mmax} = 800$Nm를 복판클러치를 이용하여 전달하고자 한다. 작용면압 $p = 20$[N/cm^2], 마찰계수 $\mu_H = 0.2$, 그리고 안전계수 $S = 1.7$이다. DIN 73451에 의거 클러치디스크의 제원을 결정하라.

【풀이】 a) $M_{Kmax} = S \cdot M_{Mmax} = 1.7 \times 800$Nm $= 1,360$Nm $= 136,000$Ncm

b) $2 \cdot A \cdot r_m = \dfrac{M_K}{p \cdot \mu_H \cdot z} = \dfrac{136,000 \text{Ncm}}{20 \text{N/cm}^2 \times 0.2 \times 2} = 17,000 \text{cm}^3$

※ 표 2에서 D=350mm, d=195mm로 결정한다.

(6) 클러치의 열부하

기관의 회전속도(n_M)와 토크(M_M)를 일정하게 유지하면서 발진하는 것으로 가정하면 발진과정 개략도는 참고도 2와 같다.

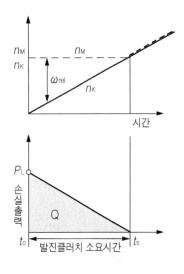

n_M : 기관 회전속도
n_K : 클러치 디스크 회전속도
ω_{rel} : 기관과 디스크의 상대회전속도
Q : 손실 열(＝마찰일)

참고도 2 발진시 손실출력을 계산하기 위한 개략도

클러치의 마찰일(＝부하) : W_R

$$W_R = \int M_K \cdot \omega \cdot dt$$

n_M = 일정, n_K = 직선적일 경우

$$W_R = \frac{1}{2} \cdot M_K \cdot \omega \cdot t$$

실제로는 주로 다음의 근사식을 이용한다.

$$W_R = \frac{0.5\, m_F \cdot v_F^2}{1 - \dfrac{M_{FW}}{M_M}}$$

여기서 m_F : 자동차 질량 v_F : 자동차 주행속도
M_{FW} : 클러치 토크(발진저항 토크
       즉, 가속저항을 무시한 주행저항)
M_M : 기관의 회전토크

즉, 마찰일은 자동차 질량에 비례하고, 주행속도의 제곱에 비례한다. 발진할 때, 마찰일의 대부분은 열로 소산된다.

클러치 열부하(Q)는 다음 식으로 표시된다.

$$Q = M_K \cdot \omega$$

여기서　Q : 클러치 열부하

M_K : 클러치 토크(발진저항 토크)

ω : 기관과 클러치의 상대속도

발열률은 전달토크와 상대속도(=클러치 슬립)에 비례한다. 따라서 발열률은 발진할 때와 같이 상대속도가 클 때 최대가 된다.

단위면적당 마찰일(w_R)과 단위면적당 열부하(q)의 경험값은 다음과 같다.

▨ 단위면적당 마찰일(w_R)

$$w_R = \frac{W_R}{A_R}$$

여기서　A_R : 마찰 단면적(= 페이싱 단면적)

경험값 : 발진시 $w_R = 40 \sim 200[\text{Nm/cm}^2]$

변속시 $w_R = 10 \sim 15[\text{Nm/cm}^2]$

▨ 단위면적당 열부하(q)

$$q = \frac{Q}{A_R} = \frac{M_K \cdot w}{A_R}$$

경험값 : 발진시 $q = 2 \sim 4[\text{W/cm}^2]$

(7) 클러치 조작기구

기계식 클러치 조작기구에서는 $i_{hyd} = 1$, $F_{GZ} = F_{NZ}$로 계산한다.

① 레버 비(지렛대비)

$$i_1 = \frac{r_2}{r_1}$$

$$i_1 = \frac{F_p}{F_{GZ}}$$

$$i_2 = \frac{r_4}{r_3}$$

$$i_2 = \frac{F_{NZ}}{F_A}$$

$$i_a = i_1 \cdot i_2$$

$$i_i = \frac{r_6}{r_5} = \frac{F_A}{F_N}$$

$$i_{mec} = i_a \cdot i_i$$

$$i_{mec} = \frac{F_p \cdot F_{NZ}}{F_N \cdot F_{GZ}}$$

$$i_{mec} = \frac{r_2 \cdot r_4 \cdot r_6}{r_1 \cdot r_3 \cdot r_5}$$

$$i_{hyd} = \frac{A_{GZ}}{A_{NZ}}$$

$$i_{hyd} = \frac{F_{GZ}}{F_{NZ}}$$

$$i = i_1 \cdot i_{hyd} \cdot i_2 \cdot i_i$$

$$i = \frac{F_p}{F_N}$$

$$i = i_{mec} \cdot i_{hyd}$$

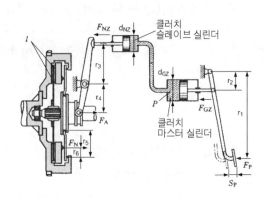

참고도 3 클러치 조작기구

i_1, i_2 : 기계식 지렛대비
i_a, i_i : 외부, 내부 지렛대비
i_{mec} : 기계식 지렛대비
i_{hyd} : 유압 변환비
i : 총 지렛대비
r_1, r_2 : 레버의 유효길이
F_P : 페달 답력[N]
F_A : 릴리스 베어링에 작용하는 힘[N]
F_N : 클러치 스프링 장력의 총합[N]
F_{GN} : 마스터 실린더에 작용하는 힘[N]
F_{NZ} : 슬레이브 실린더에 작용하는 힘[N]
A_{GZ} : 마스터 실린더 단면적[cm^2]
A_{NZ} : 슬레이브 실린더 단면적[cm^2]
P : 파이프내 압력[N/cm^2]
S_A : 릴리스 베어링 이동거리[mm]
l : 공극(air gap)[mm]
S : 클러치 유격(유격이 없으면 S=0)
S_P : 페달거리[mm]

② 유압

$$P = \frac{F_{GZ}}{A_{GZ}}$$

③ 힘

$$F_P = i \cdot F_N$$

$$F_A = \frac{F_P}{i_a \cdot i_{hyd}}$$

$$F_N = \frac{F_P}{i}$$

$$F_N = \frac{F_P}{i_{mec} \cdot i_{hyd}}$$

$$F_{GZ} = P \cdot A_{GZ}$$

$$F_{NZ} = P \cdot A_{NZ}$$

④ 공극

$$S_A = \frac{l}{i_i}$$

⑤ 페달거리

$$S_p = \frac{S_A + S}{i_a \cdot i_{hyd}}$$

9. 마찰 클러치의 기능 점검

기능을 점검하기 전, 시험주행하는 동안에 여러 번 반복적으로 클러치를 조작하여 클러치가 정상작동온도(80~120℃)에 도달하도록 한다. 클러치는 과열 위험 때문에 정차상태에서 슬립을 통해 가열되도록 해서는 안 된다.

(1) 발진할 때 클러치 슬립(slip) 점검

① 정차상태에서 1단 기어를 넣는다.
② 기관의 회전속도를 공전속도의 2배로 가속한다.
③ 동시에 클러치를 빠르게 접속한다.

이때 자동차는 부드럽게 그리고 꿀꺽거림이 없이 가속되어야 한다. 그렇지 않을 경우, 클러치는 슬립(slip)하고 있는 상태이다.

(2) 주차 브레이크를 건 상태에서 슬립(slip) 점검

① 정차한 상태에서 주차브레이크를 걸고, 톱기어(top gear)를 넣는다.
② 클러치페달을 밟은 상태에서 가속페달을 밟아 기관속도를 최대토크 속도까지 가속한다.
③ 민첩하게, 그러나 충격적이지 않게 클러치페달에서 발을 뗀다. 동시에 가속페달을 끝까지 밟는다.

이때 기관의 회전속도가 급속히 낮아져 기관이 정지하면, 클러치는 정상이다. 만약에 클러치가 슬립(slip)하거나 또는 기관의 회전속도가 상승하면 클러치의 동력전달능력은 정상이 아니다.

(3) 주행 중 클러치 슬립(clutch slip) 점검

① 약 3~4%의 언덕길을 1단으로, 가속페달을 반쯤 밟은 상태로 운전하여 클러치가 정상작동온도에 도달하도록 한다.
② 클러치페달을 완전히 밟고 동시에 가속페달을 끝까지 밟은 상태에서 톱기어(top gear)를 넣는다.
③ 민첩하면서도 충격적이지 않게 클러치페달에서 발을 뗀다.

클러치페달에서 발을 떼자마자 곧바로 클러치가 연결되면 클러치는 정상이다. 발을 뗀 후 약 1초 정도 후에 동력이 전달되는 것을 느낄 수 있다면, 완전하지는 않으나 사용할 수 있는 상태이다. 그러나 슬립상태가 오래 지속되거나 동력전달이 완전하지 못하면 클러치를 분해, 수리해야 한다.

(4) 클러치 분리 상태(clutch releasing) 점검

① 기관을 공전속도로 운전하면서 클러치페달을 밟는다.

② 클러치페달을 밟고 약 3~4초 후에 기어를 넣는다.

③ 이때 기어 소음에 유의한다.

소음이 발생하지 않고 기어가 들어가면 클러치의 단절상태는 양호하다. 만약 이때 마찰소음이 발생하면, 클러치유격이 과대하다고 할 수 있다. 클러치유격이 정상이라면 클러치 자체에 이상이 있다.

또는 ① 구동차축을 들어 올린다.   ② 클러치 페달을 밟고 기어를 넣는다.

이때 구동차륜들이 회전해서는 안 된다.

10. 마찰클러치의 고장원인과 수리

(1) 클러치 슬립

① 디스크 페이싱의 재질불량에 원인이 있을 수 있다.(순정품 사용)

② 디스크 페이싱이 과도하게 마모되었거나 유지(oil 또는 grease)가 부착되어 있을 경우
(디스크의 마모한계는 일반적으로 리벳머리 깊이까지 0.3mm 정도이며, 휨 한계는 약 0.5mm 정도가 대부분이다).

③ 압력스프링(코일스프링 또는 다이어프램 스프링)이 파손되거나 소손되었을 경우.

④ 클러치페달 유격이 적거나 없을 경우(조정한다).

⑤ 클러치페달의 작동상태가 원활하지 못할 경우에는 클러치조작기구(예 : 클러치케이블, 페달부싱, 마스터실린더, 슬레이브 실린더 등)의 움직임이 너무 무거운지 또는 오염되었는지 등을 점검한다.

(2) 발진 시 클러치의 떨림

이 경우에도 클러치를 분해수리하기 전에 클러치조작기구의 작동상태와 클러치유격 등을 먼저 점검해야 한다.

① 디스크 페이싱의 마모가 불균일한 경우

② 페이싱에 유지가 부착되어 있거나, 비틀림 코일스프링이 절손되었거나, 디스크가 휘었을 경우

③ 클러치 설치상태에서 릴리스레버(또는 다이어프램)의 높이가 불균일할 경우

④ 릴리스 - 베어링의 파손 또는 접촉면이 경사되어 있을 경우

⑤ 엔진 마운트(engine mount)의 설치볼트 이완, 마운트 고무의 파손 또는 불량(지나치게 연할 경우)

(3) 클러치 단절불량

이 경우에는 변속조작이 어렵고, 변속할 때 소음이 동반된다.

① 클러치유격이 너무 클 경우(유격조정).

② 클러치디스크의 휨이 과대하여 클러치페달을 끝까지 밟아도 공극이 확보되지 않을 때.

③ 디스크 페이싱의 오염 또는 유지 부착.

④ 주축의 스플라인에서 디스크가 축방향으로 이동이 자유롭지 못할 경우.(해당부분 청소)

(4) 클러치페달을 밟을 때, 페달이 심하게 진동한다

클러치 조정불량, 디스크 페이싱의 두께 차이, 플라이휠의 변형 등에 원인이 있을 수 있다. 릴리스레버의 높이를 균일하게 조정하거나, 디스크를 교환하거나, 플라이휠 마찰면을 수정한다.

(5) 클러치페달을 밟을 때, 클러치에서 소음이 발생된다

릴리스베어링의 윤활부족 또는 파손

(6) 디스크 페이싱에 오일이 묻어있다

디스크 설치 시에 변속기 주축의 스플라인, 릴리스베어링, 클러치허브 등에 과다 주유하지 않았다면, 문제의 오일은 기관이나 변속기에서 유출된 것이다. 이와 같은 경우에는 디스크를 교환하고 동시에 오일 누설부위를 찾아 수리해야 한다.

(7) 디스크의 마모가 너무 빠르다

① 운전자의 운전습관(지나친 반 클러치 사용)

② 클러치 유격을 장기간 조정하지 않아 슬립상태로 계속 운전했을 경우

③ 디스크 페이싱 재질의 불량

④ 디스크를 교환할 때, 페이싱 단면적이 순정품보다 작은 디스크를 사용했을 경우

(8) 클러치페달을 밟으면 기관이 정지한다

이 현상은 릴리스베어링과 릴리스레버(또는 다이어프램 스프링) 사이의 마찰이 너무 심하기 때문이다. 이 경우에도 마찰로 인한 과열에 의해 부품이 파손될 수 있다.

제2장 동력전달장치

제3절 수동변속기
(Manual transmission)

1. 변속기 일반

변속기는 클러치와 종감속/차동장치 사이에 설치되어, 기관의 회전토크와 회전속도를 변환시켜 이를 종감속/차동장치에 전달한다.

기관성능곡선에서 최대 회전토크(M_{max})를 발생시키는 회전속도에서부터 최대출력(P_{max})을 발생시키는 회전속도까지를 기관의 탄성영역(elastic range of engine)이라 한다. 자동차기관은 일반적으로 이 범위 내에서 주로 운전되도록 설계된다.

따라서 자동차는 기관의 탄성영역에서 생성되는 회전토크와 회전속도를 자동차의 주행상황에 적합한 수준의 회전토크와 회전속도로 변환시키는 장치를 갖추고 있어야 한다.

기관의 회전속도와 회전토크는 1차적으로 변속기에서, 그리고 최종적으로 종감속장치에서 다시 변환되어 구동차륜에 전달된다.

변속기는 일반적으로 조작방식 및 구조에 따라 수동(manual), 반자동(semi-automatic), 자동(automatic), 무단 자동(stepless automatic) 변속기 등으로 구분한다.

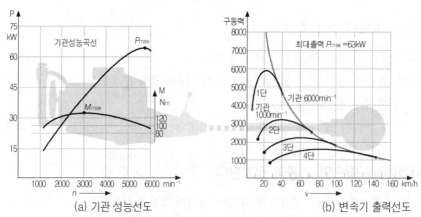

(a) 기관 성능선도   (b) 변속기 출력선도

그림 2-20 기관 성능선도와 변속기 출력선도(예)

(1) 변속비(=기어비)

유단 변속기에서는 서로 맞물린 기어 짝(gear pair)을 이용하여 토크와 회전속도를 변환시킨다. 서로 맞물린 기어 짝에서 변속비(i)는 다음 식으로 표시된다.

$$변속비\,(i) = \frac{피동기어\,잇수\,(z_2)}{구동기어\,잇수\,(z_1)} = \frac{구동축\,회전속도\,(n_1)}{피동축\,회전속도\,(n_2)} \quad \cdots\cdots\cdots\cdots\cdots (2\text{-}1)$$

① 변속비가 1보다 크다($i > 1$) ← 감속, 토크 증가

구동기어 잇수보다 피동기어 잇수가 많다. 따라서 구동축의 회전속도보다 피동축의 회전속도가 낮다. 이 경우, 회전속도는 감소하고 토크는 증가한다.

② 변속비가 1일 경우($i = 1$) ← 직결 상태

구동축의 회전속도와 피동축의 회전속도가 같을 경우, 또는 구동기어 잇수(또는 직경)와 피동기어 잇수(또는 직경)가 같을 경우이다. 자동차에서는 기관의 회전속도와 변속기 출력축의 회전속도가 같을 때 즉, 직결(直結) 상태로서 회전속도와 토크에 변화가 없다.

③ 변속비가 1보다 작다($i < 1$) ← 증속, 토크 감소

구동기어 잇수(또는 지름)보다 피동기어 잇수(또는 지름)가 적다. 따라서 구동축의 회전속도보다 피동축의 회전속도가 높다. 이 경우, 회전속도는 상승하고 토크는 감소한다.

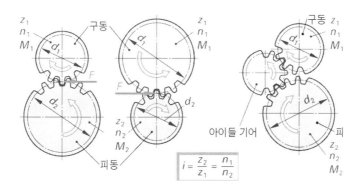

그림 2-21 변속비의 정의

(2) 변속기의 주요 기능

① 기관의 회전토크를 변환시켜 전달한다.

② 기관의 회전속도를 변환시켜 전달한다.

③ 정차 시 기관의 공전운전을 가능하게 한다.

④ 구동륜의 회전방향을 변환시킨다.(후진을 가능하게 한다.)

변속비를 다르게 하여 변속기 출력축 회전속도와 토크를 변환시킨다. 변속기 출력곡선의 각 점은 기관의 토크곡선, 회전속도 곡선 및 기어비(＝변속비)를 이용하여 계산할 수 있다. 그림 2-20(b)는 각 변속 단에서의 출력토크를 변속기 출력축 회전속도와 대비하여 나타낸 것이다. 자동차가 정차 상태로부터 발진하기 위해서는 큰 토크를 필요로 한다. 이 경우에는 1단 기어를 이용하면 된다.

기어를 변속할 때 토크 손실을 최소화하기 위해서는, 각 기어단의 토크 곡선이 가능한 한 서로 근접해야 한다. 이는 변속기의 기어 단을 효과적으로 분할할 경우에만 가능하다.

정차 중에도 기관운전을 계속해야 할 경우가 있다. 예를 들면, 기동할 때 또는 신호대기 중 기관은 회전상태이나 자동차는 정지 상태에 있다. 이때 운전자는 변속레버를 중립(neutral)에 위치시켜, 이 목적을 달성한다.

일반적으로 기관은 한 방향으로만 회전한다. 그러나 자동차는 필요에 따라 전진 또는 후진해야 한다. 구동륜의 회전방향을 변환시키기 위해서는 중간 기어 즉, 아이들 기어(idle gear)를 사용한다. 나라마다 차이는 있으나 대부분 자동차 총중량이 4,000N(≈400kgf) 이상이면 반드시 역전장치를 갖추도록 의무화하고 있다.

(3) 수동 변속기구의 종류

자동차에 주로 사용되는 수동 변속기구(mechanism of manual transmission)의 형식은 다음과 같다.

① 섭동 기어식(sliding gear type)

② 상시 치합식(constant-mesh type 또는 dog clutch type)

③ 동기 치합식(synchro-mesh type)

가장 많이 사용되는 형식은 동기 치합식으로서, 다음과 같은 형식들이 많이 사용되고 있다.

① 단일 동기치합기구(single synchromesh device)

예 : 보르그 워너(Borg warner)社.

② 다중 동기치합기구(multiple synchromesh device)

예 : 마찰짝이 2개 또는 3개인 동기치합기구

2. 수동 변속기구의 구조 및 작동원리

(1) 섭동 기어식(sliding gear type)

이 형식은 구조가 간단하고 취급이 용이하지만, 변속할 때 기어 자체가 축선을 따라 섭동하여 치합된다는 단점이 있다. 오늘날은 일부 자동차의 후진기어에서만 이 형식을 찾아 볼 수 있다. 후진 변속할 때에는 주축기어와 부축기어의 원주속도가 아주 느리기 때문에 섭동식으로도 충분히 목적을 달성할 수 있다.

(2) 상시 치합식(constant-mesh type 또는 dog clutch type)

상시 치합식은 섭동 기어식에 뒤이어 개발된 형식으로 그 구조는 그림 2-22와 같다. 섭동 기어식에서는 기어 자체를 섭동시켜 치합 시켰으나, 상시 치합식에서는 주축(main shaft)에 끼워져 자유롭게 회전하는 단(段)기어(shift gear)와 부축(count shaft)에 고정되어 있는 부축 기어가 항상 치합된 상태로 회전한다.

그리고 단(段)기어의 한 쪽 측면에 가공된 도그(dog)는 단 - 기어와 같은 속도로 회전한다. 도그 허브(dog hub)는 주축의 스플라인(spline)에 끼워져 고정되어 있고, 도그 슬리브(dog sleeve)는 축방향으로 이동이 가능하도록 도그 허브(hub)에 설치되어 있다. 도그 슬리브(dog sleeve)가 단 - 기어의 도그와 치합하여 동력을 전달한다.

구조가 간단할 뿐만 아니라 기어이의 모양이 헬리컬(helical)형이므로 하중부담능력이 크고, 운전이 정숙하여 아직도 일부 대형버스나 트럭 등에 사용되고 있다. 그러나 변속할 때 단-기어의 원주속도와 도그 슬리브의 원주속도가 서로 일치되지 않으면 치합 소음이 발생되고, 심하면 기어이가 파손되게 된다.

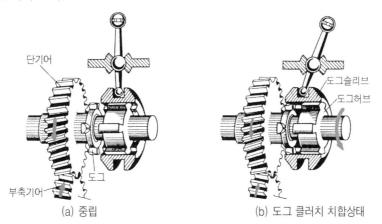

(a) 중립   (b) 도그 클러치 치합상태

그림 2-22 상시 치합식 변속기구

(3) 동기 치합식(synchromesh type)

동기 치합식은 상시 치합식의 단점을 개선시킨 것으로 그 장점은 다음과 같다.

● 변속소음이 거의 없고, 변속이 용이하다.

변속하기 위해서 특별히 가속을 하거나, 더블(double) 클러치를 조작할 필요가 없다. 따라서 기어이가 보호된다.(수명이 길다)

● 기어이가 헬리컬(helical) 형이므로 하중부담능력이 크다.

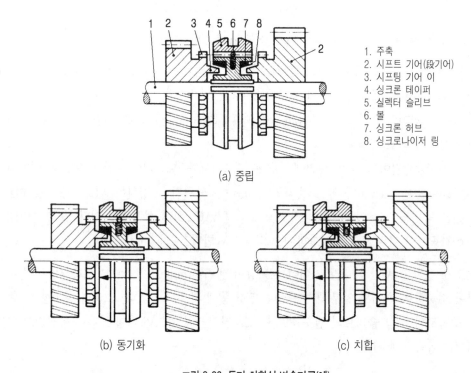

(a) 중립

1. 주축
2. 시프트 기어(段기어)
3. 시프팅 기어 이
4. 싱크론 테이퍼
5. 실렉터 슬리브
6. 볼
7. 싱크론 허브
8. 싱크로나이저 링

(b) 동기화   (c) 치합

그림 2-23 동기 치합식 변속기구(예)

동기화(synchronization)란 주축 상에서 자유롭게 회전하는 단-기어의 싱크론-테이퍼(synchron-taper)(4)와 싱크로나이저-링(synchronizer ring)(8)의 안쪽 테이퍼가 서로 접촉, 마찰하여, 싱크론-허브(synchron hub)(7)의 원주속도와 단-기어(2)의 원주속도를 일치시켜, 실렉터-슬리브(selector-sleeve)(5)가 단-기어(2)와 쉽게 치합되게 하는 과정을 말한다.(그림 2-23. 2-24참조)

그러나 너무 급속하게 변속레버를 조작하면 동기화가 충분하지 않은 상태에서 기어들이 치합되므로 소음이 발생하고, 동시에 싱크로나이저 링의 마찰면의 마모가 증대된다.

1) 단일 동기치합기구(single synchromesh device)

테이퍼 마찰짝이 1개인 동기치합기구로서, 대표적인 것으로는 보르그 워너(Borg-Warner)社의 키 형식 동기치합기구(key type synchromesh device)가 있다.(그림 2-24 참조)

① 구조

실렉터 - 슬리브, 싱크론 - 허브(일명 싱크로메시 - 보디), 3개의 싱크론 키, 2개의 홀딩 - 스프링, 싱크로나이저-링 및 단 - 기어 휠(=시프트 기어 휠)로 구성된다.

● 실렉터－슬리브(selector sleeve)

슬리브의 안쪽에는 싱크론-허브의 원주에 가공된 기어 이와 치합되는 시프트 - 도그(기어이)가 가공되어 있다. 그리고 외측에는 시프트 - 포크가 끼워지는 홈이 가공되어 있다. 3개의 싱크론 키는 싱크론 - 허브의 홈에 끼워지는데, 2개의 홀딩 - 스프링에 의해 실렉터 - 슬리브의 시프트 도그에 밀착된다. 이와 같은 방법으로, 실렉터 - 슬리브는 싱크론 - 허브의 중앙에 위치하게 된다.

● 싱크론－허브((synchron hub)(일명 싱크로메시－보디)

단 - 기어 축에 가공된 스플라인에 끼워져 고정되어, 축 회전속도로 회전한다.

● 싱크로나이저－링(synchronizer ring)

안쪽은 단-기어의 마찰면과 접촉하는 테이퍼(taper)형 마찰면이, 그리고 외측 원주에는 치합을 쉽게 하기위한 기어이가 가공되어 있다. 테이퍼 마찰면에 가공된 3개의 홈은 싱크론-키에 대항하여 싱크로나이저-링의 회전을 제한한다.

● 단－기어(shift gear wheel)

싱크로나이저-링과 접촉하는 쪽에는 테이퍼형 마찰면이, 마찰면 다음에는 시프트 기어이(shift teeth)가 가공되어 있다. 단 - 기어 휠은 시프트 - 기어이와 실렉터 - 슬리브가 치합되지 않은 상태에서는 축에서 자유롭게 회전이 가능하다.

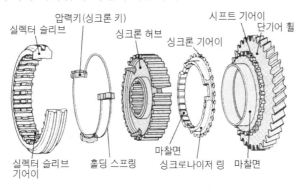

그림 2-24(a) 키 형식의 동기치합기구(Borg-Warner)

② 작동 원리

● 중립 위치(neutral position)

　기어선택 레버가 중립위치에 있을 때, 실렉터 - 슬리브는 싱크론 - 키에 의해 싱크론 - 허브에 고정되어 있다. 단 - 기어는 주축에서 자유롭게 회전한다.

● 로킹/동기화 위치(locking & synchronizing position)

　변속하기 위해 클러치페달을 밟고 변속레버를 중립으로 하면, 주축은 차륜의 구동력에 의해 회전하지만, 주축에서 자유로이 회전하는 단 - 기어의 회전속도는 크게 저하되어, 주축과 단-기어 간의 회전속도에 차이가 발생하게 된다.

　이때 운전자가 변속레버를 조작하면 실렉터 - 슬리브는 단 - 기어 쪽으로 밀려가면서 싱크론 키(synchron key)를 매개체로 하여, 싱크로나이저 - 링의 내측 마찰면이 단 - 기어의 싱크론 테이퍼와 밀착되게 한다. 이 순간 실렉터 - 슬리브, 싱크로나이저-링, 그리고 단 - 기어는 원주속도가 서로 다르기 때문에, 싱크로나이저-링과 단-기어의 싱크론-테이퍼 사이에 제동 토크(brake torque)가 발생한다.

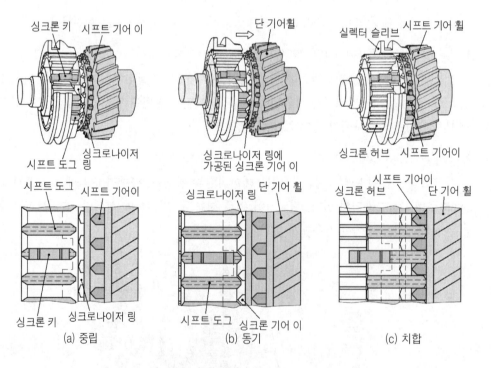

그림 2-24(b) 동기 치합 과정(Borg Warner)

이 제동 토크에 의해 싱크로나이저-링은 싱크론-키의 유격만큼 회전이 늦은 상태에서 동기 작용을 시작한다. 실렉터-슬리브가 계속해서 단 - 기어 쪽으로 밀려가면 실렉터-슬리브의 챔퍼(chamfer)부분과 싱크로나이저-링이 직접 접촉하게 된다. 이때 실렉터-슬리브와 단 - 기어의 원주속도에 차이가 있으면, 실렉터-슬리브는 싱크로나이저-링 때문에 단-기어 쪽으로 이동할 수 없게 된다.

따라서 운전자의 변속레버 조작력 즉, 실렉터-슬리브를 단-기어 쪽으로 미는 힘은 직접 싱크로나이저-링에 전달된다. 동기화 작용이 계속되어 단-기어와 실렉터 - 슬리브의 원주속도가 같아지면 제동 토크는 더 이상 작용하지 않는다. ← 동기화 완료

싱크로나이저 - 링은 두 기어 즉, 실렉터 - 슬리브와 단 - 기어 휠의 원주속도가 같아질 때까지 단 - 기어와 실렉터 - 슬리브의 치합을 방지한다.

● 치합(gear shifted)

단 - 기어 휠과 실렉터 - 슬리브의 회전속도가 같아져 더 이상 제동 토크가 발생되지 않으면, 실렉터 - 슬리브는 싱크로나이저 - 링을 거쳐 단 - 기어 휠의 시프트 기어 이(shift gear teeth)와 치합된다. 그러면 단 - 기어와 변속기 출력축은 연결, 동력이 전달된다.

2) 다중 동기치합기구(multiple synchromesh device) 개요

이 형식들은 주로 낮은 단의 변속에 이용된다. 저속 단-기어에서는 실렉터-슬리브와 자유롭게 회전하는 단 - 기어 휠(shift gear wheel) 간의 속도차가 고속 단-기어에서보다 더 크다. 따라서 저속(예 ; 기어 휠을 제동할 때 또는 가속할 때) 단-기어에서 회전속도를 동기시킬 때는 고속 단-기어에서보다 더 큰 마찰력을 필요로 한다.

예를 들면, 승용자동차용 6단 수동변속기에서 1단과 2단에는 마찰짝이 3개인 다중 동기치합기구를, 3단과 4단에는 마찰짝이 2개인 이중 동기치합기구를, 5단과 6단 그리고 후진기어에는 마찰짝이 1개인 동기치합기구를 사용한다.

다중 동기치합기구의 장점은 다음과 같다.
   ① 똑같은 변속력으로도 큰 마찰력을 얻을 수 있다.
   ② 부드럽고 가벼운 변속이 가능
   ③ 마찰면에 가해지는 면압이 낮기 때문에 테이퍼형 마찰면의 마모가 적다.

3) 2중 동기치합기구(synchromesh device with dual synchronization)

① 구조

- 이너 싱크로나이저-링(inner synchronizer ring)
- 실렉터-슬리브(selector sleeve)
- 아우터 싱크로나이저-링(outer synchronizer ring)
- 중간 링(intermediate ring)
- 싱크론 - 허브(synchron-hub)
- 단-기어 휠(shift gear wheel)

중간 링과 이너(inner) 싱크로나이저-링은 각각 단-기어 휠과, 그리고 아우터(outer) 싱크로나이저-링과 회전이 불가능하게 일체로 결합되어 있다.

이 형식에서는 2개의 마찰짝(이너 싱크로나이저-링 ↔ 중간-링 ↔ 아우터 싱크로나이저-링)이 존재한다. 따라서 마찰짝이 1개인 동기치합기구에 비해 마찰면적이 2배로 확장되었다.

② 작동 원리

동기화시킬 때, 실렉터-슬리브에 의해 아우터 싱크로나이저-링은 중간-링으로, 중간-링은 이너 싱크로나이저-링으로 연이어 밀려가게 된다.

마찰에 의해, 아우터 싱크로나이저-링과 이너 싱크로나이저-링이 회전하여 동기될 때까지, 아우터 싱크로나이저-링의 싱크론 -기어이(synchron teeth)는 실렉터-슬리브가 더 이상 밀려가는 것을 방지한다.

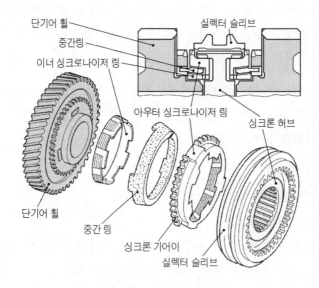

그림 2-25 이중 동기치합기구

4) 아우터-콘 동기치합기구(outer-cone synchromesh device)(예 : ZF)

① 구조

테이퍼형 마찰면이 싱크로나이저-링의 바깥쪽에, 그리고 실렉터-슬리브의 안쪽에 있다. 로킹(locking)은 싱크로나이저-링에 가공된 3각형/경사면 구조의 러그(lug)의 영향을 받는다. 이너-스프링이 싱크로나이저-링을 단기어 휠(shift gear wheel)에 지지하고 있다.

② 작동 원리

속도차가 있을 경우, 싱크로나이저-링은 러그가 실렉터-슬리브의 치합을 방지할 때까지 회전한다. 동기화가 이루어지고, 마찰 토크가 더 이상 작용하지 않으면, 러그는 시프트-기어이(shift teeth)의 그루브(groove)로 눌려 들어가게 된다. 이제 실렉터-슬리브는 시프트 기어이와 치합될 수 있다. 마찰 반경이 크기 때문에 변속이 쉽게 그리고 부드럽게 이루어지게 된다.

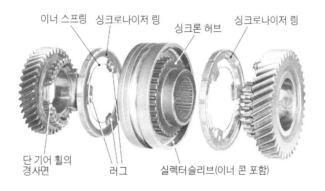

그림 2-26 아우터 - 콘 동기치합기구(예 : ZF)

3. 수동변속기의 구조 및 동력전달경로

변속기는 자동차 구동방식과 용도에 따라 그 구조가 다르고, 또 변속단(變速段)에 따라 동력전달경로가 달라진다. 동력전달 경로에 따라서는 입/출력 방향이 동일한 변속기와 입/출력 방향이 정반대인 변속기로 구분한다. 그리고 자동차에서의 설치위치에 따라서는 Y축 방향 변속기와 X축 방향 변속기로 구분하기도 한다. 또 보조변속장치가 부가된 복합변속기도 있다.

(1) 입/출력방향이 동일한 변속기(그림 2-27 참조)

앞기관 후륜구동 방식(Front-engine Rear-drive : FR) 자동차에 사용되는 변속기의 구조와 동력전달경로는 그림 2-27과 같다.

동력은 입력축과 동일선상으로 출력된다. 이 형식의 변속기는 입력축(input shaft), 주축
(main shaft), 그리고 부축(counter shaft)의 3축으로 구성되어 있기 때문에 3축 변속기라고도 한
다. 변속비가 1이 아닐 경우, 2쌍 이상의 기어를 거쳐 동력이 전달된다.

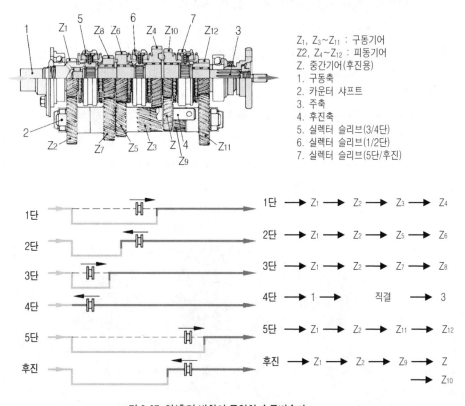

그림 2-27 입/출력 방향이 동일한 수동변속기

(2) 입/출력 방향이 정반대인 변속기

입력방향과 출력방향은 서로 정반대 즉,
180° 변환된다. 일반적으로 종감속장치와 차
동장치도 같은 케이스 안에 설치되어 있기 때
문에, 트랜스 - 액슬(trans-axle)이라고도 한
다. 주로 앞기관 앞바퀴 구동(Front-engine,
Front-drive : FF)방식의 자동차에 이용된다.

변속비는 어느 단을 막론하고 1쌍의 기어
에 의해서 얻어진다.

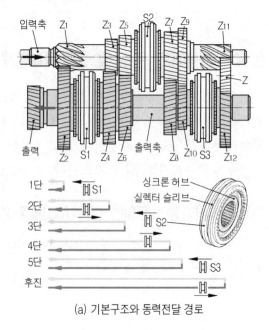

(a) 기본구조와 동력전달 경로

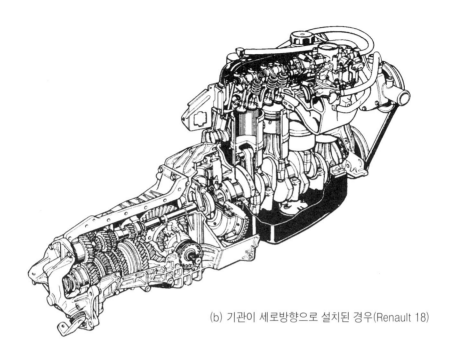

(b) 기관이 세로방향으로 설치된 경우(Renault 18)

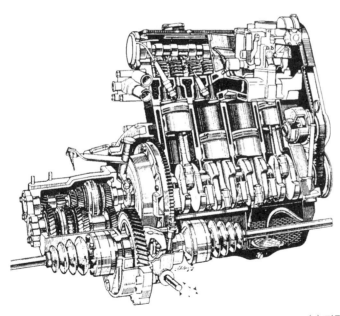

(c) 기관이 가로방향으로 설치된 경우(VW Polo)

그림 2-28　입/출력 방향이 정반대인 수동변속기

(3) 보조변속기구를 갖춘 변속기(transmission with auxiliary transmission)

대형 트럭이나 중장비에서는 연료소비율을 낮추고 기관의 고출력을 유용하게 이용하기 위해 기존의 4단변속기에 보조변속기구를 추가한 변속기를 많이 사용한다. 이러한 변속기에서는 보조변속기구를 입력측 또는 출력측에, 입/출력측 모두에 설치하는 형식 등이 있다.

① 입력측에 보조변속기구를 설치한 변속기

이 형식의 변속기는 주로 단 분할(段 分割) 간격을 작게 하는 데 사용된다. 따라서 단과 단 사이의 변속비 증감률이 낮아진다. 보조변속기구가 기존 변속기의 변속비를 재분할하기 때문에 분할 변속기(split transmission)라고도 한다.

보조변속기구를 거치지 않을 경우에는 기존 변속기의 변속비로 변속된다. 그러나 먼저 보조변속기구를 거칠 경우에는 기존 변속기의 두 단 사이의 변속비를 분할한 새로운 변속비를 가진 변속단을 얻을 수 있다.

입력측에 보조변속기구를 설치할 경우, 변속단수는 2배로 된다. 그러나 변속비의 전체 범위에는 거의 변화가 없다.

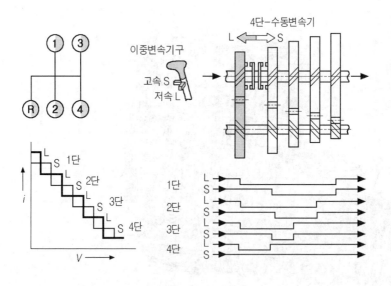

그림 2-29 입력측에 보조변속기구가 설치된 복합 변속기

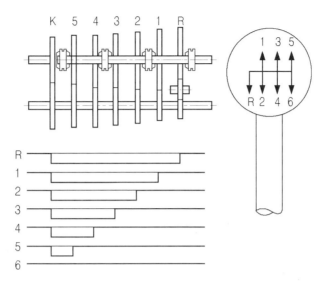

(a) 6단 수동변속기의 동력전달경로

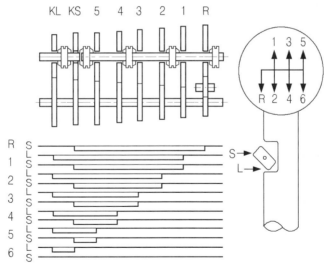

(b) 분할변속기구를 갖춘 6단 수동변속기의 동력전달경로

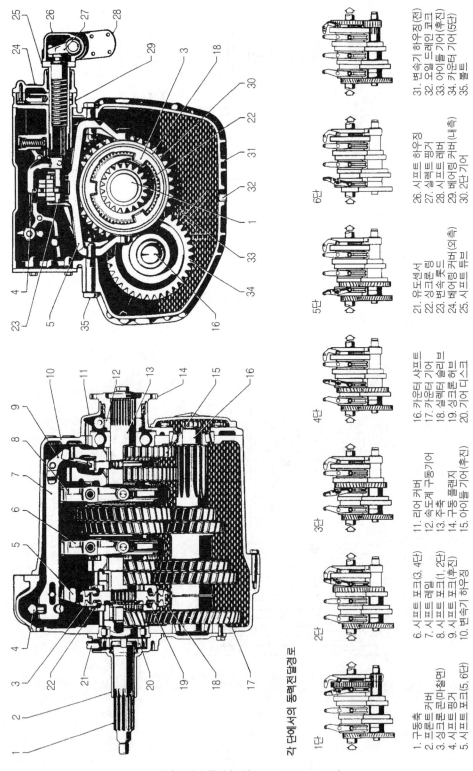

1. 구동축
2. 프론트 커버
3. 싱크로 콘(마찰면)
4. 싱크로 팽거
5. 시프트 포크(5, 6단)
6. 시프트 포크(3, 4단)
7. 시프트 레일
8. 시프트 포크(1, 2단)
9. 시프트 포크(후진)
10. 변속기 하우징
11. 리어 커버
12. 속도계 구동기어
13. 주축
14. 구동 플랜지
15. 아이들 기어(후진)
16. 기어 커버
17. 카운터 기어
18. 셀렉터 슬리브
19. 싱크로 허브
20. 기어 디스크
21. 유도센서
22. 싱크로링
23. 변속로드
24. 베어링 커버(외측)
25. 시프트 튜브
26. 시프트 하우징
27. 셀렉트 팽거
28. 시프트 레버
29. 베어링 커버(내측)
30. 2단 기어
31. 변속기 하우징(전)
32. 오일드레인 코크
33. 아이들기어(후진)
34. 카운터 기어(5단)
35. 볼트

각 단에서의 동력전달경로
1단 2단 3단 4단 5단 6단

(c) 6단 수동변속기(Benz G4/65-6/9.0)

그림 2-30 6단 수동변속기의 구조와 동력전달경로

② 출력측에 보조변속기구가 설치된 변속기

이 형식은 기존 변속기의 변속비 범위를 크게 확장하고자 할 경우에 사용한다. 보통 레인지 기어박스(range gear box)라고도 한다. 수동변속기의 출력측에 유성기어장치를 추가한 형식이 주로 사용된다.(그림 2-31 참조)

그림 2-31에서 1단부터 4단까지는 출력축 선단에 접속된 레인지 기어(유성기어)에서 다시 감속되므로, 변속비는 크게 증가한다. 그

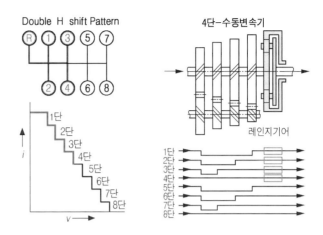

그림 2-31 출력측에 보조변속기구를 설치한 변속기

러나 5단에서 8단까지는 레인지 기어(유성기어)를 직결, 운전하므로 주변속기의 변속비가 그대로 유지된다. 즉, 레인지 기어에 의해 변속비가 크게 확장되었다. ← 확장 변속기(extended transmission)

③ 입/출력 양측에 보조변속기구를 설치한 변속기

입력측에는 분할변속기구, 출력측에는 확장변속기구를 결합시킨 방식이다. 이와 같은 변속기의 경우, 기존의 4단변속기로 16단 변속이 가능하게 된다.

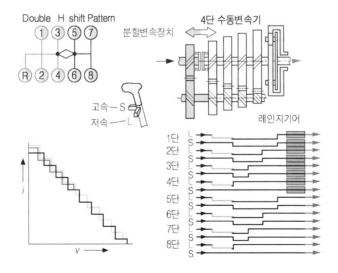

그림 2-32 입/출력 양측에 보조변속기구를 설치한 복합변속기

4. 동력인출장치(power take-off)와 트랜스퍼 케이스(transfer case)

동력을 주행 이외의 목적에 사용하고자 할 경우에는 동력인출장치를 필요로 한다. 변속기에서 직접 인출하는 방식과 트랜스퍼 케이스에서 인출하는 2가지 방법이 이용된다.

2축 이상의 차축을 구동시키거나 또는 총륜구동(all wheel drive) 방식에서는 변속기로부터 전달받은 회전토크를 해당 차축에 분배하는 장치를 필요로 한다. 이 장치를 트랜스퍼 케이스라 한다. 유성기어장치를 이용하여 구동토크를, 앞/뒤 차축에 차등 분배할 수 있다. 또 2단 트랜스퍼 케이스를 이용하면 변속범위를 확장시킬 수 있다.

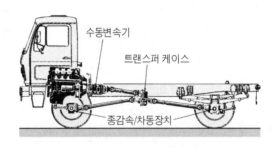

(a) 설치 위치

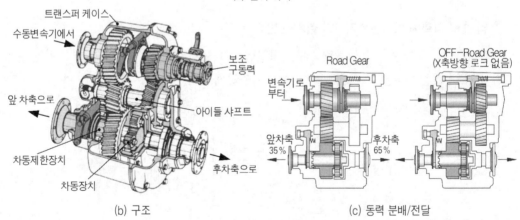

(b) 구조   (c) 동력 분배/전달

그림 2-33 동력인출장치와 차동장치가 부착된 트랜스퍼 케이스

① 로드 기어(road-gear) - 그림 2-33(c)의 좌측 그림 참조

변속기로부터의 구동력은 변속비에 변화가 없는 기어짝을 거쳐 유성기어 캐리어에 전달된다. 선기어는 앞 차축을, 링기어는 후차축을 구동한다. 이때 동력 배분은 예를 들면 앞 차축에 35%, 뒷 차축에 65%를 분배할 수 있다.

② **오프 - 로드 기어(OFF-road gear) - 그림 2-33(c)의 우측 그림 참조**

상부의 로킹 칼라(locking collar)를 이용하여, 구동력이 우측의 기어짝을 거치면서 저속으로 변속(예 : $i = 1.44$)되어 유성기어 캐리어에 전달되게 한다. 추가로 하부의 로킹칼라를 이용하여 유성기어장치를 로크시킬 수 있다. 그러면 앞/뒤 차축으로의 동력배분은 50 : 50이 된다.(일체가 된다.)

총륜구동방식에서 트랜스퍼 케이스는 일반적으로 차동장치가 부착된 형식과 차동장치가 부착되지 않은 형식, 그리고 슬립(slip)의 정도에 따라 회전토크를 가변적으로 분배할 수 있는 형식으로 분류할 수 있다.(P.210 총륜구동 참조)

5. 변속기의 단(段) 분할

(1) 변속비

※ 2-3-1 변속기 일반 참조

변속비(i)에서　$i > 1$: 감속(토크 증가)
$i = 1$: 직결(속도, 토크 모두 변화 없음)
$i < 1$: 증속(토크 감소)

(2) 변속기 단(段) 분할(分割)(transmission grading)

자동차용 변속기 단(段) 분할은 두 가지 한계기준 즉, 자동차의 최고속도($V_F.\max$)와 최대 등반각($\tan\theta_{\max}$)을 먼저 고려하여 최대 변속비(i_{GZ})와 최저 변속비(i_{G1})를 결정한 다음, 중간 단(段)들의 변속비를 결정한다.

● 최저 변속비 즉, 최고단에서 주행 최고속도($V_F.\max$)를 달성할 수 있다.

$$V_F.\max = (1 - S_A) \cdot \frac{u_A}{i_G \cdot i_D} \cdot n_M \qquad i_{GZ} = (1 - S_A) \cdot \frac{u_A}{i_D} \cdot \frac{n_{Mn}}{V_{Fn}}$$

여기서　u_A : 구동륜 원둘레　　　S_A : 구동륜의 슬립률
i_G : 변속기 변속비　　　i_D : 종감속비
n_M : 기관 회전속도　　　n_{Mn} : 기관 정격회전속도
i_{GZ} : 최고단 변속비　　　V_{Fn} : 자동차 정격 주행속도

- 구동륜의 슬립률 $S_A = 0$일 경우, 최고단 변속비 i_{GZ} 는

$$i_{GZ} = \frac{u_A}{i_D} \cdot \frac{n_{Mn}}{V_{Fn}}$$

- 최대 변속비 즉, 최저단에서 최대 등반각($\tan\theta_{max}$)을 얻을 수 있다.

"최대 등반각($\tan\theta_{max}$) ≈ 최대 등반능력"이며, 최저 단으로 등반주행할 경우, 주행속도가 낮기 때문에 공기저항은 무시할 수 있다. 이 경우, 자동차의 구동력과 총 저항과의 관계는 다음 식으로 표시할 수 있다.

$$전동저항(F_{WR}) + 등반저항(F_{WS}) = 구동력(F_D)$$

$$f_R \cdot m \cdot g \cdot \cos\theta + m \cdot g \cdot \sin\theta = \frac{i_{G1} \cdot i_D}{r_A} \cdot M_{Mmax} \cdot \eta_A$$

위 식을 최저단 변속비(i_{G1})에 관하여 정리하면 다음과 같다.

$$i_{G1} = \frac{r_A}{i_D} \cdot \frac{(f_R \cdot \cos\theta + \sin\theta)}{M_{Mmax} \cdot \eta_A} \cdot m \cdot g$$

또는 최대 전동저항계수($\mu_{kmax} \approx 0.8 \sim (1.0)$)를 이용하여, 구동력과 총 저항과의 관계를 정리하면 다음과 같다.

$$\mu_{kmax} \cdot m \cdot g = \frac{i_{G1} \cdot i_D}{r_A} \cdot M_{Mmax} \cdot \eta_A$$

위 식을 최저단 변속비(i_{G1})에 관하여 정리하면 다음과 같다.

$$i_{G1} = \frac{r_A}{i_D} \cdot \frac{\mu_{kmax}}{M_{Mmax}} \cdot \frac{m_A \cdot g}{\eta_A}$$

여기서 r_A : 구동륜의 동하중 반경 m_A : 구동축 질량
               M_{Mmax} : 기관의 최대회전력 η_A : 동력전달계 효율

그리고 최고단 변속비(i_{GZ})와 최저단 변속비(i_{G1})가 결정되면, 이들 두 변속비의 상대 변속비(i_{rel})는 다음 식으로 구한다.

$$i_{rel} = \frac{i_{G1}}{i_{GZ}}$$

중간 단(段)들의 변속비는 변속기의 상대 변속비(i_{rel})를 경험적으로 또는 규칙적으로 분할한다. 몇 가지 예를 들기로 한다.

① **순수 기하학적 단 분할**(pure geometric grading)

단(段) 분할비를 ψ (psi)라 하면

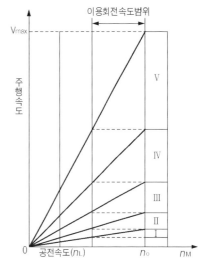

$$\psi = {}^{z-1}\sqrt{i_{rel}} = {}^{z-1}\sqrt{\dfrac{i_{G1}}{i_{GZ}}}$$

i_z

$i_{z-1} = \psi \cdot i_z \quad = \psi \cdot i_z$

$i_{z-2} = \psi \cdot i_{z-1} = \psi^2 \cdot i_z$

$i_{z-3} = \psi \cdot i_{z-2} = \psi^3 \cdot i_z$

$$\vdots \qquad \vdots \qquad \vdots$$

$i_1 = \psi \cdot i_2 \quad = \psi^{z-1} \cdot i_z$

참고도 1 순수 기하학적 단 분할

이용 회전속도 범위는 자동차의 주행조건과 기관의 특성을 고려하여 결정한다.

단(段) 분할비 ψ (psi)는 기관의 이용 가능한 회전속도영역을 의미한다. 기관의 공전속도를 n_L, 기관의 최대회전속도를 n_{max}, 기관의 최대토크 회전속도를 n_{Md} 라 할 때, 다음 식이 성립한다.

$$\psi = \dfrac{n_{max}}{n_L}$$

그리고 최소한 $\psi \approx \dfrac{n_{max}}{n_{Md}}$ 이어야 하며, 어떠한 경우에도 $\psi_{max} \leq \dfrac{n_{max}}{n_L}$ 이어야 한다.

예제   변속단수 $z = 5$, 1단 변속비 $i_{G1} = 4.0$, 5단 변속비 $i_{GZ} = 1.0$일 경우에 각 단의 변속비를 구하라.

【풀이】 $i_{rel} = \dfrac{i_{G1}}{i_{GZ}} = \dfrac{4.0}{1.0} = 4$ $\qquad \psi = {}^{z-1}\sqrt{i_{rel}} = {}^{5-1}\sqrt{4} \fallingdotseq 1.414$

5단 변속비 $i_5 = i_z = 1.0$

4단 변속비 $i_4 = i_{z-1} = \psi \cdot i_z \quad = 1.414 \times 1.0 = 1.414$

3단 변속비 $i_3 = i_{z-2} = \psi \cdot i_{z-1} = 1.414 \times 1.414 = 1.999 \fallingdotseq 2.0$

2단 변속비 $i_2 = i_{z-3} = \psi \cdot i_{z-2} = 1.414 \times 2.0 = 2.838 \fallingdotseq 2.83$

1단 변속비 $i_1 = i_1 = \psi \cdot i_2 \quad = 1.414 \times 2.83 = 3.99 \fallingdotseq 4.0$

② 확장 기하학적 단(段) 분할(extended geometric grading)

단 분할비 ψ(psi)는 앞서의 순수 기하학적 단 분할 그래프에서 보면, 분할폭이 최저단에서는 너무 작고, 최고단에서는 너무 크게 나타난다. 이를 보상하기 위해서 최저단(1단)에서 다음 단(2단) 사이의 분할비($\psi_{1/2}$)를 다른 단에서 보다 크게 한다.

즉, 1단 $\leftrightarrow$ 2단 사이의 분할비($\psi_{1/2}$)는 "$\psi_{1/2} > \psi$"로서 예를 들면 $\psi_{1/2} = 1.25$로 하고, 나머지 단(i_{rest})은 순수 기하학적 단(段) 분할방법을 적용한다.

$$i_{rest} = \frac{i_{rel}}{\psi_{1/2}} \rightarrow \psi^* = {}^{z-2}\sqrt{i_{rest}}$$

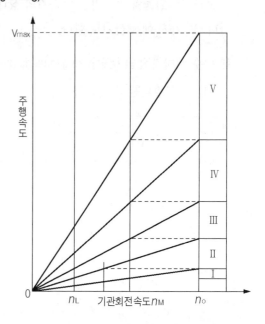

참고도 2 확장 기하학적 단(段) 분할

예제 변속단수 $z = 5$, 1단 변속비 $i_{G1} = 4.0$, 5단 변속비 $i_{GZ} = 1.0$, 그리고 $\psi_{1/2} = 1.25$ 일 경우에 각 단의 변속비를 구하라.

【풀이】 $i_{rel} = \dfrac{i_{G1}}{i_{GZ}} = \dfrac{4.0}{1.0} = 4$ $\qquad$ $\psi = {}^{z-1}\sqrt{i_{rel}} = {}^{5-1}\sqrt{4} \fallingdotseq 1.414$

$\psi_{1/2} = 1.25 \times \psi = 1.25 \times 1.414 = 1.7675 \fallingdotseq \underline{1.77}$

$i_{rest} = \dfrac{i_{rel}}{\psi_{1/2}} = \dfrac{4.0}{1.77}$ $\quad$ $\psi^* = {}^{z-2}\sqrt{i_{rest}} = {}^{5-2}\sqrt{\dfrac{4.0}{1.77}} = 1.3128 \fallingdotseq 1.31$

5단 변속비 $\ i_5 = i_z = 1.0$

4단 변속비 $\ i_4 = i_{z-1} = \psi^* \cdot i_z \quad\ = 1.31 \times 1.0 = 1.31$

3단 변속비 $\ i_3 = i_{z-2} = \psi^* \cdot i_{z-1} = 1.31 \times 1.31 = 1.722 \fallingdotseq 1.72$

2단 변속비 $\ i_2 = i_{z-3} = \psi^* \cdot i_{z-2} = 1.31 \times 1.72 = 2.2559 \fallingdotseq 2.26$

1단 변속비 $\ i_1 = i_1 = \psi_{1/2} \cdot i_2 \quad\ = \underline{1.77} \times 2.26 = 3.993 \fallingdotseq 4.0$

③ **분할계수를 이용한 기하학적 단 분할**(geometric grading with grading factor)

대형 상용자동차와 같이 분할변속기구(split gearing)나 확장 변속기구(range gearing)를 사용할 경우, 분할계수(m)를 이용하여 주-변속기의 변속비를 결정한다.

분할계수(m)는 임의적으로 결정한다.

(예 : $m = 1.1$)

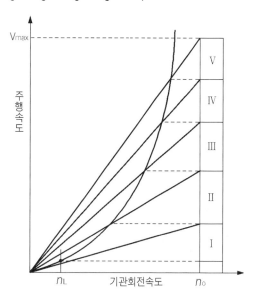

$$i_z$$

$$i_{z-1} = m^0 \cdot \psi \cdot i_z \quad = 1 \cdot \psi \cdot i_z$$

$$i_{z-2} = m^1 \cdot \psi \cdot i_{z-1} = m \cdot \psi^2 \cdot i_z$$

$$i_{z-3} = m^2 \cdot \psi \cdot i_{z-2} = m^3 \cdot \psi^3 \cdot i_z$$

$$i_{z-4} = m^3 \cdot \psi \cdot i_{z-3} = m^6 \cdot \psi^4 \cdot i_z$$

$$\cdot \qquad \cdot \qquad \cdot$$

$$i_x = m^{(1/2)(z-x)(z-x-1)} \cdot \psi^{(z-x)} \cdot i_z$$

참고도 3 분할계수를 이용한 기하학적 단 분할

이때 단(段) 분할비(ψ)는

$$\psi = {}^{z-1}\sqrt{\dfrac{i_{rel}}{m^{(1/2)(z-1)(z-2)}}}$$

예제　변속단수 $z = 5$, 1단 변속비 $i_{G1} = 4.0$, 5단 변속비 $i_{GZ} = 1.0$, 그리고 분할계수 $m = 1.1$일 경우에 각 단의 변속비를 구하라.

【풀이】 $i_{rel} = \dfrac{i_{G1}}{i_{GZ}} = \dfrac{4.0}{1.0} = 4$

$$\psi = {}^{z-1}\sqrt{\dfrac{i_{rel}}{m^{(1/2)(z-1)(z-2)}}} \quad = {}^{5-1}\sqrt{\dfrac{4}{1.1^{(1/2)(4)(3)}}} \quad = {}^{4}\sqrt{\dfrac{4}{1.1^6}} \fallingdotseq 1.23$$

5단 변속비 $i_5 = 1.0$

4단 변속비 $i_4 = m^0 \cdot \psi \cdot i_5 = 1.1^0 \times 1.23 \times 1.0 = 1.0 \times 1.23 \times 1.0 = 1.23$

3단 변속비 $i_3 = m^1 \cdot \psi \cdot i_4 = 1.1^1 \times 1.23 \times 1.23 = 1.664 \fallingdotseq 1.66$

2단 변속비 $i_2 = m^2 \cdot \psi \cdot i_3 = 1.1^2 \times 1.23 \times 1.66 = 2.470$

1단 변속비 $i_1 = m^3 \cdot \psi \cdot i_2 = 1.1^3 \times 1.23 \times 2.47 = 4.043 \fallingdotseq 4.0$

④ 보조변속기구의 단(段) 분할

■ 분할변속기구(split gear box)의 분할비(ψ_{sg})

　　분할변속기구는 주 - 변속기(main transmission)의 변속비를 더욱 세분한다. 분할변속기구의 분할비(ψ_{sg})는 다음 식으로 구한다.

$$\psi_{sg} = \sqrt{\psi_{mt}} \qquad\qquad 여기서 \quad \psi_{mt} : 주\text{-}변속기의 분할비$$

　　분할변속기구의 변속비는 속도를 빠르게 할 경우와, 속도를 느리게 할 경우에 따라 다른 식을 적용한다. 주 - 변속기 앞에 설치하는 경우로서, 분할변속기구의 속도를 빠르게 하면, 주 -변속기의 토크는 변화가 없으나 회전속도가 약간 상승한다. 반대로 분할변속기구의 속도를 느리게 할 경우에는 주-변속기의 회전속도는 그대로이나, 토크가 약간 상승한다.

속도를 빠르게 할 경우	속도를 느리게 할 경우
$i_{zmt+1} = \dfrac{1}{\psi_{sg}} \cdot i_{zmt}$	$i_{zmt-1} = \psi_{sg} \cdot i_{zmt}$

예제　주 - 변속기의 변속단수 $z = 5$, 상대 변속비 $i_{rel} = 4.0$, 5단 변속비 $i_{zmt} = 1.0$, 그리고 분할비 $\psi_{mt} = 1.41$일 때, 분할변속기구의 분할비 ψ_{sg}와 각 단의 변속비를 구하라.

【풀이】　$\psi_{sg} = \sqrt{\psi_{mt}} = \sqrt{1.41} = 1.19$

　　　　　5S단 변속비　$i_{5S} = i_{zmt+1} = \dfrac{1}{\psi_{sg}} \cdot i_{zmt} = \dfrac{1}{1.19} \times 1.0 = 0.84$

　　　　　5L단 변속비　$i_{5L} = i_{zmt} = 1.0$

　　　　　4S단 변속비　$i_{4S} = i_{zmt-1} = \psi_{sg} \cdot i_{5L} = 1.19 \times 1.0 = 1.19$

　　　　　　　　　　　　$= \dfrac{1}{\psi_{sg}} \cdot i_{4L} = \dfrac{1.41}{1.19} = 1.1848 \fallingdotseq 1.19$

　　　　　4L단 변속비　$i_{4L} = i_{4s-1} = \psi_{mt} \cdot i_{zmt} = 1.41 \times 1.0 = 1.41$

　　　　　3S단 변속비　$i_{3S} = i_{4L-1} = \psi_{sg} \cdot i_{4L} = 1.19 \times 1.41 = 1.679 \fallingdotseq 1.68$

　　　　　　　　　　　　$= \dfrac{1}{\psi_{sg}} \cdot i_{3L} = \dfrac{2.0}{1.19} = 1.680$

　　　　　3L단 변속비　$i_{3L} = i_{3s-1} = \psi_{mt} \cdot i_{4L} = 1.41 \times 1.41 = 1.999 \fallingdotseq 2.0$

　　　　　2S단 변속비　$i_{2S} = i_{3L-1} = \psi_{sg} \cdot i_{3L} = 1.19 \times 2.0 = 2.38$

　　　　　　　　　　　　$= \dfrac{1}{\psi_{sg}} \cdot i_{2L} = \dfrac{2.83}{1.19} = 2.378 \fallingdotseq 2.38$

2L단 변속비 $i_{2L} = i_{2s-1} = \psi_{mt} \cdot i_{3L} = 1.41 \times 2.0 = 2.828 ≒ 2.83$

1S단 변속비 $i_{1S} = i_{2L-1} = \psi_{sg} \cdot i_{2L} = 1.19 \times 2.83 = 3.367$

$$= \frac{1}{\psi_{sg}} \cdot i_{1L} = \frac{4.0}{1.19} = 3.361 ≒ 3.36$$

1L단 변속비 $i_{1L} = i_{mt1} = \psi_{mt} \cdot i_{2L} = 1.41 \times 2.83 = 3.999 ≒ 4.0$

변속단	⑤		④		③		②		①	
S & L	Ⓢ	Ⓛ	Ⓢ	Ⓛ	Ⓢ	Ⓛ	Ⓢ	Ⓛ	Ⓢ	Ⓛ
변속비	0.84	1.0	1.19	1.41	1.68	2.0	2.38	2.83	3.36	4.0
변속비 차	0.16 → 0.19 → 0.22 → 0.27 → 0.32 → 0.38 → 0.45 → 0.53 → 0.64									

■ 확장 변속기구(range gear box)의 분할비(ψ_{rg})

확장 변속기구(range gear box)는 주 - 변속기의 토크, 상대변속비(i_{rel}), 분할비(ψ) 등이 모두 작을 경우에 사용한다.

일반적으로 레인지 기어박스는 주 - 변속기 뒤에 설치하며, 주-변속기의 토크가 현저하게 낮은 결점을 보완한다. 즉, 확장 변속기구는 토크를 필요수준으로 증대시킨다.

확장 변속기구(range gear box)의 분할비(ψ_{rg})는 다음 식으로 구한다.

$$\psi_{rg} = \left[{}^{z-1}\sqrt{i_{rel}} \right]^{(z/2)}$$

예제   주 - 변속기의 변속단수 $z = 4$, 4단 변속비 $i_{z.mt} = 1.0$, 상대 변속비 $i_{rel} = 4.0$, 그리고 분할비 $\psi_{mt} = 1.59$일 때, 확장변속기구의 분할비 ψ_{rg} 와 각 단의 변속비를 계산하라. 주-변속기 분할비는 $\psi_{mt} = {}^{z-1}\sqrt{i_{rel}} = {}^{4-1}\sqrt{4} = {}^{3}\sqrt{4} = 1.587 ≒ 1.59$이므로, 주-변속기의 각 단에서의 변속비는 아래와 같다.

【풀이】 4단 변속비 $i_4 = i_{zmt}$ $= 1.0$

3단 변속비 $i_3 = i_{zmt-1} = \psi_{mt} \cdot i_{zmt} = 1.59 \times 1.0 = 1.59$

2단 변속비 $i_2 = i_{zmt-2} = \psi_{mt} \cdot i_{zmt-1} = 1.59 \times 1.59 = 2.52$

1단 변속비 $i_1 = i_1$ $= \psi_{mt} \cdot i_2 = 1.59 \times 2.52 = 4.0$

확장 변속기구의 분할비 ψ_{rg}는

$$\psi_{rg} = \left[{}^{z-1}\sqrt{i_{rel}} \right]^{(z/2)} = \left[{}^{4-1}\sqrt{4} \right]^{(4/2)} = \left({}^{3}\sqrt{4} \right)^2 = 2.52$$로 계산된다.

따라서 확장변속기구를 접속하면,

$$4\text{R단 변속비}\quad i_{4R}=\psi_{rg}\cdot i_4=2.52\times1.0=2.52$$
$$3\text{R단 변속비}\quad i_{3R}=\psi_{rg}\cdot i_3=2.52\times1.59=4.00$$
$$2\text{R단 변속비}\quad i_{2R}=\psi_{rg}\cdot i_2=2.52\times2.52=6.35$$
$$1\text{R단 변속비}\quad i_{1R}=\psi_{rg}\cdot i_1=2.52\times4.0=10.08$$

■ 복합(combination) 변속기의 변속비

| n_M | 분할식 변속기구
(split gear box) | 주-변속기
(main transmission) | 확장 변속기구
(range gear box) | n_A |

예 :   2   ×   4   ×   2   = 16단

즉, 변속단수가 4단인 주-변속기에 분할변속기구와 확장변속기구를 부가하면, 총 16단의 변속단수를 얻을 수 있다.

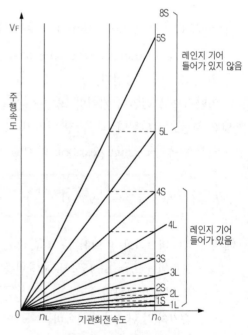

참고도 4 복합변속기의 변속비

참고표 2-3-1 수동변속기의 변속비 (예 : 주로 이용하는 범위)

(2륜 자동차)

단수	1단	2단	3단	4단	5단	6단	후진
5단	2.37~2.75	1.39~1.90	1.27~1.61	1.04~1.40	0.90~1.26	–	–
6단	2.05~2.86	1.60~2.00	1.27~1.61	1.04~1.40	0.90~1.26	0.80~1.17	

(승용 자동차)

단수	1단	2단	3단	4단	5단	6단	후진
5단	3.17~4.23	1.86~2.80	1.16~1.76	0.84~1.25	0.68~1.0	–	3.07~4.27
6단	3.42~5.09	1.89~2.83	1.23~1.79	0.93~1.27	0.76~1.09	0.60~0.83	3.15~3.91

(트럭 및 버스)

단수	1단/2단	3단/4단	5단/6단	7단/8단	9단/10단	11단/12단	후진
8단	6.38/4.63	3.44/2.59	1.86/1.35	1.00/0.76	–	–	8.04
12단	11.27/9.14	7.17/5.81	4.62/3.75	3.02/2.44	1.91/1.55	1.23/1.00	14.74/11.95

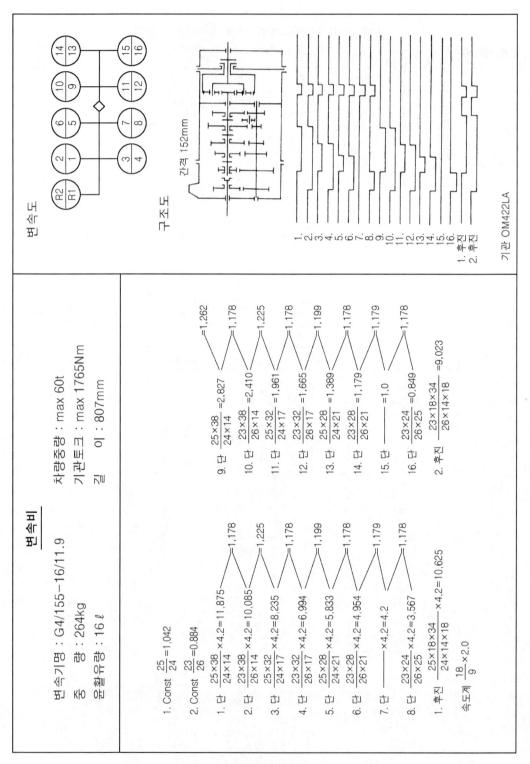

변속도

구조도

간격 152mm

기관 OM422LA

1.
2.
3.
4.
5.
6.
7.
8.
9.
10.
11.
12.
13.
14.
15.
16.
1. 후진
2. 후진

변속비

변속기명 : G4/155−16/11.9
중량 : 264kg
윤활유량 : 16 ℓ

차량중량 : max 60t
기관토크 : max 1765Nm
길   이 : 807mm

1. Const $\dfrac{25}{24}=1,042$

2. Const $\dfrac{23}{26}=0.884$

1. 단 $\dfrac{25\times38}{24\times14}\times4.2=11,875$ 1,178

2. 단 $\dfrac{23\times38}{26\times14}\times4.2=10,085$ 1,225

3. 단 $\dfrac{25\times32}{24\times17}\times4.2=8,235$ 1,178

4. 단 $\dfrac{23\times32}{26\times17}\times4.2=6,994$ 1,199

5. 단 $\dfrac{25\times28}{24\times21}\times4.2=5,833$ 1,178

6. 단 $\dfrac{23\times28}{26\times21}\times4.2=4,954$ 1,179

7. 단 $\dfrac{}{}\times4.2=4.2$

8. 단 $\dfrac{23\times24}{26\times25}\times4.2=3,567$ 1,178

1. 후진 $\dfrac{25\times18\times34}{24\times14\times18}\times4.2=10,625$

속도계 $\dfrac{18}{9}\times2.0$

9. 단 $\dfrac{25\times38}{24\times14}=2,827$ =1,262

10. 단 $\dfrac{23\times38}{26\times14}=2,410$ 1,178

11. 단 $\dfrac{25\times32}{24\times17}=1,961$ 1,225

12. 단 $\dfrac{23\times32}{26\times17}=1,665$ 1,178

13. 단 $\dfrac{25\times28}{24\times21}=1,389$ 1,199

14. 단 $\dfrac{23\times28}{26\times21}=1,179$ 1,178

15. 단 $\dfrac{}{}=1.0$ 1,179

16. 단 $\dfrac{23\times24}{26\times25}=0.849$ 1,178

2. 후진 $\dfrac{23\times18\times34}{26\times14\times18}=9,023$

(a) 16단 고속변속기

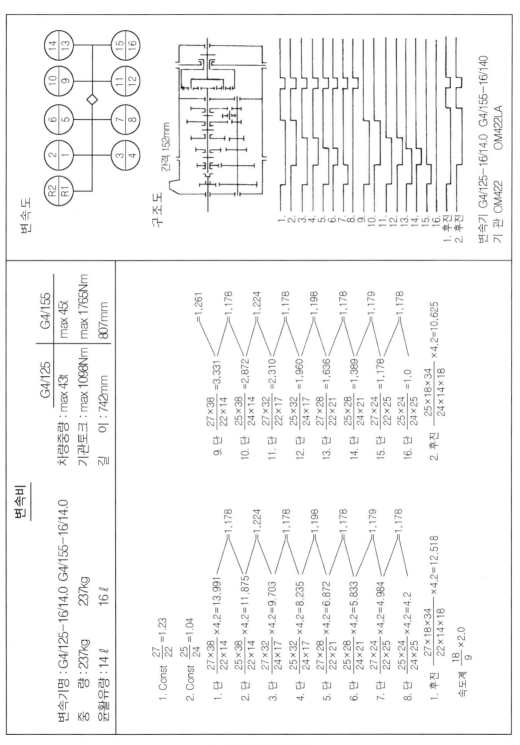

(b) 16단 산악용 변속기

참고도 5　16단 변속기의 구조와 변속비(Benz)

> **참 고**

● **수동 변속기 오일**(manual transmission fluid)

1. 수동변속기 윤활유

각종 수동변속기용 윤활유는 다음과 같은 요구조건을 만족해야 한다.

① 마모 방지성 : 치합상태의 두 기어 사이에 높은 압력이 작용하면 유막이 파손되어, 금속 간에 직접마찰이 이루어진다. 그러면 마모가 촉진되고 심하면 소착을 유발하게 된다. 따라서 윤활유는 극압 하에서도 유막을 유지하여 마멸을 방지할 수 있어야 한다.

② 부식 방지성

③ 마찰특성의 적합 : 윤활유의 마찰특성이 기계요소재료의 특성에 적합하여야 한다. 특히 자동변속기에서는 대단히 중요한 특성이다.(자동변속기 윤활유에서 자세히 설명한다)

④ 기포 방지성 : 기포가 발생되면 유성이 저하하고, 윤활능력도 저하한다.

⑤ 기밀유지(누설방지) : 리테이너와 개스킷, 그리고 씰(seal) 등의 재질을 경화, 수축 또는 팽윤시키지 않아야 한다.

⑥ 온도에 따른 점도변화 폭이 작고, 특히 저온 유동성이 높아야 한다.

⑦ 노화 방지성 : 장기간 산화안정성과 청정분산성이 유지되어, 장기간 사용가능해야 한다.

이와 같은 요구조건은 합성유만이 충족시킬 수 있다. 별도의 첨가제를 첨가하여 원하는 특성을 부여한다.

2. 기어 오일의 등급분류

기어 오일의 분류에는 API 분류 및 SAE 점도 등급이 사용된다. 그러나 SAE 등급의 경우, 기관오일의 SAE 등급과 비교는 불가능하다. 예를 들면, 기어오일 SAE 80의 점도는 엔진오일 SAE 20의 점도에 해당된다.

〈표〉 기어 오일의 등급 분류(예)

수동변속기, 액슬-오프셋이 없는 종감속/차동장치	API GL4	SAE 75, 80, 90
수동변속기(동기화 시 위험하지 않음) 액슬-오프셋이 큰 종감속/차동장치	API GL5	SAE 80, 90, 140 SAE 75W SAE 80W-90 SAE 85W-140

① 저-마찰 기어 오일

SAE 75W-90과 같은 다급점도 오일은 점도지수(Viscosity Index)가 높다. 감마제(減磨濟)를 첨가하여, 특히 저온에서의 마찰을 감소시켜, 기어변속을 용이하게 하고, 동시에 연료소비율을 저감시키는 효과를 얻을 수 있다.

② 종감속 / 차동기어 오일

하이포이드(hypoid) 기어에서는, 기어이들 사이의 유막의 파손을 방지하기 위해, 아주 큰 부하를 감당할 수 있는, 첨가제의 비율이 높은 윤활유를 필요로 한다. 슬립-제한식(Limited Slip) 차동기어에는 LS-윤활유를 사용한다. 이 윤활유는 압착력이 작용하는 다판-디스크 사이의 슬립을 제한하여 자동로크(lock) 기능을 지원한다. (* LS : Limited Slip)

③ API-점도분류(API class)

API-점도는 용도, 구조상의 특징, 오일의 특성 등에 따라 분류한다. 예를 들면 다음과 같은 종류의 윤활유가 사용된다. API-GL-4, API-GL-5, 여기서 G는 기어(gear), L은 윤활유(lubricant)를 의미한다.

④ MIL-규격(MIL-specification)

보통 미군용 규격이라고 한다. MIL(Military Inquiry of Lubrication)에 의해 실제 사용할 때와 거의 같은 시험과정을 거쳐 규격화한 것으로, 윤활유의 특성에 따라 분류한 규격이다. 보통 MIL-L-2105와 MIL-L-2105B가 사용된다.

3. 변속기 윤활

최근에는 자동차 수명이 다할 때까지 윤활유를 교환할 필요가 없는 자동차들이 늘어나고 있다. 그러나 대부분의 자동차들은 대략 50,000km~100,000km 마다 윤활유를 교환하도록 지시하고 있다.

가장 중요한 점은 제작사에서 지정한 윤활유를, 제시한 교환시기에 교환하는 것이다. 신차의 길들이기 운전기간이 종료된 다음에는 윤활유를 교환하는 것이 좋다. 그 이유는 기어 간의 접촉에 의해 생성된 금속분말이나 파편들을 조기에 밖으로 배출시키면 기어의 수명을 연장시키는 데 도움이 되기 때문이다. 같은 이유에서 변속기를 분해, 조립한 다음에는 반드시 세척유로 내부를 세척한 다음에 새 윤활유를 주입한다.

또 한 가지 중요한 사항은 윤활유의 양이다. 윤활유의 양이 부족하면 윤활불량은 물론이고 냉각불량의 원인이 된다. 냉각불량으로 과열되면, 열팽창에 의한 소음(휘파람소리와 같은)이 감지되는 경우도 있다. 역으로 윤활유의 양이 너무 많아도 윤활유의 내부마찰이 증대되어 윤활유의 열분해 현상이 발생된다. 경우에 따라서는 과열, 또는 리테이너(retainer)로부터 윤활유가 누설되는 원인이 되기도 한다. 따라서 윤활유의 양은 반드시 규정수준까지만 주입해야 한다.

참고로 수동변속기 윤활유의 온도는 약 140℃까지 상승할 수 있으나, 정상작동온도는 약 110℃ 정도이다.(*자동변속기에서는 약 80~110℃ 정도)

참 고

● 변속기의 고장 및 점검/정비

변속기 수리는 제작사의 정비지침서에서 제시하는 순서와 방법에 따라야 한다. 그리고 변속기를 탈착하기 전에 변속기의 정상작동온도 상태에서 변속기 오일을 빼내야 한다. 변속기를 분해한 다음, 각 부품은 P3-알칼리 용액(caustic solution)이나 세척유로 세척해야 한다.

(1) 변속기 하우징(transmission housing)

변속기 하우징의 재질은 승용차의 경우는 대부분 경금속이며, 대형 상용자동차에서는 주철을 사용한다. 하우징의 손상 즉, 누설과 균열은 정상작동온도에 도달했을 때 점검하는 것이 좋다. 정상작동온도에 이르면 변속기오일이 묽어져, 누설되기 쉬운 상태로 된다. 그리고 하우징의 균열은 가볍게 두들겨, 울리는 소리가 변하는 것으로 쉽게 확인할 수 있다. 하우징 균열이 미세하면 용접하고, 균열이 크면 하우징을 교환한다.

두 쪽으로 구성된 하우징의 경우에는 하우징만을 조립한 상태에서 용접해야 한다. 접합부는 평편하고 깨끗해야 하며, 조립하기 전에 씰러(sealer)를 얇게 바른다. 체결볼트를 조일 때는 대각선으로 조여 휨이 발생되지 않도록 한다. 오버홀(overhaul)시에는 리테이너 씰(retainer seal)과 개스킷은 모두 신품으로 교환해야 한다.

(2) 변속 레버기구

클러치 슬리브나 슬라이딩 기어의 이동거리는 정확하게 정해져 있으며, 고정 볼(lock ball)에 의해 제한된다. 스프링 부하된 고정 볼은 시프트 레일(shift rail)의 정해진 위치에 들어있다. 분해할 때, 고정 볼이 튀어나오거나 변속기 케이스 내로 떨어지지 않도록 유의하여야 한다.

재조립할 때는 시프트레일이나 변속레버 또는 링크는 반드시 원위치에 조립되어야 한다. 절손된 스프링이나 마모된 고정 볼은 고장 원인이 된다.

고정 볼의 설치불량 또는 시프트 포크(shift fork)의 휨 등은 기어가 잘 들어가지 않거나, 들어갔어도 잘 빠지는 원인이 된다. 해당부분에 측압이 작용하기 때문이다. 이런 현상이 발생하면 시프트 포크를 바르게 수정하거나 교환해야 한다. 또 클러치 슬리브의 그루브(groove)에 시프트 포크가 너무 꽉 끼이지 않는지도 점검해야 한다. 너무 꽉 끼면 많은 열이 발생하여, 주로 동기기구를 파손시키게 된다. 변속조작 기구를 조립한 다음, 자동차에 장착하기 전에, 변속기능의 정상여부를 반드시 확인하여야 한다.

(3) 입력축과 입력기어

입력기어의 중심부에는 주축 베어링(main shaft bearing)이 들어 있다. 주축 베어링의 마모가 심하면 회전소음이 발생하게 된다. 조립할 때, 입력기어의 중심부에 설치된 주축의 앞 베어링과 변속기 하우징에 설치된 주축 뒤 베어링이 일직선상에 나란히 조립해야 한다. 그렇지 않으면 변속이 어렵거나 작동소음의 원인이 된다.

(4) 주축(main shaft)과 부축(count shaft)

부축기어는 별도로 제작하여 부축에 끼워 고정시켰거나, 축과 기어를 일체로 가공한 기어 블록(gear block)형이 있다.

기어 블록형의 경우에는 축중심부를 중공(中空)으로 제작하여 중공부의 양단에 베어링(보통 니들 베어링)을 사이에 두고 축이 설치된다. 축은 변속기 하우징에 고정되기 때문에 기어블록만 회전한다. 이러한 기어블록을 탈착할 때는 양단의 니들베어링이 흩어지지 않게 하면서, 동시에 축을 밀어내도록 보조축을 사용해야 한다. 보조축의 길이는 기어블록의 길이와 같고, 축의 직경은 부축의 직경과 같아야 한다.

1개의 기어에 흠이 있을 경우, 기어를 부축에 끼워 맞춘 형식에서는 기어를 낱개로 교환할 수 있으나, 일체식에서는 기어블록을 교환해야 한다. 부축기어를 교환할 때는 맞물린 주축기어도 함께 교환하는 것이 원칙이다.

한쪽만 많이 마모된 기어는 추력(axial thrust)을 발생시켜, 기어가 빠지는 원인이 된다. 그라인딩 소음(grinding noise)은 롤러베어링에 결함이 있음을 의미하고, 휘파람 소리나 윙윙거리는 소리는 축의 평행성(parallel)에 문제가 있거나 기어 백-래시(back lash)가 너무 작다는 것을 의미한다. 축의 앤드 플레이(axial end play)는 스러스트 와셔(thrust washer)를 사용하여 규정값으로 조정한다.

(5) 동기치합기구(synchromesh device)

싱크로나이저의 과대마모나 손상이 가장 흔한 고장이다. 싱크로나이저-링의 테이퍼 부의 마모가 심하거나, 싱크론 키 스프링이 쇠손되면 변속이 어렵다. 로킹볼 스프링의 쇠손, 기어 백래시(backlash) 과대, 클러치허브의 마모 등은 기어가 저절로 빠지는 원인이 된다.

(6) 변속기나 기관의 마운트(mount) 불량 및 풀림

기관이나 변속기 마운트가 불량하거나 또는 지지볼트가 풀려 있을 경우에는, 변속하기 어렵거나 기어가 자주 빠지는 경우가 있다. 그리고 변속비가 1이 아닐 경우, 변속기 하우징에는 항상 반작용 토크(reaction torque)*가 작용한다.

* 반작용 토크(reaction torque) : 변속기 자체를 하나의 강체(rigid body)로 보면 변속비가 1이 아닐 경우에는 입력축과 출력축의 토크가 항상 서로 다르다. 즉, 변속기 하우징에 비틀림 토크가 작용한다. 이를 반작용 토크라 한다.

제2장 동력전달장치

제4절 자동화된 수동변속기
(Automated manual transmission)

자동변속기는 반-자동 변속기와 완전 자동변속기로 구분할 수 있다.

① **반-자동 변속기**(semi-automatic transmission)

　동력 흐름은 자동 클러치 시스템(ACS)에 의해 차단 또는 접속된다. 그리고 시프트-레버를 수동으로 조작하여 변속비 및 주행방향(전/후진)을 변환시키는 형식이다.

　주로 대형자동차에 사용된다(예 : 전자 공압식 변속기제어).

② **완전 자동변속기**(full automatic transmission)

　동력 흐름은 필요에 따라 자동으로 차단 또는 연결된다. 변속비를 변경하기 위한 기어변속은 전자유압식 또는 전자공압식 제어시스템에 의해 자동으로 이루어진다.

　완전 자동변속기는 다음과 같이 분류할 수 있다.

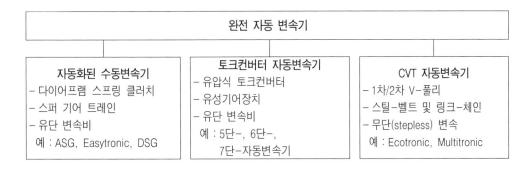

1. 반-자동 수동변속기(semi-automatic manual-transmission)

　대형 트럭이나 버스 등에는 마찰 클러치와 다단(6~16단) 수동변속기를 기본으로 하는 변속기를 사용하고 있다. 변속 시 동력이 단절된다는 단점이 있으나, 다단 변속이 가능하고, 동력전달효율(평균 약 95% 정도)이 높고, 가격이 저렴하고, 유성기어장치에 비해 하중부담능력이 우수한 스퍼(spur)기어 트레인(train)을 사용한다는 장점이 있다.

특히 다단 변속이 가능하므로 적재상태에 따라 주행속도를 달리 하거나, 높은 평균주행속도를 유지하면서도 연비를 최적화시킬 수 있다. 그러나 문제는 빈번한 변속조작에 의한 운전자의 부담을 피할 수 없다는 점이다. 이 문제점을 해결한 변속기가 바로 반-자동 EPS변속기이다. 그림 2-34는 벤츠(Benz) EPS 변속기 본체이다. 분할변속기구(split gear)와 확장변속기구(range gear)가 장착된 복합변속기이다. 따라서 저속에서는 8단, 고속에서는 16단의 효과를 얻을 수 있다.(P.80 복합변속기 참조)

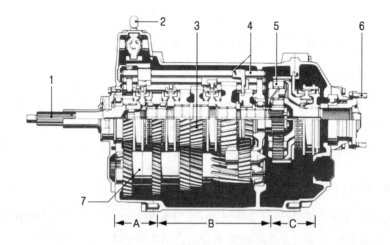

1. 입력축
2. 시프팅 커넥션
3. 주축
4. 시프트레일(포크 포함)
5. 유성기어 트레인
6. 출력축
7. 부축
A : 분할기어
B : 주 변속기
C : 레인지 기어

그림 2-34 EPS 변속기 본체(Daimler Benz G125-16/14 EPS)

전자 공압식 변속기제어(electro-pneumatic transmission control : EPS) 방식에서는 주행속도, 기관부하 및 적재상태에 따라 전자-공압식 실렉터-실린더를 이용하여 수동으로 또는 자동으로 정확한 기어(변속 단)를 선택한다.

(1) 구조

EPS(전자공압식 변속기제어) 시스템은 다음과 같은 부품들로 구성되어 있다.
　① 기계식 클러치 ← 클러치 액추에이터를 공기압력으로 조작한다.
　② 기계식 동기기구를 사용하는 복합식 수동변속기(예 : 2×4×2=16단 변속기)
　　(변속용 솔레노이드밸브 및 공압식 실렉터-실린더 포함)
　③ 운전자의 변속의지 감지용 센서 유닛
　④ 변속기 ECU (정확한 변속단의 계산 및 솔레노이드밸브와 실렉터-실린더 제어를 위한 특성곡선 포함)

⑤ 데이터 수집용 센서들

⑥ 기어변속 상태를 표시하는 다기능-디스플레이

(2) 작동원리

① 조작 유닛(Control Unit)

수동모드 또는 자동모드를 선택하기 위한, 선택 스위치가 부가되어 있다.

② 수동 모드

기어변속은 운전자에 의해 이루어진다.

하프-기어 로커(half-gear rocker : HR)를 위쪽으로 젖히면 하프-기어(half-gear)는 상향 변속되고, 아래쪽으로 누르면 하향 변속된다.

기능버튼(function button : FB)을 누른 다음, 실렉터 레버를 앞쪽으로 밀면 변속기는 1단 상향 변속된다. 실렉

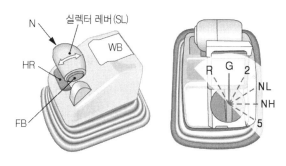

그림 2-35 기어변속용 센서유닛

터 레버를 뒤쪽으로 당기면, 변속기는 1단 하향 변속된다.

중립버튼(N)을 누르면, 변속기어는 중립으로 절환된다. 자동차를 정지시키면, 기관이 공전속도에 도달하기 직전에 클러치는 분리된다. 그러나 선택된 단 기어는 연결된 상태를 그대로 유지한다.

③ 자동 모드

발진과정, 정차과정 및 변속과정은 모두 자동으로 이루어진다. 최적 기어 단은 차량의 주행상태, 가속페달 위치 및 기관 작동상태에 따라 자동으로 계산, 선택된다. 클러치도 완전 자동으로 조작된다.

④ 다기능 디스플레이

주행 중인 단 기어 또는 사전 선택된 단 기어 그리고 분할(split)기어 및 레인지(range)기어의 사용여부 등에 관한 정보를 운전자에게 알려준다.

⑤ **경고 부저(warning buzzer)(WB)**

기관의 회전속도가 허용범위를 초과하였을 때, 하향 변속할 수 없음을 운전자에게 알려주는 기능을 한다.

비상운전기능은 비상운전 모드, 비상 스위치를 이용한 변속기능 등이 주로 사용된다.

⑥ **비상운전 모드**

시스템에 고장이 발생하였을 경우, 경고음과 디스플레이를 이용하여 운전자에게 비상상황임을 알려준다. 운전자는 클러치페달을 사용이 가능하게 펴야 한다. 이제부터 운전자는 클러치페달을 이용하여 클러치를 기계적으로 조작, 수동으로 변속할 수 있다.

⑦ **비상 스위치를 이용한 변속기능**

ECU가 고장을 감지하면, 모든 자동선택기능은 정지되고 비상스위치를 이용한 변속기능 만을 이용할 수 있다. 비상 스위치를 이용한 변속기능은 정차상태에서만 선택할 수 있으며, 특정 기어 단(예 : 2단과 5단, 후진 및 레인지-기어(range gear))만을 선택적으로 작동시킬 수 있다. 그리고 이 작동상태에서는 운전자가 수동으로 클러치를 조작하여야 한다.

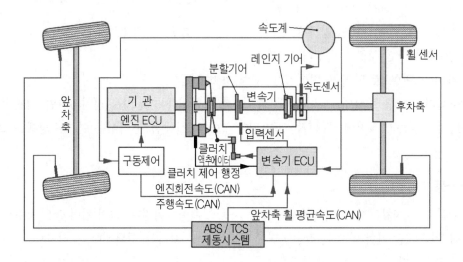

그림 2-36 반 - 자동변속기 제어 시스템(예 : EPS)

2. 완전자동 수동변속기(automated manual transmission)

완전 자동화된 수동변속기란 마찰 클러치와 기존의 5단 또는 6단 수동변속기가 결합된 변속 장치를 완전 자동으로 변속하는 시스템을 말한다.

그림 2-37에서와 같이 마찰클러치와 수동변속기는 전자-유압적으로 제어된다. 그러나 조향 핸들에 부착된 시프트-패들(shift paddle)을 조작하거나, 또는 팁-트로닉(Tip tronic) 기능을 가진 실렉터-레버를 이용하여 수동으로도 변속할 수 있다.

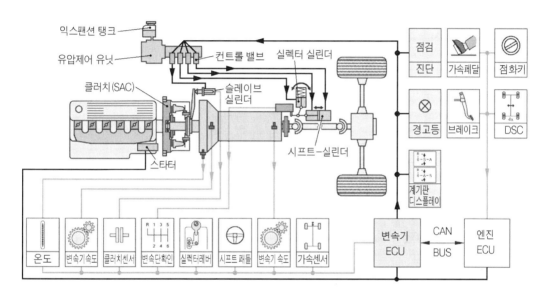

그림 2-37 자동화된 수동변속기와 유압제어 유닛 (예)

(1) 주 제어변수(main controlled variables)

자동변속에 필요한 주 제어변수들로는 주행속도, 실렉터-레버 위치, 선택된 주행 프로그램 및 가속페달 위치 등을 들 수 있다. 물론 시프트-패들 또는 팁-트로닉 레버를 이용하여 수동으로도 변속할 수 있다.

센서들은 기관회전속도, 변속기 입력축 회전속도 및 클러치 행정(clutch travel)에 관한 정보 들을 수집한다. 특히 클러치 행정은 클러치의 최적 결합 및 분리를 위해 슬립을 제어해야 하기 때문에 반드시 필요한 정보이다.

차체의 길이(x축)방향 가속센서는 내리막길 또는 언덕길 경사도를 판별하고, 가속도 또는 감속도를 감지하는데 사용된다.

변속은 실렉터와 시프트-실린더에 의해 이루어진다. 변속단 기어들의 위치는 센서들이 감지한다. 변속점(shifting point)은 변속기 윤활유 온도센서의 영향도 받는다.

(2) 시스템 제어(system control)

완전자동 수동변속기의 ECU는 클러치/변속기 소프트웨어를 이용하여 센서들로부터의 입력신호들을 평가한다. ECU는 저장되어 있는 특성곡선도(program maps)에 근거하여 클러치 슬레이브 실린더, 실렉터-실린더 및 시프트-실린더를 조작하기 위한 출력신호들을 계산, 출력한다.

기어변속은 분리(disengagement) → 변속(shifting) → 연결(engagement)의 3단계를 거쳐서 이루어진다.

기어변속의 3단계는 변속 안락성 및 변속시간의 단축을 위해 그때그때의 주행조건에 따라 가변적으로 이루어진다.

또 안전장치로서 도어 접점 및 브레이크페달에 센서들이 부착되어 있다.

변속과정은 순차적으로 이루어진다. 즉, 한번에 1개 기어단의 상향, 또는 하향변속만이 가능하기 때문에 이 변속기를 순차(sequential) 변속기라고도 한다.

(3) 시스템 구성(그림 2-37, 2-38 참조)

① 클러치와 클러치 액추에이터(clutch & clutch actuator)

유격 자동조정 클러치(SAC ; Self Adjusting Clutch)가 사용된다. 클러치 액추에이터는 슬레이브 실린더와 클러치 행정 센서(travel sensor)로 구성되어 있다.

② 수동변속기 및 변속기 액추에이터(manual transmission & actuator)

예를 들면, 실렉터 - 실린더와 시프트 - 실린더가 부가된 6단-수동변속기를 사용한다. 유압에 의해 작동되는 실린더들이 기어변속에 필요한 실렉터 - 샤프트(selector shaft)와 실렉터 - 포크(selector fork)를 조작한다. 수동변속기에 대해서는 별도로 설명할 것이다.

③ 유압 제어유닛(hydraulic control unit)

작동압력은 오일펌프에 의해 생성된다. ECU에 저장되어 있는 특성곡선도(program maps)에 근거하여 전자 - 유압식으로 작동하는 밸브들이 유압을 실렉터 - 실린더, 시프트 - 실린더 및 클러치 슬레이브 실린더에 적기에 작용시킨다.

④ **시스템 네트워크**(system networks)

완전자동 수동변속기 제어유닛(ATS)은 CAN을 거쳐 자동차에 설치된 다른 시스템들 예를들면, 기관 제어시스템 및 주행 다이내믹 제어시스템과 연결되어 있다.

(4) 직접-변속 수동변속기(Direct-Shift Gearbox : DSG)

트윈-클러치와 6단 - 수동변속기가 결합된 형식에 대해서 설명하기로 한다.
DSG는 자동모드로 그리고 팁 - 트로닉(Tiptronic) 모드에서 수동으로 조작할 수 있다.

① **주요 구성부품**

- 6-단 수동 변속기(트윈 - 클러치 포함)
- 오일펌프, 오일 냉각기, 오일 필터
- 전자-유압식 변속기 제어유닛
- 입력신호 감지용 센서들
- 클러치 C1 및 C2 조작용 전자식 액추에이터

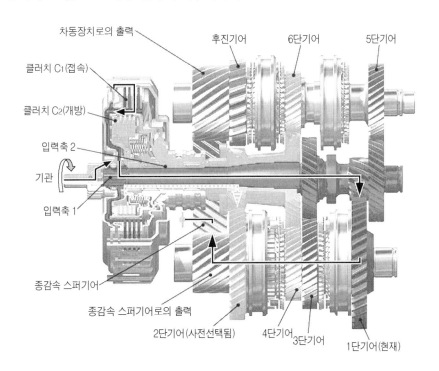

그림 2-38 직접 - 변속 수동변속기(DSG)

② **트윈-클러치**(twin clutch)

2개의 습식 마찰클러치 C1과 C2로 구성되어 있으며, 클러치에 가해지는 압착력은 유압으로 제어한다.

클러치 C1은 발진용이며, 홀수 기어단(1단/3단/5단) 및 후진기어용 중공축에 설치된 기어들과 연결되어 있다. 클러치 C2는 짝수 기어단(2단/4단/6단)을 담당한다.

③ **기어변속 과정**(예 : 1단 → 2단)

자동차가 1단기어로 주행하고 있는 동안, 클러치 C1은 접속된 상태를 유지하고 있고, 동시에 2단 기어는 미리 들어가 있으나 클러치 C2가 분리되어 있다.

변속기 ECU가 입력신호들을 평가하여 2단으로의 최적 변속시점에 도달하였음을 확인하면, 1단을 담당하는 클러치 C1을 분리하고, 동시에 2단을 담당하는 클러치 C2를 접속한다. 이때 클러치 C1과 C2의 분리와 접속과정은 서로 오버랩(overlap)된다.

그리고 전체 변속과정은 3/100~4/100초 범위 내에서 완료된다. 그러므로 사실상 변속과정에서 기관으로부터 변속기 출력축으로의 동력전달은 중단됨이 없이 계속된다.

제2장 동력전달장치

제5절 유체 커플링과 유체 토크컨버터
(Fluid coupling and fluid torque converter)

1. 유체 커플링(fluid coupling : Strömungskupplung)

(1) 유체 커플링과 마찰 클러치의 차이점

유체 커플링(fluid coupling)은 1905년 독일의 푀팅어(H. Föttinger)가 개발하여 1908년 선박용 디젤기관에 마찰 클러치(friction clutch) 대신 사용하기 시작하였다. 따라서 유체 커플링을 유체 클러치(fluid clutch) 또는 푀팅어 클러치(Föttinger clutch)라고도 한다.

유체 커플링과 마찰 클러치는 기능은 서로 비슷하지만 특성은 다소 다르다. 두 가지 모두 회전력 배가(倍加)기능은 없고 단지 회전력을 전달하는 기능만을 가지고 있다.

마찰 클러치는 동력전달을 확실하게 차단할 수 있으나 유체클러치는 구동측과 피동측 간의 100% 슬립(slip)에 의해서만 동력전달을 차단할 수 있다. 그리고 유체 클러치에서 100% 슬립(slip)은 기관의 회전속도가 저속일 때에만 가능하다.

동력전달효율 측면에서 보면 마찰 클러치는 완전한 접속이 이루어진 다음에는 기관에서 발생된 동력을 모두(100%) 변속기 입력축에 전달할 수 있다. 반면에 유체 클러치에서는 슬립(slip)때문에 동력전달효율이 마찰 클러치보다 낮은 96~98%(최대) 정도이다.

그러나 유체 클러치에서는 동작유체(fluid)가 기관에 부하(load)를 서서히 가하므로 동력전달이 매끄럽다. 또 마찰 클러치에서는 비틀림 코일 스프링(torsional coil spring)에 의해서 비틀림 진동(torsional vibration)이 흡수되지만 유체 클러치에서는 동작유체에 의해 비틀림 진동이 흡수되므로 비틀림 진동을 더 잘 흡수한다는 장점이 있다. 그리고 마찰 클러치는 마찰면의 마모를 피할 수 없으나 유체 클러치에서는 펌프와 터빈이 서로 직접 접촉하지 않으며 또 동작유체 속에 잠겨 있기 때문에 마찰 클러치에서와 같은 마모는 발생하지 않는다.

(2) 유체 커플링의 구조

유체 커플링의 구조는 그림 2-39와 같다. 유체 커플링은 기관의 크랭크축과 연결된 펌프 (pump, impeller)와 변속기 입력축과 연결된 터빈(turbine, runner)으로 구성되어 있으며, 내부 는 동작유체로 채워져 있다.

유체 커플링의 하우징은 기관의 플라이휠에 고정되어 플라이휠의 일부로서 기능한다. 펌프는 커플링 하우징 내부에 고정되어 있고, 펌프와 마주보고 설치된 터빈은 자유롭게 회전할 수 있 다. 펌프와 터빈의 안쪽에는 각각 직선날개(vane)가 방사선으로 설치되어 있다.

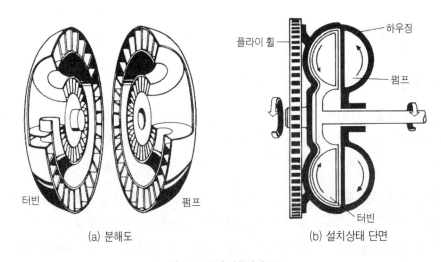

(a) 분해도   (b) 설치상태 단면

그림 2-39 유체 커플링의 구조

(3) 유체 커플링의 작동원리

그림 2-40(a)와 같이 고속으로 분출(또는 유동)되는 유체는 동력을 전달할 수 있다. 또 그림 2-40(b)와 같이 2대의 선풍기를 대향시키고, 선풍기 A를 전원에 연결하고 스위치 ON하면, 전원 과 연결되지 않은 선풍기 B는 선풍기 A로 부터의 공기유동에 의하여 같은 방향으로 회전하기 시작한다. 이때 선풍기 B가 선풍기 A보다도 빠르고 강력하게 회전하는 것은 불가능하다.

이것을 유체 커플링과 비교하면 선풍기 A가 기관의 크랭크축과 연결된 펌프(pump)에, 선풍 기 B가 터빈(turbine)에, 공기유동이 동작유체 유동에 해당된다.

유체 커플링의 작동과정은 그림 2-41과 같다.

펌프는 기관의 회전속도와 같은 속도로 회전한다. 회전을 시작하면 펌프 내의 동작유체는 원 심력에 의해서 펌프의 외주방향(外周方向)으로 유동하기 시작한다.

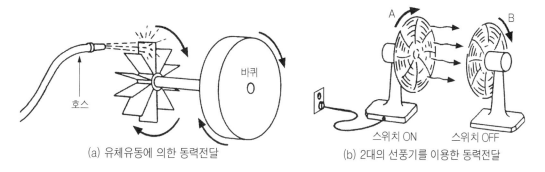

(a) 유체유동에 의한 동력전달　　　　(b) 2대의 선풍기를 이용한 동력전달

그림 2-40　유체 커플링의 원리

그러나 터빈은 아직 정지상태이기 때문에 터빈 내의 동작유체에는 원심력이 없다. 펌프의 회전속도가 상승함에 따라 펌프 내의 동작유체의 원심력은 증대된다. 이 원심력에 의해 동작유체는 펌프의 외주로부터, 마주보고 있는 터빈의 외주를 거쳐 터빈의 안으로 밀고 들어가게 된다. 이와 같은 방법으로 유체는 원(環形狀)을 그리면서 계속적으로 재순환하면서 펌프에서 터빈으로 동력을 전달한다.

(a) 펌프정지(원심력 없음)　　(b)펌프구동(원심력 발생)　　(c)터빈에 회전력 전달(원심력에 의해)

그림 2-41　유체 커플링의 작동원리

유체 커플링은 펌프와 터빈 간의 100% 슬립(slip)에 의해서만 동력차단 기능을 수행하며, 100% 슬립은 기관회전속도가 저속일 때에만 가능하다. 만약에 슬립이 전혀 없다면 펌프와 터빈의 외주에 발생한 원심력의 크기는 서로 같고 작용방향은 서로 반대가 되어 유체의 유동은 정지하고, 따라서 동력전달은 이루어지지 않게 된다. 펌프로부터 터빈으로 동력을 전달하기 위해서는 펌프의 회전각속도가 터빈의 회전각속도보다 항상 더 커야한다.

유체가 펌프에서 터빈으로 순환운동을 하지 않으면 동력이 전달되지 않으므로, 유체는 계속적으로 순환운동을 할 만큼의 운동에너지를 가지고 있어야 한다. 따라서 유체가 가지고 있는 순환운동 에너지에 상응하는 만큼이 슬립(slip)으로 나타난다. 이 때문에 유체 커플링에서는 약간의 슬립을 피할 수 없다. 슬립에 해당하는 만큼의 에너지가 동력전달과정에서 손실되므로 기관에서 터빈으로 전달되는 에너지는 기관의 출력보다는 작게 된다.

유체 커플링 내에서의 유체유동은 그림 2-42에서와 같이 동작유체가 펌프날개(pump vane 또는 impeller)로부터 터빈날개(turbine blade)에 직각으로 충돌 또는 분사되어 터빈날개에 충격력 F 를 가한다고 볼 수 있다. 이 때 터빈날개는 수평인 유체유동방향에서 보면 직각(수직)이므로 유체유동이 수직방향으로 작용시키는 힘은 발생하지 않는다.

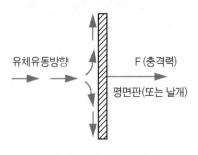

그림 2-42 **수직평판에 직각으로 충돌하는 유체**

펌프로부터의 유체유동이 모두 터빈날개에 직각으로 작용하여 터빈이 운동한다고 하여도 터빈의 운동속도가 동작유체의 속도보다 빠를 수 없고, 또 터빈날개에 가해지는 충격력도 동작유체가 보유한 운동량(momentum)보다 커지지 않는다. 따라서 유체 커플링에서는 펌프로부터 터빈으로 전달되는 토크에는 거의 변화가 없고, 단지 회전력을 전달할 뿐이다.

(4) 유체 커플링의 성능특성

기관의 기계적 에너지는 펌프에서 유체의 유동에너지로 변환되어 터빈에 전달되고, 터빈에서는 다시 기계적 에너지로 변환되어 변속기에 전달된다. 그리고 유체 커플링 내에서 유체의 순환운동은 매우 복잡하다. 따라서 성능관계식은 실험식을 사용한다.

앞에서 설명한 바와 같이 토크 배가(倍加)기능은 없고 토크를 전달할 뿐이며, 펌프와 터빈의 각속도에는 차이가 있다.

그림 2-43은 유체 커플링의 성능곡선의 예이다. 그림에서 펌프에서 터빈으로 전달되는 회전력의 크기는 속도비(ψ : psi)가 0(zero)에 가까울수록 크고, 속도비(ψ)가 1일 때 0(zero)이 된다. 속도비(ψ) 0.9 이하 영역에서의 특성은 속도비의 감소와 함께 회전력이 증가하고, 속도비 $\psi = 0$ 에서 회전력은 최대가 된다. 이때의 회전력을 드래그 토크(drag torque : Kriechmoment)라 한다.(그림 2-43의 점 B).

터빈의 회전속도 $n_T = 0$ (즉 $\psi = 0$)일 경우, 즉 펌프는 회전하지만 터빈은 아직 구동되지 않는 점(또는 상태)을 스톨 포인트(stall point)라고 한다.

그림 2-43에서 토크비(torque-conversion factor : μ) 곡선은 속도비(ψ)에 관계없이 '1' 로서 유체 커플링은 토크 배가기능이 없음을 나타내고 있다.

그리고 유체 커플링의 효율은 속도비에 비례하나 속도비 $\psi = 1$ 에 근접해서는 점선으로 표시되어있는데 점선으로 표시된 영역은 슬립(slip)손실을 의미한다.

효율곡선에서 최대효율(실선으로 표시된 최대점)은 속도비 $\psi = 0.97 \sim 0.98$ 부근이며, 속도비가 그보다 낮은 영역에서는 효율이 크게 낮아진다. 따라서 유체 커플링은 일반적으로 속도비 $\psi = 0.95 \sim 0.98$ 범위 내에서 상용운전(常用運轉)되도록 설계된다.

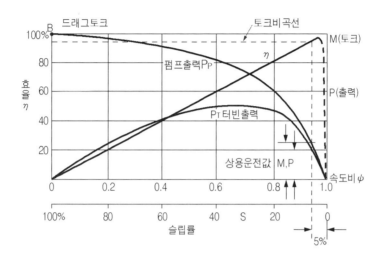

그림 2-43 유체 커플링의 성능곡선(예)

2. 유체 토크컨버터(fluid torque converter)

유체 토크컨버터의 특성은 다음과 같다.

① 기계적 마모가 없다

② 발진과정이 유연하다

③ 발진할 때 기관의 시동이 꺼지지 않도록 할 수 있다.

④ 주행상태에 따라 회전토크는 자동적으로 그리고 무단(stepless)으로 변환된다.

⑤ 전부하 상태로 발진할 때 최대토크가 발생된다.

⑥ 기관의 토크충격과 회전진동은 동작유체에 의해 흡수, 감쇠된다.

⑦ 조밀한(compact) 설계로 설치공간을 작게 할 수 있다.

⑧ 작동소음이 거의 없다.

⑨ 마찰클러치에 비해 연료소비율이 더 높다.

(1) 토크컨버터의 구조

토크컨버터는 유체 커플링으로부터 개발되었다.
토크컨버터의 구조는 유체 커플링에서 펌프와 터빈의
날개를 적당한 각도로 만곡(彎曲)시키고, 유체의 유
동방향을 변화시키는 역할을 하는 스테이터(stator)를
추가한 형태이다. (그림 2-39 참조)

자동차에 주로 사용되는 토크컨버터는 그림 2-44와
같이 3요소(要素) 1단(段) 2상형(相形)으로 하우징
(housing) 내에 펌프, 터빈 및 스테이터가 밀봉되어
있고 동작유체로 채워져 있다.(이를 Trilok -
Wandler* 라고도 한다.)

3요소 1단 2상형에서 3요소란 펌프, 터빈, 스테이
터를 말하고, 1단은 터빈의 수, 2상형은 토크컨버터가
회전속도에 따라 컨버터 영역과 커플링 영역(= 2영
역)에서 작동됨을 의미한다.

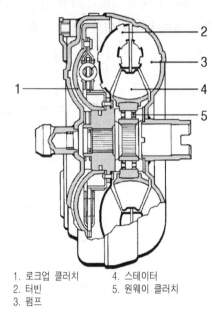

1. 로크업 클러치   4. 스테이터
2. 터빈   5. 원웨이 클러치
3. 펌프

그림 2-44 토크 컨버터의 구조

펌프는 컨버터 하우징 안에 용접되어있고 컨버터 하우징은 기관의 플라이휠에 볼트로 체결되
어 있다. 따라서 펌프는 기관과 기계적으로 연결되어 기관의 회전속도와 같은 속도로 회전하면
서 기관의 기계적 에너지를 유체의 유동에너지로 변환시킨다.

터빈은 펌프와 마주보고 있으며 변속기 입력축과 연결되어 있다. 유체의 유동에너지를 다시
기계적 에너지로 변환시켜 변속기에 전달한다.

스테이터는 펌프와 터빈 사이에서 유체의 유동방향을 변화시켜 기관으로부터 펌프에 전달된
입력토크보다 터빈으로부터의 출력토크를 배가시킨다.

스테이터 날개와 스테이터 축 사이에는 원웨이 클러치(one-way clutch)가 설치되어 있다.

펌프의 회전속도가 터빈의 회전속도보다 크게 높으면, 스테이터는 원웨이 클러치의 쐐기작용
에 의해 스테이터 축에 고정된 상태로 회전하면서 유체의 유동방향을 변화시킨다. 스테이터의
원웨이 클러치로는 롤러(roller)형식과 스프레그(sprag)형식이 사용되는데 어느 것이나 쐐기작
용에 의해 어느 한쪽 방향으로만 회전이 가능하다.

그러나 터빈회전속도가 펌프회전속도의 9/10 정도에 근접하면 유체의 유동이 스테이터의 뒷
면에 작용하게 되어 스테이터가 프리-휠링(free wheeling)을 시작하게 된다. 그러면 스테이터도
펌프나 터빈과 같은 방향으로 회전하게 되고 이때부터 토크 컨버터는 유체 커플링으로서의 기

능을 수행한다. ← 커플링 점(coupling point) 또는 클러치 점(clutch point)

지금은 컨버터 하우징 내에 로크 - 업 클러치를 설치하여, 커플링 점 이후에는 펌프와 터빈을 기계적으로 결합시켜 동작유체의 슬립(slip) 손실을 방지하는 형식이 주로 사용된다.

컨버터 내를 순환하는 동작유체의 압력은 컨버터 펌프 - 임펠러 - 축에 의해서 구동되는 오일 펌프에 의해 약 3~4bar(최대 약 7bar) 수준으로 유지된다. 동작유체는 그림 2-45에서와 같이 펌프로부터 토크컨버터, 스로틀(throttle), 냉각기, 저장조를 순환하는 회로를 형성한다. 동작유체의 압력은 컨버터 구성부품의 윤활은 물론이고, 컨버터 안에서 동공현상(cavitation)이 발생하는 것을 방지하며, 동시에 컨버터의 효율이 저하되는 것도 방지한다.

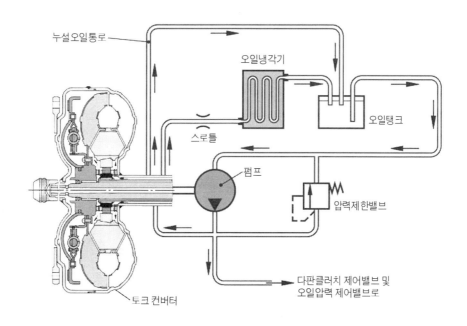

그림 2-45 동작유체 순환회로

(2) 유체 토크컨버터의 작동원리

기관의 회전속도가 증가함에 따라 동작유체는 원심력에 의해 펌프 임펠러(impeller)로부터 터빈 블레이드(blade)의 외주(外周)로 밀려들어간다. 터빈 블레이드의 외주로 밀려들어간 유체는 스테이터를 거치면서 방향을 바꾼 다음, 다시 펌프 임펠러로 유입된다.

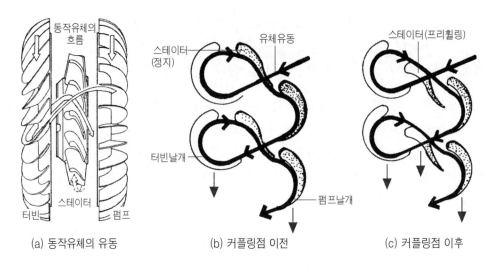

(a) 동작유체의 유동	(b) 커플링점 이전	(c) 커플링점 이후

그림 2-46 토크 컨버터에서 동작유체의 진행방향

① 토크의 증가(increasing the torque)

앞서 유체 커플링 항에서 원심력에 의해 펌프로부터 터빈으로 유동하는 유체가 원형 유동(circular flow)을 하여 회전력을 전달한 다고 설명하였다.

유체가 펌프에서 터빈으로의 원형유동을 맴돌이 유동(vortex flow)이라고 한다. 그리 고 또 다른 유동은 펌프와 터빈의 원주를 일 체로 회전하는 형태로 나타나는데 이를 회전 유동(rotary flow)이라한다.(그림 2-47 참조)

맴돌이 유동과 회전 유동의 복합작용은 토 크를 전달하는 기능을 수행하지만 토크를 증 가시키는 기능을 하지는 않는다. 토크의 증 가는 스테이터에서 이루어진다.

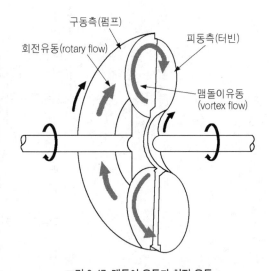

그림 2-47 맴돌이 유동과 회전 유동

터빈에서 유체의 유동통로는 터빈의 외주에서는 크고 터빈의 직경이 작아지는 안쪽에서는 상대적으로 좁아지게 된다. 따라서 유체는 깔때기 형상의 유동통로(funnel-like passage)를 따라 바깥쪽에서 안쪽으로 압입(squeeze)되므로 유체가 터빈을 빠져 나갈 때는 유입 될 때보 다 유동속도가 상승하게 된다. 이 상승된 유동속도에 의해서 유체는 스테이터에 마치 액체 레버(fluid lever) 또는 지렛대(fulcrum)처럼 작용하여 토크를 증가시키게 된다.

고속의 유체 유동(stream of oil)이 그림 2-48(a)와 같이 평판에 충돌하면 충돌 후에 유체는 넓게 분산된다.(그림 2-42 참조). 그러나 그림 2-48(b)와 같이 평판을 임의의 각도로 구부린 상태에서는 유체의 흐름이 분산되는 정도가 감소한다. 그리고 그림 2-48(c)와 같이 평판을 곡면으로 하면 유체흐름은 그 분산되는 정도가 더욱 감소하고 동시에 방향을 전환할 수 있으며, 곡면에 가해지는 힘은 앞서 (a), (b)에 비해서 훨씬 커지게 된다.

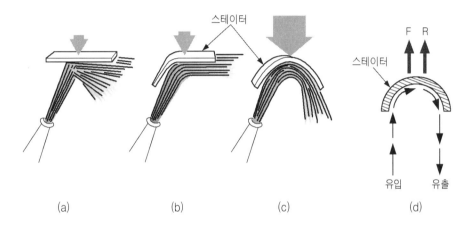

그림 2-48 날개의 각도와 유체흐름의 분산정도

그리고 그림 2-48(d)에서와 같이 유체가 빠른 속도로 곡면 날개에 분출되면, 유입(流入)할 때의 유체의 유동방향이 90° 변화하는 사이에 충격력 F 를, 다시 90° 방향을 전환하여 유출될 때까지 반동력 R 을 곡면날개에 가하게 된다. 이때 날개의 곡면과 유체 사이에 마찰이 없다고 가정하면 충격력(F)과 반동력(R)은 그 크기가 같으므로, 곡면의 안쪽에 동작유체가 가하는 힘은 유입할 때의 충격력의 2배가 된다.

피동측 날개에 가해지는 힘을 더욱 증가시키려면 구동측 날개도 곡면으로하여 대향시키면 된다. 그러나 구동측(펌프)과 피동측(터빈)의 날개에 각도를 두는 것만으로는 마찰손실의 증가와 유동간섭 때문에 의도한데로 회전력의 큰 변화를 얻을 수 없다.

따라서 스테이터 날개를 적당한 각도의 곡면으로 성형하여 터빈에서 분출되는 유체가 스테이터 곡면날개의 안쪽에 유입되도록 하면, 스테이터에는 토크가 발생되면서 동시에 유체의 유동방향은 펌프로 유입되는 유체와 같은 방향으로 전환되게 된다.(그림 2-46(b) 참조)

스테이터를 거치면서 동작유체의 흐름(flows)은 펌프로 유입되는 유체와 같은 방향으로 유동하며, 유동속도는 더욱 상승하게 된다. 펌프로 유입되는 동작유체의 유동속도는 펌프 내에서 추가적으로 상승되어 펌프에서 터빈으로 분출될 때는 그 속도가 더욱더 빨라지게 된다.

이와 같은 재생(regenerating)작용이 토크 컨버터에서 토크를 증가시키는 근본적인 이유이다. 토크가 증가되는 동안에는, 스테이터는 축에 고정된 상태로 회전하면서 동작유체의 유동 방향을 변화시킨다. 토크비(=토크 증가비율)는 토크 컨버터의 형식에 따라 스톨 포인트(stall point)에서 1.5~4.5배까지 가능하나, 자동차용 토크컨버터에서는 토크비 2~2.5 정도가 주로 사용된다.(P.115 참고도 6 참조)

② 토크의 감소(decreasing the torque) (그림 2-49 참조)

기관이 가속됨에 따라 펌프의 회전속도가 상승하면 터빈의 회전속도도 상승하여, 일정시간 후에는 터빈의 회전속도가 펌프의 회전속도에 근접하게 된다.

터빈의 회전속도가 펌프의 회전속도에 근접함에 따라, 컨버터 내에서는 맴돌이 유동(vortex flow)은 감소하고 대신에 회전 유동(rotary flow)이 증가하게 된다. 이렇게 되면, 동작 유체의 유동은 점점 완만한 각도를 이루게 되고 스테이터에서 생성되는 토크(torque)는 점점 감소하게 된다. 그리고 토크가 증가하는 동안에 스테이터 날개의 곡면 안쪽에 유입되던 동작유체는 이제 스테이터 날개의 바깥쪽에 작용하기 시작한다.(그림 2-46, 2-50 참조). 맴돌이 유동은 펌프의 회전속도와 터빈의 회전속도가 거의 같아 질 때까지 회전유동으로 변화한다.

즉, 토크가 증가할 때는 맴돌이 유동이 더 많고, 토크가 감소할 때는 회전 유동이 더 많다.

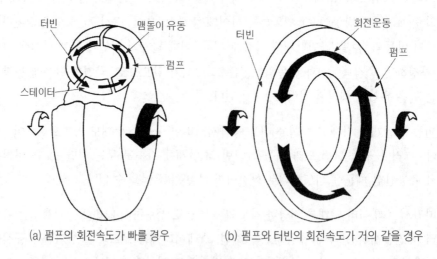

(a) 펌프의 회전속도가 빠를 경우   (b) 펌프와 터빈의 회전속도가 거의 같을 경우

그림 2-49 맴돌이 유동의 회전 유동화

터빈의 회전속도가 펌프의 회전속도에 근접하여 펌프의 토크(M_P)와 터빈의 토크(M_T)가 같아지는 점부터 스테이터는 더 이상 동작유체의 유동방향을 변화시키지 못하고 프리 - 휠링 (free wheeling)하게 된다.

즉, $M_P = M_T$에서 스테이터는 프리 - 휠링하며 이때부터 토크컨버터는 유체 커플링과 마찬가지로 토크를 전달하는 기능만을 수행한다. 이 점을 커플링 점(coupling point) 또는 클러치 점(clutch point)이라 한다. 일반적으로 회전속도비(터빈회전속도/펌프회전속도) 0.85∼0.90 부근에서 커플링점이 결정된다.

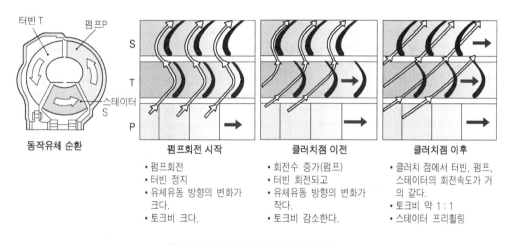

그림 2-50 토크 컨버터 내에서 유체의 유동

(3) 컨버터 로크-업 클러치(convertor lock-up clutch)(그림 2-44 참조)

유체 커플링의 최대효율은 슬립(slip) 때문에 마찰 클러치보다 낮은 96∼98% 정도이며, 토크컨버터는 커플링 점 이후에는 유체 커플링과 같다. 따라서 토크 컨버터의 최대효율도 마찰클러치의 최대효율(100%)에 미치지 못한다.

자동차가 고속 주행할 경우에 토크 컨버터는 유체커플링과 같은 역할을 한다. 따라서 이 상태에서는 토크컨버터가 마찰 클러치로서 기능하도록 하는 것이 슬립 손실을 줄이는 방법이다.

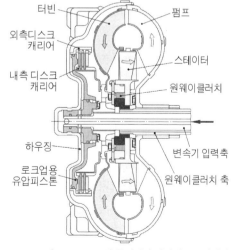

그림 2-51 로크-업 클러치가 장착된 토크컨버터 (다판 - 클러치식)

 고속에서 토크컨버터의 슬립손실을 줄이기 위해서 토크컨버터에 설치하는 기계식 마찰클러치(토션 댐퍼 포함) 또는 다판 - 클러치를 컨버터 로크-업 클러치(convertor lock-up clutch) 또는 컨버터 고정 클러치라 한다. 그리고 이 컨버터 로크-업 클러치를 제어하는 기능을 토크컨버터 클러치 제어(Torque Convertor Clutch Control : TCC)라고도 한다.

 컨버터 로크-업 클러치의 구조는 그림 2-44 및 2-51과 같다. 컨버터 로크-업 클러치는 터빈의 허브와 기계적으로 연결되어 있다. 토션 댐퍼식이나 다판 - 클러치식이나 작동원리는 같다. 로크-업 클러치는 유압 피스톤을 이용하여 작동시킨다.(그림 2-52 참조)

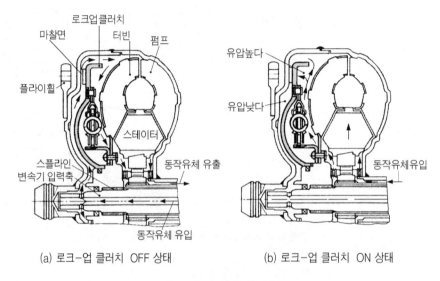

(a) 로크-업 클러치 OFF 상태   (b) 로크-업 클러치 ON 상태

그림 2-52 로크-업 클러치의 작동

 그림 2-52(a)에서 동작유체는 터빈 구동축 내부를 통해 로크-업 클러치와 펌프 - 셸(pump shell) 사이로 유입된다. 로크-업 클러치의 양쪽에 작용하는 유압의 크기가 같으므로 로크 - 업 클러치의 마찰면은 펌프 - 셸(pump shell)에 밀착되지 않는다. 이 상태에서 토크컨버터는 기존의 토크컨버터와 마찬가지로 기능한다.

 이제 그림 2-52(b)와 같이 동작유체의 방향이 바뀌어 로크-업 클러치의 마찰면 쪽에 작용하는 유압이 제거되면 로크-업 클러치의 마찰면 뒤쪽에만 유압이 작용하게 되어 로크 - 업 클러치의 마찰면은 펌프 - 셸(pump shell)에 밀착된다. 그러면 토크컨버터는 이제부터 마찰 클러치처럼 작동한다. 따라서 기관의 회전토크는 로크-업 클러치를 거쳐 직접 변속기 입력축에 전달된다.

 로크 - 업 시점의 제어는 변속 프로그램에 의해 이루어지며, 입력변수는 기관의 스로틀 밸브

개도와 냉각수 온도, 변속기오일온도, 자동차 주행속도, 언덕길/내리막길 여부, 제동 여부 등이다. 일반적으로 기관의 냉각수온도가 낮거나, 공운전 상태, 그리고 제동 중일 때는 로크-업 클러치를 접속시키지 않는다.

(4) 토크컨버터의 성능특성

그림 2-53에는 자동차용 토크컨버터의 성능곡선을 예를 들어 도시하였다.

그림에서 효율은 속도비(터빈의 회전속도/펌프의 회전속도)가 증가함에 따라 계속 증가하다가 설계점(design point : = 커플링 점)에 도달한 다음에는 점차 감소한다.

① 유체 커플링의 효율

속도비의 함수로서 직선적으로 증가하고(그림 2-43 참조), 커플링 점(coupling point) 이전에는 토크컨버터 보다 낮으나 커플링 점 이후에는 토크컨버터 보다 높다. 그러므로 토크컨버터와 유체 클러치의 효율곡선이 교차하는 점부터는 스테이터를 프리-휠링(free wheeling)시켜 토크컨버터가 유체 커플링처럼 작동되도록 하는 것이 효율적이다.

② 토크컨버터의 효율

속도비와 토크비의 곱으로 표시된다. 토크컨버터의 토크비(torque conversion factor : 터빈 출력토크/펌프 입력토크)는 속도차(slip)가 크면 클수록 증가한다. 토크비는 속도비 $\psi = 0$ 즉, 터빈이 정지하고 있는 상태(스톨 포인트)에서 최대가 되고 커플링점부터는 $\psi = 1$ 이 된다.

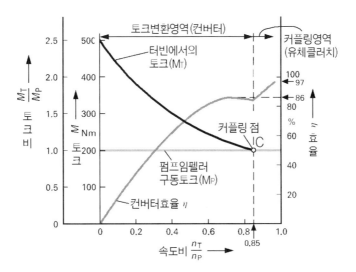

그림 2-53 토크컨버터의 성능곡선(예)

3. 유체커플링과 유체 토크컨버터 관련 계산식

(1) 유체커플링 관련 계산식

펌프의 토크 M_P는 터빈의 토크 M_T 와 같으므로

$$M_P = M_T \quad\text{..}\quad (1)$$

펌프의 토크 M_P는 실험식 (2)로 표시된다.

$$M_P = \lambda \cdot \rho \cdot D^5 \cdot \omega_P^2 \quad\text{...}\quad (2)$$

여기서　λ　: 출력계수(토크 또는 출력에 대한), 무차원
　　　　ρ　: 동작유체 밀도($\rho \approx 0.87 \sim 0.9 \mathrm{kg}/\ell = 870 \sim 900 \mathrm{kg/m^3}$)
　　　　ω_P　: 펌프축 각속도[rad/s]
　　　　D　: 펌프의 유체역학적 최대 유효직경[m]

식 (2)를 펌프회전속도에 관하여 정리하면

$$M_P = f_m \cdot D^5 \cdot n_p^2 \quad\text{...}\quad (2a)$$

여기서　f_m　: 특성값 ($f_m = \lambda \cdot \rho \cdot \pi^2/30^2$)
　　　　n_p　: 펌프의 회전속도[$\mathrm{min^{-1}}$]

식(1), (2), (2a)로부터 유체클러치에서

$$M = M_P = M_T = f_{mp} \cdot D^5 \cdot n_p^2 = f_{mt} \cdot D^5 \cdot n_t^2 \quad\text{..............................}\quad (2b)$$

식 (2b)에서 $f_{mt} = f_{mp}(n_p/n_t)^2$ 이므로, 펌프 특성값(f_m)은 펌프와 터빈의 회전속도비(ψ : psi)와 관계가 있다.

$$\psi = n_t/n_p \quad\text{...}\quad (3)$$

여기서　n_p　: 펌프의 회전속도
　　　　n_p　: 터빈의 회전속도

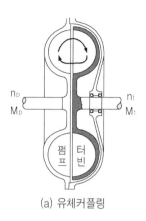

(a) 유체커플링

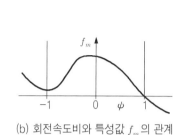

(b) 회전속도비와 특성값 f_m의 관계

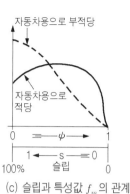

(c) 슬립과 특성값 f_m의 관계

참고도 1 유체 커플링과 그 특성

참고도 1(b)는 펌프의 특성값(f_m)과 속도비의 함수 $f(\psi)$의 관계이다. 기관이 차량을 구동할 경우, 주 작동영역은 속도비 $\psi = 0 \sim 1$까지로 주어진다.

- $\psi > 1$일 경우는 차량이 기관을 구동시키거나, 엔진 브레이크를 사용하는 경우이고,
- $\psi < 0$는 기관이 차량을 구동하나, 차량이 언덕길을 후진할 경우를 의미한다.
- $\psi = 1$이면 항상 특성값 $f_m = 0$이고, 속도비(ψ) 값이 아주 작을 때 f_m 값은 최대가 된다.

그러나 유체 커플링이 동력을 전달하기 위해서는 $\psi \neq 1$을 만족시켜야 한다.

펌프와 터빈의 속도차를 슬립(slip)이라고 한다. 슬립률(S)은 다음 식으로 표시된다.

$$S = \frac{n_p - n_t}{n_p} = 1 - \frac{n_t}{n_p} = 1 - \psi \quad \cdots\cdots\cdots\cdots\cdots\cdots\cdots\cdots\cdots\cdots\cdots \text{(4)}$$

터빈의 특성값(f_{mt})과 슬립(S)의 관계는 식(4a)로 표시된다.

$$f_{mt} = f_{mp} \cdot \left[\frac{1}{1-S}\right]^2 \quad \cdots\cdots\cdots\cdots\cdots\cdots\cdots\cdots\cdots\cdots \text{(4a)}$$

펌프의 출력(N_P)은

$$N_P = M_P \cdot n_p \cdot \frac{\pi}{30,000} \quad \cdots\cdots\cdots\cdots\cdots\cdots\cdots\cdots\cdots\cdots\cdots \text{(5)}$$

터빈의 출력(N_T)은

$$N_T = M_T \cdot n_t \cdot \frac{\pi}{30,000} \quad \cdots\cdots\cdots\cdots\cdots\cdots\cdots\cdots\cdots\cdots\cdots\cdots\cdots\cdots\cdots \quad (6)$$

따라서 손실 출력(N_L)은

$$N_L = N_P - N_T = M_P \cdot \frac{\pi}{30,000} \cdot (n_p - n_t) = N_P(1-\psi) = N_p \cdot S \quad \cdots\cdots\cdots \quad (7)$$

유체 커플링의 효율(η_c)은

$$\eta_c = \frac{N_T}{N_P} = \frac{n_t}{n_p} = \psi = 1 - S \quad \cdots\cdots\cdots\cdots\cdots\cdots\cdots\cdots\cdots\cdots\cdots\cdots\cdots \quad (8)$$

식 (8)은 슬립(S)이 적을수록 유체커플링의 효율이 높다는 것을 의미한다. 즉, 슬립이 적을수록 전달 가능한 토크는 증가한다.

참고도 1b f_m-곡선에서 속도비 $\psi = 1$, 특성값 $f_m = 0$ 점에서부터 속도비(ψ)가 감소(또는 슬립률(S)이 증가))할 때, 특성값(f_m)이 급격히 최대값으로 증가해야만 슬립을 최소화시켜, 효율을 높일 수 있다. 즉, 속도비(ψ)가 감소할 때, 특성값(f_m)이 계속적으로 완만하게 상승하는 것은 바람직스럽지 않다.

역으로 터빈이 정지해 있고 기관은 공전속도로 느리게 운전될 때, 예를 들면 유체클러치에 접속된 수동변속기를 변속할 때에는 드래그 토크(drag torque ; 최대토크)가 작용한다.

참고도 1c에는 자동차용으로 적당한 형태와 부적당한 형태의 f_m - 곡선이 도시되어 있다.

이미 제작된 유체커플링을 일정속도로 작동시킬 경우, $D = const.$(일정), $\psi = const.$(일정)이므로, 특성값 f_m도 $f_m = const.$(일정)이 된다. 따라서 식 (2a)는 식 (2c)로 표시된다.

$$M_P = \kappa \cdot n_p^2 \quad \cdots\cdots\cdots\cdots\cdots\cdots\cdots\cdots\cdots\cdots\cdots\cdots\cdots\cdots\cdots\cdots\cdots \quad (2c)$$

참고도 2는 $M_P = f(n_p^2)$의 펌프특성곡선이다. 즉, 펌프특성곡선은 펌프회전속도에 관한 2차 함수로 표시된다. 속도비 $\psi = const.$라고 가정하였으므로, 펌프회전속도의 각 점은 특정한 터빈회전속도에 대응된다.

$$n_t = \psi \cdot n_p \quad \cdots\cdots\cdots\cdots\cdots\cdots\cdots\cdots\cdots\cdots\cdots\cdots\cdots\cdots\cdots\cdots\cdots \quad (9)$$

식(1), (2c), 그리고 식 (9)로부터

$$M_T = \kappa \cdot n_p^2 = \kappa \cdot \frac{n_t^2}{\psi^2} \quad \text{또는}$$

$$M_T = \frac{\kappa}{\psi^2} \cdot n_t^2 \quad \cdots\cdots\cdots\cdots\cdots\cdots\cdots\cdots\cdots\cdots\cdots\cdots\cdots\cdots\cdots \quad (2d)$$

　　유체커플링 내의 펌프와 터빈의 특성곡선은 참고도 2에 도시되어 있다. 여기서 점선은 터빈특성곡선이다. 터빈특성곡선을 펌프특성곡선에 대응시킬 수 있다. 즉, 두 특성곡선 상의 공통점은 x축에 평행한 직선과의 교점 또는 '$M_P = M_T$'로 표시된다.

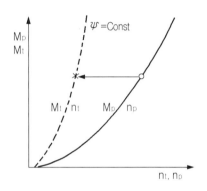

참고도 2 속도비 일정일 때의 펌프와 터빈의 특성곡선

(2) 토크컨버터 관련 계산식

$$N_e = \frac{\pi \cdot n \cdot M_e}{30,000} \quad \cdots\cdots\cdots\cdots\cdots\cdots\cdots\cdots\cdots\cdots\cdots\cdots\cdots\cdots \quad (10)$$

여기서 N_e : 제동평균유효출력 [kW]
　　　　M_e : 제동평균유효회전토크 [Nm]
　　　　n 　: 기관의 회전속도 [min^{-1}]

$$\frac{N_e}{V_H} = \frac{p_e \cdot n}{300 \cdot T_z} \quad \cdots\cdots\cdots\cdots\cdots\cdots\cdots\cdots\cdots\cdots\cdots\cdots\cdots\cdots \quad (11)$$

여기서 p_e : 제동평균유효압력 [bar]
　　　　V_H : 행정체적 [dm$^3 = \ell$]
　　　　T_z : 사이클 당 행정 수 (4행정기관=4, 2행정기관=2)

$$M_P = f_w \cdot D^5 \cdot n_p^2 \quad * \text{식 (2a)와 동일} \quad \cdots\cdots\cdots\cdots (12)$$

여기서 M_P : 펌프입력토크

f_w : 토크컨버터 특성값(속도비의 함수)

D : 펌프의 유체역학적 최대유효직경

n_p : 펌프의 회전속도

기관회전속도 n_o 에서 평균유효압력 p_{eo} 는 식 (10), (11), (12)로부터

$$p_{eo} = \frac{\pi}{100} \cdot \frac{T_z}{V_H} \cdot D^5 \cdot f_{wo} \cdot n_o^2 \cdots\cdots\cdots\cdots (13)$$

펌프가 회전속도 n_p 로 회전할 때 제동평균유효압력 p_e 는

$$p_e = \frac{\pi}{100} \cdot \frac{T_z}{V_H} \cdot D^5 \cdot f_w \cdot n_p^2 \cdots\cdots\cdots\cdots (14)$$

$$p_e = \frac{p_{eo}}{n_o^2} \cdot \frac{f_w}{f_{wo}} \cdot n_p^2 \cdots\cdots\cdots\cdots (15)$$

여기서 '$f_w/f_{wo} = \kappa$' 로 표시하면 식 (15)는

$$p_e = \frac{p_{eo}}{n_o^2} \cdot \kappa \cdot n_p^2 \cdots\cdots\cdots\cdots (15a)$$

참고도 3은 속도비(ψ)와 κ 값의 관계를 도시한 것이다. 여기서 κ 값의 변화폭이 아주 작다는 것을 알 수 있다. 예를 들면 참고도 3에서는 0.92~1.035 범위이다.

이것은 컨버터 구동동력원으로서 기관의 부하영역 또는 운전영역이 아주 좁다는 것을 의미한다. 참고도 4는 펌프의 운전특성곡선들이 서로 밀집되어 있음을 나타내고 있다. 참고도 4에서 빗금친 부분은 펌프의 전체 운전영역(total operating range)이다.

펌프와 터빈의 토크비를 μ 라고 하면

$$\mu = \frac{M_T}{M_P} \cdots\cdots\cdots\cdots (16)$$

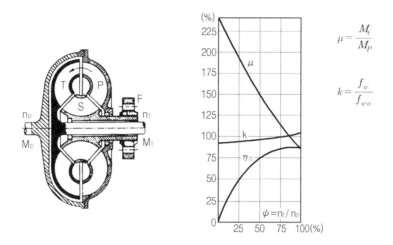

$$\mu = \frac{M_t}{M_P}$$

$$k = \frac{f_w}{f_{wo}}$$

참고도3 토크컨버터의 특성곡선(예)

그리고 참고도 3에서 보면 μ 값도 속도비(ψ) 값에 따라 변화한다.

토크컨버터 내에서 펌프 회전속도 n_p는 '$n_t = \psi \cdot n_p$'로, 펌프 토크 M_P는 '$\mu \cdot M_P = M_T$' 로 된다.

펌프의 구동출력 N_P 는

$$N_P = M_P \cdot n_p \cdot \frac{\pi}{30,000} \quad \cdots\cdots\cdots\cdots\cdots\cdots\cdots\cdots\cdots\cdots\cdots\cdots\cdots\cdots \text{(17)}$$

터빈의 출력 N_T 는

$$N_T = M_T \cdot n_t \cdot \frac{\pi}{30,000} = \mu \cdot M_P \cdot \psi \cdot n_p \cdot \frac{\pi}{30,000} = \mu \cdot \psi \cdot N_P \quad \cdots\cdots \text{(18)}$$

따라서 컨버터의 효율 η_c 는

$$\eta_c = \frac{N_T}{N_P} = \frac{\mu \cdot \psi \cdot N_P}{N_P} = \mu \cdot \psi \quad \cdots\cdots\cdots\cdots\cdots\cdots\cdots\cdots\cdots\cdots\cdots \text{(19)}$$

컨버터에서의 손실출력 N_L은

$$N_L = N_P - N_T = N_P \cdot (1 - \mu \cdot \psi) \quad\text{.. (20)}$$

식 (12)에서 이미 제작되어 있는 토크컨버터라면 $D = const.$이고, 속도비 $\psi = const.$일 경우, $f_w = const.$ 이므로 식 (12)는 다음과 같이 고쳐 쓸 수 있다.

$$M_P = \kappa_p \cdot n_p^2 \quad\text{... (12a)}$$

참고도 4는 $M_P = f(n_p^2)$ 즉, 펌프 토크곡선은 펌프 회전속도의 2차함수임을 나타내고 있으며, 참고도 5에서도 펌프의 구동곡선은 식 (12a)를 만족한다.

‘$\psi = n_t / n_p$’의 변형인 ‘$n_p = n_t / \psi$’를 식 (12a)에 대입하면

$$M_P = \frac{\kappa_p}{\psi^2} \cdot n_t^2 \quad\text{.. (12b)}$$

식 (16)의 변형, ‘$M_P = M_T / \mu$’를 식 (12a)에 대입, 정리하면

$$M_T = \kappa_p \cdot \frac{\mu}{\psi^2} \cdot n_t^2 \quad\text{.. (12c)}$$

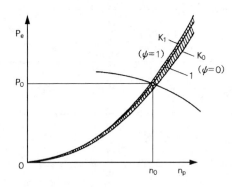

참고도 4 펌프의 운전특성곡선 ($\psi = const.$일 때)

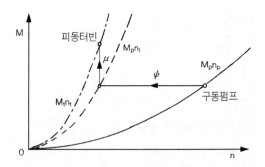

참고도 5 펌프특성곡선에서 터빈특성곡선으로의 변환과정

식 (12b)가 식 (12c)로 변환되는 과정을 참고도 5에서 살펴보면 $\psi = const$, $\mu = const$ 일 때 식 (18)이 성립하고, 따라서 식 (19)에서 컨버터의 효율 $\eta_c = const.$가 성립한다.

펌프특성곡선 상의 어느 한 점에서의 연료소비율(b_e)을 알면, 터빈의 연료소비율(b_c)을 구할 수 있다.

즉, "$b_e \cdot N_e = b_e \cdot N_P = b_c \cdot N_T = b_c \cdot \mu \cdot \psi \cdot N_P$" 가 된다. 따라서

$$b_c = b_e \cdot \frac{1}{\mu \cdot \psi} = b_e \cdot \frac{1}{\eta_c} \quad\cdots\cdots\cdots\cdots\cdots\cdots\cdots\cdots\cdots\cdots\cdots\cdots (21)$$

그리고 식 (21)로부터

$$b_e = b_c \cdot \mu \cdot \psi \quad\cdots\cdots\cdots\cdots\cdots\cdots\cdots\cdots\cdots\cdots\cdots\cdots\cdots\cdots (21a)$$

가 된다.

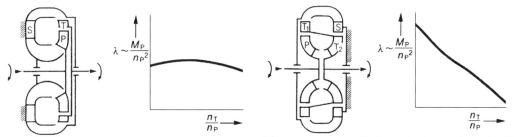

(a) torque converter with constant torque absorption M_p
　　용도 : 디젤기관차, 전기자동차, 건설중장비

(b) torque converter with decreasing torque absorption M_p
　　at increasing turbine speed(건설중장비용)

n_T : 터빈속도　n_p : 펌프속도　λ : 출력계수(power factor)

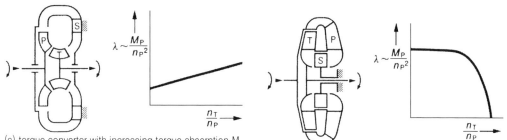

(c) torque converter with increasing torque absorption M_p
　　at increasing turbine speed
　　용도 : 컨베어장치, 동력인출장치가 부착된 산업용차량

(d) torque converter with down-control characteristic
　　용도 : 자동차

참고도 6. 구성요소 배치와 특성곡선의 상관관계

제2장 동력전달장치

제6절 유성기어 장치
(Planetary gear set)

1. 단순 유성기어장치(simple planetary gear system)

(1) 단순 유성기어장치의 기본구조(그림 2-54)

단순 유성기어장치는 선기어(sun gear), 유성기어(planetary gear), 유성기어 캐리어(planetary gear carrier), 인터널 링기어(internal ring gear) 및 밴드 브레이크(band brake)로 구성되어 있다.

모든 기어들이 선기어를 중심으로 마치 태양계와 비슷하게 배열, 맞물려 있다고 해서 '유성기어장치'라고 한다.

유성기어들은 각각 자신의 축과 함께 유성기어 캐리어에 지지되어 있다. 그리고 선기어의 축은 유성기어 캐리어 중공축(中空軸)의 안에, 그리고 인터널 링기어의 축은 유성기어 캐리어

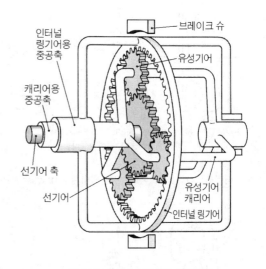

그림 2-54 유성기어장치의 기본 구조

중공축의 바깥쪽에 설치되어 있다. 유성기어들은 인터널 링기어 및 선기어와 맞물려 회전한다.

모든 기어들은 항상 서로 맞물려 있다. 선기어, 인터널 링기어, 또는 유성기어 캐리어는 구동 또는 제동될 수 있다. 출력은 인터널 링기어 또는 유성기어 캐리어의 영향을 받는다.

유성기어장치는 다음과 같이 그 용도가 다양하다.

① 토크컨버터와 함께 자동변속기에
② 레인지기어 박스에 확장 변속기구(range gear)로

③ 총륜구동방식에서 동력분배용 트랜스퍼 케이스(transfer case)에

④ 휠 허브에 설치된 액슬 감속기어로

⑤ 오버 드라이브(over drive) 기구에 등등.

유성기어장치의 장점은 다음과 같다.

① 회전토크의 전달은 다수의 기어 세트에 의해서 이루어지므로 기존의 수동변속기에 사용되는 기어장치에 비해 개별 기어이가 받는 부하가 적다.

② 항상 서로 맞물려 있으므로, 동기화가 되지 않아도 변속할 수 있다. 따라서 기관으로부터의 동력을 차단하지 않고도 변속이 가능하다.

③ 똑같은 토크를 전달할 경우 다른 변속기구에 비해서 설치공간을 작게 차지한다.

④ 모든 기어가 항상 맞물려 있으므로 작동소음이 적다.

그러나 실제적으로 자동변속기에 단순 유성기어장치를 1세트만을 사용하지는 않는다. 이유는 1세트의 단순 유성기어장치만으로는 좋은 변속비를 얻을 수 없으며, 2개의 출력축을 필요로 하기 때문이다. 따라서 단순 유성기어장치를 2세트 또는 3세트 연속적으로 설치하는 방식, 또는 그 변형이 주로 사용된다.

(2) 단순 유성기어장치의 변속비

단순 유성기어장치의 변속비는 기어 잇수로부터 구한다. 인터널 링기어 잇수는 다음 식으로 표시된다.

$$Z_R = Z_S + (2 \cdot Z_P)$$

여기서 Z_R : 인터널 링기어 잇수

Z_S : 선기어 잇수

Z_P : 1개의 유성기어 잇수

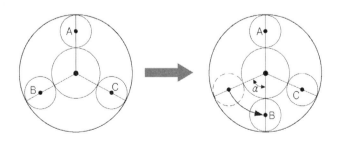

그림 2-55 인터널 링기어 잇수 구하기

그림 2-55에서 선기어의 중심에서 인터널 링기어의 끝까지는 인터널 링기어의 반경으로서 중심에서 어느 각도로 그어도 마찬가지이다. 따라서 그림 2-55(a)에서 유성기어 B를 각 α 만큼 이동시켜 그림 2-55(b)와 같이 일직선이 되게 하면 다음이 성립한다.

인터널 링기어 직경 = 선기어 직경 + (2×유성기어 직경)

유성기어장치에서 인터널 링기어는 유성기어와, 유성기어는 선기어와 맞물려 있으므로 기어 이의 크기는 서로 같다. 따라서 서로 맞물려 있는 기어장치에서 기어 잇수는 기어 직경(또는 반경)에 비례하므로 위의 식이 성립한다.

유성기어 캐리어는 기어가 아니므로 기어이(gear teeth)가 없다. 그러나 일정한 기어 잇수에 상당하는 값으로 회전하게 된다. 이것을 '캐리어 상당 잇수' 또는 '캐리어 유효 잇수'라고 한다.

$$Z_C = Z_S + Z_R$$

여기서 Z_R : 인터널 링기어 잇수　　Z_S : 선기어 잇수
Z_C : 캐리어 상당 잇수

그림 2-56에서 인터널 링기어를 고정시키고 캐리어를 구동하여 선기어를 피동시킬 경우를 예를 들어 캐리어 상당잇수를 구하기로 한다.

그림 2-56에서 인터널 링기어와 유성기어의 접촉점을 E라고 하면, 인터널 링기어를 고정하였으므로 접촉점 E를 순간중심으로 생각해도 무방하다. 인터널 링기어 반경을 r_r, 캐리어의 유효반경을 r_c, 선기어 반경을 r_s, 캐리어의 각속도를 ω_c, 선기어의 각속도를 ω_s, 그리고 선기어와 캐리어의 선속도(線速度)를 각각 V_s, V_c 라고 하면

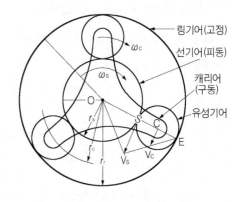

그림 2-56 캐리어 상당잇수 구하기

순간중심 E에서의 선속도 V_E 는

$$V_E = 0 \quad \cdots\cdots\cdots\cdots\cdots\cdots\cdots\cdots\cdots\cdots\cdots\cdots\cdots\cdots\cdots\cdots \quad (1)$$

선기어의 선속도 V_s 는

$$V_s = r_s \cdot \omega_s \quad \cdots\cdots\cdots\cdots\cdots\cdots\cdots\cdots\cdots\cdots\cdots\cdots\cdots\cdots \quad (2)$$

순간중심 E 를 기준으로 할 때, 선기어와 유성기어의 접촉점 S는 캐리어의 점 C에 비해 순간 중심으로 부터 2배에 해당하는 거리에 위치하고 있으므로

$$V_s = 2 \cdot V_c = 2 \cdot r_c \cdot \omega_c \quad \cdots\cdots\cdots\cdots\cdots\cdots\cdots\cdots\cdots\cdots\cdots\cdots\cdots\cdots (3)$$

또 그림 2-56에서 캐리어의 점 C 까지는 캐리어 유효반경(r_c)으로서, 인터널 링기어 반경과 선기어 반경을 더하여 2로 나눈 값과 같으므로

$$r_c = (r_r + r_s)/2 \quad \cdots\cdots\cdots\cdots\cdots\cdots\cdots\cdots\cdots\cdots\cdots\cdots\cdots\cdots\cdots (4)$$

식 (2), (3), (4)로 부터

$$V_s = r_s \cdot \omega_s = (r_r + r_s) \cdot \omega_c \quad \cdots\cdots\cdots\cdots\cdots\cdots\cdots\cdots\cdots\cdots\cdots (5)$$

식 (5)로부터

$$r_s \cdot \omega_s = (r_r + r_s) \cdot \omega_c \text{ 이므로}$$

$$\frac{\omega_c}{\omega_s} = \frac{r_s}{r_r + r_s} = \frac{\text{캐리어 각속도}}{\text{선기어 각속도}} = \frac{\text{선기어 반경}}{\text{인터널 링기어 반경} + \text{선기어 반경}} \quad (6)$$

$$\text{변속비}(i) = \frac{\text{피동기어 잇수}(z_2)}{\text{구동기어 잇수}(z_1)} = \frac{\text{구동축 회전속도}(n_1)}{\text{피동축 회전속도}(n_2)} \quad \cdots\cdots\cdots\cdots (7)$$

위에서 식(6)과 식(7)을 비교하면 식(6)에서는 기어 잇수 대신에 기어의 반경으로 표시하였다. 그리고 캐리어 유효반경은 '인터널 링기어 반경 + 선기어 반경' 으로 나타났다. 기어이의 크기가 같을 경우, 기어 잇수는 기어의 반경(또는 직경)에 비례하므로 식(6)으로 부터 캐리어 상당잇수는 '인터널 링기어 잇수 + 선기어 잇수' 임을 알 수 있다.

(3) 단순 유성기어장치에서 각 기어의 회전방향

단순 유성기어장치에서 인터널 링기어나 선기어를 고정할 경우는 구동축과 피동축의 회전방향은 같다. 그러나 캐리어를 고정하면 구동축과 피동축의 회전방향은 서로 반대가 된다. 즉, 역전된다.

그리고 단순 유성기어장치의 3요소 중 2요소를 동시에 고정하거나, 2요소에 동시에 동력을 전달하면 입력축과 출력축은 직결(直結)된다.

3요소를 모두 자유롭게 회전되도록 하면 동력전달은 이루어지지 않는다.(중립)

단순 유성기어장치에서의 변속비는 위의 식(7)로 구하고, 회전방향은 위에 설명한 내용에 따라 결정하면 된다.

표 2-6-1은 앞에서 설명한 내용을 종합 정리한 것으로서 변속비는 선기어 잇수(Z_s) 40, 유성기어 잇수(Z_P) 20으로 하여 구하였다.

표 2 - 6 - 1 유성기어 장치의 변속비와 회전방향 (예)

구분	변속(예)	인터널 링기어	캐리어	선기어	변속비	결과
1	유성기어 / 링기어(Z_R) / 캐리어(Z_S+Z_R) / 선기어(Z_S)	피동	구동	고정	$i = \dfrac{Z_R}{Z_S + Z_R}$ $i = \dfrac{80}{120} < 1$	증속
2		구동	피동	고정	$i = \dfrac{Z_S + Z_R}{Z_R}$ $i = \dfrac{120}{80} > 1$	감속
3		고정	구동	피동	$i = \dfrac{Z_S}{Z_S + Z_R}$ $i = \dfrac{40}{120} < 1$	증속
4		고정	피동	구동	$i = \dfrac{Z_S + Z_R}{Z_S}$ $i = \dfrac{120}{40} > 1$	감속
5		구동	고정	피동	$i = \dfrac{Z_S}{Z_R}$ $i = -\dfrac{40}{80} < 1$	역전 증속
6		피동	고정	구동	$i = \dfrac{Z_R}{Z_S}$ $i = -\dfrac{80}{40} > 1$	역전 감속
7		3요소 중 2요소 고정 (결과는 유성기어 세트의 고정으로 나타난다.)			1 : 1	직결
8		3요소가 모두 구속되지 않음				중립

[주] 변속비의 부호(−)는 역전을 의미함. Z_S : 선기어 잇수, Z_R : 링기어 잇수, $Z_S + Z_R$: 캐리어 상당잇수

2. 유성기어장치의 조합

1세트(set)의 단순 유성기어장치만을 이용하는 경우는 간단한 증속기구(over drive)와 액슬 허브(axle hub)에 설치되는 감속장치 등이 대부분이다. 앞에서 설명한 바와 같이 1세트의 단순 유성기어장치 만으로는 좋은 변속비를 얻을 수 없기 때문에 자동차용 자동변속기에서는 아래에 열거한 방법들을 많이 사용한다.

(1) 라비뇨(Ravigneaux)-기어 세트

2-세트의 유성기어장치를 연이어 접속시킨 방식의 변형으로서 인터널 링기어와 캐리어는 각각 1개씩만, 그리고 직경이 서로 다른 2개의 선기어, 길이가 서로 다른 2 세트의 유성기어를 사용한다.

1차 선기어는 1차 유성기어(short pinion)와, 그리고 2차 선기어는 2차 유성기어(long pinion)와 맞물려 있다. 또 1차 유성기어는 2차 유성기어와, 그리고 2차 유성기어는 인터널 링기어와 치합되어 있다.

동력은 인터널 링기어를 통해서 또는 캐리어를 통해서 출력된다. 그림 2-57은 전진 3단, 후진 1단이 가능한 라비뇨 - 기어 세트이다.

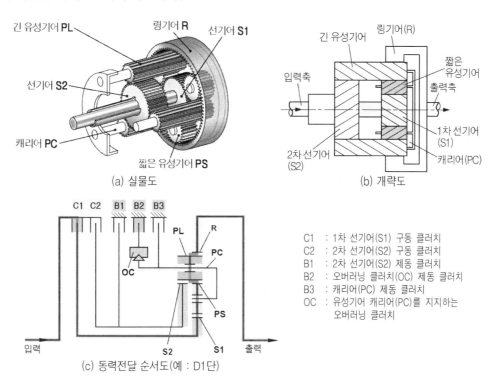

(a) 실물도

(b) 개략도

(c) 동력전달 순서도(예 : D1단)

C1 : 1차 선기어(S1) 구동 클러치
C2 : 2차 선기어(S2) 구동 클러치
B1 : 2차 선기어(S2) 제동 클러치
B2 : 오버러닝 클러치(OC) 제동 클러치
B3 : 캐리어(PC) 제동 클러치
OC : 유성기어 캐리어(PC)를 지지하는 오버러닝 클러치

그림 2-57 Ravigneaux-기어 세트

예를 들면, 1단의 경우에는 구동클러치 C1과 제동 클러치 B2가 작동한다. 제동클러치 B2는 유성기어 캐리어가 오버러닝 클러치(OC)에 의해 1방향으로만 회전하도록 유성기어 캐리어를 고정한다. 1단에서의 동력 흐름은 다음과 같다.

$$기관 \rightarrow 펌프 \rightarrow 터빈 \rightarrow C1 \rightarrow S1 \rightarrow PS \rightarrow PL \rightarrow R \rightarrow 출력$$

라비뇨-기어 세트 뒤에 단순 유성기어장치를 결합시켜, 4단 또는 5단 자동변속기를 만들 수 있다. (예 : ZF 5HP 18)

라비뇨-기어 세트 다음에 단순 유성기어장치를 2세트 접속한, 5단 또는 6단 자동변속기도 사용되고 있다.

표 2-6-2 라비뇨-기어 세트의 변속 논리

변속 단	C1	C2	B1	B2	B3	OC
1단	●			●		●
2단	●		●			
3단	●	●				
후진		●			●	

(2) 심프슨(Simpson) 기어 세트

이 기어 세트는 2세트의 단순 유성기어장치의 결합에서 긴 선기어를 1개만 사용하는 방식이다. 따라서 1개의 긴 선기어, 각각 직경과 잇수가 동일한 2개의 인터널 링기어, 2세트의 유성기어 세트와 2개의 캐리어를 사용한다.

동력은 인터널 링기어 1(R 1)을 통해 출력된다.(그림 2-58 참조).

심프슨-기어 세트는 예를 들면 3단 자동변속기에 사용된다. 심프슨-기어 세트 다음에 단순 유성기어장치 1세트를 접속하여, 4단 또는 5단 자동변속기를 만들 수 있다.

* Simpson, Thomas : 1710~1761, 영국 수학자.

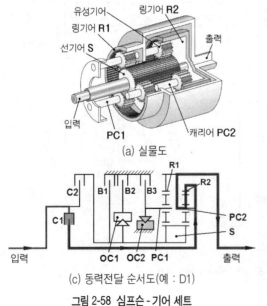

(a) 실물도

(c) 동력전달 순서도(예 : D1)

그림 2-58 심프슨-기어 세트

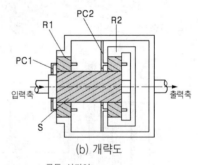

(b) 개략도

S : 공동 선기어
R1, R2 : 1차/2차 인터널 링기어
PC1, PC2 : 1차/2차 유성기어 캐리어
P1, P2 : 1차, 2차 유성기어(크기 동일)
C1 : 2차 인터널 링기어(IR2) 구동 클러치
C2 : 선기어(S) 구동 클러치
B1 : 선기어(S) 제동 클러치
B2 : 오버러닝 클러치1(OC 1) 제동 클러치
B3 : 캐리어 2(PC 2) 제동 클러치
OC 1 : 제동 클러치 B2가 작동할 때, 선기어(S)를 지지하는 오버러닝 클러치
OC 2 : 유성기어 캐리어(PC)를 지지하는 오버러닝 클러치

표 2-6-3 심프슨 - 기어 세트의 변속 논리

변속단	C1	C2	B1	B2	B3	OC1	OC2
1단	●						●
2단	●		●[1]	●		●	
3단	●	●		●			
후진		●			●		

● 실렉터레버 위치 D에서의 동력 전달
[1] 실렉터레버 위치 2에서, B1이 작동하고, 선기어는 고정된다.

(3) 윌슨(Wilson) 기어 세트

단순 유성기어장치를 3세트 연이어 접속한 형식이다. 동력은 모든 변속단에서 마지막에 설치된 단순 유성기어 세트의 유성기어 캐리어(PC3)를 거쳐서 출력된다.

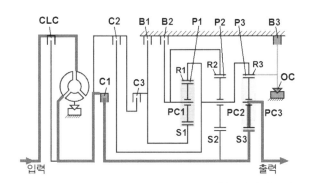

S1, S2, S3 : 선기어,
P1, P2, P3 : 유성기어
R1, R2, R3 : 인터널 링기어
PC1, PC2, PC3 : 유성기어 캐리어
C1, C2, C3 : 구동 클러치
B1, B2, B3 : 제동 클러치
CLC : 컨버터 로크업 클러치
OC : 오버러닝 클러치

그림 2-59 윌슨 - 기어 세트(예 : D1단)

표 2-6-4 윌슨 - 기어 세트의 변속논리(예 ; 그림 2-59 기준)

변속 단	C1	C2	C3	B1	B2	B3	OC	CLC*	변속비	i_{rel}
중립						●			–	
1단	●					●[1]	●		3.57	
2단	●				●			●	2.20	
3단	●			●				●	1.51	4.44
4단	●	●						●	1.00	
5단	●		●					●	0.80	
후진			●			●			−4.10	

● 실렉터레버 위치 D에서의 동력 전달　　　　　　　[1] 타행 주행 시에 작동해야 한다.
* 컨버터 로크업 클러치(CLC*)는 슬립을 제어할 때에만 접속된다.
i_{rel} : 상대변속비 = 최저단 변속비/최고단 변속비

1단에서는 제동 클러치 B3이 인터널 링기어 R3을 제동한다.

1단에서의 동력전달 과정은 다음과 같다.

기관 → 펌프 → 터빈 → C1 → S3 → PC3 → 출력

(4) 레펠레티어(Lepelletier) 기어 세트

라비뇨 - 기어 세트의 전방에 1 세트의 단순 유성기어장치를 접속한 형식으로, 전진 6단이 가능한 자동변속기를 만들 수 있다.

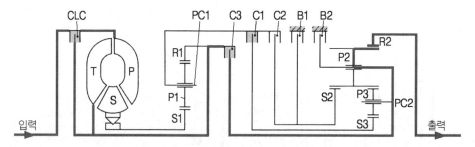

표 2-6-5 레펠레티어-기어 세트의 변속논리(예 ; 그림 2-60 기준 셀렉터 레버 위치 D)

변속단	C1	C2	C3	B1	B2	CLC*	변속비	i_{rel}
중립					●			
1단	●				●		4.17	
2단	●			●		●[2])	2.34	
3단	●	●				●[2])	1.5	
4단	●		●			●[2])	1.14	6.04
5단		●	●			●[2])	0.87	
6단			●	●		●[2])	0.69	
후진			●	●			-3.43	

● 실렉터레버 위치 D에서의 동력 전달

i_{rel} : 상대변속비 = 최저단 변속비/최고단 변속비

2) 컨버터 로크업 클러치(CLC*)는 슬립을 제어할 때에만 접속된다.

P1 : 단순 유성기어 세트
P2, P3 : 라비뇨 기어세트
PC1, PC2 : 유성기어 캐리어
S1, S2, S3 : 선기어
R1, R2 : 인터널 링기어
CLC : 컨버터 로크업 클러치
C1, C2, C3 : 다판 클러치
B1, B2 : 제동 클러치

4단에서의 동력전달

입력축 → CLC ─┬─ R1 → PC1 → C1 → S3 ─┬─ P3/P2 → R2 → 출력축
　　　　　　　 └─ C3 → PC2 ─────────┘

그림 2-60 6단 자동변속기(레펠레티어 기어세트+로크업 클러치)(예 : D4단)

제2장 동력전달장치

제7절 유압식 완전자동 유단변속기
(Stepped automatic transmission with hydraulic torque converter)

그림 2-61(a)는 유체 토크컨버터와 유성기어장치를 조합하고 유압제어 시스템(hydraulic control system)을 이용하여 운전조건과 기관의 부하에 따라 자동적으로 상향변속 또는 하향 변속을 하도록 제작된 변속기이다.

그리고 그림 2-61(b)는 토크 컨버터 대신에 "2질량 플라이 휠+습식발진클러치"를 사용한 7단 완전자동변속기이다.

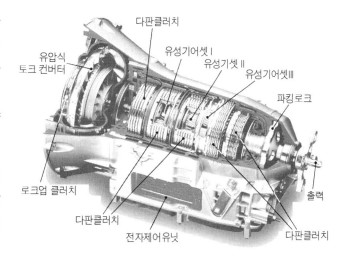

그림 2-61(a) 유압식 완전자동변속기(유체 토크컨버터+유성기어 셋)

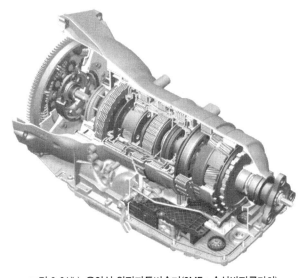

그림 2-61(b) 유압식 완전자동변속기(2MF+습식발진클러치)

1. 유압식 완전자동 유단변속기 개요

(1) 주요 구성부품

유압식 완전자동 유단변속기의 구조는 차량의 구동방식(전륜구동 또는 후륜구동), 그리고 유성기어장치의 형식에 따라 크게 다르다. 주요 구성부품 및 제어기구는 다음과 같다.

① 유체 토크컨버터(hydraulic torque converter)

발진 클러치로서의 기능과 회전토크의 증가 기능, 그리고 플라이휠의 기능 등을 담당한다.

② 유성기어장치(planetary gearing)

유체 토크컨버터 다음에 설치되어 토크와 회전속도를 변환시키며, 회전방향을 변환시킨다. 즉, 후진이 가능하도록 한다.

③ 전자제어식 유압 시스템

자동변속기의 작동에 필요한 유압을 생성하여, 제어시스템의 지시에 따라 적기에 변속요소들에 작용하여 자동적으로 상향 변속 또는 하향 변속되게 하는 기능을 담당한다.

④ 변속에 필요한 기계요소들

필요에 따라 유성기어장치의 해당 부품들을 구동하거나 제동한다. 실렉터-레버, 구동 클러치, 제동 클러치(또는 브레이크 밴드), 프리-휠링 기구 등이 여기에 속한다.

⑤ 변속기-ECU 및 센서들

변속기 - ECU(TCU 또는 TCM이라고도 한다)와 다수의 센서들이 여기에 속한다.

주요 제어변수는 실렉터-레버 위치, 주행속도, 기관부하(스로틀밸브 개도) 등이다. 최신 유압식 완전자동 유단변속기들은 자동변속기능을 운전자의 운전 스타일 및 주행조건(상황)에 적합하게 조정하여, 주행안락성 및 주행안정성을 크게 개선시킨 형식들이 대부분이다.

유체 토크컨버터와 유성기어장치에 대해서는 앞에서 상세하게 설명하였다. 여기에서는 유압 시스템 및 제어시스템에 대해서만 설명하기로 한다.

(2) 전자제어 유압시스템

전자제어 유압시스템은 다음과 같은 부품들로 구성되어 있다.(그림 2-62(a), 2-62(b) 참조)
- 유압형성기구 : 오일펌프, 동작유체(변속기 윤활유)

- 유압제어밸브 : 주 작동압력 제어용
- 제어밸브 : 변속(shift) - 압력 제어용
- 매뉴얼 밸브(manual valve) : 실렉터-레버로 운전자가 조작한다. 오일펌프에서 생성되는 주-작동압력(=라인압력)은 매뉴얼밸브, 유압 스위칭 밸브, 유압제어밸브를 차례로 거쳐 변속단에 대응하는 구동 다판 클러치와 제동 다판 클러치(또는 브레이크 밴드) 등에 작용한다.
- 유압 스위칭 밸브 : 다판 클러치, 브레이크 밴드 및 컨버터 로크-업(lock-up) 클러치 제어용

유압펌프를 제외한 대부분의 밸브들(실렉터-레버로 운전자가 조작하는 매뉴얼밸브 포함)은 모두 유압 밸브보디에 내장된다. 그리고 로크-업 클러치가 설치된 형식에서는 로크-업 클러치 제어밸브도 유압밸브 보디에 내장된다.

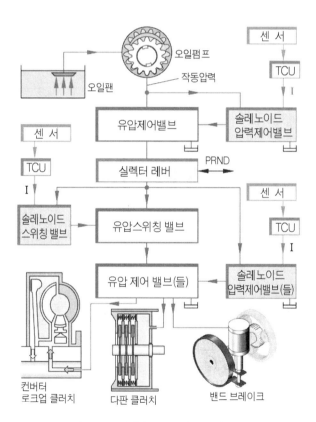

그림 2-62(a) 전자제어 유압시스템의 블록선도

① 오일펌프(그림 2-62(a), (b) 참조)

변속기 입력측에 설치된 오일펌프는 토크컨버터 축에 의해 구동된다. 변속기 형식에 따라 차이가 많으나, 공급유량은 1회전 당 14~23cc, 회전속도 범위는 $600 \sim 7000 min^{-1}$, 주 작동 압력은 약 3~25bar 범위이다. 주 - 작동압력은 오일펌프 토출 측에 장착된 유압식 압력제어 밸브 및 솔레노이드식 압력제어밸브에 의해 제어된다. 주-작동압력을 각각의 조건 및 필요에 따라 조절하여 다른 압력들 예를 들면, 변속(shift) - 압력, 제어(control) 압력, 컨버터 압력 및 윤활압력 등을 생성하게 된다. 참고로 토크컨버터 유압은 약 3~7 bar 범위이다. 윤활압력상태의 윤활유는 토크컨버터 베어링 및 유성기어장치들을 윤활 시킨다.

② 매뉴얼 밸브(manual valve) ← 실렉터 - 레버에 연동

유압밸브보디(hydraulic valve body)에 들어있는 매뉴얼 밸브는 운전자가 실렉터 - 레버를 조작하여 그 위치를 결정한다. 매뉴얼밸브에는 주-작동압력이 작용한다.

매뉴얼 밸브에 들어있는 밸브-피스톤의 위치는 운전자가 실렉터 - 레버를 조작하여 선택위치(예 : P - R - N - D - (3) - 2 - 1) 중에서 원하는 위치를 선택함으로서 결정된다. 밸브-피스톤의 위치에 따라 제어된 작동압력이 해당 밸브에 작용하게 된다.

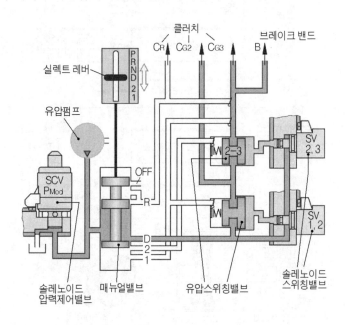

그림 2-62(b) 유압제어시스템의 매뉴얼 밸브(예)

③ 유압식 시프트(shift) - 밸브들

유압식 시프트 - 밸브들은 복동 피스톤으로서, 한쪽에는 스프링장력과 유압이, 그 반대쪽에는 유압만 작용하는 구조이다. 솔레노이드 시프트 - 밸브를 ON - OFF시켜 유압식 시프트 - 밸브에 유압을 공급 또는 차단하는 방법을 사용하여, 각 단의 변속 요소들(예 : 다판 클러치 및 브레이크 밴드)을 연결, 분리 또는 고정한다.

④ 압력제어(pressure control) 밸브들은

- 기관부하(=가속페달 위치)에 따라 주-작동압력을 제어한다.
  주 - 작동압력을 공전상태에서는 낮게, 전부하 운전 시에는 높게 제어한다.
- 안락한 변속을 위해 변속(shift) - 압력을 다양하게(6~12bar) 제어한다.
- 변속-압력을 제어하여 변속요소들의 오버랩(overlap) 제어를 가능하게 한다.

(3) 변속 요소들

유성기어장치의 해당 부품들을 연결(구동) 또는 제동한다. 다판 - 클러치(구동/제동용), 브레이크 밴드, 그리고 프리 - 휠링 기구(오버러닝 기구) 등이 여기에 속한다.

① 다판 - 클러치(multiple plate clutch)(그림 2-63참조)

다판 - 클러치는 변속진행 중 또는 변속완료 상태에서 유성기어장치의 해당 부품을 구동시키거나 고정시키는 기능을 한다. 다판 - 클러치는 구동클러치와 제동클러치(또는 다판 - 브레이크)로 구분한다. 구동클러치란 라인압력이 작용하면 기어에 동력을 전달하는 클러치를 말하고, 제동클러치(다판 - 브레이크)란 기어를 고정하는 클러치를 말한다.

그림 2-63에서 라인압력이 피스톤에 작용하면 피스톤은 지렛대 역할을 하

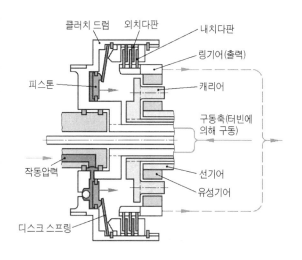

그림 2-63 다판 - 클러치

는 디스크 스프링(disk spring)의 선단을 누른다. 그러면 증폭된 힘은 다판 - 클러치를 압착시키므로, 클러치는 링기어에 동력을 전달할 수 있게 된다. 유압이 작용하지 않게 되면 피스톤은 디스크 스프링에 의해 밀려나고, 다판 - 클러치는 풀리게 된다.

② 밴드 브레이크(band brake) (그림 2-64 참조)

밴드 브레이크는 내측에 라이닝이 부착된 얇은 강철(steel) 밴드, 피스톤 롯드, 피스톤, 하우징, 스프링, 그리고 조정기구 등으로 구성된다. 최근에는 다판·브레이크 즉, 제동클러치로 대체되는 경향이 있다. 작동원리는 다음과 같다.

그림 2-65에서 라인압력이 피스톤의 우측에 작용하면, 피스톤 롯드는 밴드 브레이크를 조여 브레이크 드럼(brake drum)

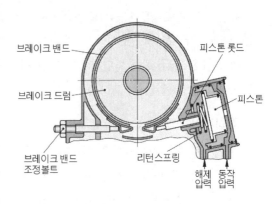

그림 2-64 밴드 브레이크

을 고정시킨다. 브레이크 드럼의 고정을 해제하려면, 피스톤의 좌측에 라인압력을 작용시키면 된다.

③ 프리-휠링(free wheeling) 기구 - 오버러닝 클러치(그림 2-65 참조)

유성기어장치의 특정한 구성부품들을 서로 연결하는 기능을 한다. 스프레그(sprag)식 오버러닝 클러치는 그림 2-65와 같이, 아우터-링, 이너-링 그리고 어느 한 방향으로 쐐기작용을 하는 스프레그로 구성되어 있다.

이너-링이 제동되어 고정되었을 때 아우터-링이 시계방향으로 회전하면, 쐐기작용을 하는 스프레그는 똑바로 서게 된다. 그러면 이너-링과 아우터-링은 기계적으로 서로 일체가 되게 된다.

반대로 아우터-링이 반-시계방향으로 회전하면, 이너-링과 아우터-링 사이의 기계적 연결은 풀리게 된다.

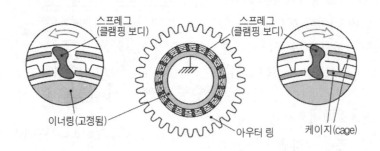

그림 2-65 프리-휠링 기구-스프레그(sprag)식 오버러닝 클러치

(4) 주차 로크(parking lock)

　실렉터-레버를 위치 P로 이동시키면, 자동변속기 출력축은 주차 - 로크 기구에 의해 기계적으로 구속된다. 그러면 자동차는 더 이상 움직일 수 없게 된다. ← 안전기구

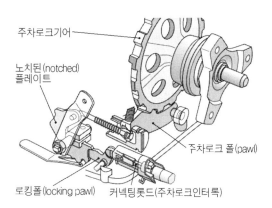

그림 2-66　주차 로크 기구

2. 완전자동변속기-라비뇨기어 부(automatic transmission with Ravigneaux gears)

　그림 2-67은 유체 토크컨버터와 라비뇨(Ravigneaux)기어를 조합한 유단 자동변속기이다.

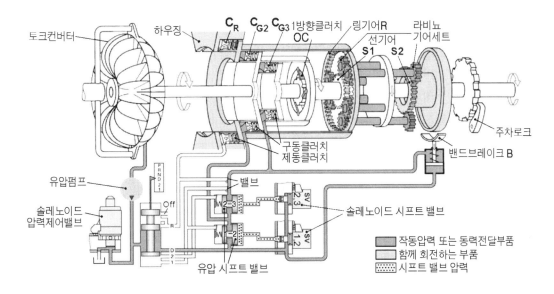

그림 2-67　자동변속기(유체 토크컨버터 + 라비뇨 기어, D3단)

그림 2-67에서 2단 클러치와 3단 클러치가 동시에 작동하므로 동력은 토크컨버터로부터 동시에 프론트 선기어와 링기어에 전달된다. 그리고 리어 선기어의 밴드브레이크는 풀린다.

프론트 선기어와 링기어의 회전속도가 같으므로 중간에 끼어있는 유성기어는 자전할 수 없게 되고, 따라서 유성기어장치 전체가 일체가 되어 회전하게 된다. 이렇게 되면 변속기 입력축의 회전속도와 변속기 출력축의 회전속도가 같으며 회전방향도 서로 같다.(직결)

변속 논리는 표 2-7-1과 같다.

표 2-7-1 자동변속기(유체 토크컨버터 + 라비뇨 기어)의 변속 논리

변속 단	입력	고정	출력	B	C_{G2}	C_{G3}	OC	CR
1단	S1	S2	PC	●			●	
2단	R	S2	PC	●	●			
3단	S1+R	–	PC		●	●		
후진	S1	R	PC			●		●

> **참 고**   컨버터 로크–업 클러치가 부착된 6단 자동변속기(Ravigneaux 기어장치 부)의 동력전달과정을 "ZF 6HP 26"을 예로 들어 도시하였다.

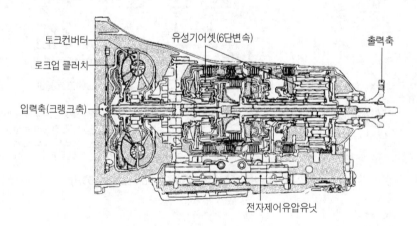

단	클러치				브레이크		OC G	기어비 i
	CLC	A	B	E	C	D		
1	☆	●				●	○	4,171
2	☆	●			●		○	2,340
3	☆	●	●				○	1,521
4	☆	●		●			○	1,143
5	☆		●	●			○	0,867
6	☆			●	●		○	0,691
R			●			●	○	−3,403

○ 작동상태에 따라
☆ 변속프로그램에 따라

토크컨버터
로크업 클러치
입력축(크랭크축)
유성기어셋(6단변속)
출력축
전자제어유압유닛

3. 완전 자동변속기 - 심프슨 기어 부(automatic transmission with Simpson gears)

(1) 구조와 구성부품

유체 토크컨버터, 3단 변속이 가능한 심프슨기어 세트, 그리고 1세트의 언더-드라이브용 단순 유성기어장치를 이용한 전진 4단, 후진 1단 형식의 FF용 자동변속기(DW14/20)를 예로 들어 설명하기로 한다. 기어장치의 구조와 주요 구성부품은 그림 2-68과 같다.

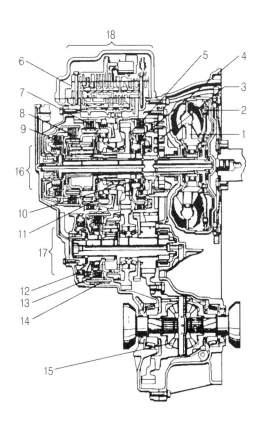

1. 토크 컨버터
2. 컨버터 클러치
3. 오일펌프
4. 다판 브레이크 B1(2단 코스트 브레이크)
5. 다판 브레이크 B2(2단 브레이크)
6. 밸브보디 어셈블리
7. 다판 브레이크 B3(1단 및 후진 브레이크)
8. 다판 클러치 C1(전진 클러치)
9. 다판 클러치 C2(직접구동 클러치)
10. 프리휠링 메커니즘 F1(NO.1 원웨이 클러치)
11. 프리휠링 메커니즘 F2(NO.2 원웨이 클러치)
12. 프리휠링 메커니즘 F3(NO.3 원웨이 클러치)
13. 다판 클러치 C3(언더 드라이브 클러치)
14. 다판 브레이크 B4(언더 드라이브 브레이크)
15. 디퍼렌셜
16. 심프슨 기어 유닛
17. 언더 드라이브 유닛
18. 유압컨트롤 유닛
- 전진 클러치 C1
  입력축과 리어 링기어를 연결함.
- 직접구동 클러치 C2
  입력축과 선기어를 연결함
- 언더 드라이브 클러치 C3
  언더 드라이브 캐리어와 언더 드라이브 선기어를 직접 연결함
- 2단 코스트 브레이크 B1
  선기어의 회전을 방지함
- 2단 브레이크 B2
  선기어의 반시계방향으로의 회전을 방지함
- 1단 및 후진 브레이크 B3
  프런트 링기어의 회전을 방지함
- 언더 드라이브 브레이크 B4
  언더 드라이브 선기어의 회전을 방지함
- NO.1 원웨이 클러치 F1
  B2 작동시 선기어의 반시계 방향으로의 회전을 방지함
- NO.2 원웨이 클러치 F2
  프런트 링기어의 반시계 방향으로의 회전을 방지함.
- NO.3 원웨이 클러치 F3

그림 2-68 심프슨 기어장치를 사용한 자동변속기(DW14/20)의 구성부품

(2) 변속 논리(실렉터-레버 위치)와 각 단에서의 동력전달 과정

표 2-7-2 변속 논리표

U/D : Under Drive

작동요소		P	R	N	D				3			2		1	종감속비
선택레버위치		주차	후진	중립	1단	2단	3단	4단	1단	2단	3단	1단	2단	1단	
전진 클러치	C1				접속	접속	접속	접속	접속	접속	접속	접속	접속	접속	
직접 구동클러치	C2		접속					접속							
언더드라이브클러치	C3						접속	접속			접속				
2단 타행 브레이크	B1					작동	작동			작동	작동		작동		
2단 브레이크	B2					작동	작동	작동		작동	작동		작동		
1단/후진 브레이크	B3		작동											작동	
U/D 브레이크	B4	작동	작동	작동	작동	작동			작동	작동		작동	작동	작동	
No.1 원웨이 클러치	F1					잠김	잠김			잠김	잠김		잠김		
NO.2 원웨이 클러치	F2				잠김				잠김			잠김		잠김	
NO.3 원웨이 클러치	F3				잠김	잠김			잠김	잠김		잠김	잠김	잠김	
기어비	DW-20		3.949		3.606	2.060	1.366	0.982							2.440
기어비	DW-14		5.045		4.123	2.250	1.449	1.062							2.650

① 3단(D, 3 위치)에서의 동력전달(그림 2-69 참조)

심프슨 기어 유닛에서는 제동클러치 B1, B2와 원웨이 클러치 F1은 고정되고, 원웨이 클러치 F2는 프리-휠링한다. B1, B2, F1이 고정되므로 선기어가 고정된다.

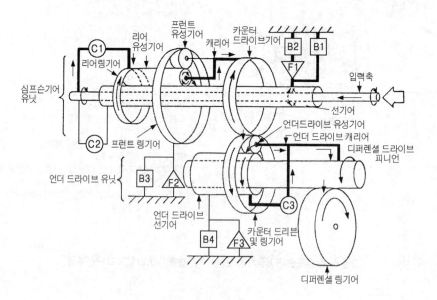

그림 2-69 3단(D, 3 위치)에서의 동력전달

리어-링기어는 입력축과 같은 속도로 시계방향으로 회전한다. 그러나 선기어가 고정이므로 리어 유성기어(롱 피니언)는 선기어 위를 구르면서 시계방향으로 회전한다. 따라서 캐리어와 카운터 드라이브 기어도 시계방향으로 회전한다. 카운터 드라이브 기어가 시계방향으로 회전하므로 언더드라이브 유닛의 링기어는 반시계방향으로 회전한다.

언더드라이브 유닛의 구동클러치 C3이 접속됨에 따라 언더드라이브 유닛의 선기어와 캐리어는 일체가 된다. 따라서 언더드라이브 유닛의 모든 구성요소와 디퍼렌셜 드라이브 피니언은 일체가 되어 반시계방향으로 회전한다. 즉, 언더드라이브 유닛에서는 감속이 없다. 그리고 디퍼렌셜 링기어는 시계방향으로 회전한다.

② R 위치에서의 동력전달

구동 클러치 C2는 입력축과 선기어를 직결시키고, 제동 클러치 B3은 프론트 링기어를 고정시킨다. 선기어는 입력축과 같은 속도로 시계방향으로 회전한다. 리어유성기어(롱 피니언)는 반시계방향, 그리고 프론트 유성기어(쇼트 피니언)는 시계방향으로 회전한다. 프론트 링기어가 고정이므로 캐리어는 반시계방향으로 회전한다. 따라서 캐리어와 직결된 카운터 드라이브 기어도 반시계방향으로 회전한다.

언더드라이브 링기어는 시계방향으로, 언더드라이브 유성기어는 반시계방향으로 회전한다. 그러나 언더드라이브 선기어는 제동 클러치 B4에 의해 고정되므로, 언더드라이브 캐리어는 시계방향으로 회전하게 된다. 언더드라이브 캐리어와 직결된 디퍼렌셜 드라이브 피니언은 시계방향으로, 드라이브 피니언과 치합된 디퍼렌셜 링기어는 반시계방향으로 회전한다. 즉, 역전된다.

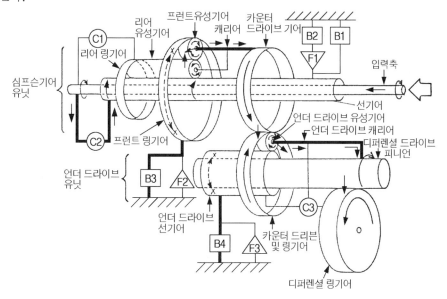

그림 2-70 위치 'R'에서의 동력전달

참고도 New Passat, VW. 트랜스액슬(예)

(a) Passat P80 자동변속기(실물)

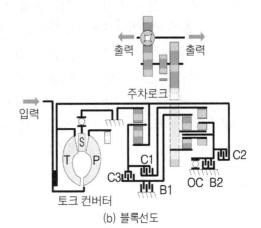

(b) 블록선도

4. 전자 유압식 변속기 제어(electro-hydraulic transmission control)

전자-유압식 변속기제어에서는 센서들이 그때그때의 작동상태를 파악하고, 센서들이 감지한 정보들은 변속기-ECU(일명 TCU 또는 TCM)에서 처리된다. 변속기-ECU로부터의 출력신호들이 주행상태에 따라 솔레노이드 밸브들을 전기적으로 제어한다. 이들 솔레노이드 밸브들은 유압밸브들을 작동시키고, 유압밸브들은 해당 변속요소들에 작용하는 유압을 제어한다. 자동변속기에서는 다수의 변속요소들을 구동시키거나 또는 제동시켜 기어를 변속한다.

(1) 자동 변속기 전자제어시스템의 구성 및 특징

① 자동 변속기 전자제어시스템의 구성

일반적으로 제어시스템은 아래와 같이 구성되어 있다.

- 센서들 : 다기능 스위치가 부가된 실렉터-레버, 가속페달 행정센서(기관의 부하신호), 주행속도센서 등이 주-제어변수이다.
- 변속기 ECU : 센서들이 감지한 정보, 그리고 CAN을 통해 다른 ECU들(예 : 엔진 ECU)로부터의 신호들을 처리하여, 다수의 솔레노이드밸브들을 제어하기 위한 출력신호를 생성한다.
- 전자제어 유압시스템(별도의 ECU, 솔레노이드 밸브, 유압 절환/제어 밸브들로 구성)
- 변속 요소들 : 구동(제동) 다판클러치, 밴드 브레이크, 프리-휠링기구(＝오버러닝 클러치) 등

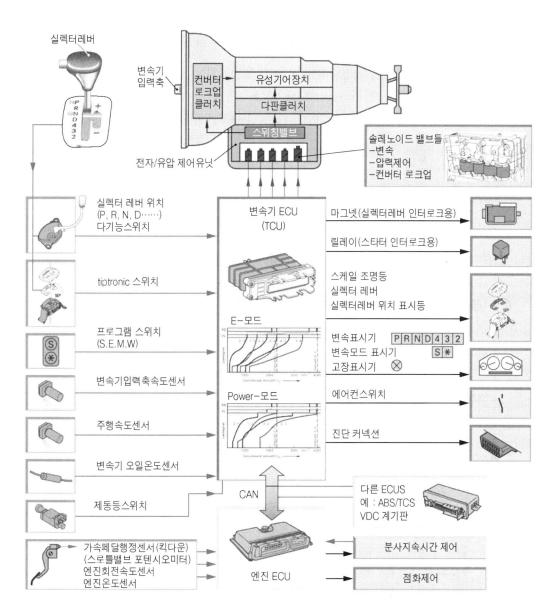

그림 2-71 전자 유압식 변속기제어 블록선도(예)

② 자동변속기 전자제어시스템의 특징

- 변속 안락성 제고 - 부하에 적합하게 유압을 제어.
- 변속 소요시간의 단축.
- 센서들의 신호를 다른 시스템과 공용할 수 있다. (인터페이스 기능)

- 연료소비율 및 유해물질의 배출수준을 낮추어 준다. (예 : 로크 - 업 클러치의 사용)
- 다양한 변속모드(예 : 경제모드, 스포츠모드, 윈터 - 모드, 수동모드(Tiptronic, Steptronic))
- 변속 프로그램을 운전자의 특성에 맞출 수 있다.(ATS : Adaptive Transmission Control 및 DSP : Dynamic shift-program Selection)
- 다양한 안전기능의 구현이 용이하다. (예 : 실렉터-레버 인터로크)

(2) 주요 입력 신호들

① 차량 측 신호들

- 실렉터-레버 : PRND4321, PRNDSL, PRND3SL 등

$\boxed{P}$: 주차,	$\boxed{R}$: 후진,	$\boxed{N}$: 중립,
$\boxed{D}$: 드라이브(모든 전진 단)	$\boxed{4}$: 1단 ↔ 4단,	$\boxed{3}$: 1단 ↔ 3단,
$\boxed{2(S)}$: 1단 ↔ 2단,	$\boxed{1(L)}$: 전진 1단만	

- 수동 변속기능 : Tiptronic(예)
- 변속 모드 선택 스위치

  $\boxed{S}$: 스포츠모드, 　$\boxed{E}$: 경제모드, 　$\boxed{W}$: 겨울모드(예 : 2단 출발)

- 제동등 스위치
- 다른 시스템들로부터의 신호 (예 : ABS/TCS, ESP, 차량 주행속도 컨트롤러)

② 변속기 측 신호들

- 변속기 입력축 회전속도
- 변속기 출력축 회전속도 / 차량 주행속도
- 변속기 윤활유온도

③ 기관 측 신호들

- 가속페달 위치 및 킥다운 (스로틀밸브 위치)
- 기관부하(분사시기)
- 기관온도 (냉각수온도 또는 윤활유온도)
- 기관회전속도

④ 기타 신호들

- 운전자의 주행습관
- 언덕길 / 내리막길
- 트레일러 모드
- 노면 상태

기어변속 순서는 자동차의 현재 작동상태에 따라 변속기 ECU에 저장되어 있는 프로그램 특성곡선(program map)을 사용하여 선택한다. 해당 기어의 변속과정 및 컨버터 로크 - 업 클러치의 제어는 전자제어 유압시스템에 들어있는 솔레노이드밸브의 전기적 활성화(activation)에 의해 영향을 받는다.

(3) 변속기 전자제어 시스템의 주요 제어 기능들

변속기의 전체적인 성능을 향상시키기 위한 주요 기능들은 다음과 같다.

- 변속시점 제어(shift-point control) 및 다양한 변속모드
- 변속품질 제어(shift-quality control)
- 컨버터 로크-업 클러치 제어(converter lockup clutch control)
- 인터페이스(interface) 기능(예 : 기관과 변속기를 종합적으로 제어)
- 페일 세이프(fail safe) 기능 및 고장진단 기능 - 신뢰도 개선

1) 변속시점 제어(shift-point control)

적당한 변속단의 선택을 위한 주 - 변수는 실렉터 - 레버의 위치, 자동차주행속도, 그리고 기관부하(=스로틀밸브 개도 또는 가속페달 위치)이다.

그러나 운전자는 연료소비율을 최소로 할 것인지, 아니면 이용 가능한 출력을 최대로 활용할 것인지에 따라 해당 변속모드(shift mode)를 선택할 수 있다. 연료소비율을 최소로 하고 싶을 경우에는 경제모드(Economy)를, 출력을 최대로 활용하고 싶을 경우에는 출력모드(Power)[회사에 따라서는 스포츠모드(Sports)]를 선택하면 된다.

그림 2-72에서 출력모드는 경제연비모드에 비해 전부하 변속점이 고속영역에 위치하고 있음을 알 수 있다. 또 일반적으로 상향 변속될 때의 주행속도에 비해서 하향 변속될 때의 주행속도가 더 낮다.

시스템에 따라서는 실렉터-레버를 자동모드 - 위치와 수동모드 - 위치에서 조작할 수 있다.

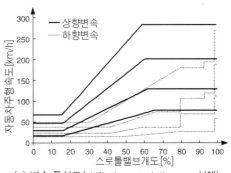

(a) 변속 특성도(shift characteristic maps)(예)

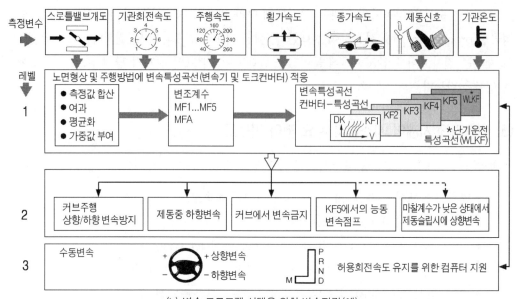

(b) 변속 프로그램 선택을 위한 변속전략(예)

그림 2-72 변속 특성도/변속 프로그램선택을 위한 변속 전략

① **수동모드(Manual mode)**

실렉터-레버를 간단히 앞(상향변속) 또는 뒤(하향변속)로 젖히면 한계속도를 초과하지 않는 범위 내에서 운전자의 의도대로 변속된다. 그러나 수동모드로 운전 중, 가속할 때 낮은 단을 계속 유지하거나 또는 조기에 변속하여 허용 최대속도를 초과하면 자동적으로 상향변속 또는 하향 변속된다. 또 수동모드로 운전 중, 3단 또는 4단에서 정지상태까지 제동하면 자동적으로 2단으로 변속되며, 이때 다시 가속하면 로크-업 클러치는 접속된 상태로 발진에 이용된다.

② **윈터 - 모드(Winter-mode) 또는 스노(Snow) 모드**

겨울철 빙판길에서의 발차를 용이하게 하기 위해서는 1단으로 발차하는 것보다는 2단(또는 3단)으로 발차하는 것이 좋다. 일정조건(예 : 주행속도 60km/h이하, 변속기오일온도 140℃ 이하, 킥다운 OFF 등등) 하에서 가속페달을 천천히 부드럽게 조작하면 저속에서 자동적으로 상향변속(2단 또는 3단)되어 그 상태가 유지된다. 즉, 천천히 가속페달을 밟으면 1단에서 2단(또는 3단)으로 상향 변속되어 슬립(slip)없이 발진할 수 있다. 조건 중 하나라도 해제되면 이 모드는 해제된다.

③ **유지모드**(Hold mode)

주행상태와 운전자 습관에 적합한 단(段)으로 자동적으로 변속되어 그 상태를 유지하는 기능이다. 예를 들면 커브를 선회하기 전에 가속페달에서 갑자기 발을 뗄 경우, 한 단 낮은 단으로 변속되어 커브주행 중에 변속되는 것을 방지한다. 커브선회 중 변속되지 않도록 하는 것은 차륜의 구동력을 차단하지 않으면서, 동시에 엔진 브레이크효과도 이용함으로서 주행안정성을 극대화시키기 위해서이다.

그림 2-73은 간단한 변속시점 제어 블록선도이다. 시프트 컨트롤 솔레노이드밸브(SCSV) A와 B는 변속단수에 따라 동시에 ON 또는 OFF되거나, 또는 서로 반대로 ON - OFF되어 시프트밸브를 작동시키게 된다.

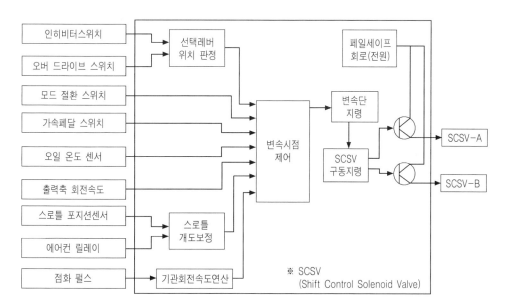

그림 2-73 변속시점 제어(예)

④ **킥다운**(kickdown) **상태**는 가속페달을 완전히 끝까지 밟았거나, 킥다운(kickdown)-스위치가 작동하거나 또는 가속페달 행정센서의 신호에 의해 감지된다. 킥다운 상태가 감지되면, 1단 또는 2단 낮은 단으로 하향 변속된다. 킥다운되면, 기관은 해당 기어단에서 가능한 최대 회전속도로 가속되어 자동차의 가속응답 능력을 향상시키게 된다.

⑤ **변속기 오일온도**가 특정 한계점에 도달하면, 기관회전속도가 높아지는 단으로 변속된다. 그러면 펌핑되는 변속기 오일의 양은 증가한다.

참 고

● 자동변속기 변속패턴 판독요령(예)

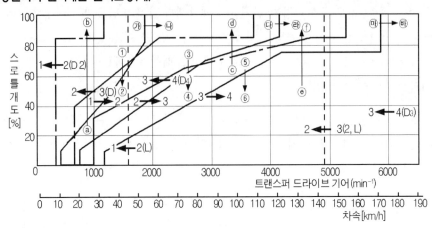

① 변속패턴 중의 실선은 증속변속(upshift), 일점쇄선은 감속변속(downshift), 점선은 선택레버를 수동으로 조작(2, L)했을 경우의 감속변속시점을 나타낸다. 단, 4속에서 3속으로의 감속변속 점선(최 우측)은 4속 (175km/h), 트랜스퍼 구동기어 회전속도(6000min⁻¹)에서의 OD-OFF(overdrive-off) 시의 변속시점을 나타낸다.

② 스로틀밸브 개도를 크게 할 때는, 개도를 작게 할 때보다 저속기어 영역이 길게 되어 있다. 이는 동일한 차속에서 스로틀밸브개도가 큰 주행상태일 경우, 차량의 주행저항이 크다는 것을 말한다. 따라서 구동력이 큰 저속기어 주행상태를 요구하기 때문이다.

③ 저속(약 6km/h)으로 주행 중, 가속페달을 밟지 않은 상태일 경우, 2속으로 홀드(hold)시켜 공회전 상태에서의 진동을 감소시키고 크리프(creep) 양의 감소를 도모한다. 가속페달을 밟으면, 1속으로 하향 변속되고, 자동차는 발진한다. (가속페달 스위치의 기능)

④ 증속변속시점과 감속변속시점에 차이가 있는 것은 변속점 경계구간에서의 주행조건일 경우에 변속(증속↔감속)이 빈번하게 발생하는 것을 방지하여 승차감을 향상시키기 위해서 이다. 이를 변속 이력현상(hysteresis)이라 한다.

⑤ 주행 패턴

킥다운 (kickdown)	스로틀개도가 적을 때 일정한 차속으로 주행 중, 스로틀개도를 급격하게 증가시키면(약 85% 이상) 위 방향으로 감속 변속선을 지나 감속 변속되어 큰 구동력을 얻을 수 있다.	4 → 3 3 → 2 2 → 1	Ⓔ → Ⓕ Ⓒ → Ⓓ Ⓐ → Ⓑ
킥업 (kickup)	킥다운시켜 큰 구동력을 얻은 후, 스로틀개도를 그대로 계속 유지할 경우, 트랜스퍼 구동기어 회전수가 증가되면서 증속변속시점을 지나면 증속 변속된다.	1 → 2 2 → 3 3 → 4	㉮ → ㉯ ㉰ → ㉱ ㉲ → ㉳
리프트 푸트 업 (lift foot up)	스로틀밸브개도가 큰 주행상태에서 스로틀개도를 급격하게 감소시키면(가속페달에서 발을 뗀다), 증속 변속선을 지나 고속기어로 변속된다.	1 → 2 2 → 3 3 → 4	① → ② ③ → ④ ⑤ → ⑥
스로틀개도 일정할 때 증/감속 변속	스로틀개도를 일정하게 유지할 경우, 변속패턴에 따라 차속에 의해서 증속 또는 감속되는 패턴	1→2→3→4 4→3→2→1	실선(정 증속) 일점쇄선(정 감속)
수동변속 패턴 선택	선택레버를 사용하여 인위적으로 변속패턴을 조정한다.	D2 → 2 2 → L	실선 부분에서 변속
OD ON/OFF 패턴	overdrive 스위치를 사용하여, 4속 제한	4 → 3 3 → 4	단, 변속패턴 상의 3속 범위를 넘어서면 자동 증속된다.(TM 보호)

2) 변속품질 제어(shift-quality control)

변속이 진행되는 동안에 토크와 회전속도의 변화가 매끄럽지 못하면 승차감이 저하되고, 동력전달 구성요소에 가해지는 부하 또한 맥동적일 수밖에 없다. 변속기 각 구성요소들에 가해지는 토크의 변화에 영향을 미치는 주요 변수는 변속기 내부의 구동/제동 클러치에 작용하는 클러치 - 토크, 컨버터 로크-업 클러치, 주행저항 토크, 차체의 유효관성모멘트 등이다. 가장 큰 영향을 미치는 요소는 클러치-토크이다.

변속이 진행되는 동안에 회전속도와 토크의 변동을 최소화하기 위해서는 최적 기어비를 선택해야한다. 또 클러치 결합시점에 따라 토크의 변화 정도가 달라지므로 변속시점도 문제가 된다. 또 클러치가 결합될 때, 토크의 급격한 변화를 완화시키기 위해서는 기관 스로틀밸브의 개도(＝기관부하)를 제어해야 한다.

클러치에 작용하는 라인압력과 클러치-토크는 비례한다. 즉 라인압력이 지나치게 높으면 최대토크가 과대해지고, 라인압력이 낮아지면 최대토크는 감소하나 슬립상태가 장시간 지속된다. 슬립상태 지속시간이 길어지면, 변동토크 작용시간이 길어진다. 또 라인압력이 지나치게 낮으면 클러치가 완벽하게 결합되지 않는다. 따라서 클러치 최대토크의 크기를 억제하면서도 단시간 내에 완벽한 결합이 이루어지게 하기 위해서는 클러치에 작용하는 라인압력을 제어해야 한다.

① 라인압력(line pressure) 제어

그림 2-74는 유압제어 블록선도이다.

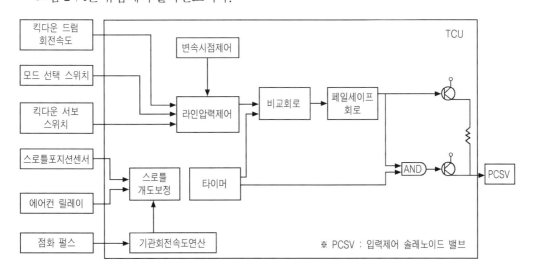

그림 2-74 변속 시 라인압력 제어

변속기 - ECU는 변속상황에 따른 최적 변속감각을 얻기 위해 변속명령, 스로틀 개도, 기관 회전속도, 에어컨의 ON - OFF 여부, 동작유체(ATF)의 온도, 모드 스위치의 정보들로부터 각각의 변속에 적합한 유압특성을 판단하여, 라인압력 조절 솔레노이드밸브를 작동시키기 위한 듀티(duty)율을 결정함을 보이고 있다.

② 오버랩 제어(overlap control)

예를 들면 변속된 기어단 클러치에 작용하는 유압은 낮추면서, 동시에 변속되어야 할 기어 단 클러치에 작용하는 유압은 증가시킨다. 그러면 슬립상태에서 매끄럽게 변속되면서, 동력 의 흐름에 중단은 발생하지 않게 된다.

③ 변속중 점화시기 제어(ignition control in shifting)

변속중 점화시기를 지각시켜 기관토크를 감소시키는 기능이다. 변속중 기관의 발생토크가 감소하면 변속이 쉽게 이루어지며, 클러치 슬립이 감소한다. 또 클러치 슬립의 감소는 클러 치에서의 손실일을 감소시키므로 클러치의 수명을 연장시키는 효과도 있다. 변속이 완료되면 점화시기는 즉시 원상 복귀된다.

④ 피드백(feed back) 제어

변속품질을 향상시키기 위한 방법으로 여러 형태의 피드백제어가 이용되고 있다.

변속 중에 충격을 완화시키기 위해 앞서 변속할 때 습득한 정보로부터 적절한 초기압력을 변속 전에 미리 설정하는 피드백 학습제어(feed back learning control) 기능을 들 수 있다.

또 가변용량형 오일펌프를 사용하고, 스로틀개도에 따라 요구되는 최소압력으로 라인압력 을 제어하여 동력손실을 최소화시키고, 동시에 온도변화와 마찰계수변화에 적응할 수 있는 적응식 학습제어(adaptive learning control)도 이용되고 있다.

⑤ 인터페이스(interface) - 종합제어

CAN을 통해 다른 제어 시스템 ECU들과 정보를 교환하여 변속기제어를 최적화 시킨다.

3) 컨버터 로크-업 클러치 제어(converter lockup clutch control)

컨버터 로크-업 클러치가 작동되면 기관과 변속기 출력축은 기계적으로 직결된다. 이 시점부 터 토크컨버터는 마찰클러치와 마찬가지로 기관의 출력을 모두(100%) 변속기에 전달할 수 있 다. 따라서 동력전달효율이 상승하므로 연료절감효과를 얻을 수 있다.

그러나 로크-업 클러치에 의해 펌프축과 터빈축이 기계적으로 직결될 때, 자동차에는 순간적 으로 큰 토크가 작용한다. 이 큰 토크는 차체에 충격으로 나타난다. 이러한 충격은 승차감 불량 은 물론이고, 해당 부품에도 나쁜 영향을 미치게 된다.

제작사에 따라 다양한 형식의 컨버터 로크-업 클러치가 사용되고 있다.

원심 클러치를 이용하는 방식에서는 외부로부터의 제어가 필요가 없고, 토크컨버터와의 직결도 용이하다는 장점이 있으나, 클러치가 결합될 때, 부(-)의 감쇄작용(negative damping)에 의한 자기 진동(self-excited oscillation) 현상이 발생할 수 있다는 점이 단점이다.

가장 간단한 방식은 종래의 수동변속기에서와 마찬가지로 댐퍼스프링을 사용하는 형식이다. 의도적으로 약간의 슬립을 발생시켜 토크맥동을 흡수하는 슬립제어 방식, 그리고 댐퍼스프링에 진동흡수기구(vibration absorbed mechanism : VAM)를 설치한 형식 등이 주로 이용된다.

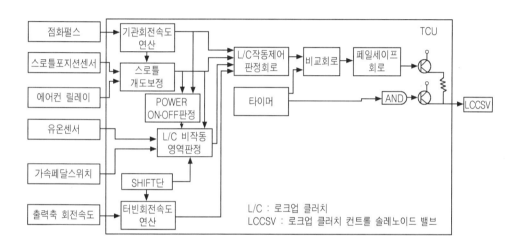

그림 2-75 컨버터 로크-업 클러치 제어시스템 블록선도(슬립제어 방식)

그림 2-75에서 변속기 - ECU는 로크 - 업 클러치 비 - 작동영역의 판정은 물론이고 기관회전속도, 터빈회전속도, 스로틀밸브 개도보정 등의 결과를 로크-업 클러치 제어모드와 비교하여 로크-업 클러치의 ON - OFF 여부, 목표 슬립률 등을 결정하여 로크 - 업 클러치 컨트롤 솔레노이드밸브(LCCSV) 구동신호를 출력한다.

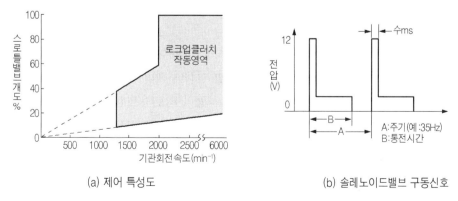

(a) 제어 특성도   (b) 솔레노이드밸브 구동신호

그림 2-76 컨버터 로크-업 클러치 제어

일반적으로 로크-업 클러치의 접촉력을 증가시켜 슬립률을 낮추어야 할 경우에는 제어 듀티(duty)를 크게 하여 유압을 증가시키고, 반대로 로크-업 클러치의 슬립률을 증가시켜야 할 경우에는 제어 듀티를 작게 하여 유압을 감소시킨다.

그리고 다음과 같은 조건이 하나라도 발생할 경우에는 컨버터 로크-업 클러치를 작동시키지 않거나 또는 작동을 해제(OFF)하도록 하고 있다.

- 기관의 스로틀밸브 개도가 급격히 감소할 때
  (예 : 8ms동안에 전폐방향으로의 개도변화가 4.5%이상).
- 가속페달을 밟고 있지 않을 때.(예 : 공전 시 또는 스로틀개도 3%이하)
- 변속기 오일(ATF) 온도 또는 기관온도가 일정 값(예 : 60℃ 또는 80℃) 이하일 때.
- 1단 또는 후진 시에
- 출력모드(power mode) OFF 상태일 때.
- 제동 스위치 ON일 때 등등.

(4) 변속기-ECU의 기타 제어 기능들

기타 제어기능들로는 페일 세이프 기능 및 비상운전 기능, 간섭기능 등을 들 수 있다.

① 계기판 디스플레이 활성화 기능 : 변속단, 운전모드 및 고장 표시기

② 기관 간섭 기능

변속품질을 개선하고 변속요소들(예 : 다판 클러치)의 수명을 연장시키기 위해서, 변속과정이 진행되는 동안에 기관토크를 감소시킨다. 예를 들면 SI-기관에서는 잠시 점화시기를 지각시켜서, 디젤기관에서는 잠시 연료분사량을 감소시켜 기관토크를 감소시킨다.

③ 하향변속 방지 기능

실렉터-레버로 하향변속을 해도, 기관의 회전속도가 일정 수준 이상을 초과하지 않을 경우에만 가능하다.

④ 실렉터-레버 인터로크 - 시프트 로크(selector-lever interlock - shift-lock) 기능

시동을 건 다음에는 브레이크페달을 밟아야만 실렉터-레버를 P - 위치 또는 N - 위치로부터 새로운 위치로 이동시킬 수 있다. 그래야만 차량의 의도하지 않은 발진을 방지할 수 있기 때문이다. 이를 위해 변속기 - ECU는 1개의 액추에이터 솔레노이드를 작동시킨다.

⑤ R/P 인터로크(R/P interlock) 기능

일반적으로 주행속도가 10km/h를 초과한 상태에서는, 실렉터-레버를 R - 위치로부터 P -

위치로 시프트(shift)할 수 없다. 이는 변속기의 기계적 손상을 방지하기 위해서이다.

⑥ 키-로크(key lock) 기능

실렉터-레버가 ⓟ - 위치에 있을 때만 점화-키를 빼낼 수 있다. 이는 점화 -키를 빼낸 상태에서 자동차가 굴러가거나 움직이는 것을 방지하기 위해서 이다.

⑦ 스타터 인터로크(starter interlock) 기능

기관을 시동시키기 위해서는, 실렉터-레버는 반드시 ⓟ - 위치 또는 ⓝ - 위치에 있어야 하고 동시에 브레이크페달을 밟아야만 한다. 그렇게 하지 않을 경우, 변속기 - ECU는 스타트 - 로킹 릴레이(start-locking relay)를 해제시키지 않는다.

⑧ 비상주행모드(emergency mode)

예를 들면, 변속기 전자제어 시스템이 고장일 경우, 관련 부품 또는 변속기의 결함에도 불구하고 수동변속기와 마찬가지로 선택레버의 조작으로 제한된 속도범위 내에서 전진주행이 가능하도록 하는 기능이다.

(5) 변속기 전자제어 시스템의 회로도(예)

그림 2-77은 4단 자동변속기 전자제어회로의 한 예이다. CAN 시스템은 사용하지 않으며, 2개의 솔레노이드 시프트밸브(작동압력제어용 및 컨버터 로크-업 클러치 제어용)만을 사용하는 간단한 시스템이다.

① 전원 공급

ECU에는 단자 30(축전지 ＋)으로부터 핀 18을 거쳐 계속해서 그리고 단자 15(＋)로부터 핀 17을 통해 전원이 공급된다. 핀 22와 핀 35는 접지(31)와 연결되어 있다.

② 시동 과정

실렉터-레버가 위치 'P' 또는 'N'에 있을 경우에만 기관을 시동할 수 있다. 이때 시동방지 릴레이는 단자 J와 K를 통해 트리거(trigger)된다. 동시에 브레이크페달을 밟아 제동등 스위치 S4를 스위치 ON시켜야 한다. 이제 ECU에는 핀 11을 거쳐 (＋)전원이 인가된다. 따라서 이 상태에서는 기관이 시동되더라도 자동차는 발진되지 않는다.

③ 실렉터-레버 위치

실렉터-레버 위치센서 S1은 핀 9, 10, 27, 28을 통해 ECU와 연결되어 있다. 자신의 그때그때의 위치에 따라 단자 A, B, C, D를 거쳐 해당 핀에 (＋)전원이 인가된다. 표 2-7-3에서 ⊕표는 해당 핀에 (+)전원이 인가됨을 의미한다.

표 2-7-3 실렉터 레버 위치와 핀에의 전원 인가 여부(예)

핀	P	R	N	D	3	2	1
9	⊕	⊕			⊕	⊕	
10		⊕	⊕	⊕	⊕		
27	⊕		⊕		⊕		⊕
28				⊕	⊕	⊕	⊕

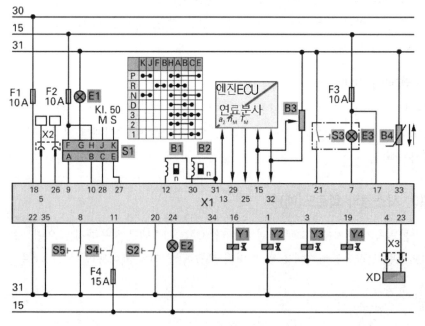

B1 : 유도형 펄스 센서
　　　(변속기 입력축 회전속도)
B2 : 유도형 펄스 센서
　　　(변속기 출력축 회전속도)
B3 : 스로틀밸브 포텐시오미터
B4 : 변속기 오일온도센서
E1 : 후진등
E2 : 실렉트레버 위치표시등
　　　(S-프로그램)
E3 : 스타팅-트랙션
　　　컨트롤 라이트
E1...F4 : 퓨즈
S1 : 실렉트 레버위치스위치
S2 : 버튼, sport/Economy
　　　프로그램
S3 : 버튼 스타팅-트랙션 컨트롤/
　　　윈터 프로그램
S4 : 제동등 스위치
S5 : 킥다운 스위치
Y1 : 솔레노이드밸브,
　　　라인압력제어
Y2 : 솔레노이드
　　　스위칭밸브 1-2/3-4
Y3 : 솔레노이드 스위칭밸브 2-3
Y4 : 솔레노이드 밸브,
　　　로크업 클러치
X1 : 연결단자, TCU
X2 : 연결단자, 계기판
X3 : 연결단자, 진단
XD : 진단 커넥터

그림 2-77 자동변속기 전자제어 시스템 회로도(예)

④ 스로틀밸브 포텐시오미터 B3으로부터의 기관부하신호

ECU의 핀 32는 (+)전원에 의해 활성화된다. 이를 통해 접지단자 31과 핀 32 사이에는 일정한 전압강하가 발생한다. 스로틀밸브 위치에 따라 변화하는 전압신호는 핀 15를 통해 ECU에 입력된다.

⑤ 킥다운 스위치 S5

킥다운 스위치(S5)가 작동하면, ECU의 핀 8로부터 접지로의 회로가 구축된다.

⑥ Sports/Economy 버튼 S2

S2를 작동시키면, ECU의 핀 20으로부터 접지로의 회로가 구축된다. 그러면 스포츠 모드 또는 이코노미 모드가 활성화된다. 스포츠 모드가 활성화될 경우, ECU는 핀 24를 접지와 연결하여 지시등 E2를 점등시킨다.

⑦ 발진-트랙션 컨트롤/윈터-모드 버튼 S3

S3을 ON시키면, ECU의 핀 21을 통해 인가되는 전원에 의해 발진-트랙션 컨트롤 기능이 활성화된다. 또 표시등 E3도 점등된다. 이제 변속기 - ECU가 솔레노이드 시프트밸브 Y2와 Y3을 활성화시키므로, 2단으로 발진할 수 있게 된다.

⑧ 기관회전속도 신호(B1, B2, n_M)

ECU는 핀 12, 30, 31 및 29를 통해 유도형 펄스센서로부터 주파수가 다른 교류전압신호를 수신한다.

⑨ 변속기 오일 온도센서 B4(NTC)

변속기 오일온도가 상승함에 따라, 오일온도센서 B4의 저항이 감소하기 때문에 핀 33(＋)과 핀 31(접지) 사이의 전압강하는 감소한다.

⑩ 기관온도 신호(t_M)

변속기 - ECU는 핀 25를 통해 기관-ECU로부터 기관온도신호를 수신한다.

⑪ 출력 신호

변속기 - ECU는 입력신호들을 처리하여 출력신호들을 연산한다. 그리고 출력 최종단계를 거쳐서 해당 핀들을 (＋)전원 또는 (－)전원을 이용하여 클로킹(clocking) 시킨다. 예를 들면,
- 솔레노이드 시프트밸브 Y2(핀 1), 및 Y3(핀 3)
- 작동압력제어 솔레노이드밸브 Y1(핀 16/34)
- 솔레노이드밸브, 컨버터 로크-업 클러치 Y4(핀 19)

⑫ 고장진단 및 점검하기(예)

핀-박스와 멀티-테스터를 이용하여 ECU 커넥터에서 아래와 같은 부품들을 점검할 수 있다.

Y1 : 핀 16 ↔ 핀 34,   Y2 : 핀 1 ↔ 핀 22/35,   Y3 : 핀 3 ↔ 핀 22/35,

Y4 : 핀 19 ↔ 핀 22/35,   B1 : 핀 12 ↔ 핀 31,   B2 : 핀 30 ↔ 핀 31,

S2 : 핀 20 ↔ 핀 22/35,   S3 : 핀 21 ↔ 핀 35,

진단 테스터와 진단 커넥터 X3을 연결하여 고장을 판독하고, 액추에이터를 진단할 수 있다.

5. 적응식 변속기제어(adaptive transmission control : ATC)

적응식 변속기제어는 여러 가지 변수들에 가중치를 부여하여 평가하고, 그 결과를 이용하여, 출력모드(Sports) 또는 경제연비모드(Economy)를 자동적으로 선택하는 기능을 말한다. 이 기능은 원칙적으로 완전 자동화된 모든 전자제어식 변속기에서 실현, 가능하다.

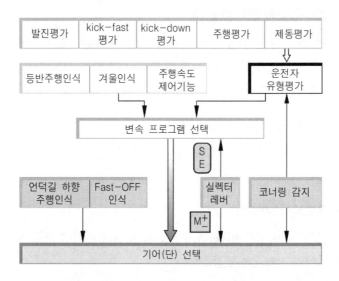

그림 2-78 적응식 변속기제어의 프로그램 구조(예)

(1) 변속 프로그램 선택

변속프로그램의 선택은 실질적으로 운전자의 운전습관 평가, 환경 인식 및 주행상황 인식 등의 영향을 크게 받는다. 그리고 추가로 운전자의 수동적인 간섭, 예를 들면 운전자가 스포츠모드(S)를 선택하거나 수동모드(M)를 선택하였을 경우이다.

(2) 운전자의 운전습관 평가

운전자의 운전습관을 동적지수(dynamic index)를 이용하여 평가하고, 그 평가결과를 토대로 적합한 변속특성도(shift map)를 선택한다. 동적지수를 결정하는데 사용되는 주-요소들은 다음과 같다.

① 발진과정의 평가

가속페달을 어떻게 밟느냐? 즉, 급격하게 밟느냐 아니면 부드럽게 밟느냐에 따라서 그에 적합한 변속프로그램이 선택된다.

② kick-fast의 평가

가속페달을 조작할 때의 조작속도가 평가대상이다. 가속페달을 급격하게 밟으면, 시스템은 예를 들면 연비 최적화 변속프로그램에서 출력 위주의 변속 프로그램으로 절환된다.

③ kick-down의 평가

가속페달을 끝까지 밟으면, 스포티(sporty)한 변속 프로그램이 선택된다. 그리고 가능한 정도에 따라 1단계 또는 2단계 낮은 단으로 변속된다.

④ 주행모드의 평가

정속도로 주행할 경우, 시스템은 단시간 내에 스포티한 변속프로그램에서 연비가 최적화된 변속프로그램으로 절환된다. 그리고 가능한 최고단으로 변속된다.

⑤ 제동 평가

제동에 의한 주행속도의 감소를 평가한다. 하향 변속점을 결정하는데 이용한다.

(3) 환경 인식

예를 들면, 겨울철을 인식하였다고 하자. 이 경우에 시스템은 먼저 주행성능이 감소된 변속프로그램을 선택하고, 동시에 높은 변속단을 이용하여 발진한다. 이와 같은 환경은 구동축의 휠속도와 피동축의 휠속도를 비교하여 인식한다.

(4) 주행상황 인식

예를 들면 언덕길 등반주행, 트레일러 견인 등이 이에 해당한다. 시스템은 토크가 최적화된 변속프로그램을 선택한다. 이는 두 변속단 사이에서 교대적인 변속현상이 발생하는 것을 방지하기 위해서이다.

(5) 기어선택

변속프로그램의 선택에 추가하여, 여러 가지 변수들이 기어변속에 직접적인 영향을 미친다. 예를 들면, 다음과 같다.

① 커브 주행(cornering) 인식

자동차가 고속으로 커브를 주행할 때, 시스템은 부하변동 반작용을 피하기 위하여 상향변속 또는 하향변속을 하지 않는다.

② 내리막길 주행 인식

이 경우에는 엔진 브레이크 효과를 극대화시키기 위해, 상향변속을 방지한다.

③ Fast-Off 인식(운전자가 갑자기 가속페달에서 발을 뗄 때)

운전자가 가속페달로부터 갑자기 발을 뗄 때는, 현재의 변속단을 그대로 유지한다. 그래야만 엔진 브레이크 효과를 더 잘 활용할 수 있기 때문이다.

④ 운전자의 수동적 간섭 인식(예 : Tiptronic/Steptronic M + / M -)

이 경우에는 자동적인 상향변속 및 하향변속이 이루어지지 않는다.

⑤ ABS/TCS/ESP

이들 시스템에 의한 제어간섭이 있을 경우에는 트랙션-컨트롤 기능에 부정적인 영향을 미치는 기어변속은 이루어지지 않는다.

⑥ 반복적인 정지-발진(stop-and-go) 인식

이 경우, 시스템은 1단기어로 하향 변속되지 않는다. 이를 통해 연료소비를 줄일 수 있다.

제2장 동력전달장치

제8절 무단 자동변속기
(Continuously Variable automatic Transmission ; CVT)

1차와 2차 V-풀리 짝을 이용하여 전 운전영역에 걸쳐서 변속비를 무단계로 변경할 수 있는 변속기로서, 통상적으로 CVT(Continuously Variable Transmission)라고 한다.

그림 2-79에서 유단변속기는 변속비가 직선을 따라 변화하지만, 무단변속기는 기관의 회전속도와 거의 무관하게 평면상에서 변속비를 선택할 수 있다. 그리고 CVT의 기어변속 범위는 가장 경제적인 곡선과 가장 스포티한 곡선 사이에서 자유롭게 선택할 수 있으며, 또 두 곡선 범위 내에 6단 tiptronic 수동변속기의 각 단의 변속곡선이 모두 포함되어 있음을 나타내고 있다.

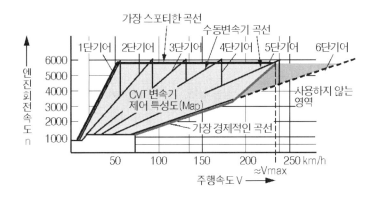

그림 2-79 유단변속곡선과 무단변속곡선(예 : Multitronic)

그림 2-80은 연료소비율에 대한 변속비의 효과를 설명하기 위한, 기관의 등-연료소비율곡선 (가는 점선)을 포함한 기관성능곡선이다. 가로축은 기관의 회전속도를, 세로축은 제동평균유효압력(제동평균유효압력은 토크에 비례한다)이다. 그리고 평지를 정속주행할 때의 주행저항곡선(굵은 실선)이 4단까지 기입되어 있다. 이들 주행저항곡선의 운전점들은 대부분이 기관효율이 높은 최저 연료소비율곡선(예 : $b_{e.min}$)으로부터 아주 멀리 떨어져 있다.

일반적으로 대부분의 기관들은 높은 토크와 낮은 회전속도로 운전될 경우, 특정 출력범위에서 연료소비율이 낮게 나타난다. 이와 같은 결과는 수동변속기의 경제 모드(Economy mode) 최고단에서, 그리고 무단변속기(CVT)에서 얻을 수 있다.

특히 무단변속기의 경우, 기관의 운전상태는 무단변속기의 제어 가능한 변속비 범위(최대변속비 ↔ 최소변속비) 내에서는 자동차 주행속도와 전혀 관계가 없다. 따라서 이론적으로는 기관을 항상 최적 회전속도 영역(최저연비, 최저소음, 최저 유해배출물)에서 운전되도록 할 수 있다. 그림 2-80a에서 CVT 주행저항곡선은 연료소비율 최소영역($b_{e.min}$)을 통과하고 있다.

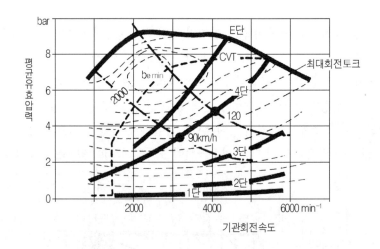

그림 2-80(a) 기관성능곡선도/주행저항곡선/CVT 변속곡선

무단 자동변속기는 이외에도 다음과 같은 장점이 있다.

① 기관의 전 운전영역에 걸쳐서 기관을 단시간 내에 최대출력상태 또는 최저연비상태로 제어할 수 있다.

② 변속 중에도 기관의 구동력이 노면에 전달된다. 즉, 동력전달이 중단되지 않는다.

③ 광역 변속비를 사용하므로 가속성능이 개선된다. 언덕길을 등반주행하거나 오버-드라이브(over-drive) 시에는 기존의 어떤 형식의 변속기보다 유리하다.

④ 변속 충격이 전혀 없다.

그림 2-80b에서 보면 CVT의 경우는 구동력곡선에 변속비를 일치시킬 수 있음을 보여주고 있다. 이는 구동력에서 이점이 되며, 따라서 주행출력을 상승시킬 수 있게 된다.

그림 2-80c에서는 최소연료소비율 영역에서 기관이 작동되도록 부분부하운전 시의 변속비를 제어할 수 있음을 나타내고 있다.

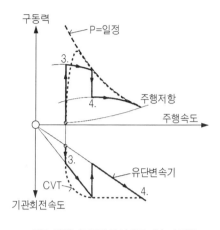

그림2-80(b) 구동력 곡선에의 변속비 적응

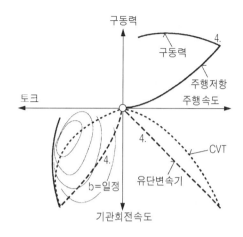

그림2-80(c) 기관의 최적연비 영역에서의 운전

1. 무단 자동 변속기의 기본 구조 및 작동원리

(1) CVT의 기본 구조(그림 2-83참조)

구동측은 구동 V - 풀리, 전/후진용 다판클러치를 포함한 유성기어장치로 구성되어 있다. 피동측은 피동 V - 풀리, 카운터 샤프트(counter shaft), 그리고 종감속장치와 차동장치로 구성되어 있다. 구동 V - 풀리와 피동 V - 풀리는 모두 유효직경을 가변시킬 수 있는 구조이며, 두 풀리 사이의 동력전달은 강철(steel)제의 푸시 - 벨트(push belt) 또는 링크 체인(link chain)에 의해 이루어진다.

푸시 - 벨트는 그림 2-81(a)와 같이 양측면에 사각형 그루브(groove)가 가공된 금속편(약 300~400개)에 링(ring) 모양의 얇은 철띠(두께 약 0.1mm)를 10여장 겹친 패키지(steel ring band package)를 끼워 넣은 형식이다.

푸시 - 벨트는 주로 측압(thrust)을 이용하여 구동력을 전달하는 반면에 링크 - 체인은 장력(tension)을 이용하여 구동력을 전달한다.

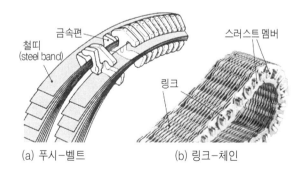

(a) 푸시－벨트   (b) 링크－체인

그림 2-81 푸시-벨트와 링크-체인

(2) V-풀리의 유효반경제어

구동 V-풀리는 유성기어장치의 전/후진 클러치가 접속되었을 때 회전한다. 구동 V-풀리는 푸시-벨트 또는 링크-체인을 통해 피동 V-풀리에 동력을 전달한다.

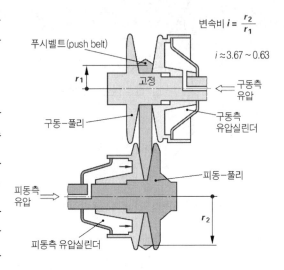

두 V-풀리에서 서로 대각선 방향의 풀리-반쪽들은 축에 고정되어 있고, 나머지 반쪽 부분들은 축선을 따라 이동이 가능한 구조로 제작되어 있다. 따라서 V-풀리의 홈이 넓어지면 푸시-벨트는 축 중심 쪽으로 이동하므로 V-풀리의 유효반경은 작아지게 된다. 반대로 V-풀리의 홈이 좁아지면 푸시-벨트는 V-풀리의 원주방향으로 밀려나오게 되므로 V-풀리의 유효반경은 커지게 된다.

그림 2-82 V-풀리의 유효반경 제어(유압식)

두 V-풀리에서 이동이 가능하도록 제작된 반쪽 부분들은 동시에 서로 반대방향으로 운동한다. 즉, 구동 V-풀리의 유효반경이 커짐과 동시에 피동 V-풀리의 유효반경은 작아지도록 제어된다. 물론 그 반대도 성립한다. 따라서 무수한 변속비를 무단(stepless)으로, 그리고 지속적으로, 동력을 차단하지 않고 얻을 수 있다.

이동이 가능한 풀리의 반쪽 부분들은 유압으로 제어한다. 변속비는 다음과 같이 제어한다.

구동 V-풀리의 유효반경(r_{W1})이 최소가 되고, 피동 V-풀리의 유효반경(r_{W2})이 최대가 되도록 제어하면, 최대 변속비 즉, 최대토크를 얻을 수 있다. 반대로 제어하면, 최소 변속비 즉, 최고속도를 얻을 수 있다. 변속비의 범위는 대략 5.5~6.0(5단 수동변속기 4.0~5.0)이며, 주로 많이 사용하는 범위는 3.67~0.63(over drive) 정도이다.

CVT에서 가장 큰 문제점은 구동벨트의 슬립이다. 구동벨트의 장력이 낮아 슬립(slip)률이 상승(예 : 1% 이상)하지 않도록 해야 하며, 반대로 장력이 과대해져 구동벨트에 과부하가 걸리는 것도 방지해야 한다. 토크센서(torque sensor)를 이용하여 구동벨트의 장력을 제어하는 방법이 주로 사용되고 있다.

토크제어(torque control)를 통해 슬립과 과대마찰에 의한 출력손실을 최소화하는 방법이 다각도로 모색되고 있다. 현재 CVT변속기 자체의 효율은 평균 약 70~80% 정도로서, 수동변속기의 효율(약 95%)에 미치지 못한다. 그럼에도 불구하고 연료소비율이 더 낮은 이유는 차량주행상태에 적합하게 무단계로 변속할 수 있으며, 또 자동차 주행속도와 상관없이 기관을 항상 최적 연비 범위에서 작동시킬 수 있기 때문이다.

(3) CVT의 작동원리(그림 2-83 참조)

① 실렉터-레버 위치 N(중립) 및 P(주차)

유성기어장치의 전/후진 클러치가 모두 풀려 있다. 따라서 동력전달이 이루어지지 않는다. P(주차) 위치에서는 피동 V-풀리가 주차 로크에 의해 기계적으로 고정된다.

② 실렉터-레버 위치 D(전진 주행) 및 L(속도제한 또는 부하운전)

전진 클러치는 접속되고, 후진클러치는 분리되어 있다. 선기어는 구동풀리와 직결되어 있고, 전진 클러치는 캐리어를 구동 V-풀리에 접속시킨다. 따라서 전진 클러치가 접속되면 입력축(= 캐리어)과 구동풀리(= 선기어)가 한 덩어리가 된다. 즉, 유성기어 장치는 일체가 되어 입력축 회전속도로 회전한다. 동력은 구동 V-풀리로부터 푸시-벨트 또는 링크-체인을 거쳐 피동 V-풀리로 전달된다. 피동 V-풀리는 토크를 출력축에 전달한다.

입력축, 구동/피동 V-풀리 및 출력축은 모두 동일한 방향으로 회전한다.

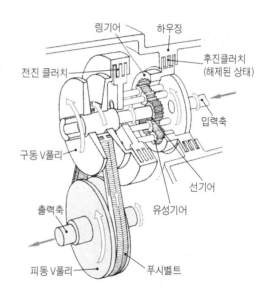

그림 2-83 무단 자동변속기의 기본구조(예)

③ 실렉터-레버 위치 R(후진)

전진 클러치는 풀리고 후진 클러치가 접속된다. 후진 클러치는 인터널 링기어를 변속기 하우징에 고정한다. 인터널 링기어가 고정되면 동력은 캐리어로부터 선기어로 전달된다. 이때 유성기어 짝은 선기어의 회전방향을 역전시킨다.

유성기어장치에서 인터널 링기어와 선기어 사이에 2개의 유성기어가 맞물려 있고, 이들 유성기어 짝은 1개의 캐리어에 설치된 더블 피니언(double pinion) 형식이다. 인터널 링기어가 고정이므로 인터널 링기어와 치합된 유성기어는 캐리어 회전방향과는 반대로 회전하고, 선기어와 치합된 유성기어는 캐리어 회전방향과 같은 방향으로 회전하게 된다. 그러면 선기어는 캐리어와는 반대방향으로 회전하게 되므로, 구동 V - 풀리의 회전방향은 변속기 입력축의 회전방향과는 반대가 된다. 즉, 역전된다.

(4) 제어(control)

구동/피동 V - 풀리에 작용하는 유압을 제어하기 위한 주요 입력변수들은 실렉터-레버 위치, 가속페달의 위치, 기관회전속도 및 주행속도 등이다. 변속기 - ECU(=TCU)는 주행 중, 수시로 변화하는 입력변수들을 근거로, 최적 변속비를 산출한다.

발진용으로는 마그네틱 분말 클러치(=전자 클러치), 유체 토크컨버터 또는 슬립 - 제어식 다판클러치 등이 사용된다.

2. 전자제어식 CVT의 예

(1) Ecotronic CVT

로크 - 업 클러치가 부착된 토크 컨버터, 유성기어장치 그리고 링크 - 체인을 사용하는 형식이다. 발진할 때는 컨버터 로크-업 클러치가 사용된다.

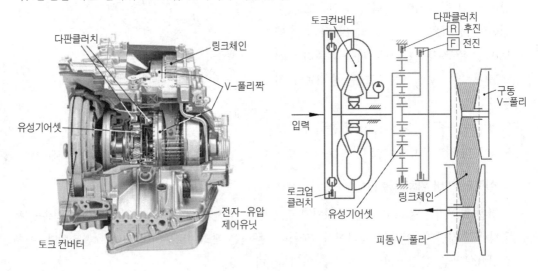

그림 2-84 Ecotronic CVT(ZF)

(2) Multitronic CVT

기관의 구동력은 플라이휠 댐퍼 유닛, 다판 클러치, 유성기어장치, 그리고 감속기어를 거쳐서
구동 V - 풀리에 전달된다. 구동벨트로는 스러스트 멤버(thrust members)가 부가된 링크 - 체인
을 사용한다. 이 벨트는 푸시-벨트나 기존의 링크-체인과 비교할 때, 동력전달손실이 아주 낮다
는 점이 특징이다.

변속제어 프로그램으로는 자기학습기능을 가지고 있는 적응식 변속기제어를 사용한다.

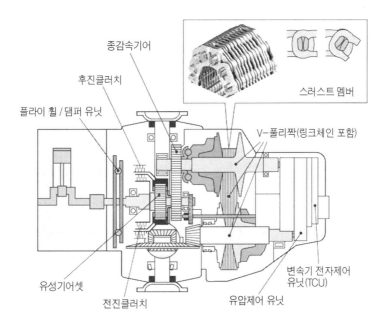

그림 2-85 Multitronic CVT(링크 - 체인식)

> ### 참 고
>
> ● **자동 변속기 오일**(Automatic Transmission Fluid : ATF)
>   ATF는 유체 토크컨버터와 유성기어장치로 구성된 유압식 자동변속기에 사용된다.
>
> 1. ATF의 주요 기능
>   ① 윤활작용 : 유성기어, 베어링, 일방향 클러치 등을 윤활시킨다.
>   ② 동작유체 : 유체 토크컨버터 내에서 동력을 전달하고, 유압밸브와 클러치, 브레이크 등을 제어하거나 조작
>   한다.
>   ③ 냉각작용 : 유성기어장치와 유체 토크컨버터를 냉각시킨다.

2. ATF에 요구되는 특히 중요한 특성들

① 점도와 저온 유동성 : 점도가 낮아지면(예 : 고온 시) 제어밸브, 클러치나 브레이크의 피스톤, 씰 등으로부터 동작유체의 누설이 증대되어 유압이 저하하는 원인이 되므로 정밀제어가 어렵게 된다. 그리고 유성이 저하되므로 마모가 증대되고, 동작유체의 온도도 상승하게 된다. 결과적으로 펌프효율도 낮아지게 된다. (일반적으로 사용온도범위 -40℃ ~ +150℃)

점도가 높아지면(예 : 저온 시) 내부마찰, 관로저항 등에 의한 온도상승과 동력손실을 피할 수 없게 된다. 그리고 제어밸브 등의 동작이 원활하지 못하여 변속불량을 유발하는 경우도 있을 수 있다.

즉, ATF는 점도지수가 높아, 온도변화폭이 크더라도 점도변화는 적어야 한다.

② 마찰특성의 적합

ATF의 마찰특성은 변속품질과 밀접한 관계가 있다.

- 동마찰계수(dynamic friction coefficient : μ_d)가 작으면 변속에 소요되는 시간(클러치 접속에 소요되는 시간)이 길어져, 슬립에 의한 발열로 클러치가 소손될 수도 있다.

- 정지마찰계수(static friction coefficient : μ_s)가 크면 변속 최종단계에 토크변동이 급격하게 진행되어 충격 또는 이음(異音)을 발생시키게 된다.

  - 동마찰계수(dynamic friction coefficient : μ_d) : 구동측과 피동측의 회전속도차가 30 min^{-1} 일 때의 마찰계수

  - 정지마찰계수(static friction coefficient : μ_s) : 구동측과 피동측의 회전속도차가 1 min^{-1} 일 때의 마찰계수

③ 기포 방지성 : ATF에 기포가 발생되면 오일펌프의 토출능력이 저하되며, 유압의 저하 또는 맥동현상이 유발된다. 또 유성도 저하한다. 일반적으로 점도가 높고, 온도가 낮을수록 기포발생률이 높다.(=점도가 낮고 온도가 높을수록 기포발생률이 낮다)

④ 온도와 열화성 : ATF의 정상작동온도는 약 80℃~100℃범위이다. 이 온도범위에서 사용할 경우 약 80,000km정도 사용 후에 교환하도록 권장하고 있다. 일반적으로 정상작동온도보다 약 15℃ 정도 높아지면 열화가 크게 촉진되는 것으로 알려져 있다.

⑤ 온도와 체적의 변동성 : 온도변화에 따라 체적변동이 비교적 크다. 일반적으로 COLD(예 : 25℃ 기준)와 HOT(예 : 85± 5℃ 기준)에서의 규정량을 측정할 수 있도록 하고 있는 데, 그 차이는 약 10~15mm정도가 대부분이다.

⑥ 퇴적물의 생성 방지 및 부식 방지

⑦ 고무 씰 재료와의 친화성

3. ATF의 규격

ATF는 수동변속기용 윤활유 SAE 75W에 비해 점도는 낮으나, 점도지수는 더 높으며, 유동점(Pour point : Stockpunkt)은 -40℃ 이하이다. 점도는 제원에는 포함되어 있으나, 용기에는 표시되어 있지 않다.

ATF는 별도의 규정이 없으며, 자동차 회사별로 규격에 최소 필요조건을 명시하고 있을 뿐이다. 세계적으로 특히 GM(General Motor)규격과 포드(Ford)규격이 준용되고 있다.

① GM 규격(GM-specification)(예:ATF Dexron Ⅲ) : 예전의 것은 포드 규격에 비해 동마찰계수가 정지마찰계수보다 큰 것으로 알려져 있다. 동마찰계수가 크면 발진이 원활하게 이루어진다. 현재는 양사의 규격에 큰 차이가 없다.

② FORD 규격(예 : Mercon)

③ 기타 회사 규격 : GM과 FORD 외에도 각 자동차 회사들은 자사규격을 정하여 사용하고 있다. 예를 들면 MB(Mercedes-Benz), ZF(Zahnradfabrik-Fridrichshafen), VAG, 현대(예 : 다이아몬드 ATF SP) 등이 있다.

따라서 항상 자동차회사가 제시하는 가이드라인을 준수하고, 승인사항에 유의해야 한다.

3. 자동변속기의 고장진단 및 정비

(1) 전기적 고장에 의한 비상운전

예를 들면, 케이블 단선, 솔레노이드 시프트-밸브 결함, 센서신호 없음, 변속기 - 일렉트로닉 고장 등이다. 자동차는 실렉터 - 레버 위치 D에서 전진 1개 단(예 : 2단) 및 후진기어(R)를 이용할 수 있다. 경우에 따라 실렉터 - 레버 인터로크 기능과 같은 안전기능은 더 이상 작동하지 않는다. 새로 시동할 경우에는 실렉터 - 레버위치를 다시 선택할 수 없을 수도 있다. 고장은 TCU에 저장된다. 수리를 완료한 후에 삭제해야 한다.

(2) 기계적, 유압적 고장에 의한 비상운전(변속기 일렉트로닉에 고장 없음)

예를 들면, 유압이 너무 낮아 다판 클러치가 슬립, 손상됨. 슬립이 3% 이상이면 엔진의 회전속도차이로부터 판별할 수 있다. 최종적으로 양호한 것으로 판정된 기어가 선택된다. 그리고 후진기어는 넣을 수 있다. 실렉터 - 레버 인터로크 기능은 이용할 수 있다. 새로 시동할 경우, 고장은 리셋된다. 제작사에 따라서는 이와 같은 고장은 TCU의 자기진단에 저장되지 않는다.

(3) 견인

유압식 자동변속기가 장착된 자동차를 견인할 경우에는 반드시 제작사의 지침을 준수하여야 한다. 이유는 오일펌프가 구동되지 않으므로 변속기의 충분한 윤활을 보장할 수 없기 때문이다. 실렉터 - 레버는 반드시 위치 'N'에 있어야 한다. 전자식으로 작동하는 주차 로크는 반드시 기계적으로 해제시켜야 한다.

일반적으로 후륜구동방식(FR)에서 앞쪽을 견인할 경우엔 변속기의 윤활문제를 고려해야 하므로 견인거리를 50 km이내로 하고, 견인속도는 50km/h 이하로 하는 것이 좋다.

전륜구동방식(FF)에서 뒤쪽을 견인할 경우엔 견인거리 100km, 견인속도 80 km/h 정도까지는 무방하다. 그 이유는 FF방식의 경우엔 종감속장치도 함께 들어 있어 변속기 윤활유의 양이 FR차량보다 많아 윤활에 다소 여유가 있기 때문이다.

(4) 고장 진단

유압식 자동변속기에서 완벽한 고장진단을 수행하기 위해서는, 변속기를 떼어내기 전에 다음과 같은 항목들을 점검해야 한다. 그리고 각 솔레노이드밸브의 저항, 통전시간, 전압 등을 측정한다. 변속기가 차량에 장착되어 운전되는 상태에서 고장여부를 진단하는 것이 가장 바람직스럽다.

① ATF(Automatic Transmission Fluid)의 수준

ATF의 양이 부족하면 오일펌프가 공기를 흡입하게 되고, 결과적으로 다판 클러치의 작동 상태가 불량하게 되어 슬립에 의한 마멸을 피할 수 없다. 또 윤활부족 및 냉각불량에 의한 고장을 유발하게 된다.

반대로 ATF의 양이 너무 많아도 회전부분과 오일(oil)과의 마찰이 증대되어 오일 분해현상이 발생하기 쉽다. 오일 분해현상이 발생하면 ATF의 양이 부족할 때와 마찬가지로 유압회로 내에 기포유입현상이 발생한다. 그러므로 ATF의 양은 반드시 규정량이 유지되도록 하여야 한다.

그리고 ATF의 상태를 점검하여 이상이 있으면, 필터(filter)와 함께 ATF를 교환해야 한다.

② ATF 품질

소손된 냄새가 나는 ATF는 구동/제동 다판 클러치, 또는 밴드 브레이크의 마모가 심하다는 것을 의미한다.

③ 테스터를 이용하여 자기진단을 실시한다.

④ 실렉터-레버 위치, 부하 및 주행속도에 따라 상향 변속점 또는 하향 변속점을 다시 조사한다.

⑤ 실렉터-레버 세팅을 점검한다.

⑥ 오래 사용한 변속기의 경우, 스로틀 케이블의 조정상태를 점검한다.

⑦ 작동 유압을 점검한다.

⑧ 필요할 경우, 시프트밸브 하우징에 들어있는 스트레이너를 오염에 대해 점검한다.

⑨ 스톨 테스트(stall test)를 실시한다.

이 시험을 실시할 때는 제작사의 서면 지침을 반드시 준수하여야 한다. 시험 중에 작동유의 온도가 과도하게 상승하여 다판 클러치의 마모, 누설과 같은 손상이 발생하기 쉽다.

스톨 테스트(stall test) 방법은 다음과 같다.
- 기관과 변속기를 점검하여 시험을 수행하는데 지장이 없는지 확인한다.
- 기관과 변속기가 정상작동온도로 될 때까지 웜 - 업(warm-up) 운전한다.
- 주차브레이크와 주 제동브레이크를 걸어둔다.
- 기관에 회전속도계를 설치하고 운전석에서 판독할 수 있는 위치에 둔다.

- 실렉터 - 레버를 조작하여 각 위치(P, R, N, D, 3, 2, 1)를 차례로 2~3초 정도 유지하였다 가 다시 중립(N)으로 한다.

- 실렉터 - 레버를 시험하고자 하는 위치로 한 다음에, 가속페달을 급격하게 완전히 끝까 지 밟는다. 기관의 회전속도가 상승하여, 최고회전속도를 안정적으로 유지할 때까지 전 스로틀 상태(WOT : wide open throttle)를 유지한다. 일반적으로 전 스로틀 상태(WOT) 의 유지는 5초 정도면 충분하다. 10초를 초과해서는 안 된다.

- 기관 최고회전속도가 규정값보다 높으면, 즉시 가속페달에서 발을 떼어 손상을 방지 한다.

- 이상의 시험을 실렉터 - 레버의 각 위치에서 실시하고 결과를 규정값과 비교하여 고장여 부를 분석한다.

※ **스톨 테스트 결과 분석**
- 실렉터 – 레버의 각 위치에서의 회전속도가 전체적으로 높으면, 제어압력이 너무 낮거나 ATF의 점도가 너무 낮다고 볼 수 있다.
- 선택레버의 각 위치에서의 회전속도가 전체적으로 낮으면, 스테이터 원웨이 클러치의 불량, 또는 기관의 출력부족이다.
- 특정 위치에서만 회전속도가 높을 경우엔, 해당 브레이크나 클러치에 슬립이 있거나 해당 유압회로의 누설 가능성이 있다.

제9절 추진축/자재이음
(*Propeller shaft / universal joint*)

1. 추진축(propeller shaft : Kardanwelle)

앞기관 후륜구동(FR)식의 자동차는 변속기의 출력을 종감속장치에 전달할 추진축을 필요로
한다. 또 자동차가 요철이 심한 노면을 주행할 때는 차륜의 진동 때문에 수시로 추진축의 길이
가 변화되고, 동시에 변속기 출력축과 종감속장치 입력축 간의 각도도 변화한다.

(1) 추진축의 주요 기능

① 구동 토크의 전달.

② 각도변화를 용이하게 한다.

   (자재이음 : universal joint)

③ 축의 길이방향 변화를 보상한다.

   (슬립이음 : slip joint)

④ 비틀림 진동을 감쇠시킨다.(플렉시블 조인트 : flexible joint)

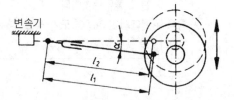

그림 2-86 추진축의 길이변화와 각도변화

FR 자동차의 추진축은 강한 비틀림 상태에서 고속으로 회전하므로 이에 견딜 수 있는 충분한
강성(剛性)은 물론이고, 정적, 동적으로 밸런싱(balancing)이 되어 있어야 한다. 대부분의 추진
축은 그림 2-87과 같이 중공(中空)의 강관(steel pipe), 자재이음 및 슬립이음으로 구성되며, 일
체로서 밸런싱(balancing)이 되어 있다.

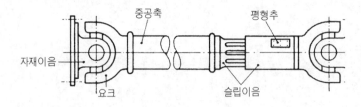

그림 2-87 추진축의 구조

(2) 추진축의 길이

일반적으로 추진축의 최대길이(ℓ_{max})는 다음과 같이 제한된다.

- 승용자동차용 : 최대회전속도 $n_{max} = 5,000 \text{min}^{-1}$에서 $\ell_{max} = 1.5\text{m}$
- 화물자동차 및 버스용 : 최대회전속도 $n_{max} = 3,500 \text{min}^{-1}$에서 $\ell_{max} = 1.8\text{m}$

추진축의 길이가 허용 최대길이를 초과하면, 추진축을 2개로 분할하고 차대에 고정된 센터 베어링에 끼워 회전진동과 소음을 감소시키는 방식이 사용된다. 승용자동차용 분할식 추진축은 그림 2-88과 같이 양단에 플렉시블 조인트(flexible joint) 또는 십자형 자재이음(Hook's joint), 그리고 두 축의 중간에는 십자형 자재이음과 슬립이음을 사용한다. 센터 베어링은 중간의 십자형 자재이음의 앞 또는 다음에 끼워져 차대(또는 차체)에 설치된다.

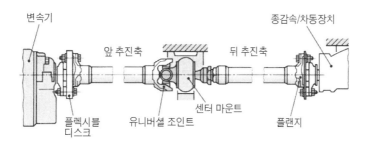

그림 2-88 분할식 추진축과 센터 베어링

센터 베어링에는 분할식 추진축이 탄성적으로 설치된다. 센터 베어링은 볼 베어링을 고무제의 베어링 베드에 설치하고, 베어링 베드의 외주를 다시 원형강판으로 감싸, 차체에 고정할 수 있는 구조로 되어 있다.

앞기관 앞바퀴 구동방식(FF)에서는 추진축이 생략된다. 동력은 변속기에서 곧바로 종감속장치를 거쳐 구동축에 전달된다. 구동축은 추진축과는 달리 강(steel) 봉의 양단에 굴절각이 큰 등속자재이음을 접속한 형식이 대부분이다. 일반적으로 트랜스액슬 측에는 더블 오프셋 자재이음(double-offset universal joint : DOJ), 차륜측에는 구형 자재이음(ball type universal joint 또는 Birfield joint)을 사용한다.(그림 2-98 참조)

2. 자재이음(universal joint : Gelenke)

자재이음 양단의 2축 간의 각속도 차이에 따라 부등속자재이음과 등속자재이음으로 구별한다.

(1) 부등속 자재이음

자동차에는 주로 십자형 자재이음과 플렉시블(flexible) 자재이음이 사용된다.

① 십자형 자재이음(Hook's joint)(그림 2-89)

십자형 자재이음은 2개의 요크(yoke)를 십자축(spider)에 연결한 것으로서, 요크 양단에는 필요에 따라 플랜지(flange)나 슬립이음 또는 중공축을 접속하며, 십자축으로는 보통 영구주유식을 사용한다. 자동차에는 굴절각(diffraction angle)이 8°까지인 형식이 주로 사용된다.

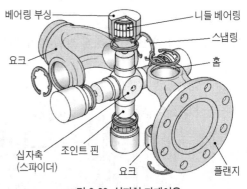

그림 2-89 십자형 자재이음

십자형 자재이음을 1개만 사용할 경우에는 2축이 동일 선상에 위치해야만 등속회전이 이루어진다. 만약 2축 사이에 굴절각이 존재할 경우에는 구동축이 등속 회전하여도 피동축의 요크 각속도는 그림 2-90(a)와 같이 1/2 회전을 주기로 부등속 회전한다. 현가장치의 진동이 작고, 동시에 굴절각이 작을 경우에는 부등속의 정도도 낮다.

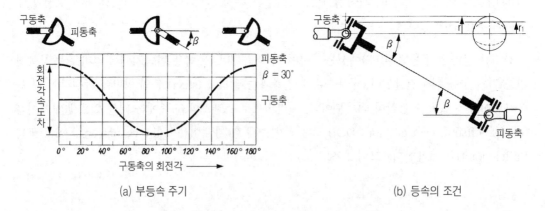

(a) 부등속 주기

(b) 등속의 조건

그림 2-90 십자형 자재이음의 부등속 운동

십자형 자재이음을 2개 사용할 경우라도, 다음과 같은 조건이 충족되어야만 구동축과 피동축의 회전각속도가 같아진다.

① 양단의 굴절각 β_1과 β_2는 서로 같아야 한다. ($\beta_1 = \beta_2$)

② 추진축 양단의 2개의 요크는 동일평면 상에 설치되어야 한다.

십자형 자재이음의 배치방식에는 Z형과 W형이 있다.(그림 2-91). 십자형 자재이음은 주로 화물자동차의 추진축 또는 차축에 사용된다.

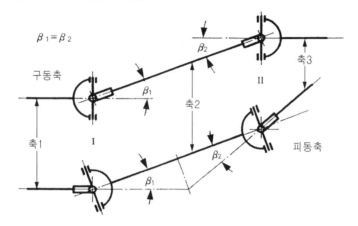

그림 2-91 십자형 자재이음의 배치방식

② **플렉시블 자재이음**(flexible joint)

양쪽 플랜지 사이에 경질고무 또는 섬유제의 커플링을 끼우고 볼트로 체결한 형식이다. 윤활이 필요 없는 건식 탄성자재이음으로서, 드라이브 라인의 각도변화가 작고, 동시에 축방향의 길이변화도 작을 경우에 사용한다. 따라서 주로 진동과 소음을 감쇠시키는 탄성요소(elastic element)로서 기능한다.

■ 사일런트 블록 조인트(silent block joint)(그림 2-92(a))

그림 2-92(a)와 같이 다수(대부분 6개)의 부싱을 포함한 고무블록을 철제 케이스 내에 집적시킨 형식으로, 양측에는 각각 3개의 암을 가진 플랜지가 볼트로 체결되어 있다.

굴절각은 5°까지 허용된다. 설치 시에 2축의 중심선을 반드시 일치시켜야 하는 형식과 일치시킬 필요가 없는 형식이 있다.

■ 다각형 러버-조인트(polygonal-rubber-joint)(그림 2-92(b))

2개의 플렌지(flange)를 연결하는 탄성요소로서, 강성을 강화하기 위하여 고무블록의 각

모서리마다 강철판을 넣고 경화시킨 형식이다. 굴절각과 비틀림(twisting)각은 각각 약 8° 까지, 축방향 전위(=길이 변화)는 약 12mm정도까지 가능하다. 따라서 슬립 이음을 생략할 수 있다.

■ 하디 디스크(hardy disk) (그림 2-92(c))

디스크형 플렉시블 조인트(disk-type flexible joint)로서 그림 2-92(c)와 같은 구조이다. 6개의 강철제 부싱(steel bushing)을 먼저 각각 2개씩 노끈으로 감아 코일형 패키지(coil package)로 만든 다음, 고무에 넣어 경화시킨 것이다. 굴절각은 5°까지, 축방향 길이변화는 약 1.5mm정도까지 가능하다.

주로 수동변속기와 추진축 사이 또는 추진축과 종감속장치 사이의 자재이음으로 사용된다. 이 형식의 자재이음을 사용할 경우에는 반드시 2축의 중심선을 일치시켜야 한다.

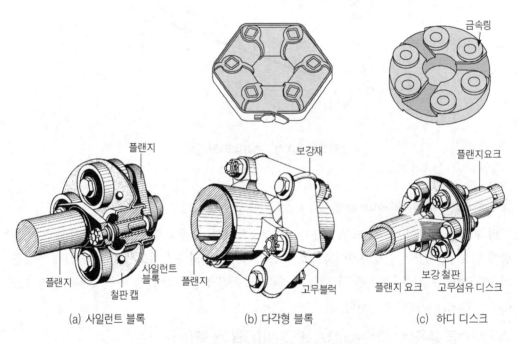

(a) 사일런트 블록   (b) 다각형 블록   (c) 하디 디스크

그림 2-92 플렉시블 조인트(flexible joint)

(2) 등속 자재이음(Constant Velocity universal joint)

십자 자재이음과 같은 부등속 자재이음에서는 십자축이 회전과 동시에 요동운동을 하며, 동시에 피동축에 대한 유효반경이 변화하므로 부등속이 발생한다.(그림 2-90 참조)

그러나 등속자재이음(흔히 CV-joint라고 한다.)은 그림 2-93과 같이 구동축과 피동축의 접촉점이 항상 굴절각의 2등분선상에 위치하므로 등속 회전할 수 있다. 등속자재이음은 구조가 복잡하고 가격이 비싸지만, 드라이브 라인(drive line)의 각도가 크게 변화할 때에도 동력전달효율이 높다는 장점을 가지고 있다.

구동차축의 현가장치가 독립현가식일 경우, 현가스프링이 신축(伸縮)할 때 구동축에는 길이변화와 각도변화가 반복된다. 따라서 구동차축의 길이변화와 각도변화를 보상할 수 있는 기능을 가진 등속 자재이음이 필요하게 된다.

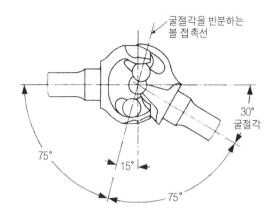

그림 2-93 등속의 조건(예 : Bendix universal joint)

후륜구동방식의 구동차축(＝뒤차축)에는 트리포드 조인트(tripod joint), 더블-오프셋 조인트(double-offset joint) 등이 사용된다.

전륜구동방식의 구동차축(＝앞차축)에는 주로 이중 십자형 자재이음(double spider joint), 구형 자재이음(ball-type joint), 더블-오프셋(double-offset) 조인트 등이 사용된다.

① **이중 십자형 자재이음**(double spider joint) **(그림 2-94)**

그림 2-94와 같이 2개의 십자축을 중심 요크로 결합시킨 형식이다. 구동축과 피동축 사이에 굴절각이 존재하면 요크에는 부등속이 발생되지만 양단의 축에서는 상쇄되어 등속 자재이음이 된다. 주로 앞차축에 사용된다.

굴절각은 47°까지 가능하며, 축방향으로 길이변화가 필요할 경우에는 양단의 축에 슬립이음을 추가하면 된다. 설치공간을 많이 차지한다는 점이 단점이다.

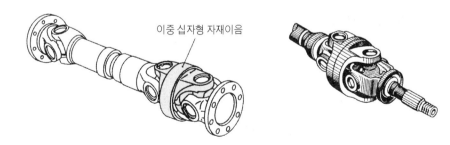

그림 2-94 2중 십자형 자재이음

② 트리포드 조인트(tripod joint) (그림 2-95)

독립현가장치를 사용하는 자동차에서 앞/뒤 구동축에 사용된다. 굴절각은 약 26°, 길이방향 전위 약 55mm까지 가능하다. 구동축에 사용할 경우에 종(bell) 모양의 부분이 차륜측에 설치된다. 트러니언 자재이음(three-ball-and trunnion universal joint)이라고도 한다.

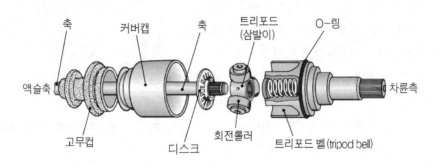

그림 2-95 트리포드 조인트

③ 더블-오프셋 조인트(double-offset joint) (그림 2-96)

축방향 전위가 가능한 등속 자재이음이다. 그 구조는 그림 2-96과 같이 케이지(cage)에 끼워진 볼(대개 6개)이 하우징 내면의 직선형의 레일에서 섭동할 수 있도록 되어 있다.

굴절각은 22°까지, 축방향 전위 즉, 길이변화는 약 45mm까지 가능하다. 주로 전륜구동방식에서 트랜스액슬 쪽 자재이음으로 사용된다.

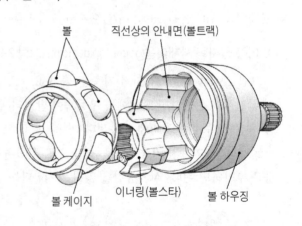

그림 2-96 더블 오프셋 조인트(DOJ)

④ 볼 자재이음(ball-type joint) (그림 2-97)

케이지(cage)에 끼워진 동력전달용 볼이 하우징 내의 안내면에 설치된다. 구동축과 피동축이 만드는 굴절각에 따라 볼의 접촉위치가 변환되어 등속이 이루어지게 된다.

축방향으로 전위가 불가능하다. 케이지(cage)에 끼워진 6개의 볼(ball)은 구형의 하우징 내면과 성형(star type)의 이너링(inner ring) 외측에 가공된 반원형의 레일(rail)에서 운동할 수 있다. 굴절각은 표준형식에서는 38°까지, 특수형식에서는 47°까지 가능하다. 주로 전륜구동차량에서 구동축의 차륜 측 자재이음으로 사용된다.

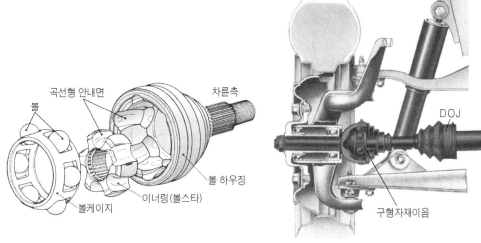

그림 2-97 볼형 자재이음(축방향 전위 불가능 형)

그림 2-98 전륜구동차량의 구동축과 자재이음

3. 추진축 관련 주요 계산식

(1) 십자축(spider)

십자축을 1개만 사용할 경우, 구동축 각속도(ω_1)가 등속일지라도 피동축 각속도(ω_2)는 부등속이 된다. 이때 피동축 각속도(ω_2)는 180°를 주기로 하는 사인곡선으로 나타난다.

① **구동축 각속도** : ω_1 [rad/s]

$$\omega_1 = \frac{2 \cdot \pi \cdot n_1}{60}$$

여기서 n_1 : 구동축 회전속도[min^{-1}]

② **피동축 최저 각속도** : $\omega_{2.\min}$ [rad/s]

$$\omega_{2.\min} = \omega_1 \cdot \cos\beta$$

여기서 β : 굴절각

③ **피동축 최대 각속도** : $\omega_{2.\max}$[rad/s]

$$\omega_{2.\max} = \frac{\omega_1}{\cos\beta}$$

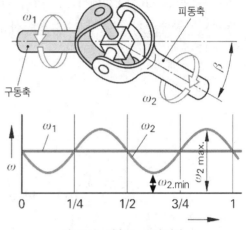

④ **부등속률** : δ_M

$$\delta_M = \frac{\omega_{2.\max} - \omega_{2.\min}}{\omega_1}$$

참고도 1 각속도 ω_2의 변화

(2) 2개의 십자축을 이용할 경우

참고도 2와 같이 2개의 십자축을 이용하면 십자축 양단의 2축 간에는 등속이 된다. 이때 중간축 양단의 요크는 동일평면에 있어야 하며, 십자축 양단의 굴절각 β는 같아야 한다.

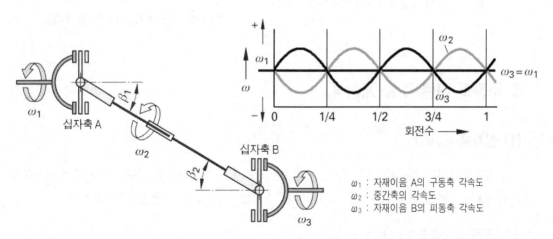

ω_1 : 자재이음 A의 구동축 각속도
ω_2 : 중간축의 각속도
ω_3 : 자재이음 B의 피동축 각속도

참고도 2 각속도 (ω_1, ω_2, ω_3)의 변화

(3) 추진축에 작용하는 최대 회전토크 : $M_{p.\max}$ [Nm]

$$M_{p.\max} = M_M \cdot \eta_T \cdot i_{T.\max}$$

여기서 M_M : 기관의 회전토크 η_T : 변속기 효율
$i_{T.\max}$: 최대 변속비(후진 또는 1단)

(4) 중공 추진축의 비틀림 응력 : τ_p [N/cm²]

$$\tau_p = \frac{16}{\pi} \cdot \frac{D \cdot M_{p.\max}}{(D^4 - d^4)}$$

여기서　D : 추진축 외경[cm]　　d : 추진축 내경[cm]
$M_{P.\max}$: 추진축에 작용하는 최대토크[Ncm]

변속기 출력축과 추진축 간의 굴절각 β를 고려할 경우에는 '$M_{p.\max}$' 대신에 '$M_{p.\max} \cdot \sec\beta$'를 대입한다.

(5) 스플라인 축의 골지름 : d [cm]

① 추진축의 전달 회전토크 : M [Ncm]

$$M = \tau \cdot Z_p$$

여기서 Z_p : 극단면계수 $Z_p = (\pi \cdot d^3)/16$
τ : 허용 전단응력[N/cm²]

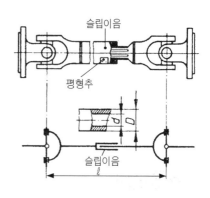

슬립이음
평형추
슬립이음
ℓ

참고도 3 추진축

② 추진축의 골지름 d 는

$$d = \sqrt[3]{\frac{16M}{\pi \cdot \tau}} = 1.72 \cdot \sqrt[3]{\frac{M}{\tau}}$$

● 허용전단응력의 안전률은 3 이상으로 한다.

(6) 임계 회전속도(critical speed) : n_c [min⁻¹]

$$n_c = \frac{60\pi}{2\ell^2} \cdot \sqrt{\frac{E \cdot I}{A \cdot \rho}}$$

$$n_c = \frac{1.22 \times 10^7}{\ell^2} \cdot \sqrt{D^2 + d^2}$$

여기서,
ℓ : 추진축의 길이
　　(자재이음 중심 간의 거리)[cm]
I : 축의 단면 2차 모멘트[cm⁴]
E : 탄성계수[N/cm²]
ρ : 밀도[kg/cm³]
A : 축의 단면적[cm²]
D : 추진축의 외경[cm]
d : 추진축의 내경[cm]

안전을 고려하여 허용회전속도는 일반적으로 임계 회전속도(critical speed)의 80% 이하가 되도록 설정한다.

허용 회전속도 : n_a [min^{-1}]

$$n_a = 0.8 n_c \ [\text{min}^{-1}]$$

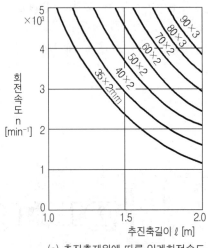

(a) 추진축제원에 따른 임계회전속도

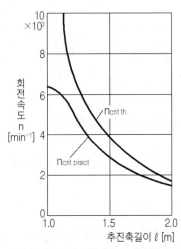

(b) 이론임계회전속도와 실제임계속도

참고도 4 추진축의 임계속도(by Reinecke)

참 고

● **그리스(Grease)**

그리스(grease)는 윤활유에 농화제(濃化濟 : thickeners)를 혼합, 부풀린(swelled) 것이다. 농화과정에서 스펀지(sponge) 구조가 형성되는데, 이 스펀지-구조는 오일을 저장하며, 필요할 경우에는 다시 오일을 방출한다.

1. **그리스(grease)의 구성요소**

① 기유(base oil : GrundÖle)

엔진오일과 마찬가지로 기유로는 단순한 정제유, 수소분해 오일, 또는 합성 탄화수소(PAO)를 사용한다. 그리스(grease)를 생화학적으로 분해시켜야 할 필요가 있는 경우에는, 합성 에스테르(Ester) 또는 유채유를 혼합한다.

② 농화제(Thickening agent : Verdickungsmittel)

농화제로는 일반적으로 리튬(Lithium), 칼슘(calcium) 및 나트륨(sodium)을 기본으로 하는 지방산-알칼리금속염(비누기)이 사용된다. 금속염이 포함되지 않은 농화제로는 겔(gel) 또는 벤토나이트(bentonite : 화산재가 풍부한 점토) 등이 사용된다.

기유의 점도, 온도, 농화제의 종류에 따라, 점성이 서로 다른 그리스를 생산할 수 있다.

2. 그리스의 종류 및 선택

규정된 작동온도 및 부하(예 : 베어링에 작용하는)에 적합한 그리스를 선택해야 한다. 많은 그리스들이 고온에서는 그리스가 연약해지거나 녹아 흘러내리게 된다. 그리스가 액화할 때의 온도를 그 그리스의 적하점(滴下點 : drop point)이라고 하며, 사용한 비누기(base soap)의 종류에 따라 좌우된다.

참고표 1 윤활용 그리스의 고유특성

비누기 (soap base)	적하점 (drop point) [℃]	내수성 (water resistance)	용 도 (application)
칼슘 그리스	200까지	예(yes)	자동차용 조인트 그리스
나트륨 그리스	120~250	아니오(no)	롤러 베어링 그리스
리튬 그리스	100~200	예(yes)	다목적 그리스

① 리튬 비누 그리스(Lithium soap grease) : 가장 일반적인 종류의 윤활용 그리스이다. 내수성이 강하고, 높은 열부하를 감당할 수 있다. 사용온도범위는 대략 -20℃~130℃ 범위이다.

② 칼슘 비누 그리스(Calcium soap grease) : 내수성이 있으며, 열부하에는 약하다. 사용온도범위는 대략 -40℃~60℃ 범위이다.

③ 나트륨 비누 그리스(Natrium soap grease) : 내수성이 없으며, 사용온도범위는 최대 100℃ 이다.

④ 고온 그리스(High-temperature grease) : 작동온도가 지속적으로 130℃ 이상인 경우에 적합하다. 다음과 같이 구분할 수 있다.

● Complex 비누 그리스 : 특수 알루미늄(Al), 칼슘(Ca) 또는 리튬(Li)이 기본.
  (상용자동차의 액슬-유닛에 사용한다)

● 겔(gel)-그리스, 벤토나이트(bentonite)-그리스 : 비누기가 포함되지 않은 농화제가 기본
  (고온 베어링 또는 기어 그리스로 사용)

⑤ EP-그리스 : 높은 압력에 견딜 수 있으며, 황-, 인- 또는 납-화합물을 함유하고 있다.

⑥ EM-그리스 : 이황화 몰리브덴(MoS_2)을 함유한 그리스로서, 그리스가 손실된 상태에서도 비상운전특성이 보장된다.

3. 그리스의 점성 및 표시기호

① 그리스의 점성(consistency) : 그리스 자신의 변형에 대항하는 저항성을 말한다. NLGI-분류는 그리스에 규격화된 볼을 낙하시켰을 때의 침투깊이를 근거로 000, 00, 0, 1, 2, 3, 4, 5로 분류한다.

  * NLGI(National Lubricating Grease Institute)

참고표 2 그리스의 안정성 및 용도

그리스의 점성	고유 특성, 용도
000~1	아주 연함, 액체 그리스, 예를 들면 센트럴 윤활장치
2~3	연함, 대부분의 그리스 윤활개소 윤활용
4~5	고형, 워터펌프 그리스

② 그리스에 대한 호칭기호

  (예) : KPF 2K-30

        K   : 롤러 베어링용 그리스(G : 기어용)
        PF : P는 EP/AW-첨가제, F는 고형 윤활제(예 : MoS_2)
        2   : NLGI 분류, 2=윤활용 그리스
        K   : 사용 최고온도 한계 120℃
        -30 : 사용 최저온도 한계 -30℃

제2장 동력전달장치

제10절 종감속장치와 차동장치
(Final reduction and differential gears)

종감속장치와 차동장치는 대부분 1개의 하우징 내에 집적되어 있다. 기관의 설치위치와 설치 방향 및 차륜구동방식에 따라 그 구조가 달라진다.

1. 종감속장치(final reduction gears : Achsantrieb)

종감속장치의 기능은 다음과 같다.

① 구동 토크를 배가시켜, 전달한다.

변속기만으로는 기관의 토크를 모든 주행상태에 대응하는데 충분한 구동토크 수준으로 변환시킬 수 없다. 따라서 변속기로부터 출력된 구동토크를 종감속장치에서 다시 배가시켜야 한다.

② 회전속도를 감소시킨다.

변속기 출력축 회전속도는 종감속장치의 고정감속비에 의해 다시 감속된다. 이때 종감속비는 증강된 구동토크로 주행 최고속도를 달성할 수 있도록 설정되어야 한다.

종감속비(i_D)는 차종에 따라 다양하나 일반적으로 다음과 같다.

$$종감속비(i_D) = \frac{링기어\ 이수(Z_R)}{구동\ 피니언\ 이수(Z_P)}$$

- 승용자동차의 경우는 $i_D = 2.5{\sim}4.5$
- 화물자동차의 경우는 $i_D = 3.5{\sim}6.5$

③ 필요할 경우, 동력전달방향을 변환시킨다.

기관이 차체의 길이방향(X축)으로 설치된 경우에는 동력의 방향을 90° 변환시켜야 한다. 이 경우에는 베벨기어(bevel gear) 종감속장치를 사용한다.

기관이 가로(Y축)방향으로 설치된 전륜구동방식의 자동차에서는 동력전달방향을 변환시킬 필요가 없으므로 스퍼기어(spur gear) 종감속장치를 사용한다.

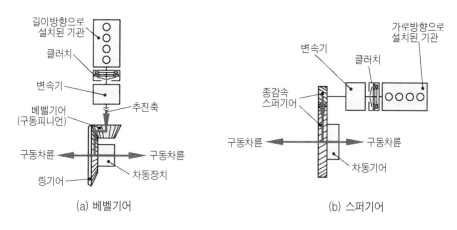

(a) 베벨기어   (b) 스퍼기어

그림 2-99 종감속장치의 기어형식

(1) 베벨기어(bevel gear : Kegelrad) 종감속장치

구동 피니언과 링기어로 구성되어 있다. 구동피니언과 링기어의 중심선의 일치여부에 따라 팔로이드 기어(palloid gear)와 하이포이드 기어(hypoid gear) 시스템으로 구분한다.

팔로이드 기어 시스템에서는 구동피니언과 링기어 각각의 중심선이 서로 일치하는 반면에, 하이포이드 기어 시스템에서는 링기어의 중심선보다 구동피니언의 중심선이 더 낮다.

하이포이드 기어 시스템에서 구동피니언과 링기어 각각의 중심선 간의 거리를 오프셋(offset)이라 한다. 오프셋의 정도는 승용자동차에서는 약 2.54cm 정도, 대형 자동차에서는 링기어 직경의 10% 정도가 대부분이다. 오늘날은 주로 하이포이드 기어 시스템을 사용한다.

하이포이드 기어 시스템의 장점은 다음과 같다.
① 운전이 정숙하다.
　서로 맞물리는 이수가 많으므로 운전이 정숙하다.
② 하중부담능력이 크다.
　축 중심선을 일치시키지 않으므로 구동피니언의 직경과 이 끝면의 폭(width of tooth face)을 넓게 할 수 있다.
③ 설치공간을 작게 차지한다.
　하중 부담능력이 크므로 동일한 부하를 전달할 경우에 팔로이드기어 시스템에 비해 링기

어 직경을 작게 할 수 있다.

④ 앞기관 뒷바퀴 구동방식(FR)에서는 추진축의 높이를 낮게 할 수 있다.

추진축의 높이가 낮아지면 차실내의 거주성이 향상되고, 무게중심이 낮아지므로 안정성이 높아진다.

하이포이드 기어 시스템의 단점은 구동피니언과 링기어의 중심선이 일치하지 않으므로 기어 뿌리면(gear tooth flank)에 면압(surface pressure)이 증대되어, 유막이 쉽게 파손된다는 점이다. 따라서 극압 윤활유의 사용이 필수적이다.

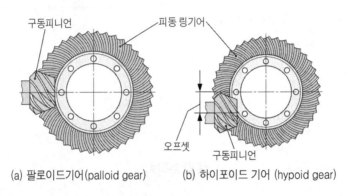

(a) 팔로이드기어(palloid gear)　　(b) 하이포이드 기어 (hypoid gear)

그림 2-100 베벨기어 종감속장치

베벨기어 종감속장치에 사용되는 베벨기어의 이(tooth)는 그 형상에 따라 글레아슨 기어 이(Gleason gear tooth)와 스파이럴 기어 이(spiral gear tooth)로 구분한다.

① 글레아슨 기어 이(Gleason gear tooth)

링기어 이 끝의 형상이 원호의 일부분으로 되어있다. 기어 이 끝의 폭을 보면 외측(heel)부분이 내측(toe)부분보다 더 넓다. 하이포이드 기어 시스템에 적용된다.

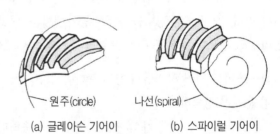

(a) 글레아슨 기어이　　(b) 스파이럴 기어이

그림 2-101 베벨 링기어의 기어이 형상

② 스파이럴 기어 이(spiral gear tooth)

링기어 이 끝의 형상이 나선형(螺旋形 : spiral)의 일부분으로 되어있기 때문에 기어 이 끝의 폭이 일정하다. 팔로이드 기어 시스템에 적용된다.

(2) 스퍼기어(spur gear : Stirnrad) 종감속장치

앞기관 앞바퀴 구동식(FF) 자동차에서 기관이 가로(Y축)로 설치되어 있을 경우에는 동력의 전달 방향을 변환시킬 필요가 없으므로 스퍼기어 종감속장치를 사용한다.

또 종감속비를 크게 해야 할 필요가 있을 경우에는 2단 종감속장치 또는 액슬 감속장치를 이용하게 되는데, 이 장치들은 대형 상용자동차, 중장비 및 농용차량에서 흔히 볼 수 있다.

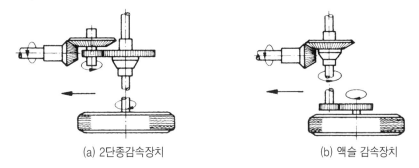

(a) 2단종감속장치   (b) 액슬 감속장치

그림 2-102 2단 종감속 및 액슬감속장치

2. 베벨기어식 차동장치(bevel gear type differential gears)

베벨기어식 차동장치는 종감속장치와 함께 집적되어 있으며, 그 기능은 다음과 같다.

① 좌/우 구동차륜 간의 회전속도를 차동(差動)한다.

② 구동 토크를 좌/우 구동차륜에 균등하게 분배한다.

■ 좌/우 구동차륜 간의 회전속도 차동

커브를 선회할 때, 같은 시간에 커브 바깥쪽 바퀴는 커브 안쪽 바퀴보다 더 많이 회전해야 한다. 그리고 직진 시에도 한쪽 바퀴가 반대쪽 바퀴에 비해 요철(凹凸)이 심한 노면을 주행할 경우에는 좌/우 구동차륜의 주행거리는 서로 다르게 된다.

즉, 상황에 따라 좌/우 구동차륜 간의 회전속도가 서로 달라야 하므로, 좌/우 구동차륜을 각각 별개의 축에 설치하고, 그 중간에 차동장치를 설치한다.

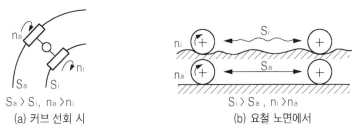

$S_a > S_i$, $n_a > n_i$ $S_i > S_a$, $n_i > n_a$

(a) 커브 선회 시   (b) 요철 노면에서

그림 2-103 주행 중 좌/우측 차륜의 회전속도와 주행거리

■ 구동 토크를 좌/우 구동차륜에 균배한다.

차동장치는 좌/우 구동차륜의 회전속도가 다를지라도, 좌/우 구동차륜에 똑같은 크기의 구동토크를 동시에 전달한다. 이때 전달된 구동토크의 크기는 노면과의 접촉력(接觸力 : adhesion force)이 작은 쪽의 구동차륜에 의해서 결정된다.

접촉력은 구동차륜에 부하된 하중(G)과 접촉마찰계수(μ)의 곱으로 표시된다.

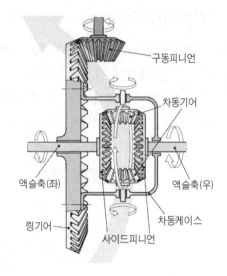

그림 2-104 베벨기어식 차동장치의 구조

(1) 베벨기어식 차동장치의 구조

구동 피니언은 추진축과 연결되어 있으며, 차동 케이스에 볼트로 체결된 링기어를 구동시킨다. 차동 케이스 내에는 차동 피니언(differential pinion)이 쌍으로 서로 마주보고 각각 자유롭게 회전할 수 있는 구조로 설치되어 있다. 그리고 차동 피니언은 좌/우 사이드 피니언(side pinion)과 항상 맞물려 있다. 사이드 피니언의 중심부에는 구동축이 끼워지는 스플라인(spline)이 가공되어 있다. 따라서 구동축은 사이드 피니언의 회전속도로 회전하게 된다.

차동장치와 종감속장치가 설치된 케이스 내에는 기어오일이 약 1/3이 조금 넘게 주입되어 있다. 따라서 모든 기어는 회전하는 동안에 주기적으로 오일에 잠겨 윤활된다.

(2) 차동(差動)의 원리

그림 2-105는 기중기에 부착된 도르래 피니언의 차동기능을 도시한 것이다. 피니언의 축에 작용하는 힘을 P, 그리고 피니언에 감긴 줄에 작용하는 부하를 각각 Q_1, Q_2로 표시하였다.

그림 2-105(a)는 좌/우 부하의 크기는 같고($Q_1 = Q_2$), 마찰이 없는 경우이다. 이때는 차동속도(v_a)의 방향과 크기에 상관없이, 좌/우 부하의 인양속도 v_1, v_2는 서로 같거나 어느 한쪽이 빠르게 된다.

그림 2-105(b)는 가능한 운동관계를 나타낸 선도로서, 도르래 피니언의 상승속도(v_m)와 양측 부하의 인양속도(v_1, v_2)의 상관관계를 나타내고 있다. 이때 도르래 피니언의 상승속도는 양측 부하의 인양속도 v_1, v_2의 평균값(v_m)으로 표시된다. 그리고 양측 부하의 인양속도 v_1, v_2는 도르래 피니언의 이동속도 v_m을 통과하는 직선으로 표시된다.

그림 2-105(b)에 도시된 속도관계는 그림 2-105(c)에 도시된 바와 같이 마찰이 있을 경우에도 성립한다. 다만 마찰과 차동운동은 서로 반비례한다. 즉, 반대쪽에 비해 부하가 크면 클수록, 해당 부하의 인양속도는 감소한다. 그림 2-105(c)에서는 구동력 P는 "$P = Q_1 + Q_2$"로 일정하고, 부하 Q_1이 부하 Q_2보다 마찰력 R만큼 작을 때($Q_1 + R = Q_2$), 부하의 인양속도(v_1, v_2)는 '$v_1 > v_2$' 임을 나타내고 있다. 그러나 차동운동이 0일 경우에는, '$Q_1 = Q_2$'가 성립한다.

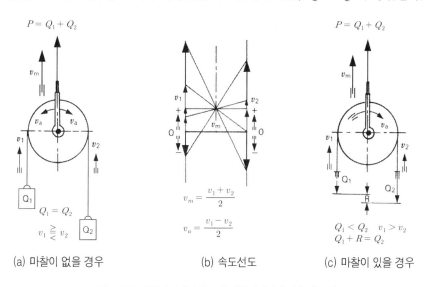

(a) 마찰이 없을 경우　　　(b) 속도선도　　　(c) 마찰이 있을 경우

그림 2-105 **차동피니언의 속도와 차동피니언에 작용하는 힘**

그림 2-105에서 설명한 원리를 자동차 차동장치(베벨기어식)에 적용해 보자. 그림 2-106은 차동피니언 축에 일정한 구동력(P/2)이 작용할 때, 힘의 분배영역 및 힘의 상관관계를 나타내고 있다. 구동력 P가 일정하다면, 이 상관관계는 운전가능한 모든 경우에 항상 성립한다.

그림 2-106에서 수평선과 2개의 사선 사이는 구동력의 맥동은 있으나 차동작용이 이루어지지 않는 영역이다. 2개의 사선의 바깥쪽은 양측 구동력차가 마찰력 R의 크기를 초과하여 차동이 이루어지는 영역이다.

양측의 회전속도가 서로 같을 때, 구동력은 '(P+R)/2'와 '(P－R)/2'의 사이에서 변화한다. 즉, 한쪽이 구동력을 P/2 보다 더 많이 전달하면, 반대쪽은 P/2 보다 더 적게 전달한다. 그러나 양측의 회전속도가 서로 다를 때는 한 가지 방법 즉, 빠른 쪽이 '(P－R)/2', 느린 쪽이 '(P+R)/2' 를 전달하는 것만이 가능하다.

차동여부를 결정하는 마찰력 R은 흔히 차동을 부분적으로 제한하는 데에도 이용된다.(P.185 차동제한기구 참조)

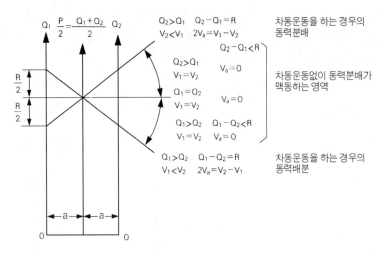

그림 2-106 차동피니언에 작용하는 힘(구동력 일정 상태에서)

(3) 베벨기어식 차동장치의 작동원리

평탄한 노면을 직진할 때(그림 2-107(a)), 좌/우 구동차륜은 같은 속도로 회전하고, 구동차륜과 직결된 사이드 피니언도 구동차륜속도로 회전한다. 이때 차동 피니언은 좌/우에 맞물려 있는 사이드 피니언으로부터 똑같은 부하를 좌/우측에 동시에 받으므로, 차동피니언은 어느 쪽으로도 회전(=자전)할 수 없게 된다. 즉, 차동 케이스에 고정(lock)된다. 이제 차동기어로서가 아니라 쐐기(wedge)로 기능하여, 구동력을 좌/우 구동차륜에 균배한다. 그러나 차동피니언은 차동 케이스와 일체이므로 차동 케이스 회전속도로 회전(=공전(公轉))하게 된다.

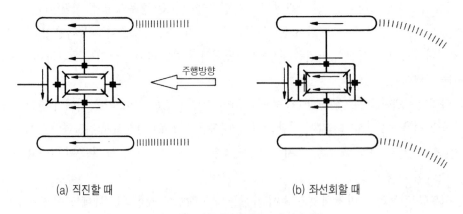

(a) 직진할 때   (b) 좌선회할 때

그림 2-107 차동장치 구성요소의 회전방향

커브를 선회할 때 슬립(slip)이 전혀 없다면, 커브 바깥쪽 바퀴는 안쪽 바퀴보다 더 많이 회전해야 한다. 즉, 바깥쪽 사이드 피니언이 안쪽 사이드 피니언보다 더 고속으로 회전해야 한다. 내/외측 사이드 피니언 간의 회전속도의 차동은 차동피니언에 의해서 이루어진다.

차동이 이루어질 때, 차동 피니언은 차동 케이스 내에서 자신의 축을 중심으로 자전하게 된다. 이때 차동 피니언의 자전방향과 자전속도는 좌/우측 구동차륜(= 좌/우측 사이드 피니언)의 구동저항에 의해서 결정된다.

저항이 큰 쪽의 사이드 피니언에는 저항이 작은 쪽의 사이드 피니언에 비해 큰 힘이 작용한다. 그러므로 차동 피니언은 저항이 큰 쪽의 사이드 피니언에 의해 구속된다. 즉, 차동 피니언의 자전력(自轉力)은 저항이 큰 쪽의 사이드 피니언으로부터 발생된다.

앞에서 차동 피니언이 모두 고정(lock)되어 자전하지 않을 때, 좌/우측 구동차륜은 같은 속도로 회전한다고 하였다. 그런데 이제 차동 피니언이 자전하게 되면 자동차는 더 이상 직진하지 않는다. 차동 피니언이 자전하는 만큼, 저항이 큰 쪽의 구동차륜 회전속도는 감소하고, 반대로 저항이 작은 쪽의 구동차륜 회전속도는 증가하게 된다.

그림 2-107(b)는 좌회전할 때의 차동 피니언의 회전방향을 나타내고 있다. 양측 구동차륜에 전달된 구동토크가 동일하고 동시에 노면과의 점착력(粘着力)이 균일하다면, 안쪽 구동차륜은 천천히 회전하고 바깥쪽 구동차륜은 빠르게 회전하게 된다. 이유는 바깥쪽 구동차륜에 부하된 저항이 안쪽 구동차륜에 부하된 저항보다 작기 때문이다.

표 2-10-1은 베벨기어식 차동장치를 구성하는 각 요소의 운동관계를 요약한 것이다.

예를 들면 ①의 경우 차동 피니언을 고정시킨 상태에서 링기어를 1회전시키면, 좌/우측 사이드 피니언이 각각 1회전함을 나타낸다.

④의 경우는 링기어를 고정하고 사이드 피니언 중 어느 한쪽을 1회전 전진시키면, 반대쪽 사이드 피니언은 1회전 역전함을 의미한다.

표 2-10-1 차동장치를 구성하는 각 요소의 기본운동 관계

	링기어 차동 케이스	좌측 사이드 피니언 좌측 구동축	차동 피니언	우측 사이드 피니언 우측 구동축
①	1회전	1회전 전진	고 정	1회전 전진
②	1회전	$\frac{1}{2}$ 회전 전진	자 전	$1\frac{1}{2}$ 회전 전진
③	1회전	고정	자 전	2회전 전진
④	고정	1회전 전진	자 전	1회전 역전

표 2-10-2 차동장치 구성요소의 회전수 상관관계(계산 예)

도해	링기어 n_D	좌측 구동축 n_L	우측 구동축 n_R	차동 피니언
직진	$n_D = n_L = n_R$	$n_D = n_L = n_R$	$n_D = n_L = n_R$	자전하지 않는다. 쐐기 기능
	예1 $n_D = 200\mathrm{min}^{-1}$	$n_L = 200\mathrm{min}^{-1}$	$n_R = 200\mathrm{min}^{-1}$	
좌회전	$n_D = \dfrac{1}{2}(n_L + n_R)$	$n_L = 2 \cdot n_D - n_R$	$n_R = 2 \cdot n_D - n_L$	좌측 사이드 피니언의 회전을 방해하는 방향으로 자전한다.
	예2 $n_D = 200\mathrm{min}^{-1}$	$n_L = 100\mathrm{min}^{-1}$	$n_R = 2 \cdot 200 - 100$ $n_R = 300\mathrm{min}^{-1}$	우측 사이드 피니언의 회전속도를 증가시킨다.
우회전	$n_D = \dfrac{1}{2}(n_L + n_R)$	$n_L = 2 \cdot n_D - n_R$	$n_R = 2 \cdot n_D - n_L$	우측 사이드 피니언의 회전을 방해하는 방향으로 자전한다.
	예3 $n_D = 200\mathrm{min}^{-1}$	$n_L = 2 \cdot 200 - 150$ $n_L = 250\mathrm{min}^{-1}$	$n_R = 150\mathrm{min}^{-1}$	좌측 사이드 피니언의 회전속도를 증가시킨다.
좌륜고정 / 우륜공전	$n_D = \dfrac{n_R}{2}$	$n_L = 0$	$n_R = 2 \cdot n_D$	좌측 사이드 피니언 상에서 자전한다.
	예4 $n_D = 200\mathrm{min}^{-1}$	$n_L = 0\mathrm{min}^{-1}$	$n_R = 2 \cdot 200$ $n_R = 400\mathrm{min}^{-1}$	우측 사이드 피니언의 회전속도를 2배로 증가시킨다.
우륜고정 / 좌륜공전	$n_D = \dfrac{n_L}{2}$	$n_L = 2 \cdot n_D$	$n_R = 0$	우측 사이드 피니언 상에서 자전한다.
	예5 $n_D = 200\mathrm{min}^{-1}$	$n_L = 2 \cdot 200$ $n_L = 400\mathrm{min}^{-1}$	$n_R = 0\mathrm{min}^{-1}$	좌측 사이드 피니언의 회전속도를 2배로 증가시킨다.
자동차는 리프트에, 구동피니언 고정, 좌측바퀴 손으로 회전	$n_D = \dfrac{1}{2}(n_L + n_R)$	$n_L = 2 \cdot n_D - n_R$	$n_R = 2 \cdot n_D - n_L$	좌측 구동륜(사이드 피니언)에 의해 구동됨.
	예6 $n_D = 0\mathrm{min}^{-1}$	$n_L = 20\mathrm{min}^{-1}$	$n_R = 2 \times 0 - 20$ $n_R = -20\mathrm{min}^{-1}$	좌/우측 바퀴의 회전속도는 같다. 회전방향만 서로 반대이다.

예 6에서 (−)기호는 회전방향이 반대임을 의미한다.

3. 차동 제한기구

차동제한(또는 고정) 기구가 없는 차동장치는 좌/우 구동차륜에 항상 같은 크기의 구동토크를 분배한다. 이때 구동륜에 전달되는 구동토크는 노면과의 접촉력이 작은 쪽의 구동차륜에 의해서 결정된다. 따라서 다음과 같은 문제점이 발생한다.

좌/우 구동차륜과 노면과의 접촉력이 서로 다를 경우 예를 들면, 한쪽 바퀴는 미끄러운 노면을, 반대쪽 바퀴는 정상적인 노면을 주행한다고 가정하자. 미끄러운 노면을 주행하는 구동차륜이 접촉력을 상실하여 공전(空轉)하면, 정상적인 노면을 주행하는 구동차륜도 회전력을 전달받을 수 없게 되므로, 자동차는 구동되지 않는다. 즉, 표 2-10-1의 ③과 같은 경우이다.

또 커브를 고속으로 선회할 때, 안쪽 바퀴의 부하(load)는 거의 또는 현저하게 경감된다. 이러한 상황에서 가속하면 안쪽 바퀴는 전진 구동력(forward-drive force)을 노면에 전혀 또는 조금밖에 전달하지 못한다. 따라서 커브를 최적주행(最適走行)할 수 없게 된다.

이와 같은 단점을 보완하기 위하여 차동제한기구를 이용한다. 차동제한기구는 수동식 차동고정기구와 자동식 차동제한기구로 구분한다.

(1) 베벨기어식 차동장치의 수동식 차동 고정기구

이 형식은 운전자의 의사에 따라 도그 클러치(dog clutch)를 치합시켜 차동작용을 중지시킨다. 구조는 그림 2-108과 같이 한쪽의 구동축에 설치되어 슬라이딩하는 도그 슬리브와 차동케이스에 가공된 도그(dog)기어로 되어 있다.

도그 클러치가 치합되면 도그 슬리브에 의해 구동축과 차동 케이스는 기계적으로 일체가 된다. 그러면 차동케이스 내의 차동기어는 더 이상 자전할 수 없으므로 차동작용을 할 수 없게 된다. 즉 차동장치는 100% 고정된다.

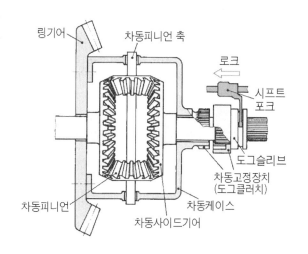

그림 2-108 수동식 차동고정장치

차동장치가 100% 고정되면 좌/우 구동차륜은 모든 주행상태에서 동일한 속도로 회전하게 된다. 따라서 좌/우 구동차륜이 모두 정상노면에 이르면 즉시 차동고정을 해제시켜야 한다. 그렇게 하지 않으면 드라이브 라인과 타이어에 과부하가 걸리게 된다.

수동식 차동고정기구는 화물자동차, 농용차량, 중기자동차 등에 주로 이용된다.

(2) 자동 차동제한기구

자동 차동제한기구들은 자동적으로 차동을 제한하여, 노면과의 점착력이 우수한 쪽의 구동차륜에 회전토크를 더 많이 분배한다. 예를 들어, 일정 속도(예 : 80km/h) 이하에서 양쪽 구동차륜 간의 속도차가 일정값(예 : 100min^{-1}) 이상이면, EDL(electronic differential lock)이 이를 보정한다. 견인력이 상실된 바퀴에는 제동을 걸고, 다른 구동차륜에는 차동장치를 통해 더 큰 구동력을 전달하여 차륜의 회전속도를 같게 한다.

자동 차동제한기구는 차동 제한률(locking ratio)에 의해 구별된다. 차동 제한률이란 2개의 구동차륜 또는 구동축 간의 구동토크의 차(差)를 구동피니언에 작용하는 구동토크의 백분률(%)로 표시한 것을 말한다. 차동 제한률의 범위는 대략 25~70% 범위이다.

현재 자동차에 사용되고 있는 자동 차동제한기구에는 ● 다판 클러치식 ● 토르젠 차동장치 ● 비스코스 클러치 ● 할덱스(Haldex) 클러치 ● ALSD(Automatic Limited-Slip Differential) ● ELSD(Electronic Limited - Slip Differential) 등이 있다.

① 다판 클러치식 자동 차동체한기구

기존의 베벨기어식 차동장치에 2개의 스러스트 링과 2쌍의 다판 클러치를 추가한 형식이다. 다판 클러치들은 스러스트 링과 사이드 피니언 측 차동 케이스 내벽 사이에 설치되어 있다.

스러스트 링의 외주에 가공된 도그(dog)는 차동 케이스 안쪽에 가공된 직선 그루브(groove)에 끼워진다. 따라서 스러스트 링은 차동케이스 내에서 좌/우로 움직일 수는 있으나, 회전방향으로는 고정되어 있다. 또 스러스트 링에는 차동피니언 축이 설치되는 V형의 홈이 가공되어 있다.

4개의 차동피니언은 2개의 피니언 축에 각각 2개씩 서로 마주보고 설치되어 있다. 그리고 피니언 축의 끝부분(설치부분)은 원형이 아니고 사각형으로서 2개의 스러스트 링의 V형 홈이 만드는 사각형 공간에 끼워진다.

2개의 스러스트 링 뒷면과 사이드 피니언 측 차동 케이스 내벽 사이에는 다판 클러치가 설치된다. 외치형(外齒形) 다판은 차동케이스에, 내치형(內齒形) 다판은 사이드 피니언축의 스플라인에 각각 설치된다. 그리고 다판 클러치에 초기장력(initial tension)을 작용시키기 위해 다판 디스크와 차동케이스 안쪽 벽 사이에 디스크 스프링(disc spring)을 설치하였다.

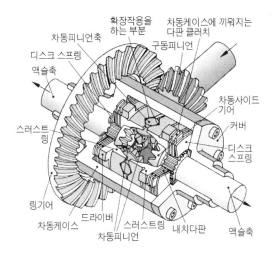

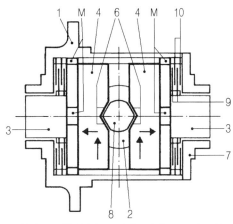

1. 하우징 2. 차동피니언 3. 사이드 기어 4. 스러스트링
6. 경사면 7. 하우징 8. 차동 피니언축 9. 내치다판
10. 외치다판 M.도그

(a) 구조   (b) 스러스트 링의 확장

그림 2-109 차동제한장치-다판 클러치식

작동원리는 다음과 같다.

변속기로부터의 구동토크는 종감속장치의 구동피니언 → 링기어 → 차동케이스 → 차동케이스 내에 설치된 2개의 스러스트 링에 전달된다.

■ 노면과의 접촉력이 양호할 경우

구동토크의 거의 대부분은 스러스트 링과 차동피니언을 거쳐 양쪽 사이드 피니언(=액슬축)에 절반씩 전달된다. 그리고 나머지는 스러스트 링과 다판 클러치를 거쳐 역시 양측 사이드 피니언에 균등하게 전달된다.

■ 노면과의 접촉력이 서로 다를 경우(그림 2-109(b) 참조)

예를 들어 우측 구동륜이 헛도는(spin) 경우, 양쪽 구동륜에 걸리는 부하가 다르기 때문에 차동 피니언들은 차동 케이스 내에서 회전하게 된다. 이 때 차동 피니언들 축 양단의 사각형 부분이 스러스트 링을 양쪽의 다판 클러치 팩(pack)에 대항하여 밀어내게 된다.

이 압착력에 의해 우측 구동륜의 다판 클러치 팩에는 부하에 따라 변화하는 마찰(friction) 토크가 발생한다. 이 마찰토크는 차동케이스 → 좌측 다판클러치 팩 → 좌측 액슬축을 거쳐 좌측 차륜에 전달된다. 즉, 우측 구동륜의 스핀에 의해 발생된 마찰토크가 좌측 구동륜의 구동토크에 추가된다.

■ 차동 제한률의 의미

자동 제한률이 40%인 자동차가 좌회전할 경우, 빠르게 회전하는 우측(외측) 구동륜에서는 직진할 때 우측 구동륜의 총 구동토크(50%)에서 차동 제한률의 절반에 해당하는 (40%/ 2) = 20%가 감소하고, 반대로 느리게 회전하는 좌측(내측) 구동륜에서는 20% 증가한다.

따라서 우측 구동륜에 실제로 작용하는 구동토크는 링기어에 작용하는 구동토크의 30%(50%－20% = 30%)가 되고, 좌측(내측) 구동륜의 구동토크는 70%(50%＋20% = 70%)가 된다.

내/외측 구동륜의 구동토크 차이는 70%－30%＝40%로서, 이는 차동 제한률 40%와 일치한다.

② **토르젠 차동장치**(Torsen differential) ‒ (Torsen = Torque ＋ sensing)

토르젠 차동장치의 기본 원리는 웜기어(worm gear)와 1개의 웜기어 짝(worm gear pair)의 웜(worm) 사이의 셀프-로크(self-lock) 작용에 근거한다.

셀프 - 로크(self-lock) 작용의 크기는 웜기어와 웜의 이(toothing)의 리드-각(lead angle)에 의해 결정된다. 차축과 직결된 웜(worm)이 웜기어(worm gear)를 구동하면(예 : 타행), 셀프 - 로크 작용은 해제되고, 구동축들은 서로 분리된다. 따라서 ABS시스템을 사용할 수 있게 된다.

토르젠-차동장치는 변속기로부터의 토크를 견인력(=노면과 타이어 간의 정지마찰력의 크기)에 따라 좌/우 차륜 또는 전/후 차축에 분배한다. 자동 차동제한기능을 가진 액슬 차동장치로, 그리고 총륜구동방식의 센터-디퍼렌셜로 사용된다.

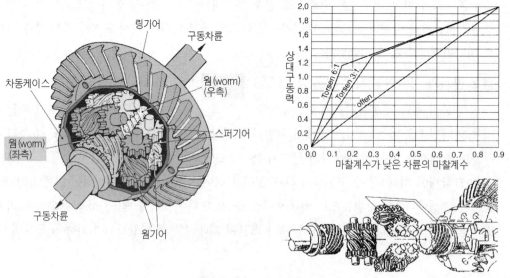

그림 2-110 토르젠 - 디퍼렌셜

■ 구조(그림 2-110, 2-141 참조)

토르젠-디퍼렌셜은 2쌍의 웜기어(worm-gear) 드라이브(drive) 및 각각 좌/우측 구동축과 직결된 2개의 웜으로 구성되어 있다. 웜기어와 일체로 제작된, 웜기어 양단의 스퍼기어는 다른 웜기어의 스퍼기어와 맞물려 있다. 따라서 웜기어 드라이브들은 스퍼기어에 의해 서로 연접되어 있다. 그리고 이들은 디퍼렌셜 하우징 안에 회전이 가능한 구조로 설치되어 있다.

구동축 스플라인이 각각의 웜(worm)에 삽입되어 웜과 구동축은 일체로 조립되어 있다. 그리고 차동장치의 하우징은 종감속장치의 링기어와 볼트로 체결되어 있다.

■ 작동원리

● 토르젠 차동장치에서의 동력 전달

구동토크는 구동 피니언 → 링기어 → 차동케이스 → 웜기어가 부가된 스퍼기어를 거쳐서 구동축과 직결된 웜(worm)에 전달된다.

● 노면과의 접촉력이 동일할 경우

자동차가 직진 주행하는 동안에는 좌/우 구동륜이 똑같은 속도로 회전하므로, 스퍼기어와 웜기어는 회전하지 못한다. 즉 쐐기작용을 하므로 차동케이스와 일체가 된다. 이 때 구동토크는 좌/우 구동차축에 같은 비율로 분배된다.

● 노면과의 접촉력이 동일하지 않을 경우, 커브 선회

예를 들어, 오른쪽으로 커브를 선회할 때는 왼쪽 바퀴가 오른쪽 바퀴보다 더 빠르게 회전한다. 그러면 왼쪽 바퀴의 회전속도로 회전하는 왼쪽 웜은 자신의 웜기어를 빠르게 회전시키게 된다. 그러면 왼쪽의 스퍼기어들은 오른쪽의 스퍼기어와 웜기어에 회전(= 자전)운동을 전달한다. 이때 차동제한률에 해당되는 셀프-로크 작용이 웜기어와 웜 사이에서 발생한다.

노면과의 접촉력이 양호한 차륜 또는 속도가 낮은 차륜(여기서는 오른쪽 바퀴)에 더 많은 토크가 분배되게 된다.

구동축에서 1개의 차륜이 접촉력을 상실하여도, 접촉력이 유지되고 있는 구동륜의 웜기어에 부가된 스퍼기어가 버팀목 역할을 하므로 스핀을 방지할 수 있게 된다. 순간적으로 큰 회전속도차는 웜기어 나선형 리드(spiral lead)의 형상과 그 마찰특성 때문에 저항으로 나타난다. 이 저항이 차동을 제한하므로 노면과의 접촉력이 우수한 차륜에 보다 큰 구동토크가 분배된다.

4. 자동 차동제한 시스템(ALSD : automatic limited-slip differential)

자동 차동제한 시스템은 자동식 차동제한장치(다판식)를 전자화한 시스템이다. 구동륜이 헛돌 때(spinning), 발진할 때 그리고 가속할 때 차동제한률을 최고 100%까지 제어한다. 따라서 견인능력과 차선유지능력이 개선된다.

(1) 시스템의 구성

차동제한 자동제어 시스템은 3그룹으로 구성된다.

① 기계부 : 차동기어와 차동케이스, 그리고 다판클러치와 링 실린더(ring cylinder)

② 유압부 : 오일탱크, 오일펌프, ALSD 유압제어 유닛(축압기와 솔레노이드밸브를 포함)

③ 전자부 : 휠 회전속도 센서, ALSD-ECU, 기능/고장 표시등.

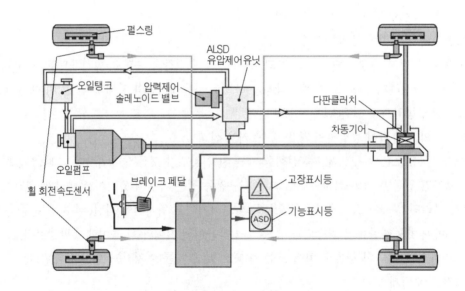

그림 2-111 ALSD 시스템 개략도

(2) 작동원리(그림 2-111, 2-112 참조)

그림 2-112의 블록선도를 이용하여 설명하기로 한다.

먼저 ALSD - ECU는 차륜속도센서와 추진축 회전속도센서로부터의 정보를 처리하여, 구동륜과 피구동륜의 회전속도를 계산한다. 구동륜과 피동륜 간의 회전속도차가 일정값(예 : 2km/h)을 초과하면, 주행속도가 일정한 값(예 : 35km/h)에 이를 때까지 차동제한 시스템이 작동한다.

ALSD - ECU에 의해 유압제어 유닛의 솔레노이드밸브가 제어된다. 솔레노이드밸브가 열리면 축압기와 차동제한장치의 링-실린더 간의 유압회로가 연결되어, 일정 수준의 유압(예 : 약 30bar)이 액슬축에 있는 링-실린더의 피스톤에 작용하게 된다. 그러면 구동축과 연결된 사이드 피니언이 다판클러치를 압착한다. 이를 통해 차동장치는 100% 고정되게 된다.

차동제한이 이루어지면, 특히 좌/우 구동륜과 노면간의 마찰계수가 서로 다른 상태에서도 순간적으로 최대 구동력을 전달할 수 있기 때문에 구동능력이 크게 개선된다.

주행속도가 일정 수준(예 : 40km/h)을 초과했을 때, 타행할 때, 또는 제동할 때에는 차동제한기능을 작동하지 않게 하거나 해제시켜야 한다. 그래야만 스키드(skid) 경향성을 방지할 수 있다.

이와 같은 주행상태에서, 다판클러치는 특정한 차동제한값을 가진 셀프-로크 디퍼렌셜의 기능을 수행한다.

전자제어 유닛에 내장된 진단프로그램은 전자부품의 기능을 진단, 결함이 발견되면 고장표시등을 점등시켜 운전자에게 정보를 제공한다.

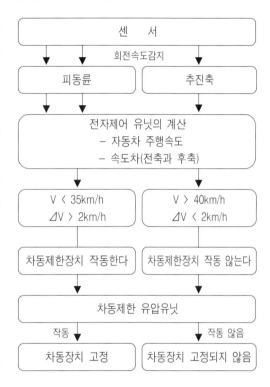

그림 2-112 차동제한 제어시스템의 블록선도(예)

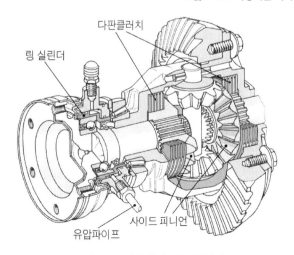

그림 2-113 자동 슬립제한 차동장치

5. 종감속 기어비 및 총 변속비 관련 계산식

(1) 스퍼(spur) 기어/베벨기어 종감속 차동장치 (참고도1, 2)

$$i_D = \frac{z_2}{z_1} = \frac{n_G}{n_D}$$

$$n_G = i_D \cdot n_D$$

$$n_D = \frac{n_G}{i_D}$$

$$M_D = M_G \cdot i_D \cdot \eta_D$$

$$M_R = \frac{M_D}{2}$$

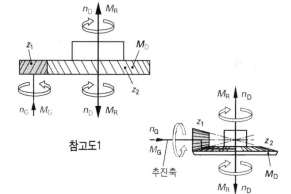

참고도1

참고도2

(2) 베벨기어 종감속 차동장치 + 액슬 종감속(유성기어)장치 (참고도3)

$$i_{DF} = i_D \cdot i_F$$

$$i_F = 1 + \frac{z_R}{z_S}$$

$$i_{DF} = \frac{z_2}{z_1} \cdot \left(1 + \frac{z_R}{z_S}\right)$$

$$M_{DF} = M_G \cdot i_{DF} \cdot \eta_{DF}$$

$$M_{RF} = \frac{M_{DF}}{2}$$

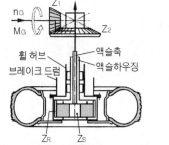

참고도3

i_D : 종감속장치의 감속비
i_F : 액슬 종감속비
z_1 : 구동 피니언 기어 잇수
z_R : 인터널 링기어 잇수
n_M : 기관회전속도[min⁻¹]
n_D : 구동륜 회전속도[min⁻¹]
M_D : 구동륜(또는 종감속 링(스퍼)기어)에서의 토크[Nm]
η_D : 종감속/차동장치의 효율
M_{DF} : 구동륜(액슬 종감속장치가 있는)에서의 토크[Nm]
M_{RF} : 1개의 구동륜(액슬 종감속장치가 있는)에서의 토크[Nm]
η_{DF} : 종감속/차동장치(액슬 종감속장치 포함)의 효율

i_G : 수동변속기 변속비
i_{DF} : 총 종감속비(액슬 종감속장치 포함)
z_2 : 피동 링(스퍼)기어 잇수
z_S : 선기어 잇수
n_G : 변속기 출력축 회전속도[min⁻¹]
M_G : 변속기 출력축 토크[Nm]
M_R : 1개의 구동륜에서의 토크[Nm]

(2) 동력전달계의 총 감속비 (참고도 4)

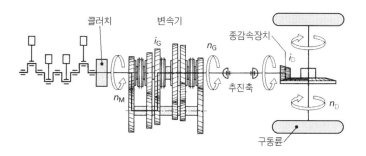

참고도4

$$i_{Total} = i_G \cdot i_D$$

$$i_{Total} = \frac{n_M}{n_D}$$

$$n_D = \frac{n_M}{i_{Total}} = \frac{n_M}{i_G \cdot i_D}$$

$$M_D = M_M \cdot i_{Total} \cdot \eta_{Total}$$

$$n_M = n_D \cdot i_G \cdot i_D$$

i_{Total} : 동력전달계의 총 감속비
i_G : 수동변속기의 변속비
i_D : 종감속비
M_M : 기관토크
M_D : 종감속 링기어에서의 구동토크

참 고

● 종감속/차동장치 윤활유

종감속/차동장치용 윤활유의 교환시기는 아주 길다. 승용자동차의 경우, 전 수명기간 동안에 걸쳐 사용할 수 있는 영구형 윤활유도 시판되고 있다. 그러나 트랜스액슬(변속기＋종감속/차동장치)형식에서는 변속기 윤활유를 사용한다.

윤활유에 요구되는 특성은 다음과 같다.
① 극압성(resistance to pressure : Druckfestigkeit)
② 내 마모성(wear resistance : Verschleiß schutz)
③ 내 산화성(anti-oxidation : Alterungsschutz)
④ 점도-온도 거동(viscosity-temperature behaviour : Viskositäts-Temperaturverhalten)
⑤ 실링 적합성(seal compatability : Dichtungsverträglichkeit)
⑥ 마찰 거동(friction behaviour : Reibverhalten)

특히 하이포이드기어에 사용하는 하이포이드 기어오일은 극압 윤활제를 첨가하여, 극압 하에서도 안정된 유막을 유지할 수 있도록 제조된 기어오일(gear oil)이다.

종감속/차동장치용 윤활유로는 다음과 같은 것들이 사용된다. 점도에 있어서는 변속기 윤활유와 큰 차이가 없다.
● SAE 분류: SAE 80, SAE 90, SAE 140 또는 SAE 75W, SAE 80W-90, SAE 85W-140
● API 분류: GL-4와 GL-5(G=gear, L=lubrication)
● MIL 규격 : MIL-L-2105, 2105B, 2105C 그리고 2105D.

제2장 동력전달장치

제11절 구동륜 슬립 제어
(Drive wheel slip control)

구동륜 슬립(drive wheel slip)이란 타이어와 노면 간의 점착력(adhesion force)보다 구동력 (driving force)이 과대해, 구동륜이 헛도는 현상을 말한다. 흔히 구동륜 스핀(drive wheel spin) 이라고도 한다.

그림 2-114에는 가속할 때 좌/우 구동륜과 노면과의 마찰계수가 서로 다르고(예 : 좌측 차륜 $\mu_H = 0.2$, 우측 차륜 $\mu_H = 0.8$), 운전자(＝기관)에 의해 공급된 구동력(F_A)이 마찰계수가 낮은 구동륜에서 발생된 마찰력(예 : $\mu_{H.0.2} \cdot F_n$)의 2배보다 작은 경우를 나타내고 있다.

이 경우 구동륜은 헛돌지 않으며, 요-토크(yaw torque)*도 발생하지 않는다. 즉, 자동차는 안 정된 상태로 주행한다.

> 참고 요-토크(yaw torque) : 자동차 무게중심에서 세운 수직축(Z축)을 중심으로 하는 회전토크

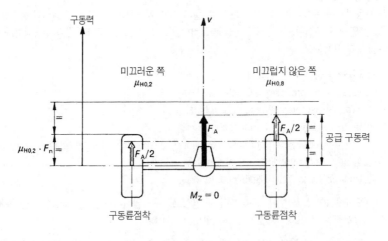

그림 2-114 구동력 분포와 구동륜 스핀의 상관관계(차동제한 없음)

구동력(F_A)이 마찰계수가 낮은 구동륜에서 발생된 마찰력의 2배(예 : $2 \cdot \mu_{H.0.2} \cdot F_n$)보다 커지면, 구동륜 마찰력의 합계와 차동제한 토크의 크기에 따라 구동륜의 헛돌기(spin) 여부와 요-토크의 크기가 결정된다.

그림 2-115에는 이들 구동력(F_A)과 점착마찰력($\mu_H \cdot F_n$), 차동제한 토크(M_{loc}), 그리고 요-토크(M_Z)의 상관관계가 도시되어 있다.

그림 2-115를 분석해 보기로 하자. 과도한 전진 구동력은 차동제한 토크에 의해 마찰계수가 낮은 좌측 구동륜(예 : $\mu_H = 0.2$)으로부터 마찰계수가 높은 우측 구동륜(예 : $\mu_H = 0.8$)으로 전달된다. 따라서 마찰계수가 높은 우측 구동륜은 기존의 마찰력 및 차동제한토크에 의해 추가된 원주력(peripheral force)(M_{loc}/r_{dyn})의 합(F_{ar})을 전달할 수 있음을 나타내고 있다. 따라서 다음 식이 성립한다.

$$F_{ar} = \mu_{H.0.2} \cdot F_n + (M_{loc}/r_{dyn})$$

여기서 F_{ar} : 전달가능 구동력 퍼텐셜(노면이 미끄럽지 않은 우측의)
$\mu_{H.0.2}$: 점착마찰계수(노면이 미끄러운 좌측의)
F_n : 1개의 구동차축에 부하된 수직력
M_{loc} : 차동제한 토크
r_{dyn} : 타이어의 동하중 반경

그러나 좌/우 구동륜의 전달가능 구동력 퍼텐셜(potential)(F_a)의 최대값은 각각 자신의 점착마찰력까지로 제한된다. 그 이상은 전달할 수 없다. 그림 2-115의 경우를 식으로 표시하면 다음과 같다.

우측 차륜의 전달가능 구동력 퍼텐셜의 한계 : $F_{ar} \leq \mu_{H.0.8} \cdot F_n$
좌측 차륜의 전달가능 구동력 퍼텐셜의 한계 : $F_{al} \leq \mu_{H.0.2} \cdot F_n$

그림 2-115(a), (b), (c)는 여러 경우의 가능성을 제시하고 있다. 즉, 구동력과 점착마찰력, 그리고 원주력(차동제한 토크에 의한)의 크기에 따라 마찰계수가 낮은 좌측 구동륜이 헛돌 수도 있음을 나타내고 있다.

그림 2-115(a)는 '$F_A = F_{al} + F_{ar}$' 과 '$F_{ar} = \mu_{H.0.8} \cdot F_n$'을 만족하는 경우이다. 즉, 좌/우 구동륜의 전달가능 구동력의 합($F_{al} + F_{ar}$)이 차량의 구동력(F_A)과 같고, 마찰계수가 높은 우측 차륜의 전달가능 구동력 퍼텐셜(F_{ar})이 우측 차륜 자신의 점착력($\mu_{H.0.8} \cdot F_n$)보다 작은 경우이다. 이 경우에는 좌/우측 차륜 모두 점착마찰 상태로 회전한다. 약간의 요-토크가 발생하지만 큰

문제가 되지는 않는다.

그림 2-115(b)는 '$F_{ar} \leq \mu_{H.0.8} \cdot F_n$'로서 우측 차륜의 전달가능 구동력 퍼텐셜은 자신의 점착마찰력보다 작다. 그러나 '$F_A > F_{al} + F_{ar}$' 이므로 공급구동력(F_A)이 좌/우측 차륜의 전달가능 구동력의 합($F_{al} + F_{ar}$) 보다 크다. 따라서 점착계수가 낮은 좌측 차륜이 헛돈다. 공급 구동력의 과잉분이 차륜을 헛돌게 하는 원인으로 작용한다. 좌측 차륜이 헛돌기 때문에 요-토크는 반시계 방향으로 작용한다.

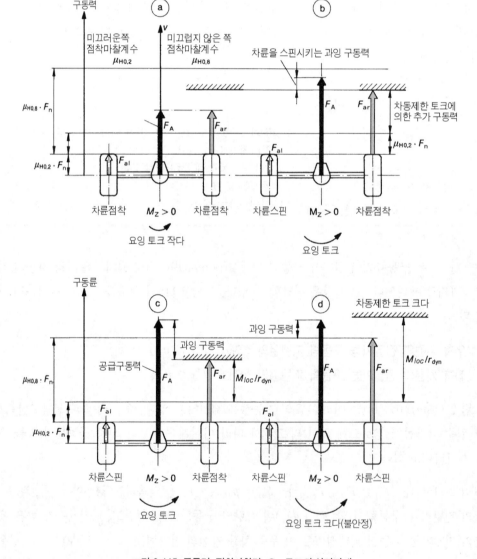

그림 2-115 **구동력, 점착마찰력, 요 - 토크의 상관관계**

그림 2-115(c)는 그림 2-115(b)와 같은 조건이다.

한 가지 다른 점은 그림(b)에서는 '$F_A \leq (\mu_{H.0.2} \cdot F_n + \mu_{H.0.8} \cdot F_n)$'을 만족하지만, 그림 (c)에 서는 '$F_A > (\mu_{H.0.2} \cdot F_n + \mu_{H.0.8} \cdot F_n)$'이다. 즉, 공급구동력($F_A$)이 좌/우측 차륜의 점착마찰력 의 합($\mu_{H.0.2} \cdot F_n + \mu_{H.0.8} \cdot F_n$)보다도 더 크다. 결과적으로 공급구동력이 지나치게 크기 때문 에 좌측 차륜의 헛도는 속도도 빠르고 요-토크도 커진다.

그림 2-115(d)와 그림 2-115(c)를 비교해 보자. 구동력이 증대됨에 따라 차동제한 토크(M_{loc}) 도 증대되게 된다. 마찰계수가 높은 우측 구동륜에서, 점착마찰력($\mu_{H.0.8} \cdot F_n$)보다 구동력 퍼텐 셜(F_{ar})이 커지게 되면 우측 구동륜도 헛도는 것을 보이고 있다. 따라서 이 경우에는 좌/우측 차 륜이 모두 헛돈다. 그러면 자동차는 아주 불안정(unstable)한 상태가 된다. 지나친 구동력도 과 도한 차동제한 토크도 주행안정성을 크게 해친다는 사실을 알 수 있다.

구동륜이 헛도는 현상(spin)은 다음과 같은 경우에 주로 발생한다.
① 한쪽 또는 양쪽 구동륜이 모두 미끄러운 노면(예 : 빙판)을 주행할 때.
② 커브 주행 중 가속할 때
③ 언덕길에서 발진할 때
④ 급가속할 때 등등.

구동륜이 헛돌면 자동차의 주행안정성이 저하됨은 물론, 타이어와 동력전달계(예 : 차동장치)의 마모를 촉 진시키게 된다. 특히 후륜구동방식의 고출력 자동차의 경우 커브를 선회할 때는 오버 스티어링(over steering) 현상이, 그리고 급가속할 때는 선회력(cornering force) 의 손실로 요-토크가 발생된다. 그림 2-116은 구동륜 슬립이 증가함에 따라 전달가능 구동력의 퍼텐셜이 크 게 감소하여, 자동차가 불안정영역에 진입함을 알 수 있다.

구동륜에서의 슬립이 증가하여 자동차가 불안정 영 역에 진입하면 구동륜 슬립 제어 시스템을 활성화 시킨 다. - **구동륜 슬립 제어**(drive wheel slip control).

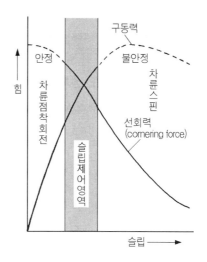

그림 2-116 **구동력 - 선회력 선도**

구동륜 슬립 제어의 장점은 다음과 같다.

① 발진할 때 또는 가속할 때 구동능력의 향상.

② 구동력이 클 때에도 주행안정성 증대.

③ 노면과의 차륜 간의 마찰상태에 따라 기관의 구동토크를 자동적으로 제어(기관보호).

④ 주행역학적 한계의 도달에 관한 정보를 운전자에게 전달.(안전도 제고)

1. 구동륜 슬립 제어 시스템(승용자동차용) - 기관 연동식

회사에 따라 여러 가지 상표명이 사용되고 있다. 예를 들면 다음과 같다.

- ASR(anti-slip regulating : Anti-Schlupfregelung)
- TCS(traction control system)
- ETC(electronic traction control)
- ASC(automatic stability control : Automatische Stabilitäts Control)

(1) 시스템 구성

시스템은 대부분 다음과 같은 부품으로 구성된다.(그림 2-117 참조)

① **휠센서**(wheel sensor : Radsensoren)

차륜의 회전속도를 감지하여 ECU에 전달한다.

② **스로틀밸브 개도 센서**(throttle valve potentiometer : Drosselklappenpotentiometer)

스로틀밸브의 개도(=기관 부하)를 검출하여 ECU에 전달한다.

③ **기관회전속도 센서**

(engine speed sensor : Motordrehzahlsensor)

기관회전속도를 검출하여 전자제어 유닛(ECU)에 전달한다.

④ **기능 스위치**

(function switch : Funktionsschalter)

시스템을 ON-OFF 시키는 데 사용한다.(입력)

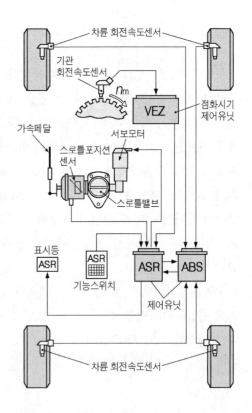

그림 2-117 **구동륜 미끄럼제어 시스템 - 기관 연동식**

⑤ **전자제어 유닛**(ECU : Steuergerät)

　입력정보를 처리하여 서보모터를 제어하는 데 필요한 정보를 출력시킨다.

⑥ **액추에이터**(actuator : Stellmotor)

　시스템이 작동할 때, 스로틀밸브의 개도를 제어한다.

⑦ **표시등**(pilot lamp : Anzeigenleuchte)

　시스템 작동여부와 결함에 관련된 정보를 운전자에게 제공한다.

(2) 작동원리

가속 시, 구동차륜이 견인력을 상실하는 것을 방지하기 위해 기관출력을 감소시킨다. 이 시스템은 ABS와 함께 모든 속도범위에서 작동하며, 노면이 미끄러울 때 출발, 가속, 등판을 지원한다.

가속할 때 한쪽 바퀴가 헛돌면, 전자제어 유닛(ECU)에는 더 많은 펄스가 입력된다. 이 펄스수를 반대쪽 바퀴의 회전수와 비교하여 미끄럼률을 계산한다. 미끄럼률이 일정한 값을 초과하면 시스템은 제어영역에 돌입한다.(그림 2-116 참조). 즉, 구동륜 슬립제어가 시작된다.

운전자가 가속페달을 지나치게 밟아 스로틀밸브 개도가 크다면 ECU는 스로틀밸브가 닫히는 방향으로 액추에이터를 제어하게 된다. 따라서 기관에서 발생되는 구동토크는 감소하게 된다. 이 조치만으로는 충분하지 않기 때문에 대부분의 시스템들이 추가로 점화시기를 지각시키는 방법을 사용하여 기관의 구동토크를 추가로 감소시킨다. 차륜이 헛도는 현상이 감소하면, 자동차는 다시 정상주행상태가 된다.

시스템이 작동하는 동안에는 표시등이 점등되어, 운전자에게 시스템이 작동중임을 알려 준다.　제동시에는 시스템이 OFF되어 ABS 시스템의 동작에 영향을 미치지 않도록 한다. 차륜에 체인(chain)을 감고 눈길을 주행할 경우, 이와 같은 주행상황은 약간의 슬립을 필요로 하기 때문에 시스템을 OFF시키거나 또는 간섭하게 할 수 있다.

그림 2-118은 Volvo 760 turbo에 장착된 ETC(electronic traction control) 시스템의 구성도이다. 차륜에 설치된 4개의 회전속도센서, ECU 및 연료분사장치(BOSCH-Motronic)로 구성된다. 기관을 제어하는 방법이 앞에서 설명한 방식과는 다소 다르다.

슬립률이 어느 한계를 초과하면　먼저 과급기를 작동하지 않도록 하고, 이어서 연료분사량을 점차로 감소시키는 방식이다.　첫 단계에서는 매 2회마다 1번씩 실린더1의 연료분사를 OFF시키고, 2단계로는 실린더1의 연료분사를 완전히 중단한다. 그래도 슬립이 한계값을 초과하면 이제 실린더2의 연료분사를 중단한다. 이런 방법으로 실린더1개만 작동될 때까지 연료분사량을 감소시킬 수 있다.

또 ETC 논리회로는 타이어와 노면 간의 마찰계수를 계산하여, 마찰상태에 따라 미끄럼률 5~25% 까지 허용한다. 빙판길에서는 최저 슬립률로 제어한다. 이는 노면상태에 따라 최적 견인상태를 유지하여 주행안정성을 우선적으로 확보하기 위해서이다.

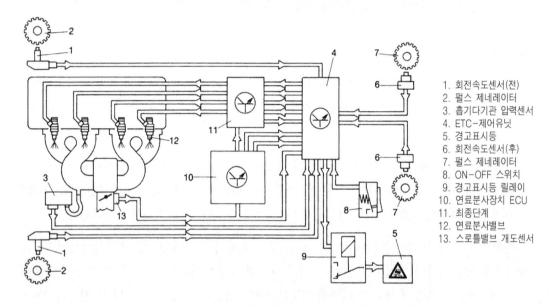

1. 회전속도센서(전)
2. 펄스 제네레이터
3. 흡기다기관 압력센서
4. ETC-제어유닛
5. 경고표시등
6. 회전속도센서(후)
7. 펄스 제네레이터
8. ON-OFF 스위치
9. 경고표시등 릴레이
10. 연료분사장치 ECU
11. 최종단계
12. 연료분사밸브
13. 스로틀밸브 개도센서

그림 2-118 ETC(Volvo)시스템 구성도

2. 구동륜 슬립제어 시스템(승용차용) – ELSD(Electronic Limited-Slip Differential)

발진할 때 또는 가속할 때는 제동할 때와 마찬가지로 슬립률(λ)에 의해 전달 가능한 구동력이 결정된다. 그림 2-119를 보면 구동할 때와 제동할 때의 특성곡선은 각각 원점을 중심으로 서로 대칭되어 있다. 이는 원리상 구동할 때와 제동할 때의 특성이 같다는 것을 의미한다.

점착마찰계수가 낮은 또는 좌/우의 점착마찰계수가 서로 다른 노면에서 급가속, 발진할 경우에 한쪽 구동륜은 빈번하게 헛돌며, 그리고 헛도는 구동륜은 마찰계수가 저하되어 구동력을 조금 밖에 전달할 수 없게 된다는 점은 이미 앞에서 설명하였다. 이 경우 해당 구동륜의 제동력을 제어하여 제동토크를 작용시키면, 이 제동토크는 차동장치를 거쳐, 아직 정지해 있는 구동륜에 추가 구동토크로 작용하게 된다. 제동력제어회로는 좌/우 구동륜 간에 차동제한작용을 하므로 전달가능 구동력을 증대시키는 효과가 있다.

이와 같은 이유에서 헛도는 구동륜을 제동시켜 슬립을 제어한다.

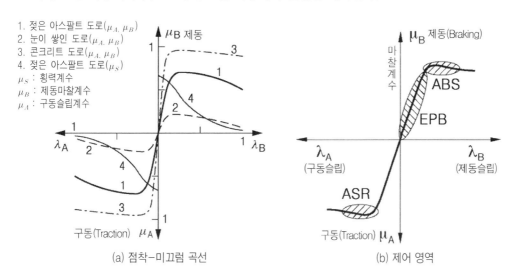

(a) 점착-미끄럼 곡선   (b) 제어 영역

그림 2-119 점착-미끄럼 곡선 및 제어영역

(1) 시스템 구성

ELSD 시스템은 ABS시스템과 결합되어 있으며 다음과 같은 시스템을 갖추고 있다.

① 유압 시스템

흡입밸브와 토출밸브가 내장된 유압펌프, 솔레노이드에 의해 작동하는 입구밸브와 출구밸브(휠 브레이크 용), 유압 절환밸브, 압력제한 밸브가 내장된 체크밸브 등으로 구성되어 있다.

② 전자제어 시스템

ABS/ELSD-ECU 및 휠 회전속도센서로 구성되어 있다.

(2) 작동원리

하나의 구동륜이 헛돌면, ECU가 두 구동륜의 속도차로부터 헛도는 구동륜을 판별하고, 유압형성단계가 시작된다. 예를 들어 주행속도 80km/h 이하에서 양쪽 구동륜 간의 속도차가 100min^{-1} 이상이면, 헛도는 바퀴를 제동하고, 다른 구동륜에는 디퍼렌셜을 통해 더 큰 구동력을 전달하는 방식이다.

① 압력 형성

유압펌프와 체크밸브가 활성화된다. 체크밸브는 닫히고, 유압펌프에서 형성된 압력에 의해 헛도는 바퀴의 브레이크가 제동된다.

② 압력 유지

이 단계에서 유압펌프는 작동을 중단하고, 입구밸브는 닫힌다.

③ 압력 감소

휠이 더 이상 헛돌지 않으면 또는 미끄럼률이 규정값 이하로 낮아지면, 입구밸브와 체크밸브가 열려 브레이크액이 브레이크 마스터실린더로 복귀하면서 압력이 감소하게 된다.

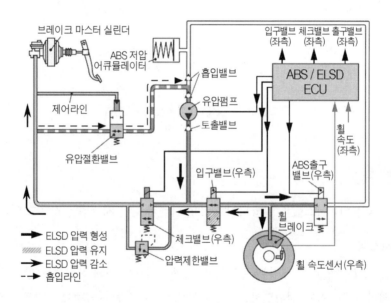

그림 2-120 ELSD 브레이크 회로(구동륜)

3. 구동륜 슬립제어 시스템(승용차용) - 기관/브레이크 연동식(제동토크 제어 우선)

위에서 헛도는 구동륜을 제동시켜 미끄럼을 제어하는 방식을 소개하였다. 그러나 제동토크 제어는 기관토크제어와 연동시켜야 한다. 그렇게 하지 않으면 제동토크와 기관토크(=구동토크) 사이에 평형이 이루어지지 않기 때문이다.

그림 2-121은 슬립제어와 제동력제어가 연동된 ASR - 시스템의 블록선도이다. 2개의 회로는 논리적(logic)으로 서로 분리되어 있다.

이 ASR-시스템은 다음과 같은 추가장치들을 필요로 한다.

① ABS/ASR - ECU

② ASR - 하이드롤릭(유압 공급원 포함)

③ 전자식 가속페달(제어 유닛 포함)

④ 스로틀밸브 개도센서와 액추에이터

(1) 작동원리(그림 2-121 참조)

ABS/ASR-ECU(그림 2-122 참조)에서는 모든 차륜의 회전속도를 검출하여 처리한다. 1개 또는 2개의 차륜이 헛돌면(spin), ABS/ASR가 작동한다.

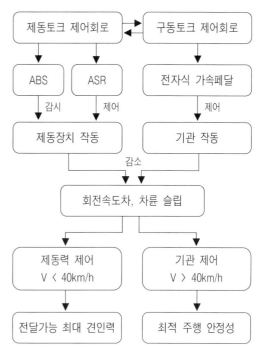

그림 2-121 ASR 시스템 블록선도-기관,
브레이크 연동식(Benz)

① 1개의 차륜이 헛도는 경우

1개의 차륜이 헛돌고, 동시에 주행속도가 일정 수준(예 : 40km/h) 이하일 때는 우선적으로 제동토크를 제어한다. 그 이유는 이 주행영역에서 최대 견인력(traction)을 유지하기 위해서이다. 헛도는 차륜의 제동은 ASR - 유압유닛이 축압기의 유압을 제어하여 수행한다. 이는 차동제한과 같은 효과를 나타낸다.

② 2개의 차륜이 헛도는 경우

2개의 차륜이 헛돌거나 주행속도가 일정수준(예 : 40km/h) 이상일 경우에는 먼저 기관토크를 제어한다. 그 이유는 제동장치와 연동시키면 요-토크(yawing torque) 때문에 자동차의 뒷바퀴가 차선을 이탈할 우려가 있기 때문이다. 기관의 토크는 전/후륜 간의 회전속도차가 거의 같아질 때까지 감소하게 된다.

③ 제동토크 제어

브레이크액은 축압기로부터 ASR - 유압유닛의 솔레노이드밸브를 거쳐서 헛돌고 있는 차륜에 작용한다. 회전속도차가 없어질 때까지 유압을 작용시킨다. 이렇게 하면 반대편 차륜은 보다 강력하게 구동된다.(차동제한 원리)

④ **구동토크 제어**

가속할 때, 기관의 구동력이 과대해지지 않도록 하기 위해서 즉, 기관의 구동력을 최대 전달가능 구동력 수준으로 낮추기 위해, 운전자가 가속페달을 밟아 결정한 스로틀밸브개도를 액추에이터를 이용하여 감소시키는(스로틀밸브를 닫는) 방향으로 제어한다.

⑤ **기능 표시등**

ASR - 작동 중 그리고 결함이 있을 경우에는 표시등이 점등된다.

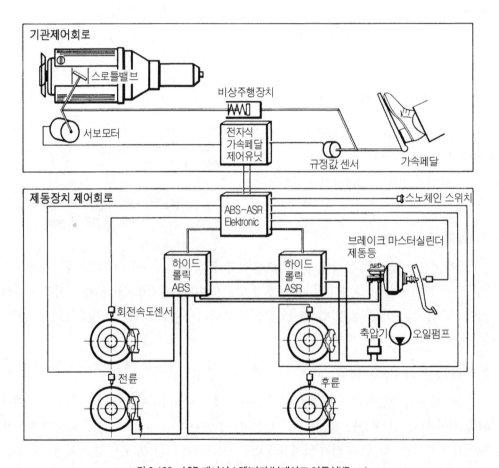

그림 2-122 ASR 제어시스템(기관/브레이크 연동식)(Benz)

4. 구동륜 슬립제어 시스템(승용차용) - 기관/브레이크 연동식(기관토크 제어 우선)

이 시스템은 주로 기관토크를 제어하여 구동륜 슬립을 제어하는 ABS/ASR - 시스템이다. 즉, 최적 주행안정성을 확보하기 위하여 주로 기관토크를 우선적으로 제어한다.

기관토크의 제어는 스로틀밸브 개도제어, 점화시기제어 및 점화억제(ignition suppression)를 통해 수행된다. 기관토크의 제어는 1차적으로는 점화시기를 제어하여, 2차적으로는 점화를 억제하여 수행한다. 스로틀밸브 개도제어는 스로틀밸브에 부착된 액추에이터를 이용하여 직접 또는 전자제어식가속페달을 통해 간접적으로 제어하는 방식을 사용한다.

브레이크제어(＝제동력제어)는 좌/우 구동륜 접지노면의 마찰계수가 서로 다른 상태에서 발진할 때, 전달가능 구동력을 증가시키는 데 주로 이용된다.

그리고 ASR시스템에는 추가로 기관의 타행토크제어(engine coasting-moment control) 알고리즘(algorithm)이 부가되어 있다. 미끄러운 노면을 주행 중 가속페달에서 발을 떼거나 또는 낮은 단으로 변속할 때, 엔진 브레이크 효과에 의해 과대한 제동 슬립이 발생할 수 있다. 이때 타행 토크제어 알고리즘은 스로틀밸브를 약간 열리게 하여 기관토크를 증가시키는 방법으로 구동륜의 제동작용을 감소시킨다.

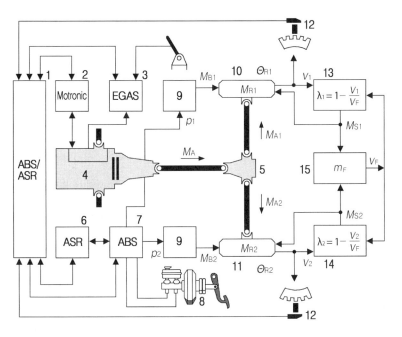

1. ABS/ASR 제어 유닛
2. Motronic 제어 유닛
3. 가속페달 제어 유닛
4. 기관, 클러치, 변속기
5. 차동장치
6. ASR-압력공급원
7. ABS-하이드롤릭 유닛
8. 브레이크 마스터 실린더
9. 브레이크 휠 실린더
10. 구동륜 1
11. 구동륜 2
12. 회전속도센서(차륜)
13. 구동륜1의 슬립률
14. 구동륜2의 슬립률
15. 자동차 질량 m_F
V : 차륜속도
V_F : 자동차 주행속도
λ : 슬립률
θ_R : 차륜관성 토크
M_A : 구동토크
M_B : 제동토크
M_R : 구동륜 토크 평형
M_S : road moment
1, 2 : 구동륜 1, 2

그림 2-123 ABS/ASR시스템(예 : BOSCH ABS/ASR 2E)

5. 구동륜 슬립제어 시스템(ABS / ASR) - 상용 자동차용

상용자동차는 승용자동차와 비교할 때, 구조상 그리고 작동조건상 차이점이 많다. 이 점이 고려되어야 한다. 그러나 기관토크와 제동토크를 제어하여 구동륜 슬립을 제어한다는 점은 같다. 그림 2-124는 2축-상용자동차에 적용된 ABS/ASR시스템(Wabco/Daimler-Benz)이다. 이 시스템을 예로 들어 상용자동차용 ABS/ASR시스템에 대하여 간략하게 설명하기로 한다.

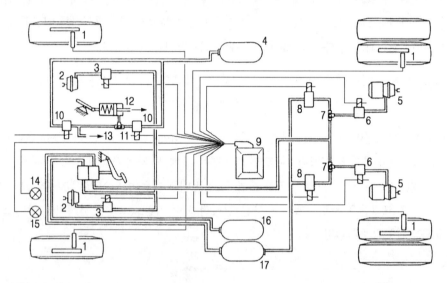

1. 차륜회전속도센서	7. 2-Way 밸브	13. 추가장치용
2. 브레이크 실린더(전)	8. 디퍼렌셜 브레이크 밸브	14. 경고등
3. ABS-솔레노이드 밸브(전)	9. ECU	15. 기능 표시등
4. 부속장치 회로용 압축공기탱크	10. 기관제어밸브	16. 압축공기 탱크(전륜용)
5. 브레이크 실린더(후)	11. 2-Way 밸브	17. 압축공기 탱크(후륜용)
6. ABS/ASR 솔레노이드 밸브(후)	12. 기관제어 액추에이터	

그림 2-124a 2축-상용자동차의 ABS/ASR 시스템(Wabco/Daimler-Benz)

자동차가 시동, 주행을 시작하여 제어 일렉트로닉이 ON 되면, 차륜회전속도센서들은 즉시 모든 차륜의 회전속도(예 : 2km/h 이상)를 검출한다. 구동륜의 회전속도와 가속도는 대각선 방향의 피구동륜과 비교된다. 속도차 또는 슬립률 기준값이 일정범위를 초과하면 ASR시스템이 작동한다. 이때 차륜의 감속도와 가속도의 기준값도 고려된다.

노면의 상태(한쪽만 미끄러운 노면인지 또는 좌/우 모두 미끄러운 노면인지), 슬립하는 차륜의 수 등에 따라 ABS/ASR 제어 일렉트로닉은 서로 다른 제어프로그램을 선택하게 된다. 제어프로그램은 크게 디퍼렌셜 브레이크제어(differential-brake control)와 ASR-기관제어로 대별할 수 있다.

(1) 디퍼렌셜 브레이크제어(differential-brake control)

한쪽 구동륜의 미끄럼(=헛돌기에 의한)이 규정값을 초과하면 ABS/ASR-ECU는 해당 디퍼렌셜 브레이크밸브(그림 2-124(a)의 8)를 작동시켜, 해당 브레이크 휠 실린더의 유압이 상승되도록 제어한다. 유압이 상승되면 해당 휠 실린더는 제동된다. 이때의 제동과정은 ABS - 솔레노이드밸브에 의해 미세하게 단계적으로 제어된다. 다시 감속될 때에도 앞서와 마찬가지로 미세하게 단계적으로 하향 제어된다.

슬립률이 기준값 이내로 진입하면 디퍼렌셜 브레이크밸브는 다시 OFF 된다. 그러면 브레이크회로의 유압은 다시 낮아지고 차륜의 제동은 해제된다. 구동륜이 다시 헛돌게 되면, 이 제어 사이클은 다시 반복된다.

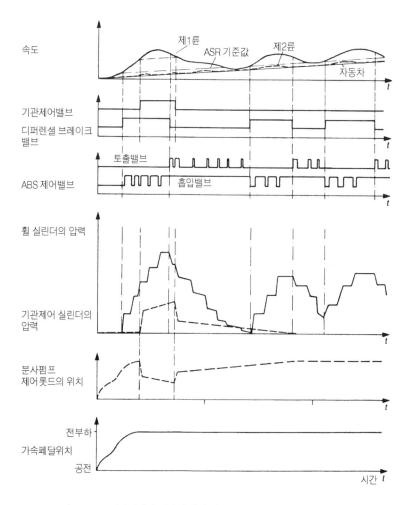

그림 2-124b 제어과정의 시간적 변화(예 : ABS/ASR - Wabco-Daimler-Benz)

미끄러운 노면에서 계속 헛도는 구동륜에 작용하는 제동토크가 크면 클수록, 이 차륜에 작용하는 기관의 구동토크도 커진다. 따라서 반대편 차륜의 구동토크도 증대된다. 즉, 구동륜이 노면에 전달할 수 있는 구동력은 차동제한 제어시스템에서와 마찬가지로 상승한다.

브레이크회로 압력을 제어함에도 불구하고 구동륜의 미끄럼률이 규정값을 초과하면, 미끄럼률이 규정값 범위 이내로 낮아질 때까지 또는 차륜의 제동감속도가 아주 커질 때까지 추가로 기관의 출력을 감소시키는 방법을 이용한다.

(2) ASR-기관제어

디퍼렌셜 브레이크 효과에 의해 또는 노면의 상태가 빙판길과 같이 계속적으로 미끄러울 경우, 제 2의 구동륜도 헛돌게 된다. 이때 제 2의 구동륜의 미끄럼률이 기준값을 초과하면 디퍼렌셜 브레이크 제어는 종결되고 기관제어가 시작된다.

제어 일렉트로닉은 기관제어밸브(그림2-124a의 10)를 작동시킨다. ASR-기관제어 액추에이터는 운전자가 가속페달을 완전히 밟고 있더라도 연료분사량을 처음에는 빠르게, 나중에는 천천히 공전 분사량까지 감소시킨다. 그러면 엔진 브레이크 효과에 의해 구동륜은 곧바로 감속된다. 이어서 미끄럼률이 제어 기준값보다 낮아지면 처음에는 빠르게, 나중에는 천천히 분사량을 증가시킨다. 그러면 기관출력은 다시 운전자가 설정한 수준(=가속페달 위치)으로 상승하게 된다. 이와 같은 과정은 반복된다.

겨울철 도로의 마찰계수는 아주 다양하다. 따라서 디퍼렌셜 브레이크제어와 기관출력제어가 교대적으로 반복될 수밖에 없다. 그러나 너무 빈번한 반복을 피하기 위하여 구동륜이 하나만 헛돌 경우에는 먼저 디퍼렌셜 브레이크제어를 수행하고, 이어서 제2 구동륜이 미끄럼률 기준값을 초과하면 기관출력제어로 절환된다. 기관출력제어로 절환된 다음에는 정해진 고정시간(idle period)동안 기관제어를 우선적으로 수행하게 된다.

한쪽 구동륜만 계속적으로 결빙된 노면을 주행할 경우, 예를 들면 화물을 적재하지 않은 고출력 화물자동차(1축 구동식)로 긴 언덕길을 등반주행할 때는 한쪽 구동륜을 장시간 제어하여야 한다. 이때 한쪽 휠 실린더만 장시간 작동시킴에 따른 과부하를 피하기 위해서 일정속도(예 : 25km/h) 이하에서는 더 이상 디퍼렌셜 브레이크 제어를 수행하지 않는다. 이 경우 한쪽 구동륜이 헛돌아도 기관을 제어한다. 발진 중 또는 가속 중 운전자가 급제동하면, 구동륜 슬립제어(ASR)는 즉시 중단되고 필요한 브레이크 슬립제어 또는 ABS - 제어로 절환된다. ABS시스템과 ASR시스템을 동시에 갖추고 있을 경우에는 ABS-기능이 ASR - 기능보다 우선한다.

이외에도 다축 화물자동차(예 : 6×4 또는 8×4 방식의 2축 구동방식)에서는 형식에 따라서는 1 개의 후차축(4채널 방식) 또는 4개의 구동륜 모두(6채널 방식)에서 구동륜 슬립을 검출할 수 있 다. 그리고 1개의 차축만 제어하거나 또는 2개의 차축을 모두 제어할 수 있다.

6. 구동륜 슬립제어 - 총륜구동식에서

ASR의 장점 즉, 주행안정성 그리고 전달이 가능한 구동력의 증대는 총륜구동방식에서도 이용 된다. 그러나 모든 차륜이 헛도는 경우에는 차륜회전속도만으로는 충분히 정확한 기준속도 (reference speed)를 연산해 낼 수 없다. 따라서 이 경우에는 기준속도를 연산하기 위하여 다른 주행역학적 변수 예를 들면, 횡가속도를 측정할 필요가 있다. 또 추가정보로서 순간의 기관토크 를 활용할 수도 있다. 순간의 기관토크는 회전속도와 스로틀밸브개도로부터 연산한다.

따라서 총륜구동방식 자동차의 ASR시스템은 1축 구동방식 자동차의 그것에 비해 현저하게 많은 비용이 소요된다.

제2장 동력전달장치

제12절 총륜구동
(All wheel drive)

1. 총륜구동방식의 특성과 장단점

총륜구동방식은 다음과 같이 여러 가지 장단점을 가지고 있다. 총륜구동방식과 2륜구동방식을 비교, 요약한다.

(1) 미끄럼(slip)특성

그림 2-125에는 차륜에 작용하는 여러 가지 힘의 상관관계를 2륜구동방식(FF)과 4륜구동방식(4 wheel drive : 4WD)을 비교, 도시하였다. 동력전달계의 제원(기관, 변속기, 종감속/차동장치, 타이어 등)이 동일할 경우, 동일한 크기의 구동토크가 2륜구동방식에서는 2바퀴에, 4륜구동방식에서는 4바퀴에 분산된다. 예를 들면 4륜구동방식에서는 각 구동륜은 2륜구동방식에서의 1/2에 해당되는 구동력으로 구동된다. 따라서 구동륜 각각의 구동력(F_A)이 대부분 점착마찰력($F_R = \mu_H \cdot F_n$)보다 작기 때문에 빙판 또는 눈(snow) 위에서도 현저하게 늦게 헛돌게(spin) 된다.(그림 2-114, 2-115 참조)

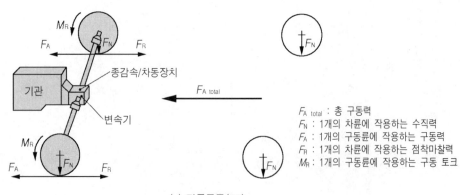

(a) 전륜구동(FF)

$F_{A\ total}$: 총 구동력
F_N : 1개의 차륜에 작용하는 수직력
F_A : 1개의 구동륜에 작용하는 구동력
F_R : 1개의 차륜에 작용하는 점착마찰력
M_R : 1개의 구동륜에 작용하는 구동 토크

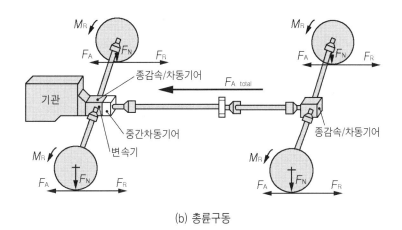

(b) 총륜구동

그림 2-125 구동방식에 따라 구동륜에 작용하는 여러 가지 힘

(2) 공간경제성 및 수동적 안전성

기존의 2륜구동방식에 비해 공간체적 점유율이 크기 때문에 차실 및 짐칸(trunk)의 공간이 작아진다. 그러나 충돌할 때는 추가된 동력전달계도 충돌에너지의 일부를 흡수하기 때문에 긍정적인 결과로 나타난다. 설계개념에 따라 다소 차이는 있으나 일반적으로 조향차축의 하중이 증가하므로 조향에 필요한 힘이 증가한다. 그리고 연료탱크는 경우에 따라서는 충돌위험지역에 설치할 수밖에 없다. 또 차실의 공간비율이 감소하고 전체적으로 출입성이 불량해진다.

(3) 중량과 적재량

구동방식의 기본개념(FF, FR, RR)에 따라 다소 차이는 있으나, 약 600~1,200N 정도의 중량 증가를 피할 수 없다. 이는 공차중량의 약 8~14% 정도에 해당한다. 총륜구동방식은 견인력이 크기 때문에 트레일러 최대하중 면에서는 유리하다. 물론 적재하중은 허용 축중과 관련이 있으므로 제한된다. 총륜구동에 의한 추가중량을 기존의 가벼운 축에 더 많이 분배하는 방법을 사용하므로 축중분포는 상대적으로 균일해진다.

(4) 견인력(= 휠 구동력)

모든 도로조건하에서 견인력이 크게 나타난다는 점이 총륜구동방식의 가장 큰 장점이다. 그림 2-126은 눈이 덮인 도로에서는 총륜구동방식이 다른 방식에 비해 거의 2배의 견인력을 전달할 수 있음을 보여주고 있다. 즉, 총륜구동방식은 다른 구동방식에 비해 마찰계수의 변화에도

불구하고 견인력에 큰 변화가 없음을 알
수 있다. 그 이유는 이미 앞에서도 언급
하였듯이 마찰계수가 낮은 도로에서도
모든 바퀴를 구동시킴으로서 2륜구동방
식에 비해 보다 큰 구동력(=견인력)을
전달할 수 있기 때문이다.

　또 중간차동장치와 액슬차동장치의 차
동제한 또는 차동고정기능을 통해 구동력
을 더 효과적으로 이용할 수 있기 때문에
특히 미끄러운 노면에서 큰 효과가 크다.

　그러나 수막현상(hydroplaning) 측면
에서 보면 동력분배작용 때문에 고속이
되어야 비로소 전륜(前輪)이 헛돌거나
(spin), 또는 중간차동장치가 고정된 상
태에서는 실질적으로 헛돌(spin)　수 없

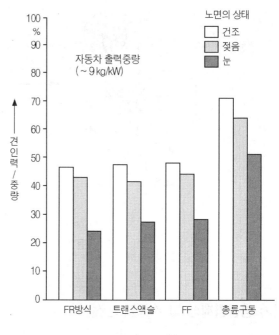

그림 2-126 **구동방식과 견인력의 상관관계**

게 된다. 이 현상은 어떠한 경우에도 장점으로 평가할 수 없다. 이유는 운전자는 앞 구동차축(=
조향차축)으로부터 수막현상에 대한 경고신호를 받을 수 없으며, 앞바퀴는 자신이 헛돌고(spin)
있음을 운전자에게 알리지 못하고 장시간 표류할 수밖에 없기 때문이다.

(5) 안락성

　균등한 하중분포와 큰 공차중량은 스프링작용에는 긍정적인 영향을 미친다. 기관소음과 진동
의 차 실내 전달문제는 부드러운 엔진 마운트(engine mount)를 채용할 수 있기 때문에 FF방식
에 비해 유리하다.(앞쪽에 전달되는 구동토크가 FF방식에 비해 작다.) 따라서 변속과 조향 안락
성은 FF방식에 비해 현저하게 개선된다.

　그러나 FR방식과 비교했을 때는 반대가 된다. 이유는 조향시스템에 대한 구동토크의 반작용
이 안락성을 저하시키는 것으로 알려져 있다. 그러나 조향시스템에 대한 구동토크의 반작용에
대해서 아직 명확히 규명된 것은 아니다.

(6) 주행역학

　그림 2-127은 눈과 얼음으로 덮여있는 커브길을 가속, 선회할 때의 조향특성을 나타낸 것이
다. 그림은 시험차량들이 가속을 시작한 후, 1초 동안의 가속도의 크기에 따라 Z축을 중심으로

얼마나 회전하는가를 나타내고 있다. － **요 - 각속도**(yaw angle speed)

　　오늘날은 전륜구동방식이나 후륜구동방식 모두에서 약간의 언더 - 스티어링(under-steering) 특성을 목표로 설계하는 경향이 있다.

　　그림 2-127에서 회전속도의 변화가 기준직선과 일치한다면 자동차는 가속 중에도 자신의 본래의 조향궤적을 유지한다. － 중립 조향(neutral steering) 특성.

　　총륜구동방식은 기준직선에 가장 가깝게 위치하고 있으며, 약간 큰 회전반경을 나타내고 있다. 조향각을 약간만 증가시키면 다시 원래의 궤적으로 복귀하게 된다. － 약간의 언더-스티어링(under-steering) 현상.

　　앞기관/앞바퀴 구동방식(FF)의 자동차는 커브궤적으로부터 접선방향으로 밖으로 이탈하고, 회전각속도는 감소한다.(negative) － 과도한 언더 -스티어링 현상.

　　앞기관/뒷바퀴 구동방식(FR)의 자동차는 경계영역에서 언더-스티어링 특성으로부터 오버-스티어링 특성으로 전환된다. 이 순간은 보통 운전자로서는 제어할 수 없는 상황이 된다. 그림에서 FR-방식의 자동차는 속도가 증가함에 따라 커브의 안쪽으로 심하게 회전함을 보이고 있다. 과도한 경우에는 그 자리에서 원을 그리게 된다. － 과도한 오버 - 스티어링 현상.

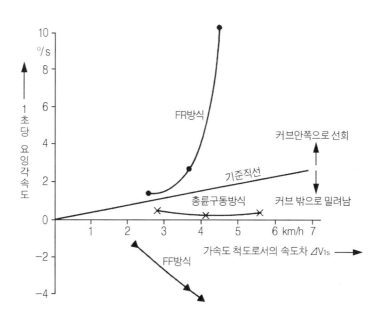

그림 2-127 구동방식과 조향특성 - 커브 선회, 가속 시(빙판 또는 눈길에서)

그림 2-128은 일정한 회전반경으로 정상(定常)적인 원을 그리면서 주행할 경우에 횡가속도와 조향각의 관계를 나타내고 있다. 즉, 주행속도 또는 횡가속도가 증가함에도 불구하고 동일 회전반경을 주행하고자 할 때, 필요한 조향각의 증가분이 도시되어 있다.

총륜구동방식은 전륜구동방식(FF)에 비해 조향각의 증가분과 언더-스티어링 경향성이 모두 작게 나타나고 있다. 이 외에도 노면의 상태에 따른 조향특성에서도 총륜구동방식은 건조한 (또는 젖은) 노면과 빙판길을 비교할 경우에 차이가 아주 작다. 따라서 총륜구동방식은 빙판길을 주행할 때에도 높은 횡가속도에서 주행한계에 도달하게 된다. 즉, 안전여유가 크다.

제동능력이나 제동거동은 근본적으로 보통 자동차와 같다. 그러나 경우에 따라서 젖은 도

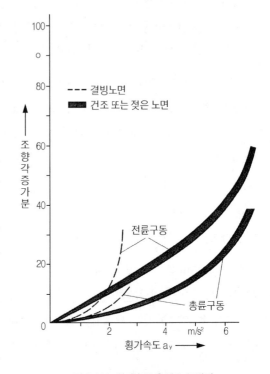

그림 2-128 횡가속도와 필요 조향각

로 또는 빙판길에서 저속으로 주행할 때는 중간차동장치를 고정하면 제동거리를 약간 단축할 수 있다. 그러나 점착한계 속도에서 제동할 때는 동시에 4바퀴가 로크(lock)되므로 제동 안정성은 더 이상 유지되지 않게 된다. 그리고 젖은(또는 빙판) 커브길을 선회하면서 제동할 경우에는 차동제한도 마찬가지로 언더 - 스티어링 현상을 유발시켜 주행안정성을 저해한다.

2. 총륜구동방식의 종류

총륜구동방식은 2륜이 아니라 모든 차륜, 예를 들면 4륜을 구동시켜야 하므로 다음과 같은 기능을 갖추고 있어야 한다.

① 2축에 회전토크를 분배할 수 있어야 한다.
  - 트랜스퍼 케이스(transfer case : Verteilergetriebe) 사용
② 전/후차축 간의 회전속도차를 보상할 수 있어야 한다.
  - 중간 차동기어(central-differential : zentrales Ausgleichgetriebe)
③ 1륜 또는 다수의 차륜이 헛돌 때, 차동장치를 고정하거나 차동을 제한할 수 있어야 한다.
  - 차동제한장치(limited differential : Sperrdifferential)

총륜구동방식은 크게 2가지로 나눌 수 있다.

(1) 절환식 총륜구동(shiftable all wheel drive : zuschaltbarer Allradantrieb)

1개의 차축만 상시 구동시키고, 나머지 차축에는 필요할 경우에만 구동력을 전달하는 방식을 말한다. 절환은 자동으로 또는 운전자에 의해 수동으로 할 수 있다.

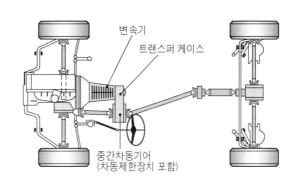

기존의 총륜구동방식 자동차들(화물자동차, 오프-로드(off-road) 자동차)은 대부분 후륜구동(FR) 방식으로서 필요할 때만 앞바퀴까지 구동시킬 수 있도록 하였다. 현재도 화물자동차와 오프-로드(off-road) 자동차들은 대부분 이 형식이다.

그림 2-129 절환식 총륜구동방식

(2) 상시 총륜구동(permanent all wheel drive : permanenter Allradantrieb)

모든 차륜은 기관의 구동력에 의해 상시 구동된다. 승용자동차의 경우, 기존의 전륜구동(FF) 또는 후륜구동(FR)방식의 자동차를 기본으로 하여, 추가로 1축을 더 구동시킬 수 있도록 변형시킨 것들이 대부분이다.

1축구동방식을 총륜구동방식으로 개조하기 위한 가장 경제적인 전제조건은 전륜구동(FF)방식으로서 길이(X축) 방향으로 설치된 직렬형 또는 대향형기관일 경우이다. 1축구동방식의 기본형에 추가로 트랜스퍼 케이스, 중간 차동장치 및 차동제한장치 등을 변속기에 집적시킨다.

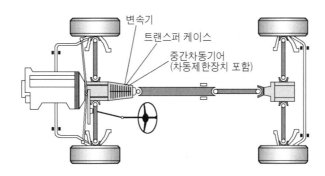

그림 2-130 상시 총륜구동방식

3. 절환식 총륜구동

절환식 총륜구동방식은 다시 상시 구동축을 어느 축으로 하느냐? 에 따라 그 구조가 달라진다. 일반적으로 다목적 자동차 또는 승합자동차에서는 후차축을, 승용자동차에서는 앞차축을 상시 구동시키는 경향이 있다.

그리고 이 형식에서는 중간 차동장치가 반드시 필요한 것은 아니다. 중간차동장치가 없어도 미끄러운 노면에서는 타이어의 미끄럼에 의해 차동이 이루어진다. 그러나 건조한 노면 또는 콘크리트 도로에서는 전/후 차축 간의 비틀림을 피할 수 없다. 따라서 중간차동창치가 없을 경우, 건조한 노면 또는 콘크리트도로에서는 총륜구동을 피해야 한다.

중간차동장치의 주 기능은 전/후 차축 간의 동력전달계의 비틀림(distortion)을 방지하는 것이다.

(1) 후차축 상시 구동방식

그림 2-131은 기존의 대표적인 절환식 총륜구동방식이다. 동력은 변속기로부터 2단 - 트랜스퍼케이스(transfer case)를 거쳐서 각각 전/후 차축의 종감속/차동기어에 전달된다. 후차축은 상시 구동되며 앞차축에는 필요에 따라 일시적으로 동력을 공급하는 방식이다. 그림에는 나타나 있지 않으나 트랜스퍼케이스 절환레버를 조작하여 앞차축에 동력을 공급 또는 차단할 수 있도록 되어 있다. 전체적으로 차고(車高)가 높아지고 제작비도 비싸다는 단점이 있다. 화물자동차 또는 다목적 차량에 주로 많다.

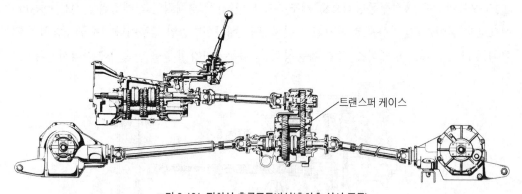

트랜스퍼 케이스

그림 2-131 절환식 총륜구동방식(후차축 상시 구동)

(2) 앞차축 상시구동방식

그림 2-132는 앞차축은 상시 구동시키고, 후차축은 필요에 따라 잠시 구동시키는 방식이다. 주로 저가의 소형 승용자동차에 많다. 따라서 가격과 중량 때문에 중간차동기어와, 차동제한장

치를 생략하는 경우가 많다. 가로방향(Y축 방향)으로 설치된 기관보다는 길이방향(X축 방향)으로 설치된 기관이 더 유리하다.

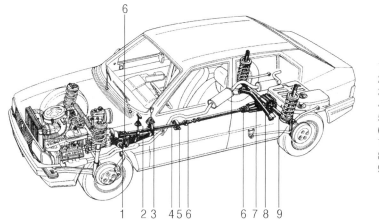

1. 변속기 익스텐션 하우징
2. 후차축 절환레버
3. 변속레버
4. 추진축
5. 추진축 중간 베어링
6. 십자 자재이음
7. 후차축용 종감속/차동장치
8. Panhard 롯드
9. 후차축(일체식)

그림 2-132 절환식 총륜구동방식(앞차축 상시 구동) - Alfa 33 4x4

4. 상시 총륜구동방식

모든 차륜을 상시 구동시키는 방식으로서 가장 값비싼 방식이며, 동시에 고도의 테크닉을 요하는 방식이다. 주요 구성부품은 다음과 같다.

① 트랜스퍼 케이스(transfer case : Verteilergetriebe)

② 중간 차동장치(center-differential : zentrales Ausgleichgetriebe)

③ 전차축용과 후차축용의 종감속/차동장치(차동제한장치 포함)

트랜스퍼 케이스는 변속기로부터 전달된 구동력을 전/후 차축에 분배한다. 전/후 차축에 구동력을 분배할 때 항상 같은 비율로 분배하는 것은 아니다. 예를 들면 유성기어장치를 이용하여 필요에 따라 다르게 분배할 수 있다.(예 : 앞차축 37%, 후차축 63%). 트랜스퍼 케이스는 변속기 내에 집적시키거나 또는 변속기 다음에 접속시킨다. 필요할 경우 트랜스퍼 케이스에서 추가로 변속시킬 수 있다.(extra low ratio)

중간 차동장치(central-differential)는 상시 총륜구동방식에서 전/후 차축의 속도차를 보상하여 동력전달계의 비틀림 또는 변형을 방지하는 기능을 한다. 베벨기어형식의 차동기어와 비스코-커플링을 주로 이용한다.

수동식 차동고정장치는 필요할 경우에 운전자가 직접 조작해서, 그리고 자동 차동제한장치는 상태에 따라 자동적으로 차동을 제한한다.

그림 2-133(a)는 폴크스바겐 파싸트 바리안트 - 씽크로 (VW Passat Variant-Syncro) 시스템의 개략도이다. 그리고 그림 2-133(b)는 변속기와 중간차동장치 그리고 앞차축용 종감속/차동장치가 집적된 변속기 단면도이다.

총륜구동에 필요한 모든 장치를 갖추고 있으면서도 동력전달계가 아주 간단하게 배열된 방식이다. 특이한 점은 중공축(中空軸)에 삽입된 중간차동기어이다. 동력은 트랜스퍼케이스에서 중공축, 중간 차동기어를 거쳐, 전/후 차축용 종감속/차동장치에 전달된다. 이때 중간 차동기어와 앞차축용 종감속/차동장치는 중공축 안에 삽입된 짧은 축을 통해 연결되므로 FR-총륜구동방식에서 필요한 추진축이 1개 생략된다.(그림 2-131 참조)

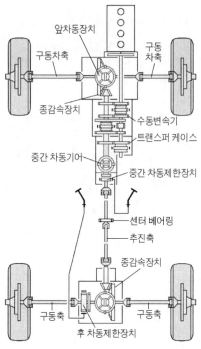

(a) VW Passat Variant-Syncro 개략도

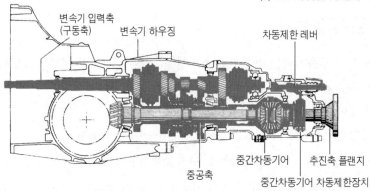

(b) VW Passat Variant-Syncro 변속기

그림 2-133 상시 총륜구동 방식(예 : VW Passat Variant-Syncro)

그림 2-134는 미쓰비시 스타리온(Mitsubishi Starion) 시스템이다. FR방식의 자동차를 기본모델로 하여 개발한 것으로, 전/후 추진축을 포함한 트랜스퍼 케이스의 구조가 특이하다. 전통적인 FR방식의 자동차를 기본모델로 할 경우에는 이와 같은 형식의 총륜구동 시스템이 고려될 수 있다. 그러나 비용 측면에서 FF방식을 기본모델로 할 경우에 비해 불리하다.

특이한 부분은 유성기어방식의 중간차동기어, 차동제한용 비스코 커플링을 갖고 있는 트랜스퍼 케이스이다.

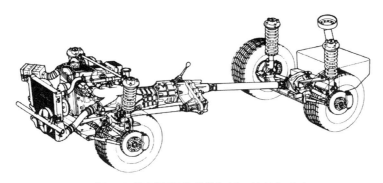

그림 2-134 상시 총륜구동방식(예 : Mitsubishi Starion)

그림 2-135는 FR방식의 기본모델을 총륜구동방식으로 변경할 경우에 이용되는 트랜스퍼 케이스(예 : ZF-A95)이다. 이 트랜스퍼 케이스의 경우, 입력 최대토크는 950Nm, 입력 최대회전속도는 6000/min 이다. 그리고 유성기어형식의 중간 차동기어를 사용하므로 전/후 차축 간의 동력분배는 유성기어장치의 기어비에 의해 결정된다. (예 : 기어비 1 : 1.78이면, 앞차축에 36%, 후차축에 64%를 분배한다.)

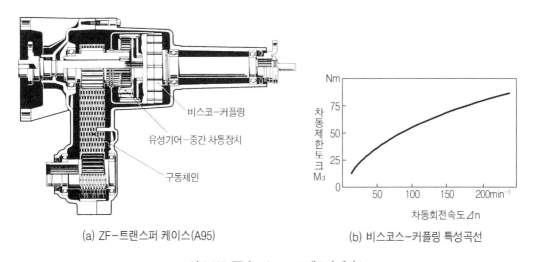

(a) ZF-트랜스퍼 케이스(A95)   (b) 비스코스-커플링 특성곡선

그림 2-135 ZF-Synchroma 트랜스퍼 케이스

BMW xDrive의 경우에는 ZF-synchroma 트랜스퍼 케이스에서 유성기어장치를 생략한 대신에, 트랜스퍼 케이스의 다판 클러치를 전자적으로 제어하는 형식이다. 트랜스퍼 케이스의 다판 클러치는 액추에이터모듈에 의해 조작된다. 액추에이터 모듈은 컨트롤 플레이트(control plate)를 통해 전단 레버(shearing lever) 및 볼-램프 시스템(ball ramp system)을 포함한 스프레더(spreader) 기구를 조작한다. 다판 클러치에 작용하는 축방향 힘(axial force)이 앞차축 구동토크

를 결정한다.

BMW xDrive에서 트랜스퍼케이스의 다판 클러치의 액추에이터 시스템은 메카트로닉 조작기 구이다. 직류모터의 회전운동은 웜기어를 거쳐서 컨트롤 플레이트에 의해 전단 레버(shear lever)를 거쳐 볼-램프(ball-ramp) 시스템에 작용한다. 여기서 축방향 압착운동으로 변환되어 다판 클러치에 작용한다.

총륜구동 시스템의 트랜스퍼 케이스에 사용되는 비스코스-클러치의 동력 차등분배율은 전/후 차축 간의 속도차에 따라 최대 100% 까지 가능하다.

구동력을 차등 분배(예 : 앞차축에 38%, 뒤차축 62%)하여, 후륜구동의 특성을 유지하면서, 동시에 DSC(Dynamic Stability Control)(ABS+ASC+TCS) 기능을 갖춘 총륜구동 방식도 이용되고 있다.

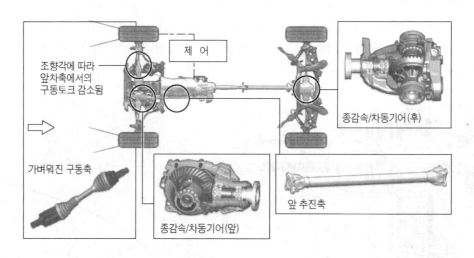

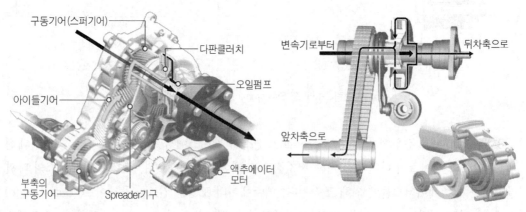

그림 2-136 xDrive 트랜스퍼 케이스에서의 토크 흐름 및 액추에이터 모듈

5. 중간 차동장치 및 트랜스퍼 케이스

이들은 통상적으로 1개의 유닛으로 제작되어 설치된다. 이미 앞에서 언급한 차동장치 또는 차동제한장치로서의 비스코스-커플링과 차동기어로서의 유성기어장치, 토르젠 - 차동장치, 그리고 할덱스 - 클러치에 대해서 보다 상세하게 설명하고자 한다.

중간 차동장치 및 트랜스퍼 케이스를 통해 분배 가능한 토크비율은 대략 다음과 같다.

표 2-12-1 트랜스퍼 케이스의 토크분배율(예)

형　식	앞차축	뒤차축
베벨기어 차동장치	50%	50%
유성기어장치(예)	35%	65%
비스코스 클러치	98% 2%	2% 98%
토르젠 차동장치	22% 78%	78% 22%
할덱스 클러치	100% 0%	0% 100%

(1) 베벨기어식 중간 차동장치

구동륜의 속도차를 보상하고 변속기로부터 출력된 구동토크를 앞/뒤 종감속장치에 50%씩 균등하게 분배한다. 도그 클러치를 사용하여 수동으로, 또는 비스코스 클러치를 사용하여 자동적으로 차동을 고정할 수 있다.

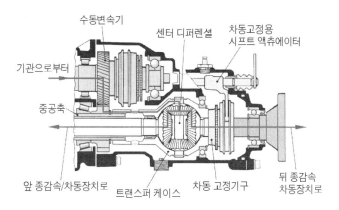

그림 2-137 베벨기어식 중간 차동장치

(2) 비스코스-클러치(viscous-clutch)

비스코스-클러치는 중간 차동장치로서 또는 중간차동장치의 차동제한용으로 사용된다. 그리고 1축 구동방식에서도 후차축 차동제한장치로 사용할 수 있다. 그러나 FF방식에서는 조향성때문에 사용하지 않는다.

중간 차동장치로서의 비스코스 - 클러치는 전/후 차축 간의 회전속도차를 보상하고 동시에 노면의 마찰계수에 따라 상응하는 구동력을 전/후 차축에 배분하여야 한다. 비스코스 - 클러치는 추진축과 후차축용 종감속장치 사이에 설치할 수도 있다.

구조는 그림 2-138(a)와 같으며, 주요 구성요소는 하우징과 허브, 내치형 다판과 외치형 다판및 실리콘 오일이다. 구멍이 가공된 외치형 다판 디스크는 하우징 안쪽에, 그리고 방사선 방향으로 슬릿이 가공된 내치형 다판 디스크는 허브에 각각 끼워진다. 또 밀폐된 하우징 안의 나머지 공간에는 실리콘오일과 공기가 약 9 : 1의 비율로 혼합된 상태로 채워져 있다.

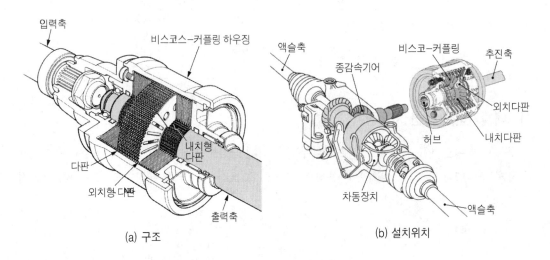

(a) 구조　　　　　　　　　　　　　(b) 설치위치

그림 2-138 중간차동장치로서의 비스코스-클러치

동작원리는 다음과 같다. 전/후 차축 간의 회전속도차가 작을 경우에는 클러치 다판 간의 속도차가 크지 않다. 다판 간의 마찰이 적기 때문에 실리콘오일의 온도도 거의 상승하지 않는다. 여기에 사용되는 실리콘 오일은 온도가 상승하면 점도가 높아지는 특성을 가지고 있다. 따라서 실리콘 오일의 온도가 낮으면 점도도 낮기 때문에 다판 사이의 전단(shear)작용도 크지 않다. 이경우에는 다판 간의 슬립에 의해 실리콘오일의 전단작용은 극복된다. 이와 같은 정상상태에서는 예를 들면 앞차축에 98%, 뒤차축에 2%의 토크가 분배된다.

전/후륜 간의 회전속도차가 클 때, 예를 들면 앞바퀴가 헛도는 경우에는, 다판 간의 회전속도차에 의한 마찰에 의해 각 다판 사이의 실리콘오일의 온도가 상승한다. 실리콘오일의 온도가 상승함에 따라 실리콘오일의 점도도 상승하고, 다판들 사이의 마찰이 증대되어 차동제한효과를 나타낸다. 차동제한효과가 나타나면 노면과의 접촉력이 양호한 구동륜에 보다 큰 구동력이 전달된다. 구동토크의 분배는 자동적으로 그리고 부하에 따라 차륜과 노면 간의 점착력에 상응하여 이루어진다. 이 경우 구동토크는 후차축에 98%, 앞차축에 2%를 분배할 수 있다.

구동토크 분배비율은 슬립의 정도에 따라 2~98% 사이에서 가변적으로 결정된다.

비스코스 - 클러치는 마모가 거의 없다. 그리고 부드럽게 접속되므로 동력전달계의 진동과 충격을 감쇠시키는 효과도 있다. 그러나 속도차가 클 경우에는 열부하(실리콘 오일의 마찰열)가 증대되게 된다. 결과적으로 비스코스-클러치의 특성곡선이 변화함은 물론이고, 심하면 비스코스-클러치가 파손되게 된다.

따라서 새시 동력계에서 비스코스-클러치를 시험할 때는 운전시간이 60초를 초과해서는 안된다. 이 경우 회전하는 다판이 정지해 있는 다판을 함께 회전시키려고 하므로 비스코스 - 클러치의 열부하가 급격히 증대되기 때문이다. 또 비스코스 - 클러치가 장착된 자동차를 1축만 견인할 경우에는 비스코스 - 클러치가 파손될 수도 있다.

(3) 중간 차동장치로서의 유성기어

베벨기어식 차동장치에서와 같이 구동토크를 전/후 차축에 각각 50%씩 분배할 경우, 이를 대칭분배(symmetric distribution)라고 한다. 반면에 전/후 차축에 각각 다르게(예 : 앞차축에 37%, 후차축에 63%) 분배할 경우, 이를 비대칭 분배(asymmetric distribution)라 한다.

1축에 전달된 구동력이 적으면 적을수록, 이 차축의 차륜들의 측력(lateral guiding force)은 커질 수 있다 ; 즉, 앞차축에 전달된 구동력이 적어지면, 이 자동차의 선회 안정성(cornering stability)은 향상된다. 자동차 중량의 약 70%정도가 앞차축에 분배되면 앞차축에는 비교적 큰 측력이 요구된다. 따라서 큰 측력이 준비되어 있지 않으면 자동차는 커브 밖으로 밀려나, 과도한 언더 - 스티어링이 되게 된다.

구동력을 전/후 차축에 비대칭적으로 분배하면 자동차는 경계영역에서도 쉽게 오버 - 스티어링될 수 있다. 구동력을 비대칭적으로 분배시킬 목적으로 트랜스퍼케이스에 유성기어식 - 차동장치를 사용한다.

변속기로부터 출력된 토크는 중공축(주축)을 거쳐서 유성기어장치의 인터널 - 링기어에 전달된다. 토크는 인터널 - 링기어로부터 캐리어를 거쳐서 뒤(앞)차축의 종감속장치로, 그리고 선기어를 거쳐서 뒤(앞) 차축의 종감속장치로 분배된다.

토크분배비율은 선기어와 캐리어의 유효반경(=토크 레버)의 비율에 따라 결정된다.

통상적으로 후륜구동의 특성을 유지하기 위해서는 앞차축보다 뒤차축에 더 많은 토크를, 전륜구동의 특성을 유지하기 위해서는 앞차축에 더 많은 토크를 분배해야한다. 예를 들면 후륜구동의 특성을 유지하기 위해 앞차축에 38%(36%)를, 뒤차축에 62%(64%)를 분배한다.

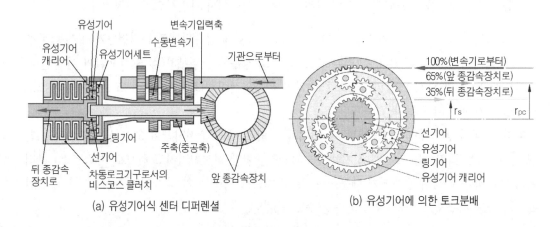

(a) 유성기어식 센터 디퍼렌셜

(b) 유성기어에 의한 토크분배

그림 2-139 센터 디퍼렌셜로서의 유성기어

그림 2-139는 중간 차동장치로 사용되는 유성기어장치로서 차동제한용 비스코스-클러치가 부가되어 있다. 그리고 비스코스-클러치는 예를 들면, 허브는 선기어(앞차축용)와, 하우징은 링기어(후차축용)와 접속되어 있다. 비스코스-클러치는 앞서 설명한 동작원리에 따라 전/후 차축 간의 회전속도차를 보상하고, 노면과의 마찰이 더 양호한 휠에 더 큰 구동토크를 배분한다.

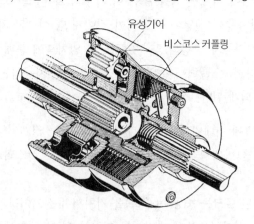

그림 2-140 유성기어장치-중간차동기어(예 : Peugeot 205 Turbo 16)

(4) 중간 차동장치로서의 토르젠-디퍼렌셜(Torsen-differential)

그림 2-141에서는 중간 차동장치로서의 토르젠 차동기어를 보여주고 있다. 정상적인 건조한 노면에서는 동일한 비율(50%)로 앞/뒤 차축에 구동력을 분배한다. 중간 차동장치로 사용되는

토르젠-차동장치는 전/후 차축 간의 회전속도차를 보상하고, 구동토크를 견인력에 따라 전/후 차축에 분배한다.(그림 2-110 참조)

구동차축의 어느 한 바퀴에 슬립이 발생하면, 자동 차동제한기능을 발휘한다. 따라서 노면과의 점착력이 우수한 차륜에 보다 큰 구동토크를 분배한다. 차동제한률은 약 56% 정도까지이다.

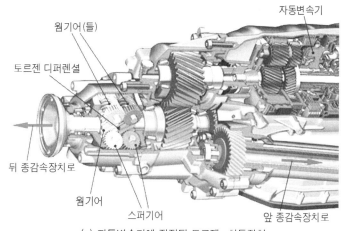

(a) 자동변속기에 집적된 토르젠-차동장치

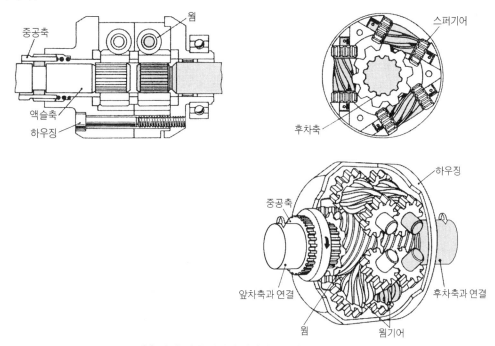

(b) 전/후 차축 사이에 설치된 토르젠 차동장치

그림 2-141 토르젠-차동장치

(5) 할덱스 클러치(Haldex clutch)

이 클러치는 뒤 차동장치에 설치되어 앞/뒤 차축 간의 차동제한기구로서의 역할을 한다.
정상적인 경우에는 구동토크를 앞차축에 100%, 뒤차축에 0%를 분배한다.

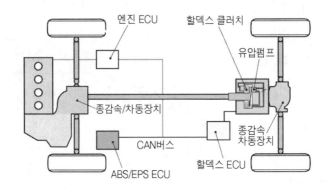

그림 2-142 할덱스-클러치가 장착된 총륜구동 시스템

앞/뒤 종감속장치의 회전속도가 다를 경우, 캠 - 플레이트에 의해 로터리 - 피스톤 펌프가 작
동되어 유압을 생성한다. 이 압력이 작동 플런저에
작용하면, 작동 플런저는 압력판을 눌러 다판클러
치 팩을 압착한다.

ECU는 컨트롤밸브를 제어하기 위해 내장된 프
로그램 특성도를 사용하며, 다판 클러치를 압착하
는 압력도 동시에 제어한다. 할덱스 - 클러치의 차
동 제한률은 0~100% 범위이다.

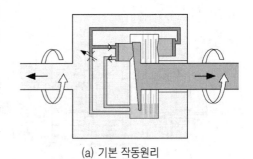

(a) 기본 작동원리

(b) 할덱스 클러치 시스템

그림 2-143 할덱스(Haldex)-클러치

현가장치
Suspension system : Radaufhängung

제1절 스프링 시스템
(Spring system)

1. 스프링 시스템의 기능

완벽하게 끝없이 평탄한 도로는 없다. 따라서 주행 중 차륜은 회전운동 외에도 상/하 직선운동을 하게 된다. 고속으로 주행할 때는 이 상/하 직선운동이 아주 짧은 주기로 반복된다. 그리고 이때 노면에 수직인 가속도는 중력가속도의 여러 배에 이른다. 따라서 자동차에는 충격적인 힘이 작용하며, 이 충격적인 힘은 운동질량(mass of motion)에 비례한다.

(1) 스프링 시스템의 주요 기능

스프링 시스템 즉, 스프링 기능을 하는 각종 부싱 및 스프링, 충격흡수기(shock-absorber) 및 기타 현가기구들이 함께 다음 사항을 결정한다.

① 승차감(ride comfort : Fahrkomfort)

노면으로부터의 충격은 승차자에게 불쾌감을 주며 건강에도 해롭다. 또 부서지기 쉬운 화물은 파손되고, 자동차의 각 부분에는 과도한 부하가 걸리게 된다. 스프링 시스템은 노면으로부터의 충격(shock or impact)을 흡수하여, 진동(vibration or oscillation)으로 변환시킨다.

② 주행안정성(driving safety : Fahrsicherheit)

요철(凹凸)이 아주 심한 노면을 주행할 때 차륜은 순간적으로 노면과 접촉하지 못하고, 노면으로부터 분리되는 현상이 발생할 수도 있다. 차륜이 공중에 떠있는 동안에는 구동력, 제동력 및 횡력(lateral force)을 노면에 전달할 수 없다.

③ 선회 능력(cornering ability : Kurvenverhalten)

커브를 고속으로 선회할 때는 특히 커브 안쪽 바퀴와 노면 간의 접지성이 불량해져, 커브 안쪽 바퀴의 선회력(cornering force)이 감소한다. 스프링 시스템은 충격흡수기, 스태빌라이저(stabilizer) 등과 함께 노면과 차륜 간의 접촉이 계속 유지되도록 할 수 있어야 한다.

스프링은 현가(suspension)와 차체(또는 차축과 차대) 사이에 설치된다. 스프링 혼자만으로는 충격이나 진동을 모두 흡수할 수 없다. 타이어도 스프링 기능을 보완한다. 또 하나의 추가 스프링은 시트(seat)에 장착된 스프링이다. 그러나 시트 스프링은 승차자에게 도움을 줄 뿐이다. 현가 스프링, 타이어, 시트 스프링은 서로 조화를 이루어야 한다.

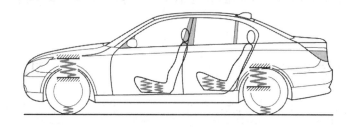

그림 3-1 승용자동차의 스프링 시스템

요철(凹凸)이 심한 노면에서 발생하는 충격은 수직방향으로만 작용하지 않고, 미약하지만 일부는 차체의 옆방향으로도 작용한다. 따라서 스프링 시스템은 차체의 옆방향(Y축 방향)으로도 스프링작용을 해야 한다. 가로 스프링(transverse spring) 기능의 일부는 타이어에 의해서, 나머지는 현가요소를 고정하거나 지지하는 고무 부싱들에 의해서 수행된다.

그림 3-2 가로방향 스프링작용

(2) 스프링 시스템의 필요조건

① 가벼워야 한다. : 스프링 질량의 절반은 스프링 아래질량(unsprung mass)으로 취급한다.
② 설치공간을 적게 차지해야 한다.
③ 정비할 필요가 없어야 한다.
④ 적차 또는 공차상태를 막론하고 가능한 한, 차체의 고유진동수가 같도록 기능해야 한다.
⑤ 적차 또는 공차상태에도 차체의 최저 지상고는 가능한 한 변화가 적어야 한다.

2. 스프링 시스템의 작용

자동차는 스프링 시스템에 의해 진동이 가능한 강체(剛體)가 된다. 진동이 가능한 강체 즉, 자동차는 자신의 무게와 스프링 시스템의 특성에 의해 결정되는 고유진동수를 갖는다.

노면으로부터의 충격 외에도 다른 힘들(구동력, 제동력, 풍력, 원심력 등)이 자동차에 동시에, 복합적으로 작용한다. 따라서 차체의 운동과 진동은 3차원적으로 나타난다.

(1) 자동차의 3차원 좌표계

자동차의 3차원 좌표계는 자동차의 무게중심을 원점으로 하고, 원점에서 세운 수직축을 Z축, 자동차 길이(세로)방향으로 그은 직선을 X축, 좌우(가로)방향으로 그은 직선을 Y축으로 한다.

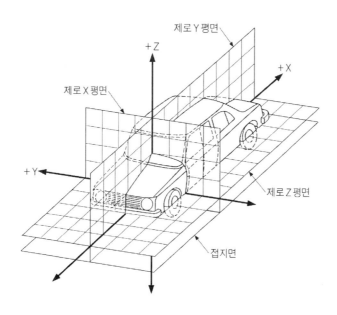

그림 3-3(a) 자동차의 3차원 좌표계

(2) 자동차 각 부분의 운동과 진동에 대한 정의

자동차 각 부분의 운동과 진동은 개별적으로 나타나지 않고, 복합된 형태로 나타난다.

① **바운싱**(bouncing : Heben und Senken) : 수직축(z축)을 따라 차체가 전체적으로 균일하게 상/하 직선 운동하는 진동.

② **러칭**(lurching : Schieben) : y축을 따라 차체 전체가 좌/우로 직선 운동하는 진동

(drifting)

③ **피칭**(pitching : Nicken) : y축을 중심으로 차체가 전/후로 회전하는 진동.

④ **서징**(surging : Zucken) : x축을 따라 차체 전체가 전/후로 직선 운동하는 진동.(jerking)

⑤ **롤링**(rolling : Wanken, Kippen) : x축을 중심으로 차체가 좌/우로 회전하는 진동.

⑥ **요잉**(yawing : Gieren) : z축을 중심으로 차체가 좌/우로 회전하는 진동.

⑦ **시미**(shimmy : Flattern) : 스티어링 너클 핀을 중심으로 앞바퀴(=조향차륜)가 좌/우로 회전하는 진동. (wobbling)

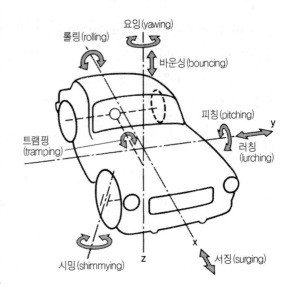

그림 3-3(b) 자동차의 진동

⑧ **스키딩**(skidding : Schleudern) : 타이어가 슬립하면서 동시에 요잉(yawing)하는 진동

⑨ **트램핑**(tramping : Trampeln) : 판 스프링에 의해 현가된 일체식 차축이 x축에 나란한 회전축을 중심으로 좌/우 회전하는 진동.

(3) 진동(vibrations : Schwingungen)

같은 시간간격을 두고 같은 운동을 반복하는 운동을 주기(週期)운동 또는 조화(調和)운동이라고 한다. 주기운동에서 입자(또는 물체)가 동일경로를 앞/뒤로 또는 상/하로 반복 운동하는 것을 진동이라 한다. 진동운동의 대표적인 예로는, 시계추, 용수철에 매달린 물체, 음파가 지나갈 때의 공기분자 등 아주 많다.

차륜이 장애물을 지나갈 때, 차륜은 물론이고 차체도 진동한다. 차륜이 위쪽으로 운동할 때, 스프링은 차체와 차륜 사이에서 눌려지게 된다. 그러면 눌려진 스프링의 퍼텐셜 에너지(potential energy)에 의해 차체는 수직방향으로 상향, 가속된다. 차체는 스프링이 늘어날 때 생성되는 스프링의 퍼텐셜 에너지에 의해 다시 감속되어 위 사점(dead point)에 도달한다.

이제 차체는 자신의 무게에 의해 다시 수직 아래 방향으로 가속되어 초기위치보다 더 아래로 내려간다. 이때 스프링은 다시 눌려지면서 퍼텐셜 에너지를 생성한다. 스프링이 눌려질 때 생성된 퍼텐셜 에너지는 다시 차체를 감속시켜 아래 사점(dead point)에 도달하게 한다.

이 과정에서 위 사점(dead point)과 아래 사점 사이를 진폭(ℓ)이라 한다.(그림 3-4참조)

이 운동과정은 운동에너지가 공기와 스프링 간의 마찰에 의해 모두 열에너지로 변환될 때까지 계속 반복된다. － **감쇠진동**(damped vibration : gedämpfte Schwingung).

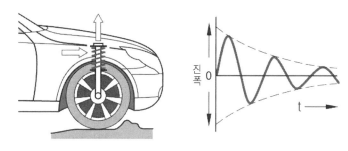

그림 3-4 감쇠진동

(4) 공진, 주파수, 스프링상수

① 공진(resonance : Resonanz)

물체(＝차체)가 강제(強制) 진동의 리듬(rhythm)과 충돌하면, 진동은 증폭된다. 이때 강제 진동수가 계(界)의 고유진동수와 일치하면 진폭은 무한대가 된다. 이를 공진(共振)이라 한다.

진동은 기진력(起振力)에 의해서 증폭

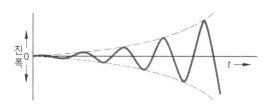

그림 3-5 공진 현상(resonance)

된다. 예를 들면 자동차가 요철(凹凸)노면을 주행할 때, 요철이 일정한 간격으로 계속, 반복되면 공진이 발생한다.

② 주파수(frequency : Frequenz)

진동의 사이클을 주기(period)라 하고, 1초당 진동수를 주파수라 한다. 주파수는 진동하는 물체의 무게와 스프링의 특성에 의해서 결정된다.

주파수 f 의 단위는 1초당 주기수 [1/s], 또는 헤르츠 [Hz](herz)로 표시한다.

> 물체의 무게가 무겁고 스프링이 약하면, 주파수는 적고 진폭은 크다.
> 물체의 무게가 가볍고 스프링이 강하면, 주파수는 많고 진폭은 작다.

③ 스프링 상수(spring constant)

스프링의 특성(강, 약)은 스프링 상수 또는 스프링 율(spring rate)로 정확하게 표시할 수 있다. 스프링 상수(c)는 스프링에 작용하는 힘(F)과 스프링의 변형량(ℓ)의 비로 표시한다.

$$스프링\ 상수(c) = \frac{스프링에\ 작용하는\ 힘(F)}{스프링의\ 변형량(\ell)}$$

스프링을 시험하거나 비교하기 위해서는 스프링에 힘(F)을 가하고 스프링의 변형량(ℓ)을 측정하면 된다. 변형량이 증가하여도 스프링 상수가 일정한 스프링, 예를 들면 탄성영역 내에서 후크(Hook)의 법칙을 만족하는 보통의 코일스프링에서는 힘(F)과 변형량(ℓ)의 관계가 직선으로 나타난다.(그림 3-6참조)

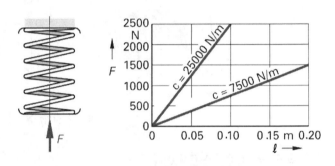

그림 3-6 스프링의 선형특성(linear)

변형량이 증가함에 따라 스프링 상수가 증가하는 스프링, 예를 들면 겹판 스프링의 특성은 비선형(progressive) 2차 곡선으로 나타난다.(그림 3-7참조)

스프링 상수와 자동차 중량은 승차감과 스프링작용에 영향을 미친다. 자동차 중량과 사용된 스프링 시스템의 스프링 상수에 의해 차체의 진동주파수가 결정된다. 아주 강한 스프링 시스템이나 아주 약한 스프링 시스템도 조화를 이루는 감쇠작용에 의해 승차감이 좋은 스프링 시스템으로 변환시킬 수 있다.

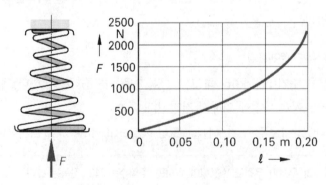

그림 3-7 스프링의 비선형특성(progressive)

(5) 스프링 위 질량과 스프링 아래 질량

자동차의 질량을 스프링 위 질량과 스프링 아래 질량으로 나눈다.

① 스프링 위 질량(sprung masses : gefederte Massen)

스프링의 위쪽에 위치한 부분 즉, 차체와 차체에 적재된 부하의 질량을 말한다.

② 스프링 아래 질량(unsprung masses : ungefederte Massen)

스프링 아래에 위치한 휠과 타이어, 브레이크 드럼(디스크), 현가장치 일부의 질량을 말한다.

이들 두 질량 그룹은 스프링에 의해 서로 연결되며, 각각 독립적으로 서로 다른 주파수영역에서 진동하면서도, 결과적으로는 서로에게 반작용을 미친다.

두 질량 그룹 사이에 충격흡수기를 설치하면, 진폭은 작아지고, 진동은 급속히 감쇠, 소멸된다.

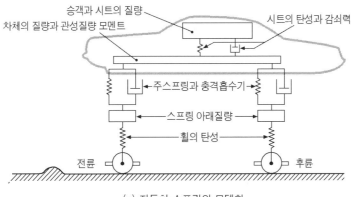

(a) 자동차 스프링의 모델화

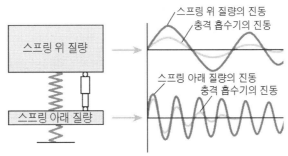

(b) 자동차가 요철노면을 주행할 때의 과정

그림 3-8 스프링 위 질량과 스프링 아래 질량

(6) 자동차가 요철(凹凸) 노면을 주행할 때의 운동과정

자동차가 파상(波狀)의 노면을 고속으로 주행할 때, 차체는 자신의 큰 질량(관성) 때문에 처음에는 초기높이(＝위치)를 그대로 유지한다. 그러나 차륜은 차체에 비해 질량이 가볍기 때문에 이때 아주 급속히 위쪽으로 가속된다. 따라서 스프링은 차체와 차륜 사이에서 눌려지게 된다. 결과적으로 차체에는 스프링의 변형에 해당하는 아주 작은 힘이 작용하게 된다.

차륜이 파상의 정점을 지난 다음, 또는 움푹한 부분에 진입할 때는 앞에서와는 반대로 스프링의 초기장력(차체중량에 의해 눌려져 생성된)에 의해 차륜은 아래 방향으로 가속된다. 차체에는 노면의 요철에 대응하여 스프링이 방출한 에너지에 해당하는 힘이 작용한다. 실제로 차체는 초기높이를 그대로 유지하고, 차륜은 노면과의 접촉상태를 계속 유지한다.

이 현상은 차륜에 의해 생성된 힘이 스프링의 초기장력보다 작을 때만 가능하다. 차륜에 의해 생성된 힘이 크면 클수록, 차륜은 더 높이 튀어 오르게 된다. 이렇게 되면 차체에 대한 반작용도 더욱 더 강력해진다. 이때 스프링의 초기장력이 차륜을 급속하게 하향 운동시킬 만큼 충분하지 못하면, 차륜은 순간적으로 노면으로부터 분리되어, 구동력을 전달할 수 없게 된다.

> **스프링 아래 질량은 가능한 한 가벼워야 한다.**

(7) 롤링(rolling)과 피칭(pitching)

엔지니어들은 모든 자동차에 가능하면 유연한(soft) 스프링 시스템을 사용하려고 노력한다. 그러나 유연한 스프링 시스템의 경우, 적재하중에 의해 자동차 중량이 조금만 달라져도 스프링의 변형량이 커진다(스프링이 압착된다). 스프링의 변형량이 크면 특히, 화물자동차와 같이 중량변화가 심한 자동차에서는 문제가 된다.

스프링 상수가 일정한 선형 스프링을 사용하면, 스프링의 변형량은 부하된 하중에 비례한다. 스프링 상수가 2차 곡선으로 나타나는 비선형 스프링은 하중이 증가해도 스프링의 변형량은 크게 변화하지 않는다. 그러나 차대높이 또는 차고(車高)를 일정하게 유지하기 위해서는 차고(車高)제어 시스템을 장착해야 한다.

① 롤링(rolling : Wanken, Kippen)

자동차 스프링이 변형될 때 발생하는 또 하나의 불만족스러운 현상은 옆방향으로 작용하는 힘에 의해 차체가 기울어질 수 있다는 점이다. 커브를 선회할 때가 이에 해당된다. 이때는 원심력에 의해 차체가 커브 바깥쪽으로 기울어지게 된다. 롤링은 스태빌라이저를 장착하고 차량의 중심(重心)을 낮게 하여 최소화시킨다.

② **피칭**(pitching : Nicken)

급발진할 때, 또는 급가속할 때는 구동력에 의해 차체의 앞부분은 들리고 뒷부분은 낮아지는 스쿼트(squat) 현상이 발생한다. 반대로 제동할 때는 제동력에 의해 차체의 앞부분이 낮아지고 뒷부분이 들리는 다이브(dive)(또는 노즈 - 다운(nose down)) 현상이 발생한다.

스쿼트와 다이브가 교대적으로 반복되는 현상을 피칭(pitching)이라 한다.

(8) 차체 진동수

차체 진동수는 차륜을 지지하고 있는 스프링의 특성에 대한 자료를 제공한다. 차체진동수는 차축별로 구할 수 있다. 차체의 앞부분 또는 뒷부분을 계속 몇 번 눌렀다 놓아, 차체가 진동하도록 하여 측정한다. 차체 진동수는 분당 진동수로 표시한다.

충격흡수기는 진동수에는 영향을 미치지 않는다. 다만 진폭을 작게 할 뿐이다. 그러나 차체의 무게가 무거우면 무거울수록 즉, 적재부하가 증가하면 증가할수록 진동수는 감소한다.

차체 진동수가 분당 60(=1Hz)이하이면, 아주 유연한 새시스프링 시스템이라고 말할 수 있다. 그러나 이 진동수에서는 대부분의 사람들은 구토증을 느끼게 된다. 강한 감쇠작용으로 스프링의 완전진동을 방지하는 이유는 구토증을 방지하기 위해서 이다.

진동수가 분당 90(=1.5Hz) 정도의 강한 스프링은 척추에 충격을 가하므로, 상황에 따라서는 차량에 짐을 많이 적재할 필요가 있다.

적당히 조화를 이루는 감쇠작용을 이용하여 승차감이 좋은 새시스프링 시스템을 만들 수 있다. 소형 자동차는 최대적재하중과 공차중량 간의 불합리한 관계 때문에 적당한 승차감을 느끼도록 하기 위해 강한 스프링을 사용하는 경향이 있다.(분당 진동수 100 이상). 낮은 진동수는 대형이면서도 무거운 자동차에서 가장 쉽게 얻을 수 있다.

> 차체 진동수는 배기량 1600cc 이상의 승용자동차는 대략 1분당 70 이하,
> 배기량 1600cc 이하의 승용자동차는 1분당 약 85~95 정도가 대부분이다.

3. 스프링의 종류

스프링 재료로는 강(steel), 고무(rubber), 가스(gas/air), 유압(hydraulic), 공기와 유압을 동시에 이용하는 공/유압(hydraulic-pneumatic), 그리고 합성수지 등이 사용된다.

(1) 강 스프링(steel springs : Stahlfedern)

스프링 작용은 스프링 강(spring steel)의 항복점(yielding point) 이하에서의 탄성변형특성을 이용한다. 스프링 강의 변형특성은 직선적이지만, 비선형(非線形)으로도 제작할 수 있다.

① 판 스프링(leaf spring : Blattfeder)

■ 반 타원형 스프링(semi-elliptic leaf spring)

띠 모양의 스프링 강을 여러 장 겹쳐서 만든 반 타원형 판(leaf) 스프링이다. 판 스프링은 구동력과 제동력은 물론이고 측력도 스프링 자신이 차체에 전달할 수 있으며, 큰 하중을 감당할 수 있기 때문에 주로 대형 상용자동차에 많이 사용된다.

여러 장의 스프링 판의 중심에 구멍을 뚫어 센터볼트(center bolt)로 조여, 개개의 스프링 판이 길이방향으로 움직이는 것을 방지한다. 그리고 상단의 제 1 판의 양단을 원형, 소위 스프링 아이(spring eye)로 가공하여 핀으로 차대에 설치한다. 대형 상용자동차에서는 제 1의 스프링 판이 파손될 경우에도 차축 하우징이 차대로부터 이완되는 것을 방지하기 위해 제 2의 판에도 스프링 아이(eye)를 가공하기도 한다.

스프링의 중간부분을 U-볼트를 이용하여 차축에 고정한다. 일반적으로 뒤쪽 스프링 아이는 스팬(span)의 변화가 가능하도록 하기 위하여 새클(shackle)을 사이에 두고 차대에 설치한다.

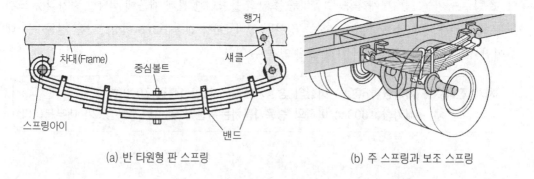

(a) 반 타원형 판 스프링   (b) 주 스프링과 보조 스프링

그림 3-9 반 타원형 판-스프링

판(leaf) 스프링은 판끼리의 마찰에 의해 스프링의 특성이 결정된다. 이 특성 때문에 판 사이에 이물질이 끼거나, 녹이 슬면 좋지 않다. 그 이유는 판 사이의 마찰이 증대되기 때문이다. 대형 상용자동차에서는 대부분 스프링 판 사이에 윤활층을 둔 형식을 사용한다. 경량 자동차에서는 판 사이에 사일런트 패드(silent pad)를 설치하기도 한다.

■ 포물선형 판 스프링(parabolic leaf spring)

개개의 스프링 판이 중심부에서 시작해서 양단으로 갈수록 좁아지는 포물선형이다.

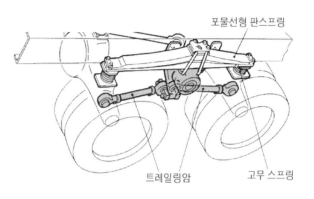

스프링 판이 강하기 때문에 판의 수가 적고, 판 중간에는 플라스틱 층이 삽입되어 있어 판끼리의 직접적인 접촉이 없다. 반타원형 판 스프링에 비해 스프링 행정이 더 길고, 판끼리의 내부마찰이 적기 때문에 더 부드럽게 작용한다. 따라서 안락성을 더 개선시킬 수 있다.

그림 3-10 포물선형 판 스프링

② 코일 스프링(coil spring : Schraubenfeder)

코일 스프링은 스프링 소재인 강봉(鋼棒)을 코일처럼 감아서 만든 스프링으로서 주로 승용자동차에 많이 사용된다. 가볍고, 설치공간을 적게 차지한다는 점이 장점이다.

그러나 소재인 강봉의 지름이 같고, 스프링 피치가 같을 경우에는, 변형특성이 직선적이며 진동감쇠작용을 하지 못하고, 측력에 대한 저항력도 없다.

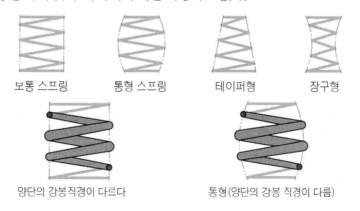

그림 3-11(a) 여러 가지 형식의 코일 스프링

따라서 소재인 강봉의 지름을 양단에서는 작게 하고 중간부분에서는 크게 한다든가, 부등 피치로 한다든가, 또는 코일의 지름을 다르게 하는 방법으로 비선형 특성을 나타내도록 한다.

미니블록 스프링(mini-block spring)의 경우는 위에 열거한 세 가지 방법을 모두 동시에 이용한 코일 스프링이다.(그림 3-11b참조). 코일 스프링의 안쪽에는 고무스프링이나 또 하나의 코일 스프링, 또는 충격흡수기를 설치할 수 있다.

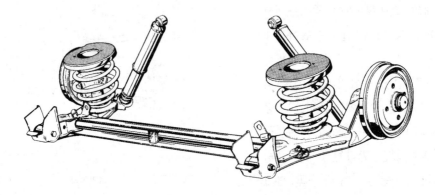

그림 3-11(b) 미니블록 코일 스프링

미니블록 코일 스프링은 보통 코일 스프링과 비교할 때, 다음과 같은 장점이 있다.
- 스프링이 압축될 때, 스프링 권수가 서로 맞닿는 일이 없어 스프링작용이 유연하다.
- 스프링 높이가 낮기 때문에 짐을 많이 적재해도 스프링의 좌굴현상이 발생되지 않는다.

> 코일스프링은 차륜에 작용하는 힘(예 : 구동력, 제동력, 측력 등)을 전달할 수 없다.

따라서 코일 스프링을 사용하는 현가 시스템에서는 맥퍼슨 스트럿(Mcpherson strut), 트레일링 암(trailing arm) 또는 트랜스버스 암(transverse arm) 등을 함께 사용한다.

③ 토션 - 바 스프링(torsion-bar spring : Drehstabfeder)

토션 - 바(torsion bar)는 스프링 강봉(鋼棒)으로서 양단의 스플라인 부분을, 차륜에 연결된 스프링 레버에 끼워, 차체와 차륜 사이의 스프링기능을 보완하는 부품이다. 토션 - 바는 주로 강봉이 사용되나 가끔은 중공(中空), 사각형, 또는 겹판 형식도 사용된다.

토션 - 바는 설치공간을 작게 차지하고, 설치가 용이하고, 특별히 정비할 필요가 없다. 토션 - 바는 차체의 y축 방향 또는 x축 방향으로 설치할 수 있다. x축 방향으로 설치할 경우에는 바(bar)의 길이를 길게 할 수 있으므로, 비틀림각이 크고 따라서 스프링작용도 크다. 그러나 토선 - 바는 휨에 대한 저항력이 없으므로 휨으로부터 보호하기 위해서 중공축 안에, 또는 차대 (frame)의 내부공간에 설치하기도 한다.

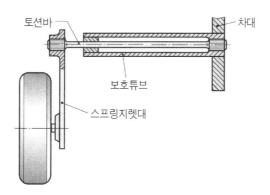

그림 3-12 토션-바 스프링

④ **스태빌라이저**(stabilizer : Stabilisator)

스태빌라이저는 토션-바를 U자형으로 하여 양단을 좌/우 아래 컨트롤 암(control arm)에 연결하고 중앙부는 고무부싱을 사이에 두고 차대에 고정한 형식이다. 좌/우 차륜이 동시에 상하 운동할 때는 작용하지 않으나, 좌/우 차륜이 서로 시차를 두고 상하 운동할 때는 진동감쇠 작용을 한다. 즉, 차체의 롤링을 최소화하는 기능을 수행한다. ← "anti-roll bar"라고도 한다.

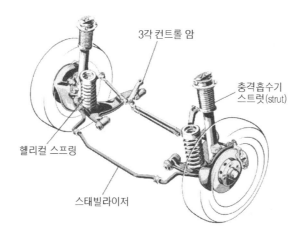

그림 3-13 스태빌라이저

(2) 고무 스프링(rubber spring : Gummifeder)

천연/합성 고무는 대단히 탄성적이기 때문에 완충특성이 크다. 고무 스프링은 여러 가지 종류가 생산되고 있으나, 단독으로 자동차용 스프링으로서의 기능을 수행할 수는 없다.

그러나 소음을 감소시키고, 높은 주파수로 진동하는 부분을 탄성적으로 연결하기 위해 고무의 완충특성을 이용한다. 즉, 차체 스프링이나 현가장치에는 고무 부싱이나 댐퍼 형태로, 기관에는 마운트(engine mount) 등으로 이용된다. 고무와 유압을 함께 이용하는 유압식 엔진 마운트는 엔진으로부터 차체에 전달되는 다양한 주파수의 진동을 크게 감쇄시킨다.

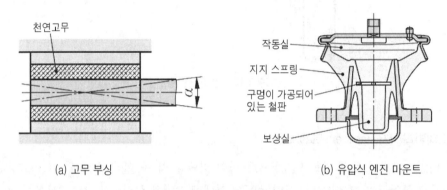

(a) 고무 부싱   (b) 유압식 엔진 마운트

그림 3-14 고무 스프링

(3) 가스 스프링(gas spring : Gasfeder)

밀폐된 공간에 충전된 가스(공기 또는 질소)의 탄성을 이용하여 스프링 기능을 수행한다.

① 공기 스프링(air spring)

공기 스프링은 압축공기 공급장치를 필요로 하므로, 트럭이나 버스 등 비교적 설치공간을 확보하기 쉬운 자동차에 주로 이용된다. 공기 스프링의 특성은 비선형(progressive)이다. 특히, 공기압력을 변화시켜 부하의 증감에 관계없이 스프링의 행정을 일정하게 유지할 수 있다.

승용자동차에서는 주행속도에 따라 차고를 높이거나 낮출 수도 있다. 또 커브를 선회할 때는 차체가 바깥쪽으로 기우는 현상을 크게 개선시킬 수 있다. ← 전자제어 현가장치

공기 스프링은 보다 완벽한 기밀유지를 위해 공기를 피스톤과 실린더 사이에서 밀폐, 압축시키지 않고, 고무 벨로우즈(bellows)를 이용한다.

그러나 공기 스프링도 차륜에 작용하는 제동력, 구동력, 측력을 차체에 직접 전달할 수 없다. 따라서 서스펜션 암 사이에, 또는 토션-빔 액슬이나 차체 사이에 설치한다.

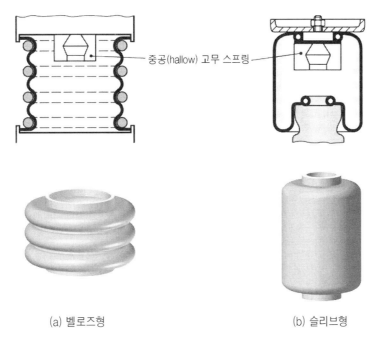

중공(hallow) 고무 스프링

(a) 벨로즈형   (b) 슬리브형

그림 3-15 공기 스프링

(4) 공/유압 스프링(hydro-pneumatic spring)

이 스프링의 원리도 가스 스프링과 마찬가지이다. 다만 이 형식에서는 작동유를 공급하거나 배출시켜 밀폐상태의 일정한 양의 가스(주로 질소가스)의 압력을 변화시킨다. 가스와 작동유는 막(diaphragm)에 의해 분리되어 있다. 가스의 압력과 작동유의 압력은 항상 같으며, 통상 100~200bar 정도이다.

모든 스프링 엘리먼트는 유압으로 연결되어 있기 때문에 충격흡수기로서도 기능한다. 유압장치는 스프링 엘리먼트에 공급되는 작동유의 양을 하중에 따라 가감시키므로 차고조절기(level controller)의 역할도 수행한다. 또 유압 스프링의 장력을 주행상황 또는 필요에 따라 전자적으로 제어하는 시스템들이 일반화 되었다. ← (예 :

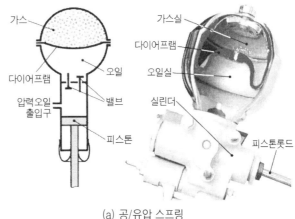

가스

다이어프램

압력오일
출입구

오일

밸브

피스톤

가스실

다이어프램

오일실

실린더

피스톤롯드

(a) 공/유압 스프링

Hydractive system, 컴포트 모드/스포츠 모드, 코너링/제동/가속)

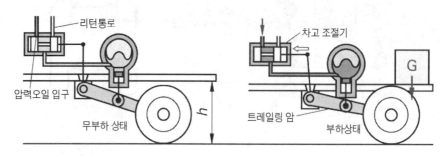

(b) 공유압 현가장치

그림 3-16 공/유압 스프링요소 및 현가장치

4. 스프링 관련 계산식

(1) 코일 스프링

① 스프링 상수

$$c = \frac{F}{l}$$

$F = c \cdot l,$

$l = F/c$

$l_0 = l_1 + l \qquad l_1 = l_0 - l$

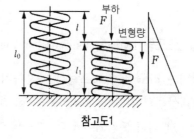

참고도1

여기서　F : 스프링에 작용하는 힘 [N]

c : 스프링상수(또는 정수) [N/m]

l : 스프링의 변형량 [m]

l_0 : 스프링의 초기 길이 [m]

l_1 : 변형 후의 스프링 길이 [m]

예제　스프링에 작용하는 힘 $F = 4,000N$, 스프링 상수 $c = 30,000N/m$, 스프링의 초기 길이 $l_0 = 420mm$일 때, 변형 후의 길이 l_1, 스프링의 변형량 l 을 구하라.

【풀이】 $l = \dfrac{F}{c} = \dfrac{4000N}{30,000N/m} = 0.133m$

$l_1 = l_0 - l = 420mm - 133mm = 287mm$

② 스프링의 퍼텐셜(potential) 에너지(W_p)

$$W_p = \frac{c \cdot l^2}{2} = \frac{F \cdot l}{2}$$

③ 스프링의 진동수

$$f = \frac{1}{2\pi} \cdot \sqrt{\frac{c}{m}}$$

$$c = \left(\frac{\pi \cdot \kappa}{30}\right)^2 \cdot m$$

$$\kappa = 60 \cdot f, \quad f = 1/t$$

여기서 c : 스프링상수 [N/m]

         m : 자동차 질량/차륜 [kg]

         f : 고유진동수 [1/s]

         κ : 차체 진동수 [1/min]

         t : 진동의 주기 [s]

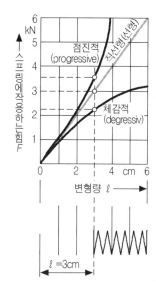

참고도 2

예제   차륜 당 자동차질량 $m = 400$kg, 스프링상수 $c = 30,000$N/m일 때, 고유진동수(f), 차체 진동수(κ)를 구하라.

【풀이】 $f = \frac{1}{2\pi} \cdot \sqrt{\frac{c}{m}} = \frac{1}{2\pi} \cdot \sqrt{\frac{30,000\text{kg} \cdot \text{m}}{400\text{kg} \cdot \text{s}^2 \cdot \text{m}}} = 1.38\,[1/\text{s}]$

            $\kappa = 60 \cdot f = 60 \times 1.38 = 82.8\,[1/\text{min}]$

(2) 가스 스프링

가스 스프링의 경우, 하중(또는 부하)이 증가해도 스프링상수(c)를 거의 일정하게 유지할 수 있다. 가스 스프링의 스프링상수는 비선형적이다.

$$p_{abs} = p_e + p_{amb}$$

$$p_e = \frac{F}{A}$$

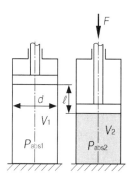

$$F = p_e \cdot A$$

$$\boxed{\ell = \frac{\Delta V}{A}}$$

$$\ell = \frac{4 \cdot (V_1 - V_2)}{\pi \cdot d^2}$$

$$\Delta V = V_1 - V_2$$

$$V_1 \cdot P_{abs1} = V_2 \cdot p_{abs2}$$

$$\boxed{f = \frac{1}{2\pi} \cdot \sqrt{\frac{p_{abs} \cdot A \cdot 1{,}000}{h \cdot m}}}$$

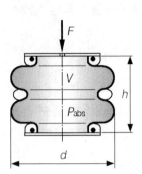

여기서, F : 스프링(피스톤)에 작용하는 힘 [N]

d : 스프링(피스톤) 또는 에어 벨로즈 직경 [cm]

A : 피스톤 단면적 또는 에어 벨로즈 유효단면적 [cm^2]

ℓ : 스프링(피스톤) 압축길이 [cm]

h : 에어 벨로즈 높이 [cm]

V_1 : 가스스프링 체적(무부하 상태) [cm^3]

V_2 : 가스스프링 체적(부하 상태) [cm^3]

p_{amb} : 대기압 [bar]

p_e : 가스스프링 작동압력 [bar]

p_{abs} : 절대 작동압력 [bar]

ΔV : 체적변화량 [cm^3]

예제 상용자동차의 공기스프링(에어 벨로즈)에서 $d = 29\text{cm}$, $h = 34\text{cm}$, $p_{amb} = 1{,}020\text{hPa}$ $p_e = 7^-$, $m = 4{,}000\text{kg}$일 경우, 주파수(f)는?

【풀이】 $A = 660.5\text{cm}^2$, $p_{abs} = 8.02\text{bar}$,

$$f = \frac{1}{2\pi} \cdot \sqrt{\frac{p_{abs} \cdot A \cdot 1{,}000}{h \cdot m}} = \frac{1}{2\pi} \cdot \sqrt{\frac{8.02 \times 660.5 \times 1{,}000}{34 \times 4{,}000}} = 0.99[1/s]$$

제2절 충격흡수기
(Shock absorber)

충격흡수기(또는 쇼크-업소버 ; shock absorber)는 휠과 차체로부터의 진동을 빠르게 흡수하는 기능을 하여 자동차의 안정성과 승차감을 크게 향상시킨다. 충격흡수기는 현가장치와 차체 사이에 설치된다. 차륜의 진동과 차체의 진동은 서로 각기 주파수가 다르다. 이상적인 완충기(damper)라면 양쪽 진동에 모두 완충작용을 해야 한다.

충격흡수기로는 대부분 유압식 텔레스코픽 쇼크-업소버(telescopic shock-absorber)가 사용된다. 이 형식은 롯드에 고정된 피스톤이 밀폐된 실린더 내에서 상/하 직선 운동하고, 피스톤 운동 시 작은 구멍(orifice) 또는 밸브를 통해서 작동유를 흡입하거나 토출한다. 즉, 작동 피스톤(working piston)이 상/하 운동할 때, 오리피스 또는 밸브를 통과하는 유체의 유동저항을 변화시켜 차의 특성과 조화시킬 수 있다.

> 충격흡수기를 통해, 진동(vibration) 에너지는 열(thermal)에너지로 변환된다.

1. 유압식 충격흡수기

작동원리에 따라 단동식과 복동식으로 구분할 수 있으나 복동식이 주로 사용된다.

(1) 구조

복동식의 구조는 그림 3-17과 같다. 플런저와 연결된 플런저 롯드는 차체(또는 위 컨트롤 암)에 고정되고, 내/외 튜브는 반대로 차축(또는 아래 컨트롤 암)에 고정된다.

내측 튜브는 작동실(working chamber)이며, 내/외 튜브 사이의 공간은 작동유 저장실로서 또는 플런저 롯드가 잠김으로서 배출되는 유량을 보상하는 보상공간으로 이용된다.

충격흡수기의 감쇠작용은 차체와 차륜 사이의 간격이 커질 때 즉, 스프링의 길이가 늘어날 때 대단히 크다.

(2) 작동원리

작동 플런저가 상승하면 상부 작동실의 작동유는 작동 플런저에 설치된 밸브의 작은 구멍(orifice)을 통해서만 하부작동실로 토출된다. 따라서 상부작동실의 유압이 크게 상승하므로, 이때의 감쇠작용(또는 완충작용)은 대단히 크다. 즉, 하향 운동하는 차륜이 노면에 강한 충격을 가하지 않도록 하며, 또 더 이상 다시 튀어 오르지 않도록 한다. 작동 플런저의 상승과 동시에, 하부작동실의 체적증가를 보상하기 위한 작동유는 대부분 푸트밸브(foot valve)의 오리피스를 통해서 보상실로부터 유입된다.

복동식 충격흡수기는 플런저 롯드 측을 반드시 위를 향하도록 설치해야 한다. 반대로 설치하면 보상실로부터 작동실로 공기가 유입되어, 작동유에 기포가 발생되게 된다. 작동실에 기포가 발생되면 충격흡수기의 감쇠작용이 크게 약화된다.

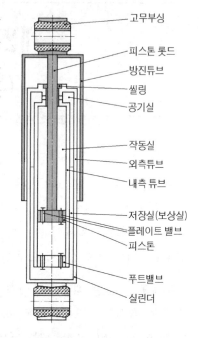

그림 3-17 복동식 충격흡수기(유압식)

2. 가스 봉입식 충격흡수기

가스 봉입식에서는 단동식과 복동식이 거의 같은 비율로 사용된다.

(1) 단동 충격흡수기 - 가스 봉입식

구조는 그림 3-18(a)와 같으며, 작동원리는 복동/유압식과 거의 비슷하다. 그러나 작동 플런저가 상승할 때, 하부 작동실의 체적보상을 위한 별도의 보상실을 필요로 하지 않는다. 따라서 복동식에 비해 방열이 잘 된다는 점이 장점이다.

체적보상은 봉입된 가스(대부분 질소)에 의해 이루어진다. 튜브 내에 봉입된 가스는 부동 플런저(floating piston)에 의해 작동유와 분리되어 있다. 보통 약 20~30bar 정도의 압력으로 충전된 가스는 작동 플런저가 하강할 때, 작동 플런저 하부의 작동유에 의해 압축되어 압력이 더 상승하게 된다.

작동 플런저가 상승행정을 할 때에는 봉입된 가스가 팽창하여 분리 피스톤을 밀어 올리면, 가스의 압력은 다시 충전 초기압력(예 : 20~30bar)으로 복귀한다.

작동실 안의 작동유 압력과 봉입 가스압력은 항상 서로 같기 때문에 충격흡수기가 작동할 때, 작동유에는 기포가 쉽게 발생되지 않는다. 따라서 기포발생에 의한 압력강하 현상은 거의 없다. 다만 내부에 고압가스가 밀봉되어 있으므로 취급에 유의하여야 한다. 특히 교환한 충격흡수기 (가스 봉입식)를 아무데나 버려서는 안 된다. 잘못하여 가열되면 폭발할 위험이 있다.

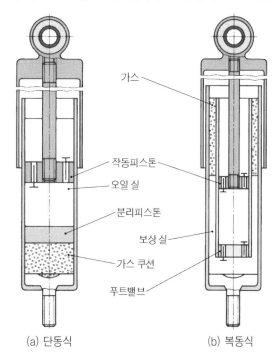

가스
작동피스톤
오일 실
분리피스톤
보상 실
가스 쿠션
푸트밸브

(a) 단동식   (b) 복동식

그림 3-18 가스 봉입식 충격흡수기

(2) 복동식 충격흡수기 – 가스 봉입식

가스 봉입식(그림 3-18(b))의 구조는 외형상 유압식(그림 3-17)과 같다. 다만 보상실 상부의 링(ring)형상의 공간에 질소가스를 약 3~8bar의 압력으로 충전시킨 점이 다르다. 가스가 봉입되어있기 때문에 기포발생을 방지할 수 있어, 유압식과 비교할 때, 거의 전 진동영역에 걸쳐서 감쇠기능이 향상된다.

① 감쇠작용 가변식 복동/가스 충격흡수기(그림 3-19참조)

기존의 충격흡수기는 자동차의 부하(적재) 상태에 따라 충격흡수기의 감쇠력을 가변시킬 수 없는 구조이다. 따라서 기존의 충격흡수기를 장착한 자동차(예 : 트레일러가 연결된 트럭)

가 공차상태로 요철노면을 주행할 경우에는 감쇠작용이 과대해져, 불쾌한 흔들림과 요동을 피할 수 없게 된다. 반대로 만재상태에서는 감쇠작용이 충분치 못할 경우가 많다.

감쇠작용 가변식 복동/가스 충격흡수기(그림 3-19)에서는 작동실 벽에 1개 또는 다수의 바이패스(bypass)를 설치하여, 감쇠 가변특성을 얻는다.

하중이 가벼울 때는 그림 3-19(a)와 같이 작동 피스톤이 바이패스 통로를 차단하지 않으므로, 작동유는 작동 피스톤에 설치된 오리피스밸브 뿐만 아니라 바이패스를 통해서도 흐른다. 바이패스를 통해 추가로 작동유가 흐르므로 감쇠력은 감소하고, 상대적으로 안락성은 향상된다.

하중이 무거울 때는 그림 3-19(b)와 같이 작동 플런저가 바이패스보다 아래에 위치하게 되므로, 바이패스 통로는 닫힌다. 그러면 감쇠력은 최대가 된다.

바이패스 통로의 단면적과 길이 또는 바이패스의 수와 위치를 적절히 선택하면, 감쇠력을 하중변화에 적합시킴은 물론이고, 스프링 시스템 전체의 기능을 향상시킬 수 있다.

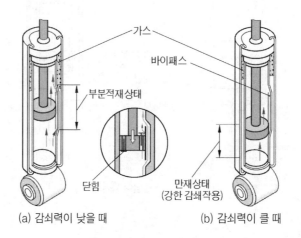

(a) 감쇠력이 낮을 때   (b) 감쇠력이 클 때

그림 3-19 감쇠기능 가변식 복동/가스 충격흡수기

② 가스 봉입식 충격흡수기의 테스트 선도(test graph)

■ 충격흡수기를 탈착한 상태에서의 테스트 선도(그림 3-20a)

충격흡수기의 진동특성곡선도를 작성하기 위해서는 충격흡수기를 일정한 장력상태로 테스터에 설치해야 한다. 크랭크기구로 충격흡수기의 인장/압축을 반복하면서 플런저 행정에 따른 감쇠력을 측정한다. 일정한 속도로 인장/압축을 반복하면, 하나의 폐곡선이 얻어진다.(3-20a)

테스터의 크랭크기구의 반경을 크게 하면, 충격흡수기 플런저의 운동속도가 상승한다. 그 결과 앞서보다 바깥쪽에 폐곡선이 그려지게 된다. 즉, 충격흡수기 플런저의 작동속도가 상승하면, 감쇠력도 증가하게 된다. 인장할 때의 감쇠력이 압축할 때의 감쇠력보다 훨씬 크고(2~5배), 감쇠력은 작동 피스톤의 운동속도에 비례한다.

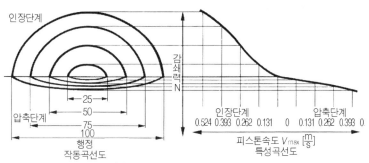

(a) 탈착한 상태에서의 특성곡선

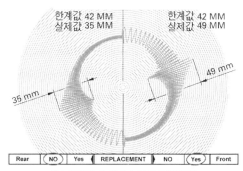

(b) 2개의 충격흡수기의 진동특성

그림 3-20 가스 봉입식 충격흡수기의 특성도

■ 충격흡수기를 자동차에 조립한 상태에서의 테스트 선도(그림 3-20b)

1개의 차축 좌/우에 설치된 2개의 충격흡수기를 충격테스터 상에서 동시에 시험한다. 차륜들을 답판에 올려놓고 전기모터로 편심요소(eccentric element)와 압축 스프링을 통해 답판을 진동시켜, 차륜을 상/하로 진동시킨다. 모터를 스위치 OFF시킨 후에도, 진동은 답판이 정지할 때까지 전체 주파수 영역에 걸쳐서 계속된다. 그리고 측정기가 이를 디스크에 기록한다. (그림 3-20b)

최대 진폭은 공진점(resonance point)에서 나타난다. 이는 테스트한 충격흡수기의 감쇠능력의 척도이다. 기록된 공진 진폭이 규정값보다 크다면, 해당 충격흡수기를 불량으로 판정한다. 디스크 그래프는 한쪽 충격흡수기만을 시험하는데도 사용할 수 있다.

3. 복합식 충격흡수기

(1) 맥퍼슨 쇼크-업소버(Mcpherson shock absorber : Federbeine)

그림 3-21과 같이 현가의 일부로서 차체의 하중을 지지하는 튜브형 스트럿(strut) 내에 텔 레스코픽(telescopic) 충격흡수기를, 그리고 스트럿 상부에는 스프링(대부분 코일 스프링)을 설치한 일체식으로 주로 승용자동차에 사용된다.

스트럿 하부에는 너클 스핀들(knuckle spindle)이 일체식으로 부가되어 있으며, 또 아래 컨트롤 암(lower control arm)을 연결할 수 있도록 되어 있다. 스트럿 상부는 현가 마운트(suspension mount)가 볼트로 체결되며, 현가 마운트는 다시 차체에 볼트로 조립된다.

교환식은 충격흡수기의 감쇠력이 약화되어 충격흡수기를 교환하고자 할 때, 상부의 조립 나사를 풀어 간단히 교환할 수 있다.(그림 3-21참조)

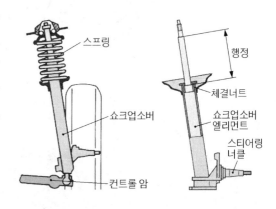

그림 3-21 맥퍼슨 쇼크-업소버

(2) 차고 조절장치가 부착된 충격흡수기(shock absorber with niveau regulation)

승용자동차의 스프링은 대부분 중간 부하상태일 때, 차체와 노면이 서로 평행하고 동시에 최적 접지상태가 되도록 설계된다.

화물을 지나치게 많이 적재한 상태에서는 차체의 뒷부분이 심하게 낮아진다. 이렇게 되면 최저지상고가 감소하고, 스프링의 변형 가능량이 감소하며, 접지상태가 불량해 진다. 이와 함께 또 제어되지 않는 조향현상이나, 측면에서 부는 바람에 의해 차체가 심하게 흔들리는 현상, 그리고 야간 주행 중 대향 운전자의 시야를 크게 방해하는 현상 등이 빈번히 발생하게 된다.

강(鋼) 스프링을 사용할 경우에는 하중이 증가함에 따라 차체진동수가 달라져, 승차감이 저하한다. 특수형식의 가스-충격흡수기를 이용할 경우, 하중변화에 관계없이 고유주파수를 일정하게, 예를 들면, 1Hz(분당 60회의 진동)로 유지할 수 있다.

① 공기 스프링식 충격흡수기

그림 3-22와 같이 기존의 충격흡수기에 공기 스프링을 부가하여, 병렬로 차체스프링 기능

을 수행하는 형식이다. 시스템은 공기압축기, ECU, 유도센서가 내장된 공기 스프링식 충격흡수기로 구성된다.

부하가 증가하면, 충격흡수기 튜브는 센서코일 쪽으로 더 내려가, 유도전압을 발생시킨다. 이 전압은 ECU에 전달된다. ECU는 차고가 규정된 값으로 복귀될 때까지 충격흡수기의 공기압력을 상승시킨다. (보통 약 5~11bar 범위). 따라서 적재하중의 변화가 심한 자동차에서도 차고(車高)를 일정하게 유지할 수 있다.

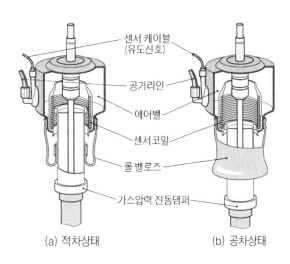

센서 케이블
(유도신호)

공기라인

에어벨

센서코일

롤 벨로즈

가스압력 진동댐퍼

(a) 적차상태   (b) 공차상태

그림 3-22 공기 스프링이 부가된 충격흡수기

② 공/유압 스프링이 부가된 충격흡수기

그림 3-23과 같이 코일스프링이 부가된 충격흡수기가 커넥터를 통해 가스 스프링과 연결된 형식이다. 볼(ball) 모양의 축압기(accumulator), 축압기에 고압을 공급하는 고압펌프, 그리고 축압기와 충격흡수기를 연결하는 고압호스 등으로 구성된다.

축압기 내에 봉입된 가스(대부분 질소)는 막(diaphragm)에 의해 작동유와 분리되어 있다. 스프링이 눌릴 때, 충격흡수기 내의 작동유는 충격흡수기 플런

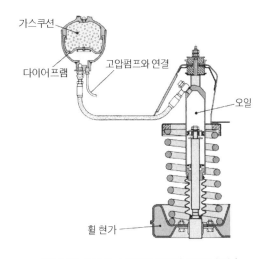

가스쿠션

다이어프램

고압펌프와 연결

오일

휠 현가

그림 3-23 공/유압 스프링이 부가된 충격흡수기

저에 의해 축압기로 밀려들어간다. 그러면 가스체적은 감소하고, 가스압력은 상승한다. 그리고 축압기와 충격흡수기 사이에는 스로틀밸브가 설치되어 있어, 추가로 스프링운동을 감쇠시킨다.

축압기로부터 작동유를 배출시키거나 반대로 유입시켜 차고를 조절할 수 있다. 또 운전자가 밸브를 조작하여 차고를 조절할 수 있다. 따라서 고속에서는 차고를 낮추어 공기저항계수(c_W)를 낮추고, 심한 요철구간을 주행할 때는 차고를 높여 주행성을 개선시킬 수 있다.

4. 능동 스프링 시스템(active spring system)

스프링 기능, 충격 흡수기 기능, 차고제어 기능 등을 복합적으로 갖춘 스프링 시스템이다.
유압식, 공/유압식, 스프링 푸트(spring foot) 제어식, 순수 공압식 등이 있다.

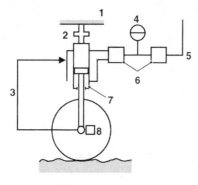

(a) 유압실린더

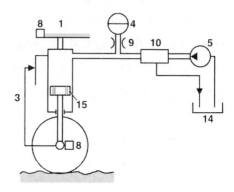

(b) 공유압 스프링 시스템

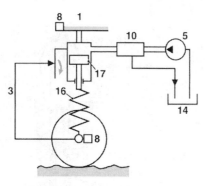

(c) 스프링-하단위치제어

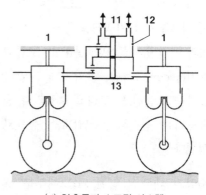

(d) 압축공기 스프링 시스템

1. 차체	2. 휠 부하센서	3. 행정센서
4. 어큐뮬레이터	5. 유압펌프 회로	6. 서보밸브
7. 작동실린더	8. 가속도 센서	9. 스로틀
10. 프로포셔닝 밸브	11. 보조에너지(전기식/공압식)	12. 보조에너지를 이용한 변위 유닛
13. 공기체적 변위 유닛	14. 유압 작동유 탱크	15. 충격흡수기 피스톤(밸브 포함)
16. 코일 스프링	17. 스프링-하단 위치 조절 유닛	

그림 3-24 능동 스프링 시스템

제3절 휠 현가장치
(Wheel suspension system)

휠 현가장치는 휠과 차체를 연결한다. 이들은 큰 정적 하중(부하)을 감당해야 하고 동시에 동적으로 작용하는 여러 가지 힘들(구동력, 제동력, 측력)을 흡수할 수 있어야 한다.

휠 현가장치는 주행 중 기하학적인 변화가 적어 또는 원하는 방향으로 변화하여, 높은 주행안전성과 안락성을 확보하고 동시에 타이어의 마멸을 최소화할 수 있도록 설계되어야 한다.

주로 많이 사용하는 현가방식으로는 일체차축(rigid axle), 세미-일체차축(semi-rigid axle) 및 독립현가(independent suspension) 방식이 있다.

1. 일체 차축의 현가장치

일체 차축(rigid axle)에서 좌/우 차륜은 하나의 강체(剛體) 축 양단에 설치된다. 그리고 차축은 스프링을 사이에 두고 차대에 설치된다. 따라서 일체 차축에서는 휠이 튀어 오르는 (bouncing) 경우에도 토(toe)값과 캐스터(caster)값의 변화가 없다. 그러나 한쪽 차륜만이 장애물을 넘어갈 때는 차축이 경사되므로 캠버(camber)값이 변한다.

(1) 일체식 구동차축의 현가장치

일체식 구동차축(그림 3-25)에서 액슬 하우징(axle housing)은 종감속 / 차동장치 하우징 및 구동축의 하우징으로 기능한다. 따라서 스프링 아래질량(unsprung mass)이 비교적 크다.

① 밴조 액슬(banjo axle)(그림 3-25)

종감속/차동장치 하우징의 양단에 강관의 구동축 하우징을 용접한 형식, 그리고 종감속/차동장치 하우징과 구동축 하우징을 일체로 주조한 형식이 있다.

대형 상용자동차에서는 일체식 차축에 판 스프링을 이용한 가장 간단한 현가방식을 사용한다. 판 스프링은 스프링 요소와 현가요소로서 기능한다. 그러나 경자동차에서 일체식 차축에 토션 - 바(torsion bar)스프링, 코일 스프링 또는 공기 스프링을 이용할 경우에는 토크-암 (torque arm)(= 트레일링 암 또는 현가 암)을 통해 차륜의 구동력을, 그리고 트랜스버스 빔 (transverse beam) (예 : 피나아르롯드(Panhard rod))을 통해 측력을 차체에 전달하게 된다.

다수의 트레일링 암을 사용하여 다이브(dive)현상 및 스쿼트(squat)현상을 감소시킬 수 있다.

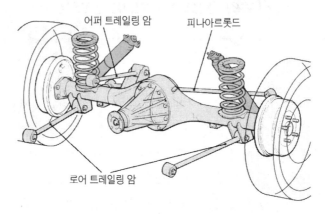

어퍼 트레일링 암
피나아르롯드
로어 트레일링 암

그림 3-25 벤조 액슬(Banjo axle)의 현가장치

② 드 디옹 액슬(De Dion axle) (그림 3-26)

이 형식은 구동차축의 스프링 아래질량이 커지는 것을 피하기 위하여 종감속/차동장치를 구동축으로부터 분리하여 차체에 고정한다. 구동력은 차동장치로부터 등속자재이음, 구동축, 슬립 조인트(slip joint)가 부가된 등속자재이음을 거쳐 구동차륜에 전달된다.

후차축의 측력은 일체 차축(rigid axle)의 중앙부에 설치된 2개의 트랜스버스(transverse)암 에 의해 이루어지는 데, 이 트랜스버스 암은 선회할 때 차륜을 노면에 대해 수직으로 유지하 는 역할도 한다.

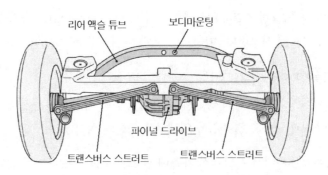

리어 액슬 튜브
보디마운팅
파이널 드라이브
트랜스버스 스트러트
트랜스버스 스트러트

그림 3-26 De Dion 액슬

참 고

● 일체식 구동 후차축의 형식

일체식 구동 후차축은 차축 베어링의 설치방식에 따라 전부동식, 반부동식, 3/4부동식) 등으로 분류한다.

1. 전부동식(full-floating type)

액슬 하우징의 양단 외측에 각각 2개의 베어링이 설치되며, 이 베어링 위에 휠(wheel)이 설치된다. 따라서 휠은 액슬 하우징 외측에서 자유롭게, 그리고 차동 케이스는 액슬 하우징 안에 지지된 베어링에서 자유롭게 회전할 수 있다. 따라서 구동축(drive shaft)은 차량의 중량과 지면의 반력, 또는 굽힘 토크 등을 전혀 받지 않는다.

구동축이 감당해야 할 유일한 힘은 동력전달계를 통해서 전달되는 회전력뿐이다. 그리고 구동륜을 탈거하지 않고도 구동축을 분리할 수 있다. 주로 대형 버스나 트럭 등에 이용된다.

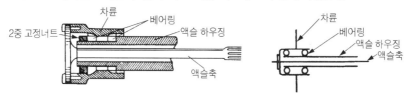

참고도 1 전부동식

2. 반부동식(semi-floating type)

차륜은 구동축 플랜지에 직접 볼트 조립된다. 구동축의 내측 선단은 전부동식에서와 마찬가지 방법으로 지지되어 있으나, 차륜측은 액슬 하우징 끝부분 안쪽에 설치된 베어링에 끼워진다. 그러므로 구동축은 차량중량에 의한 수직력, 제동력, 구동력 및 기타 차륜에 작용하는 측력 등을 받는다. 즉, 주로 비틀림 토크와 휨-토크가 합해진 토크를 받는다.

구조가 간단하므로 주로 소형화물자동차 등에 사용된다. 차륜을 떼어내고 내부 고정기구를 분리해야만 구동축을 탈거할 수 있다.

참고도 2 반부동식

3. 3/4 부동식(three-quarter floating type)

전부동식과 반부동식의 중간 형태이다. 구동축의 안쪽 선단은 전부동식과 동일하게 지지되어 있다. 그러나 차륜측 선단은 휠 허브(wheel hub)에 고정되어 있다. 그리고 휠 허브는 액슬 하우징 바깥쪽 선단에 설치된 베어링에 설치된다. 그러므로 수직하중과 수평하중의 대부분은 액슬 하우징에 부하된다. 그러나 휠 허브 보스(boss)의 절반은 구동축에 걸려 있으므로 구동축은 수직하중과 수평하중의 일부와 회전력을 받는다. 또 차륜에 작용하는 측력도 받는다.

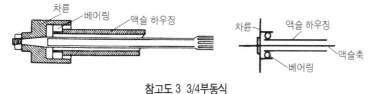

참고도 3 3/4부동식

(2) 일체식 조향차축의 현가장치

일체식 조향차축은 주로 대형 상용자동차나 버스 등에 이용된다.

차축은 T형 단면의 단조품이 대부분이며, 조향 너클(steering knuckle)이 설치되는 양단은 요크(yoke) 형상이거나 또는 요크를 설치할 수 있는 구조로 되어 있다.

그림 3-27(a)와 같이 차축의 양단에 요크를 설치할 수 있도록 되어있는 형식을 역 엘리오트 액슬(reversed Elliot axle 또는 stub axle), 그리고 그림 3-27(b)와 같이 차축의 양단이 요크 형으로 제작된 형식을 엘리오트 액슬(Elliot axle 또는 fork axle)이라고 한다. 오늘날은 주로 역 엘리오트 액슬을 많이 사용한다.

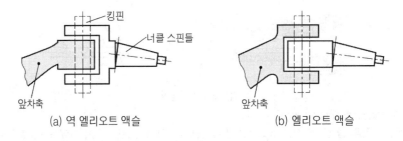

(a) 역 엘리오트 액슬   (b) 엘리오트 액슬

그림 3-27 일체식 조향차축의 양단 구조

일체식 조향차축에서는 좌/우 차륜이 각각 독립적으로 운동할 수 없기 때문에 1개의 일체식 타이롯드(tie-rod)를 사용한다. 그리고 앞차축도 구동차축으로 할 경우에는 종감속/차동장치를 앞차축에도 설치한다. 일체식 조향차축의 현가방식은 대부분 판 스프링 방식이다.

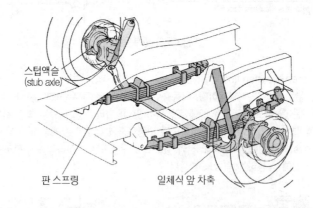

그림 3-28 일체식 조향차축의 현가

(3) 세미 - 일체차축 현가장치

세미-일체차축에서 차륜은 각각 액슬 서포트(support)에 의해 서로 하나의 일체차축에 설치된다. 액슬 서포트가 탄성을 가지고 있기 때문에 차륜들은 각각 제한된 범위 안에서 독립적으로 운동할 수 있다. FF-구동방식의 차량에서 후차축으로 사용할 경우에는 스프링 아래 질량을 가볍게 제작할 수 있다.

세미-일체차축은 양쪽 차륜이 동시에 눌릴 때는 일체차축처럼 작동하고, 양쪽 차륜이 서로 다른 시점에 눌릴 때는 독립현가방식처럼 작동한다.

① 토션-빔 형식(torsion beam suspension : Verbundlenkerachse)

스프링 강(鋼)을 소재로 한 U자형 크로스멤버(cross member)의 양단에 트레일링 암을 일체로 용접한 형식이다. 후륜은 트레일링 암에 설치된다. 그리고 토션-빔은 고무/금속 부싱을 사이에 두고 차체에 볼트로 체결된다.

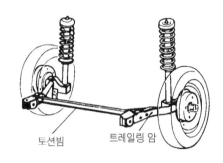

그림 3-29(a) 토션-빔 식 후차축 현가장치

좌/우 차륜이 동시에 파상(波狀)의 노면을 주행할 때는 차축 전체가 설치부싱을 회전점으로 요동한다. 그러나 한쪽 바퀴만 스프링작용을 할 경우엔 토션-빔은 비틀림작용을 하여, 스태빌라이저와 같은 기능도 한다. 스프링작용을 할 때는 토션-빔이 기울어져 토(toe)와 캠버(camber)가 변화하지만 변화량은 그리 크지 않다.

② 트레일링 암 형식(trailing arm : Verbundlenkerachse)

트레일링 암과 스프링 강(鋼)을 소재로 한 크로스멤버(cross member)를 일체로 용접한 형식이다. 후륜은 트레일링 암에 설치된다. 크로스 멤버는 고무부싱을 사이에 두고 차체에 볼트조립된다.

그림 3-29(b) 트레일링 암 식 후차축 현가장치

좌/우 차륜이 동시에 파상(波狀)의 노면을 주행할 때는 차축 전체가 설치부싱을 회전점으로 요동한다. 그러나 한쪽 바퀴만 스프링작용을 할 경우엔 크로스멤버는 비틀림작용을 하여, 스태빌라이저와 같은 기능도 한다.

2. 독립현가장치(independent suspension : Einzelradaufhängung)

> 독립현가장치에서는 스프링 아래질량을 가볍게 할 수 있다. 그리고 한쪽 차륜의 상하 진동이 반대편 차륜에 영향을 미치지 않는다.

앞바퀴용 독립현가장치로는 위시본(Wishbone)식, 맥퍼슨(Mcpherson)식 및 맥퍼슨식의 변형이, 그리고 뒷바퀴용 독립현가장치로는 트레일링 암(trailing arm), 세미 트레일링 암(semi-trailing arm) 및 멀티-링크 암(multi-link arm) 형식이 대부분이다.

(1) 위시본 식(Wishbone type : Doppelquerlenker)

위시본 식의 상/하 컨트롤 암(upper- and lower control arm)은 주행방향에 대한 강성을 증가시키기 위해서 대부분 삼각형으로 제작한다. 삼각형의 정점에 해당되는 부분은 볼 조인트(ball joint)를 매개로 조향 너클(steering knuckle)과 연결되고, 삼각형의 밑변 양단에 해당하는 부분은 각각 부싱을 사이에 두고 차체 또는 차대에 고정된다. 또 상/하 컨트롤 암 사이에는 코일 스프링이 설치된다.

상/하 컨트롤 암의 길이에 따라 평행사변형식과 SLA식으로 분류한다. 주로 FR-구동방식의 대형 승용자동차 및 소형승합차 등의 앞 피동차축 현가장치로 많이 사용한다.

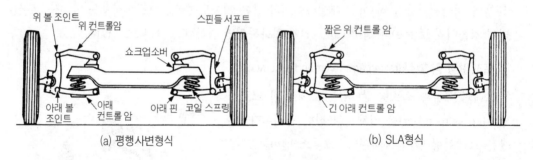

(a) 평행사변형식   (b) SLA형식

그림 3-30 위시본 식 현가장치

① 평행사변형식(parallelogram type)

위 컨트롤 암과 아래 컨트롤 암의 길이가 같다. 차륜이 상/하로 진동할 때 캠버는 변화하지 않으나, 토(toe)는 약간 변화한다.

② SLA(short/long arm type) 형식

위 컨트롤 암의 길이가 아래 컨트롤 암의 길이 보다 더 짧다. 차륜이 상/하로 진동할 때는 캠버와 토(toe), 모두 약간씩 변화한다.

SLA 형식에서는 순간중심의 위치에 따라서 캠버가 변하는 방향이 결정된다. 안전상의 이유 때문에 순간중심이 안쪽에 위치하여 (－)캠버 특성을 나타내는 형식을 주로 이용한다. 이 경우에 타이어의 접지면 안쪽이 더 많이 마모되는 현상이 발생할 수 있다.

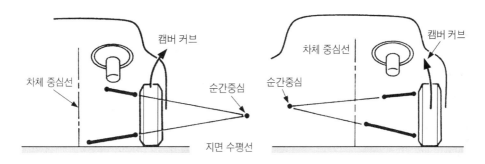

그림 3-31 위시본형식의 순간중심

(2) 맥퍼슨 스트럿(Mcpherson strut)과 댐퍼 스트럿(damper strut) 형식

① 맥퍼슨 스트럿(Mcpherson strut : Mcpherson-Achse)

맥퍼슨 스트럿은 위시본식의 위 컨트롤 암이 조향 너클에 고정된 충격흡수기의 튜브로 대체된 형식이다. 충격흡수기의 플런저롯드는 탄성체의 마운트에 의해 차체에 설치된다. 또 마운트와 스트럿의 스프링 시트 사이에는 코일 스프링이 설치되어 있다.

맥퍼슨 스트럿은 제동력, 가속력, 선회력 등 차체에 작용하는 큰 외력들을 흡수해야 한다. 따라서 충격흡수기의 플런저롯드와 플런저 실린더는 충분한 강성을 가지고 있어야 한다. 또 충격흡수기 플런저롯드의 상단을 차체에 고정하는 마운트(고무 부싱)는 축방향의 큰 힘을 흡수해야 하며, 조향차축일 경우에는 비틀림각이 아주 커야한다. 이러한 이유에서 마운트가 설치되는 위치의 차체(휠 하우스) 영역은 보강한다.

맥퍼슨식 현가장치의 장점으로는 구조가 간단하고 부품수가 적기 때문에 경제적이고, 설치공간을 적게 차지하므로 기관실의 유효 공간체적을 크게 할 수 있다는 점 등이다. 이와 같은 이유에서 FF-구동방식의 앞바퀴 현가장치로도 많이 이용되고 있다.

그러나 맥퍼슨식은 충격흡수기에서 발생하는 마찰력이 크고, 설치높이가 높고, 측력에 대한 저항력이 약하기 때문에 조향안정성에 영향을 미친다는 결점이 있다. 그리고 통상적으로 안티- 다이브 작용(anti-dive action)도 제한된다.

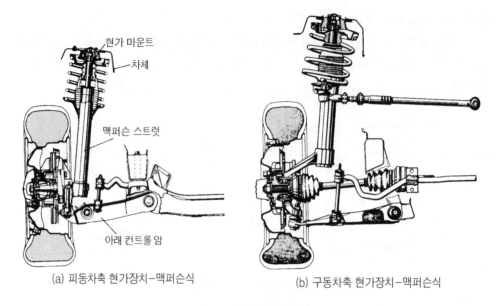

(a) 피동차축 현가장치-맥퍼슨식   (b) 구동차축 현가장치-맥퍼슨식

그림 3-32 맥퍼슨식 현가장치

② **댐퍼 스트럿트**(damper strut)

맥퍼슨 스트럿과 비교할 때 코일 스프링이 충격흡수기와는 별도로 설치된다. 맥퍼슨 스트럿에 비해, 기관실의 공간체적을 크게 할 수 있고, 설치높이도 낮게 할 수 있다. 그리고 안티-다이브 작용은 약 20% 정도이다. 다른 특성들은 맥퍼슨 스트럿과 같다.

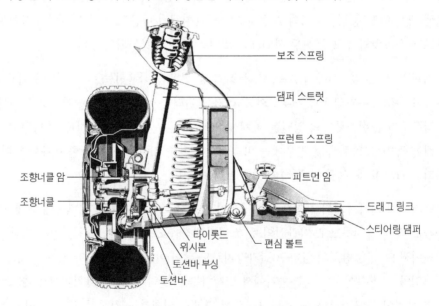

그림 3-33 댐퍼 스트럿 현가장치(DB 230E)

(3) 트레일링 암 형식(wheel suspension on trailing arm)

이 형식은 적재함 바닥의 높이를 크게 낮출 수 있기 때문에 특히 앞바퀴 구동방식에서 후륜 현가장치로서 아주 적합하다. 트레일링 암의 힌지-핀(hinge-pin)이 수평으로 가로로 설치될 경우에는, 차륜이 상/하로 진동할 때 윤거(track), 토(toe) 및 캠버(camber)가 변화하지 않는다.

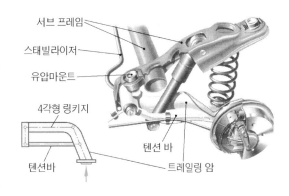

그림 3-34의 경우는 진동과 소음을 차체로부터 보다 더 멀리 격리하기위해, 트레일링 암을 직접 차체에 고정하지 않고, 서브-프레임(sub-frame)에 고정한 방식이다. 서브-프레임은 수평 튜브에 연결된 2개의 리테이너 암(retainer arm)으로 구성되어 있다. 서브-프레임은 4개의 고무부싱에 의해 차체에 볼트로 체결되어 있다. 앞쪽 고무부싱은 유압식 부싱이다.

그림 3-34 서브-프레임에 설치된 트레일링 암

2개의 트레일링 암은 테이퍼 롤러 베어링을 매개로 서브-프레임에 설치된다. 커브를 선회할 때 발생하는 측력에 의한 토(toe)의 변화를 최소화하기 위해, 트레일링 암에 텐션-바(tension-bar)를 용접하였다. 따라서 트레일링 암과 텐션-바가 4각형 링키지를 형성한다.

(4) 세미 트레일링 암(semi-trailing arm : Schräglenker)

이 형식의 전체적인 구조는 그림 3-35와 같다. 세미-트레일링 암은 3각형의 암(arm)으로서, 설치 부싱과의 체결각도는 그림 3-36(a)에서와 같이 위에서 보았을 때 차체의 가로축에 대해 약 $\alpha = 10 \sim 20°$ 정도. 그리고 차체의 뒤에서 보았을 때는, 차체와의 수평면에 대해서 거의 수평이거나 차체의 중앙 쪽으로 약간 기울어져 설치되어 있다.(그림 3-36(b)에서의 각 β).

따라서 토(toe)나 캠버는 세미-트레일링 암의 기울기나 설치위치에 따라 변화한다.

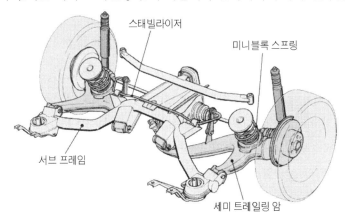

그림 3-35 세미-트레일링 암 형식의 후차축 현가장치

그림 3-36에서 각 α와 각 β를 크게 하면, 스프링이 압축될 경우에 부($-$)의 캠버 특성이 나타난다. 이 특성은 커브를 주행할 때 선회력(cornering force)을 증대시키는 효과가 있다.

구동차축에 이 형식을 이용하기 위해서는 구동축은 2개의 자재이음과 1개의 슬립이음을 필요로 한다. - **스윙 액슬**(swing axle)(그림 3-35 참조)

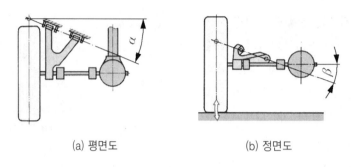

(a) 평면도   (b) 정면도

그림 3-36 세미-트레일링 암의 설치 경사각

(5) 멀티-링크 액슬(multi-link axle : Mehrlenkerachse)

기존의 모든 현가장치들은 차체, 서브-프레임 또는 휠 캐리어에 탄성적으로 설치되어 있기 때문에 주행하는 동안에 원하지 않은 조향운동을 유발하게 된다. 따라서 차륜에 외력이 작용하면 차륜은 주행방향으로부터 일정한 각도만큼 토 - 인(toe-in) 또는 토 - 아웃(toe-out) 방향으로 조향된다. 이와 같은 이유 때문에, 예를 들면 옆바람의 영향을 받을 경우에, 자동차는 원래의 궤적으로부터 크게 이탈하게 된다.

① 멀티-링크 액슬(후륜용)

이 형식은 독립현가장치의 탄성 조향 오류(elastic steering errors)의 보상을 목표로 한다. 탄성 조향 오류란 예를 들면 하나의 차륜에 2개의 링크를 탄성적으로 연결하였을 경우에, 구동력이 작용하는 뒤쪽의 링크에서는 인장현상이 발생하고, 그 반대편인 앞쪽 링크에서는 압축현상이 발생되어 원하지 않은 조향각이 발생하는 현상을 말한다.(그림 3-37(b))

멀티 링크 액슬은 스태빌라이저를 포함한 트윈-컨트롤-암(twin-control-arm)으로부터 개발되었다. 1개의 차륜에 다수(예 : 5개)의 링크(link)가 설치된 형식으로서 후륜용 현가장치로 사용된다. 링크(link)는 각각 고무부싱을 사이에 두고 차대(또는 차체)에 설치되며, 인장력과 압축력을 받는다. 링크의 길이, 위치, 방향 등을 종합적으로 고려하여, 가로방향의 힘이나 세로방향의 힘에 의한 차륜의 고유조향특성이나, 캠버, 축거, 윤거 등의 변화를 최소화한다.

링크들의 중심을 지나는 직선들의 교점이 차륜 중심 평면의 바깥쪽에 위치한다. 따라서 구동력에 의해서는 차륜은 바깥쪽으로 조향되고(M_2), 탄성조향 오류에 의해서는 안쪽으로 조향되게 된다.(M_1) ← 탄성조향 오류 보정(compensation of elastic steering errors)

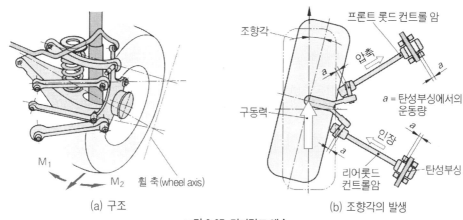

(a) 구조   (b) 조향각의 발생

그림 3-37 멀티링크 액슬

② 멀티-링크 액슬(후륜용)의 운동

주행거동에 결정적인 영향을 미치는 요소는 주로 토(toe)와 캠버의 변화이다. 이유는 이들에 의해 자동차의 고유조향특성이 결정되기 때문이다. 울퉁불퉁한 도로에서 토(toe) 각이 변했다면, 횡력이 발생하고, 이 횡력은 직진성에 부정적인 영향을 미치게 된다.

그림 3-37c에서 멀티-링크가 상/하 운동을 반복할 경우에 토(toe) 값의 변화는 거의 제로(0)임을 알 수 있다. 큰 횡력이 발생되는 것을 방지하기 위해서는, 곡선의 중심영역(직진 주행)에서 캠버의 변화가 가능한 한 적어야 한다. 커브를 선회할 때는 링크가 아래로 내려눌려 부(−)의 캠버가 됨을 알 수 있다. 부(−)의 캠버는 차륜의 커브 선회능력을 개선시킨다.

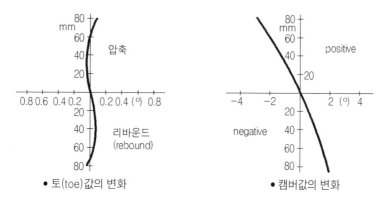

• 토(toe)값의 변화   • 캠버값의 변화

그림 3-37(c) 캠버와 토의 변화(멀티-링크 액슬(후륜)에서)

③ 롤 센터(roll center) - 순간 중심(instantaneous center) (그림 4-47, 4-48 참조)

스프링을 통해 현가장치와 연결된 차체가 횡력에 의해 기울어질 때의 중심점으로서 자동차의 앞에서 보았을 때 자동차의 x축 선상에 위치한다. 여기서 순간중심이란 이 롤-센터가 그 순간에만 그 위치에 존재한다는 것을 의미한다. 즉 롤-센터는 언제나 x축 선상에 존재하지만 현가장치의 운동에 의해 시시각각으로 수직(z축)방향으로의 위치(높이)는 바뀐다.

롤-센터의 위치가 높으면 높을수록, 자동차의 무게중심과의 거리는 가까워진다. 즉, 원심력이 작용하는 레버 암이 짧아져 측면으로 기우는 경향성이 감소되지만, 토(toe) 값의 변화가 커서 직진 안정성은 저해된다. 앞/뒤 차축의 롤-센터를 연결한 직선을 롤-축(roll axle)이라고 한다. 무게중심과 롤-축과의 간격이 차체의 횡방향 기울기의 크기를 결정한다.

제3장 현가장치

제4절 능동 차체 제어
(Active Body Control ; ABC)

이상적인 현가장치라면 상반되는 여러 가지 요구사항들을 동시에 만족시켜야 한다.

① **스프링 장력에서의 상반된 요구** ← 스프링 시스템 장력제어

완벽한 접지성(road holding)을 위해서는 딱딱한(hard) 스프링 시스템이, 승차감(ride comfort)을 위해서는 보다 유연한(soft) 스프링 시스템이 좋다.

② **차륜, 또는 차축에 가해지는 부하가 변해도 동일한 차고(車高)의 유지**

뒤 적재함에 짐이 많이 실려도 전/후 차고의 변화가 없어야 하고, 커브를 선회할 때도 커브 바깥쪽으로 차체가 심하게 기울어져서는 안 된다. ← anti - rolling

또 발진할 때의 과도한 스쿼트(squat), 제동할 때의 과도한 다이브(dive)를 방지해야 한다.

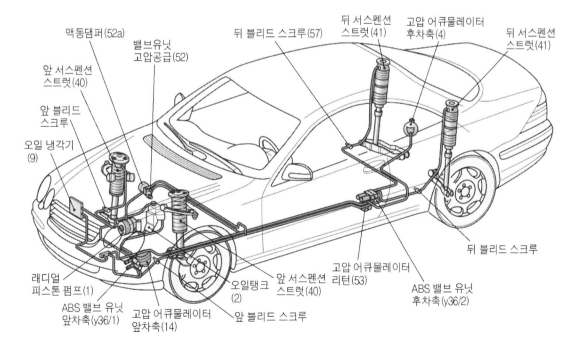

그림 3-38(a) ABC(Active Body Control) 시스템 구성(예)

③ 차고(車高) 제어의 필요성

차고는 고속으로 주행할 때는 낮은 것이 좋고, 험로를 주행할 때는 높은 것이 좋다.

④ 운전자 요구의 변화에 대응

스포츠 모드는 딱딱한 스프링 시스템을, 컴포트 모드는 유연한 스프링 시스템을 요구한다.

능동 차체 제어(ABC)는 스프링 기능과 진동감쇄 기능 외에도, 차고를 자동적으로 제어할 수 있는, 전자 - 유압식 능동 섀시제어 시스템이다. 이 시스템은 제동/가속할 때, 요철노면을 주행할 때, 그리고 커브를 선회할 때에도 전/후 차축의 차고를 동일하게 유지할 수 있다.

1. 시스템 구성

각 휠은 1개의 플런저와 충격흡수기, 그리고 코일스프링으로 구성된 현가 스트럿(strut)에 장착되어 있다.

플런저는 역동적으로 제어할 수 있는 유압 실린더로서, 차륜 또는 차체의 운동에 대항하는 반작용력을 생성한다. 이때 플런저는 코일 스프링의 하단 위치를 변화시켜, 스프링 장력을 변경시킨다. 이를 통해 자동차 좌표계의 개별 축 방향으로의 차체진동을 감소시킬 수 있다.

그림 3-38(c)는 ABC의 유압회로도(예)이고, 그림 3-38(d)는 ABC의 전기회로도(예)이다.

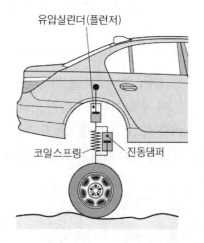

그림 3-38(b) 현가 스트럿(플런저 포함)

2. 센서들의 기능

(1) 압력센서(B4/5)

압력센서는 커넥터 2의 핀 36, 37을 통해서 해당 유압에 대한 신호를 ECU에 전송한다. 이 유압은 흡인 스로틀밸브 y86/1을 통해 일정 수준(예 : 180bar~200bar)으로 제어된다.

(2) 유압 작동유 온도센서(B40/1)

유압 작동유 온도센서는 탱크로 복귀하는 유압 작동유의 온도를 커넥터 2의 핀 26과 핀 2를 통해서 ECU에 전송한다.

(3) 유압실린더(플런저)에 설치된 행정센서(B22/6, B22/1, B22/4, B22/5)

이들 행정센서들은 서스펜션 스트럿의 포지셔닝(positioning) 실린더의 현재 위치를 ECU에 알려 준다. 커넥터 1에 연결된 B22/6은 핀 20에, B22/1은 핀 17에, 그리고 커넥터 2에 연결된 B22/4와 B22/5는 각각 핀 18과 핀 16에 정보를 전송한다.

(4) 차고(車高) 센서(B22/7, B22/10, B22/8, B22/9)

차고센서들은 각 컨트롤 암의 위치로부터 하중 또는 부하변동에 의한 차체의 높이 변화를 측정한다. 커넥터 1과 연결된 B22/7과 B22/10은 각각 ECU의 핀 2, 핀 5에, 그리고 커넥터 2에 연결된 B22/8과 B22/9는 각각 ECU의 핀 20, 핀 42에 차고정보를 제공한다.

(5) 차체 가속센서(B24/3, B24/4, B24/6) ← 중력센서

이들 센서들은 차체의 수직가속도를 측정하는데 사용된다. 센서는 전자 진동요소들로 구성되어 있다. 커넥터 2와 연결된 B24/3과 B24/4는 각각 ECU의 6과 핀8에, 커넥터 1에 연결된 B24/6은 ECU의 핀 29에 정보를 전송한다. 이들은 차체의 상/하 운동거리를 측정하는데 사용된다.

중력센서(gravity sensor)들은 대부분 압전소자(piezo element)가 외력에 의해 압축 또는 신장될 때의 출력전압특성을 이용하는 센서들이 사용되고 있다. ECU는 압전소자의 출력전압을 기준전압(예 : 2.5V)과 비교하여 차체의 상/하 진동(bouncing)을 제어한다.

(6) 횡가속도센서와 종가속도센서(B24/12, B24/14)

이들은 차체의 횡(Y축)방향 및 종(x축)방향의 가속도를 측정한다. 커넥터1에 연결된 B24/12와 B24/14는 각각 ECU의 핀 27과 핀25에 정보를 전송한다. 이들은 차체의 롤링과 피칭 운동을 측정하는데 사용된다.

(7) 신호감지 모듈 및 트리거 모듈(SAM)

SAM은 리모컨, 도어접점 스위치 또는 적재함 조명등을 이용하여, 커넥터 2의 핀 23을 거쳐서 ECU를 트리거링한다. ECU는 경우에 따라, 차고를 사전 선택된 값으로 낮추기 위해 차고를 점검한다.

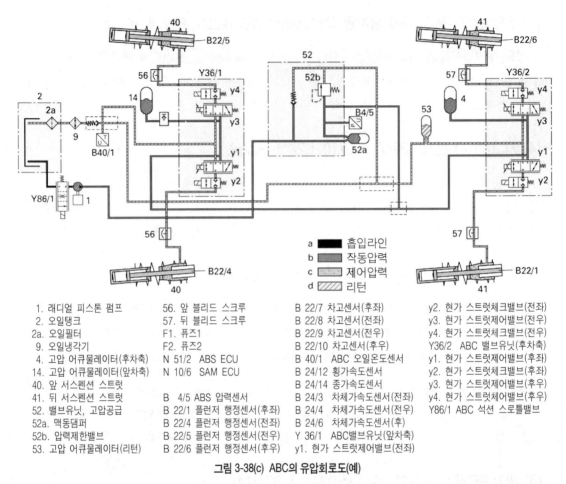

1. 래디얼 피스톤 펌프	56. 앞 블리드 스크루
2. 오일탱크	57. 뒤 블리드 스크루
2a. 오일필터	F1. 퓨즈1
9. 오일냉각기	F2. 퓨즈2
4. 고압 어큐뮬레이터(후차축)	N 51/2 ABS ECU
14. 고압 어큐뮬레이터(앞차축)	N 10/6 SAM ECU
40. 앞 서스펜션 스트럿	
41. 뒤 서스펜션 스트럿	B 4/5 ABS 압력센서
52. 밸브유닛, 고압공급	B 22/1 플런저 행정센서(후좌)
52a. 맥동댐퍼	B 22/4 플런저 행정센서(전좌)
52b. 압력제한밸브	B 22/5 플런저 행정센서(전우)
53. 고압 어큐뮬레이터(리턴)	B 22/6 플런저 행정센서(후우)

B 22/7 차고센서(후좌)	y2. 현가 스트럿체크밸브(전좌)
B 22/8 차고센서(전좌)	y3. 현가 스트럿제어밸브(전우)
B 22/9 차고센서(후우)	y4. 현가 스트럿체크밸브(전우)
B 22/10 차고센서(후우)	Y36/2 ABC 밸브유닛(후차축)
B 40/1 ABC 오일온도센서	y1. 현가 스트럿제어밸브(후좌)
B 24/12 횡가속도센서	y2. 현가 스트럿체크밸브(후좌)
B 24/14 종가속도센서	y3. 현가 스트럿제어밸브(후우)
B 24/3 차체가속도센서(전좌)	y4. 현가 스트럿체크밸브(후우)
B 24/4 차체가속도센서(전우)	Y86/1 ABC 석션 스로틀밸브
B 24/6 차체가속도센서(후)	
Y 36/1 ABC밸브유닛(앞차축)	
y1. 현가 스트럿제어밸브(전좌)	

그림 3-38(c) ABC의 유압회로도(예)

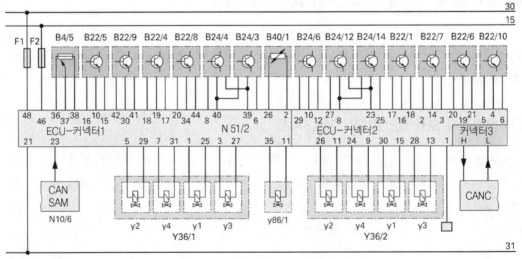

그림 3-38(d) ABC의 전기회로도(예)

(8) CAN-C를 통해 입력되는 정보들

① 자동차 주행속도

대부분 변속기 출력축 또는 속도계 구동축에 설치된다. 주행속도를 검출하여 ECU에 전달한다.(급발차, 가/감속 속도는 ECU에서 연산)

② 제동 여부

브레이크 회로압력이 일정 수준(예 : 15bar) 이상이면, 또는 제동등 스위치가 ON되면 제동신호를 ECU에 전달한다.

(9) ABC-ECU N51/2

ECU는 센서들로부터 입력된 정보들 및 CAN-버스를 통해서 다른 시스템들로부터 전송된 정보들에 근거하여 저장되어 있는, 또는 사전 선택된 모드(스포츠 모드/컴포트 모드)를 비교하여 액추에이터를 작동시킨다.

3. 액추에이터의 기능

(1) 흡인 스로틀밸브(y86/1)

유압펌프로부터 흡인되는 작동유의 유량을 제어하여, ABC 시스템의 유압을 형성한다. 유압은 180bar~200bar 범위로 유지된다. 전류가 흐르지 않는 상태에서는 시스템압력을 유지하기 위해 밸브가 닫힌다.

(2) 컨트롤 밸브(y1, y3)

컨트롤밸브를 제어하여, 포지셔닝 실린더를 작동시키고, 이를 통해 해당 차륜의 차체를 높이거나 낮춘다. 이와 같은 방법으로 차륜들의 접지력을 순간적으로 증가시킬 수 있다.

(3) 체크밸브(y2, y4)

이 들은 기관이 작동하지 않거나 자동차가 정차해 있을 때, 또 고장이 발생했을 경우에 압력손실을 방지하기 위해 닫힌다. 그러므로 체크밸브는 예를 들면 휠을 교환할 때, 또는 자동차를 리프트 위에 올려놓고 작업할 때, 포지셔닝 실린더의 길이가 늘어나는 것도 방지할 수 있다.

4. 제어 과정

(1) 기관 시동(start)

자동차 도어를 열 때, 신호모듈 및 트리거모듈은 커넥터 2의 핀 23을 통해서 ABC-ECU를 작동시킨다. 차고센서 B22/7~B22/10은 실제 차고와 규정 차고를 비교하는데 사용된다. 실제 차고가 규정 차고보다 높으면, 컨트롤밸브 y1, y3이 작동하여 차고를 규정 수준으로 낮춘다.

이와 같은 제어과정을 수행하기 위해서는 ECU는 핀 48을 통해서 축전지 (+)와, 그리고 핀 24를 통해서 축전지 (−)와 연결되어 있어야 한다. 또 점화 스위치를 "ON" 한 다음에, 추가로 ECU의 커넥터 2의 핀 46을 통해 전류가 공급되어야 한다.

(2) 커브 선회(cornering) ← anti-rolling

자동차가 커브를 선회할 때, 횡가속도센서 B24/12가 원심력을 감지한다. 이 신호는 커넥터 1의 핀 27을 통해서 ECU에 전송된다. ECU는 CAN-C를 통해 입력된 앞 좌/우 차륜의 회전속도로부터 자동차가 우측 커브를 선회하는지, 아니면 좌측 커브를 선회하는지의 여부를 판단한다. (시스템에 따라서는 조향각센서로부터의 신호를 사용하기도 한다.)

좌측으로 선회하는 경우에 ECU N51/2는 컨트롤밸브 y3이 커브 바깥쪽(우측) 플런저의 길이가 늘어나 차체의 우측 부분을 들어 올리도록 커넥터 2의 핀 3과 27, 그리고 커넥터 1의 핀 28과 13을 결선한다. 동시에 컨트롤밸브 y1이 커브 안쪽(좌측)의 플런저의 압력을 낮추도록, 커넥터 2의 핀 1과 25 그리고 커넥터 1의 핀 30과 15를 결선한다. 커브 안쪽 플런저의 압력을 낮추면 커브 안쪽의 차체높이는 낮아지게 된다. 이때에도 차고센서 22/7~22/10을 이용하여 실제 차고와 규정 차고를 비교한다.

(3) 가속(acceleration) ← anti-squat

자동차를 가속하면, 종가속도센서 B24/14는 자동차의 길이방향 축(x축) 선상에 작용하는 가속도를 감지한다. 이 신호는 커넥터 1의 핀 25를 통해서 ECU에 입력된다. ECU는 차체의 앞부분은 낮아지고, 차체의 뒷부분은 높아지도록 컨트롤밸브들을 제어한다.

(4) 제동(braking) ← anti-dive

제동할 때는 ECU는 제동등 스위치로부터 CAN-C를 통해서 진행 중인 제동과정에 대한 정보를 수신한다. 이 때 종가속도센서는 ECU 커넥터 1의 핀 25를 통해 제동감속도의 강도를 ECU에 전송한다. ECU는 컨트롤밸브를 제어하여, 차체의 앞부분은 높아지고, 차제의 뒷부분은 낮아지게 한다.

(5) 직진(driving straight ahead) ← **차속감응 제어**(vehicle speed response)

직진할 때, ECU는 CAN - C를 통해서 자동차주행속도를 수신한다. ECU는 사전 선택된 프로그램 또는 저장되어 있는 특성곡선을 근거로 컨트롤밸브를 제어하여 주행속도에 따라 차고를 규정된 값으로 자동적으로 낮춘다.

운전자의 요구(차고 수준 스위치(CAN - C)를 조작)에 따라 차고를 일정 수준(예 : 약 25mm 또는 50mm) 높일 수 있다.

(6) 수직축 방향의 진동(vertical vibration) ← **anti-bouncing**

도로가 수평평면이 아니고 울퉁불퉁하기 때문에 차체는 수직축(z축) 방향으로 진동할 수밖에 없다. 이 진동은 차체-가속센서 B24/3, B24/4, B24/6에 의해 감지된다. 차체-가속센서 B24/3, B24/4의 신호는 ECU-커넥터 2의 핀 6과 8을 통해서, 차체-가속센서 B24/6으로부터의 신호는 ECU-커넥터 1의 핀 29를 통해서 ECU에 입력된다.

차고센서 B22/7, B22/8, B22/9 핀 42, B22/10은 커넥터 2의 핀 20, 그리고 커넥터 1의 핀 2와 5를 통해서 진폭(amplitude)을 ECU에 전송한다.

ECU는 사전 선택된 프로그램 또는 저장되어 있는 특성곡선(스포츠 모드/컴포트 모드)을 근거로 컨트롤밸브를 제어하여 차체의 진동을 감쇄시키거나 흡수, 보정한다.

(7) 안티-세이크(anti-shake)제어

승차자가 승/하차할 경우, 하중변화에 의해 차체가 흔들리게 된다. 이를 세이크(shake)라 한다. 감속하여 규정속도 이하가 되면 승/하차에 대비하여 어느 모드(sport/comfort)에서나 유압실린더의 압력은 상승한다. 차속이 규정값 이상으로 상승하면 유압실린더의 압력은 다시 선택된 모드의 초기값으로 절환된다.

이 외에도 ECU는 고장진단기능을 갖추고 있다. 고장내용을 기억하여, 추후에 정비사가 고장내용을 확인할 수 있도록 한다. 기억된 고장내용은 수리한 다음에 지우거나, 또는 점화스위치를 일정 횟수(예 : 50회) 이상 ON-OFF 시키면 자동적으로 지워지도록 할 수 있다.

그리고 제작사와 형식에 따라 다르지만 컴포트-모드에서 스포츠-모드로 절환되는 시간단위는 대략 100ms 정도이다. 스포츠-모드에서 컴포트-모드로 절환하기 위해서는 센서들은 안정상태를 유지하고 있어야 한다. 상태에 따라 변수지연이 있으나 일반적으로 2초 이내이다.

만약 시스템이 고장일 경우에는 비상운전기능을 발휘한다.

예를 들면 회로가 고장일 경우, 시스템은 자동적으로 스포츠-모드로 절환되어 충격흡수기의 감쇠력은 강(hard)으로 고정된다. ECU가 고장일 경우, 형식에 따라서는 고장 이전의 절환상태를 그대로 유지하는 시스템도 있다.

제3장 현가장치

제5절 압축공기식 현가장치 전자제어(상용자동차용)
(Electronic control of air suspension for commercial vehicles)

이 시스템은 차고(車高)제어, 차고 조정, 차고 제한, 리프팅 액슬(lifting axle) 제어, 압력제어, 그리고 고장감지 및 저장기능 등을 수행할 수 있다.

1. 시스템 구성 및 구조

그림 3-39에 제시된 시스템은 대형 화물자동차의 완전 공기식 현가시스템으로서 리프팅 액슬 (lifting axle)까지 갖춘 시스템이다.

(1) 센서

① 차고(車高) 센서(3)

점화 스위치가 "ON" 되어 있을 경우, 3개의 차고센서들은 계속적으로 자동차의 차고를 ECU에 전송한다.

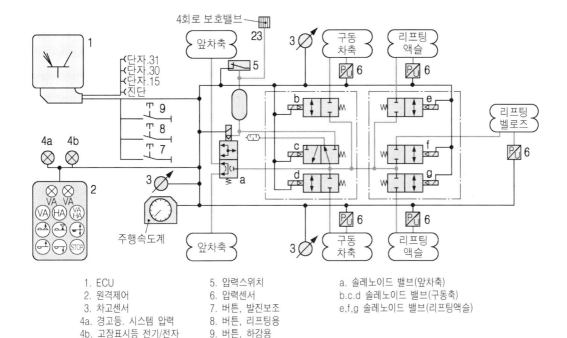

그림 3-39 완전 공기 스프링식 현가장치의 블록선도(예 : 6x2 HGV)

1. ECU
2. 원격제어
3. 차고센서
4a. 경고등. 시스템 입력
4b. 고장표시등 전기/전자
5. 압력스위치
6. 압력센서
7. 버튼, 발진보조
8. 버튼, 리프팅용
9. 버튼, 하강용
a. 솔레노이드 밸브(앞차축)
b.c.d 솔레노이드 밸브(구동축)
e,f,g 솔레노이드 밸브(리프팅액슬)

② 압력 스위치 (5)

시스템 압력을 감시한다. 시스템압력이 규정값 이하로 낮아지면 경고등(4)을 점등시킨다.

③ 압력센서 (6)

각 차륜의 공기스프링 벨로우즈(bellows)의 압축공기압력을 감시한다.

④ 리모컨(remote controller)(2)

규정 차고를 적재 플랫폼(platform)에 따라 조절할 수 있다. 단, 제작사가 규정한 특정속도 범위 내에서만 가능하다.

⑤ 발진 보조 버튼 (7)

리프팅 액슬의 공기스프링 벨로우즈에 작용하는 공기압을 잠시 강하시켜, 구동축의 견인력을 향상시킨다.

⑥ 상승(lifting) 버튼 (8) 또는 하강(lowering) 버튼 (9)

운전자가 이들 버튼을 조작하여 수동으로 리프팅 액슬을 들어 올리거나 내릴 수 있다. 그러나 1축 당 허용 최대 적재하중을 초과한 상태에서는 운전자가 리프팅 액슬을 수동으로 상승시키는 것을 ECU는 허용하지 않는다.

(2) 액추에이터

3/2 또는 2/2 솔레노이드 밸브들은 각 축의 차륜과 연결된 압축공기 공급라인을 연결 또는 차단하여 공기스프링 벨로우즈를 팽창시키거나 또는 수축시킨다.

① 솔레노이드 밸브 FA(a) - 앞차축용
② 솔레노이드 밸브 DA(b, c, d) - 구동 차축용
③ 솔레노이드 밸브 LA(e, f, g) - 리프팅 액슬용

(3) ECU 및 고장 경고등

① ECU (1)

입력정보들을 ECU에 저장된 정보 및 특성곡선과 비교하여 솔레노이드밸브를 작동시킨다.

② 고장 경고등 (4b)

전기/전자 시스템에 고장이 발생하면 점등된다. 그리고 이들 고장들은 ECU에 저장된다. 자동차는 사전에 설정된 차고로 주행을 계속하게 된다.

2. 작동 원리

(1) 공기 공급

별도로 장착된 공기압축기로부터 최대 약 12.5bar까지의 압축공기가 공급된다. 압축공기는 이 외에도 제 2의 용도를 위해 4-회로 보호(protection) 밸브 23 또는 24를 통해서, 또는 압력조절기 다음에서 뽑아내 사용할 수 있다.

(2) 차고 전자제어(그림 3-40 참조)

차대와 연결된 수직 막대에 설치된 차고센서는 차고에 대한 정보를 계속해서 ECU에 전송한다. ECU는 실제 차고와 저장되어 있는 규정 차고를 비교한다. 규정 차고와의 차이가 확인되면, ECU는 해당 차축의 솔레노이드 밸브를 작동시킨다.

해당 차륜의 공기스프링 벨로우즈에 공기를 공급하거나 배출시키는 방법으로, 실제 차고가 규정값으로부터 일정한 공차범위 내에서 유지되도록 제어한다. 정차상태에서는 초 단위 범위 내에서 제어가 이루어진다.

주행 중 잠간 동안의 축 진동, 예를 들면 도로의 요철에 의한 축 진동은 보정되지 않는다. 이 유는 제어에는 일정한 시간적인 지연이 불가피하기 때문이다.

차고센서의 개수에 따라 2점 제어, 3점 제어 및 4점 제어로 구분한다. 3점 제어 방식을 주로 많이 사용하는데, 이 경우에 2개는 조향차축에, 1개는 구동차축에 설치된다.

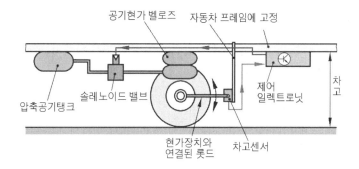

그림 3-40 공기스프링식 현가장치 차고 전자제어(예)

(3) 프론트 액슬/드라이브 액슬의 공기 벨로우즈 팽창/수축

① 프론트 액슬/드라이브 액슬의 공기 벨로우즈의 팽창

이를 위해서는 솔레노이드 밸브 a, b, c 및 d 가 전자적으로 제어된다. 솔레노이드 밸브 c는 압력 형성을 위해, 솔레노이드 밸브 a, b, d 는 압력강하(압축공기 배출)를 위해 사용된다. 규정 차고에 도달하면, 솔레노이드 밸브들은 초기위치로 복귀한다.

② 프론트 액슬/드라이브 액슬의 공기 벨로우즈의 수축

이를 위해서는 솔레노이드 밸브 a, b 및 d 가 전자적으로 제어된다. 이 때 솔레노이드 밸브 들은 압력강하 즉, 압축공기 배출에 사용된다. 벨로우즈의 압축공기는 규정 차고에 도달할 때 까지, 솔레노이드 밸브 c와 소음기를 거쳐서 대기 중으로 방출된다.

(4) 리프팅 액슬 제어

구동축에 설치된 압력센서(6)를 이용하여 리프팅 액슬을 자동으로 하강시킬 수 있다. 구동축의 공기 벨로우즈의 공기압력이 적재하중(예 : 11t)에 의해 일정 수준(예 : 5.3bar)을 초과하면, 리프팅 액슬은 자동으로 하강한다. 리프팅 액슬은 주행하는 동안에 발생하는 압력 피크(peak)에 의해서는 자동으로 하강하지 않는다.

(5) 리프팅 액슬의 압축공기 공급 감소

이를 위해 솔레노이드 밸브 f 를 전기적으로 활성화시키면, 리프팅 벨로우즈는 솔레노이드 밸브 c 를 통해 압축공기를 대기로 방출하고, 리프팅 액슬은 하강하도록 제어된다.

리프팅 액슬의 공기 스프링 벨로우즈에 압축공기를 공급하기 위해서는 솔레노이드 밸브 c, e 및 g를 전기적으로 작동시켜야 한다.

솔레노이드 밸브 c는 압력을 형성하는 방향으로, 솔레노이드 밸브 e와 g는 압력을 방출하는 방향으로 절환된다. 규정된 차고에 도달하면, 솔레노이드 밸브 e와 g는 차단되고, 솔레노이드 밸브 c는 다시 초기위치로 절환된다.

(6) 스위치를 이용한 차고 선택

정차 중에 스위치로 사전에 프로그래밍(programming)되어 있는 차고를 선택할 수 있다. 즉, 컨테이너와 같은 교환식 차대를 이용할 경우에 규정된 범위 내에서 차고를 조절할 수 있다.

(7) 차고 제한

차고가 상한값 또는 하한값(rubber buffer stop)에 도달하면, 차고조절은 취소된다.

(8) 공기압력제어

공기스프링의 실제 공기압력을 정확하게 측정하고, 공기압력을 일정한 한계값 이내로 유지하기 위해서, 공기 스프링 요소에 압력센서를 연결한다. 이들 압력센서들은 측정한 공기압력을 전기적 신호로 바꾸어 ECU에 전달한다.

각 차륜의 공기 벨로우즈의 압력이 임계값(상한값/하한값)에 도달하면 ECU는 해당 솔레노이드 밸브를 작동시켜 공기압력을 제어한다.

조향장치

Steering system : Lenkung

제4장 조향장치

제1절 조향장치 개요
(*Introduction to steering system*)

조향장치는 운전자가 조향 휠(일반적으로 조향핸들이라고 함)에 가한 회전력에 근거하여 차륜의 조향각을 변화시키는 장치이다. 운전자가 임의로 조향할 때, 조작되는 모든 부품들이 조향장치에 속한다.

주요 구성 부품들은 조향 휠(steering wheel), 조향 축(steering shaft), 조향 기어(steering gear), 피트먼 암(pitman arm), 드래그 링크(drag link), 타이롯드(tie rod), 너클암(steering knuckle arm), 너클(steering knuckle) 등이다.

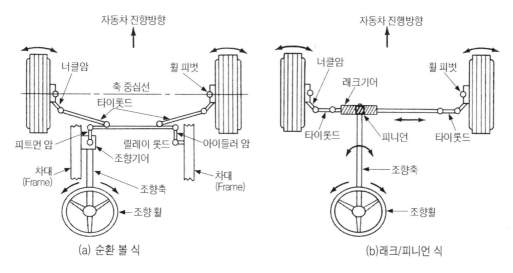

그림 4-1 조향장치의 기본 구성

조향장치의 기본 기능 및 필요조건은 다음과 같다.
① 차륜, 주로 앞바퀴(前輪)를 원하는 방향으로 조향한다.
② 운전자의 수동조작력에 의한 조향토크를 차륜을 조향하는데 충분한 수준의 조향토크로 증강시킨다. (조향토크의 변환)

③ 커브를 선회할 때, 좌/우 차륜의 조향각을 서로 다르게 한다.(사다리꼴 조향기구)

④ 조향핸들에서 손을 떼면, 조향차륜들(주로 앞바퀴)은 직진 위치로 복귀해야 한다.(직진 복원성)

⑤ 노면으로부터의 충격을 감쇄시켜 조향핸들에 가능한 한 적게 전달되게 해야 한다. 그러나 감쇄작용에 위해 운전자가 타이어와 노면의 접촉감각을 느낄 수 있어야 한다.

⑥ 조향장치의 조향기어비는 가능한 한 작아야 한다.

⑦ 조향시스템의 기계적 강성이 충분하여, 자동차의 조향오류(특히 고무의 탄성을 이용하여 결합시킨 부품들에 의한)를 최소화시켜야 한다.

오늘날의 거의 모든 자동차들에는 사다리꼴 기구(trapezoidal mechanism)를 기본으로 하는 애커먼-조향장치(Ackermann steering)*가 사용되고 있다. 이 시스템은 2점 지지방식이다.

제 5륜 조향기구(fifth wheel steering)는 1점 지지방식(single-pivot steering)으로 주로 견인자동차와 연결되는 피견인 자동차의 조향장치에서 그 흔적을 찾아 볼 수 있다.

앞바퀴뿐만 아니라 뒷바퀴까지 즉, 모든 차륜을 조향시키는 총륜조향(all wheel steering) 방식은 회전반경이 작고, 선회안정성이 높다는 장점을 가지고 있다. 그러나 극히 제한적으로 사용되고 있다.

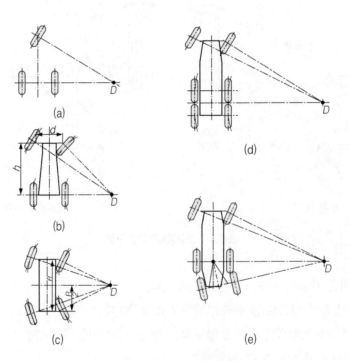

그림 4-2 조향 차륜의 배치방식

참 고

● 애커먼 조향장치(Ackermann Steering : Achsschenkellenkung)

사다리꼴 조향기구는 바이에른 공국의 마차제작 마이스터 랑켄스페르거(Georg Lankensperger : 독일 Bayerischer Hofwagner-Meister)가 1816년에 발명하였다. 그의 친구 애커먼(Rudolph Ackermann : 1764~1834, 독일에서 태어나 후에 영국에 귀화함)이 개량하여 1818년 1월 27일 애커먼 조향기구(Ackermann-steering)로 영국특허 NO. 4212를 받았다.

특허를 받은 조향기구를 장착한 랑켄스페르거 4륜 마차(Lankensperger -coach)는 약 200여대 제작, 판매된 것으로 알려지고 있다. 애커먼의 사후, 사장되어 오다가 1893년 벤츠(Karl Benz : 1844~1929, 독일 엔지니어)가 동일한 설계원리를 적용한 자동차(Benz Viktoria)로

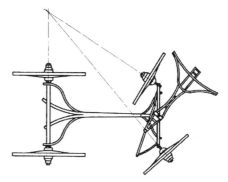

참고도1 랑켄스페르거의 4륜 마차 조향기구

독일제국 특허를 받았다. 사다리꼴 조향기구가 자동차에 채용된 것은 랑켄스페르거가 사다리꼴 조향기구를 발명한지 약 80년 후의 일이다.

1. 실린더
 • 내경 : 70mm
 • 행정 : 120mm
 • 행정체적 : 462cc
 • 출력 : 0.8kW/700min^{-1}
 • 최고속도 : 16km/h
 • 1886년 제작

참고도 2 다이믈러 코치(Daimler coach) -제5륜 조향기구

1. 실린더
 • 내경 : 150mm
 • 행정 : 165mm
 • 행정체적 : 2915cc
 • 출력 : 3.7kW/700min^{-1}
 • 최고속도 : 35km/h
 • 연료소비율 : 20 ℓ/100km
 • 1893년 제작

참고도 3 벤츠 빅토리아(Benz Viktoria) -애커먼 조향기구

1. 제 5륜 조향기구

(fifth-wheel steering ; single-pivot steering ∶ Drehschemellenkung)

4륜 마차(coach)의 후차축에 기관을 장착하고, 말에 연결되는 앞부분을 제거한 다이믈러 코치(Daimler coach)(참고도 2)의 조향기구가 바로 제 5륜 조향기구이다.

제 5륜 조향기구에서 좌/우 조향차륜은 선회할 때 완전한 동심원 궤적을 주행할 수 있다. 그러나 직진(그림 4-3(b))할 때와 선회(그림 4-3(c))할 때를 비교하면, 조향방향과 조향각에 따라 하중분포면적(그림에서 빗금 면적)이 크게 변화한다. 결과적으로 차체의 안정성이 크게 낮아지고, 동시에 전복위험도 그만큼 증대된다. 그리고 조향방향에 따라 차축까지도 항상 좌/우로 회전하여야 하므로 차체의 높이가 높아진다. 이러한 이유 때문에 현재는 사용되지 않는다. 다만 앞에서도 언급한 바와 같이 피견인차의 조향기구에 그 흔적이 남아있을 뿐이다.

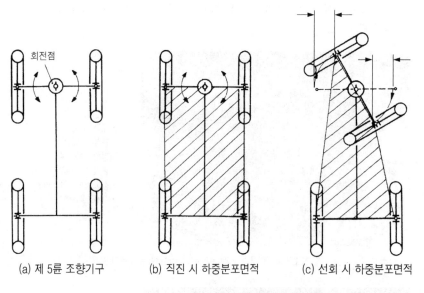

(a) 제 5륜 조향기구   (b) 직진 시 하중분포면적   (c) 선회 시 하중분포면적

그림 4-3 제 5륜 조향장치

2. 평행사변형 조향기구(그림 4-4, 4-5 참조)

이 조향기구는 제 5륜 조향기구와 비교할 때, 조향방향과 조향각이 변화해도 하중분포면적에는 거의 변화가 없다. 그러나 선회할 때 좌/우 조향차륜의 조향각(α, β)이 항상 서로 동일하기 때문에 좌/우 조향차륜의 궤적은 언젠가는 한 점에서 만나게 된다.

그림 4-5에서 후차축 연장선과의 교점 (C1), (C2)에서 조향차륜 각각의 허브(hub) 중심을 반

경으로 하는 원을 그리면 궤적은 점점 좁아져, 결국은 교차하게 된다. 그러나 실제 자동차의 차륜거리(track)는 일정하다. 따라서 좌/우 조향차륜들은 자신의 기하학적 궤적을 따라 주행할 수 없다. 즉, 좌/우 조향차륜들은 서로 반대편 차륜을 기하학적 궤적 밖으로 밀어내게 된다. 결국 좌/우 조향차륜들은 전동(rolling)하면서 동시에 옆방향으로 미끄럼운동을 하게 된다. 따라서 선회안정성이 낮고, 타이어의 마모도 빠르다. 조향기구로서 부적당하므로 사용하지 않는다.

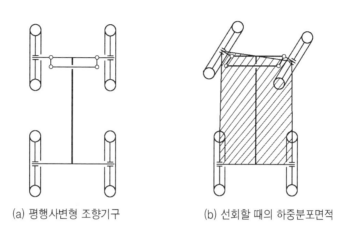

(a) 평행사변형 조향기구　　　　(b) 선회할 때의 하중분포면적

그림 4-4　평행사변형 조향기구

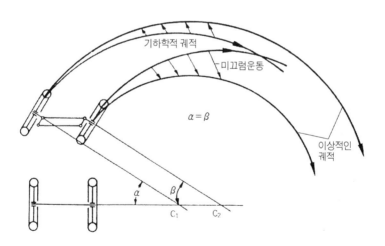

그림 4-5　평행사변형 조향기구의 선회궤적

커브를 선회할 때 좌/우 조향차륜이 옆방향으로 미끄럼운동을 하지 않고 전동하려면, 좌/우 차륜의 궤적은 항상 동심원이어야 한다. 또 조향방향과 조향각이 변화하더라도 하중분포면적에는 거의 변화가 없어야 한다. 자동차 조향기구는 이와 같은 조건을 동시에 만족시켜야 한다. - 사다리꼴 조향기구

제2절 애커먼 조향기구

(Ackermann steering ; double-pivot steering)

1. 커브를 선회할 때 조향차륜의 궤적

선회할 때 좌/우(또는 내/외) 조향차륜이 각각 옆방향으로 미끄럼운동을 하지 않으면서 주행하려면, 커브 안쪽 차륜이 커브 바깥쪽 차륜보다 더 많이 조향되어야 한다. 그리고 조향할 때 좌/우 너클 스핀들(knuckle spindle)의 중심선의 연장선이 후차축 연장선의 한 점을 항상 동시에 교차해야 한다. 즉, 선회할 때 모든 조향차륜들이 그리는 원의 궤적은 공통중심을 갖는 동심원이 되어야만 이상적이다.(그림 4-6참조)

커브 안쪽 차륜과 커브 바깥쪽 차륜의 조향각의 차이(δ)를 선회 시 토-아웃(toe-out on turns) 또는 애커먼 각(Ackermann angle)이라 한다. 그림 4-6에서 커브 바깥쪽 차륜의 회전각(α)은 커브 안쪽 차륜의 회전각(β)보다 작다. 즉, "$\alpha < \beta$"가 항상 성립한다.

선회 시 토-아웃 각(=애커먼 각)은 사다리꼴 조향기구(=애커먼 조향기구)에서 얻어진다.

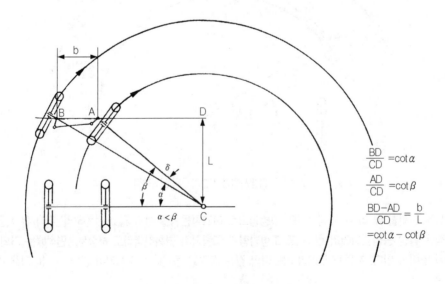

$$\frac{BD}{CD} = \cot \alpha$$

$$\frac{AD}{CD} = \cot \beta$$

$$\frac{BD-AD}{CD} = \frac{b}{L}$$
$$= \cot \alpha - \cot \beta$$

그림 4-6 선회할 때 동심원 궤적을 얻기 위한 조건

2. 사다리꼴 조향기구(trapezoidal steering mechanism : Lenktrapez)의 원리

자동차가 직진위치에 있을 때, 스티어링 너클암(knuckle arm), 타이롯드(tie rod) 및 앞차축이 함께 사다리꼴을 형성한다. → 사다리꼴 조향기구 또는 애커먼 조향기구

스티어링 너클암은 스티어링 너클과 일체이며, 스티어링 너클은 볼트(킹핀) 또는 볼-조인트(ball joint)에 의해 현가장치에 지지된다.

사다리꼴 조향기구는 평행사변형 조향기구에서와 마찬가지로 조향방향과 조향각이 변화해도 하중분포면적에는 거의 변화가 없다. 그러면서도 평행사변형 조향기구에서는 얻을 수 없는 동심원 궤적을 얻을 수 있다. 즉, "선회 시 토-아웃 각(=트랙 차이각)"을 얻을 수 있다.

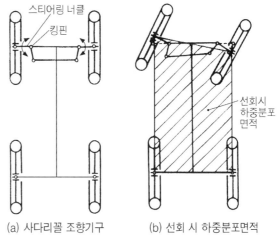

(a) 사다리꼴 조향기구　　(b) 선회 시 하중분포면적

그림 4-7 사다리꼴 조향기구

사다리꼴 조향기구에서 애커먼 각(=트랙 차이각)이 얻어지는 이유는 다음과 같다.

직진(그림 4-8(b))할 때, 타이롯드는 앞차축에 나란하다. 선회(그림 4-8(a), (c))할 때에는 스티어링 너클이 조향되고, 동시에 차륜도 조향되어야 한다. 일체인 스티어링 너클과 너클암이 서로 90°가 아니면, 어느 한 쪽으로 조향할 때 타이롯드는 앞차축에 대해 더 이상 나란할 수 없게 된다. 따라서 좌/우 너클암 선단의 운동거리(=운동각)가 서로 다르게 된다. 이와 같은 원리에 의해 커브 안쪽 차륜과 커브 바깥쪽 차륜의 조향각은 항상 서로 다르게 된다. 즉, 트랙 차이각(=선회 시 토-아웃)이 발생한다.

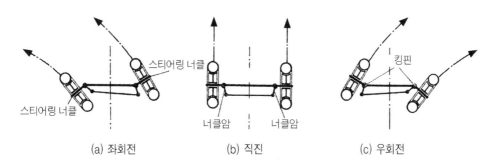

(a) 좌회전　　　　(b) 직진　　　　(c) 우회전

그림 4-8 사다리꼴 조향기구의 원리 → 트랙 차이각의 발생

3. 이론 사다리꼴 조향기구(= 애커먼 조향기구)

앞서 그림 4-6에서와 같이 모든 조향각에서 모든 조향차륜이 항상 동심원의 궤적을 주행하도록 하려면 좌/우 조향차륜의 스핀들 연장선은 항상 후차축 연장선의 한 점에서 만나야 한다.

사다리꼴 조향기구의 완벽 여부는 그림 4-9(b)와 같이 점검한다. 그림 4-9(b)에서 기준선은 차축 중심선(x축)을 기준하여 앞차축 좌/우 킹핀 위치와 동일한 위치를 후차축에 설정하고, 앞차축 중간지점과 후차축에 설정한 킹핀점을 연결한 직선으로 표시되어 있다. 그림에는 1개의 기준선만 표시되어 있으나 좌/우에 1개씩, 모두 2개를 그릴 수 있다.

그림 4-9(b)는 우측으로 조향한 경우이다. 먼저 좌측 차륜의 너클 스핀들 연장선을 그어 후차축 연장선과의 교점(Mo)을 구한다. 그리고 우측 차륜의 킹핀 회전점에서 앞차축으로부터 우측 차륜의 조향각(β) 만큼 각을 설정, 직선을 그어 좌측 차륜 스핀들 연장선과의 교점(c)을 구한다. 이때 모든 조향각에서 모든 조향차륜들이 항상 동심원의 궤적을 주행하기 위해서는, 이 교점(c)은 항상 기준선 위에 있어야 한다. 이 교점(c)이 기준선으로부터 벗어나는 정도를 조향편차 (steering deviation : Lenkfehler)라고 한다.

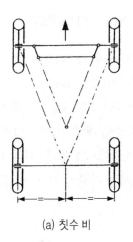
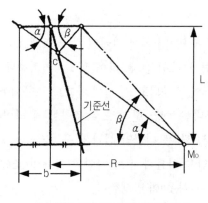

(a) 칫수 비   (b) 이론 사다리꼴 조향기구의 점검

그림 4-9 이론 사다리꼴 조향기구

실제 사다리꼴 조향기구의 칫수 비는 그림 4-10과 같이 근사적인 방법으로 결정한다.

사다리꼴 조향기구는 직진방향에서의 너클암의 각도와 길이(2h)에 의해 결정된다. 길이(2h)는 설계상 사용할 너클암의 길이에 의해 결정된다. 그리고 조인트(joint)와 롯드(rod)에 작용하는 힘을 작게 하기 위해서 너클암의 길이는 가능한 한 길게 한다.

조향각이 작은 영역에서 이상적인 상태에 접근시키기 위해서는 그림 4-10(a)와 같은 방법으로 칫수를 결정한다. 직진상태에서 좌/우 너클암의 연장선의 교점이 타이롯드 후방으로 축간거리의 1/2에 위치하게 한다.

4-10(a)의 방법에 의해 결정된 조향기구는 조향각이 커짐에 따라 조향편차가 급격히 증대된다. 그리고 너클암과 타이롯드는 비교적 짧은 시간 내에 사점(dead point) 즉, 너클암과 타이롯드가 일직선을 이루는 점에 도달하게 된다.

그림 4-10(a)에서의 문제점 때문에 그림 4-10(b)와 같이 직진할 때 좌/우 너클암 연장선의 교점을 윤거의 2.5배(2.5b)에 위치하도록 하는 방법을 주로 사용한다. 이 형식에서는 조향각이 작을 경우에는 조향편차가 약간 크다. 그러나 특정 조향각에서는 조향편차가 다시 0(zero)이 되고, 이어서 반대방향으로 급격히 증대된다.(그림 4-11참조)

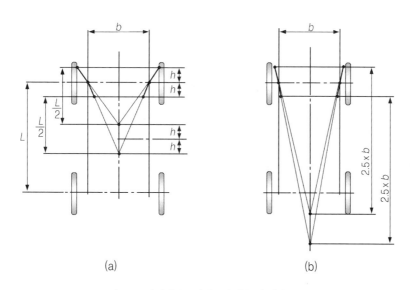

(a)   (b)

그림 4-10 사다리꼴 조향기구의 치수 비 결정(근사법)

그림 4-11은 실제 조향기구를 점검선도를 이용하여 점검하는 방법을 제시하고 있다. 그림 4-9(b)와 마찬가지로 우측으로 조향한 경우이다. 먼저 결론부터 이야기하기로 한다.

우측으로 조향할 경우, 교점이 기준선의 좌측에 위치하면 바깥쪽 차륜(=좌측 차륜)이 크게 조향된다. 반대로 교점이 기준선의 우측에 위치하면 바깥쪽 차륜(=좌측 차륜)이 너무 적

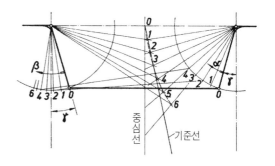

그림 4-11 실제 조향기구 점검선도(우측 조향 상태)

게 조향된다. 조향편차의 일반적인 경향성은 근본적으로 모든 사다리꼴 조향기구에서 같다.

그림 4-11에서 기준선 위의 교점은 2개이다. 제1의 교점은 직진상태에서의 교점(0)이며, 제2의 교점은 임의의 조향각 점(3) 근처이다. 제2의 교점은 대략 정상 주행상태에서의 조향각으로 제한하여 결정한다. 이 영역에서는 이론 조향기구와의 편차가 적으나, 이 영역을 벗어나면 조향 편차는 급격히 증가한다.

편차가 큰 조향각은 저속으로 주행할 때만 가끔 사용하게 되며, 저속으로 주행할 때에는 조향 각 편차가 크더라도 별 문제가 되지 않는다.

사다리꼴 조향기구를 설계할 때, 제2의 교점이. 커브 바깥쪽 차륜의 조향각 $\alpha = 20 \sim 30°$, 대부분은 $25 \sim 27°$ 범위에서 얻어지도록 설계한다.

제4장 조향장치

제3절 차륜 정렬 요소
(Wheel alignment factors - steering geometry)

자동차의 차륜은 주행성, 안정성 및 조종성 등을 고려하여 기하학적으로 특정 각도 상태로 차축에 설치된다. 이와 같이 차륜의 위치와 관련된 기하학적인 각도관계를 차륜정렬요소(wheel alignment factors)라 한다.

차륜 정렬 요소들은 상호간에 조화를 이루어, 다음의 목표를 달성하여야 한다.
① 작으면서도 유용한 고유조향 특성
② 직진성의 개선
③ 타이어 이상 마모의 최소화
④ 휠 현가장치의 유격 보상
⑤ 휠의 시미(shimmy or wobble) 현상의 제거 또는 최소화

1. 캠버(camber or wheel rake : Sturz)

그림 4-12와 같이 자동차를 정면에서 보았을 때, 수직선에 대하여 차륜의 중심선이 경사되어 있는 상태를 캠버라 한다. 각도로 표시하며, 정(+), 제로(zero) 및 부(−)의 캠버로 나눈다.

(1) 정(+)의 캠버

그림 4-12(a)와 같이 차륜 중심선의 위쪽이 노면에 수직인 직선을 기준으로 밖으로 기울어진 상태를 말한다. 승용자동차의 앞바퀴의 캠버는 대부분 $+0° 20′ \sim +1° 30′$ 범위이고 그 편차는 $±30′$ 정도이다.

정(+)의 캠버는 직진성을 좋게 하고(특히 FR구동방식에서), 킹핀 오프셋(kingpin offset)을 작게 한다. 따라서 정(+)의 캠버가 크면 클수록 선회력(cornering force)은 감소한다.

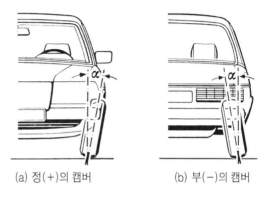

(a) 정(+)의 캠버   (b) 부(−)의 캠버

그림 4-12 캠버(camber)

(2) 제로(zero) 캠버

자동차를 정면에서 보았을 때, 차륜의 중심선이 수직인 상태를 말한다.

(3) 부(−)의 캠버

부(−)의 캠버란 그림 4-12(b)와 같이 차륜 중심선의 위쪽이 노면에 수직인 직선에 대해 안쪽으로 기울어진 상태를 말한다.

고속 승용자동차의 경우는 앞바퀴도 대부분 부(−)의 캠버이다. 앞바퀴의 캠버는 직진상태에서 $−60′ \sim +30′$ 범위이고 편차는 $±30′$까지 허용된다. 뒷바퀴의 캠버는 대부분 $−0° 30′ \sim −2°$ 정도로 부(−)의 캠버이다.

부(−)의 캠버는 선회력을 증가시키지만, 타이어 트레드의 안쪽의 마모를 촉진시킨다.

2. 킹핀 경사각(kingpin inclination : Spreizung)

그림 4-13과 같이 자동차를 정면에서 보았을 때, 킹핀 중심선(또는 상/하 볼-조인트를 연결한 직선)이 노면에 수직인 직선과 만드는 각을 말한다. 킹핀 경사각은 대략 $5 \sim 10°$ 범위이다.

킹핀 경사각과 캠버를 합하여 협각(挾角)(included angle)이라 한다. 현가장치의 스프링작용으로 차체의 높이가 높아지거나 낮아져도 협각은 항상 일정하다. 즉, 차체 높이가 변화함에 따라 킹핀 경사각이 커지면 캠버는 작아지고, 그 반대도 성립한다. 이는 캠버가 변화함에 따라 킹핀 경사각도 변화한다는 것을 의미한다. 따라서 차륜정렬을 할 때에는 캠버를 먼저 측정하고, 필요하면 조정한 다음에 킹핀 경사각을 측정, 조정해야 한다. 캠버가 정확하면 킹핀 경사각도 정확하게 된다.

그림 4-13 킹핀 경사각

킹핀 경사각과 캠버는 킹핀 오프셋(또는 스크러브(scrub) 반경)에 영향을 미친다.

그리고 킹핀 경사각은 조향핸들을 임의의 방향으로 조향하였을 때, (+)킹핀 오프셋과 함께 차체의 앞부분을 들어 올리는 작용을 하여, 자동차의 무게에 의한 직진복원력을 발생시킨다. 킹핀 경사각은 또 조향차륜의 시미(shimmy : Flattern) 현상을 방지한다.

3. 킹핀 오프셋 또는 스크러브 반경(kingpin off-set or scrub radius : Lenkrollhalbmesser)

그림 4-14에서와 같이 차륜의 중심선이 노면에서 만나는 점과 킹핀 중심선의 연장선이 노면에서 만나는 점 사이의 거리를 말하며, 킹핀 경사각과 캠버에 의해서 결정된다. 그리고 킹핀 오프셋은 타이어와 노면 사이에서 발생하는 마찰력이 작용하는 토크 암(torque arm)이 된다.

정(+), 제로(zero) 및 부(−)의 킹핀 오프셋으로 분류한다.

킹핀 오프셋이 작으면 작을수록 조향장치의 각 부품에 가해지는 부하는 작지만, 차륜조향에 필요한 힘(=조향력)은 증대된다. 승용자동차의 킹핀 오프셋은 후륜구동방식에서는 30~70mm, 전륜구동방식에서는 10~35mm 정도가 대부분이다.

(1) 제로 킹핀 오프셋(zero kingpin off-set)

그림 4-14(a)와 같이 타이어의 중심선과 킹핀 중심선의 연장선이 노면의 한 점에서 공동으로 만나는 상태를 말한다. 조향할 때, 차륜은 킹핀을 중심으로 원의 궤적을 그리지 않고, 접촉점에서 직접 조향된다. 따라서 정차 중에 조향할 때, 큰 힘을 필요로 하게 된다. 주행 중 외력에 의한 조향간섭은 작다. 제동할 때 앞바퀴를 밖으로 조향되게 하는 토크는 현저하게 감소한다.

(2) 정(+)의 킹핀 오프셋(positive kingpin off-set)

그림 4-14(c)와 같이 차륜 중심선의 접지점이, 킹핀 중심선의 연장선과 노면이 만나는 점보다 바깥쪽에 위치한 상태를 말한다.

정(+)의 킹핀 오프셋은 제동할 때, 차륜이 안쪽으로부터 바깥쪽으로 벌어지도록 작용한다. 노면과 양측 차륜 사이의 마찰계수가 서로 다를 경우에는 마찰계수가 큰 차륜이 바깥쪽으로 더 많이 조향되어, 자동차가 차선을 이탈할 수 있다.

차륜의 시미현상을 감소시키고, 차륜으로부터 조향장치에 전달되는 토크를 작게 유지하기 위해서 가능하면 킹핀 오프셋을 작게 하고자 한다.

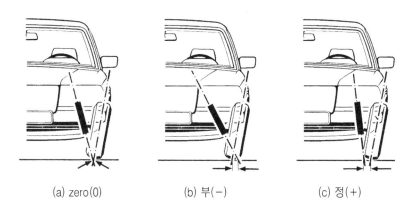

(a) zero(0) (b) 부(−) (c) 정(+)

그림 4-14 킹핀 오프셋(스크러브 반경)

(3) 부(−)의 킹핀 오프셋(negative kingpin off-set)

그림 4-14(b)와 같이 차륜 중심선의 접지점이, 킹핀 중심선의 연장선과 노면이 만나는 점보다 안쪽에 위치한 상태를 말한다. 회전점이 차륜의 중심보다 바깥쪽에 위치하므로, 제동할 때 차륜은 제동력에 의해 바깥쪽으로부터 안쪽으로 조향되게 된다.

노면과 좌/우 차륜 간의 마찰계수가 서로 다를 경우, 마찰계수가 큰 차륜이 안쪽으로 더 크게 조향되므로 자동차는 주행차선을 그대로 유지할 수 있게 된다.(그림 4-14(d))

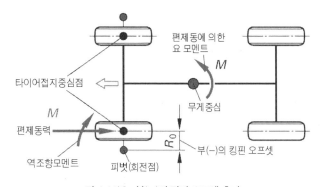

그림 4-14(d) 부(−)의 킹핀 오프셋 효과

4. 캐스터(caster : Nachlauf)

그림 4-15와 같이 자동차를 측면에서 보았을 때, 킹핀의 중심선(또는 상/하 볼-조인트 중심을 연결한 직선)이 노면에 수직인 직선에 대하여 어느 한 쪽으로 기울어져 있는 상태를 말하고, 그 각도를 캐스터 각(caster angle)이라 한다.

캐스터는 mm단위로도 표시할 수 있다. mm단위로 표시할 경우에는 이를 캐스터 오프셋 또는 트레일(trail)이라 한다. 이 경우에는 휠 허브(hub) 중심을 지나는 수직선과 킹핀 중심선의 아래쪽 연장선이 각각 노면에서 만나는 점 사이의 거리를 말한다.

캐스터는 정(+)의 캐스터(positive caster)와 부(−)의 캐스터(negative caster)로 구분한다.

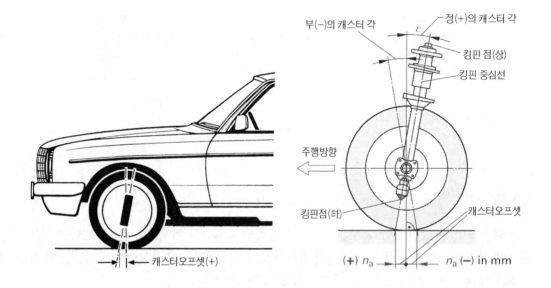

그림 4-15 캐스터(caster)

주로 이용되는 캐스터 값의 범위는 다음과 같다.
- 앞-기관 뒷바퀴 구동방식(FR) : $+2°\sim+10°$
- 앞-기관 앞바퀴 구동방식(FF) : $-1°\sim+3°$

(1) 정(+)의 캐스터(positive caster)(그림 4-15 참조)

차체를 측면에서 보았을 때, 킹핀의 위쪽이 휠 허브를 지나 노면에 수직인 직선의 뒤쪽으로 기울어져 있는 상태를 말한다.

정(+)의 캐스터는 주행 중, 차륜을 앞에서 끌어당기는 효과를 나타내므로, 자동차는 전진방향으로 안정되고 시미(shimmy)현상이 감소한다. 주로 후륜구동방식에서 많이 사용한다. 그러나 2륜자동차와 4륜자동차를 비교하면, 4륜자동차에서는 추가로 캠버와 킹핀 오프셋에 의한 상호작용이 발생한다는 점을 고려해야 한다.

정(+)의 캐스터는 킹핀 경사각 때문에 자동차가 선회할 때, 커브 안쪽 바퀴는 차체를 약간 들어올리고, 커브 바깥쪽 바퀴는 차체를 약간 낮추는 작용한다. ← 부(−)의 캐스터일 경우는 반대로 커브 바깥쪽 바퀴가 차체를 약간 들어 올리는 작용을 한다.

정(+)의 캐스터는 커브를 선회한 다음에 조향핸들에 가한 힘을 제거하면 조향차륜을 직진위치로 복귀시키는 복원력을 발생시킨다.

또 후-기관(rear engine) 자동차는 전-기관(front engine) 형식에 비해 차체의 앞부분이 상대적으로 가볍기 때문에, 캐스터를 약간 크게 하는 경향이 있다.

(2) 부(−)의 캐스터(negative caster)

차체를 측면에서 보았을 때, 킹핀의 위쪽이 휠 허브를 지나 노면에 수직인 직선의 앞쪽으로 기울어져 있는 상태를 말한다.

부(−)의 캐스터는 주로 앞기관/앞바퀴 구동(FF)자동차에 이용된다. 부(−)의 캐스터는 선회한 다음에 직진상태로의 복원력이 정(+)이 캐스터에 비해 상대적으로 낮다. 따라서 조향차륜들이 직진위치로 지나치게 복원 조향되는 것을 방지한다. 이 외에도 옆방향 바람에 대한 민감성(cross-wind sensitivity)도 감소시킨다.

> 캐스터와 캠버 및 킹핀 경사각은 함께 작용하여 조향된 차륜의 복원력에 영향을 미친다. 또 조향장치를 안정시키고 차륜의 시미(shimmy)현상을 방지한다.

5. 축간거리(wheel space or wheel base)와 차륜거리(track)

(1) 축간거리(wheel space : Radstand)

전/후 차축 타이어의 접지 중심점 사이의 거리를 말한다.

차축이 3개일 경우에는 앞차축과 중앙차축 간의 거리를 제1 축간거리, 중앙차축과 후차축 간의 거리를 제2 축간거리라 한다. 그리고 제1 축간거리와 제2 축간거리를 합한 것을 "가장 먼 축간거리"라 한다. 같은 방법으로 4축식에서는 제3 축간거리가 있고, 이 경우 "가장 먼 축간거리"

는 제3 축간거리까지를 합한 값이 된다.

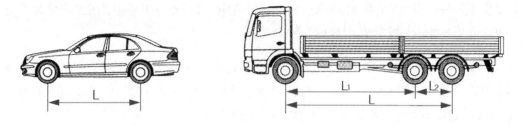

그림 4-16 자동차의 축간거리(L)

(2) 차륜거리(track or tread : Spurweite)

직진 상태로 정차 중인 자동차의 1개의 차축에서 좌/우 타이어 접지면 중심 간의 거리를 말한다. 복륜인 경우에는 복륜 간격의 중심 사이의 거리를 말한다.

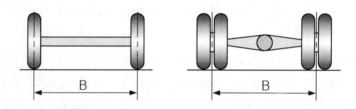

그림 4-17 자동차의 차륜거리(B)

6. 토(toe : Spur)

자동차가 직진위치에 있을 때, 1개의 차축의 좌/우 차륜을 자동차의 위쪽에서 내려다보면 서로 나란하지 않고, 임의의 각도를 두고 설치되어 있다. 사람이 서 있을 때, 양쪽 발의 발가락과 발뒤꿈치가 만드는 각과 유사한 개념이다. 토(toe)는 거리(mm) 또는 각도(°)로 표시한다.

그림 4-18에서와 같이 휠 허브 중심높이에서 측정한 좌/우 휠 림(wheel rim)의 안쪽 가장자리 사이의 거리 l_2와 l_1의 차 즉, $l_2 - l_1$을 토(toe : Spur)라 한다.

"$l_2 - l_1 > 0$"이면 토-인(toe-in : Vorspur), "$l_2 - l_1 = 0$"이면 토-제로(toe zero : Spur Null), "$l_2 - l_1 < 0$"이면 토-아웃(toe-out : Nachspur)이라 한다. 즉, 좌/우 차륜 간의 앞쪽 간격이 뒤쪽보다 좁은 경우를 토-인(toe-in)이라 한다.

토(toe) 값은 차륜 각각의 값을 따로 표시하거나, 또는 좌/우 차륜의 값을 더한 총 토(overall toe)로 표시할 수 있다.

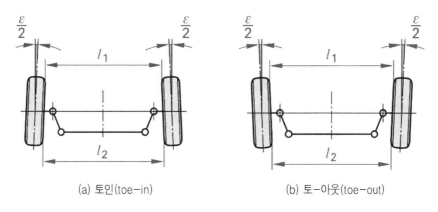

(a) 토인(toe-in)   (b) 토-아웃(toe-out)

그림 4-18 토(toe)

후륜구동(FR 또는 RR)방식에서 앞바퀴가 정(+)의 킹핀 오프셋이라면, 주행 중 앞바퀴는 밖으로 조향되려고 하는 경향이 있다. 그리고 앞바퀴가 정(+)의 캠버라면, 캠버에 의해서도 앞바퀴는 역시 밖으로 조향되려고 한다. 또 조향 링키지 각부의 유격은 캠버와 킹핀 오프셋에 의한 작용을 증대시키는 역할을 한다. 이렇게 되면 타이어 접지면(tread)의 안쪽이 심하게 마모되게 된다. 따라서 직진/정차상태에서 약간 토-인(toe-in)으로 조정하여, 직진/주행상태에서 토-제로 (toe-zero)가 되도록 하려고 한다.

직진/주행할 때 토-제로(toe-zero)가 되면 차륜의 직진성은 향상되고, 시미(shimmy)현상은 감소한다. 후륜구동 승용자동차의 경우 토(toe) 값은 약 +0° 20′∼+0° 30′이 대부분이다.

전륜구동(FF)방식의 자동차에서는 구동력의 반작용력 때문에 앞바퀴가 바깥쪽에서 안쪽으로 조향되려는 경향이 있다. 따라서 이 경우에는 직진/정차상태에서 토-아웃(toe-out)으로 조정하여, 직진/주행상태에서 토 - 제로(toe-zero)가 되도록 한다. 전륜구동방식(FF)의 경우 토(toe)값은 −0° 10′∼+1° 30′ 범위가 대부분이다.

7. 선회 시 토-아웃(toe-out on turns : Spurdifferenzwinkel)

선회 시 내/외측 차륜은 각각 다른 회전반경을 갖되, 선회중심점은 서로 같아야 한다. 그러기 위해서는 좌/우 조향차륜 스핀들의 연장선이 후차축 연장선과 항상 한 점에서 만나야 한다. 그러나 이 이론적이고 정적(靜的)인 시각에 따른 기하학적 기구(mechanism)는 실제 자동차에서 항상 만족되는 것은 아니다.

선회할 때, 내/외측 차륜의 조향 차이각 ($\delta = \beta - \alpha$)을 선회 시 토-아웃, 트랙 차이각 (track difference angle) 또는 애커먼 각 (Ackermann angle)이라고 한다.

일반적으로 트랙 차이각은 커브 안쪽 바퀴를 20° 조향시킨 상태에서, 커브 바깥쪽 바퀴의 조향각(α)을 측정하여 계산한다.

20° 선회 시 토-아웃은 자동차 주행특성에 중대한 영향을 미친다. 그리고 사다리꼴 조향기구의 고장(예 : 너클암 또는 타이롯드의 휨)을 점검하는데 필요하다.

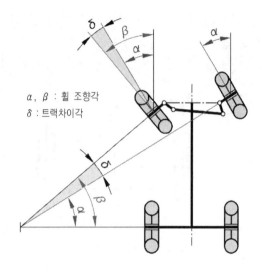

α, β : 휠 조향각
δ : 트랙차이각

그림 4-19 선회 시 토-아웃

8. 슬립 각(slip angle : Schräglaufwinkel) - [그림 4-20 참조]

주행 중인 자동차의 측면에는 외부로부터의 간섭력(예 : 풍력, 원심력 등)이 작용하므로 모든 타이어의 접지면에는 측력(lateral guiding force) S가 작용한다. 따라서 조향각을 수정하지 않으면 차륜의 진행방향이 변화하게 된다. 즉, 기존의 진행방향으로부터 슬립각(slip angle) α 만큼 조향된 방향으로 주행하게 된다.

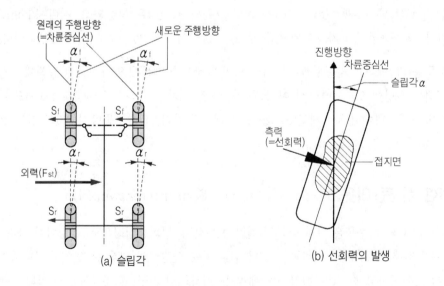

그림 4-20 슬립각(＝횡활각)과 선회력

슬립각을 횡활각(橫滑角)이라고도 하며, 차륜의 중심선과 차륜의 주행방향(운동방향)이 만드는 각을 말한다. 커브를 선회할 때, 전/후 차륜의 횡활각이 서로 같을 경우($\alpha_f = \alpha_r$)에는 중립조향(neutral steering)특성을, 앞바퀴의 횡활각이 더 클 경우($\alpha_f > \alpha_r$)에는 언더 - 스티어링(under steering)특성을, 그리고 뒷바퀴의 횡활각이 더 클 경우($\alpha_f < \alpha_r$)에는 오버 - 스티어링(over steering)특성을 나타내게 된다.

슬립각은 윤중(wheel load), 옆방향 간섭력, 타이어의 종류, 타이어의 접지면(profile) 형상, 타이어의 공기압, 무게중심의 위치 그리고 노면과 타이어 간의 마찰계수에 따라 변화한다.

측면에 작용하는 외력(= 간섭력)에 의해 자동차 전체에서 발생되는 각도변화, 즉 차체의 x축과 주행중심선이 만드는 각을 자세각(attitude angle : Schwimmwinkel)이라 한다.

9. 프론트 셋백(front set-back : Radversatz) 또는 휠-셋백(wheel set-back)

동일 차축에서 한쪽 차륜이 반대쪽 차륜보다 앞 또는 뒤로 처져있는 정도를 말한다. 생산공장에서 조립할 때 제작공차에 의한 휠 - 셋백의 허용값은 약 0.6cm(1/4″)이다. 약 1.8cm(3/4″) 이상이면 반드시 수정해야 한다. 이상적인 휠 - 셋백은 0(zero)이어야 한다.

프론트 셋백이 있다면 한쪽 앞바퀴가 반대쪽 앞바퀴를 끌어당기고(trailing) 있다는 것을 의미한다. 프론트 셋백은 조정할 수 없으나, 그 값은 조향핸들이 쏠리는 현상이나 중심조향문제(center steering problem)를 진단하는데 유용한 자료가 된다. 프레임이 손상된 자동차를 수리한 다음에는 반드시 프론트 셋백을 점검해야 한다.

프론트 셋백 값이 (+)이면 좌측 바퀴가 우측 바퀴보다 더 앞쪽으로 나가 있을 때 즉, 좌측 바퀴가 우측 바퀴를 끌어당기고 있을 때이다. 반대로 (−)이면, 좌측 바퀴가 우측 바퀴보다 더 뒤쪽에 있을 때이다.

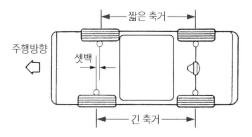

그림 4-21 프론트 셋백(front set-back) (예 : (+))

제4절 조향 휠, -기어, -링키지
(Steering wheel, -gear box and -linkage)

1. 조향 휠(steering wheel)과 조향 칼럼(steering column)

주행속도 10km/h로 직진, 주행하다가 규정 회전반경으로 조향할 때, 조향 휠의 최대 조작력 및 조작 소요시간은 표 4-4-1과 같다(EU 70/311/EWG). 수동 조작력을 더 낮추기 위해서 대부분 동력조향장치를 사용한다.

표 4-4-1 조향 휠 조작력 기준(EU 70/311/EWG)

자동차 등급	조향장치 정상 작동			조향장치 고장		
	최대 조향력 [N]	소요시간 [s]	최소 회전반경 [m]	최대 조향력 [N]	소요시간 [s]	최소 회전반경 [m]
M1	150	4	12	300	4	20
M2	150	4	12	300	4	20
M3	200	4	12	450	6	20
N1	200	4	12	300	4	20
N2	250	4	12	400	4	20
N3	200	4	12[1]	450[2]	6	20

※ [1] 이 값에 도달할 수 없을 경우에는 조향핸들을 완전히 꺽은 상태에서의 값
   [2] 500N, 2축 조향방식 또는 다축 조향방식의 자동차가 아닌 경우, 마찰 - 조향축 제외

오늘날은 주로 안전 조향 칼럼(safety steering column) 예를 들면, 그림 4-22와 같이 충격이 가해지면 겹쳐지거나 또는 찌그러드는 형식이 주로 이용된다.

그리고 운전자의 신체적 조건에 따라 조향 휠의 위치를 자유롭게 조정할 수 있는 기구와 운전자를 보호할 목적으로 에어백(air bag)을 설치한 형식 등이 있다.

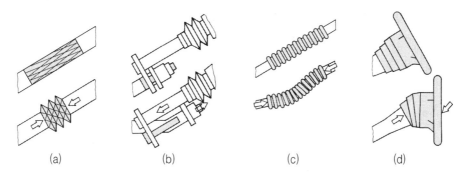

그림 4-22 안전 조향 칼럼(예)

2. 조향기어(steering gear box : Lenkgetriebe)

조향기어의 기능은 다음과 같다.

① 조향 휠(=조향 핸들)과 조향축의 회전운동을 차륜의 선회운동으로 변환시킨다.

② 운전자의 수동 조작력에 의한 토크를 차륜조향이 가능한 수준의 조향토크로 변환시킨다.

운전자가 조향 휠을 돌리면, 회전운동은 조향축을 거쳐 조향기어에 전달된다. 회전운동은 조향기어에서 감속되고, 동시에 기어형식에 따라 직선 또는 선회운동으로 변환된다. 직선 또는 선회운동은 피트먼 암(pitman arm), 타이롯드(tie rod), 너클암(knuckle arm) 등을 거쳐, 조향차륜에 전달된다.

(1) 조향기어의 형식

주로 많이 사용되는 조향기어의 종류에는 래크 - 피니언(rack and pinion), 웜 - 섹터 롤러(worm and sector roller), 순환 볼(recirculating ball)형식 등이 있다.

① 래크 - 피니언(rack and pinion : Zahnstangen-Lenkgetriebe)형식

- 조향 휠의 회전운동을 래크를 이용하여 직접 직선운동으로 변환시킨다.
- 소형, 경량이며 낮게 설치할 수 있다. - 주로 승용자동차에 많이 사용한다.
- 노면으로부터의 충격이 직접 조향 휠에 전달되므로 중간에 충격흡수기구를 설치한다.

순수 기계식 래크 - 피니언 조향장치에서도, 래크의 중간부분과 양쪽 끝부분에서 서로 다른 기어비(=가변 조향기어비)를 실현시킬 수 있다. 예를 들면, 그림 4-23(b)와 같이 래크의 중앙부에서는 기어분할을 크게 하고, 양단영역에서는 기어분할을 작게 한다.

이 형식의 장점은 직진할 때와 조향각이 작은 영역에서는 조향 휠의 회전에 민감하게 반응하도록 하고, 반면에 조향각을 크게 할 경우(예 : 주차)에는 조향력이 작아도 된다는 점이다. 동력 조향방식에서는 중앙부에서도 가변 조향기어비를 실현시킬 수 있다.

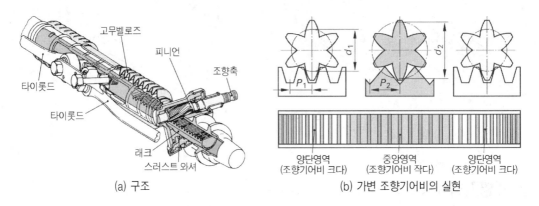

(a) 구조

(b) 가변 조향기어비의 실현

양단영역
(조향기어비 크다)

중앙영역
(조향기어비 작다)

양단영역
(조향기어비 크다)

그림 4-23 래크-피니언 형식

② **웜-섹터 롤러**(worm and sector roller)**형식(그림 4-24)**

웜과 섹터 간의 섭동마찰을 전동마찰로 전환시킨 형식이다. 웜의 형상은 원통형이 아니고 장구형이며, 나사산의 리드(lead)는 중앙부와 양단이 서로 다르다.

조향 휠 조작력이 작아도 되며, 조향각이 큰 반면에 설치공간을 적게 차지한다는 점이 특징이다. 직진할 때에는 유격이 전혀 없다. 대형 상용자동차에 주로 사용된다.

③ **순환 볼**(recirculating ball : Kugelumlauf)**형식**

(그림 4-25)

웜과 너트 사이에 볼이 들어 있으며, 세그먼트는 스퍼기어 형식의 웜과 치합되어 있다. 볼 - 너트(ball-and-nut)식이라고도 한다.

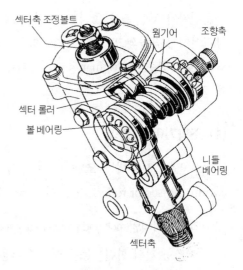

그림 4-24 웜-섹터롤러 형식

조향축이 회전하면 볼이 웜 너트를 축방향으로 이동시킨다. 이 축방향운동에 의해 세그먼트 축은 회전운동하고, 이어서 피트먼 암은 선회운동을 한다.

볼은 볼 가이드 파이프(ball guide pipe)를 따라 순환한다. 안전도를 고려하여 볼은 2줄로 배열하였다. 주로 대형 상용자동차에 사용된다.

이 형식의 조향기어비는 조향축 웜기어 / 너트 그리고 너트 / 섹터의 기어비에 의해서 결정된다.

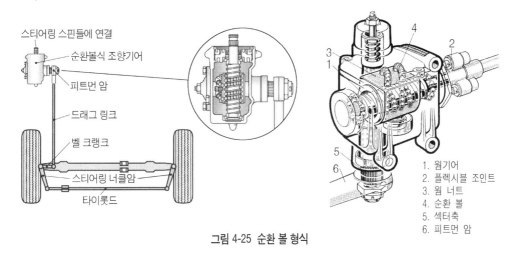

그림 4-25 순환 볼 형식

(2) 조향기어의 운동전달방식

조향기어는 조작하기 쉽고, 조향력이 작아야 하고, 또 노면으로부터의 충격이 운전자에게 전달되지 않는 구조이어야 한다. 조향 휠(=조향 핸들)과 차륜 간의 운동전달 가능여부에 따라 가역식, 비가역식 및 반가역식으로 분류한다.

① 가역식

조향차륜으로 조향핸들을 회전시킬 수 있다. 주행 중 조향핸들을 놓치기 쉬우나, 각 부분의 마멸이 작고 또 차륜의 복원성을 이용할 수 있다. 주로 소형자동차에 많다.

② 비가역식

조향핸들로 조향차륜을 조향시킬 수는 있으나, 조향차륜을 움직여 조향핸들을 회전시킬 수는 없다. 조향기어비가 큰 경우이다. 조향장치 부품의 마모가 심하고 차륜의 복원성을 이용할 수 없다는 단점이 있으나, 차륜의 충격이 조향핸들에 전달되지 않으므로 험한 도로에서도 조향핸들을 놓칠 염려가 없다. 대부분의 대형자동차 또는 동력조향장치를 갖춘 자동차에 이용된다.

③ 반가역식

가역식과 비가역식의 중간 특성을 가진다.

(3) 조향기어비

① 순환 볼 형식 및 웜-섹터 방식에서는 조향핸들의 회전각도와 피트먼 암의 회전각도 간의 비로 표시한다.

$$조향기어비 = \frac{조향\ 핸들의\ 회전각도}{피트먼\ 암의\ 선회각도}$$

② 래크 - 피니언 방식에서는 조향핸들의 조향원호[mm]와 래크 좌/우 양단의 이동거리[mm] 간의 비로 표시한다.

$$조향기어비 = \frac{조향\ 핸들의\ 조향원호[mm]}{래크\ 좌/우\ 양단의\ 이동거리[mm]}$$

조향기어비는 조향핸들의 회전각도와 상관없이 항상 일정한 일정 조향기어비와, 조향핸들의 회전각도에 따라 조향기어비가 변하는 가변조향기어비로 구분할 수 있다.

가변조향기어비를 이용하는 경우에도 직진영역에서 조향기어비를 크게 하고, 조향각이 큰 영역에서 조향기어비를 작게 하는 형식이 있는가 하면, 그 반대인 형식도 있다. 승용자동차의 경우, 직진으로 고속 주행할 때의 안정성을 고려하여 직진시의 조향기어비를 크게 하는 형식이 많으나, 일반적인 것은 아니다.(그림 4-26참조)

(4) 총 조향비(overall steering ratio)

조향기어비와는 구분해서 사용한다. 조향핸들의 회전각도를 조향차륜의 회전각도로 나누어 구한다. 일반적으로 조향 스티어링 링키지에서 각 레버의 길이는 전체 레버(lever) 비가 약 1이 되도록 설계된다. 따라서 총 조향비는 조향기어비와 거의 같다.

$$총\ 조향비 = \frac{조향\ 핸들의\ 회전각도}{조향차륜의\ 조향각도}$$

총 조향비의 경험값은 승용자동차의 경우는 10 : 1 ~ 25 : 1의 범위이고, 중형 상용자동차의 경우는 16 : 1 ~ 30 : 1 정도, 대형 상용자동차의 경우는 25 : 1 ~ 40 : 1 정도이다.

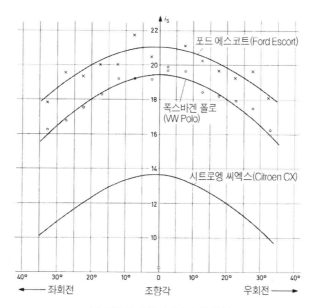

(a) 직진시 조향기어비가 큰 형식

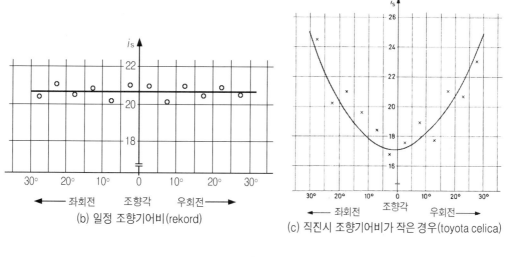

(b) 일정 조향기어비(rekord)

(c) 직진시 조향기어비가 작은 경우(toyota celica)

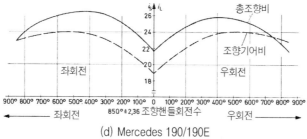

(d) Mercedes 190/190E

그림 4-26 총 조향비(예)

3. 조향 링키지(steering linkage : Lenkgestänge)

조향 링키지(linkage)는 형식에 따라 그 구성이 약간씩 다르지만 섹터 축(sector shaft)과 너클암을 연결하는 다수의 링크(link), 롯드(rod) 및 볼 이음(ball joint) 등으로 구성된다.

조향 링키지를 구성하는 주요부품은 타이롯드, 타이롯드 앤드, 너클암, 그리고 경우에 따라서는 아이들러 암(idler arm)과 드래그 링크(drag link) 등이다.

타이롯드 앤드(tie rod ends)는 타이롯드와 너클암을 관절운동이 가능한 상태로 연결한다. 또 어떤 형식이든 간에 타이롯드에서 토(toe)를 조정하도록 되어 있다.

주로 많이 사용되는 타이롯드의 배치방식은 대략 그림 4-28과 같다.

그림 4-27 조향 링키지의 주요부품

(1) 일체식 앞차축용 타이롯드(그림 4-8, 그림 4-25 참조)

일체식 조향차축에서는 차체가 흔들려도 좌/우 조향차륜은 서로 독립적으로 스프링작용을 하지 않는다. 그러므로 자동차가 굴곡이 심한 노면을 주행할 때에도 사다리꼴 조향기구는 영향을 받지 않는다. 따라서 일체식 타이롯드를 사용할 수 있다.

노면의 충격은 드래그 링크, 피트먼 암을 거쳐서 조향기어에 전달된다. 이 충격으로부터 조향기어를 보호하고, 동시에 핸들에 충격이 전달되지 않도록 하기 위하여 대부분의 자동차에서는 중간에 스티어링 댐퍼(steering damper)를 설치하여 충격을 흡수한다.

(2) 독립현가용 타이롯드

독립현가에서 좌/우 차륜은 서로 독립적으로 스프링작용을 하며, 그 강도와 발생시각도 서로 다르다. 그러므로 양쪽 너클암을 일체식 타이롯드로 연결해서는 안 된다.

독립현가에 일체식 타이롯드를 사용한다면 스프링작용을 할 때 조향 링키지에 과부하가 걸리고, 지속적으로 토(toe) 값이 변하게 된다. 또 지속적인 토(toe) 값의 변화에 의한 차륜의 운동은 타이어의 마모를 촉진시키고, 조향안정성을 크게 약화시키게 된다.

이와 같은 이유 때문에 독립현가에서는 분할식 타이롯드를 사용한다. 이 경우 타이롯드는 보통 2개 또는 3개로 분할되며, 각각 볼 이음으로 연결된다. 2분할식 타이롯드는 2개의 길이를 서로 같거나 또는 다르게 분할할 수 있다. 토(toe)는 각 타이롯드의 끝에서 조정할 수 있도록 한다.

3분할식 타이롯드는 중간 또는 양단의 롯드에서 토(toe)를 조정하도록 제작한다.

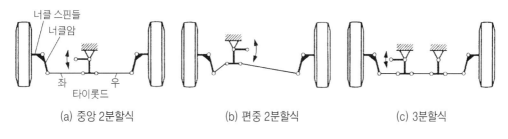

(a) 중앙 2분할식   (b) 편중 2분할식   (c) 3분할식

그림 4-28 독립현가식 타이롯드 배치방식

제5절 동력조향장치
(Power assisted steering)

대형 승용자동차, 트럭, 그리고 조향차축의 하중이 무거운 자동차들(예 : FF방식의 자동차)은 차륜조향에 큰 조작력을 필요로 한다. 조향기어비를 크게 하면 조향 휠(=핸들)의 조작력을 작게 할 수 있다. 그러나 이 경우에 스토퍼(stopper)에서 스토퍼까지 조향하기 위해서는 조향 핸들을 여러 번 회전시켜야 한다.

보통의 조향기어비를 이용하면서도 조작력을 낮은 수준으로 유지하기 위해 오늘날은 대부분 동력조향장치를 이용한다.

유압식 동력조향장치는 형식에 따라 약간씩 다르나 조향기어, 유압펌프, 유압제어장치, 1개 또는 2개의 작동피스톤 등으로 구성된다.

동력조향에 필요한 유압은 별도의 유압펌프를 구동시켜서 얻는다. 유압펌프는 작동유 탱크와 연결되어 있다. 제어밸브는 조향핸들의 조작 방향에 따라 작동피스톤의 필요한 쪽에 유압을 공급한다. 공급된 유압은 조향기어에 작용하여 조향핸들 조작력을 경감시킨다.

자동차의 크기와 형식에 따라 다르지만 승용자동차의 경우, 유압펌프의 공급능력은 정상 부하상태에서 분당 약 5~8 ℓ 정도이다. 소요 동력은 기관회전속도와 조향에 필요한 유압에 따라 큰 차이가 있으나, 평균적으로 0.8kW 정도, 조향각이 클 때는 약 4~5kW 정도에 이른다.

유압시스템이 고장일 경우에는 운전자의 조작력만으로도 자동차를 조향시킬 수 있다.

오늘날은 서보트로닉(servotronic), 서보 - 일렉트릭(Servoelectric)과 같은 전자제어 조향장치가 많이 보급되고 있으며, 순수한 전자/기계식 동력조향장치도 많이 사용되고 있다.

1. 래크-피니언(rack-and-pinion : Zahnstangen-hydrolenkung) 동력조향장치

(1) 래크-피니언 동력조향장치의 구조(그림 4-29)

기계식 래크-피니언 조향기어, 작동 실린더와 피스톤, 컨트롤밸브 기능을 하는 로터리 디스크 밸브, 그리고 유압시스템(유압펌프, 압력제한밸브, 작동유 탱크)으로 구성되어 있다.

래크는 피니언에 의해 구동된다. 래크에 전달된 구동력은 래크의 양단으로 전달된다. 래크 하우징이 바로 작동 실린더이다. 작동 실린더는 피스톤에 의해 2개의 작동실로 분리되어 있다.

로터리 디스크 밸브(rotary disk valve) 또는 회전 피스톤밸브가 컨트롤밸브로 사용된다. 토션-바의 한 쪽 선단은 컨트롤 부싱과 피니언에, 반대쪽은 조향축과 회전 슬리브(rotary sleeve)에 고정되어 있다.

회전 슬리브와 컨트롤 부싱이 결합하여 로터리 디스크밸브를 구성한다. 컨트롤 부싱의 외주에 가공된 컨트롤 포트는 2개의 작동실, 유압펌프 및 작동유 탱크와 연결되어 있다.

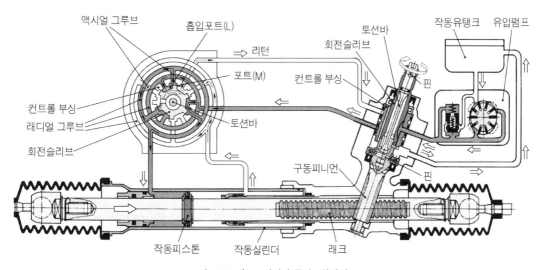

그림 4-29 래크 - 피니언 동력조향장치

(2) 작동 원리

예를 들어 조향핸들을 우측으로 조향하면, 운전자의 물리적 조향력은 토션-바를 거쳐 피니언에 전달된다. 이때 토션-바는 반작용력에 해당하는 만큼 비틀림 응력을 받게 되어 약간 비틀리게 된다. 이 작용에 의해 회전슬리브는 자신을 감싸고 있는 컨트롤 부싱에 대해 약간 회전하게 된다. 그러면 컨트롤포트의 상대위치가 변화하게 된다. 흡입 포트(L)는 압력상태의 작동유가 유입될 수 있도록 개방된다.

압력상태의 작동유는 유압펌프로부터 흡입 포트(L)를 거쳐 컨트롤부싱의 원주에 가공된 포트(M)로 흐른다. 거기서 해당 작동실로 보내진다.

조향방향에 따라 우측, 또는 좌측 작동실에 공급된 작동유는 작동피스톤의 양단에 작용하여 운전자의 조향력을 보완하게 된다.

조향핸들을 더 이상 돌리지 않으면, 토션-바와 로터리 디스크밸브는 중립위치로 복귀하게 된다. 작동실로 통하는 컨트롤 포트는 폐쇄된다. 그리고 작동유 복귀용 통로는 개방된다. 작동유는 펌프에서 컨트롤밸브를 거쳐 다시 작동유 탱크로 순환한다.

2. 가변 동력조향장치(variable power assisted power steering) - Servotronic

래크-피니언 조향기구를 이용하는 동력조향장치로서 주행속도에 따라 유압배력을 제어하는 주행속도 감응식이다.

주행속도가 낮을 때는 유압배력을 모두 조향에 이용하고, 속도가 증가함에 따라 유압배력을 감소시킨다. 이는 고속에서는 운전자의 조향력만으로 조향되도록 하여, 운전자가 노면과의 향상된 접촉감각을 느끼면서 운전할 수 있도록 하기 위한 방법이다.

그림 4-30 서보트로닉(래크-피니언식)

(1) 시스템 구성(예 : 그림 4-30 참조)

시스템은 속도계, ECU, 전자 - 유압 컨버터, 래크 - 피니언 동력조향장치, 유압펌프, 작동유 탱크 등으로 구성된다.

(2) 작동 원리(그림 4-31 참조)

주행속도가 일정속도(예 : 20km/h) 이하일 경우, ECU는 솔레노이드밸브(M)이 닫혀 있도록 제어한다. 주행속도가 상승함에 따라 솔레노이드밸브(M)은 점진적으로 열린다.

① 저속에서 우측으로 조향할 때

조향핸들을 우측으로 돌리면, 조향축은 시계방향으로 회전하고 우측 밸브피스톤(6)은 토션- 바와 토션 - 바에 조립된 레버에 의해 아래쪽으로 내려 눌려진다.

　그러면 압력상태의 작동유는 우측 작동실(12)로 유입되어 작동 피스톤에 작용한다. 동시에 작동유는 체크밸브(8)를 거쳐 우측 반작용실(4)로, 그리고 2개의 스로틀(10, 11)을 거쳐 좌측 반작용실(5)로 유입된다. 이제 체크밸브(8)는 폐쇄된다.

　2개의 반작용실의 유압은 서로 같다. 따라서 토션 - 바에는 반작용 토크가 발생되지 않으며, 유압배력을 손실이 없이 이용할 수 있다. 즉, 조향핸들은 유압에 의해 가볍게 조작된다.

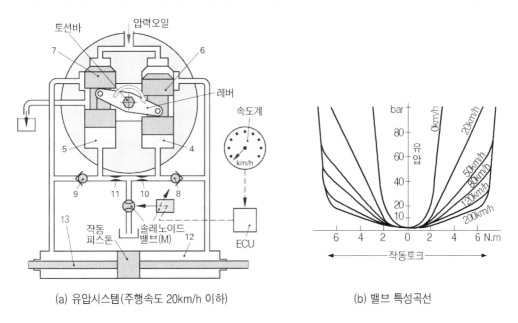

(a) 유압시스템(주행속도 20km/h 이하)　　　　(b) 밸브 특성곡선

그림 4-31　서보트로닉(Servotronic-ZF)

② 고속에서 우측으로 조향할 때

　솔레노이드밸브(M)은 완전히 개방된다. 그러면 우측 작동실(12)의 작동유는 우측 체크밸브(8), 스로틀(10)과 솔레노이드밸브를 거쳐서 작동유 탱크로 복귀한다.

　작동유가 작동유 탱크로 복귀하드라도 체크밸브(8)의 제한작용 및 스로틀(10)의 교축작용에 의해 우측 반작용실(4)에는 좌측 반작용실(5)보다 더 큰 유압이 작용하게 된다. 이 힘이 피스톤(6)의 레버를 위로 밀어 올리게 된다. 그러면 조향축과 토션-바에는 좌측으로 회전시키려는 반작용 토크가 발생한다. 이 토크는 밸브피스톤(6, 7)을 중립위치로 복귀시킨다. 결국 동력 조향용 유압배력은 더 이상 발생되지 않는다. 운전자는 더 큰 조향력으로 직접 조향해야 한다.

　형식에 따라서는 속도범위를 다단계(예 : 20~65km/h, 65~120km/h, 120km/h이상)로 구분하여 점차적으로 유압배력을 감소시키기도 한다.

3. 전기 모터식 동력조향장치(예 : Servoelectric) - Electronic Power Steering(EPS)

유압식 동력조향장치에서 전자/기계식 동력조향장치로 발전해 가고 있다. 전자적으로 제어되는 전기모터의 토크를 조향배력으로 이용한다. 전기모터는 필요할 경우에만 스위치 'ON' 시킨다.

이 시스템의 핵심요소는 토크센서(torque sensor)이다. 토크센서는 운전자가 조향핸들에 가하는 토크를 감지한다. ECU는 주행속도와 조향핸들에 가해지는 토크 그리고 ECU에 저장된 특성곡선을 이용하여 필요로 하는 조행배력을 계산한다. 전용 전기모터는 컨트롤유닛이 계산한 조향배력 토크를 생성하여, 이를 운전자의 조향토크에 중복시킨다. 따라서 전기모터는 운전자가 실질적으로 조향배력을 필요로 할 경우에만 작동한다.

전기모터에 의해 생성된 조향배력 토크는 웜기어 짝 → 스티어링 칼럼을 거쳐서 래크피니언 조향기어에 전달된다.

이 방식의 EPS(Electronic Power Steering) 시스템은 필요할 경우에만 출력을 소비하므로 연료소비의 감소와 기관 여유출력의 증가를 가능하게 한다. 또 전자식 조향배력장치의 컨트롤유닛은 완벽한 진단이 가능하므로 고장진단이 간단하다는 이점이 있다.

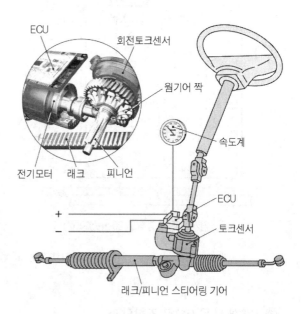

그림 4-32 전기 모터식 조향배력장치(Servoelectric)

4. 능동 조향장치(AFS : Active Front Steering)

능동조향장치란 조향배력기능, 조향기어비 가변기능(예 : Active Steering), 조향 시 요잉률 제어(예 : 동적 요잉 감쇄 : damping of dynamic yawing) 그리고 제동 시 요잉(yaw)토크 보상 기능 등을 포함하고 있는 전자제어식 조향장치를 말한다.

그림 4-33은 기본적으로 래크 - 피니언식 동력조향장치(유압식), 전기식 서보모터, 유성기어, AFS - ECU 및 센서들로 구성된 능동조향장치의 예이다. 이 시스템은 조향기어비 가변기능(예 :

Active Steering)과 조향배력기능(예 : Servotronic)이 전기적으로 서로 결합되어 있으며, 하나의
ECU(=AFS - ECU)로 두 가지 기능을 모두 제어하는 방식이다.

(1) 주요 구성 부품

① 센서들

- 모터 위치센서
  (Motor - position sensor)
- 조향각 센서 및 누적(cumulative)
  조향각 센서
- DSC(Dynamic Stability Control)센서

② 액추에이터들

- 누적기능을 가진 유성기어 및 전기식
  서보모터
- 서보트로닉 밸브가 내장된 유압식 동
  력조향장치
- 유압펌프에 내장된 전자제어식 오리
  피스(orifice) 밸브
- 경고등 및 체크(check) 컨트롤

③ AFS-ECU 및 기타 ECU들

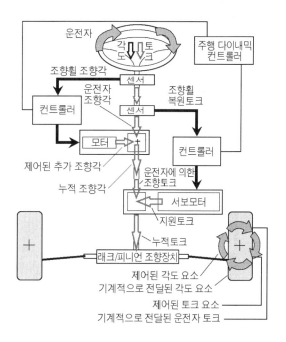

그림 4-33 능동 조향장치(예 : AFS)의 구성

(2) 주요 센서들

① 모터 위치센서(Motor-position sensor)(그림 4-34 참조)

전기식 서보모터의 외부에 설치되어 모터의 로터 위치(=회전각)를 감지한다. 로터의 위치
는 AFS-ECU에 전달된다. 최근에는 디지털식 모터-위치 센서도 사용되고 있다.

모터-위치센서는 자기(magneto) 저항 소자(element)와 영구자석으로 구성되어 있다. 영구
자석은 서보모터의 로터 축의 한쪽 끝에 설치되어 있다. 자기(magneto) 저항 소자가 수평방
향 및 수직방향의 자장을 측정한다. 모터-위치 센서의 측정범위는 180°이며, 2개의 전압신호
를 발생시킨다. 전압신호의 2주기는 360° 즉, 조향핸들의 1회전을 의미한다. 2개의 전압신호
가 모터의 로터 회전각을 계산하는데 사용된다. 1/2회전(=전압신호의 주기)의 횟수는

AFS-ECU에 의해 계수된다. AFS-ECU는 점화가 스위치-오프 되면 자신의 메모리에 이 값을 저장한다.

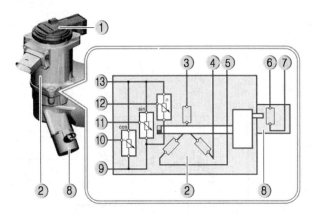

1. 모터 위치센서
2. 서보모터(오버라이드(override) 기능을 가진 유성기어장치에 설치)
3. 서보모터의 위상 W
4. 서보모터의 위상 V
5. 서보모터의 위상 U
6. 서보모터 로크 접지
7. 서보모터 로크용 전원(12V)
8. 서보 모터 로크
9. 모터 위치 센서용 전원(5V)
10. 모터 위치 센서로부터의 신호 2
11. 모터 위치 센서로부터의 신호 1
12. 온도센서로부터의 신호
13. 접지

그림 4-34(a) 전기식 서보모터-위치 센서

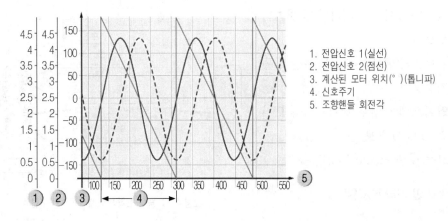

1. 전압신호 1(실선)
2. 전압신호 2(점선)
3. 계산된 모터 위치(°)(톱니파)
4. 신호주기
5. 조향핸들 회전각

그림 4-34(b) 전기식 서보모터-위치 센서의 신호 및 조향각

② 조향각 센서(steering angle sensor) 및 누적(cumulative) 조향각 센서

조향각 센서는 일반적으로 스티어링 칼럼 스위치 클러스터(steering column switch cluster)에 설치되며, 조향핸들의 회전각을 측정한다. 비접촉식 광학센서로서 일렉트로닉 평가유닛을 포함한 회로기판에 안전하게 고정되어 있다.

조향각 센서는 부호화 디스크(encoded disc)와 광학센서로 구성되어 있다.(그림 4-35b)

부호화 디스크(encoded disc)는 코일스프링 카세트에 의해 조향핸들에 연결되어 있다. 조향핸들을 돌리면, 부호화 디스크는 광학센서 안에서 회전한다. 부호화 디스크에 가공된 다양한 선 패턴들은 평가목적에 사용된다.

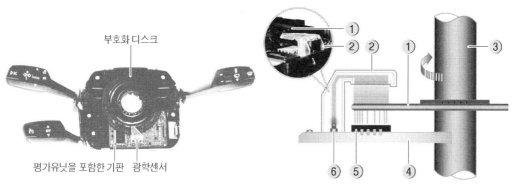

부호화 디스크

평가유닛을 포함한 기판   광학센서

그림 4-35(a) 스티어링 칼럼 스위치 클러스터(예)

1. 부호화 디스크   2. 광학도체   3. 스티어링 컬럼
4. 전자평가유닛을 포함한 기판
5. 라인 카메라(Line camera)   6. LED

그림 4-35(b) 조향각 센서의 구조(예 : 광학식)

광학센서(optical sensor)는 LED, 파이버(fiber) - 광학도체 그리고 라인 - 카메라(line camera)로 구성되어 있다. LED로부터 발산된 빛은 광학도체를 통해 부호화 디스크에 조사(照射)된다. 이 빛은 조향핸들의 위치에 따라 때로는 많이, 때로는 적게 부호화 디스크를 투과하여 라인-카메라에 도달한다. 라인-카메라는 이 광학신호를 전기신호로 변환시킨다.

신호는 LED → 광학도체 → 부호화 디스크 → 라인 카메라 → 아날로그 신호 → 일렉트로닉 평가유닛으로 전달된다.

스티어링 피니언의 회전각을 측정하기 위해, 스티어링 피니언의 하단부에 누적 조향각 센서를 설치하는 시스템도 있으나, 최근에는 AFS-ECU가 조향각센서 신호와 서보모터-위치센서 신호를 이용하여 "가상적"으로 누적 조향각(=총 조향각)을 계산하는 방법이 주로 이용되고 있다. 누적 조향각신호가 0°이면, 스티어링 피니언은 정확하게 스티어링 래크(rack)의 중앙에 위치하게 된다.

③ DSC(Dynamic Stability Control) 센서

능동조향장치(AFS)에 사용되는 DSC-센서는 횡가속도(lateral acceleration) 센서와 요잉률 센서의 결합체로서, 대부분 운전석 아래 크로스멤버에 설치된다. 센서는 커넥터와 하우징, 과도한 기계적 응력을 방지하기 위한 댐퍼, 2개의 요잉률 센서로 구성된 센서 소자(element) 그리고 2개의 가속센서를 포함한 CAN-인터페이스용 기판으로 구성되어 있다.

DSC - 센서의 작동원리는 다음과 같다.

능동조향장치(예 : AFS)가 장착된 자동차에서, DSC-센서는 2개의 요잉률 신호와 2개의 횡가속도신호를 발생시킨다.

2개의 튜닝-포크(tuning-fork)로 구성된 요잉률 센서는 요잉률을 측정한다.

요잉률은 튜닝-포크형의 더블-포크(double fork)에 의해 측정된다. 더블-포크의 한쪽은 수정 발진자(quartz crystal)에 의해 진동하게 된다. 이 진동(vibration)에 의해 암(arm)들이 제각각 앞/뒤로 운동하게 되므로 정의된 진폭을 가진 고주파수 진동(oscillation)이 발생한다. 더블-포크는 급선회하는 빙상선수(ice skater)와 비교할 수 있다. 스케이터가 자신의 팔을 안으로 접으면 더 빠르게 스핀(spin)할 수 있다. 반면에 팔을 쭉 뻗으면 보다 느리게 스핀(spin)하게 된다. 이와 같은 방법으로 팔의 운동이 스핀 속도에 영향을 미치는 힘을 생성하게 된다.

그러므로 회전운동이 일정해도 힘은 생성되게 된다. 이 힘이 더블-포크의 암을 앞/뒤로 움직이게 하는 원동력이다. 이 진동은 DSC-센서의 전자식 평가유닛에서 전자적으로 평가된다. 즉, 진동이 요잉률 평가의 척도가 된다.

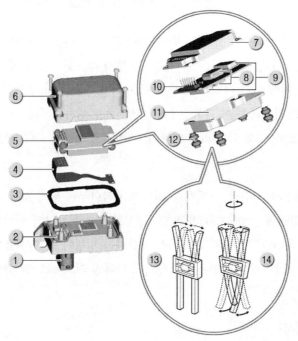

1. DSC 센서 커넥터
2. 2개의 가속센서를 포함한
   CAN-인터페이스용 기판
3. 하우징 개스킷
4. 리본 케이블
5. 센서 엘리먼트
6. 하우징
7. 상부 커버
8. 요잉률 센서(2개)
9. 전자 평가 유닛(2개)
10. 링크(Link) 커넥터
11. 하부 하우징
12. 고무 댐퍼
13. 진동에 의해 여기되는 위 튜닝포크
14. 수직축 주위를 돌 때,
    진동에 반응하는 아래 튜닝 토크

그림 4-36 DSC-센서의 구조

횡가속도센서는 2개의 압전(piezo-electric) 가속도 센서로 구성되어 있다. 가속도센서의 측정 셀(cell)에는 스프링에 의해 부하된 웨이트(weight)가 걸려있다. 이 웨이트(=질량)는 차체에 가해지는 또는 발생하는 임의의 가속도운동에 의해 가속된다. 여기에 필요한 힘은 압전재료(piezo-electric material)의 기계적 장력(tension)에 의해 생성된다. 그 결과는 전하(electric charge)의 변화로 나타난다. 전하의 변화를 감지하기 위해 전극이 사용되며, 이 전하의 변화가 횡가속도의 척도가 된다.

DSC-센서는 DSC-ECU에 의해 일정한 주기(예 : 10ms마다)로 트리거(trigger)되며, 그때마다 신호를 F-CAN(새시-CAN)에 전송한다.

(3) AFS 시스템의 액추에이터들

① 누적기능을 가진 유성기어와 전기식 서보모터

누적기능을 가진 유성기어장치는 그림 4-37과 같이 스티어링 기어 박스에 설치되어 있으며, 분할(split) 스티어링 스핀들의 일부분으로서 기능한다. 서보모터의 웜(worm)기어는 유성기어장치의 링기어의 외주에 가공된 웜기어 휠과 맞물려 있다. 서보모터-로크는 시스템에 고장이 있을 경우에 웜기어를 로크(lock)시킨다.

누적기능을 가진 유성기어장치는 AFS(능동 조향장치)의 핵심기구이다. 이 유성기어장치는 2개의 입력축과 1개의 출력축으로 구성되어 있다. 첫 번째 입력축은 스티어링 칼럼의 하부 스티어링 스핀들(lower steering spindle)이며, 제 2의 입력축은 서보모터의 웜기어이다.

AFS-ECU에 의해 제어되는 서보모터는 웜기어를 구동한다. 서보모터의 웜기어의 운동은 유성기어장

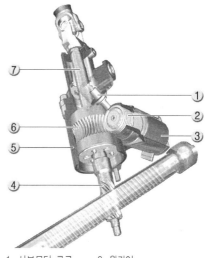

1. 서보모터 로크   2. 웜기어
3. 서보 모터   4. 스티어링 피니언
5. 오버라이드(override) 기능을 가진 유성기어
   장치의 하우징
6. 유성기어 장치   7. 아래 스티어링 스핀들

**그림 4-37 누적기능을 가진 유성기어와
전기식 서보모터**

치의 링기어의 외주에 가공된 웜기어 휠에 일정한 기어비(예 : 20.5 : 1)로 전달된다. 따라서 스티어링 피니언에서의 누적 조향각(=총 조향각)은 운전자에 의한 조향핸들 조향각과 서보모터에 의한 조향각의 합이다. 누적 조향각은 동적(dynamic) 변수에 따라 좌우된다. 가장 중요한 동적 변수는 자동차의 주행속도이다.

저속, 예를 들면 주차장에 주차할 때, AFS는 총 조향비를 감소시킨다.(예 : 10 : 1) 반면에 고속에서는 서보모터가 운전자의 조향방향과는 반대방향으로 회전하여 총 조향비를 상승시킨다.(예 : 120km/h에서 14 : 1)

서보모터에는 3상(U, V, W)으로부터 전원이 공급된다. 단락회로의 경우, 서보모터는 최대 120°회전할 수 있다. 이는 회로가 단락되었을 경우, 서보모터의 원하지 않은 시동(starting)

동작을 방지한다. 서보모터에 설치된 온도센서는 서보모터의 온도를 감시한다.

서보모터 로크(lock)는 고장일 경우 및 자동차가 정차해 있을 때 서보모터를 정지시킨다. 서보모터 로크는 웜기어의 기어이와 결합하여 서보모터를 작동하지 못하게 한다. 전자석 로크에 설치된 스프링의 장력은 전원에 의한 자력에 반대방향으로 작동한다. 따라서 전원공급이 중단되면, 서보모터 로크는 스프링 장력에 의해 웜기어에 밀착되어 서보모터가 작동하지 못하게 한다. 그러나 이 경우에도 운전자는 조향핸들을 돌려 기존의 조향장치처럼 자동차를 조향할 수 있다. 일정 수준 이상의 전원(예 : 약 3.2V)이 공급되면, 서보모터 로크는 다시 해제된다.

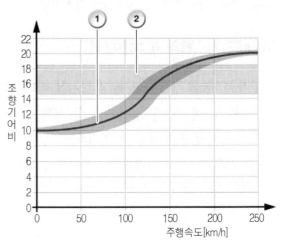

1. 능동 조향장치용 가변 조향기어비의 특성곡선
2. 재래식 조향장치의 조향기어비 범위

그림 4-38 AFS의 가변 조향비 특성곡선(예)

② 서보트로닉 밸브가 설치된 유압식 동력조향장치(그림 4-39 참조)

그림 4-39는 서보트로닉 밸브가 설치된 유압식 동력조향장치의 구조이다. 유압식 동력조향장치는 다음과 같은 부품들로 구성되어 있다.

- 전자제어식 오리피스(ECO)가 내장된 유압펌프 • 작동유 탱크
- 서보트로닉 밸브가 설치된 스티어링 기어박스 • 작동유 냉각기
- 유압 호스와 유압 파이프

서보트로닉은 앞에서 설명한 바와 같이 주행속도에 따라 유압배력의 크기를 제어한다. 작동유의 흐름은 서보트로닉 밸브에 공급되는 전류를 제어하여 제한한다.

서보트로닉 밸브는 AFS-ECU가 직접 제어한다. 서보트로닉에 필요한 신호 및 메시지는 주행속도 신호, 기관 상태 신호 그리고 단자(terminal) 상태 등이다.

서보트로닉 밸브는 기관이 작동 중이고, 단자 15(축전지 ＋)가 'ON' 상태일 경우에만 작동한다. 주행속도신호가 존재하면, 정격전류의 기본값은 특성도로부터 얻는다.

주행속도 신호가 없거나 부정확할 때, 단자 15(축전지 ＋)의 신호가 부정확하거나 없을 때, 서보트로닉 밸브로 가는 전선에 결함이 있을 때(＋로 단락의 경우는 제외)는 서보트로닉 밸브에 공급되는 전류는 차단된다. 이 경우, 조향배력은 최저수준으로 제한된다.

(＋)로 단락될 경우에는, 전체 온-보드 네트워크 전압은 서보트로닉 밸브에 인가된다. 이는 서보트로닉 밸브가 완전히 작동함을 의미한다. 이 경우, 조향배력은 최대가 된다.

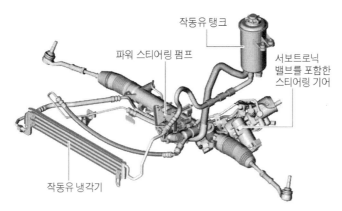

작동유 탱크

파워 스티어링 펌프

서보트로닉 밸브를 포함한 스티어링 기어

작동유 냉각기

그림 4-39 서보트로닉 밸브를 포함한 유압식 동력조향장치

③ 유압펌프에 내장된 전자제어 오리피스(orifice) 밸브

　유압펌프에는 전자제어 오리피스(ECO : Electronically Controlled Orifice) 밸브가 내장되어 있다. ECO-밸브의 오리피스 개구단면적을 제어하는 방법으로 작동유량을 제어하여 유압펌프의 출력을 제어한다. 따라서 기존의 유압식 동력조향장치에 비해 조향핸들의 조향각에 대한 조향차륜의 반응을 더 빠르고 정확하게 제어할 수 있다.

　그림 4-40에서 ECO-밸브가 닫히면, 유압시스템의 정압(static pressure)은 감소한다. 유압펌프에 의해 공급된 작동유는 개방된 압력조절밸브를 통해 작동유 탱크로 바이패스(bypass)한다. 이는 유압펌프가 유압시스템에

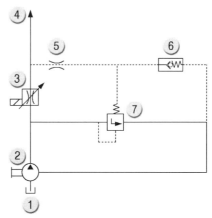

1. 작동유 탱크　2. 파워 스티어링 럼프　3. ECO-밸브
4. 유압 스티어링 기어 박스로　5. 오리피스(스로틀)
6. 압력제한밸브　7. 압력조절밸브

그림 4-40 전자제어식 오리피스(orifice) 밸브 유압회로도

서의 유압저항에 대항하여 작동할 필요가 없음을 의미한다. 그러므로 이때는 유압펌프의 출력은 거의 0(zero)에 가깝다.

　ECO - 밸브가 열림과 동시에 압력조절밸브가 닫히면 유압시스템의 압력은 급격하게 상승한다. 압력제한밸브가 시스템압력을 일정 수준(예 : 135bar)로 제한한다.

ECO - 밸브는 AFS-ECU에 의해 제어된다. 능동조향장치가 고장일 경우에도, 단자 15(배터리 +)가 'ON'되어 있고, 엔진이 작동중이면 ECO - 밸브는 그대로 작동한다. ECO-밸브의 작동에 필요한 신호와 메시지는 기관의 작동상태, 주행속도, 조향각, 요잉률 제어시스템의 상태 등이다.

(4) AFS-ECU와 기타 컨트롤 유닛들의 네트워크

그림 4-41은 최신 AFS-시스템의 블록선도이다. AFS-ECU는 DSC-ECU, DME-ECU, CAS(Car Access System), BGM(Body Gateway Module) 및 계기판(Combi) 등과 연결되어 있음을 알 수 있다.

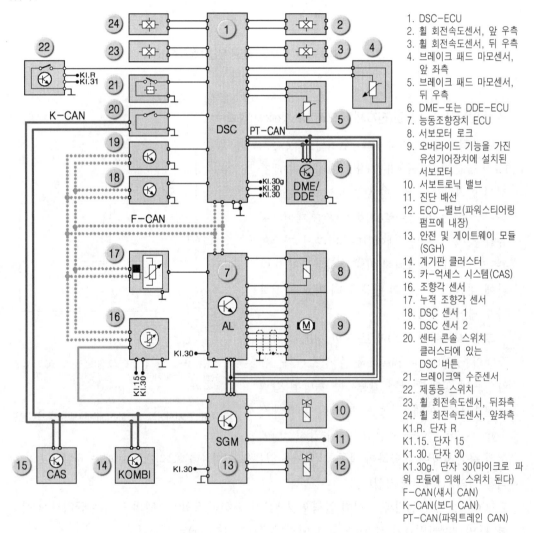

1. DSC-ECU
2. 휠 회전속도센서, 앞 우측
3. 휠 회전속도센서, 뒤 우측
4. 브레이크 패드 마모센서, 앞 좌측
5. 브레이크 패드 마모센서, 뒤 우측
6. DME-또는 DDE-ECU
7. 능동조향장치 ECU
8. 서보모터 로크
9. 오버라이드 기능을 가진 유성기어장치에 설치된 서보모터
10. 서보트로닉 밸브
11. 진단 배선
12. ECO-밸브(파워스티어링 펌프에 내장)
13. 안전 및 게이트웨이 모듈 (SGH)
14. 계기판 클러스터
15. 카-억세스 시스템(CAS)
16. 조향각 센서
17. 누적 조향각 센서
18. DSC 센서 1
19. DSC 센서 2
20. 센터 콘솔 스위치 클러스터에 있는 DSC 버튼
21. 브레이크액 수준센서
22. 제동등 스위치
23. 휠 회전속도센서, 뒤좌측
24. 휠 회전속도센서, 앞좌측
K1.R. 단자 R
K1.15. 단자 15
K1.30. 단자 30
K1.30g. 단자 30(마이크로 파워 모듈에 의해 스위치 된다)
F-CAN(섀시 CAN)
K-CAN(보디 CAN)
PT-CAN(파워트레인 CAN)

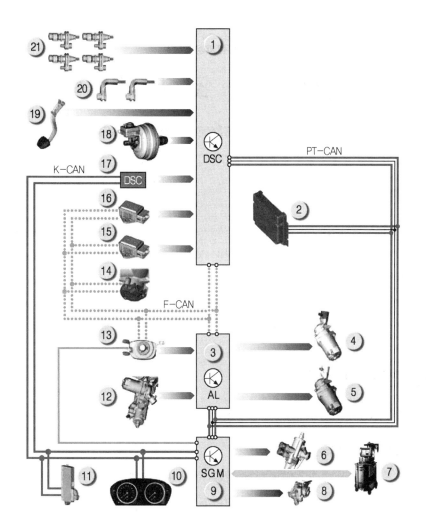

1. DSC-ECU
2. DME-또는 DDE-ECU
3. 능동조향장치 ECU
4. 서보모터 로크
5. 오버라이드 기능을 가진 유성기어장치에
　 설치된 서보모터
6. 서보트로닉 밸브
7. 진단 시스템
8. 파워스티어링 펌프(ECO 밸브 포함)
9. 안전 및 게이트웨이 모듈(SGM)
10. 계기판 클러스터
11. 카-억세스 시스템(CAS)
12. 모터 위치 센서

13. 조향각 센서
14. 누적 조향각 센서
15. DSC 센서 1
16. DSC 센서 2
17. 센터 콘솔 스위치 클러스터에 있는
　　 DSC 버튼
18. 브레이크액 수준센서
19. 제동등 스위치
20. 브레이크 패드 마모센서 2개
21. 휠 회전속도센서, 4개
F-CAN(섀시 CAN)
K-CAN(보디 CAN)
PT-CAN(파워트레인 CAN)

그림 4-41 AFS 시스템의 블록선도

제6절 총륜 조향 시스템
(All wheel steering system)

일반적으로 고속으로 주행할 때에는 조향각이 아주 적어도 되지만, 좁은 장소에 주차할 때 또는 급커브를 저속으로 선회할 때 등은 조향각이 상대적으로 커야 한다. 즉, 짧은 시간 내에 조향핸들을 여러 바퀴 회전시켜야 한다. 그러나 후륜까지 조향시킬 경우 즉, 4륜조향(4-wheel steering : 4WS)방식은 2륜조향(2-wheel steering : 2WS)방식에 비해 회전반경을 작게 할 수 있으며, 동시에 선회 안정성을 크게 향상시킬 수 있다.(그림 4-2(c)참조)

1. 총륜조향방식의 장점

4륜조향방식(4WS)은 2륜조향방식(2WS)에 비해 다음과 같은 장점이 있다.

① 최소회전반경의 감소

그림 4-42는 동위상일 경우에는 회전반경이 증가하나, 역위상일 경우에는 회전반경이 감소함을 보이고 있다. 저속에서 후륜이 역위상이 되면 회전반경은 감소한다.

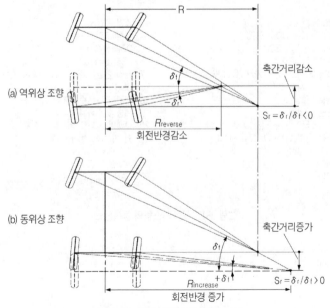

그림 4-42 후륜 위상과 최소회전반경

② 선회 안정성의 증대

그림 4-43에서 4륜조향방식은 횡가속도가 클 때 즉, 고속으로 선회할 때에도 차체의 횡활각 (β)이 차체의 무게중심의 선회궤적의 안쪽으로 발생함을 보이고 있다. 그리고 저속으로 선회할 때와 고속으로 선회할 때의 선회중심이 주행방향을 따라 이동하고 있음을 알 수 있다.

그러나 2륜조향방식에서는 선회할 때 차체의 횡활각(β)이 차체의 무게중심의 선회궤적의 바깥쪽으로 발생함을 보여주고 있다. 그리고 저속으로 선회할 때와 고속으로 선회할 때의 선회중심이 주행방향에 대해 거의 수직방향으로 이동하고 있음을 나타내고 있다.

결과적으로 4륜조향방식은 2륜조향방식에 비해 선회할 때 횡활각(β)의 변화가 적기 때문에 차체의 자세변화가 적다. 따라서 안정된 상태로 선회할 수 있다. 그리고 원래의 선회궤적(track 또는 rail)을 유지하는 능력도 우수하다.

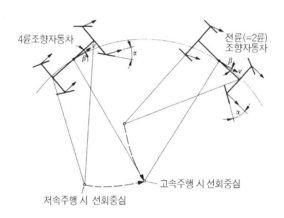

그림 4-43 조향방식, 주행속도, 횡활각의 상호관계

③ 고속주행 안정성 증대

고속으로 직진 주행할 때, 외력(예 : 옆바람, 노면의 충격 등)의 영향을 받기 때문에 실제로는 핸들 조향각을 계속 약간씩 수정하면서 운전하게 된다. 그리고 고속주행 중 차선을 변경할 경우에는 조향핸들 조향각이 아주 작다.

4륜조향방식에서는 고속주행 시 또는 조향핸들 조향각이 작을 경우에, 후륜이 같은 위상으로 약간 조향되므로 차체의 횡활각(β)은 아주 작게 된다. 즉, 고속으로 직진 주행하거나, 고속주행 중 차선을 변경할 때에도 안정성을 확보할 수 있게 된다.

2. 총륜조향 시스템 [예]

총륜조향 시스템은 크게 기계식과 기계/유압식, 그리고 유압/전자제어식으로 구분할 수 있다. 주로 일본 자동차회사들에 의해 개발된 시스템이 선을 보였으나 소비자들로부터 큰 호응을 얻지는 못했다. 따라서 유럽자동차회사들은 소비자들이 피부로 느낄 수 있는 안락성과 수동 안전성 등에 치중하고 있다. 따라서 다른 시스템들에 비해 그다지 많은 발전이 없는 분야이다. 앞으로는 전자/유압식 총륜조향 시스템이 개발될 것으로 예상된다. 간략하게 설명하기로 한다.

(1) 혼다(HONDA) 총륜조향 시스템

혼다(HONDA)사의 4륜 조향방식은 전형적인 기계식이다. 전륜조향장치는 래크-피니언 기구를 이용하고 있으며, 전륜조향기구로부터 인출된 중간축(center shaft)이 후륜조향기구와 연결되어 있다. 따라서 후륜의 조향방향과 조향각은 중간축의 회전방향과 회전각의 영향을 받는다.

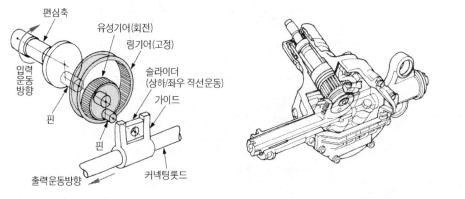

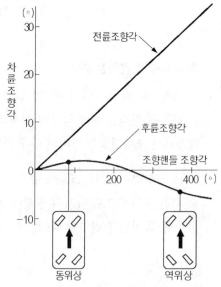

전/후륜 조향각의 상관관계는 그림 4-44와 같다. 조향핸들의 조향각이 작을 경우, 예를 들면 조향핸들이 직진위치로부터 140° 까지 조향될 때는 후륜은 전륜과 같은 방향 즉, 동(同)위상으로 조향된다. 혼다(HONDA)사는 이 과정 중 후륜의 조향각은 최대 1.7°면 충분하다고 설명하고 있다.

조향핸들의 조향각이 140°를 초과하면서부터 후륜은 점차 반대방향으로 조향된다. 먼저 중립(=직진)위치로 조향되고 이어서 반대방향 즉, 역(逆)위상으

그림 4-44 전/후륜 조향각의 상호관계(HONDA)

로 조향된다.(조향핸들 조향각이 240°를 지나면서부터 후륜은 역 위상으로 조향되기 시작한다.)

그리고 전륜 조향각이 약 35°일 때, 후륜 조향각은 전륜과는 반대방향 즉, 역 위상으로 5° 정도 조향된다. 이와 같은 후륜 조향각은 물론 좁은 장소에 주차할 경우 또는 급커브를 저속으로 선회할 때에만 이용된다.

(2) 마즈다(MAZDA) 총륜조향 시스템 - 차속 감응식

유압/전자 요소를 이용하며, 자동차 주행속도에 따라 후륜 조향각을 제어하는 방식이다.

유압식 전륜동력조향장치는 래크 - 피니언 방식으로 주 조향기능을 담당한다. 그리고 1개의 출력축이 전륜의 조향운동을 후륜조향제어장치에 전달한다.

후륜조향제어장치는 전자/유압식이다. 후륜 조향각은 핸들 조향각(=입력축 회전각)과 주행속도에 따라 전자적으로 제어된다. 즉, 앞바퀴 조향각에 대한 뒷바퀴 조향각의 비는 차속에 따라 전자적으로 제어된다.(최대 5°까지) 그림 4-45(b) 참조

후륜은 35km/h미만에서는 전륜과는 반대방향 즉, 역 위상으로 조향되고, 35km/h에서는 직진, 그리고 35km/h 이상의 속도에서는 전륜과 같은 방향 즉, 동 위상으로 조향된다.

후륜조향장치의 유압시스템에 고장이 발생할 경우에는 파워롯드(power rod)에 설치된 센터링 스프링(centering spring)이 후륜을 직진위치에 고정한다. 이때부터 4륜조향시스템(4WS)은 보통의 2륜조향시스템(2WS)과 같이 작동한다.

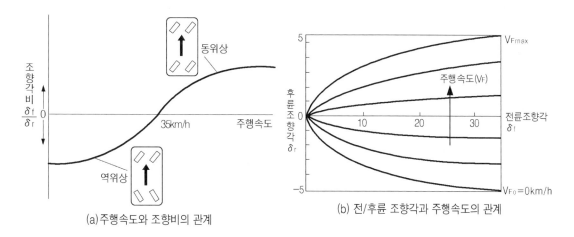

(a)주행속도와 조향비의 관계

(b) 전/후륜 조향각과 주행속도의 관계

그림 4-45　마즈다 4WS의 특성곡선

(3) 닛산(NISSAN) 총륜조향 시스템

이 방식은 고속 주행할 때는 후륜의 조향각을 전륜과 같은 방향 즉, 동 위상으로 약 5° 까지, 그리고 서행할 때는 반대방향 즉, 역위상으로 약 7° 까지 조향되도록 하는 점이 특징이다.

(4) 미쓰비시(Mitsubishi) 총륜조향 시스템

순수한 유압/기계식 제어방식의 원리적인 구조는 그림 4-46과 같다. 제어는 주행역학적 상태를 고려한다. 앞차축의 조향배력장치의 유압을 이용하여 뒷차축 조향장치의 유압밸브를 제어한다. 유압밸브는 뒷차축의 조향각의 방향이 항상 언더-스티어링을 추구하는 방향으로 제어된다. 이때 동력조향장치에서의 유압 압력차를 이용하여 조향각속도는 물론이고 앞차축에 작용하는 횡력수준(side force level)까지도 파악한다.

뒷차축 조향장치의 유압시스템은 뒷차축에 의해 구동되는 유압펌프로부터 주행속도에 따라 유량을 공급받는다. 이를 통해 뒷차축 조향각은 추가적으로 원하는 주행속도의 영향을 받게 된다.

최근에는 다수의 센서들 특히 요-토크센서를 도입한 전자제어 시스템을 이용하여 뒷차축 조향각을 주행역학적으로 제어하는 시스템이 사용되고 있다.

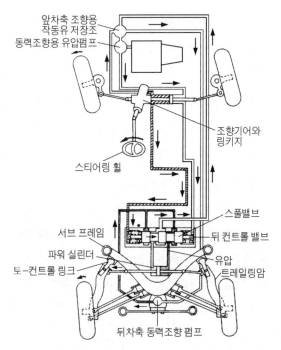

그림 4-46 미쓰비시의 총륜조향 원리도(예)

제4장 조향장치

제7절 조향특성 및 조향 다이내믹스
(Steering characteristics & dynamics)

자동차의 주행(직진 또는 선회)상태에 영향을 미치는 주요 요소들로는 자동차 자체중량, 가속력, 제동력, 원심력, 공기저항, 도로의 굴곡과 노면의 요철 상태 등이다.

주행특성은 롤링 중심 및 무게중심의 위치, 롤 액슬(roll axle), 타이어의 횡활각(tire slip angle), 고유조향 특성, 타이어와 노면 간의 마찰계수 등의 복합작용에 의해서 결정된다.

1. 조향 특성에 영향을 미치는 요소들

(1) 롤링 중심(rolling center)

롤링 중심 M은 차체에 측력(lateral force : Seitenkraft)이 작용할 때, 차체의 회전중심이다. 전/후 차축이 각각 자신의 롤링 중심을 가지고 있다.

롤링 중심은 정면에서 보았을 때, 자동차의 길이방향 중심축(x축)상에 위치하며, 그 높이는 현가방식에 따라 다르다. 도식적으로 롤링 중심을 구하는 방법은 그림 4-47에 도시되어 있다.

롤링 중심 M과 무게 중심 S가 나란히 가깝게 위치하면 할수록 선회할 때 차체의 기울기는 작지만, 스프링작용 시 차륜거리(track)의 변화는 커진다.

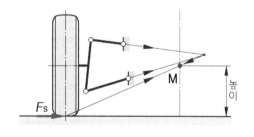

그림 4-47 롤링 중심 구하기

(2) 롤 액슬(roll axle)

앞차축과 뒤차축 각각의 롤링 중심을 연결한 직선을 롤 액슬(roll axle)이라 한다. 대부분의 자동차에서 앞차축의 롤링 중심(M_F)이 뒤차축의 롤링 중심(M_R)보다 더 낮다. 따라서 롤 액슬은 앞쪽으로 기울어져 있다(그림4-48 참조).

차체가 어느 쪽으로도 기울지 않은 상태로 주행하려면, 롤(roll) 액슬은 가능한 한 노면과 평행한 것이 좋으며, 특히 커브를 선회할 때에는 모든 차륜에 부하된 하중이 가능한 한 균일해야 한다.

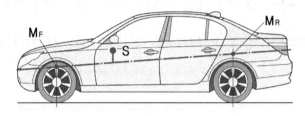

그림 4-48 롤 액슬(roll axle)

(3) 슬립각과 선회력

① **슬립각**(slip angle : Schräglaufwinkel)(P.298, **그림 4-20 참조**)

앞에서 이미 설명하였으나, 중요한 개념이므로 한 번 더 자세하게 살펴보기로 하자.

외력이 작용하지 않는 상태로 직진 주행할 경우, 그림 4-49(a)와 같이 휠 림(wheel rim)의 중심선과 타이어 접지면의 주행방향 중심선은 서로 일치한다.

그러나 자동차의 측면에 외력(예 : 원심력, 풍력 등)이 작용하면, 차체와 휠림은 어느 한 쪽으로 쏠리지만 타이어의 접지면은 노면과의 마찰 때문에 접촉상태를 유지하면서, 탄성적으로 변형된다.(비틀린다). 따라서 타이어 접지면의 중심선과 휠 림(wheel rim)의 중심선은 그림 4-49(b)와 같이 어떤 각(α)을 이루게 된다. 이 각을 슬립각 또는 횡활각(橫滑角)이라 한다.

허용 최대 횡활각은 타이어와 노면 사이의 점착마찰계수에 의해 결정된다. 일반적으로 약 18° 정도로 알려져 있다. 횡활각(=슬립각)은 타이어에 작용하는 여러 종류의 힘, 그리고 조향특성과 주행특성을 이해하는 데 중요한 요소이다.

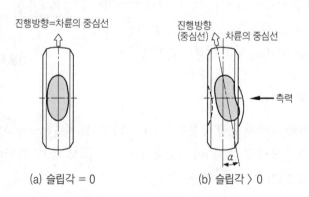

그림 4-49 슬립각(횡활각)의 발생

② **선회력**(cornering force : Seitenführungskräfte)

휠 림의 중심에 직각으로 작용하는 외력 성분을 측력(F_s)이라고 하자. 이 측력에 의해 타이어에 횡활각(α)이 발생하고, 동시에 타이어의 접지부는 탄성적으로 변형된다고 하였다. 이때 타이어 접지부에는 측력에 대항하는 탄성복원력 F가 휠 림의 중심선에 대해 직각방향으로 발생된다.

이 복원력 F를 타이어 접지부 중심선에 일치하는 방향의 힘과 직각방향의 힘으로 분해할 수 있다. 즉, 타이어의 실제 전동방향에 대해 역방향 힘(저항력)과 직각방향의 힘(구심력)으로 분해할 수 있다.(그림 4-50 참조)

여기서 타이어 접지부를 기준으로 할 때, 구심력에 해당되는 직각방향의 분력을 특히 선회력(cornering force)이라 한다. 그러나 대부분의 경우, 간단히 측력(예 : 원심력 또는 풍력)에 대해 방향이 반대인 힘(반작용력 ; 탄성복원력)을 생각하고, 이를 선회력이라고도 한다.

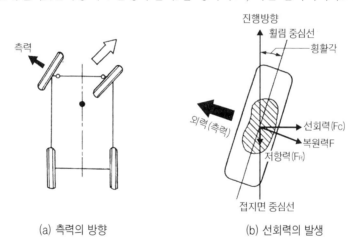

(a) 측력의 방향   (b) 선회력의 발생

그림 4-50 선회력(cornering force)

이 선회력(=구심력)이, 선회할 때 발생하는 원심력과 균형을 이루게 되면 자동차는 궤적을 이탈하지 않고 선회할 수 있게 된다.

선회할 때 발생하는 원심력, 그리고 원심력과는 크기가 같고 방향이 반대인 구심력을 옆방향 마찰력이라고 하면, 선회반경(R)과 선회속도(v)의 관계는 다음과 같다.

$$
\begin{aligned}
&\text{원심력 = 구심력 = 옆방향마찰력} \qquad \text{원심력} \quad Fc = \frac{mv^2}{R} = \mu mg \\
&\text{선회속도 } v = \sqrt{\mu g R} \qquad\qquad\qquad \text{선회반경 } R = \frac{v^2}{\mu g} \\
&\qquad\qquad\qquad\qquad\qquad\qquad\qquad\qquad \text{여기서 } \mu : \text{횡방향 마찰계수}
\end{aligned}
$$

(4) 무게중심(center of gravity : Schwerpunkt)

자동차의 어느 한 점에 줄을 걸어 들어 올린다고 가정해 보자. 이때 차체가 전/후, 좌/우 어느 쪽으로도 기울지 않고 수평을 유지할 수 있는 점이, 바로 그 자동차의 무게중심이 된다.

대부분의 승용자동차의 경우, 무게중심은 일반적으로 자동차의 세로축(X축) 상에, 그리고 차고(車高)의 약 1/3 부근(0.38~0.39h)에 위치한다. 전/후로의 위치는 전/후 축중의 상대적 비율에 따라 결정된다. 예를 들면 FR-구동방식에서는 축간거리의 거의 중간에 위치한다. 그러나 FF-구동방식에서는 앞쪽으로, RR-구동방식에서는 뒤쪽으로 이동하게 된다.

자동차의 고유조향특성은 무게중심 위치의 영향을 크게 받는다.

2. 고유조향 특성

소위 커브 한계속도(curve limit speed)까지는 차체에 작용하는 옆방향 힘을 흡수하기 위해 노면과 타이어 사이의 동력전달은 충분해야 한다. 커브를 고속으로 선회하면, 전륜 또는 후륜, 아니면 전/후륜이 동시에 노면과의 접촉이 약화되어 이론 궤적으로부터 이탈하게 된다.

(1) 언더-스티어링과 오버-스티어링

① 언더 - 스티어링(under steering : Untersteuern)

앞바퀴의 조향각에 의한 선회반경보다 실제 선회반경이 커지는 경우로서, 앞바퀴의 횡활각이 뒷바퀴의 횡활각보다 크다. 즉, 뒷바퀴에서 발생한 선회력(cornering force)이 더 크다.

② 오버 - 스티어링(over steering : Übersteuern)

앞바퀴의 조향각에 의한 선회반경보다 실제 선회반경이 작은 경우로서, 뒷바퀴의 횡활각이 앞바퀴의 횡활각보다 크다. 즉, 앞바퀴에서 발생하는 선회력(cornering force)이 더 크다.

그림 4-51은 1개의 차선을 갖는 2륜자동차에서 선회 순간중심(Ms)의 위치와 고유조향특성의 관계를 나타내고 있다. 그림에서 원의 직경은 앞차축 조향차륜의 허브에

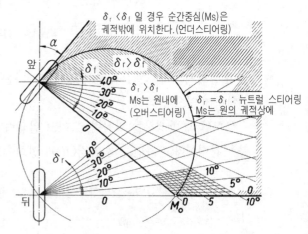

그림 4-51 순간중심의 기하학적 위치와 고유조향특성

서 정적 선회중심(M_O) 까지의 거리이다. 2개의 차선을 갖는 자동차 즉, 4륜자동차에서는 앞차축의 중간점에서 정적 선회중심(M_O)까지의 거리를 직경으로 하는 원을 그리면 된다.

고속으로 선회할 때 순간중심(M_S)이 원의 궤적에 위치할 때는 중립조향특성(neutral steering), 원의 궤적 안에 위치할 때는 오버-스티어링(over steering), 원의 궤적 밖에 위치할 때는 언더-스티어링(under steering)특성을 나타낸다.

즉, 이미 설명한 바와 같이 앞/뒤 바퀴의 슬립각이 같을 때는 중립조향특성, 앞바퀴의 슬립각이 클 때는 언더-스티어링, 뒷바퀴의 슬립각이 클 때는 오버-스티어링이 됨을 나타내고 있다.

(2) 고속으로 선회할 때, 무게중심의 위치에 따른 고유조향특성

무게중심이 그림 4-52(a)와 같이 정확히 축간거리의 중간에 위치한다면, 선회할 때 중립조향특성을 나타내게 된다.

무게중심이 앞차축에 가까우면, 예를 들면 전륜구동방식(FF)에서는 고속으로 선회할 때 앞바퀴가 뒷바퀴보다 먼저 접지력을 상실하게 되므로, 그림 4-52(b)와 같이 언더-스티어링 특성을 나타내게 된다.

또 무게중심이 후차축에 근접하면, 고속으로 선회할 때 뒷바퀴가 먼저 접지력을 상실하므로, 그림 4-52(c)와 같이 오버-스티어링 특성을 나타내게 된다.

결론적으로 표준구동방식(FR)과 전륜구동방식(FF) 자동차는 대부분 언더-스티어링 특성을, 후기관/후륜구동(RR)방식은 대부분 약간의 오버-스티어링 특성을 나타냄을 의미한다.

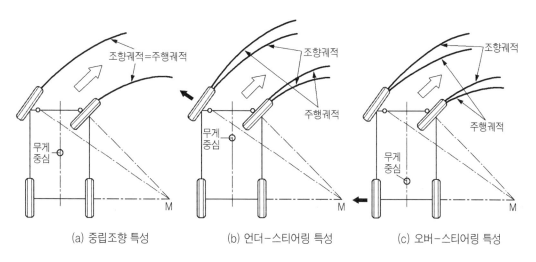

(a) 중립조향 특성   (b) 언더-스티어링 특성   (c) 오버-스티어링 특성

그림 4-52 무게중심의 위치와 고유조향특성

(3) 무게중심과 옆방향 바람의 상호작용에 의한 고유조향특성

그림 4-53(a)에서 무게중심은 앞쪽에 있다. 따라서 무게중심을 기준으로 할 때, 풍력을 받는 면적은 뒤쪽이 훨씬 넓다. 그러므로 자동차는 바람의 방향과는 반대방향으로 조향되려 한다. 그러나 조향편차는 그리 크지 않다.

그림 4-53(b)에서는 무게중심이 뒤쪽에 있다. 따라서 무게중심을 기준으로 할 때, 풍력의 영향을 받는 면적은 앞쪽이 더 넓다. 그러므로 자동차는 바람의 방향과 같은 방향으로 조향되게 된다. 그리고 조향편차도 그림 4-53(a)에 비해 상대적으로 크게 된다.

이외에도 판스프링 현가방식에서는 축간거리 변화에 의한 조향특성,

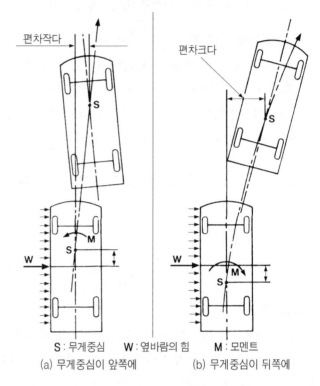

S : 무게중심   W : 옆바람의 힘   M : 모멘트
(a) 무게중심이 앞쪽에   (b) 무게중심이 뒤쪽에

그림 4-53 무게중심과 옆방향 바람의 영향

독립현가방식에서 스프링작용에 의해 차륜정렬요소가 변화함에 따른 조향특성 등을 고려하여야 한다. 또 FF방식의 자동차에서는 좌/우 드라이브 샤프트의 길이 차이에 의한 토크조향(torque steering)현상이 나타난다. 이를 보정하기 위해 제 2의 지지 베어링(support bearing)을 사용하기도 한다.

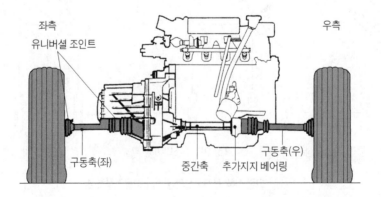

그림 4-53-1 FF방식에서 구동축의 길이차이에 의한 토크 조향특성 보정의 예

3. 조향장치 주행 다이내믹(driving dynamics) 테스트

(1) Slalom 테스트(공차/적차 상태에서 주행속도 측정)

Slalom 테스트에서는, 18m 간격으로 작은 고깔들을 늘어 세워놓고, 고속으로 커브를 교대로 그려가며 고깔들을 통과할 때의 궤적유지 충실도, 조향특성 및 주행안정성에 대한 정보가 중요하다. 시험은 공차상태와 적차상태에서 실시한다. 이 시험에서는 단지 주행속도만 평가하지는 않는다. 운전자가 느끼는 조작 난이도(; fahrerische Aufwand)도 평가한다.

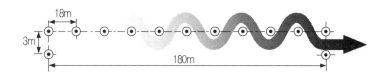

그림 4-54 Slalom 테스트

(2) VDA-노루 피해가기 테스트(VDA-Ausweichstest), *VDA : 독일 자동차산업연합

공차상태와 적차상태에서 시험구간의 진입/진출 속도를 측정한다. 갑작스럽게 차선을 바꾸었다가, 곧바로 다시 원래의 차선으로 진입할 때, 차체의 기울기 경향성을 파악하고자 하는 테스트이다. 차고가 높아 무게 중심의 위치가 비교적 높은 소형차의 경우에는 원리상 위험성이 아주 높다. * (별칭, 시내 주행속도에서 노루 피해가기 테스트)

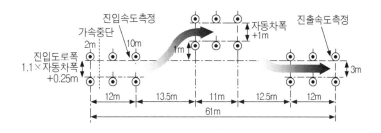

그림 4-55 VDA-노루 피해가기 테스트

(3) 커브 주행안정성(curve stability : Kurvenstabilitaet)

어느 수준의 주행속도에서 오버-스티어링 또는 언더-스티어링 특성이 나타나는지 확인하기 위해 2가지 실험을 한다. 건조한 노면에서 반경 80m의 원을 그리면서, 그리고 젖은 아스팔트노면에서 반경 70m의 원을 그리면서 주행할 때의 회전반경을 측정한다. 반경편차가 작아 중립조향특성을 나타내는 자동차가 가장 바람직스럽다.

가속페달에서 발을 뗄 때 자동차의 뒷부분이 급격하게 그리고 심하게 바깥쪽으로 밀려나 신경 쓰이게 하는 오버-스티어링 현상은 물론이고, 완고한 언더-스티어링 현상도 역시 바람직스럽지 않다.

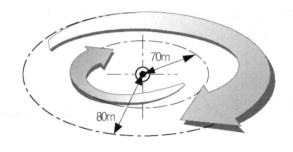

그림 4-56 커브 주행 안정성 테스트

(4) 좌/우륜 접지면의 마찰계수가 다를 때의 제동성능(μ-split braking test : μ-split Bremsung)

우측 바퀴는 얼음 위를, 좌측 바퀴는 젖은 아스팔트 위를 주행 중, 완전 제동할 경우의 제동거리[m]를 측정한다. 이때는 ABS와 ESP를 필요로 하는 경우에 해당되며, 양쪽의 마찰계수가 크게 달라도 자동차는 어느 한쪽으로 너무 많이 이탈해서는 안 되며, 제동거리도 짧아야 한다.

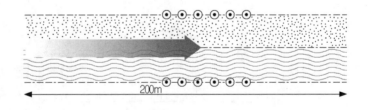

그림 4-57 좌/우륜 접지면 마찰계수가 다를 때의 제동성능시험

(5) ISO-베델(Wedel) 테스트 – 고속에서 장애물 피해가기(: Schnelles Ausweichen)

소위 ISO-Wedel 테스트는 110km/h 이상으로 고속주행하면서 주행안정성, 고유조향특성, 궤적유지 충실도 등을 테스트한다. 이 테스트는 고속도로 주행 중 갑자기 차선을 바꾸었다가 다시

원래의 차선으로 복귀하는 경우의 테스트 방법이다. 마치 스키(ski)의 베델른(Wedeln)과 같은 방법으로 주행한다.

주행속도는 기둥(pylon) 사이의 좁은 길을 통과할 때까지 또는 다수의 기둥을 쓰러트릴 때까지 계속 상승시키게 된다. 먼저 사람 2명과 측정장비를 적재하고 시운전한 다음에, 허용하중을 부하하고 측정을 반복한다. (* Wedel : 연속적인 소회전 활주(스키) ; 영어발음, 베델)

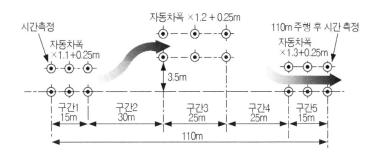

그림 4-58 ISO-Wedel 테스트

(6) 젖은 도로에서 이중 차선변경 테스트

(Turnout test on the wet road : Ausweichmanoever auf Naesse)

VDA-회피운전 테스트와 비슷하다. 공차/적차 상태로 처음에는 좌측으로 조향하여, 장애물을 피한 다음에 다시 원래의 차선으로 복귀한다. 이 테스트의 경우에는 도로가 완전히 젖어있기 때문에 운전하기가 매우 어렵고, 위험하다. 테스트구간의 진입/진출속도를 측정한다.

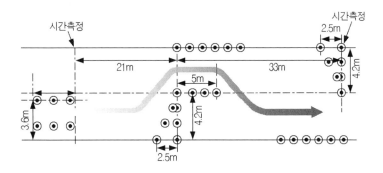

그림 4-59 젖어 있은 도로에서 이중 차선변경 테스트

제8절 차륜정렬
(Wheel alignment)

자동차의 주행거동, 자동차의 자세, 타이어의 수명 등은 차륜의 정렬요소(예 : 캠버, 캐스터, 토)들이 제작사 기준값과 일치하는지의 여부에 따라 크게 달라진다.

주로 앞-차륜의 정렬만을 생각하는 경우가 많으나, 후륜도 반드시 정렬하여야 한다. 앞-차륜을 정렬하기 전에 반드시 후륜을 먼저 정렬, 확인하여야 한다.

차륜정렬에는 컴퓨터 방식의 전자/기계식이 널리 사용되고 있다.

1. 차륜 정렬(wheel alignment : Achsvermessung)을 위한 사전점검 및 준비사항

(1) 사전 점검

차륜 정렬을 하기 전에 다음 사항을 반드시 사전 점검하여야 한다.

① 운전자의 상황설명이나 고충을 청취한다.

② 해당 자동차를 주행시험하여 다음 사항을 점검한다.

- 조향핸들의 쏠림(pull) 여부
- 조향핸들의 위치가 바른지의 여부
- 운전자의 조향의지와 관계없이 자동차가 직진방향으로부터 이탈하려는 현상(wander)이 발생하는지의 여부
- 조향핸들의 진동감각이 시트나 바닥의 진동과 동일한지의 여부
- 휠 밸런스(wheel balance) 상태
- 주행 중 조종성(road handling problem) - 조향력 과대, 조향 민감성
- 잡음 - 휠 베어링 소음(grind)이나 현가소음(clunk), 선회할 때 타이어 미끄럼 소음 등
- 브레이크의 끌림 여부 - 제동하지 않아도 드럼(또는 디스크)과 라이닝이 항상 접촉하여, 제동현상을 유발하는지의 여부

③ 조향관련 부품의 육안 점검
- 조향 링키지
- 충격흡수기의 설치상태 및 누유여부
- 스태빌라이저 바의 부싱과 마운팅
- 컨트롤 암 부싱과 이와 관련된 부품
- 볼-조인트(ball joint)의 작동상태 및 유격
- 조향 기어박스 내부 기어의 유격

④ 휠 림(wheel rim)과 타이어 육안 점검
- 동일한 규격(size)인지의 여부
- 공기압 및 밸런스 상태
- 마모상태가 균일한지의 여부
- 휠 림(wheel rim)의 상태

⑤ 차체(＝현가) 높이 점검(차체의 좌/우, 전/후 평행여부) : 차륜정렬을 정확하게 하려면, 현가높이를 사전에 좌 / 우, 전 / 후 모두 제원과 일치시켜야 한다.

⑥ 허브 베어링 및 액슬 베어링의 유격을 점검한다.

(2) 사전 준비 사항

① 사전 점검을 통해 불량으로 판정된 부품이나 장치는 먼저 교환/수리한다.

② 해당 차량을 테스트 리프터(test lifter)에 올려놓는다.

테스트 리프터가 없을 경우에 앞바퀴는 턴-테이블(turn table) 위에, 뒷바퀴는 슬라이딩 테이블(sliding table) 위에 올려놓고 수평상태를 점검한다. 반드시 수평상태가 되어야 한다.

③ 제작사에 따라서는 전/후 차축 위에, 또는 짐칸에 일정한 하중을 올려놓도록 명시한 경우가 있다. 이 경우에는 지시에 따라 규정하중을 부하시켜야 한다.

④ 차체의 앞부분과 뒷부분을 3~4회 눌렀다 놓은 다음, 차체의 수평여부를 재점검한다.

⑤ 이상이 없으면 계측기를 설치하고 정렬작업을 수행한다.

2. 컴퓨터 방식의 차륜정렬장치를 이용한 차륜정렬

전자식 차륜정렬장치로서 대부분 6개~8개의 측정센서(각도측정 센서)가 차륜정렬상태 판정에 필요한 자료(각도)를 전기적으로 감지한다. 이 전기적 신호는 컴퓨터(CPU)에 입력된다. 컴퓨터는 입력정보를 처리하여, 그 결과를 화면(또는 프린터)을 통해 출력시킨다.

측정 정확도(正確度)는 시스템에 따라 다소 차이가 있으나 대부분 ±5′~±10′ 정도이다. 측정방법은 화면에 지시된 순서에 따라 키보드를 조작하는 것으로 충분하다. 생산회사, 모델명, 생산년도를 선택하여 규정값을 호출하여, 측정값과 비교, 편차를 화면에 제시하는 방식이 대부분이다.

(1) 중심선의 정의

자동차 길이방향의 중심선(X축)에 대한 명확한 개념을 정립해 보기로 하자.

① 자동차 길이방향 중심축(longitudinal axis : LA) (그림 4-60(a) 참조)

차체의 세로방향 중심선(좌표계에서 x축)으로서 가상적으로 생각한 중심선이다.

② 대칭 중심축(symmetrical axis : SA) (그림 4-60(b))

앞 차륜거리의 중심점과 뒤 차륜거리의 중심점을 연결한 가상적인 직선으로서 기하학적 중심선(geometric center line)이라고도 한다.

③ 주행 축(driving axis : DA) (그림 4-60(c))

조향핸들을 직진위치로 하고 주행할 때 자동차의 진행방향 축선으로서, 후륜의 토(toe)값에 의해서 결정된다. 주행 축은 뒤차축 좌/우 차륜의 전체 토(overall toe)값의 2등분선이다.

그림 4-60(c)의 경우, 대칭 중심선(SA)에 대해 주행 축(DA)이 우측에 있다. 이 경우 직진 주행할 때 앞바퀴는 그림 4-60(d)와 같이 우측으로 조향된 상태로 전동하게 된다. 즉, 기하학적 중심선에 대한 주행축의 상대위치에 따라 직진주행 시 조향핸들은 어느 한 쪽으로 쏠리게 된다. 이와 같은 결과 때문에 주행 축을 추력선(thrust line)이라고도 한다.

대칭(=기하학적) 중심선과 주행 축(=추력선)이 만드는 각을 추력각(thrust angle)이라고 한다.

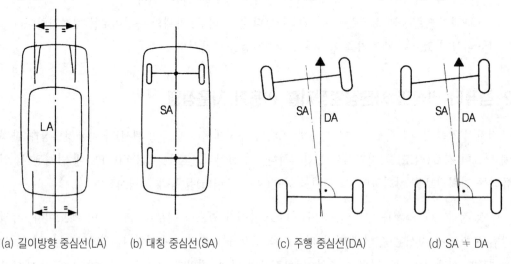

| (a) 길이방향 중심선(LA) | (b) 대칭 중심선(SA) | (c) 주행 중심선(DA) | (d) SA ≠ DA |

그림 4-60 자동차 중심선의 정의

(2) 이상적인 자동차의 중심선

3개의 중심선이 모두 일치하는 자동차가 가장 이상적이다. 그러나 실제로는 제작공차, 조정불량, 부품의 결함 또는 마모 등에 따라 편차가 발생하게 된다.

(3) 기준선의 영향

"어떤 중심선을 기준으로 정렬을 하느냐?"에 따라 차량의 직진주행성이 영향을 받는다.

① 대칭 중심선(＝기하학적 중심선)을 기준선으로 할 경우

그림 4-61 이상적인 자동차의 중심선

계측기를 이용한 정렬방식에서는 대칭 중심선 즉, 기하학적 중심선을 기준으로 차륜정렬요소를 측정할 수밖에 없다. 따라서 이 방법은 우연의 일치로 SA＝DA일 경우를 제외하고는 완벽한 차륜정렬상태에 도달할 수 없다. 즉, 스러스트 각(thrust angle)이 존재한 상태에서 대칭 중심선을 기준으로 차륜을 정렬하면, 직진 주행할 때 조향핸들은 어느 한 쪽으로 쏠리게 된다.

② 주행축(＝스러스트 선(thrust line))을 기준선으로 할 경우

컴퓨터 방식의 차륜정렬장치의 대부분은 주행축선을 기준선으로 차륜정렬요소를 측정한다. 즉, 먼저 후차축 총 토(overall toe) 값을 측정하여, 주행축선을 구하고, 주행축선을 기준선으로 사용한다. 물론 이 측정과정은 컴퓨터에 의해 자동적으로 이루어진다.

주행축선을 기준으로 차륜을 정렬하면, 직진할 때 조향핸들은 어느 한 쪽으로 쏠리지 않는다. 즉, 직진주행성이 개선된다.

④ 4륜 정렬 방식

후륜의 정렬요소(예 : 토, 캠버)를 조정할 수 있는 형식의 자동차일 경우에는 먼저 후륜을 정렬하여야 한다. 그 이유는 후륜을 정렬하여 기하학적 중심선과 주행축선을 일치시키기 위해서 이다. 기하학적 중심선과 주행축선을 일치시킨 다음에, 앞차축 차륜정렬을 수행하면 보다 만족스런 결과를 얻을 수 있기 때문이다.

(4) 컴퓨터식의 정렬장치를 이용한 차륜정렬

그림 4-62에 도시된 바와 같이 각도센서를 설치하고 컴퓨터 화면에 지시되는 순서에 따라 키보드(또는 리모트 컨트롤러)를 조작하여 측정한다.

스러스트 각(thrust angle)(= 자세각)의 경우, 일반적으로 주행축이 대칭중심선에 대해 우측으로 향할 경우를 (+), 좌측으로 향할 경우를 (−)로 지시 한다.

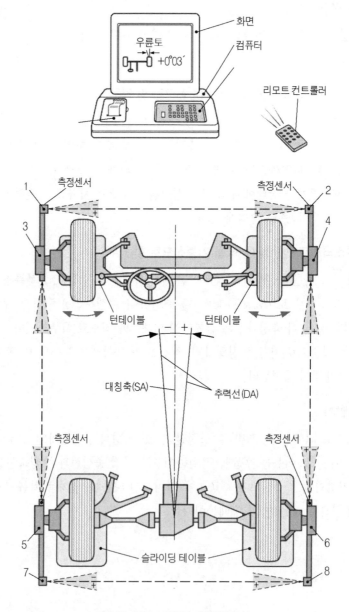

그림 4-62 컴퓨터 방식의 차륜정렬장치

(5) 토(toe) 값과 20° 선회시 토 – 아웃 각(= 트랙 차이각) 측정값의 평가

조향 사다리꼴 기구가 정상인지의 여부를 평가하기 위해서는 토(toe) 각(ϵ)을 조정한 다음에 20° 선회시 토-아웃 각(δ_L과 δ_R)을 측정해야 한다.

좌/우 트랙 차이각(δ_L과 δ_R)이 제작사가 제시한 규정값의 범위를 벗어날 경우, 아래와 같은 방법으로 조향 사다리꼴기구에서의 고장을 진단한다.

① "이중 측정값" 을 구한다.

이중 측정값 $= \delta_L + \delta_R + (2 \cdot \epsilon)$

예제 좌측 조향시 트랙 차이각 $\delta_L = 2°15'$, 우측 조향시 트랙 차이각 $\delta_R = 1°50'$, 토(toe) 각 $\epsilon = +20'$일 경우, 이중 측정값은 $= 2°15' + 1°50' + (2 \times 20') = 4°45'$이 된다.

② 제작사의 자료로부터 "이중 규정값" 을 구한다.

예제 제작사의 좌/우 트랙 차이각 규정값이 각각 $\delta_L = 1°$, $\delta_R = 1°$, 그리고 토(toe) 각 $\epsilon = 0°$ 라면, 이중 규정값은 $= 1° + 1° + (2 \times 0) = 2°$ 가 된다.

③ 이중 측정값과 이중 규정값을 비교하여 조향 사다리꼴기구에서의 결함을 진단한다.(아래표 참조)

자동차 제작사로부터 규정값이 제시되지 않은 경우에는 이중 규정값과 이중 측정값 간의 허용 공차 $\pm 30'$을 준용한다. 좌/우 트랙차이각의 차이는 최대 $\pm 40'$까지 허용된다.

④ 조향 사다리꼴 기구의 고장 진단

경우 1	이중 측정값	= 이중 규정값
	우측 트랙 차이각	= 좌측 트랙 차이각
	판정	→ 조향 사다리꼴기구는 정상임
경우 2 $\delta_L = 3° > \delta_R = 1°$	이중 측정값	= 이중 규정값
	우측 트랙 차이각	$\neq$ 좌측 트랙 차이각
	판정	→ 조향 사다리꼴기구는 정상임
		→ 원인은 피트맨암이 기울어져 있거나, 또는 조향기어가 중간(x 선)에 위치하고 있지 않기 때문이다.
		→ "$\delta_L > \delta_R$" 이면, 피트맨암은 우측으로 기울어져 있다. (그림)
		→ "$\delta_L < \delta_R$" 이면, 피트맨암은 좌측으로 기울어져 있다.

| 경우 3 $\delta_L = 4\,^\circ > \delta_R = 2\,^\circ$ | 이중 측정값 < 이중 규정값
우측 트랙 차이각 ≠ 좌측 트랙 차이각
판정   → 너클암이 차륜쪽으로 바깥으로 휘어짐
    → "$\delta_L > \delta_R$" 이면, 고장은 우측에 있다.(그림)
    → "$\delta_L < \delta_R$" 이면, 고장은 좌측에 있다.
    → 타이롯드가 차축의 전방에 위치하고 있다면,
       너클암은 중심쪽(안쪽)으로 휘어져 있다. |
| 경우 4 $\delta_L = 2\,^\circ\,15' > \delta_R = 1\,^\circ\,50'$ | 이중 측정값 > 이중 규정값
우측 트랙 차이각 ≠ 좌측 트랙 차이각
판정   → 너클암이 자동차 중심 쪽으로 안쪽으로 휘어짐
    → "$\delta_L > \delta_R$" 이면, 고장은 좌측에 있다.(그림)
    → "$\delta_L < \delta_R$" 이면, 고장은 우측에 있다
    → 타이롯드가 차축의 전방에 위치하고 있다면,
       너클암은 차륜쪽(바깥쪽)으로 휘어져 있다. |

(6) 차륜정렬 요소의 고장진단 및 정비(경험적)

현 상	수리 및 조정 방법
우측 앞 타이어의 바깥쪽이 심하게 마모되었다.	토-아웃으로 수정한다. 승용차 −20′ 까지, 트럭 −10′ 까지 경우에 따라 우측 차륜의 캠버를 작게 한다.
우측 앞 타이어의 안쪽이 심하게 마모되었다.	토-인으로 수정한다. 승용차 +5′ 까지, 트럭 +10′ 까지 경우에 따라 우측 차륜의 캠버를 크게 한다.
좌측 앞 타이어의 바깥쪽이 심하게 마모되었다.	토-아웃으로 수정한다. 승용차 −20′ 까지, 트럭 −10′ 까지 경우에 따라 좌측 차륜의 캠버를 작게 한다.
좌측 앞 타이어의 안쪽이 심하게 마모되었다.	토-인으로 수정한다. 승용차 +5′ 까지, 트럭 +10′ 까지 경우에 따라 좌측 차륜의 캠버를 크게 한다.
차가 우측으로 쏠린다.	우측 차륜의 캠버는 작게 하고, 캐스터는 크게 한다. 양쪽 앞바퀴를 서로 맞바꾼다.(왼쪽으로 쏠릴 때는 정반대)
좌/우 캠버의 차가 너무 크다	앞/뒤 스프링의 처짐을 점검하고, 경우에 따라 신품으로 교환한다. 일체차축에서는 조향 너클 또는 앞차축이 휘었다.
커브를 선회할 때 조향이 어렵다	캐스터를 작게 한다. (조향기어, 스티어링 너클 등이 가볍게 작동될 때)
30~50km/h에서 앞바퀴가 떤다.	캐스터를 작게 한다.
고속에서 차량이 뜬다.(swim)	캐스터를 크게 한다.
캠버는 정확, 캐스터 차이 크다	프레임의 연결부나 액슬측에 결함이 있다.
좌/우 회전 시 타이어 소음 발생	토(toe)를 바르게 조정한다.
한쪽으로 선회할 때만 타이어 소음 발생	조향기구(steering trapezoid)를 대칭으로 한다.
뒷바퀴 타이어 마모	뒷바퀴의 위치와 토(toe)를 바르게 수정한다. 조향기구(steering trapezoid)를 바르게 조정한다.

제4장 조향장치

제9절 조향장치 관련 계산식

1. 차륜 정렬요소 계산식

(1) 20° 조향 시 토-아웃(＝트랙 차이각)

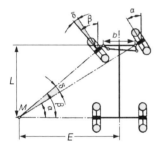

b : 좌/우 킹핀 중심 간의
　　거리[mm]
L : 축간거리[mm]
α : 커브 바깥쪽 차륜의 회전각[°]
β : 커브 안쪽 차륜의 회전각[°]
δ : 트랙 차이각[°]
M : 순간 회전중심
E : 후차축 윤거 중심부터
　　회전중심까지의 거리[mm]
R : 회전반경[mm]
$R_{\min}$: 최소회전반경[mm]

$$\delta = \beta - \alpha$$

$$\tan\alpha = \frac{L}{E + \dfrac{b}{2}}$$

$$\tan\beta = \frac{L}{E - \dfrac{b}{2}}$$

$$E = \frac{L}{\tan\beta} + \frac{b}{2}$$

$$E = \frac{L}{\tan\alpha} - \frac{b}{2}$$

$$\tan\alpha = \frac{L \cdot \tan\beta}{L + b \cdot \tan\beta}$$

$$\tan\beta = \frac{L \cdot \tan\alpha}{L - b \cdot \tan\alpha}$$

$$\sin\alpha = \frac{L}{R}$$

$$R_{\min} \approx \frac{L}{\sin\alpha_{\max}}$$

$$\cot\alpha - \cot\beta = \frac{b}{L}$$

$$\cot\alpha = \cot\beta + \frac{b}{L}$$

$$\cot\beta = \cot\alpha - \frac{b}{L}$$

● 선회각

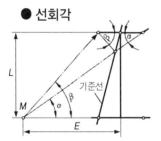

기준선

● 조형편차(steering deviation)

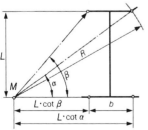

- 트랙 차이각은 커브를 선회할 때, 내/외측 차륜의 조향각이 서로 다르기 때문에 발생한다. 트랙 차이각은 커브 안쪽 바퀴를 20° 조향하고 측정한다. → 선회 시 토-아웃
- 조향 사다리꼴(steering trapezoid)은 각 차륜이 그리는 원호의 공통 중심점이라는 요구를 단지 1개의 특정한 좌측 조향각, 그리고 동일한 크기의 우측 조향각에서만 만족시킨다.
- 양쪽 앞바퀴의 스핀들의 연장선들이 뒤차축의 연장선과 1개의 점에서 만난다면, 바깥쪽 바퀴의 연장선에서 앞 안쪽 바퀴의 킹핀 중심을 통과하는 수직선을 그었을 때, 그 교차점은 반드시 기준선(set line) 위에 위치해야 한다.
- 규정값 α 에 대한 실제값 α 의 차이를 조향편차(steering deviation : Lenkfehler)라 한다.

예제1 승용자동차에서 b=1,000mm, L=2,500mm, 커브 안쪽 바퀴의 조향각 β= 10°, 20°, 30°, 40°이다. 이때 커브 바깥쪽 바퀴의 조향각을 구하라.

주어진 값	계	산	
각 β	tan β	tan α	각 α
10°	0.1736	0.1647	9° 21′
20°	0.3640	0.3177	17° 37.5′
30°	0.5774	0.4690	25° 8′
40°	0.8391	0.6283	32° 8′

(2) 토(toe)

직진 상태에서 양쪽 바퀴의 허브 중심선 높이에서 l_1 과 l_2 를 측정, $l_2 - l_1$의 값 즉, 총 토(overall toe)를 mm 단위로 표시할 수 있다. 각도로도 측정할 수 있다.

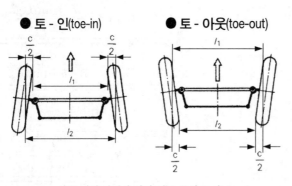

● 토 - 인(toe-in)   ● 토 - 아웃(toe-out)

$$c = l_2 - l_1$$

$$\frac{c}{2} \approx \frac{\pi \cdot 2 \cdot d_F \cdot \frac{\epsilon}{2}}{360°}$$

$$c \approx \frac{\pi \cdot d_F \cdot \epsilon}{180°}$$

$$\epsilon \approx \frac{180° \cdot c}{\pi \cdot d_F}$$

l_1, l_2 : 양쪽 휠림 사이의 거리(허브 중심 높이) [mm]
c : 총 토(overall toe) [mm]
ϵ : 총 토(overall toe) [°]
d_F : 휠림 플랜지 직경 [mm]
h_F : 림 플랜지 높이 [mm]

● 토 -인(toe-in) : 각도로 환산

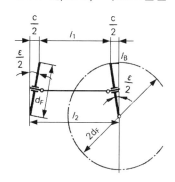

$$d_F \approx \frac{180° \cdot c}{\pi \cdot \epsilon}$$

$$\frac{c}{2} = d_F \cdot \sin\frac{\epsilon}{2}$$

$$c = d_F \cdot \sin\epsilon$$

$$\sin\epsilon = \frac{c}{d_F}$$

예제2 l_1 = 1,261mm, l_2 = 1,258mm일 경우, 총 토(toe)는?

【풀이】 토-아웃 3mm

예제3 총 토(toe) $\epsilon = 20'$, 휠림 직경 13″일 경우, 총 토(toe)는?

【풀이】 토-인 2.1mm

예제4 총 토(toe) $c = 2$mm, 휠림 직경 14″일 경우, 총 토(toe) 각도는?

【풀이】 $\epsilon = 0.294[°]$

휠 림 직경 d (인치)와 휠 림 플랜지 직경 $d_F[\text{mm}]$ $^*d_F = d + 2 \cdot h_F$

d (인치)	승용 자동차용					상용 자동차용			
	13″	14″	15″	16″	17″	17.5″	19.5″	20″	22.5″
$h_F[\text{mm}]$	17.3mm(J형 플랜지)					12.7mm(급경사 플랜지)			
$d_F[\text{mm}]$	365	390	416	441	466	470	521	533	597

휠 림 플랜지 직경 $d_F[\text{mm}]$은 중간 값이다. 림의 형상 또는 종류에 따라 플랜지 높이는 각기 다르다.

2. 조향 기어비 계산식

(1) 볼 순환식 조향기어

$$i_1 = \frac{\alpha}{\beta}$$

$$\alpha = i_1 \cdot \beta \qquad \beta = \frac{\alpha}{i_1}$$

$$\alpha = \frac{360° \cdot l_{B1}}{\pi \cdot d_1}$$

$$\alpha = 360° \cdot n$$

$$\beta = \frac{360° \cdot l_{B2}}{\pi \cdot 2 \cdot r_2}$$

$$i_1 = \frac{l_{B1} \cdot 2 \cdot r_2}{l_{B2} \cdot d_1}$$

(2) 래크/피니언식 조향기어

$$i_1 = \frac{l_{B1}}{s}$$

$$i_1 = \frac{\pi \cdot d_1}{z \cdot p}$$

$$i_1 = \frac{d_1}{z \cdot m}$$

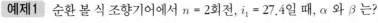

α : 조향핸들 회전각[°]	δ : 피트맨암 회전각[°]
i_1 : 조향기어비	l_{B1} : 조향핸들 조향 원호[mm]
d_1 : 조향핸들 직경[mm]	n : 조향핸들 회전수
l_{B2} : 피트맨암 선단 회전 원호[mm]	r_2 : 피트맨암 레버 길이[mm]
s : 래크 좌/우 양단 이동거리[mm]	z : 피니언 잇수
p : 피치 [mm]($p = \pi \cdot m$)	m : 기어이 모듈[mm]

예제1 순환 볼 식 조향기어에서 $n = 2$회전, $i_1 = 27.4$일 때, α 와 β 는?

【풀이】 $\alpha = 720°$ $\beta = 26.3°$

예제2 래크-피니언식 조향기어에서 $z = 15$, 모듈 $m = 1.5$, $d_1 = 480$mm, $l_{B1} = 100$mm 일 때 i_1 = ?, s = ?

【풀이】 $i_1 = \dfrac{d_1}{z \cdot m} = \dfrac{480\text{mm}}{15 \times 1.5\text{mm}} = 21.33$

$s = \dfrac{l_{B1}}{i_1} = \dfrac{100\text{mm}}{21.33} = 4.7\text{mm}$

3. 총 조향비(overall steering ratio)

스티어링 링키지에서 각 레버의 길이는 링키지에서 감속비가 약 1이 되도록 정해진다. 그러므로 총 조향비는 조향기어비와 대부분 거의 같다.

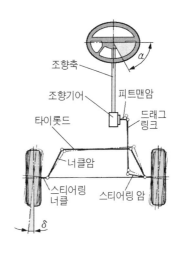

$$i_{total} = \frac{\alpha}{\delta}$$

$$i_{total} = i_1 \cdot i_2$$

$$\alpha_{total} = 360° \cdot n$$

$$i_{total} = \frac{\alpha_{total}}{\delta_{total}}$$

$$i_{total} = \frac{360° \cdot n}{\delta_{total}}$$

α : 조향핸들 회전각 [°]	δ : 조향 차륜 회전각 [°]
i_1 : 조향기어비	n : 조향핸들 회전수
α_{total} : 좌/우 스톱까지의 조향핸들 회전각 [°]	
i_2 : 조향 링키지의 감속비	i_{total} : 총 조향비

예제1 $i_1 = 18$, $i_2 = 1.17$, $\alpha = 90[°]$일 때, $i_{total} = ?$ $\delta = ?$

【풀이】 $i_{total} = i_1 \cdot i_2 = 18 \times 1.17 = 21.06$

$$\delta = \frac{\alpha}{i_{total}} = \frac{90°}{21.06} = 4.27° = 4°16'$$

【참고】 총 조향비

승용자동차 : $i_{total} = 10 \sim 20$

상용자동차 : $i_{total} = 16 \sim 32$

4. 자동차의 무게 중심

무게중심을 구하기 위해서는 체인 또는 케이블을 이용하여 자동차의 앞/뒤 차축 허브를 매달 아야 한다. 또는 리프트 또는 유압실린더를 이용하여 자동차를 들어 올릴 수도 있다. 이때 브레 이크는 풀어 놓아야 하며, 차륜들은 굴러가지 않도록 해야 한다. 그리고 변속기기어는 중립으로 한다. 스프링은 자동차를 들어 올렸을 때 변화가 없도록 초기장력이 주어져야 한다.

일반적으로 승용자동차(4인승 및 5인승)의 무게중심 높이는 자동차높이(h_1)의 약 0.38~ 0.39배가 대부분이다.

(1) 무게중심의 축간 위치

$$G = m \cdot g$$

$$g = 9.81\text{m/s}^2 \approx 10\text{m/s}^2$$

$$G = F_1 + F_2$$

$$l = l_1 + l_2$$

$$l_1 = \frac{F_2 \cdot l}{G}$$

$$l_2 = \frac{F_1 \cdot l}{G}$$

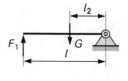

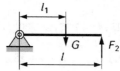

l : 축간거리[mm]	l_1 : 앞차축부터 무게중심까지의 거리[mm]
m : 자동차 질량[kg]	l_2 : 뒷차축부터 무게중심까지의 거리[mm]
G : 자동차 중량[N]	g : 중력가속도[m/s²]
F_1 : 앞축중[N]	F_2 : 뒷축중[N] S : 무게중심

예제 1 l = 2,400mm, m = 1,200kg, F_1 = 4,905N F_2 = 6,867N일 경우 l_1 = ?[mm], l_2 = ?[mm]

【풀이】 $G = m \cdot g = 1,200\text{kg} \times 9.81\text{m/S}^2 = 11,772[\text{kg} \cdot \text{m/s}^2] = 11,772[\text{N}]$

$$l_1 = \frac{F_2 \cdot l}{G} = \frac{6,867\text{N} \times 2,400\text{mm}}{11,772\text{N}} = 1,400[\text{mm}]$$

$$l_2 = \frac{F_1 \cdot l}{G} = \frac{4,905\text{N} \times 2,400\text{mm}}{11,772\text{N}} = 1,000[\text{mm}]$$

(2) 무게중심의 수직 위치(지표평면으로부터)

$$\tan\alpha = \frac{H}{\sqrt{l^2 - H^2}}$$

$$h_s = h + r$$

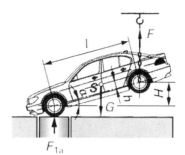

① 뒤 차축을 들어 올렸을 때

$$h = l \cdot \frac{F_{1a} - F_1}{G \cdot \tan\alpha}$$

$$h = \frac{l}{H} \cdot \frac{F_{1a} - F_1}{G} \cdot \sqrt{l^2 - H^2}$$

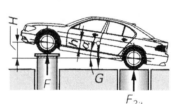

② 앞 차축을 들어 올렸을 때

$$h = l \cdot \frac{F_{2a} - F_2}{G \cdot \tan\alpha}$$

$$h = \frac{l}{H} \cdot \frac{F_{2a} - F_2}{G} \cdot \sqrt{l^2 - H^2}$$

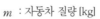

l : 축간거리 [mm] $\qquad$ m : 자동차 질량 [kg]

G : 자동차 중량 [N] $\qquad$ g : 중력가속도[m/s^2] $\qquad$ S : 무게중심

F_1 : 앞 축중(수평상태) [N] $\qquad$ F_{1a} : 앞 축중(들어 올렸을 때) [N]

F_2 : 뒤 축중(수평상태) [N] $\qquad$ F_{2a} : 뒤 축중(들어 올렸을 때) [N]

H : 자동차를 들어 올렸을 때 앞/뒤 차축 허브간의 높이 [mm]

h : 차륜 허브에서 무게중심까지의 높이 [mm] $\qquad$ h_s : 무게중심 높이(수평 지표면에서부터) [mm]

h_1 : 자동차 높이(수평 지표면에서부터) [mm] $\qquad$ α : 들어 올린 각도 [˚]

r : 타이어 정하중 반경(정차상태에서 지표면에서부터 허브 중심까지) [mm]

예제2 l = 2,400mm, m = 1,200kg, F_1 = 4,905N, F_{1a} = 5690 N H = 1000 mm, r = 300 mm

일 경우, h = ? [mm], h_s = ? [mm]

【풀이】 $G = m \cdot g = 1,200\text{kg} \times 9.81\text{m/S}^2 = 11,772 [\text{kg} \cdot \text{m/s}^2] = 11,772 [\text{N}]$

$$h = \frac{l}{H} \cdot \frac{F_{1a} - F_1}{G} \cdot \sqrt{l^2 - H^2}$$

$$= \frac{2,400}{1,000} \cdot \frac{5,690 - 4,905}{11,772} \cdot \sqrt{2,400^2 - 1,000^2} \approx 350 [\text{mm}]$$

$$h_s = h + r = 350\text{mm} + 300\text{mm} = 650 [\text{mm}]$$

5. 원심력, 커브길에서의 임계주행속도

(1) 원심력(F_{cf})

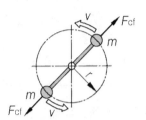

$$F_{cf} = m \cdot r \cdot \omega^2 = \frac{m \cdot v^2}{r}\,[\text{N}]$$

$$v = \sqrt{\frac{F_{cf} \cdot r}{m}}\,,\quad r = m \cdot \frac{v^2}{F_{cf}}$$

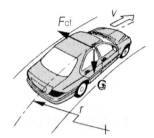

$$v_{\max} = \sqrt{g \cdot r \cdot \mu_H}\ \ [\text{m/s}]$$

$$\tan\alpha = \frac{F_{cf}}{G} = \frac{v^2}{g \cdot r}$$

$$v = \sqrt{g \cdot r \cdot \tan\alpha}\,,\quad F_{cf} = G \cdot \tan\alpha$$

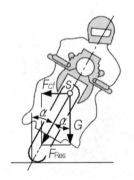

F_{cf} : 원심력 [N]	m : 자동차질량 [kg]
v : 주행속도 [m/s]	$v_{\max}$: 최대 주행속도 [m/s]
r : 커브 반경 [m]	$r_{\min}$: 최소 커브반경 [m]
g : 중력가속도 [m/s^2]	G : 총중량 ($G = m \cdot g$) [N]
μ_H : 점착 마찰계수	F_H : 점착 마찰력 [N]
F_R : 마찰력 [N]	$F_{cf.\max}$: 최대 유효원심력 [N]
α : 수직축에 대한 차체의 기울기 [˚]	
ω : 각속도 [rad/s]	

예제 1 질량 $m = 20\text{g}$ 원심력 반경 $r = 30\text{cm}$, $v = 50\text{m/s}$일 경우, 이 물체의 원심력은?

【풀이】 $F_{cf} = \dfrac{m \cdot v^2}{r} = \dfrac{0.02\text{kg} \times (50\text{m/s})^2}{0.3\text{m}} = 166.7\,[\text{N}]$

예제 2 커브를 주행하는 2륜차의 질량 $m = 295\text{kg}$, 주행속도 $v = 90\text{km/h}$, 커브 반경 $r = 70\text{m}$, 점착마찰계수 $\mu_H = 0.8$일 경우, 원심력(F_{cf})과 점착마찰력(F_H)은?

【풀이】 $G = m \cdot g = 295\text{kg} \times 9.81\text{m/s}^2 = 2{,}894\,[\text{N}]$

$F_{cf} = \dfrac{m \cdot v^2}{r} = \dfrac{295 \times 90^2}{70 \times 3.6^2} = 2{,}634\,[\text{N}]$

$F_H = \mu_H \cdot G = 0.8 \times 2{,}894\text{N} = 2{,}315\text{N}$

※ 이 경우에 $F_{cf} > F_H$ 이므로 2륜차는 커브 바깥쪽으로 미끄러진다.

- 최대 커브주행속도($v_{\max}$)를 초과하면, 자동차는 커브 바깥쪽으로 미끄러지기 시작한다.
- 커브 바깥쪽으로 미끄러지지 않기 위해서는 아래 식들의 조건을 만족해야 한다.

$$F_{cf.\max} \leq F_R, \qquad F_{cf.\max} \leq m \cdot g \cdot \mu_H, \qquad r_{\min} \geq \frac{v^2}{g \cdot \mu_H}$$

상 태	힘
점착상태 유지	$F_{cf} < F_H, \qquad F_{cf} < \mu_H \cdot G$
한계 영역	$F_{cf} = F_H, \qquad F_{cf} = \mu_H \cdot G$
슬립/튕겨 나감	$F_{cf} > F_H, \qquad F_{cf} > \mu_H \cdot G$

(2) 옆방향으로 경사진 커브길에서의 원심력, 경사각, 원심 가속도

$$F_{cf} = m \cdot r \cdot \omega^2 = \frac{m \cdot v^2}{r}[\text{N}]$$

$$\tan\beta = \frac{v^2}{g \cdot r}$$

$$a_{cf} = r \cdot \omega^2$$

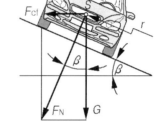

$$\tan\beta = \frac{F_{cf}}{G} \qquad F_{cf} = G \cdot \tan\beta$$

F_{cf} : 원심력 [N] m : 자동차질량 [kg]
v : 주행속도 [m/s] r : 커브 반경 [m]
g : 중력가속도 [m/s^2] G : 총중량($G = m \cdot g$) [N]
β : 커브길의 경사각(노면의 경사각) [˚] ω : 각속도 [rad/s]

예제3 $v = 30\,\text{m/s}, \ r = 130\,\text{m}$, 경사각 $\beta = ?? [˚]$?

【풀이】 $\tan\beta = \dfrac{v^2}{g \cdot r} = \dfrac{(30\text{m/s})^2}{9.81\,(\text{m/s}^2) \times 130\text{m}} = 0.7$

$\beta = 35.2˚$

- 최적 경사각도는 수직력(F_N)이 노면에 수직으로 작용할 때이다.

(3) 임계속도(critical speeds) 구하기(예)

자동차 너비 $b = 1.5\text{m}$, 무게중심 높이 $h_s = 0.6\text{m}$, 최대 점착마찰계수 $\mu_H = 0.8$, 커브 반경 $r = 90\text{m}$, 커브 경사각도(banking angle) $\beta = 20°$ 일 경우의 임계속도는 각각 아래와 같이 계산된다.

	수평 커브길	경사진 커브길
자동차의 점착임계(skid)속도	$v \le 11.28\sqrt{\mu_H \cdot r}\ [\text{km/h}]$	$v \le 11.28\sqrt{\dfrac{(\mu_H + \tan\beta) \cdot r}{1 - \mu_H \cdot \tan\beta}}\ [\text{km/h}]$
(예)	$v \le 96\text{km/h}$	$v \le 137\text{km/h}$
자동차가 전복(tip)될 때의 속도 (=전복 임계속도)	$v \ge 11.28\sqrt{\dfrac{b \cdot r}{2 \cdot h_s}}\ [\text{km/h}]$	$v \ge 11.28\sqrt{\dfrac{\left(\dfrac{b}{2 \cdot h_s} + \tan\beta\right)}{1 - \dfrac{b}{2 \cdot h_s} \cdot \tan\beta}}\ [\text{km/h}]$
(예)	$v \ge 120\text{km/h}\,(\mu_H \ge 1.25)$	$v \ge 184\text{km/h}\,(\mu_H \ge 1.25)$

(4) 직립 안전도

$$\text{직립안전도} = \frac{\text{직립 모멘트}}{\text{기울기 모멘트}} = \frac{b \cdot G}{2 \cdot h_w \cdot W} = \frac{a \cdot G}{h_w \cdot W}$$

여기서 b : 윤거 [m] G : 총중량 [N]
W : 횡력 [N] h_w : 횡력의 작용 높이 [m]

경사각도(α)가 증가함에 따라
$a = \dfrac{b}{2}$ (=윤거의 1/2)가 감소한다.
$a = 0$이면, "직립 모멘트 = 0" 이고,
자동차는 전복된다. (참고도 15(c))

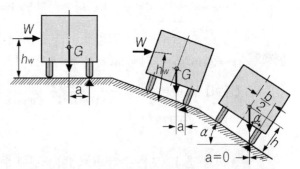

(a) 수평노면에서   (b) 전복되지 않는다.   (c) 전복된다.

참고도 15 자동차의 직립 안전도

제동장치
Brake : Bremsen

제1절 제동장치 일반
(Introduction to brake system)

제동장치는 주행 중인 자동차를 감속, 정지시키는 기능, 그리고 주차 기능을 담당한다. 실제로 제동작용을 하는 부분을 포함하여, 제동에너지 공급부, 조작부, 전달부 등으로 구성된다.

마찰을 통해 기계적 에너지를 열에너지로 변환시키면서 제동하는 마찰 브레이크가 가장 많이 사용되고 있다.

1. 브레이크의 분류

브레이크는 용도에 따라 주제동 브레이크, 주차 브레이크 및 보조 브레이크(제3 브레이크)로, 사용 에너지에 따라 유압식, 압축공기식, 전기식, 기계식 브레이크로 분류할 수 있다.

(1) 주제동 브레이크(service brake system : Betriebsbremsanlage)

주제동 브레이크는 자동차의 주행속도를 낮추거나, 경우에 따라 급정차시키는 데 사용된다. 운전자가 발로 조작하는 족동식(足動式)이 대부분이며, 운전자의 조작력(=페달 답력)은 유압 또는 공기압이라는 중간 매체를 거쳐 차륜의 제동력으로 변환된다.

주제동 브레이크는 제동력이 전/후 차륜 간에 서로 다르게, 그러나 모든 차륜에 동시에 작용하도록 설계된다. 페달답력은 일반적으로 승용차에서는 약 500N, 대형 상용차에서는 약 700N을 초과하지 않도록 설계한다. 더 큰 답력이 필요한 경우에는 배력장치(booster)를 이용한다.

(2) 주차 브레이크(parking brake system : Feststellbremsanlage)

주차 브레이크는 주차 또는 정차상태를 유지하거나 또는 언덕길에 주/정차한 자동차가 저절로 굴러가지 않도록 하는 기능을 한다. 안전상의 이유 때문에 대부분 기계식을 사용한다. 승용자동차의 경우, 손 또는 발로 조작하며 케이블 또는 링키지를 통해 작동시킨다. 주로 1개의 차축에만 설치된다. 주제동 브레이크가 제 기능을 발휘할 수 없을 경우, 주차 브레이크는 보조 브레이크로서의 기능도 수행할 수 있도록 설계된다.

(3) 보조 브레이크 - 제3 브레이크(retarding brake system : Dauerbremsanlage)

긴 언덕길을 하향 주행할 때, 주행속도를 제어하는 데 사용되는 브레이크로서, 주제동 브레이크나 주차 브레이크 이외의 제동장치를 말한다.

와전류 감속기(eddy current retarder), 배기(exhaust)브레이크, 유압 감속기(hydro-dynamic retarder) 및 공기저항 감속기(air-resistance retarder) 등이 여기에 속한다.

이 외에도 제동 중 차륜의 슬립(slip)을 자동으로 측정, 제동력을 제어하여 차륜의 잠김(lock : 차륜이 회전하지 않고 미끄러지는 상태)을 방지하는 ABS(Anti-lock Brake System)시스템을 비롯해서, BAS(Braking Assistance System), SBC(Sensortronic Brake System, TCS(Traction Control System), VDC(Vehicle Dynamic Control ; ESP 및 DSC) 등 다양한 전자제어 시스템으로 분류할 수도 있다.(제 5장 6절 전자제어 섀시 시스템 참조)

2. 제동장치에 관한 법규(발췌)

나라마다 제동장치에 대해 법률 또는 규칙에 제한 또는 강제 조항을 두고 있다. 규제 강도의 차이는 있으나 대부분 거의 유사한 내용들이다.

(1) 우리나라의 법규(자동차 안전기준에 관한 규칙 제 15조)

① 주(主)제동장치와 주차 제동장치는 각각 독립적으로 작용할 수 있어야 하며, 주제동장치는 모든 차륜을 동시에 제동하는 구조일 것. 다만 최고속도가 25km/h 이하의 자동차는 제동장치를 1계통으로 할 수 있다.

② 피견인 자동차의 주제동장치는 견인자동차의 주제동장치와 연동하여 작동하는 구조일 것. 다만, 차량총중량이 750kgf 이하의 피견인자동차의 경우에는 관성제동구조로 할 수 있다.

③ 자동차에는 주제동장치의 제동기능 결함을 감지할 수 있도록 운전석에서 브레이크액의 기준유량(공기식의 경우에는 기준 공기압)을 인지할 수 있는 경고장치를 갖추어야 한다.

④ 견인자동차와 피견인자동차를 연결한 상태에서의 제동장치는 표 5-1, 5-2, 5-3의 기준을 만족하여야 한다. 제동능력은 건조하고 평탄한 포장도로에서 측정한다.

표 5-1 주제동장치의 급제동정지거리 및 조작력 기준 (제15조 제1항 제10호 관련)

구 분	최고속도 80km/h 이상의 자동차	최고속도 35km/h 이상, 80km/h 미만의 자동차	최고속도 35km/h 미만의 자동차
1. 제동초속도[km/h]	50	35	당해자동차의 최고속도
2. 급제동 정지거리[m]	22 이하	14 이하	5 이하
3. 측정 시 조작력[kgf]	발 조작식의 경우 : 90 이하		
	손 조작식의 경우 : 30 이하		
4. 측정 자동차의 상태	공차상태의자동차에 운전자 1인이 승차한 상태		

표 5-2 주제동장치의 제동능력 및 조작력 기준 (제 15조 제1항 제11호 관련)

구 분	기 준
1. 측정자동차의 상태	공차상태의 자동차에 운전자 1인이 승차한 상태
2. 제동능력	가. 최고속도 80km/h 이상이고, 차량총중량이 차량중량의 1.2배 이하인 자동차의 각 축의 제동력의 합 : 차량총중량의 50% 이상 나. 최고속도가 80km/h 미만이고, 차량총중량이 차량중량의 1.5배 이하인 자동차의 각 축의 제동력의 합 : 차량총중량의 40% 이상 다. 기타 자동차 　(1) 각 축의 제동력의 합 : 차량중량의 50% 이상 　(2) 각 축의 제동력 : 각 축중의 50% 이상(후차축의 경우, 당해 축중의 20% 이상)
3. 좌/우 바퀴의 제동력의 차이	당해 축중의 8% 이하
4. 제동력의 복원	브레이크 페달에서 발을 뗄 때에 제동력이 3초 이내에 당해 축중의 20% 이하로 감소될 것

표 5-3 주차제동장치의 제동능력 및 조작력 기준 (제15조 제1항 제12호 관련)

구 분		기 준
1.측정 자동차의 상태		공차상태의 자동차에 운전자 1인이 승차한 상태
2.측정시 조작력	승용자동차	발 조작식의 경우 : 60kgf 이하 손 조작식의 경우 : 40kgf 이하
	기타자동차	발 조작식의 경우 : 70kgf 이하 손 조작식의 경우 : 50kgf 이하
3. 제동능력		① 경사각 11° 30′ 이상의 경사면에서 정지 상태를 유지할 수 있거나 제동력이 차량중량의 20% 이상일 것. ② 주차제동을 위한 조작력전달계통이 전기식일 경우, 단선 등 파손이 있거나 주차제동장치의 조종장치에 전기적 고장이 있을 경우 운전자가 운전석에서 주차제동장치를 작동시켜 적차상태의 자동차(승용, 화물(3.5톤 이하) 및 특수자동차)를 8% 경사로에서 전진 및 후진방향으로 정지상태를 유지할 수 있어야 한다.

(2) 외국의 법규(예)

ISO 규정 및 EURO 규정 중 일부 내용들을 간략하게 정리한다.

① 3륜 이상의 자동차는 서로 독립된 2계통의 제동장치를 장착하거나, 1계통의 제동장치에 서로 독립된 2개의 조작장치를 부착하여, 하나가 고장일 경우 나머지 하나를 작동시킬 수 있는 구조일 것.

② 2계통의 제동장치 중 하나는 기계적으로 작동되어야 하며, 주/정차 시 자동차의 구름을 방지하도록 고정할 수 있는 구조일 것. 그리고 기계식 브레이크는 동시에 최소한 2륜 이상을 제동하는 구조일 것.

③ 주제동 브레이크는 주행속도 50km/h에서 제동할 때 평균 $2.5m/s^2$의 제동감속도를, 주차 브레이크는 $1.5m/s^2$의 제동감속도를 얻을 수 있어야 한다.

④ 2축 이상의 피견인자동차에는 평균제동감속도가 최소 $2.5m/s^2$ 이상인 제동장치를 갖추 어야 한다. 그리고 견인자동차에서 피견인자동차를 분리하였을 경우, 피견인자동차는 그 자신이 주차상태를 유지할 수 있는 구조이어야 한다.

⑤ 피견인자동차가 연결된 상태에서 견인자동차는 법규에 규정된 제동감속도를 얻을 수 있 고, 공차상태에서의 축중이 3톤(ton) 이하일 경우의 1축 피견인자동차는 별도의 독립된 제동장치를 생략해도 된다.

⑥ 버스(시외)는 차량총중량 5.5톤 이상, 기타 자동차나 피견인자동차는 차량총중량 9톤 이 상이면, 반드시 제3브레이크(감속브레이크)를 추가로 장착해야 한다. 감속브레이크는 구 배 7%, 거리 6km의 언덕길을 최대적재상태로 주행할 때, 30km/h이하의 속도를 일정하 게 유지할 수 있는 구조일 것.

⑦ 승용자동차용 피견인자동차가 1축식이고, 피견인자동차의 중량이 견인승용자동차의 공 차상태중량에 750N을 더한 값의 1/2이하일 경우(최대 7,500N 이하)는 별도의 제동장치 를 설비하지 않고도 승용자동차로 견인할 수 있다.

⑧ 최고속도가 50km/h 이상인 자동차의 경우, 주제동 브레이크의 작동상태를 후방 30m에 서 확인할 수 있는 적색등을 설치할 것.

　자동차가 법규를 만족하는 상태일지라도 정기적으로 제동장치를 점검하고 또 확인검 사를 받아야 한다.

　또 ABS 시스템의 장착을 의무화하는 차종(예 : 승합, 버스, 트럭 등)들이 늘어나고 있다.

제5장 제동장치

제2절 유압 브레이크
(Hydraulic brake)

유압 브레이크의 기본회로 구성은 그림 5-1과 같다.

마스터실린더(master cylinder)에 부가된 배력장치(booster)는 페달답력을 배가시켜 충분한 제동력이 발생되도록 한다. 그리고 제동안정성을 개선시키기 위해, 일부 브레이크회로에는 제동력 조절기(braking force regulator)를 설치하기도 한다.

승용자동차의 휠브레이크는 일반적으로 앞차축에는 디스크 브레이크(disc brake), 뒤차축에는 드럼 브레이크(drum brake) 또는 디스크 브레이크를 사용한다. 반면에 대형 화물자동차에는 대부분 모든 차륜에 드럼 브레이크를 사용한다.

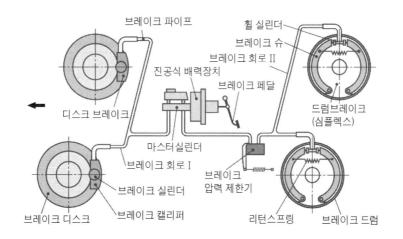

그림 5-1 유압 브레이크의 기본구조

제동장치의 안정성을 높이기 위해, 오늘날 대부분의 자동차들은 탠덤(tandem) 마스터 실린더를 이용하는, 2 - 회로 브레이크(2-circuit brake)를 사용한다. 한 회로가 고장일 경우에도 나머지 한 회로에 의해 자동차는 제동된다.

1. 유압 브레이크의 작동원리

유압 브레이크는 파스칼 원리(Pascal's principle)를 응용한 장치이다.

> 완전히 밀폐된 액체에 작용하는 압력은 어느 점에서나, 어느 방향에서나 일정하다.
>
> $$P = \frac{F}{A}$$ 여기서 P : 압력, F : 작용하는 힘, A : 힘이 작용하는 면적

브레이크페달을 밟으면 운전자의 답력은 마스터실린더의 피스톤을 거쳐, 마스터실린더 내의 밀폐된 브레이크액에 즉시 전달된다. 이 힘에 의해 마스터실린더 내의 브레이크액에는 압력이 생성된다. 이 압력은 파스칼원리에 따라 브레이크 파이프를 거쳐 각 휠 실린더에, 그리고 다시 휠 실린더(또는 캘리퍼) 피스톤에 전달된다. 휠 실린더(=캘리퍼) 피스톤에 전달된 압력은 다시 브레이크 슈(shoe)(또는 패드(pad))를 작용시키는 확장력(또는 압착력)으로 변환된다.

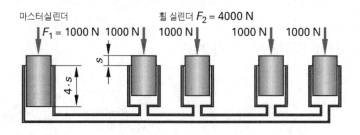

그림 5-2 유압브레이크의 원리

액체를 이용하여 힘을 전달할 경우, 힘의 증폭이 용이하다. 유압 브레이크는 고압(예 : 120bar 까지, 순간적으로는 180bar까지)으로 작동되므로 제동장치 구성부품의 크기, 예를 들면 휠 실린더의 직경이 작아도 큰 힘을 얻을 수 있다.

또 브레이크액은 비압축성이므로 공극(air gap)이 작다면, 적은 유량으로도 여러 개의 휠 실린더를 동시에 작동시킬 수 있다. 즉, 브레이크페달을 밟으면 회로압력은 급속히 상승하고, 이 압력에 의해 각 휠 실린더의 피스톤도 즉시 작동하여 각 차륜에 제동력을 발생시키게 된다.

2. 브레이크회로 배관방식

안전상의 이유 때문에 2-회로 브레이크를 사용한다. 회로배관방식은 다양하지만, 대체적으로 많이 사용하는 형식은 다음과 같다.

(1) 앞/뒤 차축 분배식(front/rear axle split) - ⅠⅠ

앞차축과 뒤차축의 브레이크회로가 각각 독립되어 있다. 예를 들면 앞차축회로가 고장일 경우에도 뒤차축회로는 제동능력을 유지한다. 물론 그 반대도 성립한다.

이 방식에 계단식 탠덤 마스터실린더를 사용하면 뒤차축의 제동력조절밸브를 생략할 수 있으며, 또 한 회로가 고장일 경우에도 페달답력을 증가시키지 않고도 나머지 한 회로의 유압을 증가시킬 수 있다.

이 방식은 모든 차륜이 드럼 또는 디스크 브레이크일 경우, 그리고 앞차축에 디스크 브레이크, 뒤차축에 드럼브레이크가 설치된 경우에 사용할 수 있다. 제동력의 배분은 앞차축에 60~70%, 뒤차축에 30~40% 범위가 대부분이다. 대형차량에 많이 사용한다.

(2) X-형 배관방식(diagonal split) - X

앞바퀴와 뒷바퀴를 각기 하나씩 X자형으로 연결한 방식이다. 전륜구동방식(FF) 자동차에서 부(−)의 킹핀 오프셋(negative kingpin offset)인 경우, 주로 이 방식을 사용한다. 회로 당 제동력 배분은 50% : 50%가 된다.

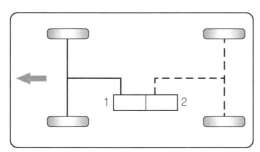

그림 5-3(a) 앞/뒤 차축 배관방식

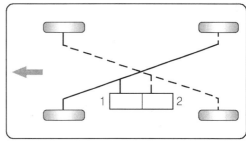

그림 5-3(b) X형 배관방식

(3) 4-2 배관방식(front axle and rear axle/front axle split) - HⅠ

드물게 이용되는 방식이다. 한 회로는 모든 차륜과 연결하고, 나머지 한 회로는 앞차축 좌/우 차륜에만 배관한 형식이다. 한 회로가 파손되었을 때 제동력 분배차가 크다. 제동력 배분은 예를 들면 35% : 65%가 된다.

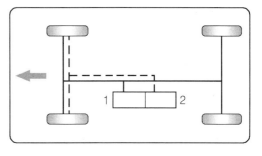

그림 5-3(c) 4-2 배관방식

(4) 3각 배관방식(front axle and rear wheel) - LL

앞차축 좌/우 차륜과 뒤차축의 어느 한쪽 차륜을 연결한 형식이다. 한 회로가 고장일 경우에 최소한 50%의 제동력을 유지할 수 있으며, 앞차축 좌/우 차륜에는 항상 균일한 제동력이 작용한다.

(5) 4-4 배관방식(all wheel/all wheel split) - HH

회로마다 각각 모든 차륜을 연결한 형식으로서, 각 차륜에 2개의 브레이크회로가 독립적으로 갖추어져 있다. 이상적이지만 고가(高價)이다. 제동력 배분은 50% : 50%이다. 한 회로가 파손되더라도 나머지 회로에는 최소한 50%의 제동력이 전/후, 좌/우 차륜에 균일하게 배분된다.

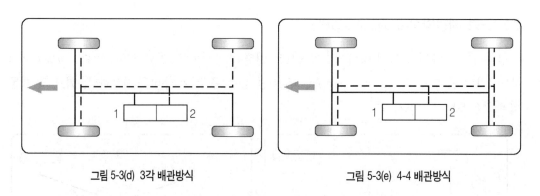

그림 5-3(d) 3각 배관방식   그림 5-3(e) 4-4 배관방식

3. 마스터실린더(master cylinder : Hauptzylinder)

마스터실린더의 기능은 다음과 같다.
① 각 브레이크회로에 압력을 형성한다.
② 온도차에 의한 브레이크액의 체적변화 및 패드의 마모에 의한 공극(air gap)을 보상한다.
③ 브레이크 작동을 급속히 해제시키기 위해, 회로압력을 신속하게 소멸시킨다.

(1) 마스터실린더의 기본구조

탠덤(tandem) 마스터실린더는 2개의 싱글 마스터실린더를 연이어 접속시킨 형식이다. 즉, 1개의 실린더 내에 2개의 피스톤이 들어 있다. 운전자의 제동력이 전달되는 순서에 따라 즉, 페달쪽 피스톤을 1차 피스톤, 안쪽에 들어 있는 피스톤을 2차 피스톤이라 한다. 1, 2차 피스톤은 모두 복동식이다. 그리고 각 피스톤의 전/후 컵씰(cup seal) 사이는 원통형의 밀폐된 공간으로서,

보충실(replenishing chamber)의 역할을 한다.

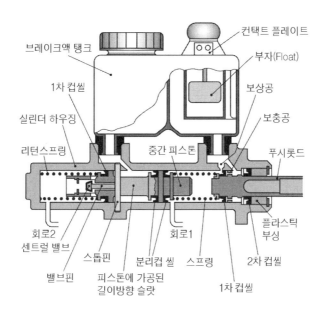

그림 5-4 탠덤 마스터실린더의 기본구조

각 피스톤에 설치된 고무제의 컵씰(cup seal)은 피스톤과는 반대로 앞쪽의 것을 1차 컵씰(primary cup seal), 뒤쪽의 것을 2차 컵씰(secondary cup seal)이라 한다.

제동할 때 1차 컵씰이 보상공(compensating port)을 지나면, 각 회로의 압력실은 곧바로 밀폐되고, 회로압력이 형성되게 된다. 이때 필러 디스크(filler disk)는 1차 컵씰이 피스톤에 뚫린 보충통로로 밀려드는 것을 방지한다.

1차 피스톤(페달쪽)에 설치된 2차 컵씰과 진공 컵씰은 설치방향이 서로 반대이다. 2차 컵씰은 유압측 누설을 방지하고, 진공 컵씰은 진공(배력장치) 측로부터의 진공유입을 방지한다.

2차 피스톤(안쪽 피스톤)에 설치된 2차 컵씰과 분리 컵씰(cup)도 설치방향이 서로 반대이다. 1차 컵씰과 같은 방향으로 설치된 2차 컵씰은 보충실의 기밀을 유지하고, 1차 컵씰과 반대방향으로 설치된 분리(고압) 컵씰은 다른 회로의 압력실을 형성한다. 즉, 두 회로를 완전히 분리시키는 기능을 한다.

1차 피스톤과 2차 피스톤은 스프링을 사이에 두고 연결 볼트에 의해 연결되어 있다. 즉, 1차적으로 강체연결과 같다. 따라서 1차 피스톤과 2차 피스톤 사이에는 항상 일정한 간격이 유지된다.

(2) 마스터실린더의 작동원리

① 초기 위치(release position) - (그림 5-5(a), 그림 5-6(a) 참조)

피스톤은 각각 스프링에 의해 스토퍼에 밀착되어 있다. 이때 각 1차 컵씰들은 각각 자신의 보상공을 막지 않아야 한다. 따라서 2개의 압력실은 모두 각각의 보상공을 통해 브레이크액 저장탱크와 연결되어 있다. 브레이크액 저장탱크와 압력실 사이에 브레이크액의 유동이 가능하므로, 브레이크액의 가열 또는 냉각에 의한 체적보상이 자연스럽게 이루어진다.

1차 컵씰의 초기위치 설정이 잘못되었거나, 또는 오염에 의해 보상공이 막히면, 체적보상 작용이 이루어질 수 없게 된다. 이 경우 브레이크액이 가열, 팽창되면 브레이크페달을 밟지 않은 상태에서도 제동현상이 나타날 수 있다.

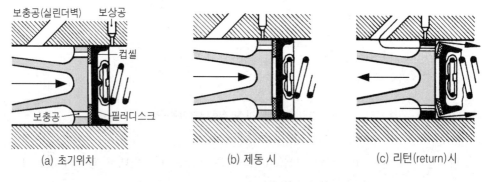

그림 5-5 1차 컵의 작동원리

② 제동 중 - (그림 5-5(b), 그림 5-6(b) 참조)

브레이크페달을 밟으면 먼저 1차 피스톤이 밀려간다. 그러면 1, 2차 피스톤 사이에 압착된 상태의 스프링은 1차 피스톤의 운동을 곧바로 2차 피스톤에 전달한다. 따라서 2개의 피스톤 각각에 설치된 1차 컵씰은 동시에 각각의 보상공을 지나, 압력실을 밀폐시킨다. 그러면 2개의 제동회로에는 동시에 제동압력이 형성된다.

③ 리턴(return) 시 - (그림 5-5(c) 참조)

브레이크페달에서 급격히 발을 떼면, 스프링은 피스톤을 초기위치로 급속히 다시 복귀시킨다. 그러므로 이때 압력실 내부는 순간적으로 부압상태가 된다. 그러면 1차 컵씰은 휘어지고, 1차 컵씰 뒤쪽에 설치된 필러디스크도 약간 휘어지게 된다. 그러면 피스톤에 뚫린 보충통로를 통해 보충실의 브레이크액이 압력실로 밀려들어 가게 된다. 따라서 브레이크는 급속히 풀리고, 동시에 휠 실린더를 통해 유압회로에 공기가 유입되는 흡인작용을 방지할 수 있다.

④ **회로 1이 파손되었을 때 - (그림 5-6(c) 참조)**

회로1이 파손된 상태에서 제동하면, 1차 피스톤은 연결 볼트가 2차 피스톤에 밀착될 때까지 밀려가게 된다. 페달거리는 길어지지만 물리적인 페달답력은 직접 2차 피스톤에 작용하여 정상적으로 작동하는 회로 2에 제동력을 발생시키게 된다.

⑤ **회로 2가 파손되었을 때 - (그림 5-6(d) 참조)**

회로 2가 파손된 상태에서 제동시키면, 먼저 2차 피스톤이 스토퍼에 밀착될 때까지 2개의 피스톤은 그냥 밀려간다. 2차 피스톤이 스토퍼에 접촉, 정지되면 그때부터 정상적인 1차 피스톤회로에 압력이 형성되게 된다. 페달거리는 역시 길어진다.

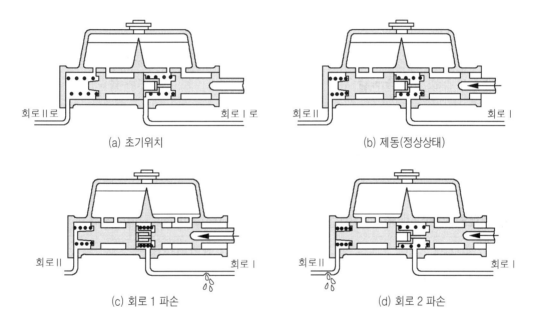

(a) 초기위치

(b) 제동(정상상태)

(c) 회로 1 파손

(d) 회로 2 파손

그림 5-6 탠덤 마스터실린더의 작동원리

(3) 계단식 탠덤 마스터실린더(stepped tandem master cylinder)

이 형식의 특징은 2차 피스톤의 직경이 1차 피스톤의 직경보다 작다는 점이다. 앞/뒤 차축으로 분리된 브레이크 회로를 채용한 자동차에 사용된다. 뒤차축 유압회로는 직경이 작은 2차 피스톤에 의해 작동된다. 두 회로가 모두 정상일 경우에는 두 회로의 유압은 서로 같다.

앞차축 브레이크회로가 파손되었을 경우에는 2차 피스톤에 직접 운전자의 물리적인 힘(페달답력)이 작용하게 된다. 그러면 피스톤 단위면적에 작용하는 힘은 정상일 때보다 증가하게 된다. 따라서 뒤차축 브레이크회로의 유압은 증가하게 된다.

뒤차축 브레이크회로가 파손되었을 경우에는 페달답력이 두 피스톤의 단면적 차이에 해당하는 면적에 작용하는 결과가 된다. 따라서 정상상태인 앞차축 회로의 유압은 증가하게 된다.

결과적으로 한 회로가 파손되면, 나머지 정상상태의 한 회로의 압력이 증가하므로 제동력 부족을 보완할 수 있다는 점이 특징이다.

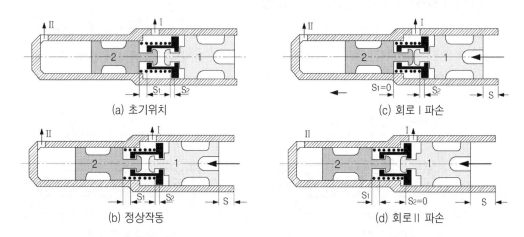

(a) 초기위치

(c) 회로 I 파손

(b) 정상작동

(d) 회로 II 파손

그림 5-7 계단식 탠덤 마스터실린더(stepped tandem master cylinder)

(4) 센트럴밸브식 탠덤 마스터실린더(tandem master cylinder with central valve)

ABS(anti-lock brake system)가 장착된 자동차에 사용하며, 보상공(compensation port)의 기능을 피스톤에 설치된 센트럴밸브가 대신한다. 센트럴밸브는 일반 탠덤 마스터실린더는 물론 계단식 탠덤 마스터실린더에도 설치할 수 있다. 2차 피스톤에만 센트럴밸브를 설치하는 형식이 대부분이다.

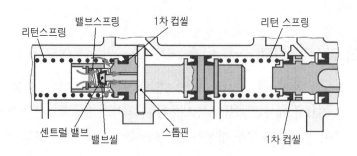

리턴스프링 밸브스프링 1차 컵씰 리턴 스프링

센트럴 밸브 밸브씰 스톱핀 1차 컵씰

그림 5-8 센트럴밸브식 탠덤 마스터실린더(초기 위치)

2차 피스톤에는 세로방향으로 길게 슬릿(slit)이 가공되어 있고, 슬릿이 끝나는 점은 센트럴밸브가 설치되는 통로와 연결되어 있다. 그리고 슬릿에는 실린더 핀이 끼워지고 이 핀은 마스터실린더에 고정되어 있다. 따라서 피스톤은 실린더에 구속되어 있다. 또 실린더 핀은 센트럴밸브의 스토퍼로서도 기능한다. 즉, 센트럴밸브가 실린더 핀에 접촉하면 센트럴밸브는 열린다.

① 초기(rest) 위치 - (그림 5-8 참조)

피스톤 스프링은 1, 2차 피스톤을 각각의 스톱에 대항하여 장력을 가하고 있다. 1차 피스톤의 1차 컵씰은 보상공을 가리지 않는 위치에 있고, 2차 피스톤은 스톱 - 핀의 전방에 위치해 있다. 따라서 센트럴밸브는 스톱-핀에 의해 열려 있기 때문에 2차 피스톤을 통한 체적보상작용은 원활하게 이루어진다. 즉, 마스터실린더 내의 두 압력실은 브레이크액 탱크와 연결되어 있다. 예를 들면 온도차에 의한 브레이크액의 체적팽창은 보상된다. 1차 피스톤의 초기위치가 틀리거나 또는 오염에 의해 보상공이 막히면, 브레이크액의 보상작용은 보장되지 않는다.

② 제동(braking) - (그림 5-9(a) 참조)

브레이크페달을 밟을 때, 1차 피스톤의 1차 컵씰이 보상공을 지나면 1차 피스톤 회로에 압력이 형성되고, 이어서 2차 피스톤의 센트럴밸브가 스톱핀으로부터 밀려나 닫히게 된다. 그러면 2차 피스톤회로에도 압력이 형성되게 된다.

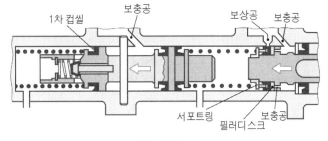

(a) 제동위치

③ 복귀 과정(releasing the brake) - (그림 5-9(b) 참조)

브레이크 페달에서 발을 떼면, 유압과 피스톤스프링의 장력에 의해 피스톤들은 뒤로 밀려나게 된다. 이때 1차 피스톤의 1차 컵씰은 브레이크액 탱

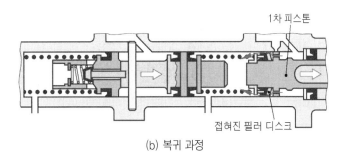

(b) 복귀 과정

그림 5-9 센트럴밸브의 작동원리

크로부터 브레이크액이 1차 피스톤회로로 밀려들어오게 한다. 2차 피스톤은 초기위치로 복귀하게 된다. 그러면 2차 피스톤에 설치된 센트럴밸브가 스톱-핀에 의해 열린다. 압력은 낮아지고 브레이크의 제동은 풀리게 된다.

(5) 잔압 밸브(residual check valve : Vordruckventil)

드럼브레이크의 휠 실린더에 컵씰(cup seal)이 사용될 경우에는 브레이크회로에 잔압밸브를 필요로 한다. 잔압밸브는 초기상태(release) 즉, 브레이크페달을 밟지 않은 상태에서도 회로압력을 약 0.4bar에서 1.7bar 정도로 유지하는 역할을 한다. 따라서 컵씰(cup seal)은 적당한 압력으로 휠 실린더 벽에 밀착되어, 공기의 유입을 방지한다.

오늘날은 대부분 피스톤 씰(piston seal) 또는 익스팬더(expander)식 컵씰을 사용하므로, 잔압을 유지시킬 필요가 없다. 따라서 잔압밸브가 생략되고, 대신 그 위치는 스로틀(throttle)로 처리된다. 스로틀(throttle)은 브레이크를 급속히 해제시킬 때 공기가 유입되는 것을 방지하고, 또 브레이크페달을 이용한 공기빼기작업을 가능하게 한다.

잔압밸브는 하나의 복동식 밸브이다. 제동할 때 유압은 약한 스프링장력에 의해 밸브시트에 밀착되어 있는 볼(또는 원추형)밸브를 밀어낸다. 그러면 마스터실린더에서 생성된 유압은 휠 실린더에 전달되게 된다.

브레이크페달에서 발을 떼면 마스터실린더의 유압은 급속히 소멸된다. 그러나 브레이크 파이프 내의 압력은 상대적으로 높다. 그러므로 브레이크회로압력에 의해 베이스밸브(base valve)가 열리게 된다. 베이스밸브는 회로압력이 잔압 수준으로 낮아질 때까지 열려있게 된다. 스프링장력과 회로압력이 같아지면 베이스밸브는 닫히고, 회로압력은 그 수준을 그대로 유지하게 된다.

잔압밸브는 브레이크 파이프 또는 마스터 실린더와 브레이크 파이프의 연결부에 조립할 수 있다. 종전에는 대부분 마스터실린더 내에 잔압밸브를 설치하였다.

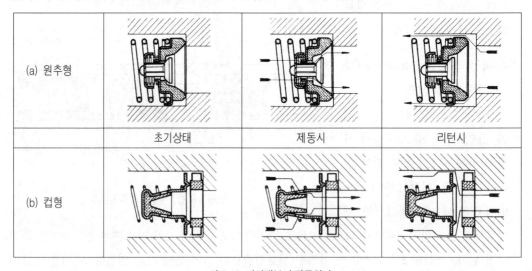

	초기상태	제동시	리턴시
(a) 원추형			
(b) 컵형			

그림 5-10 잔압밸브의 작동원리

4. 드럼 브레이크(drum brake : Trommelbremse)

자동차용 드럼 브레이크는 내부 확장식이 대부분이다. 주요 구성부품은 드럼(drum), 앵커 플레이트(anchor plate), 브레이크 슈(brake shoe), 휠 실린더(wheel cylinder), 간극조정 스크루(adjusting screw), 리턴 스프링(return spring), 그리고 주차 브레이크 스트럿 (parking brake strut) 등이다.

브레이크드럼은 휠과 함께 구동축 또는 휠 스핀들(wheel spindle)에 설치된다. 따라서 휠이 회전하면 함께 회전한다. 브레이크 슈와 확장력을 발생시키는 부품들은 앵커 - 플레이트에 설치된다. 그리고 앵커 - 플레이트는 액슬 하우징에 설치, 고정된다. 즉, 슈는 확장될 수는 있으나 회전할 수는 없는 구조로 설치되어 있다.

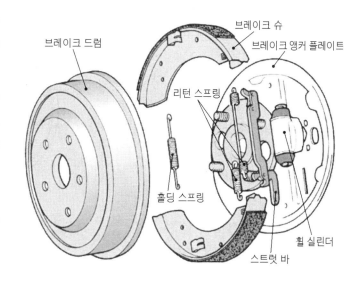

그림 5-11(a) 드럼 브레이크 구성 주요 부품

브레이크 페달을 밟으면 브레이크 슈는 핀 또는 캠에 의해 드럼의 내벽에 압착된다. 이때 브레이크 슈에 부착된 라이닝(lining)이 제동에 필요한 마찰력을 발생시킨다. 슈를 확장시키는데 필요한 힘은 주제동 브레이크에서는 휠 실린더에 작용하는 유압으로부터, 주차브레이크에서는 케이블이나 레버를 작용시켜 얻는다.

(1) 주요 구성부품과 그 기능

① 드럼(drum : Trommel)

브레이크 드럼(그림 5-11참조)은 다음과 같은 조건을 만족해야 한다.

- 고온에서의 내마모성
- 변형에 대응할 수 있는 충분한, 기계적 강성(剛性)
- 마찰계수가 높고, 방열성이 우수해야 한다.

재질은 대부분 특수주철, 주강, 경합금이며, 강성을 증대시키고 방열성을 개선하기 위하여 원주방향 또는 원주와 직각방향으로 핀(fin) 또는 리브(rib)를 갖추고 있다.

② 브레이크 슈(brake shoe : Bremsbacken)와 라이닝(brake lining : Bremsbeläge)

브레이크 슈는 테이블(table)과 웨브(web)가 T형의 일체로 된 반원형이다. 테이블(table)은 드럼의 내벽과 접촉하여 마찰력을 발생시키는 라이닝(lining)이 부착되는 부분이며, 웨브(web)는 슈가 드럼에 압착될 때 슈의 곡률이 변화하지 않도록 강성(剛性)을 증대시키는 기능을 한다. 그리고 또 웨브(web)는 슈를 앵커-플레이트에 설치하기 위한 목적에, 또는 간극조정 리턴스프링의 설치 등의 목적에도 이용된다.

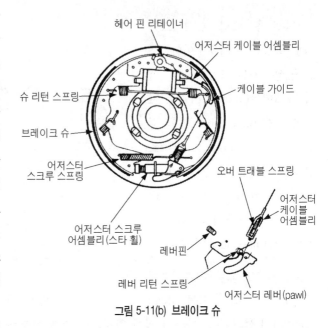

그림 5-11(b) 브레이크 슈

브레이크 라이닝은 내열성과 내마멸성이 우수하고, 물이나 오일 등에 민감하지 않아야 한다. 그리고 고온에서도 마찰계수의 변화가 적어야 한다.

유기물 또는 금속에 첨가제와 접착제를 혼합한 다음, 고온, 고압 하에서 성형한 것들이 대부분이다. (P.381, 라이닝(또는 패드)의 재질 참조)

③ 앵커 - 플레이트(anchor plate or back plate : Bremsträger)

앵커 - 플레이트에는 휠 실린더(또는 브레이크 캠)와 브레이크 슈 등이 설치된다. 강판을 성형한 것으로, 제동할 때 부하되는 힘에 의해 변형되지 않도록 리브(rib)를 둔 형식도 있다.

④ 휠 실린더(wheel cylinder : Radzylinder)

마스터 실린더에서 발생된 유압이 브레이크 파이프를 거쳐 휠 실린더 피스톤에 작용하면, 슈 작동핀(shoe actuating pin)은 슈를 드럼에 밀착시키게 된다. 휠 실린더는 앵커-플레이트에 고정되어 있으며, 최상부에 공기빼기 스크루(air bleeder screw)가 설치되어 있다. 그리고 형식에 따라서는 간극조정기가 부착된 것, 내경을 다르게 한 계단형 등도 있다.

계단형 휠 실린더는 리딩-슈(leading shoe)와 트레일링-슈(trailing shoe) 간의 제동력차를 보상시키기 위해 사용한다.

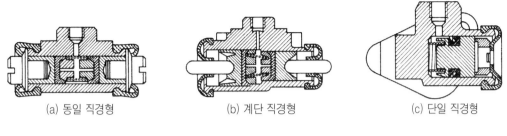

|(a) 동일 직경형|(b) 계단 직경형|(c) 단일 직경형|

그림 5-12 휠 실린더

⑤ **브레이크 캠**(brake cam)

압축공기 브레이크를 사용하는 대형자동차에서는 휠 실린더 대신에 브레이크 캠을 작동시켜 슈를 확장시킨다. 주로 사용하는 캠은 S형 캠이다. 이 캠은 슈가 확장되는 정도에 상관없이 항상 좌/우로 일정한 지렛대 비를 유지한다. 그리고 힘의 작용방향도 슈에 대해 항상 직각이 된다.

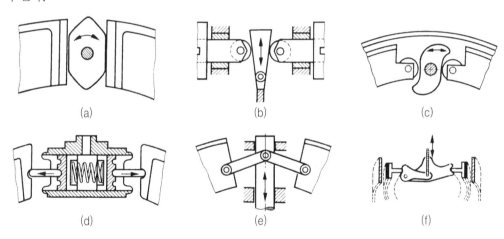

|(a)|(b)|(c)|
|(d)|(e)|(f)|

그림 5-13 브레이크 슈의 확장기구

⑥ **주차 브레이크 레버**(parking brake lever : Spanhebel)

주차 브레이크 레버는 드럼브레이크의 슈를 기계적으로 확장시키는 데 사용된다. 즉, 유압식 또는 공압식 주제동 브레이크가 법규에서 요구하는 독립된 주차브레이크의 기능을 수행하도록 한 것이다.

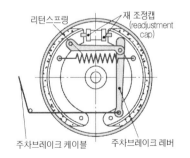

그림 5-14 주차브레이크 레버

⑦ 리턴 스프링(return spring : Haltefeder)

1개 또는 소수의 리턴스프링은 제동 후 브레이크 슈를 복귀시켜 규정의 공극(air gap)을 유지하기 위해서 150N~300N의 장력(수축력)을 슈 작동편에 역으로 가한다.

스프링장력은 제동할 때 슈와 드럼이 즉시 접촉하는 것을 방해하지 않을 만큼 작아야 하고, 반대로 제동 후에는 안전한 공극이 유지될 수 있을 만큼 커야 한다.

⑧ 공극 조정기구(air gap adjuster : Nachstellvorrichtungen)

라이닝의 마모가 진행됨에 따라 라이닝과 드럼 간의 공극(또는 간극)이 커지게 된다. 드럼과 라이닝의 공극이 커지면 브레이크페달 유격이 커지게 된다. 따라서 수동 또는 자동식 공극조정기구를 갖추고 있어야 한다.

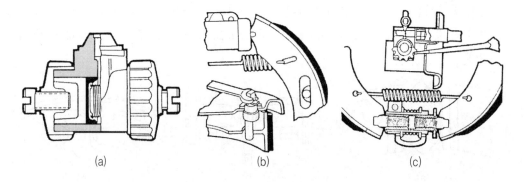

(a)   (b)   (c)

그림 5-15 수동식 공극조정기구

수동 조정방식은 그림 5-15와 같이 앵커-플레이트에 설치된 편심 캠이나 스크루를 좌/우로 돌려 공극을 조정하는 형식이 대부분이다.

자동식 공극조정기구는 항상 일정한 공극을 유지한다. 일반적으로 주차브레이크를 걸거나 후진할 때 주제동 브레이크를 작동시키면 자동적으로 공극이 조정되는 형식이 많이 사용된다.

그림 5-16은 주차 브레이크용 스트럿(strut)에 설치된 자동식 공극조정기구이다. 스트럿은 조정 파이프, 조정 피니언, 그리고 조정볼트로 구성되어 있다. 작동 원리는 다음과 같다.

리딩-슈에 설치된 조정레버는 조정스프링에 의해 일정한 초기장력이 부하되어 있다. 따라서 한 쪽 선단은 스트럿과 그

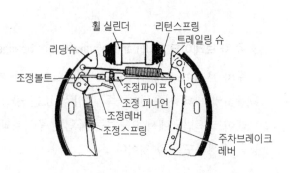

휠 실린더   리턴스프링
리딩슈   트레일링 슈
조정볼트
조정파이프
조정 피니언
조정레버
조정스프링
주차브레이크
레버

그림 5-16 자동식 공극조정기구

반대편 선단은 조정피니언의 기어이 사이에 끼워진다. 주제동 브레이크가 작동될 때, 브레이크 슈는 확장된다. 그러면 조정레버는 조정스프링에 의해 아래쪽으로 잡아 당겨진다. 이때 조정피니언의 기어이 사이에 끼어있던 부분(레버의)이 조정 피니언의 기어이를 회전시키면서 빠져 나오게 된다. 조정 피니언이 회전하면 스트럿의 길이는 길어지게 되고, 공극은 자동적으로 조정되게 된다.

브레이크를 해제시키면 조정레버는 스트럿에 의해(스트럿에는 리턴스프링의 장력이 작용한다.) 다시 조정 피니언의 기어이 사이에 끼워지게 된다. 조정 피니언의 기어이 사이의 간극은 공극과 같다.

라이닝이 마모되어 드럼과 라이닝의 간극이 증대되면 조정 피니언은 조정레버가 다시 복귀할 때, 피니언 기어이 하나를 건너서 끼워질 만큼 회전되게 된다.

(2) 자기작동작용과 브레이크계수

① 자기작동작용(self-energizing action : Selbstverstärkung)

드럼 브레이크의 가장 중요한 특징은 자기작동작용이다. 회전 중인 드럼을 제동시키면 회전방향으로 확장되는 슈에는 마찰력에 의해 드럼과 함께 회전하려는 회전토크가 추가로 발생되어 확장력을 증대시키게 된다. 확장력이 증대되면 결국은 마찰력이 증대되는 결과가 된다. 즉, 휠 실린더로부터 공급된 확장력에 의한 마찰력보다 실제로 발생된 마찰력이 크다. 이와 같은 작용을 자기작동작용이라 한다. ← 리딩 슈(leading shoe)

회전반대방향으로 확장되는 슈에는 마찰력에 의해 드럼으로부터 분리시키려는 힘이 작용하므로 확장력이 감소하게 된다. ← 트레일링 슈(trailing shoe)

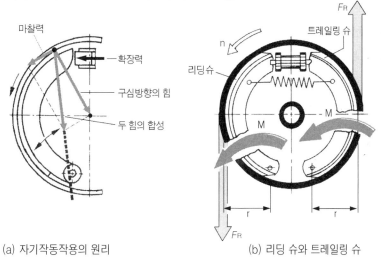

(a) 자기작동작용의 원리   (b) 리딩 슈와 트레일링 슈

그림 5-17 드럼브레이크의 자기작동작용

② 브레이크 계수(brake factor : Bremsenkennwert)

자기작동의 크기를 브레이크 계수(brake factor : c)로 표시한다. 브레이크 계수를 슈 계수(shoe factor)라고도 한다. 브레이크 계수는 슈의 배치방식, 마찰계수 등에 따라 차이가 있다.

$$c = \frac{F_u}{F_{wc}}$$

여기서 F_u : 드럼의 원주에 작용하는 힘 [N]
F_{wc} : 휠 실린더 피스톤의 확장력 [N]
c : 브레이크 계수

(3) 슈(shoe) 설치방식과 브레이크 계수의 상관관계

① 리딩-슈(leading shoe)와 트레일링 - 슈(trailing shoe)

자기작동을 하는 슈를 리딩-슈(leading shoe : auflaufende Bremsbacke), 자기작동을 하지 않는 슈를 트레일링-슈(trailing shoe : ablaufende Bremsbacke)라고 한다. 또 전진할 때에만 자기작동을 하는 슈를 전진 슈(forward acting shoe), 후진할 때만 자기작동을 하는 슈를 후진 슈(reverse acting shoe)라 한다.

2개의 슈가 모두 자기작동을 하는 경우, 먼저 자기작동을 하는 슈를 1차 슈, 나중에 자기작동을 하는 슈를 2차 슈라고 한다.

② 슈 설치방식에 따른 드럼 브레이크의 종류

슈 설치방식에 따라 드럼 브레이크를 분류하면 다음과 같다.

- 심플렉스(simplex) 브레이크
- 듀플렉스(duplex) 브레이크
- 듀오 듀플렉스(duo-duplex) 브레이크
- 서보(servo) 브레이크
- 듀오 서보(duo-servo) 브레이크

표 5-4는 슈 설치방식에 따른 드럼브레이크의 종류와 브레이크 계수를 나타낸 것이다. 브레이크 계수는 마찰계수(μ_B) $\mu_B = 0.4$를 기준으로 구한 값이다.

표 5-4 브레이크의 종류와 브레이크계수　　　　(L ; 리딩-슈　　　T ; 트레일링-슈)

브레이크형식	휠 실린더		브레이크 슈		작동 롯드		브레이크계수	
	개수	피스톤수	전진시 L T	후진시 L T	전진시	후진시	전진시	후진시
1. 디스크 브레이크	2	1	- -	- -	-	-	0.8	0.8
2. 심플렉스 브레이크	1	2	1 1	1 1	-	-	2.0	2.0
3. 듀플렉스 브레이크	2	1	2 -	- 2	-	-	3.0	0.9
4. 듀오 듀플렉스 브레이크	2	2	2 -	2 -	-	-	3.0	3.0
5. 서보 브레이크	1	2	2 -	1 1	1	-	4.0	2.0
6. 듀오 서보 브레이크	1	2	2 -	2 -	1	1	4.0	4.0

　그리고 그림 5-18은 마찰계수와 제동초속도에 대한 브레이크 계수의 상관관계를 도시한 것이다. 듀오서보-브레이크의 자기작동률 즉, 브레이크 계수가 가장 크다는 것을 알 수 있다.

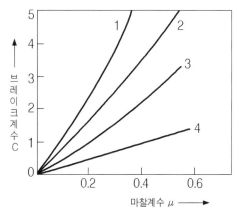
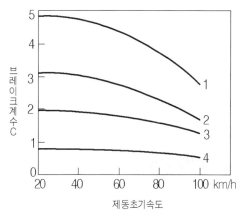

1. 듀오서보 드럼 브레이크(duo-servo durm brake)
2. 듀오듀플렉스 드럼 브레이크(duo-duplex durm brake)
3. 심플렉스 드럼 브레이크(simplex durm brake)
4. 디스크 브레이크(disc brake)

(a) 마찰계수와 브레이크 계수　　　　　　　(b) 제동초속도와 브레이크 계수

그림 5-18 브레이크의 형식과 브레이크 계수

(4) 드럼 브레이크의 특성

표 5-5 드럼 브레이크와 디스크 브레이크의 특성 비교.

특 성	드럼 브레이크	디스크 브레이크
공극(air gap)	0.3~0.5mm	약 0.15mm
브레이크 계수	2.0~4.0	$0.8(=2\mu_B)^{1)}$ 자기작동 없음
휠 실린더에서 발생하는 확장력	작다	크다
휠 실린더 직경	작다	크다
회로 압력	25~50 bar	50~80 bar
잔압	0.5~1.2 bar	0 bar(없음)
마찰계수의 변화 정도	민감	민감하지 않다
제동 효과	불균일	일정(전/후진 시 일정)
자기청소작용	없다	있다
외부물질에 의한 오염의 정도	낮다	민감(우천 시 물의 비산)
드럼 또는 디스크의 냉각도	불량	양호
페이드(fade)[2] 경향성	크다	낮다
주차 브레이크	간단, 염가	복잡, 고가
슈 또는 패드 교환	복잡	간단
라이닝의 단위면적에 작용하는 힘	작다	크다
라이닝의 마모도	작다	크다
라이닝의 간극 조정	수동 또는 자동	자동
리턴 방식	리턴 스프링의 장력	씰 링(seal ring)에 의해

> **참 고**
>
> 디스크 브레이크에서 1개의 마찰면에 작용하는 마찰력 $F_R = \mu_B \cdot F_N$
> 마찰면이 2개이므로 디스크에 작용하는 마찰력의 합은 $F_{RT} = 2 \cdot \mu_B \cdot F_N$
> 디스크 브레이크에서 마찰력의 합 F_{RT} 는 드럼브레이크에서 드럼의 내벽에 작용하는 마찰력 F_U 에 대응된다.
> 디스크에 수직으로 작용하는 힘 F_N 은, 드럼 브레이크에서 휠 실린더의 확장력 F_{wc} 와 대응된다.
>
> 따라서 디스크 브레이크의 자기작동계수는 $C = \dfrac{F_U}{F_{wc}} \approx \dfrac{F_{RT}}{F_N} = 2\mu_B$ 가 된다.

> **참 고**
>
> ● **페이드(fade) 현상**
>
> 긴 언덕길을 내려갈 때 계속해서 브레이크를 사용하면, 드럼과 슈 사이의 마찰열이 축적되어 제동력이 감소하게 된다. 이와 같은 현상을 브레이크 페이드(brake fade)라고 한다. 주 원인은 축적된 마찰열에 의해 드럼과 라이닝 간의 마찰계수가 감소하고, 동시에 드럼이 변형되어 드럼의 내경이 커지기 때문이다. 특히 브레이크 계수가 큰 형식에서는 이 현상에 의한 마찰계수의 감소가 크게 나타난다.(그림 5-18 참조)

5. 디스크 브레이크(disc brake : Scheibenbremse)

디스크 브레이크는 회전하는 원판형의 디스크(disc)에 패드(pad)를 밀착시켜, 제동력을 발생시킨다. 휠 허브(hub)와 함께 회전하는 디스크, 디스크에 밀착되어 마찰력을 발생시키는 패드, 유압이 작용하는 피스톤, 피스톤이 설치되는 캘리퍼(caliper) 등으로 구성된다.

디스크 브레이크의 특성은 다음과 같다.(표 5-5 드럼 브레이크와의 비교, 참조)
  ① 방열성이 양호하므로, 페이드(fade) 경향성이 낮다.
   패드 면적이 작고, 압착력이 크기 때문에 국부적으로 고온이 되기 쉬우나 방열성이 좋기 때문에 페이드 현상이 거의 발생하지 않는다.
  ② 자기작동작용(서보작용)을 하지 못한다.
   마찰면이 평면이므로 자기작동작용을 하지 못한다. 따라서 압착력이 커야 하므로, 드럼 브레이크에 비해 휠 실린더 피스톤의 직경(약 40~50mm)이 크며, 대부분 배력장치를 사용한다.
  ③ 편제동현상이 없다.
   자기작동작용이 없고, 마찰계수의 변화가 적기 때문에 제동력 편차가 발생하지 않는다.
  ④ 패드의 마모가 빠르지만, 패드교환이 용이하다.
  ⑤ 공극이 자동적으로 조정된다.
  ⑥ 전/후진 즉, 주행방향에 상관없이 제동작용이 균일하다.
  ⑦ 자기청소작용이 양호하다(원심력에 의해)
  ⑧ 외부물질에 의한 오염에 민감하다.(예 : 빗물에 젖으면 마찰계수가 크게 감소한다.)
  ⑨ 주차브레이크가 복잡하다.

패드는 약 750℃ 정도, 순간적으로는 약 950℃까지의 열부하에 견딜 수 있어야 하며, 마찰계수는 약 0.25~0.5 정도가 대부분이다.

디스크 브레이크는 일반적으로 캘리퍼의 운동여부에 따라 고정 캘리퍼(fixed caliper) 형식과, 부동 캘리퍼(floating caliper) 형식으로 분류할 수 있다.

(1) 디스크 브레이크의 종류와 그 구조

① 고정 캘리퍼 형식(fixed caliper type : Festsattel-Scheibenbremse)

집게 모양의 고정 캘리퍼는 말 그대로 현가에 고정되어 있다. 고정 캘리퍼에 들어있는 피스톤이 디스크의 양쪽에서 패드를 디스크에 밀착시켜 제동한다.

피스톤은 캘리퍼의 한쪽에 1개씩, 또는 2개씩 설치되어 있다.

2개씩 설치된 경우에는 패드와 디스크의 접촉면적을 크게 할 수 있으며, 패드 압착력도 크게 할 수 있다. 그리고 브레이크회로를 이상적(4×4방식)으로 설계할 수 있다.

그러나 고정 캘리퍼형은 다른 형식에 비해 상대적으로 무겁고, 패드의 단면적도 작다.

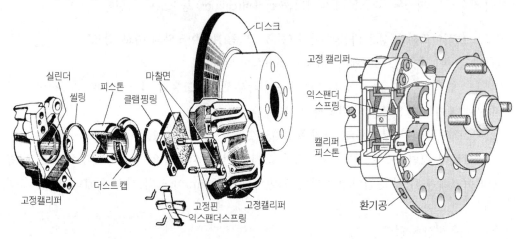

그림 5-19 고정 캘리퍼형 디스크 브레이크-2실린더형   그림 5-20 고정 캘리퍼형 디스크 브레이크 - 4실린더형

② **부동 캘리퍼형**(floating-caliper disc brake : Faustsatel-Scheibenbremse)

캘리퍼 피스톤을 캘리퍼의 한쪽에만 설치한다. 제동할 때는 피스톤이 패드를 압착하고, 그 반력에 의해 캘리퍼가 이동하여 반대편 패드도 디스크에 압착, 제동한다.

주요 구성부품은 부동 - 캘리퍼와 브래킷(bracket)이며, 다음과 같은 특징을 가지고 있다.

- 부품수가 적고, 가볍다.
- 설치공간을 작게 차지한다.
- 고정 캘리퍼형에 비해 패드의 단면적이 크다.

    설치공간을 작게 차지하는 대신에 패드의 단면적은 크기 때문에 패드의 마모가 적다.

- 브레이크액의 온도상승폭이 적다.

    차륜측의 캘리퍼 피스톤이 생략되어 열의 축적이 적고, 패드에서의 발열도 적다.

- 캘리퍼를 정비할 필요가 없기 때문에, 먼지나 오염물질에 민감하지 않다.

브래킷은 휠 서스펜션에 설치, 고정되고, 캘리퍼는 브래킷에 설치된다. 캘리퍼를 브래킷에 설치할 때 사용하는 가이드(guide) 형식에는 여러 가지가 있다.

- 가이드 티스(guide teeth)

- 가이드 핀(guide pin)
- 가이드 티스와 가이드 핀을 함께 사용
- 가이드 핀과 접이식(retractable) 캘리퍼를 함께 사용

③ 부동 - 캘리퍼형 디스크 브레이크(가이드 티스 식)(그림 5-21)

브래킷의 양쪽에는 각각 2개의 이(tooth)가 있다. 캘리퍼는 반원형(semi-circular)의 그루브를 통해 브래킷의 가이드 티스에 미끄럼 운동이 가능한 구조로 설치된다. 가이드 스프링이 캘리퍼를 브래킷의 가이드 티스에 누르고 있기 때문에 캘리퍼가 달그락거리는 소음은 발생하지 않는다.

이 형식에서는 안쪽 패드는 가이드 티스가 직접 지지하고 있으며, 차륜측 패드는 외주에 작용하는 힘(peripheral force)에 의해 캘리퍼에 대항하여 지지된다.

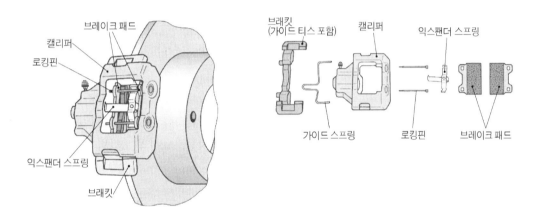

그림 5-21 부동 캘리퍼 디스크 브레이크(가이드 티스 식)

④ 부동 - 캘리퍼형 디스크 브레이크
(가이드 핀 식) (그림 5-22)

캘리퍼는 가이드 핀(guide pin)에 의해 캘리퍼 서포트(support)에 설치된다. 즉, 캘리퍼는 캘리퍼 서포트에 고정된 가이드 핀 위에서 좌/우로 섭동할 수 있다. 그리고 가이드 핀은 먼지나 오물이 유입될 수 없는 구조이기 때문에 캘리퍼의 운동은 자유롭다.

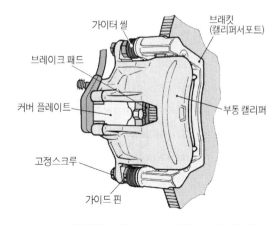

그림 5-22 부동 캘리퍼형 디스크 브레이크(가이드 핀 식)

제동할 때에는 피스톤이 패드를 압착하고, 또 그 반력으로 캘리퍼가 미끄럼운동을 하여 반대쪽 패드도 똑같은 힘으로 디스크에 압착시켜, 제동한다.

패드는 2개 모두 캘리퍼에 의해 지지된다. 브레이크 페달로부터 발을 떼면, 씰 링의 복귀력과 익스팬더 스프링의 장력에 의해 공극이 확보된다.

(2) 디스크 브레이크에서의 간극 자동조정 과정

캘리퍼 실린더에는 씰 링(seal ring)이 설치되는 그루브(groove)가 가공되어 있다. 씰 링의 내경이 피스톤의 외경보다 약간 작기 때문에 씰 링은 어느 정도 장력이 주어진 상태로 피스톤에 꽉 끼어 있다.

브레이크페달을 밟으면 피스톤은 밖으로 밀려나가게 된다. 이때 씰 링에는 자신의 접촉마찰력과 피스톤의 운동에 의해 탄성장력이 발생하게 된다. 씰 링에 저장된 이 탄성장력은 브레이크 페달에서 발을 뗄 때, 피스톤을 원래의 위치로 복귀시키는 작용을 한다. 그러나 이 복귀작용은 브레이크 회로압력이 완전히 소멸되었을 때만 가능하게 된다. 따라서 드럼 브레이크에서는 필요한 잔압이 디스크 브레이크에서는 필요가 없다.

익스팬더 스프링(그림 5-19, -20, -21참조)은 패드와 피스톤이 항상 접촉상태를 유지하도록 하여, 제동할 때는 충격음이 발생되지 않도록 하고, 주행 중에는 패드가 딸그락거리는 소음을 방지한다. 아울러 익스팬더 스프링은 패드를 피스톤에 밀착시킴으로서 회로압력이 소멸될 때, 피스톤이 원래의 위치로 복귀하는 것을 돕는다.

피스톤이 자신의 초기위치로 복귀한 다음, 디스크와 패드 사이의 간극을 공극(air gap)이라 한다. 공극은 0.15mm 정도인데, 이 값은 디스크의 허용 런-아웃(run-out) 0.2mm보다 작다. 런-아웃이 공극보다 클 경우에는 디스크와 패드 사이에 약간의 잔류마찰(residual friction)이 발생할 수 있다. 그러나 회로압력이 완전히 소멸된 상태라면 디스크가 자유롭게 회전하는데 지장이 없다. 그 이유는 디스크 브레이크는 대부분 자기작동작용이 없고, 또 회로 내에 잔압도 존재하지 않기 때문이다.

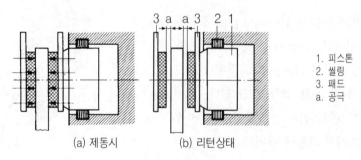

(a) 제동시   (b) 리턴상태

1. 피스톤
2. 씰링
3. 패드
a. 공극

그림 5-23 씰 링의 간극 자동조정기능

(3) 브레이크 디스크(disc : Scheibe)

디스크의 형상은 원판형이며, 대부분 약간의 크롬 및 몰리브덴을 첨가한 주철(GG15~25), 가단 주철 또는 주강으로 제작한다. 내마모성 및 내균열성이 우수하다. 탄소의 함량이 높아짐에 따라 열방출속도가 높아진다.

경주용 자동차 또는 고급 자동차에서는 탄소섬유 또는 세라믹-카본 복합재료를 사용하기도 한다. 예를 들면 CCB(Composite Ceramic Brake Disc)의 경우는 1700℃의 고온, 고진공에서 실리콘을 혼합하여 특수 처리한 탄소섬유 복합재료로 제작한다. 주철에 비해 가볍고(중량 약 50% 경감), 강도는 더 높다. 그리고 내열성도 아주 높기 때문에 열변형이 적으며, 마찰계수의 변화도 적으며, 내부식성도 더 우수하다.

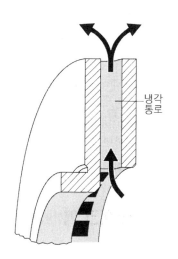

디스크는 휠 허브 또는 구동축에 고정된 상태로 회전한다. 패드와의 마찰에 의해 제동력을 발생시킨다. 따라서 항상 적절한 마찰계수를 유지하여야 한다. 예를 들면 디스크와 패드는 약 700℃의 고온, 그리고 물이나 먼지 등의 영향 하에서도 그 특성을 유지하여야 한다.

특히 그림 5-24와 같이 디스크 내에 방사선형으로 공기통로가 설치된 형식에서, 공기통로는 주행 중 환기작용을 한다. 그리고 일부에서는 디스크 마찰면에도 기공을 뚫어 놓는다. 따라서 제동 중에도 온도가 낮으며, 또 제동 후의 냉각속도도 빠르다. 그리고 마찰면의 기공(그림 5-20 참조)은 추가로 제동 중에 신속하게 제습시키는 역할과 디스크의 무게를 경감시키는 효과도 있다. 따라서 고속승용자동차에서는 이 형식의 디스크를 많이 사용한다.

그림 5-24 냉각통로가 설치된 디스크

6. 브레이크 패드(brake pad : Bremsbeläge)

브레이크 패드(또는 라이닝)의 재료는 마찰력을 발생시키면서도, 소착(燒着)을 방지할 수 있어야 한다. 드럼 브레이크에서는 라이닝을 슈에 접착시키거나 리벳팅(revetting)한다. 디스크 브레이크에서는 철판에 패드를 접착시킨다.

디스크 브레이크의 패드에는 마모지시용 전기접점을 설치할 수 있다.

브레이크 라이닝(또는 패드)의 재료는 다음과 같은 특성을 갖추고 있어야 한다.

- 높은 내열성, 강한 기계적 강성, 높은 내구성
- 고온과 고속 슬립 상태에서도 마찰계수가 일정해야 한다.
- 물이나 먼지 등에 민감하지 않아야 한다.
- 열부하가 많이 걸려도 방열성이 좋고, 경화되지 않아야 한다.
- 환경 친화적이어야 한다.

패드(=라이닝)의 재료로는 주로 유기물질이 사용되지만, 고부하용으로는 소결합금도 사용된다. 유기질 라이닝의 경우, 광물성, 금속성, 세라믹 또는 유기물질의 분말이나 섬유에 첨가제(예 : 산화철이나 활성제)와 접착제를 혼합, 성형한다. 석면은 사용이 금지된 재료이다.

비석면 브레이크 라이닝의 재료로는 다음과 같은 것들이 주로 사용된다.

- 유기물질(예 : 탄소섬유와 아라미드섬유, 접착용 수지, 수지 충전제)
- 금속(예 : 강철섬유 및 구리 가루)
- 충전제로서 산화철, 운모가루, 산화알루미늄 및 중정석(barite)
- 내마모제로서 코크스 가루, 안티몬 황화물 및 흑연
- 무기질 섬유(예 : 유리섬유)

브레이크 라이닝의 마찰계수는 대부분 약 0.4정도이고, 약 800℃ 정도까지의 고온에서도 그 성능을 유지할 수 있다.

7. 브레이크 액(brake fluid : Bremsflüssigkeit)

브레이크액의 품질과 성능은 SAE J1703, SAE J1705(실리콘), ISO4925, ISO 7308(광물성) FMVSS section 571,116(DOT4/DOT5) 등에 규정되어 있다. 일반적으로 미연방 교통부 (Department of Transportation, USA)의 DOT4와 DOT5를 준용한다.

※ FMVSS(Federal Motor Vehicle Safety Standard ; 미 연방 자동차 안전기준)

(1) DOT4에서 요구하는 특성

① 비압축성일 것
② 비등점이 높을 것(230~300℃)
③ 빙점이 낮을 것(-45~-65℃)
④ 고온에서의 안정성이 높을 것,
⑤ 점도지수가 높을 것(온도변화에 따른 점도변화가 작을 것)
⑥ 장기간 사용하여도 특성이 변하지 않을 것

⑦ 흡습성(hygroscopic property)이 낮을 것.

⑧ 내부마찰이 적고, 윤활성이 좋을 것

⑨ 타 회사의 비교 가능한 브레이크액과의 혼합이 가능할 것.

⑩ 금속/고무제품에 대해 화학적으로 중성일 것(부식, 연화, 팽윤 등을 유발시키지 않을 것)

(2) 브레이크 액의 주성분 및 특성

① 브레이크 액의 주성분

브레이크액의 주성분은 폴리-글리콜(poly-glycol) 결합, 또는 실리콘 기유(DOT 5SB)이며, 수분을 흡수하는 성질 즉, 흡습성이 아주 강하고, 또 약간의 산(acid)을 포함하고 있다. 현재 사용되고 있는 브레이크액의 대부분은 DOT4나 DOT5에 규정된 품질과 성능을 충족시킨다.

아주 저온에서도 ABS-시스템의 솔레노이드밸브를 통해 브레이크액이 유동할 수 있도록 보장하기 위해서, −40℃에서의 브레이크액 점도를 규정해 두고 있다.

표 5-6 브레이크액의 성능표준

특 성	DOT 4	DOT 5		
		DOT 5.1	DOT 5SB	
주성분	Glycol ether	Glycol ether	Silicon	Mineral oil
건비등점(건조상태)	min. 230℃	min. 260℃		
습비등점(수분 3.5%)	min. 155℃	min. 180℃		
−40℃에서의 점도	$< 1800mm^2/s$	$< 900mm^2/s$		
−100℃에서의 점도	$min.1.5mm^2/s$	$min.1.5mm^2/s$		
색상의 차이	무색에서 호박(琥珀)색까지		담자색(라일락꽃색)	녹색

② 브레이크 액의 흡습성 및 관리

브레이크액은 브레이크액 저장탱크의 환기구와 브레이크호스를 통해 계속적으로 공기 중의 수분을 흡수한다. 브레이크액은 2년에 약 3.5%정도의 수분을 흡수한다. 브레이크액의 종류에 따라 차이는 있으나 일반적으로 수분의 함량이 2~3% 정도에 이르면 비등점은 크게 낮아진다.

회로 내 기포발생은 습비등점보다 20℃ 또는 그보다 더 낮은 온도에서도 발생하는 것으로 보고되고 있다. 수분의 흡수로 비등점이 낮아지면 브레이크액은 쉽게 비등하여 브레이크 회로 내에 기포를 생성시키게 된다. 이 기포는 브레이크 압력의 전달을 방해하는 증기폐쇄현상을 유발하여, 제동효과를 약화시킴은 물론이고, 브레이크의 응답성을 둔화시켜 사고의 원인이 된다.

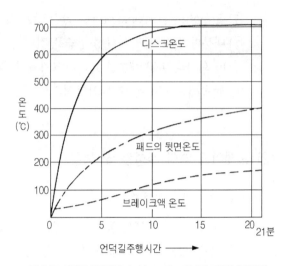

그림 5-25는 ATE사가 Stilfser - Joch - Abfahrt에서 실험한 결과로서, 언덕길을 하향 주행할 때 브레이크액은 180℃ 정도로 가열되고 있음을 보여주고 있다. 이는 3% 이상의 수분을 흡수한 상태의 브레이크액이라면 증기폐쇄현상을 충분히 유발할 수 있음을 뜻한다.

그림 5-25 언덕길 주행시간과 디스크, 패드, 브레이크액의 온도변화

브레이크액은 최소한 2년에 1회, 또는 주행거리 18,000km마다 교환하도록 권장하고 있다. 브레이크액은 산(acid)을 포함하고 있으며, 또 용해제처럼 도장된 차체표면을 손상시킨다. 그리고 독성이 강하므로 취급에 유의하여야 하며, 피부의 상처부위에는 묻지 않도록 해야 한다.

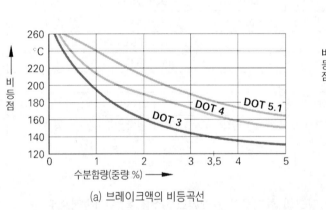

(a) 브레이크액의 비등곡선

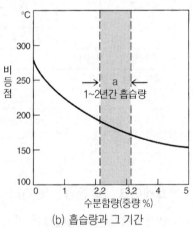

(b) 흡습량과 그 기간

그림 5-26 수분함량과 비등점간의 상관관계(예)

제5장 제동장치

제3절 기계식 브레이크
(Mechanical brake)

유압브레이크를 사용하는 최신 자동차들에도 주차브레이크로, 그리고 2륜 자동차 및 1축 트레일러(trailer)에는 주제동 브레이크로서 기계식 브레이크가 사용되고 있다.

제동력 전달효율은 비교적 낮다(약 50% 정도). 특히 겨울철에는 습기와 결빙에 의해 조작하기 어렵게 되거나 조작기구가 얼어붙는 경우도 있다.

1. 주차 브레이크 - 케이블식

파이프 또는 유연한 금속호스 속에 삽입된 강철 케이블을 사용하여 수동으로 주차브레이크를 작동시킨다. 케이블은 마찰을 감소시키고, 빙결 및 부식으로부터 보호하기 위해서 대부분 플라스틱으로 코팅한다. 케이블은 조정 스크루를 이용하여 조정한다. 그리고 1축의 좌/우 차륜 브레이크의 균형은 중간부분에 설치된 브레이크 보정레버(compensating lever)로 보정한다.

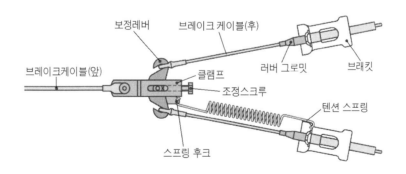

그림 5-27 브레이크 보정기

2. 관성제동 브레이크(overrun brake)

피견인차에 사용된다. 견인차를 제동하였을 때, 피견인차는 자신의 관성력에 의해 견인차를 향해 밀려간다. 이 때 견인차의 견인봉에 직결된 풀-롯드(pull rod)는 피견인차의 관성력에 대항해서 압축스프링을 압착하면서 피견인차 쪽으로 밀려간다. 이에 의한 풀-롯드의 운동이 리버싱레버(reversing lever)를 거쳐서 브레이크 케이블을 당기게 된다. 즉, 피견인차는 자신의 관성력에 의해 제동된다. 오버런(overrun) 브레이크라고도 한다.

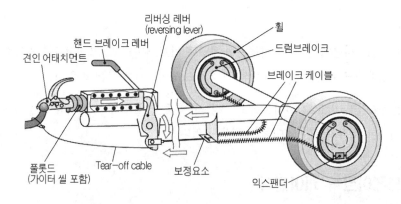

그림 5-28 관성제동 브레이크

제5장 제동장치

제4절 브레이크 배력장치
(Brake booster : Hilfskraftbremsanlage)

브레이크 배력장치는 외력을 이용하여 운전자의 페달답력을 배가(倍加)시켜 주는 장치이다. 배력장치가 고장일 경우에는 운전자의 페달답력만으로 브레이크를 조작할 수 있어야 한다.

배력장치에 이용되는 외력으로는 기관의 흡기다기관 부압, 유압, 공기압 등이 있다.

1. 진공 배력장치(vacuum booster : Unterdruck-Bremskraftverstärker)

SI-기관 자동차는 특별한 장치가 없어도 흡기다기관의 진공을 이용하여 배력을 얻을 수 있다. 배력은 대기압과 흡기다기관 절대압력과의 압력차를 이용하여 다이어프램(＝격막, diaphragm)에 부착된 피스톤을 작동시켜 얻는다. 따라서 진공 배력장치의 배력의 크기는 격막의 유효면적에 비례한다.(유효직경 약 250mm 정도가 많이 사용된다)

SI-기관에서 스로틀밸브가 닫혀있을 때 흡기다기관의 절대압력(부압)은 최대 약 0.8bar 정도이다. 그러므로 큰 배력을 얻기 위해서는 격막의 유효면적이 넓어야 한다. 또 격막의 작동공간을 필요로 하며, 진공의 충전과 방출에 비교적 긴 시간이 소요된다는 단점이 있다.

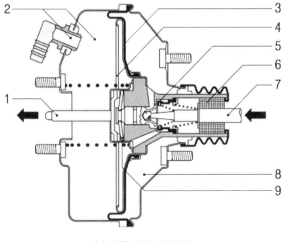

1. 푸시롯드
2. 진공실(진공연결구 포함)
3. 다이어프램(=격막)
4. (동력) 피스톤
5. 벨(Bell) 밸브
6. 공기 여과기
7. 피스톤 롯드
8. 대기압실
9. 백(back) 플레이트

(a) 싱글 다이어프램식

격막이 2개인 복실식에서는 격막의 유효직경을 작게 해도 큰 배력을 얻을 수 있다.
디젤자동차에서는 일반적으로 기관에 의해 구동되는 별도의 진공펌프를 이용한다.

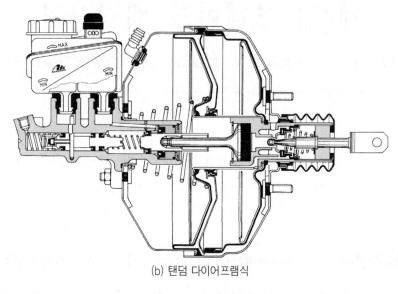

(b) 탠덤 다이어프램식

그림 5-29 진공 배력장치

(1) 진공 배력장치의 구조

진공 배력장치의 기본구조는 그림 5-29와 같다. 브레이크 마스터 실린더는 대부분 배력장치
하우징의 앞부분 중앙에 부착된다. 하우징 안에 설치된 격막의 중심부에는 동력피스톤이 설치
되어 있다. 동력피스톤은 격막과 연동한다. 격막이 진공실과 대기압실을 분리한다.

제동할 때 진공이 작용하는 공간을 진공실, 대기압이 작용하는 공간을 대기압실이라 한다. 대
기압실에는 동력피스톤 안의 진공/대기밸브의 계폐에 따라 대기압과 흡기다기관의 부압이 교대
적으로 작용한다. 진공/대기밸브의 개폐는 운전자가 브레이크페달을 밟아 조작한다.

운전자가 브레이크페달을 밟으면 진공/대기밸브는 작동되고, 이어서 격막의 앞/뒤의 압력차
에 의해 격막과 동력피스톤이 동시에 이동하고, 동력피스톤에 직결된 푸시롯드는 직접 마스터
실린더의 1차 피스톤을 작동시키게 된다.

진공계통이 고장일 경우에도 마스터실린더의 1차 피스톤에는 최소한 운전자의 페달답력이
작용된다.

(2) 작동원리

① 초기위치(release position)

진공/대기밸브의 진공 포트(port)는 열려있고 대기(air) 포트는 닫혀 있다. 격막의 앞/뒤에 똑같이 흡기다기관의 부압이 작용한다. 진공실과 대기압실이 모두 부압상태이다. 격막은 진공실에 들어있는 리턴스프링의 장력에 의해 초기위치에 있다.

② 부분 제동 위치(partial braking position)

브레이크페달을 밟으면 먼저 진공포트가 닫히고, 이어서 대기포트가 조금 열린다. 그러면 격막의 앞쪽(진공실 쪽)에는 부압이, 격막의 뒤쪽(대기압실)에는 대기압이 작용한다. 그러나 진공실과 대기압실 간의 압력차는 그리 크지 않다. 즉, 격막 앞/뒤의 미소한 압력차에 의해 격막은 진공실 쪽으로 밀려가면서 진공실의 스프링을 압축한다. 스프링이 압축되는 만큼 푸시롯드가 이동하여 마스터실린더의 1차 피스톤을 작동시키게 된다.

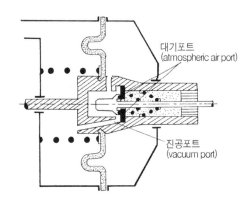

대기포트
(atmospheric air port)

진공포트
(vacuum port)

그림 5-30(a) 초기위치(release position)

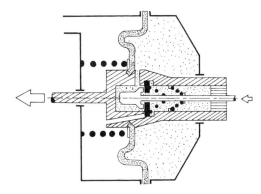

그림 5-30(b) 부분 제동

③ 완전 제동 위치(full braking position)

진공포트는 닫혀 있고, 대기포트는 완전히 열려 있다. 따라서 진공실과 대기압실의 압력차는 최대가 된다. 그리고 진공실의 스프링은 완전히 압착된다.

진공실과 대기압실의 압력차에 의해 페달답력이 배가(boosting)된다. 그리고 추가로 운전자의 페달답력이 직접적으로 마스터실린더의 1차 피스톤에 작용한다.

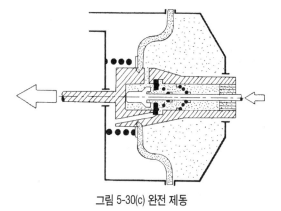

그림 5-30(c) 완전 제동

그림5-30 진공 배력장치의 작동원리

(3) 진공 배력장치의 특성

그림 5-31은 진공 배력장치의 특성의 예이다. 형식은 격막의 유효직경을 인치(inch)로 표시한 것이다. $2 \times 9''$와 같이 표기된 경우, 앞의 숫자 2는 복실식을 의미한다. 그리고 시험 진공도는 0.8bar이다.

배력계수(booster factor) i는 다음 식으로 표시된다.

$$i = \tan\alpha = \frac{F_A}{F_E - F_o} \qquad 여기서 \quad F_A : 출력 \qquad F_E : 입력$$
$$F_o : 초기(release)상태에서의 압력$$

배력계수 즉, 배력의 크기는 격막의 유효직경에 비례한다.

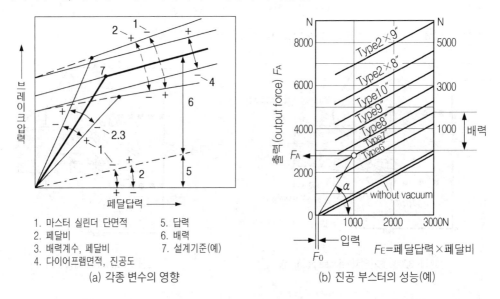

1. 마스터 실린더 단면적   5. 답력
2. 페달비   6. 배력
3. 배력계수, 페달비   7. 설계기준(예)
4. 다이어프램면적, 진공도

(a) 각종 변수의 영향   (b) 진공 부스터의 성능(예)

그림 5-31 진공 배력장치의 특성

(4) 진공 체크밸브(vacuum check valve)

체크밸브는 진공 배력장치와 흡기다기관을 연결하는 호스에 설치된다. 체크밸브는 형성된 진공을 저장하고, 동시에 일정하게 유지한다. 그리고 기관이 정지된 상태에서는 혼합기가 진공배력장치로 유입되는 것을 방지하는 기능을 한다.

체크밸브는 흡기다기관 근처에 수직으로 설치하는 것이 좋으나, 기관의 복사열에 의한 영향을 받지 않아야 한다. 체크밸브에 표시된 화살표가 진공원을 향하도록 설치하여야 한다.

(5) 제동 보조 시스템(Braking Assistant System : BAS)

이 시스템은 위급한 상황에 급제동할 때, 최대의 배력효과를 발휘하여 제동거리를 단축시키는 역할을 한다. 많은 운전자들이 위태로운 상황에서 급제동을 하지만, 브레이크페달을 충분히 밟지는 못하는 것으로 나타나고 있다. 따라서 제동거리가 길어져 충돌사고를 일으킬 수 있다.

① BAS의 구조

다음과 같은 부품으로 구성되어 있다.

- BAS ECU
- 스위칭 솔레노이드
- 페달행정센서
- 릴리스 스위치

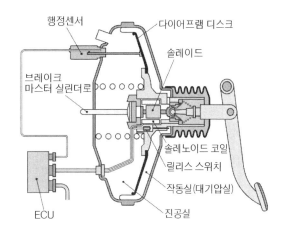

그림 5-32 제동 보조 시스템(BAS)

② BAS의 작동원리

브레이크 페달의 운동은 페달센서의 저항의 변화로 나타난다. 저항값의 변화는 BAS ECU에 전송된다. ECU가 브레이크페달이 갑자기 작동했다는 것을 감지하면(예를 들면 비상제동 시), 스위칭 솔레노이드밸브를 작동시킨다. 그러면 배력장치의 대기포트가 더 크게 열려 작동실에 대기(大氣)를 추가로 공급하게 된다. 이를 통해 배력장치는 자신의 성능을 100% 발휘하여, 큰 배력을 생성하게 된다. 브레이크는 완전 제동되지만, ABS 시스템이 휠이 잠기는(lock) 것을 방지한다. 브레이크 페달에서 발을 떼면, 페달은 자신의 초기위치로 복귀하고, 스위칭 솔레노이드는 릴리스 스위치에 의해 스위치 'OFF' 된다.

데이터 교환을 위해 BAS ECU는 다른 제어시스템의 ECU(예 : ABS, TCS, ESP)와 CAN - 버스를 통해 연결되어 있다.

ECU가 고장을 감지하면, BAS는 스위치 'OFF' 된다. 운전자는 계기판의 경고등을 통해 고장을 확인할 수 있다.

2. 유압식 배력장치(hydraulic brake booster)

동력조향방식의 자동차일 경우에는 기관에 의해 구동되는 유압펌프를 갖추고 있기 때문에 별도의 유압펌프를 설치하지 않고도 유압식 배력장치를 사용할 수 있다.

유압식 배력장치는 동력조향장치용 유압펌프에서 토출되는 유량의 일부(예 : 약 0.7 *l* /min)를 축압기(accumulator)에 고압으로 저장해 두었다가, 제동할 때 배력작용을 하도록 한다. 동력조향장치의 기능에 영향을 미치지 않으면서도 축압기의 유압을 고압(예 : 최대 약 150 bar)으로 유지할 수 있다.

유압식 배력장치는 진공식에 비해 다음과 같은 특성이 있다.

① 설치공간을 작게 차지한다.

② 기관의 부하와 상관없이 일정한 배력효과를 얻을 수 있다.

③ 배력계수를 크게 할 수 있다.

④ 응답시간이 짧기 때문에 민감한 제동이 가능하고, 안정성이 증대된다.

⑤ 기관이 정지한 상태에서 진공식은 약 3회 정도의 배력작용이 가능하다.

그러나 유압식의 경우에는 약 10회 정도까지 배력작용이 가능하다.

(1) 구조

유압식 배력장치는 그림 5-33과 같이 유압펌프, 축압기, 유압조절기, 배력 실린더, 및 오일 저장 탱크 등으로 구성된다.

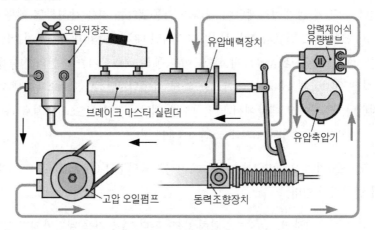

그림 5-33 유압식 배력장치

축압기는 직경 약 100mm 정도의 공 모양으로, 격막에 의해 2개의 방으로 분할되어 있다. 상부 방은 가스(대부분 질소)로 충전, 밀폐되어 있다. 그리고 다른 하나의 방은 유압펌프로부터 유입된 오일로 채워지며, 이 방의 유압이 상승함에 따라 가스는 압축된다.

압력제어식 유량밸브(pressure - controlled flow - regulator)는 유압펌프로부터 유입되는 오일의 압력을 상승시켜 축압기에 저장하거나, 탱크로 복귀시키는 역할을 한다.

유압식 부스터(hydraulic booster)는 진공 부스터와 마찬가지로 마스터실린더와 직결되어 있으며, 브레이크페달에 의해 작동된다.

(2) 압력제어식 유량밸브의 작동과정

① 충전 위치(그림 5-34(a))

유압펌프로부터 입구(P)에 공급된 오일은 유량조절 피스톤(2)에 의해 두 갈래로 나누어진다. 축압기 내부압력이 컷인(cut-in) 압력(예 : 36bar)에 도달하면 파일럿밸브(3)가 열려, 소량의 오일(예 : 0.7ℓ/min)은 파일럿밸브(3)와 체크밸브(4)를 거쳐, 축압기에 유입된다. 축압기에 유입된 오일은 연결구 A를 거쳐 유압식 배력 실린더에 접속된다. 유압펌프에서 토출되는 유량의 대부분은 연결구 B를 통해 동력조향장치로 공급된다.

② 순환 위치

컷아웃(cut-out)압력(예 : 150bar)에 도달하면 파일럿밸브(3)는 체크밸브(4)를 거쳐서 축압기로 통하는 라인을 폐쇄한다. 그리고 동시에 유량조절 피스톤의 스프링실과 저장탱크로 통하는 연결구 R이 직결된다.

이제 유량조절 피스톤(2)의 뒷면에는 스프링 장력만 작용하므로 유량조절 피스톤(2)은 유압펌프로부터 공급되는 오일압력에 의해 밀려들어간다. 이렇게 되면 유입되는 오일은 모두 동력조향장치로 흐르게 된다.

축압기 압력이 일정압력(예 : 30±2bar)이하로 낮아지거나, 유압펌프의 유압이 일정수준 이하로 낮아지면 경고등이 점등된다.

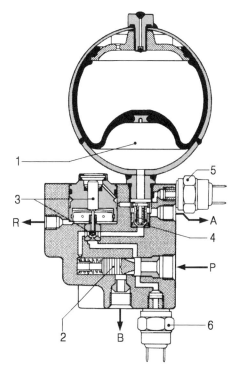

그림 5-34(a) 축압기 충전위치

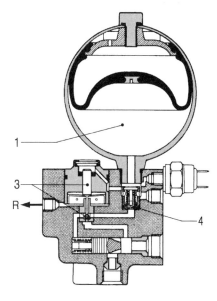

그림 5-34(b) 축압기 충전완료 상태

(3) 유압 부스터(hydraulic booster)의 작동

① 초기 위치(release position)

이 위치에서는 리턴스프링(4)의 장력에 의해 컨트롤 엣지(control edge)(1)는 리턴회로와는 단절되어 있다. 따라서 축압기압력은 연결구(Sp)와 컨트롤 엣지(1) 사이에만 유지된다.

컨트롤 엣지(2)의 뒤쪽에 있는 무압력 상태의 오일은 컨트롤 엣지(3)와 출구(B)를 통해 저장 탱크와 연결되어 있다.

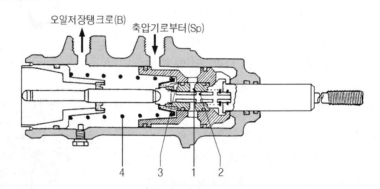

오일저장탱크로(B) 축압기로부터(Sp)

4 3 1 2

그림 5-35(a) 유압 부스터 초기위치

② 부분제동 위치(partial braking position)

브레이크페달을 밟으면 답력은 오퍼레이팅 피스톤(5)를 통해 컨트롤 피스톤(6)에 전달된다. 그러면 컨트롤피스톤(6)은 스프링(9)장력을 이기고 이동한다. 그러면 컨트롤 엣지(3)이 먼저 닫혀, 리턴회로를 차단하고, 이어서 컨트롤 엣지(1)이 열린다.

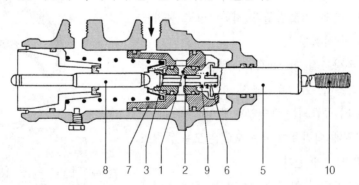

8 7 3 1 2 9 6 5 10

그림 5-35(b) 유압부스터의 부분제동 상태

축압기로부터 공급되는 고압오일은 열린 컨트롤 엣지(1)을 통과, 컨트롤피스톤(6)의 내부 통로를 따라 트랜스밋션 피스톤(7)의 뒷면에 작용한다. 이때 고압은 오퍼레이팅 피스톤(5)의 앞쪽에도 작용하는 데, 이 힘이 브레이크페달과 연결된 롯드(10)에 반력을 작용시킨다.

브레이크 마스터실린더의 부하와 트랜스밋션 피스톤(7)의 뒷면에 작용하는 힘이 평형을 이루는 점에서 트랜스밋션 피스톤(7)은 정지한다. 트랜스밋션 피스톤(7)이 밀려가면 푸시롯드(8)은 마스터실린더를 작동시키게 된다.

배력계수(boosting factor)는 트랜스밋션 피스톤(7)의 단면적과 오퍼레이팅 피스톤(5)의 단면적 간의 비율로 표시된다.

③ 완전제동 위치(full braking position)

컨트롤 엣지(1)이 완전히 개방되어 축압기로부터 공급된 고압오일은 트랜스밋션 피스톤(7)의 뒷면에 최대로 유입된다. 따라서 배력효과는 최대가 된다.

이제 컨트롤피스톤(6)은 플러그(11)와 접촉하여, 더 이상 단독으로 전진할 수 없다. 즉, 최대 배력점부터 컨트롤피스톤(6)은 운전자의 페달답력의 증감에 따라 트랜스밋션 피스톤(7)과 일체로 연동한다.

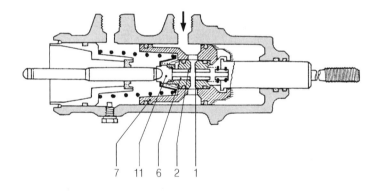

7 11 6 2 1

그림 5-35(c) 유압 부스터의 완전제동 상태

3. 공압식 배력장치(pneumatic booster)

압축공기와 유압을 동시에 이용하는 브레이크 시스템에서는 공압식 배력장치를 사용할 수 있다. 설치공간을 작게 차지하지만 약 7bar에 달하는 공기압력을 이용하여 큰 배력을 얻을 수 있다.

작동원리는 다음과 같다.

제동하면, 밸브태핏이 피스톤롯드에 의해 앞쪽으로 밀려가게 된다. 밸브태핏의 전진운동에 의해 먼저 배출포트가 닫히게 된다. 동시에 밸브태핏이 흡입밸브 시트와 접촉하게 되면, 흡입포트가 열리게 된다. 압축공기는 흡입포트를 통해 작동실로 밀려들어와, 작동 피스톤에 배력을 작용시킨다. 배력에 의해 작동피스톤이 밀려가면 흡입포트는 다시 닫히게 된다. 이와 같은 방법으로 페달답력에 따라 곧바로 배력을 변화시킬 수 있다.

브레이크 페달에서 발을 떼면, 밸브태핏은 흡입포트를 닫고 동시에 배출포트를 열게 된다. 작동실의 압축공기는 대기 중으로 방출되고, 작동피스톤은 리턴 스프링의 장력에 의해 초기위치로 복귀하게 된다.

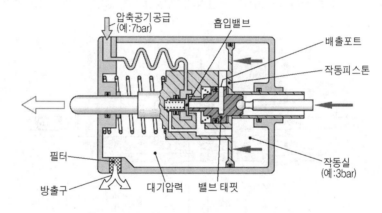

그림 5-36 공압식 배력장치

제5절 제동력 제한밸브와 제동력 조절밸브
(Braking force limiters and braking force regulators)

직진 주행 중 제동하면 앞축중(front-axle load)은 증가하고 뒤축중은 감소한다. 커브 선회중 제동하면 추가적으로 커브 바깥쪽 바퀴의 윤중(wheel load)은 증가하고, 안쪽 바퀴의 윤중은 감소한다. ← 동적 축중 전위(轉位).

제동할 때의 축중 전위현상은 제동감속도, 적재중량, 그리고 축중 분포상태와 무게중심의 위치 등의 영향을 크게 받는다.

대부분의 자동차들은 중(中) - 부하(load)와 중간정도의 제동감속도에서 최적의 제동상태가 되도록 설계된다. 따라서 중간값을 기준하여 편차가 크면, 제동할 때 차륜이 잠길(lock) 수 있다.

앞바퀴가 잠기면 조향성이 불량해지고, 뒷바퀴가 잠기면 직진성이 상실된다. 따라서 제동 중 차륜이 잠기는 것을 방지할 목적으로 제동력을 제한하거나 조절한다.

여기서는 간단한 밸브를 이용하여 제동력을 제한 또는 조절하는 방법에 대해서 설명하기로 한다. 제동력 제어시스템에 대해서는 다음 절에서 자세히 설명한다.

제동력 제한밸브나 조절밸브는 압력변환점을 제어하는 메커니즘에 따라 P-밸브 또는 G-밸브라고도 한다. P-밸브는 유압을, G-밸브는 중력을 제어 메커니즘으로 이용한다는 점이 서로 다를 뿐이다. 용도와 기능상의 차이점은 거의 없다.

1. 이상적인 제동압력곡선(그림 5-37(a) 참조)

그림 5-37(a)에서 2차 곡선으로 표시된 이상적인 제동압력곡선에서 보면, 제동초기에는 앞바퀴회로와 뒷바퀴회로의 제동압력이 거의 같은 비율로 상승한다. 그러나 일정 압력에 이르러서는 뒷바퀴회로의 압력은 완만하게 상승하나, 앞바퀴회로의 압력은 계속 상승하여야 이상적임을 알 수 있다. 즉, 제동 중 어느 시점에서부터는 앞바퀴의 제동력과 비교할 때, 뒷바퀴의 제동력을 상대적으로 제한하여야 한다. 이는 뒷바퀴가 잠기는(lock) 것을 방지하기 위해서이다.

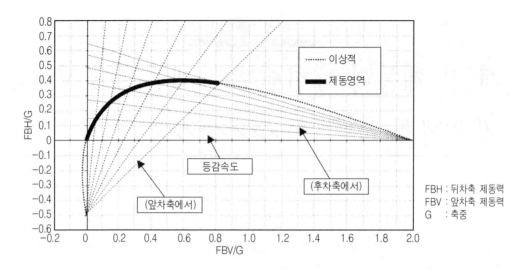

그림 5-37(a)　이상적인 제동력 분포

2. 제동력 제한밸브(braking force limiter ： Bremskräftbegrenzer)

이 밸브는 전/후 브레이크회로를 사용하는 자동차에서 마스터실린더와 뒷바퀴 브레이크회로 사이에 설치된다. 특성곡선은 그림 5-38(a)와 같다.

제한압력에 도달할 때까지 입구와 출구의 압력은 같다. 제한압력 이상으로 회로압력이 증가 하면 뒷바퀴 브레이크회로의 압력을 설정 수준으로 일정하게 유지한다.

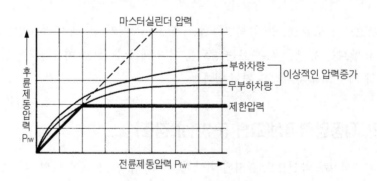

그림 5-38(a)　제동력 제한밸브의 특성곡선

작동원리는 다음과 같다.

브레이크 마스터실린더로부터의 유압은 그림 5-38(b)와 같이 입구(A1)로부터 챔버(1), 밸브

(2), 챔버(3), 그리고 출구(A2)를 순차적으로 거쳐 뒷바퀴 휠브레이크에 작용한다.

밸브(2)의 상단면에 작용하는 유압이 스프링(5)의 장력보다 커지면 플런저(4)는 스프링(5)를 밸브(2)가 닫힐 때까지 압축하게 된다. 밸브(2)가 닫히면 챔버(1)과 챔버(3) 사이는 차단된다. 이때부터 밸브(2)는 챔버(3) 내의 압력이 강하하기 이전에는 스프링(5)의 힘에 의해서만은 열리지 않는다. (챔버(3) 안의 압력강하는 드럼의 팽창 또는 패드의 마모에 의해 가능하다.)

그러나 브레이크 마스터실린더의 유압이 컷아웃 압력보다 낮아지면 밸브(2)는 다시 열린다.

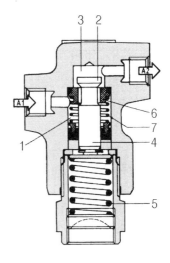

그림 5-38(b) 제동력 제한밸브의 구조

3. 제동력 조절밸브(braking force regulator : Bremskraftregler)

이 밸브는 회로압력을 그림 5-39(b)와 같이 이상곡선에 근접시켜 제어하는 것을 목표로 한다. 즉, 제동 중 회로압력이 일정수준에 도달한 다음부터는 앞바퀴회로의 압력과 비교할 때, 뒷바퀴회로의 압력의 증가율이 둔화되도록 한다. 그러나 앞바퀴회로가 파손되었을 경우에는 마스터실린더의 유압이 뒷바퀴회로에 그대로 작용되도록 한다. ← P-밸브(Proportioning valve)

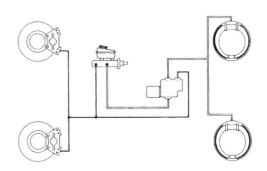

그림 5-39(a) 제동력 조절밸브 설치위치

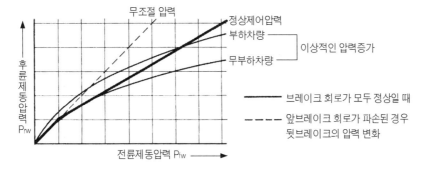

그림 5-39(b) 제동력 조절밸브의 특성곡선

(1) 작동개시 위치(starting position)(그림 5-39(c))

이 위치에서 디퍼렌셜 피스톤(A)는 압축스프링(B)에 의해 내벽에 밀착되어 있고, 밸브(C)는 열려 있다. 셧오프-피스톤(D)는 스프링(K)에 의해 밸브시트(F1)에 밀착되어 있다.

제동초기에 브레이크회로의 회로압력은 입구(1), 채널(G1), 출구(3)을 거쳐 직접 뒷바퀴 브레이크에 작용한다.

(2) 압력상승(pressure build-up)(그림 5-39(d))

앞바퀴회로(회로Ⅱ)의 회로압력은 연결구(2)로 유입되어 셧오프-피스톤(D)의 페이스(E)에 계속적으로 작용한다. 셧오프-피스톤(D)는 압축스프링(K)의 장력을 극복하고 밸브시트(F)에 밀착된다. 이렇게 되면 채널(G1)과 출구(3) 사이는 차단되고, 채널(G)와 출구(3)이 연결된다. 즉, 피스톤(A)가 이 위치(그림 5-39(d))를 유지할 경우, 입구(1)로부터 디퍼렌셜-피스톤(A), 채널(G)를 거쳐서 출구(3)에 이르는 직접적인 통로가 개설된다.

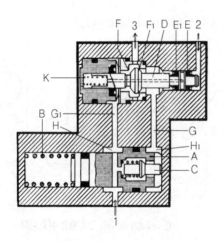

그림 5-39(c) 초기위치-제동력 조절밸브(예)

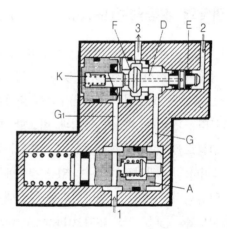

그림 5-39(d) 압력상승-제동력 조절밸브(예)

(3) 압력절환(changeover pressure) 위치(그림 5-39(e))

마스터실린더의 유압이 증가함에 따라, 뒷바퀴회로의 압력도 증가하여 마침내 절환압력에 도달한다. 절환압력에 도달하기 직전에 디퍼렌셜-피스톤(A)는 스프링에 의해 부하된 밸브(C)가 닫힐 때까지 스프링(B)에 대항하여 왼쪽으로 이동한다.

이제 챔버(H1)의 압력은 디퍼렌셜-피스톤(A)의 전체 단면적에 작용, 스프링(B)의 장력에 대항하여 디퍼렌셜 - 피스톤(A)는 그 위치를 유지한다.

그러나 챔버(H)의 압력은 마스터실린더 압력이므로 페달을 밟고 있는 한, 계속 증가하나 챔버(H1)의 압력은 더 이상 증가하지 않게 된다.(오히려 라이닝의 마모나 드럼의 열팽창에 의해 점차 감소하게 된다. 따라서 어느 시점에 가서는 디퍼렌셜-피스톤(A)는 다시 우측으로 밀려가게 되고, 밸브(C)는 다시 열리게 된다. 이와 같은 과정을 빠른 속도로 반복함으로서, 뒷바퀴회로의 압력은 앞바퀴회로의 압력에 비해 상대적으로 완만하게 증가하게 된다.

앞/뒷바퀴 회로압력의 비율은 디퍼렌셜-피스톤(A)의 챔버(H)쪽 단면적과 챔버(H1)쪽의 링 모양의 단면적의 비율에 의해서 결정된다.

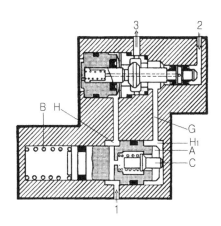

그림 5-39(e) 압력절환 위치-제동력 조절밸브(예)

마스터실린더의 유압이 감소할 때, 디퍼렌셜-피스톤(A)는 챔버(H)쪽의 피스톤단면에 작용하는 "유압+스프링(B)장력의 합"과 챔버(H1)쪽의 피스톤단면에 작용하는 유압이 평형을 이루는 위치까지 스프링(B)를 압착하면서 왼쪽으로 이동하게 된다.

(4) 앞바퀴회로가 고장일 경우(그림 5-39(f))

이 경우, 셧오프-피스톤(D)는 압축스프링(K)에 의해서 밸브시트(F)에 밀착되므로, 채널(G)와 출구(3) 사이가 차단되고, 채널(G1)과 출구(3) 사이가 직결된다. 따라서 뒷바퀴 브레이크에는 마스터실린더의 유압이 그대로 작용하게 된다. 채널(G)의 압력은 채널(G1)의 압력보다 낮으며, 또 밸브시트(F)에 의해 차단되어 있기 때문에 채널(G1)의 압력에 영향을 미치지 못한다.

앞바퀴회로이든 뒷바퀴회로이든 간에 브레이크회로가 파손되면 운전자는 우선 페달거리가 길어짐을 감지할 수 있을 것이다. 또 경고등회로를 갖춘 경우라면 경고등 점등에 의해 고장을 확인할 수 있을 것이다.

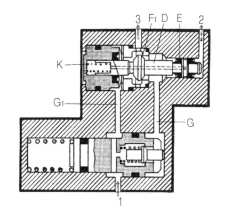

그림 5-39(f) 앞바퀴회로 파손 시-제동력 조절밸브(예)

4. 부하감지 밸브(braking force regulator with load-sensitivity)

제동력 조절밸브와 같은 원리를 응용한 밸브이다. 단지 절환압력이 고정되어 있는 것이 아니라, 부하(load)에 따라 가변적이라는 점이 다를 뿐이다. 그림 5-40에서 사선영역이 부하감지 밸브의 제어영역이 된다.

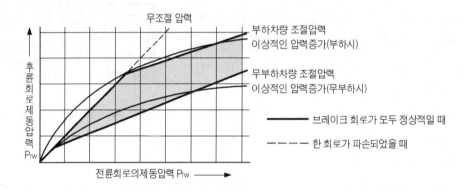

그림 5-40(a) 부하감지 밸브의 특성곡선(예)

그림 5-40(c)와 같은 부하감지 밸브의 경우, 장력스프링(6)과 레버(5)를 거쳐 디퍼렌셜-피스톤(2)에 작용하는 힘이 자동차의 부하(load)에 따라 변화한다. 특히 고속 주행 중 제동할 경우, 동적 축하중 전위(dynamic axle load transfer)에 의해 스프링(6)장력은 크게 변화한다.

그리고 부하감지 밸브도 앞서 설명한 제동력 조절밸브와 마찬가지로 앞바퀴회로가 고

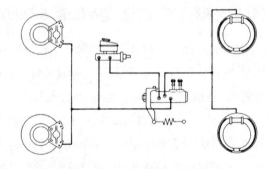

그림 5-40(b) 부하감지 밸브의 설치위치

장일 경우에는 뒷바퀴회로에 마스터실린더 유압을 그대로 작용시켜, 제동력을 보완한다.

(1) 작동원리

① 작동상태 1(그림 5-40(c))

그림 5-40(c)에서 스프링(6)의 한쪽 끝은 후차축에 연결되어, 후차축의 축중이 증가함에 따라 장력이 증가하는 구조로 되어 있다. 스프링(6)의 장력은 레버(5)를 거쳐 피스톤(1)에 작용

한다.

스프링(6)의 장력에 의해 피스톤(1)이 디퍼렌셜피스톤(2)에 밀착되면, 피스톤(1)에 내장된 포핏밸브는 개방된다. 그러면 브레이크액은 마스터실린더로부터 입구 E, 니들밸브, 출구 A를 순차적으로 거쳐 뒷바퀴 브레이크에 공급된다. 그러나 이때 압력강하는 없다.

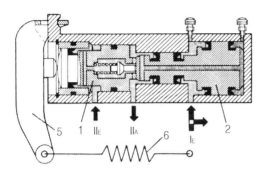

Ⅰ E : 앞바퀴 브레이크 회로압력 입구
Ⅱ E : 뒷바퀴 브레이크 회로압력 입구
Ⅱ A : 뒷바퀴 브레이크 회로압력 출구

그림 5-40(c) 작동상태1 - 부하감지 밸브

② **작동상태 2 (그림 5-40(d))**

뒷바퀴회로의 압력이 일정한 수준에 도달하면 피스톤(1)이 레버(5) 쪽으로 밀려가기 시작한다. 그리고 앞바퀴회로의 압력이 증가함에 따라 디퍼렌셜-피스톤(2)는 우측으로 이동하게 된다. 그러면 피스톤(1)에 내장된 포핏밸브는 닫히고, 뒷바퀴회로로 공급되는 브레이크액은 차단된다. ← 절환압력에 도달.

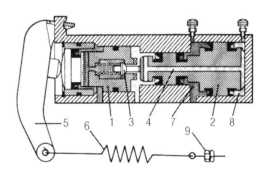

그림 5-40(d) 작동상태 2 - 부하감지 밸브

절환압력은 축중과 스프링(6)장력의 변화에 따라 그때마다 달라진다. 그리고 압력절환과정은 앞서 제동력 조절밸브에서와 같다.

앞바퀴회로가 파손되면 챔버(7)의 압력은 0이 된다. 그리고 뒷바퀴회로의 압력은 채널(4)를 경유하여 챔버(8)에 작용한다. 그러면 디퍼렌셜-피스톤(2)는 왼쪽으로 밀려가 피스톤(1)의 포핏밸브를 개방시킨다. 이제 후륜회로에는 마스터실린더 유압이 그대로 작용하게 된다.

제6절 전자제어 섀시 시스템
(Electronic chassis control system)

1. 전자제어 섀시 시스템의 개요

전자제어 섀시 시스템은 제동하는 동안, 가속하는 동안, 그리고 조향하는 동안에 자동차의 안전제어의 보장을 목표로 하는 시스템들이다.

(1) 주로 사용되는 전자제어 섀시 시스템들

① **ABS** (Anti-lock Braking System)

제동 중 휠이 잠기는(lock) 것을 방지한다.

② **BAS** (Braking Assistant System)

위급한 상황을 감지하여, 제동거리를 단축시킨다.

③ **SBC** (Sensotronic Brake Control)

커브를 선회하는 동안에 제동할 때, 방향안정성을 증대시키고, 제동거리를 단축시킨다.

④ **TCS** (Traction Control), **ASC** (Acceleration Skid Control), **ELSD** (Electronic Limited - Slip Differential)

발진할 때 또는 가속할 때 휠이 헛도는(spinning) 현상을 방지한다.

⑤ **VDC** (Vehicle Dynamic Control, ESP 또는 DSC와 같은)

자동차가 궤적을 벗어나 옆으로 미끄러지는 것을 방지한다.

(2) 타이어에 작용하는 힘의 종류

자동차의 모든 운동 또는 운동의 변화는 단지 타이어에 작용하는 힘에 의해서만 이루어진다.

① **원주방향에 작용하는 힘**(peripheral force) - 구동력 및 제동력(F_D 및 F_B)

이 힘들은 차체의 길이방향으로 타이어의 중심선 상에서 전/후로 작용한다.

② **횡력**(lateral force)(F_L)

　조향에 의해서 또는 외력(예 : 옆방향 바람)의 간섭에 의해서 옆방향에 작용한다.

③ **수직력**(normal force)(F_N)

　자동차의 중량에 의해서 생성된다. 노면에 수직으로 작용한다.

이 힘들의 강도는 노면 상태, 타이어의 상태 및 형식, 그리고 날씨의 영향을 받는다.

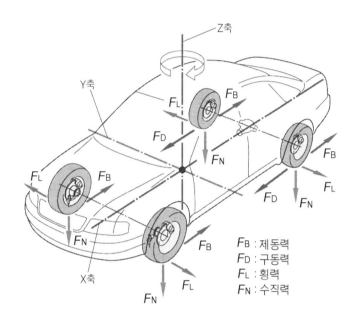

그림 5-41 자동차에 작용하는 여러 종류의 힘

(3) 노면에 전달되는 구동력(F_D)과 제동력(F_B)의 크기

　타이어와 노면 사이의 전달 가능한 힘은 타이어와 노면 사이의 마찰력에 의해서 결정된다. 타이어와 노면 간의 마찰이 정적 마찰(static friction) 상태일 때, 힘을 최적으로 전달할 수 있다. 전자제어 시스템에서는 정적 마찰을 적절하게 이용한다.

　타이어의 원주에 작용하는 힘은 정적 마찰을 통해, 구동력(F_D) 또는 제동력(F_B)의 형태로 노면에 전달된다.

① **마찰력**(friction force : Reibungskraft)

　제동 중 또는 구동 중, 노면에 전달가능한 제동력 또는 구동력은 타이어와 노면 사이의 마찰력(F_R)과 같으며, 이 마찰력은 차륜에 작용하는 수직력(F_N)에 비례한다. 그 상호관계는 다음 식으로 표시된다.

$$F_R = F_D = F_B = \mu_F \cdot F_N$$

위 식에서 μ_F 를 마찰계수라 한다. 타이어와 노면 간의 마찰계수는 타이어/노면 간의 마찰짝과 그 마찰짝에 영향을 미치는 여러 가지 요소들에 의해 결정된다. 따라서 마찰계수는 전달가능한 구동력 또는 제동력의 척도가 된다.

자동차 타이어의 마찰계수는 건조한 포장노면에서 최대가 되고, 빙판길에서 최소가 된다. 즉, 노면과 타이어 사이에 물이나 먼지 등이 개제되면 마찰계수는 현저하게 감소한다. 예를 들면 포장도로일지라도 마찰계수는 노면이 건조한 경우는 0.8~1, 젖어 있을 경우는 0.2~0.65, 결빙되어 있을 경우는 0.05~0.1 정도가 된다.

특히 젖은 노면에서는 자동차의 주행속도가 마찰계수에 큰 영향을 미친다. 고속으로 주행 중, 제동할 경우에 제동마찰계수가 너무 낮아 제동력을 노면에 충분히 전달할 수 없게 되면, 차륜은 잠기게(lock) 된다. 제동 중, 차륜이 잠기면 주행안정성이 크게 저하된다. 앞바퀴가 잠기면 조향성이, 뒷바퀴가 잠기면 직진성이 크게 저하하거나, 심하면 아주 상실되게 된다.

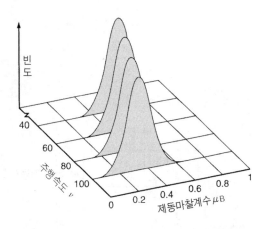

그림 5-42는 젖은 노면에서 잠긴(locked) 타이어의 제동마찰계수의 분포빈도를 주행속도와 관련시켜 도시한 그림이다.

그림 5-42 주행속도에 따른 제동마찰계수의 분포빈도

마찰은 점착마찰과 미끄럼마찰로 구분한다. 점착마찰은 미끄럼마찰보다 큰 힘을 전달한다. 즉, 전동하는 차륜의 마찰계수는 제동 중 잠기는 차륜의 마찰계수보다 크다.

② Kamm의 마찰 원(Kamm's friction circle)

타이어가 노면에 전달할 수 있는 힘의 최대값($F_{max} = \mu_F \cdot F_N$)이 원 안에 도시되어 있다. 안정적인 주행상태일 경우라면, 타이어 원주방향으로 작용하는 힘(F_P)과 횡력(F_L)의 합력(F_{Res})은 원의 안에 있어야 한다. 따라서 그 크기는 타이어가 노면에 전달할 수 있는 힘의 최대값(F_{max})보다 작다.

휠이 잠기거나(lock) 헛돌아(spinning) 원주방향으로 작용하는 힘(F_P)이 자신의 최대값에 도달하게 되면, 횡력(F_L)을 전달할 수 없다. 따라서 자동차는 조향이 불가능하게 된다.

커브를 최대 선회속도로 주행하여 횡력(F_L)이 자신의 최대값에 도달하면, 가속 또는 제동할 수 없다. 이때 가속 또는 제동하면, 자동차는 궤적을 이탈하여 옆으로 미끄러지게 된다.

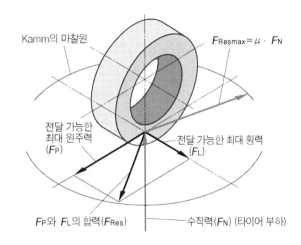

그림 5-43 Kamm의 마찰 원

③ 슬립(slip)

전동 중인 타이어의 접지부에는 구동력 또는 제동력에 의한 복잡한 물리적 현상이 나타난다. 특히 탄성체인 타이어는 변형되며, 차륜이 잠기기(lock) 이전에도 부분적으로 미끄럼운동을 하게 된다. 전동 중인 차륜의 미끄럼 양을 슬립(slip)이라 한다.

구동 슬립률(λ_D)은 다음 식으로 표시된다.

$$\lambda_D = \frac{v_R - v_F}{v_F} \times 100(\%) \qquad 여기서 \quad \begin{aligned} v_F &: 자동차\ 주행속도 \\ v_R &: 차륜\ 원주속도(r\omega) \end{aligned}$$

제동 슬립률(λ_B)은 위 식에서 분모만 $v_F - v_R$로 대치하면 된다.

타이어와 노면 간에 약간의 슬립도 없이 힘을 전달하는 것은 불가능하다. 그 이유는 타이어와 노면이 기어이가 맞물린 것처럼 맞물려 있지 않으며, 주행 중 또는 제동 중 타이어는 항상 약간 슬립하기 때문이다.

제동 중 휠이 완전히 잠겨 회전하지 않으면서 미끄러지거나, 주행 중 휠이 제자리에서 헛돌 때(spinning), 슬립률은 100%이다.

④ 타이어에 작용하는 힘과 슬립의 상관관계

그림 5-44(a)는 직진주행중 제동할 때, 노면의 상태에 따른 슬립률과 제동마찰계수의 상관
관계이다. 여기서 제동마찰계수는 슬립률 0부터 시작하여 급격히 증가하여, 노면과 타이어의
특성에 따라 각각 슬립률 10%~40% 사이에서 최대값에 도달한 다음, 다시 감소하는 것으로
나타나고 있다. 여기서 곡선의 상승부는 안정영역(부분제동 영역)을, 곡선의 하강부는 불안정
영역을 의미한다.

그림 5-44(b)는 건조한 콘크리트 노면에서 횡활각 $\alpha = 2°$ 및 $\alpha = 5°$ 로 주행 중일 때의 제
동마찰계수(또는 구동마찰계수), 횡력계수 및 슬립률의 상관관계를 나타내고 있다. 횡활각
$\alpha = 2°$ 일 경우가 $\alpha = 5°$ 일 경우에 비해, 제동마찰계수는 크고 횡력계수는 작다는 것을 알
수 있다.

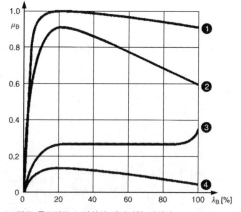

1. 건조 콘크리트 노면상의 레이디얼 타이어
2. 젖은 아스팔트 노면상의 바이어스 타이어(겨울용)
3. 눈 위의 레이디얼 타이어
4. 빙판 위의 레이디얼 타이어

(a) 직진 중 제동

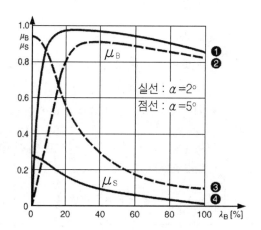

(b) 횡활각 $\alpha = 2°$ 및 $\alpha = 5°$ 로 주행

그림 5-44 제동마찰계수(μ_B), 횡력계수(μ_S) 및 제동슬립율(λ_B)의 상관관계

선회할 때는 차체의 무게중심에서 커브 외측으로 작용하는 원심력과 각 차륜에 구심방향으
로 작용하는 횡력(lateral force)의 합이 서로 평형을 이루어야 한다. 그래야만 안정된 상태로
커브를 선회할 수 있다. 그러나 횡력은 타이어가 어느 한쪽으로 탄성 변형될 때에만 발생된다.

그림 5-44(b)에서 슬립이 0일 때, 횡력은 최대값을 나타내고 있다. 그러나 슬립이 증가함에
따라 처음에는 완만하게 감소하다가 나중에는 급격히 감소하고, 휠이 잠겼을(locked) 때 최소
값에 도달한다. 휠이 잠긴 다음에는, 횡력은 더 이상 존재하지 않는다.

슬립률이 낮은 상태에서는 제동력은 급격히 증가하여 자신의 최대값에 도달했다가, 슬립률이 증가함에 따라 다시 감소함을 보이고 있다. 제동력(또는 구동력)의 최대값 및 변화과정은 노면과 타이어 사이의 마찰계수의 영향을 크게 받는다. 최대값은 슬립률 8%~35% 범위에 존재한다. 일반적으로 슬립률 35%까지의 영역을 안정영역이라고 하는데, 그 이유는 이 영역에서 차륜은 안정적으로 주행이 가능하며, 동시에 조향이 가능하기 때문이다. 즉, 이 영역에서 휠은 구동력 또는 제동력을 가장 잘 전달할 수 있다.

따라서 전자제어 섀시시스템은 이 제어영역 범위(슬립률 8%~35%) 내에서 작동한다.

2. ABS(Anti-lock Brake System) 시스템 개요

ABS 시스템은 안티-스키드(anti-skid) 시스템이라고도 하며, 주로 유압 브레이크 및 에어-브레이크의 압력제어용으로 사용된다.

ABS 시스템은 급제동할 때, 그리고 동시에 슬립률이 클 때 차륜의 잠김(locked)을 방지하기 위해, 노면과 타이어 간의 점착 능력에 맞추어 휠브레이크의 제동압력을 제어한다. 일반적으로 시스템의 제어영역은 슬립률 8%~35% 범위이며, 자동차 주행속도 약 10km/h 이상에서는 활성화되며, 약 6km/h 이하에서는 비활성화된다. 시스템에 따라 다르나 제어사이클의 반복은 1초당 약 4~10회가 대부분이다.

(1) ABS(anti-lock brake system)의 요건

ABS 시스템은 다음과 같은 조건들을 충족시켜야 한다.

① 어떠한 도로조건(예 : 건조한 노면에서부터 빙판도로에 이르기까지)에서도 주행안정성과 조향성이 보장되어야 한다.

② 제동거리 단축에 우선하여 조향능력과 주행안정성을 보장할 수 있어야 한다. 즉, 운전자가 급제동하든, 또는 브레이크압력이 잠기는(lock) 한계까지 천천히 상승하든 간에 이에 상관없이 차륜이 항상 최적 제동능력을 발휘할 수 있도록 브레이크압력을 제어해야 한다.

③ 제어는 자동차 주행속도의 모든 영역(최고속도에서 보행속도 이하까지)에 걸쳐서 이루어져야 한다. 인간의 보행속도이하에서는 차륜이 잠겨도 문제가 되지 않는다.

④ 노면과 차륜 간의 마찰계수변화에 신속하게 대응할 수 있어야 한다. 예를 들면 건조한 포장도로가 부분적(국부적)으로 결빙되어 있을 경우, 그와 같은 짧은 기간 동안에도 차륜이 잠길 가능성을 제한할 수 있어야 한다. 그래야만 조향능력과 주행안정성이 보장된다. 반면에 건조한 노면의 점착력은 가능한 한 최대로 이용할 수 있어야 한다.

⑤ 마찰계수가 불균일한 노면, 예를 들면 오른쪽 차륜은 건조한 노면을, 왼쪽 차륜은 빙판을 주행할 경우에는 요-토크(yaw torque)를 피할 수 없다. 이때 제어시스템은 요-토크가 천천히 발생되도록 하여, 운전자가 간단히 역조향함으로서 보상되도록 제어하여야 한다.

　　요-토크란 자동차의 수직축(Z축)을 중심으로, 자동차를 진행방향에 대해 좌/우로 회전시키려는 토크를 말한다.

⑥ 커브선회 중 제동하여도 조향성과 주행안정성이 보장되어야 하고, 동시에 커브 한계속도 이하에서는 최소 가능 제동거리를 유지할 수 있어야 한다. 커브 한계속도란, 커브를 선회할 때, 차륜이 자신의 기하학적 궤적을 이탈하지 않고 주행할 수 있는 한계속도를 말한다.

⑦ 요철도로 주행 중에도 운전자의 제동방법과는 관계없이 조향성, 주행안정성, 최단제동거리 등이 보장되어야 한다.

⑧ 수막현상(aquaplaning)을 감지하여 최적 대응할 수 있어야 한다.

⑨ 브레이크의 이력현상(brake hysteresis)과 엔진브레이크 현상에 가능한 한 신속하게 대응할 수 있어야 한다. 브레이크의 이력현상이란 브레이크페달에서 발을 뗀 이후에도 지속되는 후 제동현상을 말한다.

⑩ 제동토크의 제어 증폭도가 낮아, 진동에 의한 차체의 꿀꺽거림(rocking : Aufschaukeln)을 피할 수 있어야 한다.

이외에도 다른 제어시스템과 마찬가지로 페일 세이프(fail - safe)기능과 인터페이스(interface)기능 등을 갖추어야 한다.

(2) 제동차륜의 운동역학(dynamics of braked wheel)

그림 5-45와 그림 5-46은 ABS가 장착된 브레이크 시스템의 제동현상에 대한 물리적 관계를 나타내고 있다. 여기서 빗금을 친 부분은 ABS의 제어영역이다.

① 직진주행 중 제동할 때

그림 5-45에서 곡선1(건조노면), 2(젖은 노면), 4(빙판)에서 ABS - 제어영역은 마찰계수가 최대수준을 유지하는 범위임을 나타내고 있다. 이는 제동 중 차륜이 잠길(슬립률 $\lambda = 100\%$) 때, ABS를 이용하여 제동거리를 단축하고자 함을 쉽게 이해할 수 있다.

그러나 곡선 3(결빙되지 않은 눈길)의 경우는 차륜이 잠겼을($\lambda = 100\%$) 때, 눈의 쐐기(snow wedge)현상에 의해 제동마찰계수가 최대가 됨을 보이고 있다. 따라서 여기서 ABS의 장점은 제동거리를 단축하는 것이 아니라, 조향성과 주행안정성의 확보이다.

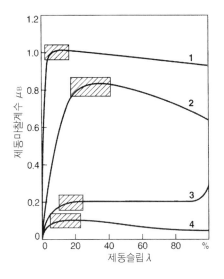

1. 건조한 콘크리트 노면 상의 레이디얼 타이어
2. 젖은 아스팔트 노면 상의 바이어스 타이어(겨울용)
3. 눈 위의 레이디얼 타이어
4. 빙판 위의 레이디얼 타이어
　▨▨▨ ABS 제어 영역

그림 5-45　ABS의 제어영역-진진주행 중

② 횡활각 α 로 주행 중 제동할 때

그림 5-46에는 제동마찰계수(μ_B)와 횡력계수 (lateral-force coefficient)(μ_S)의 곡선이 도시되어 있다. 그림에서 슬립각 $\alpha = 10\,°$ 일 때의 ABS-제어 영역은 슬립각 $\alpha = 2\,°$ 일 때에 비해 확장되어야 함을 알 수 있다. 슬립각이 커지면 차체의 옆방향 슬립이 커지고, 따라서 횡력도 증가한다. 즉, 높은 횡가속도(lateral acceleration)로 커브를 선회하는 도중에 급제동하면 ABS는 조기에 작동하여, 예를 들면 초기 슬립률을 10%로 유지하게 된다.

$\alpha = 10\,°$ 곡선에서 슬립률이 10%이면, 제동마찰계수는 $\mu_B = 0.35$에 지나지 않으나 횡력계수는 $\mu_s = 0.8$로서 여전히 자신의 실제 최대값에 거의 가깝다.

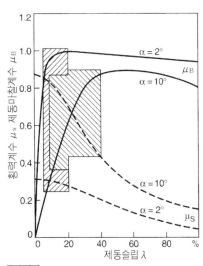

그림 5-46　ABS의 제어영역 - 횡활각 α 로 주행 중

커브를 선회하는 도중에 제동할 경우, ABS는 횡가속도가 감소하는 정도에 비례해서 슬립률을 크게 증가시킨다. 이는 횡가속도가 낮아짐에 따라 횡력계수는 감소하고, 반면에 제동감

속도는 증가하기 때문이다.

동일한 조건하에서 직진하는 동안에 제동할 경우와 선회하는 동안에 제동할 경우를 비교하면, 선회하는 동안에 제동할 때의 제동거리가 약간 길어진다.

(3) ABS 피드백 제어 루프(ABS closed control loop)

표 5-7 ABS 피드백 제어 루프(loop)

항 목	개별 요소들
제어 시스템	브레이크가 장착된 자동차, 차륜, 노면과 타이어 간의 마찰짝.
외란요소	노면상태, 제동상태, 자동차 하중(load), 타이어 상태(예: 낮은 공기압, 마모된 프로필 등)
컨트롤러(controller)	ABS - ECU
입력 변수	차륜회전속도, 차륜회전속도로부터 연산된 제동감속도와 가속도, 브레이크 슬립.
기준변수	브레이크 페달답력 즉, 운전자에 의해 결정된 브레이크회로압력.
출력 조작변수	브레이크 휠 실린더의 유압(또는 공기압).

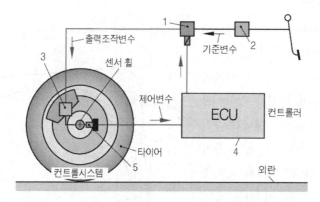

1. 모듈레이터(솔레노이드 밸브 포함)
2. 마스터 실린더
3. 브레이크 실린더
4. ECU
5. 차륜속도센서

그림 5-47 ABS - 제어 루프

① 제어 시스템(controlled system)

ABS-ECU에서의 신호처리는 다음과 같이 단순화시킨 제어시스템에 근거한다.

- 1개의 피동륜 및 이 차륜에 작용하는 추정 하중(예 : 4륜차의 경우, 총중량의 1/4).
- 휠브레이크(wheel brake).
- 노면과 타이어가 구성하는 마찰짝.

- 이상화 시킨 제동마찰계수/슬립 곡선(예 : 그림 5-48)
- 직진주행 중 제동할 때의 제동초기과정을 단순화한 곡선(예 : 그림 5-49)
  (이 제동과정은 비상제동시의 제동과정과 동일하다.)

그림 5-48은 제동 진행 중 제동마찰계수/슬립관계를 이상화시킨 곡선으로, 제동마찰계수(μ_B)가 시간(t)에 대해 1차적으로 증가하는 안정(stable)영역 그리고 일정값(＝수평선)으로 유지되는 불안정(unstable)영역으로 구분되어 있다.

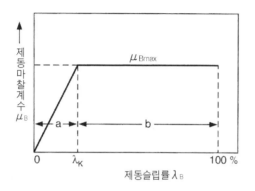

그림 5-48 이상화시킨 제동마찰계수/슬립 곡선

그림 5-49는 제동토크(M_B)* 또는 노면마찰토크(M_R)*, 그리고 차륜원주 감속도($-a$)와 시간(t)과의 상관관계이다. 여기서 제동토크(M_B)는 시간(t)에 비례하여 증가한다.

※ *제동토크(M_B) : 브레이크가 타이어를 통해 노면에 전달할 수 있는 토크.
  *노면마찰토크(M_R) : 노면과 타이어 간의 마찰짝에 의해 차륜에 역으로 작용하는 토크.

그림 5-49의 안정영역에서 노면마찰토크(M_R)는 제동토크(M_B)와 비교할 때 약간의 시간지연(t)이 지난 다음에 발생, 계속 같은 비율로 증가하다가, 일정한 시간(예 : 130ms) 후에 최대값($M_{B.max}$)에 도달하여, 불안정영역에 진입함을 보이고 있다.

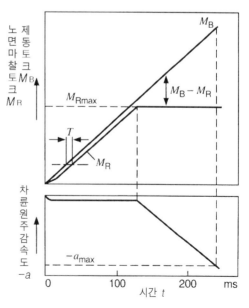

M_{R.max} : 노면 마찰토크(최대) t : 시간 지연

그림 5-49 제동초기 진행과정(단순화)

불안정영역에서는, 제동토크(M_B)는 계속적으로 증가하나, 노면마찰토크(M_R)는 더 이상 상승하지 않고 일정한 값을 계속 유지한다. 따라서 안정영역에서는 작았던 토크차 ($M_B - M_R$)는 시간 130~240ms(여기서 차륜은 잠긴다) 사이에서는 급격히 증가하고 있다. 불안정영역에서의 토크차($M_B - M_R$)가 제동차륜의 원주감속도($-a$)의 척도가 된다.(그림 5 - 49(하)). 불안정영역에서는 토크차($M_B - M_R$)에 비례해서 제동차륜의 원주감속도($-a$)가 증가함을 보이고 있다.

제동차륜의 원주감속도($-a$)는 안정영역에서는 아주 작은 값으로 제한된다. 그러나 불안 정영역에서는 급격히 상승한다. ABS는 이 상반된 특성을 이용한다.

② 입력 제어변수(controlled variables)

적절한 입력 제어변수의 선택은 ABS - 제어 시스템의 품질을 결정하는 중요한 요소이다. 차륜회전속도센서들로부터의 입력신호가 기본이다. ECU는 이들 차륜회전속도 정보를 처리 하여 차륜의 원주감속도와 가속도, 제동슬립, 기준속도 및 차량 감속도 등을 연산한다.

연산된 정보들(예 : 차륜의 원주감속도와 가속도, 제동슬립 등)은 그 자체만으로는 입력 제 어변수로서 적합하지 않다. 제동 중 구동륜의 행태는 피동륜의 행태와는 완전히 다르기 때문 이다. 따라서 이들 변수들을 적당히 논리적으로 결합시켜야만 한다.

제동슬립(brake slip)은 직접 측정할 수 없다. 따라서 ECU가 근사값을 연산한다. 기준속도 즉, 최적 제동(슬립)상태 하에서의 기준속도는 제동슬립을 계산할 때 기준값으로 사용된다. 4-채널 방식의 경우, ECU는 4바퀴에 부착된 차륜속도센서들로부터의 정보를 대각선 짝(예 : 전 좌륜/ 후 우륜)으로 취하여, 이들로부터 기준속도를 연산한다. 일반적으로 대각선 짝 중 빠 른 쪽의 속도를 부분제동 시의 기준속도로 이용한다. 완전제동 시 ABS-제어시스템이 작동하 기 시작하면, 차륜속도와 자동차속도는 서로 차이가 많이 나게 된다. 따라서 이때는 수정하지 않은 차륜속도를 기준속도 연산용으로 더 이상 사용할 수 없다.

ABS - 제어시스템의 제어단계가 진행되는 동안, ECU는 제어간섭개시속도를 근거로 기준 속도를 연산한다. 기준속도는 램프(ramp) 형태로 감소한다. 그리고 램프 구배(gradient)는 논 리신호와 연산값(operations)을 평가하여 구한다.

기본변수로서 차륜의 원주 감속도($-a$)와 가속도($+a$) 및 제동슬립(λ_B)이 계산되고, 또 보 조변수로서 자동차 자체의 감속도가 구해지고, 이어서 ECU에 내장된 논리회로가 계산된 결 과의 영향을 받는다면, 최적 제동제어는 가능하게 된다.

■ 피동륜 제어변수

차륜원주 가속도($+a$)와 감속도($-a$)는 일반적으로 피동륜 제어변수로서, 그리고 구동륜의 경우에는 운전자가 클러치페달을 밟고 제동할 때의 제어변수로서 적합하다. 이는 제동마찰계수/슬립 곡선의 안정영역과 불안정영역에서의 제어시스템의 행태가 서로 상반되기 때문이다.

안정영역에서 차륜의 원주 감속도는 극히 제한된 값이다. 즉, 안정영역에서는 급제동해도 차륜은 잠기지 않고 자동차는 신속하게 제동되지만, 불안정영역에서는 이와는 반대로 브레이크페달을 약간만 세게 밟아도 차륜은 순간적으로 잠기게 된다. 이와 같은 현상은 매우 빈번히 발생한다. 최적제동을 위한 슬립값은 차륜원주 감속도($-a$)와 가속도($+a$)를 이용하여 측정한다.

ABS의 제어개시 기준으로 이용되는 차륜감속도($-a$)의 임계값(threshold)은 자동차의 가능 최대감속도보다 약간 높게 설정되어야 한다. 처음에는 부드럽게 제동하고, 이어서 증강된 힘으로 브레이크페달을 밟을 경우에는 이 요구조건이 아주 중요한 의미를 갖는다. 차륜감속도 임계값이 너무 높게 설정되면, ABS는 제동마찰계수/슬립 곡선의 불안정영역에 쉽게 진입하게 된다.

완전 제동할 때, 설정된 차륜감속도 임계값에 도달함과 동시에 해당 휠브레이크 압력이 자동적으로 낮아져서는 안 된다. 이유는 마찰짝이 점착도가 높은 노면과 신품 타이어라면, 초기 속도(initial speed)가 높을 경우에는 제동거리가 오히려 길어질 수 있기 때문이다.

■ 구동륜 제어변수

제동할 때 1단 또는 2단 기어가 들어가 있다면 구동륜은 기관의 영향을 받는다. 따라서 이때 각 구동륜의 유효 질량관성모멘트(θ_R)는 현저하게 증가한다. 즉, 차륜은 현저하게 무거워진 것처럼 행동한다. 따라서 제동마찰계수/슬립곡선의 불안정영역에서 제동토크로 변환되는 차륜원주감속도의 감도는, 무게 증가에 반비례한다.

피동륜의 제동마찰계수/슬립곡선의 안정영역과 불안정영역 사이에서 나타난 상반된 행태는 차륜의 원주감속도에 의해 평활된다. 평활되는 정도는 차륜의 원주감속도에 비례한다. 그러나 여기서 차륜의 원주속도가 최적마찰 상태의 제동감속도를 측정하기 위한 제어변수로서의 필요, 충분조건을 만족시키지는 못한다.

따라서 추가로 제동슬립에 근사하는 새로운 변수를 만들어, 이 변수를 차륜원주감속도와 결합시키는 것이 필수적이다.

그림 5-50은 피동륜과 구동륜(기관과 연결된)의 제동초기과정을 나타내고 있다. 여기서 기관의 관성(inertia)은 차륜의 유효 관성모멘트의 4배로 증가함을 보이고 있다. 피동륜의 경우 제동마찰계수/슬립곡선의 안정영역을 벗어날 때, 특정의 임계 원주감속도$(-a)_1$를 조기에 초과하게 된다. 구동륜의 관성모멘트가 4배이므로 4배의 토크 차(difference)는 임계값 $(-a)_2$를 초과하기 전에 달성되어야 한다.

$$\Delta M_2 = 4 \cdot M_{R1}$$

구동륜은 제동마찰계수/슬립곡선의 불안정영역에 쉽게 진입하며, 이 현상은 차량의 안정성을 약화시킨다.

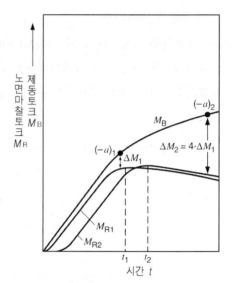

하첨자$_1$: 피동륜
하첨자$_2$: 구동륜
$-a$: 감속도 임계값(threshold)
ΔM : 토크차$(M_B - M_R)$

그림 5-50 구동륜과 피동륜의 제동 초기과정

(4) ABS의 전형적인 제어사이클

회사에 따라 여러 가지 방식이 채용되고 있다. 여기서는 노면의 마찰계수가 높을 경우와 낮을 경우로 구별하여 개략적으로 설명한다.

① 노면의 마찰계수가 높을 때의 제어사이클

마찰계수가 높은 도로에서 제동제어가 시작된다면 제동초기단계에 심한 차축 공명(axle resonance)을 피하기 위하여 압력형성을 어느 정도(예 : 약 5~10배) 느리게 해야 한다.

그림 5-51에 제시된 제동마찰계수가 높을 때의 제동특성은 이와 같은 조건으로부터 나온 결과이다. 제동 초기과정이 진행되는 동안 브레이크 휠 실린더 압력과 차륜원주 감속도는 증가한다.

단계 1이 종료되는 시점에서 차륜의 원주감속도는 설정된 임계값$(-a)$을 초과한다. 이제 해당 솔레노이드밸브는 압력유지 위치로 절환된다. ← 제동압력이 아직 낮아져서는 안 된다. 만약 제동압력이 낮아지면 제동마찰계수/슬립곡선에서 임계값$(-a)$이 초과될 수 있기 때문이다. 그렇게 되면 제동거리를 낭비하게 된다. 동시에 기준속도(v_{Ref})는 기존의 램프(ramp)에 일치하여 감소된다. 슬립(slip) 절환 기준값 λ_1은 기준속도(v_{Ref})로부터 유도된다.

단계 2가 종료될 때, 차륜속도(v_R)는 슬립 임계값(λ_1)보다 낮아진다. 그러면 솔레노이드밸브는 압력강하 위치로 절환되고, 따라서 브레이크압력은 원주감속도가 임계값($-a$)을 초과할 때까지 감소된다.

단계 3의 종료시점에서 속도는 다시 임계값($-a$) 이하로 낮아지고, 일정기간 동안의 압력유지 단계가 지속된다. 이 기간 동안 차륜의 원주감속도는 임계값($+a$)이 초과되는 정도에 비례해서 증가한다.

단계 4의 종료시점에서 원주가속도는 상대적으로 높은 임계값($+A$)을 초과한다. 임계값($+A$)가 초과되는 한, 제동압력은 증가한다.

단계 6에서 제동압력은 다시 일정하게 유지된다. 이유는 임계값($+a$)을 초과하기 때문이다. 이 단계의 종료시점에 차륜의 원주감속도는 임계값($+a$) 이하로 낮아진다. 이는 차륜이 제동마찰계수/슬립곡선의 안정영역에 진입하였음을 의미하며, 차륜은 약간의 제동이 걸린 상태이다.

단계 7에 진입하면서 제동압력은 단계적으로 증가하여, 단계 7의 종료시점에 임계값 ($-a$)을 초과할 때까지 계속 증가한다. 이번에는 슬립절환 임계값 신호(λ_1)을 발생시키지 않으면서 제동압력은 즉시 감소된다.

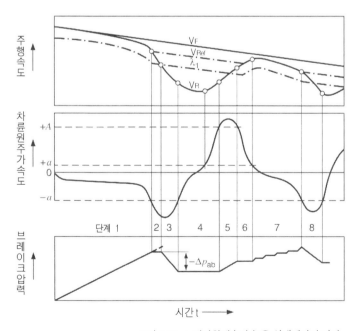

V_F	: 자동차 속도
V_{Ref}	: 기준 속도
V_R	: 차륜원주속도
λ_1	: 슬립 임계값
$+A$	: 차륜원주 가속도 임계값
$+a$	: 차륜원주 가속도 임계값
$-a$	: 차륜원주 감속도 임계값
ΔP_{ab}	: 브레이크 압력 감소분

그림 5-51 노면마찰계수가 높은 상태에서의 제어

② 노면의 마찰계수가 낮을 때의 제어사이클

노면의 마찰계수가 낮을 때는 노면의 마찰계수가 높을 때와는 반대로, 브레이크페달에 약간의 힘만을 가해도 차륜은 잠기게(lock)되게 된다. 따라서 높은 슬립단계로부터 벗어나 가속되기 위해서는 더 많은 시간을 필요로 한다.

ECU에 내장된 논리회로는 노면의 상태를 감지, 확인하여, ABS의 특성을 여기에 적합하게 바꾼다. 그림 5-52에는 노면의 마찰계수가 낮을 때의 전형적인 제동제어과정이 도시되어 있다.

단계 1과 2에서는 앞서 마찰계수가 높을 때와 마찬가지 방법으로 제어가 진행된다.

단계 3은 단기간의 '압력유지' 단계부터 시작한다. 이어서 차륜속도는 매우 짧은 시간동안 슬립절환 임계값(λ_1)과 비교된다. 차륜속도(v_R)가 슬립절환 임계값(λ_1)보다 낮기 때문에 브레이크압력은 설정된 짧은 시간동안 낮아진다. 이어서 또 짧은 시간동안 '압력유지' 단계가 진행된다. 이제 차륜속도와 슬립절환 임계값(λ_1) 사이에 새로운 비교가 이루어지고, 이 결과는 설정된 단기간 동안의 압력강하로 나타난다. 이어 '압력유지' 단계에서 차륜은 다시 가속되며, 차륜의 원주가속도는 임계값($+a$)을 초과하게 된다.

원주가속도가 임계값 ($+a$)보다 낮아질 때까지 '압력유지' 단계는 지속된다.(단계 4 종료)

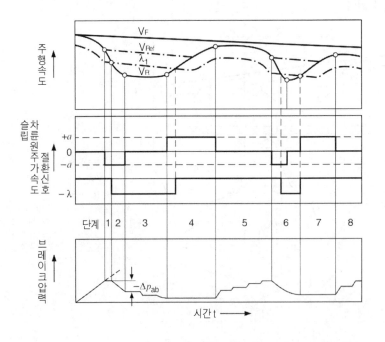

그림 5-52 제동마찰계수가 낮은 노면에서의 제어

단계 5에서는 전 단계에서 이미 알려진 계단식 형태로 압력상승이 진행된다. 압력상승은 단계 6에서 압력강하가 이루어지면서 새로운 제어사이클이 시작될 때까지 지속된다.

앞서 설명한 제어사이클에서 컨트롤러 논리(controller logic)는 차륜을 가속시키기 위해서 신호 $(-a)$에 의해 개시된 압력강하에 이어, 추가로 2개의 압력강하단계가 더 필요하다는 것을 인지하고 있다. 차륜은 비교적 장시간 슬립률이 높은 영역에서 작동한다. 슬립률이 높은 영역에서는 주행안정성과 조향성을 최적상태로 유지하기 어렵다.

주행성과 조향성을 향상시키기 위해서 현재의 제어사이클에서는 물론이고, 다음 제어사이클에서도 차륜속도(v_R)와 슬립절환 임계값(λ_1)을 지속적으로 비교하게 된다.

단계 6에서의 제동압력 강하는 단계 7에서 차륜원주가속도가 임계값 $(+a)$을 초과할 때까지 계속된다. 압력강하가 지속됨에 따라 차륜이 높은 슬립상태로 작동되는 기간은 극히 짧은 시간으로 제한된다. 그러므로 주행안정성과 조향성은 앞서의 사이클에 비해 향상되게 된다.

③ 요-토크(yaw-torque) 형성지연을 포함한 제어

마찰계수가 불균일한 노면 예를 들면, 그림 5-53과 같이 왼쪽 차륜은 건조한 아스팔트노면을, 오른쪽 차륜은 빙판을 주행할 때 제동하면, 특히 제동초기에 앞 좌/우 차륜 간의 제동력차가 대단히 크게 나타난다. 좌/우 차륜 간의 제동력의 차이는 자동차 무게중심에 세운 수직축(Z축)에 작용하는 토크(torque)의 원인이 된다. ← 요 - 토크(yaw torque).

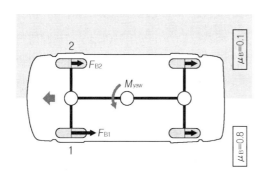

μ_B : 제동마찰 계수
F_B : 제동력
M_{yaw} : 요 모멘트
2   : 마찰계수가 낮은 쪽 차륜
1   : 마찰계수가 높은 쪽 차륜

그림 5-53 요-토크(yaw-torque)의 발생 - 불균일 노면에서

대형 승용자동차는 축간거리가 비교적 길고, Z축에 대한 관성모멘트도 크다. 이와 같은 자동차를 불균일한 노면에서 ABS로 제동할 때, 요 - 토크(yaw torque)는 운전자가 역조향하여 신속하게 그리고 충분히 그 운동을 보상할 수 있을 만큼, 천천히 발생된다.

불균일한 노면에서 비상제동할 경우에 용이하게 제어하기 위해서, 특히 축간거리가 짧고,

수직축에 대한 관성모멘트가 작은 소형자동차일 경우에는 ABS 외에도 요-토크 형성지연 시스템을 추가로 갖추어야만 한다.

요-토크 형성지연 시스템은 마찰계수가 높은 쪽 앞바퀴의 휠 실린더 압력이 형성되는 것을 시간적으로 지연시키는 기능을 한다.

그림 5-54는 요-토크 형성지연 시스템의 원리도이다 ; 곡선 1은 브레이크 마스터실린더 압력(P_{ms})이다. 요-토크 형성지연 시스템을 갖추고 있지 않을 경우, 약간의 시간 후 건조한 아스팔트 노면에서 차륜의 휠브레이크 압력은 곡선 2(P_{high}), 빙판길의 차륜의 휠브레이크 압력은 곡선 5(P_{low})와 같이 변화한다. 즉, 차륜들((P_{high})와 (P_{low}))은 각각의 최대 가능 감속도로 작동한다. ← 개별제어(individual control)

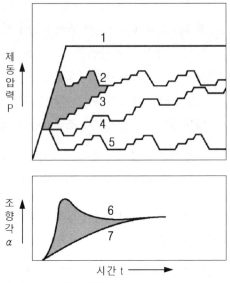

1. 마스터 실린더 압력 P_{ms}
2. 브레이크 압력(P_{high}) – without system
3. P_{high} with system 1   4. P_{high} with system 2
5. P_{low}
6. 조향각 α (without system)
7. 조향각 α (with system)

그림 5-54 브레이크압력과 조향각 관계
(요-토크 형성지연 시스템에서)

■ 주행거동의 임계상태 빈도가 낮은 자동차의 경우 – 시스템 1.

제동 초기단계에 제동압력이 낮은 차륜(P_{low})이 잠기는(lock) 상태에 진입하여 압력강하가 개시되는 즉시, 제동압력이 높은 차륜(P_{high})의 제동압력은 단계적으로 상승한다.(곡선 3)

제동압력이 높은 차륜의 브레이크압력이 자신의 잠기는(lock) 수준에 도달하면, 이제는 제동압력이 낮은 차륜 신호의 영향을 더 이상 받지 않고, 차륜 각각의 최대 가능 제동력을 이용하도록 제어하게 된다. 제동압력이 높은 차륜에서의 최대 제동압력은 비교적 짧은 시간(예 : 750ms) 내에 도달되므로, 요-토크 형성지연 시스템을 채용하지 않은 형식과 비교할 때 제동거리가 단축된다.

■ 주행거동의 임계상태빈도가 높은 자동차의 경우 – 시스템 2

제동압력이 낮은 차륜의 제동압력강하가 개시되는 즉시, 제동압력이 높은 차륜의 ABS-솔레노이드밸브는 일정시간 동안 '압력유지'와 '압력감소'로 제어된다. - (곡선 4).

제동압력이 낮은 차륜에 다시 새로운 압력이 형성되면, 제동압력이 높은 차륜의 제동압력은 단계적으로 증가되도록 제어된다. 그런데 제동압력이 높은 차륜에서의 압력형성기간은 제동압력이 낮은 차륜의 압력형성기간에 비해 일정한 비율만큼 길다. 이 압력계량은 첫 제어사이클뿐만 아니라 전체 제동기간에 걸쳐서 수행된다. 제동초기에 주행속도가 높으면 높을수록 조향행동에 미치는 요-토크의 영향은 더욱더 증가하게 된다. 시스템 형식에 따라서는 자동차 주행속도를 몇 개의 영역(예 : 4)으로 구분하여, 각 영역마다 다른 요-토크 형성지연기간을 적용한다.

특히 고속에서 요-토크를 서서히 발생시키기 위해서, 제동압력이 높은 차륜의 압력형성기간은 점점 더 단축시키고, 반대로 제동압력이 낮은 차륜의 압력형성기간은 점점 더 연장시킨다.

그림 5-54의 아래 그림은 제동초기의 조향각의 특성도이다. 곡선 6은 요-토크 형성지연 시스템이 채용되지 않은 경우이고, 곡선 7은 채용된 경우이다. 요-토크 형성지연 시스템의 적합 여부는 양질의 조향거동과 짧은 제동거리 간의 공약수로서, 자동차의 형식과 특성에 따라 어느 한쪽에 더 많은 비중을 두게 된다.

요-토크 형성지연 시스템을 채용할 때에 고려해야 할 중요한 요소는 커브제동 응답성이다. 커브를 고속으로 선회 중 제동하면 요-토크 형성지연 시스템은 전차축의 동하중은 증가시키고, 후차축의 동하중은 감소시킨다. 따라서 앞바퀴의 횡력은 증가하고, 뒷바퀴의 횡력은 감소하게 된다. 이렇게 되면 커브 안쪽으로 향하는 토크가 발생하게 된다. 결과적으로 자동차는 궤적을 이탈하여 안쪽으로 스키드(skid)하게 된다. 이와 같이 위험한 제동상태를 방지하려면, 요-토크 형성지연 시스템은 추가로 횡가속도 스위치를 갖추고 있어야 한다.(그림 5-55(a)참조)

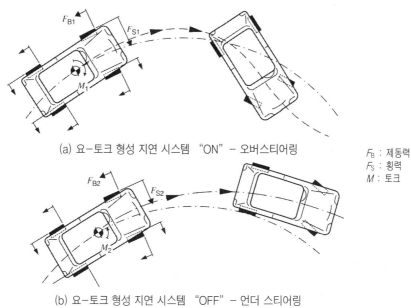

(a) 요-토크 형성 지연 시스템 "ON" – 오버스티어링

F_B : 제동력
F_S : 횡력
M : 토크

(b) 요-토크 형성 지연 시스템 "OFF" – 언더 스티어링

그림 5-55 임계속도에서의 커브제동 특성

횡가속도 스위치는 횡가속도가 일정값(예 : 0.4g)을 초과할 때, 요-토크 형성지연 시스템을 스위치 'OFF' 시킨다. 그러면 커브 바깥쪽 앞바퀴에 큰 제동력이 형성되어 커브 바깥쪽으로 향하는 토크를 발생시키게 된다. 이 토크는 커브 안쪽으로 향하는 횡력토크를 보상하므로 자동차는 약간의 언더 - 스티어링 특성을 나타내게 된다. 즉, 커브선회 응답성이 개선되므로, 쉽게 조향할 수 있게 된다.(그림 5-55(b)참조)

④ 4륜구동방식에서의 제동제어(P.210 총륜구동장치, P.194 ASR 참조)

총륜구동방식에서 차동고정장치(또는 제한장치)가 작동되면 ABS 시스템은 추가 대책을 필요로 하는 상태가 된다.

후차축 차동장치가 고정되면 후차축의 좌/우 차륜은 일체가 된다. 즉, 후차축 좌/우 차륜은 같은 속도로 회전한다. 그리고 두 제동토크(좌/우 차륜에 작용하는)와 두 마찰토크(차륜과 노면 사이의)의 관점에서 보면 후차축 좌/우 차륜은 강체(rigid body)처럼 행동한다. 따라서 후차축 좌/우 차륜은 최적 제동력을 모두 이용할 수 있게 된다.

전/후 구동차축 직결장치가 연결되면, 전/후 차륜의 평균속도는 강제적으로 서로 일치하게 된다. 그러면 모든 차륜은 서로 동적으로(dynamically) 결합되고, 기관 드래그-토크(engine drag-torque)*와 기관관성(engine inertia)은 모든 차륜에 작용하게 된다. 이러한 조건하에서 ABS의 최적기능을 보장하기 위해서는 4륜구동방식의 종류에 따라 추가대책을 필요로 한다.

> **참 고** 기관 드래그 토크(engine drag-torque) : 변속기어가 들어가 있는 상태에서 가속페달에서 발을 떼었을 때의 엔진 브레이크 효과.

그림 5-56(a)는 수동절환식 또는 상시구동방식(비스코스 커플링을 이용한)의 총륜구동 자동차이다. 모든 차륜에 구동력이 전달되면, 후차축 좌/우 차륜은 강체적(剛體的)으로 연결되고, 앞바퀴의 평균속도는 뒷바퀴의 평균속도와 같아진다. 또 이미 설명한 바와 같이 후차축 차동제한장치(또는 고정장치)가 작동하면 select-low원리는 더 이상 유효하지 않으며, 뒷바퀴 각각에는 최대 제동력이 작용하게 된다.

마찰계수가 비대칭인 노면에서 제동할 경우, 후차축 좌/우 차륜 간의 제동력차이에 의해 요-토크가 발생하게 된다. 이 요-토크는 주행안정성을 크게 저해한다. 특히 최대 제동력차이가 선회 제동 중에 앞차축 좌/우 차륜 사이에서 급속하게 발생된다면, 자동차는 안정을 유지할 수 없게 된다.

따라서 이와 같은 4륜구동자동차는 앞바퀴에 요-토크 형성지연 시스템을 필요로 한다. 그리고 주행안정성과 조향성을 확보하기 위해서는 마찰계수가 비대칭인 노면에서도 요-토크 형성지연 시스템을 필요로 한다.

'select-low' 원리란 1개의 차축에서 노면과 차륜 간의 마찰계수가 낮은 측 차륜을 기준으로 브레이크압력을 제어하는 것을 말한다.

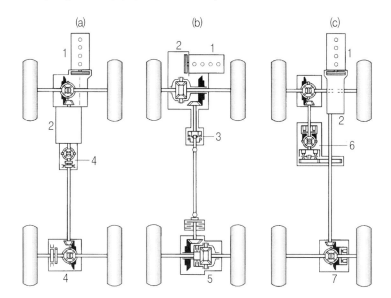

1. 기관
2. 변속기
3. 프리휠링 기구와 비스코스 커플링
4. 수동식 또는 비스코스식 고정장치
5. 비율식 고정장치
6. 자동 커플링, 자동 고정장치
7. 자동 고정장치

그림 5-56 총륜구동방식

미끄러운 노면에서 ABS의 기능을 유지하기 위해서는 기관 드래그 토크(총륜구동방식에서는 모든 차륜에 작용한다)를 감소시켜야 한다. 기관 드래그 토크의 감소는 공전속도를 증가시키거나, 기관 드래그 토크를 제어하면 된다. 기관 드래그 토크 제어란 과도한 엔진 브레이크 효과를 제거시키기 위해 충분히 가속하는 방법이다.

미끄러운 노면에서 차륜이 잠기는(lock) 것을 방지하기 위해서는, 노면마찰토크가 변화할 때 기관관성에 의해 감소되는 차륜의 감도를 제어정밀도를 높여 보상해야 한다. 그리고 기관 질량에 의해 모든 차륜이 동적 결합(dynamic coupling)됨에 따라 ECU의 신호처리과정과 논리회로에 추가 대책을 필요로 한다. 대표적인 예는 종가속도 스위치(longitudinal acceleration switch)의 채용이다. 종가속도 스위치를 이용하면 제동마찰계수(μ_B)가 일정값(예 : $\mu_B=0.3$) 이하인 미끄러운 노면을 판별할 수 있다. 그리고 그러한 미끄러운 노면에서의 제동상태를 평가하려면, 차륜 각각의 감속도 응답 임계값($-a$)은 세분(예 : 2등분)하고, 감소된 기준속도의 증가율은 특정의, 비교적 낮은 값으로 제한하여야 한다. 이렇게 하면 차륜이 잠기는(lock) 경향은 조기에 그리고 아주 정확하게 감지할 수 있게 된다.

미끄러운 노면에서 총륜구동 자동차의 가속페달을 급격히 끝까지 밟으면, 모든 차륜이 헛돌게(spinning) 된다. 이와 같은 현상을 방지하려면 기준속도(v_{ref})를 자동차의 최대 가능 가속도와 일치시켜, 헛도는 차륜을 따르도록 해야 한다. 그러기 위해서는 모든 총륜구동방식에서 ABS의 신호처리회로에 별도의 대책을 강구하여야 한다.

그림 5-56(b)와 같이 전/후 차축 간에는 프리-휠링을 갖춘 비스코스-커플링, 후차축에는 비율식 고정장치를 갖춘 총륜구동방식은, 제동할 때 프리-휠링이 전/후 차축 사이의 동력전달을 차단하므로 위에 언급한 대책 외에 또 다른 별도의 대책을 필요로 하지는 않는다. 그러나 기관 드래그 토크를 제어하면 ABS의 기능을 향상시킬 수 있다.

그림 5-56(c)와 같은 자동 고정방식의 총륜구동 시스템은 제동할 때마다 차동제한(또는 고정)이 자동적으로 해제된다. 따라서 위에 언급한 대책 외에 별도의 대책을 필요로 하지 않는다.

3. ABS-시스템의 실제

(1) ABS 시스템의 분류

ABS 시스템을 구성하는 주요 부품은 휠센서(펄스 링 포함), ECU, 그리고 유압 모듈레이터(솔레노이드 밸브 포함)이다. ABS 시스템을 제어채널 또는 센서의 갯수, 그리고 제어방식에 따라 분류하면 다음과 같다.

① 4-채널 시스템

4개의 휠센서를 사용하며, 전/후 또는 대각선(X형) 브레이크 회로에 주로 사용한다. 일반적으로 각 차륜을 개별적으로 제어하지만, 후륜은 '개별제어' 또는 'select-low' 원리에 따라 공동으로 제어한다.

② 3-채널 시스템

3개 또는 4개의 휠센서를 사용하며, 대각선(X형) 브레이크 회로에 사용한다. 앞바퀴들은 개별 제어하고, 뒤쪽 좌/우 차륜은 1개의 유압제어 유닛으로 'select-low' 원리에 따라 제어한다.

③ 개별제어(Individual Control ; IC)

각 차륜에 가능한 최대 제동압력을 작용시킨다. 따라서 제동력은 최대가 된다. 예를 들어 노면의 어느 한쪽이 결빙된 상태일 경우에 1개의 차축에서도 각 차륜에 작용하는 제동력이 서로 크게 다르기 때문에 요-토크가 발생할 수 있다.

④ **실렉트-로-제어**(Select-Low Control ; SLC)

SLC의 경우, 1개의 차축 좌/우 차륜들의 노면과의 마찰계수가 서로 다를 때, 마찰계수가 낮은 바퀴를 기준으로 좌/우 차륜의 제동력을 제어한다. 뒷바퀴 좌/우 차륜에 거의 동일한 제동력이 작용하기 때문에, 마찰계수가 서로 다른 노면에서 제동할 경우에도 요-토크의 크기는 작다.

> 일반적으로 앞바퀴는 개별제어하고, 뒷바퀴는 'select-low' 원리에 따라 제어한다.

(2) 폐회로에 리턴펌프가 설치된 ABS 시스템

제동압력이 강하할 때, 브레이크액은 휠 실린더로부터 먼저 축압기(accumulator)로 보내진다. 동시에 리턴펌프는 브레이크액을 각각의 마스터실린더 브레이크회로로 펌핑(pumping)한다.

① **구조**

기존의 브레이크 시스템에 아래와 같은 부품들이 추가된다.
- 휠센서
- ECU
- 유압 모듈레이터(modulator)
- 경고등

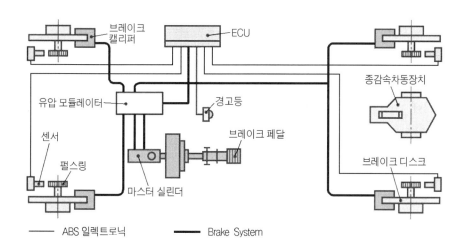

그림 5-57 폐회로에 리턴펌프가 설치된 ABS 시스템

▨ **휠센서**(wheel sensors)

각 차륜에 마다 설치된다. 각 센서는 차륜의 회전속도와 같은 속도로 회전하는 펄스 링 (pulse ring)과 짝을 이루고 있다. 유도센서 또는 홀(Hall)-센서가 사용된다.

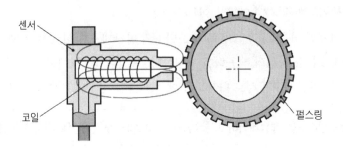

그림 5-58 유도식 휠센서

■ ECU

센서들로부터의 입력신호를 처리하여, 솔레노이드밸브의 필요한 절환위치를 결정하며, 솔레노이드밸브를 작동시키기 위한 신호를 출력한다. ECU의 기능은 자기진단에 의해 계속적으로 감시된다.

■ 유압 모듈레이터(hydraulic modulator)(리턴 펌프 포함)

제어를 위한 솔레노이드밸브, 각 브레이크회로의 브레이크액 축압기(accumulator) 및 전기구동식 리턴펌프 등으로 구성되어 있다. 리턴펌프는 릴레이에 의해 구동되며, ABS-제어가 이루어지고 있는 동안은 항상 작동한다.

■ 경고등(warning lamp)

시동 시에 ABS의 기능이 정상일 경우에 알려 준다. ABS-제어가 고장일 경우에는 점등된다. ABS-시스템이 고장일지라도 자동차 브레이크 시스템은 정상적으로 기능한다.

② 3/3- 솔레노이드밸브식의 작동원리

ABS-시스템에서 제동압력을 변환, 조정하기 위해, ECU는 각 채널용 유압 모듈레이터에 내장된 3/3-솔레노이드 밸브를 트리거링(triggering)한다. 3-단계의 제어단계에 대응하여 마스터 실린더는 다음과 같이 연결된다.

- 휠브레이크 실린더에 압력을 형성하는 경우에는 휠 실린더와
- 제동압력을 그 상태로 유지하는

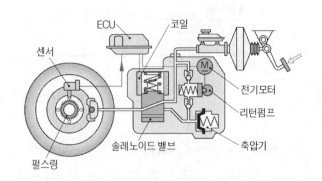

그림 5-59 3/3 - 솔레노이드밸브의 작동원리

경우에는 연결이 없음.

● 제동압력을 감소시키는 경우에는 리턴펌프와

③ 2/2-솔레노이드밸브 식의 작동원리

이 시스템의 경우, 유압 모듈레이터에는 소형, 경량이며, 빠르게 스위칭되는 2/2-솔레노이드밸브가 내장되어 있다. 각 제어채널에는 각각 1개씩의 흡입밸브와 토출밸브가 설비되어 있다.

ECU는 제어단계별로 솔레노이드밸브를 다음과 같이 스위칭한다.

● 압력형성 단계(pressure build-up) : 흡입밸브(inlet valve ; IV)는 개방하고 토출밸브(outlet valve ; OV)는 폐쇄한다.

● 압력 유지 단계(pressure holding) : 두 밸브 모두 폐쇄한다.

● 압력 감소(pressure reduction) : 흡입밸브는 폐쇄하고, 토출밸브는 개방한다. 리턴펌프는 과잉된 브레이크액을 축압기로부터 해당 마스터실린더로 펌핑한다.

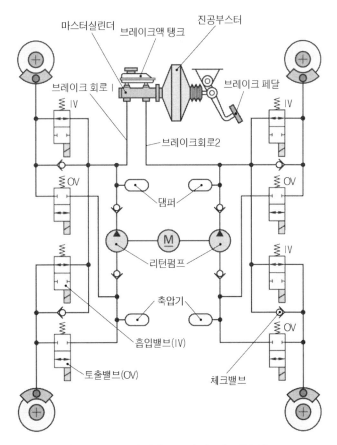

그림 5-60 ABS 유압 폐회로(2/2 솔레노이드밸브 식)

(3) 개회로에 리턴펌프가 설치된 ABS 시스템(2/2-솔레노이드밸브 식)

제어가 진행되는 동안, 과잉된 브레이크액은 무압력 상태로 브레이크액 탱크로 보내진다. ECU는 브레이크페달 센서의 위치정보를 이용하여 유압펌프를 선택한다. 유압펌프는 브레이크 회로 내의 부족한 브레이크액을 브레이크액 탱크로부터 각각의 브레이크회로로 고압으로 압송한다. 따라서 브레이크 페달은 자신의 초기위치로 복귀하게 된다. 그러면 유압펌프는 작동을 중단한다.

① 구조

이 시스템은 다음과 같은 부품으로 구성되어 있다.

- ECU - 휠센서 - 조작 유닛 - 유압 유닛 - 경고등

■ ECU(Electronic Control Unit)

입력신호들을 처리하여, 제어신호를 솔레노이드밸브에 전송한다. 브레이크페달의 행정센서로부터의 신호들이 ABS 제어시스템의 유압펌프를 제어한다. ECU가 시스템의 고장이나 결함을 감지하면, ABS 시스템은 비활성화되고, ABS - 경고등은 점등된다.

■ 휠센서(wheel sensors)

각 휠에 설치되며, 휠 회전속도 정보를 ECU에 전송한다.

■ 조작 유닛(actuation unit)

조작 유닛은 브레이크페달 행정센서가 내장된 진공배력장치 및 브레이크액 탱크를 포함한 ABS 탠덤 마스터실린더로 구성되어 있다. 페달행정센서는 브레이크페달의 위치정보를 ECU에 전송한다.

■ 유압 유닛(hydraulic unit)

모터-펌프 유닛으로서, 2-회로 전기구동식 유압펌프 및 밸브블록으로 구성되어 있다. 각 제어회로마다 2개씩의 2/2 솔레노이드밸브를 갖추고 있다. 2/2 솔레노이드밸브는 1개의 흡입밸브(IV)와 1개의 토출밸브(OV), 그리고 병렬 연결된 넌-리턴(non-return) 밸브로 구성되어 있다.

② ECU의 작동원리

예를 들어, ECU가 앞 왼쪽 바퀴가 잠기는(lock) 경향성을 감지하면, ECU는 흡입밸브를 닫고, 토출밸브를 연다. 이제 브레이크액은 무압력 상태로 브레이크액 탱크로 복귀한다. 압력형성을 위해 스위칭하였을 경우, 토출밸브는 닫히고, 흡입밸브는 열린다. 휠 실린더의 부족한 브레이크액은 마스터실린더 피스톤에 의해 보충된다. 따라서 브레이크 페달 및 마스터실린더

피스톤은 약간 밀려들어간다. 브레이크페달 행정센서는 페달의 이동정보를 ECU에 전송한다. 그러면 ECU는 유압펌프를 스위치 'ON'시킨다. 유압펌프는 원래의 페달위치에 다시 도달할 때까지 브레이크액을 펌핑한다.

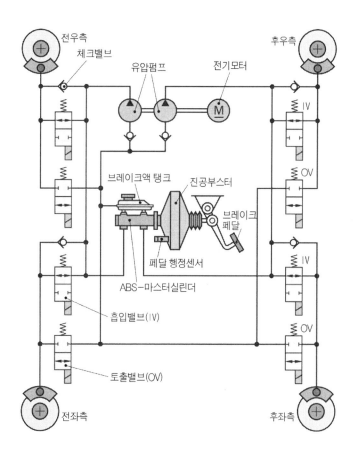

그림 5-61 개회로에 리턴펌프가 설치된 ABS 시스템(2/2-솔레노이드 밸브식)

③ ABS의 전기회로도(예)

그림 5-62의 ABS-전기회로도는 러턴펌프식 4채널 ABS-시스템으로서, 폐회로방식이며, 4개의 휠센서와 8개의 2/2-솔레노이드밸브를 사용하는 시스템이다.

점화 키스위치를 'ON'시켰을 때, 전자식 보호 릴레이의 컨트롤 코일(control coil)에는 단자 15로부터 전압이 인가된다. ECU는 핀 1(ECU의 플러그-인 커넥션)을 거쳐 단자 30(+)을 연결, 스위칭한다. 동시에 경고등이 점등된다. 이유는 경고등이 단자 15(+)에 연결되고, 단자 L1을 거쳐 밸브 릴레이에, 그리고 밸브릴레이의 다이오드를 거쳐서 접지되기 때문이다.

ECU는 이제부터 ABS의 결함여부를 점검한다. ABS 시스템에 결함이 없고 기능이 완벽할 경우, ECU는 핀 27을 거쳐서 밸브 릴레이 코일을 접지로 결선한다. 밸브릴레이는 스위칭된다. ECU의 핀 32는 단자 30으로부터 (+)전압이 인가된다. 동시에 다이오드의 음극(cathode)에도 (+)전압이 인가된다. 경고등은 소등된다. 이제 솔레노이드밸브에는 (+)전압이 인가된다.

예를 들어 ECU가 FR(앞 우측 차륜)이 잠기는 위험을 감지하게 되면, 핀 28은 접지로 연결된다. 모터 릴레이 스위치는 리턴펌프를 스위치 'ON'시킨다. 이제 핀 35 또는 핀 37을 접지시켜 FR을 제어단계로 절환시킬 수 있다.

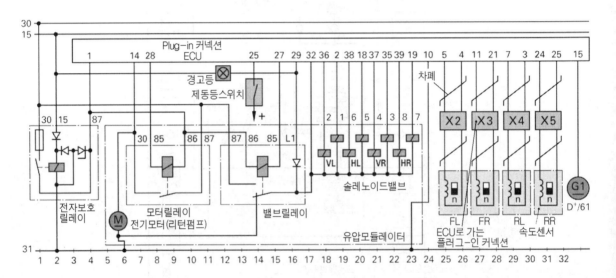

그림 5-62 ABS의 전기회로도(예)

④ ABS 전기시스템의 점검(예)

점검은 전압 및 저항측정기, 테스트-다이오드 또는 특수 테스터를 이용하여 수행할 수 있다. ECU의 커넥터를 분리하기 전에, 반드시 점화를 스위치 'OFF' 시켜야 한다.

■ ECU의 전원 점검

점화 'ON' 상태에서 핀 1과 접지 사이, 전압이 규정값(예 : 10V) 이상이면 정상.

■ 밸브 릴레이 기능

핀 27과 접지 사이 연결, 점화 'ON'상태에서 릴레이 스위칭 감지 ; 또는 핀 32와 접지 사이의 전압이 규정값(예 : 10V) 이상이면 정상.

전류회로 제어코일 : 점화 'OFF' 상태에서 핀 1과 27사이의 저항측정(예 : $R \approx 80\Omega$)

▧ 휠회전속도센서 FR 저항

점화 'OFF' 상태에서 핀 11과 21사이의 저항측정(예 : $R \approx 750\Omega \sim 1.6k\Omega$)

기능 : 휠 회전(1초당 1회전), 핀 11과 21 사이에서 전압측정,(예 : 교류 30mV 이상이면 정상)

▧ 모터 릴레이 기능

점화 'ON' 상태에서 핀 28과 접지 사이 연결, 릴레이 스위칭 감지 또는 핀 14와 접지 사이의 전압이 규정값(예 : 10V) 이상이면 정상, 리턴펌프 작동(소음으로 확인).

4. Traction control system (TCS)

특히 미끄러운 노면에서 발진 또는 가속, 등반할 때 구동륜이 헛도는 것(spinning)을 방지하여, 자동차가 X축(길이방향 축) 선상에서 안정을 유지하도록 한다. 결과적으로 선회(cornering) 안전성이 유지되며, 자동차의 구동축 차륜들이 옆으로 미끄러져 차선(궤적 : track)을 이탈하는 것을 방지한다.

TCS는 ABS의 기능을 확장시킨 시스템이다. TCS와 ABS는 센서 및 액추에이터를 서로 공유하며, 공동의 ECU를 사용하기도 한다. 공동의 ECU 내에서는 CAN-버스를 통해서 계속적으로 정보를 교환한다. 스노-체인(snow chain)을 장착하고 주행할 경우에는 TCS를 스위치 'OFF' 시킬 수 있다.

TCS 시스템에는 여러 가지가 있다.
- 엔진 간섭기능을 포함한 TCS
- 브레이크 간섭기능을 포함한 TCS, 또는
  ELSD(Electronic Limited Slip Differential) 기능을 포함한 TCS
- 엔진 및 브레이크 간섭기능을 포함한 TCS

TCS의 장점은 다음과 같다.
- 발진 또는 가속할 때, 노면과 타이어 간의 정지 마찰력 개선 즉, 궤적(track) 유지성의 개선
- 구동력이 클 때, 주행 안전성의 증대
- 노면과 타이어 사이의 접지 마찰력에 따라 엔진토크를 자동으로 조정
- 주행 역학적(driving dynamic) 한계의 도달에 대한 운전자의 정보

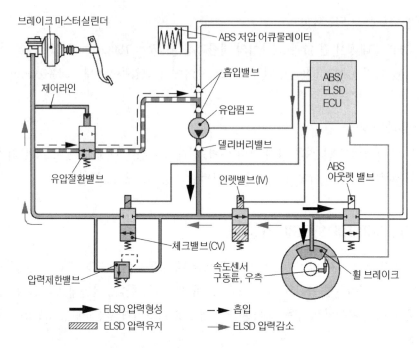

그림 5-63 TCS/ELSD 브레이크 회로

(1) 브레이크 간섭기능/ ELSD(Electronic Limited Slip Differential) 기능을 포함한 TCS

발진 보조장치로서 전자-유압식 시스템이 사용된다. 헛도는(spinning) 구동륜의 브레이크에 간섭하여, 차륜이 잠기는(lock) 효과를 발생시켜 견인력(=접지력)을 개선시킨다.

① 구조(그림 5-63 참조)

- 유압 시스템 : 흡입밸브 및 델리버리밸브를 포함한 유압펌프, 인렛밸브 및 아웃렛밸브, 유압절환밸브, 압력제한밸브를 포함한 체크밸브로 구성된다.
- 전기 시스템 : ABS/TCS(ELSD) ECU, 그리고 휠회전속도센서

② 작동원리

- 압력형성(pressure build-up) : 구동륜이 헛돌면, ECU는 휠회전속도센서의 신호로부터 이를 감지한다. ECU는 유압펌프와 체크밸브를 작동시킨다. 체크밸브(CV)는 닫히고, 유압펌프(P)가 생성한 유압은 헛도는 바퀴를 제동한다.
- 압력 유지(pressure holding) : 인렛밸브(inlet valve ; IV)가 닫힌다.
- 압력 감소(pressure reduction) : 휠이 헛도는 것을 멈추면, 인렛밸브와 체크밸브는 열리고, 무압력 상태의 브레이크액은 마스터실린더를 거쳐서 브레이크액 탱크로 복귀한다.

(2) 엔진 및 브레이크 간섭기능을 포함한 TCS

이 시스템은 주행상황에 따라 엔진 또는 브레이크에 간섭하여 작동한다. 그림 5-64의 블록선
도는 발진할 때 또는 타행주행할 때, 허용범위를 벗어난 휠 스핀(spin) 또는 휠 슬립(slip)을 방
지하기 위해 엔진간섭과 브레이크 간섭이 어떻게 상호작용하는지를 나타내고 있다.

발진할 때 휠이 헛도는(spin) 것을 방지하기 위해서는 TCS/ELSD를 작동시키고, 타행할 때의
슬립을 방지하기 위해서는 EDTC(Engine Drag Torque Control)를 작동시킨다.

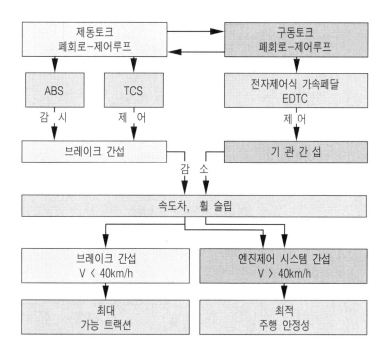

그림 5-64 TCS 블록선도

① **구성 요소**

- ABS/TCS EDTC ECU
- 전자식가속페달(ECU 포함)
- ABS/TCS 유압유닛
- 규정값 센서, 서보모터 및 스로틀밸브

② **작동원리**

모든 휠의 회전속도는 ABS/TCS ECU에 입력, 처리된다. 1개 또는 2개의 휠이 헛도는 경향
성이 있으면, TCS 제어는 활성화된다.

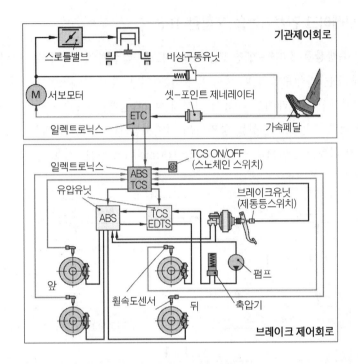

그림 5-65 TCS-시스템 개략도

■ 발진할 때의 제어

휠이 헛도는 경향성이 있으면, 가능한 한 최대의 접지력을 확보하기 위해, 먼저 제동토크제어가 활성화된다. 예를 들어 뒤 우측 차륜(RR)이 헛돌기 시작하면, ECU는 펌프 P1을 작동시킨다. 흡입 솔레노이드밸브 Y15는 열리고, 절환밸브 Y5와 뒤 좌측 차륜의 솔레노이드밸브 Y10은 닫힌다. 따라서 펌프압력은 뒤 우측 차륜을 제동하는데 사용된다. 유압유닛의 솔레노이드밸브 Y12와 Y13을 통해 압력을 형성, 유지, 소멸시켜 제동토크를 제어할 수 있다.

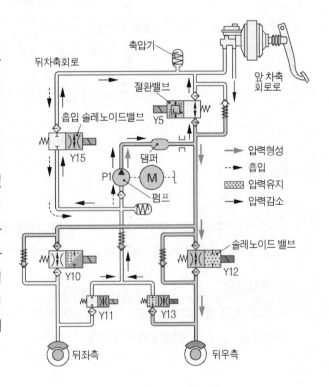

그림 5-66 제동회로의 유압회로도

■ 주행 중의 제어

예를 들어 양쪽 바퀴가 모두 헛돌게 되면, 최적의 견인력(=접지력)을 확보하기 위해 구동 토크제어가 우선적으로 작동한다. 이 경우에는 서보모터를 이용하여 스로틀밸브를 닫는 방향 으로 작동시키고, 점화시기를 지각시켜 구동토크를 감소시킨다.

그럼에도 불구하고 바퀴가 계속 헛돌게 되면, 제동토크제어가 활성화된다. 이 과정에서는 브레이크압력은 펌프1로부터 솔레노이드밸브 Y10 및 Y12를 거쳐서 뒷바퀴들에 전달된다. 뒷 바퀴들이 헛도는 것을 멈추면, 제동토크제어는 종료된다.

■ 타행할 때의 제어

주행 중 갑자기 가속페달에서 발을 뗄 때 엔진브레이크 효과에 의해 구동륜들에서 슬립이 발생하게 되면, ECU는 이를 감지하고, 엔진 드래크-토크 제어(EDTC : Engine Drag Torque Control)를 활성화시킨다.

이 경우에는 서보모터를 작동시켜 스로틀밸브를 어느 정도 열어, 기관의 회전속도를 상승 시키게 되면, 구동륜들은 더 이상 슬립(slip)을 하지 않게 된다.

■ TCS 경고등

TCS 제어를 진행 중일 때 그리고 시스템에 고장이 발생했을 때, 운전자에게 이를 알려 준다.

5. VDC(Vehicle Dynamic Control) - ESP, DSC

차륜들을 개별적으로 제동하여 차체의 길이(x축)방향 및 옆(y축)방향 안정성을 확보할 수 있 다. 따라서 이를 통해 자동차를 수직(z축)을 중심으로 회전하게 하는 요-토크의 발생을 방지할 수 있다.

ESP(Electronic Stability Program)의 경우, 다음과 같은 시스템들이 동시에 상호작용한다.

- ABS(Anti-lock Brake System)
- ABV(Automatic Braking - force distribution)
  *distribution(영) = Verteilung(독)
- EDTC를 포함한 TCS(TCS with Engine Drag Torque Control)
- YMR(Yaw Moment Regulation) : 요-토크 제어

시스템은 네트워크화된 데이터-버스를 이용하여, 휠 회전속도, 브레이크압력, 요잉률(yawing rate), 조향각, 횡가속도 및 저장된 특성곡선 등을 이용하여 브레이크 간섭을 제어한다.

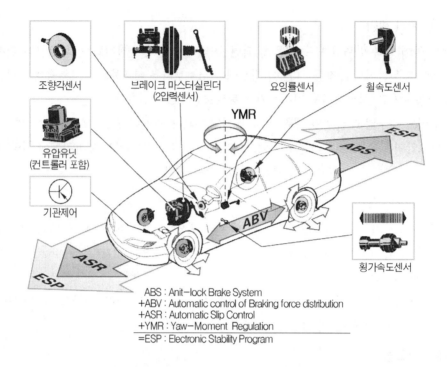

ABS : Anit–lock Brake System
+ABV : Automatic control of Braking force distribution
+ASR : Automatic Slip Control
+YMR : Yaw–Moment Regulation
=ESP : Electronic Stability Program

그림 5-67 ESP 시스템의 구성요소

(1) ESP(Electronic Stability Program)의 작동원리

센서들을 통해 수집한 정보들(예 : 휠 회전속도, 조향운동 및 횡가속도)은 실제값으로서 ECU에 입력된다. 이들 실제값은 ECU에 저장되어 있는 규정값과 비교된다. 규정값에 대한 실제값의 차이가 특정 한계를 초과하면, 시스템은 어느 한 휠을 제동하여 주행방향을 수정하는 방법으로 자동차의 안정상태를 유지한다.

ESP 시스템은 다음과 같은 경우에는 작동시키지 않는다.

- 스노 체인(snow chain) 장착 시
- 눈이 많이 쌓인 도로 및 비포장도로 주행 시
- 진창길에서 빠져나오기 위해 전/후진할 경우

휠 스핀(wheel spin)을 필요로 하지 않을 경우에는 ESP를 스위치 ON시켜야 한다. ESP는 조향각도와 주행속도를 근거로 운전자가 의도하는 주행방향을 판단하여, 이를 실제 주행방향과 지속적으로 비교한다. 실제 주행방향이 운전자의 의도와 다르게 나타나면(예 : 미끄러질 때), 해당 차륜을 제동하여 주행방향을 수정한다.

ESP 시스템은 다음을 결정한다.

- 어느 차륜을 얼마만큼의 강도로 제동해야 하는가?
- 엔진 토크를 감소시켜야 하는지의 여부

① 언더 스티어링(under steering)경향 (그림 5-68(a)) - 커브 안쪽 뒷바퀴 제동

자동차가 커브를 선회할 때 또는 장애물을 피하기 위해 갑자기 방향을 바꿀 때 언더 스티어링 경향성이 있으면, 자동차는 앞차축에 의해 직진방향으로 밀리게 된다. ESP 시스템은 1차 공급펌프(pre-supply pump ; 그림 5-69참조)를 통해 커브 안쪽 뒷바퀴의 브레이크압력을 제어한다. 이를 통해 형성된 요-토크가 자동차를 수직(Z)축을 중심으로 회전시켜 언더-스티어링 경향성에 역으로 작용한다.

② 오버 스티어링(over steering)(그림 5-68(b)) - 커브 바깥쪽 앞바퀴 제동

자동차가 커브를 선회할 때 오버 스티어링 경향성이 있으면, 시스템은 커브 바깥쪽 앞바퀴를 제동하여 자동차를 안정시킨다.

(a) 언더스티어링   (b) 오버스티어링

그림 5-68 언더-스티어링과 오버-스티어링

(2) ESP(Electronic Stability Program)의 유압회로도(예)

그림 5-69는 ESP의 유압 회로도의 예이다.

① 압력 형성(pressure build-up)

ESP가 제어에 간섭하게 되면, 1차 공급펌프 P1은 브레이크액을 브레이크액 탱크로부터 펌프 P2로 공급한다. 이렇게 함으로서 온도가 낮은 경우에도 시스템은 브레이크회로의 제동압력을 신속하게 형성할 수 있다. 리턴펌프 P2 역시 똑같은 방법으로 작동하여, 휠이 제동될 때까지 제동압력을 상승시킨다. 이때 고압절환밸브 Y1 및 인렛(inlet)밸브 Y2는 열린다. 아웃렛(outlet)밸브 Y3은 닫히고 스위칭밸브 Y4는 블로킹(blocking)된다.

② 압력 유지(pressure holding)

이 단계에서, 고압절환밸브 Y1 및 인렛밸브 Y2는 닫힌다. 제동압력은 일정하게 유지된다.

③ 압력 감소(pressure reduction)

이 단계에서, 아웃렛 밸브 Y3 및 스위칭밸브 Y4는 열린다. 브레이크액은 리턴펌프를 통해 마스터실린더로 복귀한다.

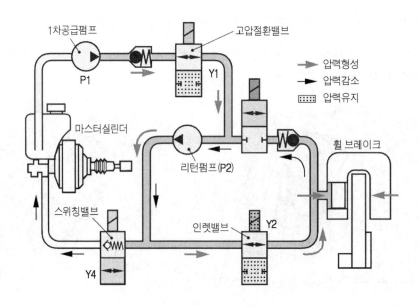

그림 5-69 ESP의 유압 회로도(예)

6. SBC(Sensotronic Brake Control)

SBC 시스템은 "Brake by Wire" 시스템으로서 전자 유압식 브레이크(Electro-Hydraulic Brake ; EHB)라고도 한다. 즉, 운전자의 제동의지를 전선을 통해 전달한다. 이 시스템은 ABS, TCS, BAS 및 ESP의 기능이 복합되어 있다.

(1) SBC 시스템의 구성

SBC 시스템은 본질적으로 축압기(pressure accumulator)를 포함한 유압 유닛, 액추에이팅 유닛, ECU, 회전속도센서 및 요-앵글(yaw angle)센서로 구성된다.

기존의 브레이크 시스템과는 반대로, 처음에 모든 차륜에 가능한 한 급속하게 높은 브레이크 압력을 작용시키고, 이어서 압력을 제어한다. 그리고 SBC에서는 각 차륜의 브레이크압력을 개별적으로 제어한다.

ECU는 센서들로부터 전송된 정보를 근거로 실제 주행상황을 파악하고, 이들로부터 각 차륜이 필요로 하는 최적 제동압력을 계산한다. 이를 이용하여 예를 들면, 오른쪽 커브를 선회할 때 부하를 더 많이 받는 왼쪽 차륜을 더욱더 강력하게 제동할 수 있다. 따라서 커브를 선회 중에 제동할 때, 최적 제동이 가능하며, 안정적인 주행특성을 얻을 수 있다.

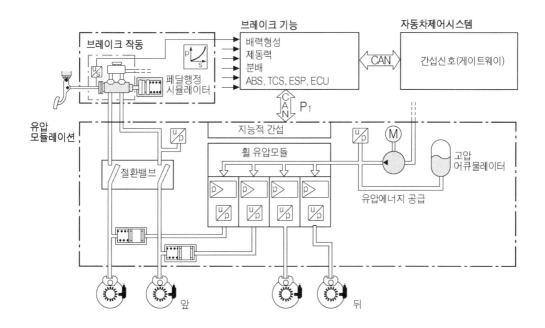

그림 5-70(a) SBC 기능 블록의 상호작용

기존의 유압식 브레이크의 기능에 다음과 같은 기능들을 추가할 수 있다.

■ 언덕길에서 자동차의 정차상태를 유지하는 기능(hill-hold control : HHC)

언덕길에서 운전자가 브레이크 페달에서 발을 뗀 다음, 가속페달을 밟아 발진하는 동안에 자동차가 뒤로 굴러가는 것을 방지하는 기능이다. 특히 수동변속기가 장착된 자동차에 짐을 많이 적재하였거나, 피견인차를 연결한 상태 하에서 발진할 때, 크게 도움이 된다.

Hill-hold 기능은 약 2초 정도 지속된다.

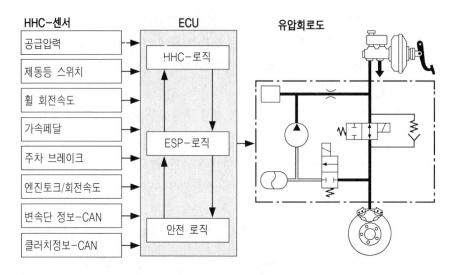

그림 5-70(b) Hill Hold Control

■ 젖은 드럼과 디스크가 건조될 때까지 주제동 브레이크와 핸드브레이크를 작동시키는 기능

■ 제동 시 다이브(dive)를 방지하기 위한 소프트 스톱(soft stop) 기능

■ 급감속을 인지하였을 때 브레이크 라인을 채우는 기능.

비상제동 동작 중에 보다 빠르게 브레이크압력을 형성할 수 있다.

■ 자동 적응식 주행속도제어 및 차간거리제어 기능(ACC : Adaptive Cruise Control)

주행속도 약 30km/h부터 1km/h 단위로 증속 또는 감속하는 시스템이 주로 이용되고 있다.

제동시, 클러치를 작동시킬 때 그리고 운전자가 가속페달을 밟을 때에는 정속주행 및 차간거리제어는 중단한다. 또 커브가 많거나 표면이 단단하지 않은 도로, 교통량이 많아 정속주행이 어려울 경우에는 이용하지 않는 것이 더 좋다.

■ HDC(Hill Descent Control)

언덕길(구배 약 8~50%) 하향 주행보조장치로서 특정속도(예 : 60km/h) 이하의 주행속도에서 작동시킬 수 있으며, 언덕길 하향주행 시 특정 주행속도 범위(35km/h 이하에서 8km/h 정도까지)에서 일정속도로 제어한다. 가속페달을 밟거나, 제동을 걸어 약 5km/h~35km/h

사이에서 변경이 가능하다. 60km/h 이상의 속도에서는 자동적으로 비활성화된다.

SBC는 브레이크 배력장치를 필요로 하지 않는다. 일렉트로닉 시스템에 고장이 발생한 경우, 제동은 제한된 범위 내에서 비상 유압회로를 통해서 이루어진다.

(2) 작동원리 및 기능(그림 5-71 참조)

운전자가 브레이크 페달을 작동시키면, 마스터실린더의 두 회로에는 제동압력이 형성된다. 압력은 압력센서 b1에 의해 측정, ECU에 전송된다.

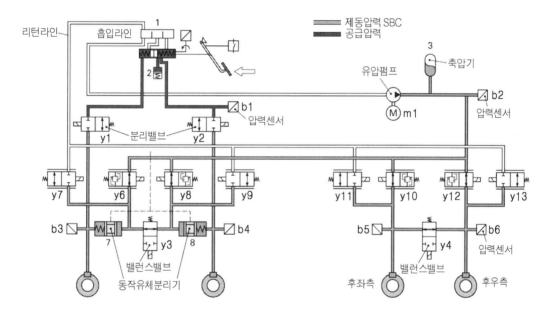

그림 5-71(a) SBC 유압회로(정상 제동)

① SBC- 정상 제동(그림 5-71(a) 참조)

ECU가 2개의 분리밸브 y1, y2에 전기를 공급하면, 분리밸브 y1, y2를 통한 앞차축의 유압회로는 차단된다. 브레이크 시스템의 압력공급은 이제 축압기 3을 통해 이루어진다. 축압기 압력은 전기적으로 구동되는 유압펌프 m1에 의해 형성되며, 압력센서 b2에 의해 측정된다. 축압기 압력은 약 150bar에 이른다. 축압기 압력이 일정한 값 이하로 낮아지면, 유압펌프는 다시 작동한다.

ECU는 각 차륜에 대해 최적 제동압력을 계산하여, 인렛밸브(y6, y8, y10, y12)와 아웃렛밸브(y7, y9, y11, y13)를 이용하여 각 차륜의 제동압력을 제어한다. 압력센서들(b3, b4, b5, b6)은 각 차륜의 실제 제동압력을 측정하여 ECU에 전송한다.

밸런스 밸브(y3, y4)들은 제동 중, 1개의 차축 좌/우 차륜들의 압력을 평형(balancing)시킨다. 커브에서 제동할 때, 그리고 ESP 시스템이 작동할 때, 밸런스밸브는 활성화되어 유압회로를 닫는다. 이제 각 차륜의 제동압력을 개별적으로 제어할 수 있게 된다.

2개의 동작유체 분리기(media isolator) 7, 8은 축압기 3으로부터 누설된 질소가 마스터실린더 1로 유입되는 것을 방지한다.

② SBC의 고장 시 비상 제동(그림 5-71(b) 참조)

2개의 분리밸브(y1, y2)에는 전기가 흐르지 않으므로, 밸브들은 열린 상태를 유지한다.

운전자에 의해 마스터실린더에서 형성된 제동압력은 앞차축 브레이크 실린더에 직접 작용한다. 뒤차축은 제동되지 않는다. 브레이크 배력장치가 없기 때문에 제동효과는 아주 낮다. 그러므로 자동차 주행속도는 ECU에 의해 일정 수준(예 : 최대 90km/h) 이하로 제한된다.

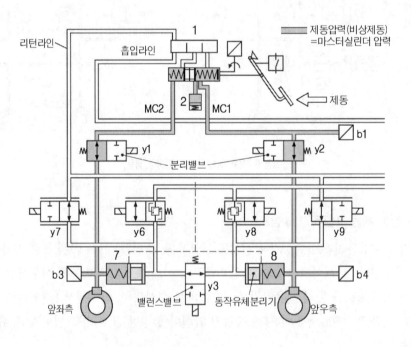

그림 5-71(b) SBC 유압회로(비상 제동)

제5장 제동장치

제7절 압축공기 브레이크
(Compressed air brake)

대형 상용자동차(16t 이상)는 대부분 압축공기 브레이크를, 중형 상용자동차(8~16t)는 압축공기와 유압을 동시에 이용하는 브레이크를 많이 사용한다.

압축공기압력은 대부분 약 8~10bar 정도이며, 압축공기는 휠브레이크에 큰 확장력을 작용시킨다. 압축공기는 제동장치 외에도 엔진브레이크 액추에이터, 타이어 공기보충기, 공기 스프링 및 도어 개폐장치(예 : 버스의) 등에 사용된다.

1. 압축공기 브레이크의 도시[圖示] 방법 및 주요 구성부품

압축공기 브레이크는 규격에 정해진 기호와 숫자를 이용하여 간단하게 그 회로를 나타낼 수 있다.

(1) 부품의 접속구 표시 숫자기호(그림 5-72 참조)

접속구 표시는 한 자릿수 또는 두 자릿수로 표기한다.

① 앞 숫자의 의미

0 : 대기 흡입구   1 : 에너지 (압축공기) 유입

2 : 에너지 송출(대기로의 방출이 아님)   3 : 대기로 방출

4 : 컨트롤러 연결구(부품의 입구)   5와 6 : 아직 명명되지 않음

7 : 부동액 연결구   8 : 윤활유 연결구

9 : 냉각수 연결구

② 뒤 숫자의 의미

뒤 숫자는 같은 종류의 연결구가 다수일 경우에 사용된다. 1부터 차례대로 21, 22, 23과 같이 표기한다. 그리고 하나의 챔버(chamber)에서 똑같은 접속구가 많이 분기(分岐)될 경우에

는 같은 번호를 1개만 사용한다.

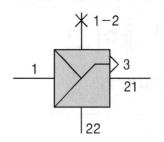

1 : 압축기로부터의 에너지 유입구
1-2 : 다른 장치(예 : 타이어 공기압 보충기)를 충전하기 위한 에너지 송출구
21 : 에너지 송출구(제 1 연결구)
22 : 에너지 송출구(제 2 연결구, 스위치 연결구)
3 : 대기로의 에너지 배출구(배출밸브)

그림 5-72 압력조절기(예)

(2) 압축공기 브레이크 시스템의 주요 구성부품

공기압축기를 제외한 주요 구성부품으로는 압력조절기, 4-회로 보호밸브, 주제동 브레이크 밸브(프로포셔닝밸브 포함), 주차브레이크 밸브 및 보조브레이크 밸브, 브레이크 실린더, 피견인차 제어밸브 등이 있다.

① 압력조절기(pressure regulator)

작동압력을 컷-인(cut-in) 압력과 컷-아웃(cut-out) 압력 사이에서 자동적으로 조절하며, 시스템에 과도한 압력이 작용하는 것도 방지한다. 또 공기건조기 또는 빙결방지 기능을 제어한다.

압축공기를 충전할 때, 압축기로부터의 압축공기는 연결구 1로부터 21을 거쳐 시스템으로 공급된다. 이 압력은 연결구 4에도 작용하며, 컨트롤 플런저를 위쪽으로 민다. 컷-아웃 압력 (예 : 8.1 bar)에 도달하면, 컨트롤 플런저는 제어스프링의 장력에 대항해서 위쪽으로 끝까지 밀려간다. 출구는 닫히고 입구는 열린다. 이제 압축공기는 컷-아웃 플런저를 아래쪽으로 밀어 아이들(idle) 밸브를 연다. 이제 압축공기는 1로부터 3을 거쳐 대기로 방출된다.

이때 넌-리턴 밸브는 시스템 압력을 유지하는 역할을 한다.

시스템 외부로 압축공기를 배출함에 따라 공급압력이 컷-인 압력 이하로 강하하면, 컨트롤 스프링은 컨트롤 플런저를 아래쪽으로 민다. 입구는 닫히고 출구는 열린다. 이제 컷-아웃 플런저에 작용하는 압력은 소멸되고, 컷-아웃 플런저는 스프링 장력에 의해 위쪽으로 밀려 올라간다. 아이들(idle) 밸브는 닫히고 공기탱크는 다시 압축공기로 채워진다. —idle position

타이어 공기주입 호스를 연결할 때, 호스는 타이어 공기주입 연결구의 밸브보디를 밀고, 연결구 2를 폐쇄한다. 에어브레이크 시스템의 압축공기를 다른 용도로 사용하거나, 압축공기를 외부로부터 시스템에 주입할 수 있다.

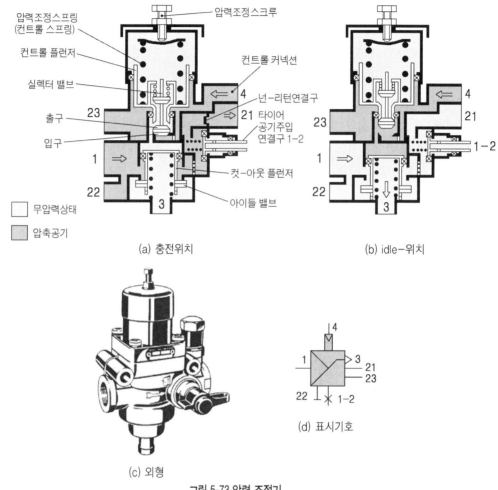

(a) 충전위치

(b) idle-위치

(c) 외형

(d) 표시기호

그림 5-73 압력 조절기

② **4 - 회로 보호밸브**(4 - circuit protection valve)

압축공기를 4 - 회로에 분배하며, 1개 또는 다수의 브레이크회로에서 압력강하가 발생할 때, 나머지 완벽한 회로의 압력을 유지한다. 그리고 필요할 경우, 주제동브레이크 회로에 압축공기를 공급한다.

압축기로부터 연결구 1을 거쳐 압축공기가 유입된다. 개변압력(예 : 7bar)에 도달하면, 2개의 오버플로(over-flow)밸브는 주제동브레이크 회로의 연결구 21과 22를 연다. 이제 압축공기는 연결된 공기탱크에 저장된다. 동시에 압축공기는 넌-리턴밸브를 거쳐 회로 23과 24의 오버플로밸브에 작용한다. 공기압력이 일정 수준(예 : 7.5bar)에 도달하면 회로 23과 24의 오버플로밸브는 열린다. 주제동브레이크 회로(21, 22)의 공기탱크에는 이미 실질적으로 완전 충전되었다. 이제 회로 23, 24의 공기탱크도 충전된다. - 작동원리

회로 21에 누설이 있으면, 공기가 빠른 속도로 방출되게 될 것이다. 회로 21은 물론이고 회로 22의 압력도 폐쇄압력(예 : 5.5bar)까지 강하하게 된다. 회로 21의 오버플로밸브는 닫힌다. 압축기는 회로 21의 오버플로밸브의 개변압력(예 : 7.bar)에 도달할 때까지 다시 회로22에 압축공기를 충전한다. 회로 23과 24의 공기압력은 일정하게 유지되는데, 이는 넌-리턴밸브가 누설부위를 통해 압축공기가 빠져 나가는 것을 방지하기 때문이다. 그러므로 주차브레이크(회로 23)는 계속해서 풀린 상태를 유지한다. - 보호작용

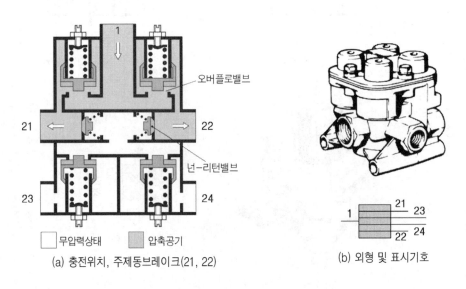

(a) 충전위치, 주제동브레이크(21, 22)
(b) 외형 및 표시기호

그림 5-74 4-회로 보호밸브

③ **주제동브레이크 밸브(프로포셔닝밸브 포함)**(service brake valve with proportioning pressure regulator)

견인차용 2-회로 주제동 브레이크회로의 충전 및 배출을 아주 정밀하게 비례적으로 제어한다. 그리고 피견인차 제어밸브를 제어하며, 형식에 따라서는 프로포셔닝밸브를 이용하여 앞차축 브레이크압력을 축중에 따라 제어한다.

조작기구 예를 들면, 브레이크페달 또는 푸트-플레이트(foot plate)를 밟아 연속적으로 설치된 2개의 밸브를 동시에 작동시킨다.

주행위치에서는 연결구 11과 12 각각의 입구가 닫혀 있다. 주제동브레이크 회로에는 공기 탱크로부터 공기가 공급되지 않는다. 연결구 21과 22의 출구들은 열려 있다. 이들은 연결구 3을 통해 대기로 열려 있다.

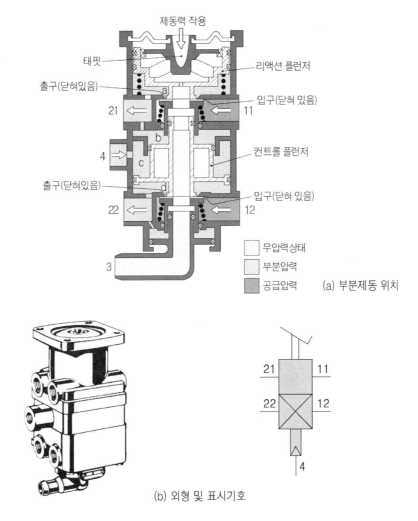

그림 5-75 **주제동브레이크 밸브(프로포셔닝밸브 포함)**

브레이크 페달을 밟아 부분제동하면, 리액션(reaction) 플런저에 의해 입구(11)가 열린다. 압축공기가 컨트롤 플런저에 작용한다. 그러면 아래 입구(12)도 열린다. 제동종료위치에 도달하면, 공간 a에서 리액션 플런저에 작용하는 압력은, 두 힘이 평행을 이룰 때까지 리액션 플런저를 위쪽으로 밀어 올린다. 이제 출구밸브는 닫힌다. 주제동브레이크 회로 21과 22에는 부분압력이 작용한다. - 부분 제동

브레이크 폐달을 끝까지 밟아 완전 제동하면, 리액션 플런저는 최종위치까지 밀려 내려간다. 따라서 2개의 입구밸브는 완전히 열리게 된다. 최대제동압력이 2개의 주제동브레이크 회로에 작용한다. - 완전 제동

④ **주차브레이크 밸브 및 보조브레이크 밸브**(parking brake & auxiliary brake valve)

이들 밸브는 스프링-부하된 실린더를 사용하여 주차브레이크 및 보조브레이크를 비례적으로 작동시키며, 견인차의 주차브레이크의 기능을 시험하는 컨트롤 세팅을 제공한다.

주행하는 동안에는 컴비네이션 실린더의 스프링-부하된 액추에이터 및 피견인차 컨트롤밸브로 가는 컨트롤라인은 압축공기로 충전된다. 스프링은 신장된다.

주차 제동 위치에서는 스프링-부하된 액추에이터 및 피견인차 컨트롤밸브로 가는 컨트롤라인의 압력은 해제된다. 스프링-부하된 액추에이터의 브레이크 및 피견인차의 브레이크는 제동된다.

컨트롤 위치에서 견인차의 뒤차축은 압축공기가 배출된, 스프링-부하된 액추에이터에 의해 제동된다. 피견인차 브레이크는 피견인차 컨트롤밸브를 통해 해제된다. 차량 전체(견인차＋피견인차)가 경사도 12%의 언덕길에서 견인차의 주차브레이크에 의해 정차상태를 유지할 수 있어야 한다. - 주차 브레이크의 성능점검

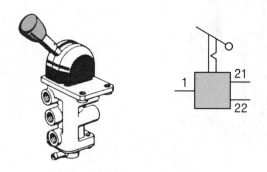

그림 5-76 주차브레이크밸브

⑤ ALDBFR(automatic load-dependent brake force regulator with relay valve)

ALDBFR은 각 차축의 부하에 따라 제동력을 자동적으로 조절하며, 공기프스링의 공기압을 제어한다. 릴레이밸브는 충전과 배출을 빠르게 하는 기능을 한다.

공차상태에서는 일정 비율(예 : 5 : 1)로 제동압력을 감소시킨다. 예를 들어 제동압력이 6bar일 경우, 공차상태일 경우에는 휠 실린더에 1.2bar를, 완전 적재상태에서는 6bar를 작용시킨다.

그림 5-77 ALDBFR

⑥ 브레이크 실린더(brake cylinder)

격막 실린더는 주제동브레이크를 고정시키는 힘을 생성한다. 스프링-부하된 실린더는 주차브레이크와 보조브레이크를 작동시키는 힘을 생성한다.

격막 실린더는 앞차축에, 그리고 컴비네이션 실린더는 주로 뒤차축에 사용된다. 컴비네이션 실린더에서 격막 엘리먼트는 주제동브레이크용으로, 스프링-부하된 부분은 주차용 및 보조브레이크용으로 사용된다.

압축공기 시스템이 고장일 경우, 제동된 자동차는 스프링-부하된 액추에이터의 릴리스-기구(release device)를 사용하여 견인 준비를 할 수 있다. 릴리스 기구의 6각볼트로 스프링의 장력을 강화시켜 브레이크를 해제한다.

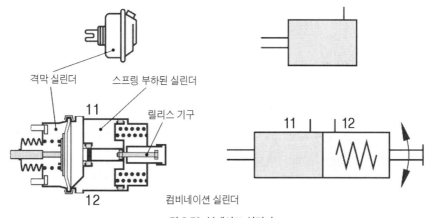

그림 5-78 브레이크 실린더

⑦ 피견인차 제어밸브(trailer control valve)

이 밸브는 견인차의 주제동브레이크 시스템을 통해서, 그리고 주차브레이크와 보조브레이크를 통해서 피견인차의 브레이크 시스템을 제어한다. 또 피견인차 브레이크 시스템에 압축공기를 공급한다.

주행 중에는 연결구 41과 42에는 공기압이 작용하지 않는다. 연결구 43에는 공기탱크압력이 작용한다. 출구 22에도 역시 공기압이 작용하지 않는다.

제동하면, 주제동브레이크 밸브 41에 의해 피견인차의 해당 브레이크 라인에 압축공기가 공급된다. 주차브레이크를 작동시키면, 연결구 43은 무압력 상태가 되고, 연결구 21에는 작동압력이 작용한다.

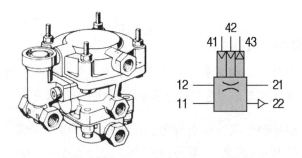

그림 5-79 피견인차 제어밸브

2. 2-회로, 2-라인 압축공기 브레이크

피견인차가 연결된 대형 상용자동차의 압축공기 브레이크 시스템에 대해 설명하기로 한다.

(1) 압축공기 공급 시스템

① 공기 건조기가 설치된 압축공기 시스템

여과된 대기를 흡입, 압축하여 공기건조기로 보낸다. 압력조절기는 압축공기압력을 자동적으로 일정 범위(예 : 7~8.1 bar) 내로 제어한다. 공기건조기에서는 압축공기를 필터를 통과시켜 정화시킨 다음에 제습제(desiccant)를 통과하도록 하여 수분을 제거한다. 정화, 건조된 공기는 재생탱크 및 4-회로 보호밸브로 공급된다.

4-회로 보호밸브는 압축공기를 4개의 공급회로에 분배하고, 이들 각 회로를 안전하게 보호한다. 4-회로는 다음과 같다.

- 회로 Ⅰ(21) : 주제동브레이크(후차축)
- 회로 Ⅱ(22) : 주제동브레이크(앞차축)
- 회로 Ⅲ(23) : 주차브레이크 시스템, 피견인차)
- 회로 Ⅳ(24) : 리타더(retarder), 기타 장치용(예 : 타이어 공기 주입용)

일단 셧 - 오프(shut-off) 압력에 도달하면, 압력조절기는 공기를 대기로 방출하고, 넌-리턴 밸브를 닫아, 시스템압력을 유지한다. 재생탱크에 저장된, 건조된 압축공기는 제습제를 거쳐서 다시 대기로 방출된다. 이때 제습제가 흡수한 수분이 압축공기와 함께 배출됨으로서 다음 충전사이클에 대비하여 제습제는 건조, 재생된다. 컷 - 아웃 플런저 영역의 가열 엘리먼트는 수분을 흡수한 다음에 대기로 방출되는 공기에 의해 빙결되는 것을 방지하여 컷-아웃 플런저의 기능장애를 방지한다.

듀얼(dual) 압력계는 운전자에게 두 주제동브레이크 회로의 공급압력을 알려 준다. 회로압력이 일정 수준(예 : 5.5bar) 이하로 낮아지면 경고등이 점등된다.

② 공기 건조기가 설치되지 않은 압축공기 시스템

이 시스템에서는 압력조절기 다음에 부동액펌프가 설치된다. 부동액 펌프는 충전과정이 진행되는 동안에 시스템 안으로 부동액을 분사한다.

(2) 주제동브레이크(견인자동차용)(service brake system of tractor)

주제동브레이크 시스템에는, 하중부하에 따라 앞차축을 제어하는 프로포셔닝(proportioning) 밸브가 집적된 주제동브레이크 밸브가 설치되어 있다. 프로포셔닝밸브는 후 차축의 ALDBFR (Automatic Load-Dependent Brake Force Regulator)에 의해 활성화되는 제어 연결구 4에 의해 작동된다. ALDBFR은 뒤차축의 제동압력을 뒤차축의 하중부하에 근거하여 제어한다. 앞차축의 제동압력(연결구 22)은 ALDFBR의 압력에 따라, 주제동브레이크 밸브에 의해 제어된다.

① 주행 위치

주제동브레이크 밸브(연결구 21, 22)의 두 회로에서, 인렛(inlet)은 닫혀있고 아웃렛(outlet)은 열려있다. 앞차축의 브레이크 실린더, 과부하 방지기능을 갖춘 릴레이밸브와 연결된 제어라인(연결구 41, 42), 그리고 ALDBFR 레귤레이터로 가는 제어라인(연결구 4)은 각각 자신들의 개방된 배출구를 통해 압축공기를 대기로 방출한다. 더 나아가 컴비네이션 브레이크실린더의 스프링-부하된 액추에이터(연결구 12)도 과부하 방지기능을 갖춘 릴레이밸브를 통해 대기로 압축공기를 배출한다. 액추에이터의 스프링은 늘어나고, 견인자동차의 모든 브레이크는 풀린다.

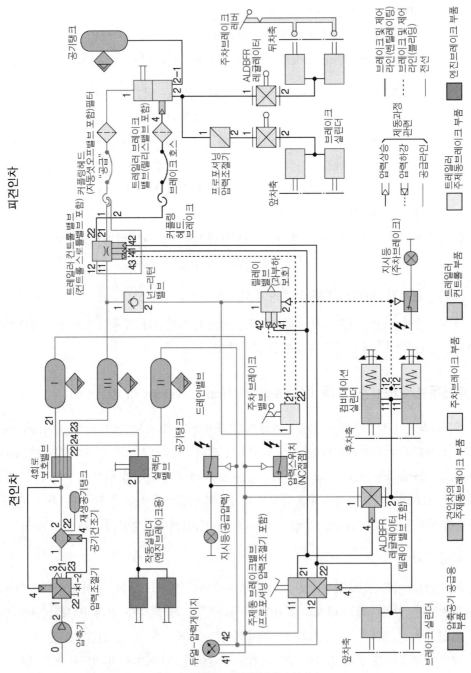

그림 5-80 2-회로, 2-라인 압축공기 브레이크

② **제동 위치**

주제동 브레이크밸브에서 아웃렛은 닫히고, 인렛(연결구 11, 12)은 열린다. 브레이크페달을 밟으면, 압축공기는 계량되어 주제동브레이크 밸브로부터 후차축용 ALDBFR 레귤레이터(연결구 21에서 4로)로 가는 제어라인에 작용한다. ALDBFR 레귤레이터가 자신의 릴레이밸브를 작동시키면, 이제 페달답력의 크기와 적재하중에 비례하여 뒤차축의 다이어프램 실린더(연결구 2에서11로)에 탱크압력 상태의 압축공기가 공급된다. 앞차축에는 주제동브레이크 밸브(연결구 22)로부터 제동압력이 작용한다. 주제동브레이크 밸브는 집적된 프로포셔닝밸브를 통해 자동차의 적재부하에 비례해서 제동압력을 제어한다. 추가로 주제동브레이크 밸브로부터의 2개의 제어라인(연결구 21에서 41로, 22에서 42로)은 피견인차 제어밸브를 작동시킨다. 피견인차가 연결되어 있을 경우, 피견인차 브레이크라인에는 계량된 압축공기가 공급되고, 피견인차제어밸브를 통해 피견인차 브레이크를 작동시킨다.

주제동브레이크 밸브에 프로포셔닝밸브가 집적되어 있지 않은 브레이크 시스템의 경우에는, 압차축의 제동압력을 적재부하에 따라 제어하기 위해 별도의 프로포셔닝밸브를 설치한다.

(3) 주차브레이크 및 보조브레이크 시스템(parking & auxiliary brake system)

주차브레이크 밸브로부터 1개의 제어라인은 과부하 방지기능을 갖춘 릴레이밸브(연결구 21로부터 42로)로, 제 2의 제어라인은 피견인차 제어밸브(연결구 22로부터 43으로)로 배관되어 있다. 이들을 통해 견인차에서는 후차축의 스프링-부하된 액추에이터를, 그리고 피견인차에서는 주제동 브레이크를 보조브레이크로서 또는 주차브레이크로서 활용할 수 있다. 주차브레이크회로는 넌-리턴밸브를 사용하여 공급회로 III에서의 압력손실을 방지한다.

① **제어 위치**(control position)

법규에 따라, 견인차의 주차브레이크는 피견인차의 브레이크가 풀려있는 상태에서도 견인차와 피견인차를 언덕길에서 동시에 주차시킬 수 있는 능력을 갖추고 있어야 한다. 기능 테스트를 하기 위해 주차브레이크 밸브에는 제어 위치가 있다. 기능 테스트 위치에서는 스프링-부하된 브레이크는 작동되고, 피견인차 브레이크는 해제된다.

② **주행 위치**(driving position)

주차브레이크 밸브는 릴레이밸브로 가는 제어라인(연결구 21로부터 42로)에 압축공기를 공급한다. 릴레이밸브는 절환되고, 스프링-부하된 액추에이터(연결구 2로부터 12로)에는 탱크압력이 작용한다. 컴비네이션 실린더의 스프링은 늘어나고 브레이크는 풀린다. 동시에 피견인차 제어밸브로 가는 제어라인(연결구 22로부터 43으로)에 제어압력이 작용한다. 이제 피견인차의 브레이크 라인(피견인차 제어밸브의 연결구 22)의 압력은 해제된다. 따라서 피견인차 브레이크는 풀린다.

③ 제동 위치

주차브레이크 밸브를 작동시키면, 릴레이밸브로 가는 제어라인(연결구 21로부터 42로), 피견인차 제어밸브(연결구 22로부터 43으로)로 가는 제어라인을 비례적으로 개방시킬 수 있다. 릴레이밸브는 절환되고, 컴비네이션 브레이크 실린더의 스프링-부하된 액추에이터는 압축공기를 배출하고, 동시에 브레이크는 스프링에 의해 작동된다. 피견인차 제어밸브는 연결구 22로부터 브레이크 라인을 거쳐서 피견인차 브레이크밸브에 공기탱크의 압축공기를 비례적으로 공급한다. 이렇게 공급된 압축공기가 피견인차를 적절하게 제동한다.

④ 과부하 보호

예를 들면, 주차브레이크를 작동시킨 상태에서 추가로 주제동브레이크를 작동시킬 때에는 과부하 보호기능이 작동한다. 주제동브레이크의 압력이 증가하는 만큼, 주차브레이크의 압력을 낮추어, 다이어프램 실린더와 스프링-부하된 실린더에 동시에 큰 힘이 작용하는 것을 방지한다. 따라서 브레이크 부품들은 과부하로부터 보호를 받을 수 있다.

⑤ 엔진 브레이크

운전자가 스위치를 작동시키면, 4-회로 보호밸브의 연결구 43으로부터 엔진브레이크(배기 플랩)를 작동시키는 실린더로 압축공기가 공급된다.

(4) 피견인자동차 브레이크 시스템(trailer brake system)

① 압축공기 공급 라인

견인차에 장착된, 자동 차단기구(shutoff)를 갖춘 적색의 커플링 헤드가 연결호스, 필터를 거쳐서 회로 III으로부터 피견인차에 압축공기를 공급한다. 커플링헤드가 접속되면, 피견인차 브레이크밸브에 내장된 밸브가 열려, 공기탱크에 압축공기를 저장한다.

압축공기 공급라인으로부터 공기가 누설되면, 공급라인의 압력이 강하하게 된다. 이렇게 되면, 피견인차 브레이크밸브는 피견인차를 완전 제동시키게 된다. 이와 같은 현상은 커플링을 분리할 때에도 마찬가지이다. 커플링이 분리된 피견인차를 움직이기 위해서는, 트레일러 브레이크밸브에 부착된 릴리스밸브를 눌러야만 한다.

② 브레이크 라인

황색의 커플링헤드는 제동 중에 주제동브레이크회로에 의해 제어된 제동압력을 피견인차에 공급한다.

브레이크 라인에 결함이 발생하면, 처음에 브레이크는 풀린 상태를 유지한다. 견인차의 브레이크를 작동시키면, 그때부터 결함이 있는 브레이크라인과 피견인차 제어밸브의 연결구 22를 통해서 압축공기(=공급압력)가 누설된다. 피견인차 제어밸브는 연결구 12를 통해서 "공급"커플링헤드의 연결구 2와 연결되어 있다. 공급라인의 압력은 강하하고, 피견인차 브레이크밸브는 피견인차를 완전 제동시키게 된다. 견인차 브레이크의 작동을 해제하면, 피견인차 브레이크도 다시 풀리게 된다.

③ 제동 위치

피견인차 제어밸브는 주제동브레이크 밸브로부터 연결구 41과 42를 통해서 비례적으로 공급되는 압축공기에 의해 작동한다. 브레이크 라인에는 연결구 22를 통해서 압축공기가 공급된다. 그들의 압력상승에 의해 피견인차 브레이크밸브는 비례적으로 작동된다. 피견인차에서 공기탱크로부터의 압축공기는 피견인차 차축의 2개의 ALDBFR - 레귤레이터에 공급된다. ALDBFR - 레귤레이터는 축하중에 근거하여 브레이크실린더의 제동압력을 제어한다. 프로포셔닝 압력 조절기가 앞차축의 제동압력을 앞차축의 하중부하에 따라 제어하여 과제동현상을 방지한다. 따라서 피견인차는 적재하중과 제동강도에 따라 적절하게 제동될 수 있다.

④ 피견인 자동차의 주차 브레이크

순수 기계식이 사용된다. 주차 브레이크 레버를 조작하면, 피견인차의 뒤차축 브레이크는 링키지와 레버에 의해 작동된다.

3. 공기압-유압 혼합식 브레이크 시스템

이 형식의 브레이크시스템은 대부분 피견인차(trailer)를 견인하지 않는, 최대 허용하중 6t~13t까지의 중형 상용자동차 및 버스, 코치(coach) 등에 사용된다.

(1) 공기압-유압 혼합식의 장점

제동력을 유압을 통해 전달하기 때문에 다음과 같은 장점이 있다.
① 부품의 크기는 작으나 큰 제동압력을 얻을 수 있다.
② 임계시간(threshold peak)이 짧으며, 브레이크의 반응속도가 빠르다.

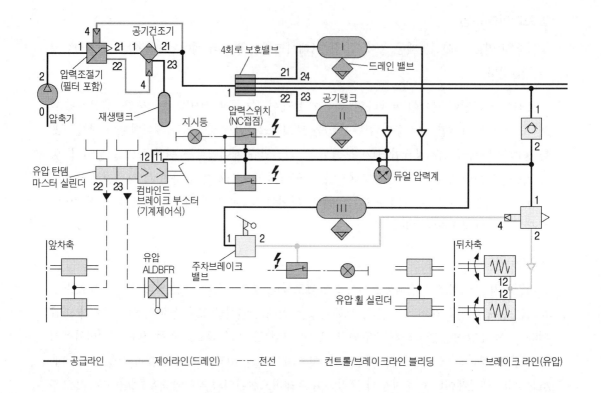

그림 5-81 공기압-유압 혼합식 브레이크 시스템(예)

(2) 구조(design)

① 압축공기 공급시스템은 압축공기 브레이크 시스템용으로서 4개의 공급회로를 갖추고 있으나, 공기탱크는 2개만 사용한다.

② 주제동브레이크 밸브는 탠덤-마스터실린더의 부스터-실린더를 공기압으로 제어한다. 탠덤-마스터실린더는 ALDBFR을 거쳐 휠 실린더를 유압으로 작동시킨다.

③ 주차브레이크 및 보조브레이크밸브는 후차축의 스프링-부하된 액추에이터를 공기압으로 제어한다. 별도의 링키지를 사용하지 않는다.

제5장 제동장치

제8절 전자제어 압축공기 브레이크 시스템
(Electronic Air Brake System with electronic stabilization program)

ABS 시스템에 대해서는 유압 브레이크 시스템에서 자세하게 설명하였으므로, 여기서는 생략한다. 피견인차를 견인하는 차량에서는 피견인차 ABS용 커넥터(예 : 5핀식)를 갖추고 있다.

TCS 폐회로 제어에는 브레이크를 제어하는 경우와 기관을 제어하는 경우로 구분할 수 있다.

브레이크를 제어하는 경우에는 일정 주행속도(예 : 약 30km/h)에서부터 제어를 시작한다. 기관을 제어하는 경우에는 대부분 분사량을 제어하는 기술을 사용한다.

1. EBS(Electronic Brake System)의 주요 기능

EBS는 전자제어식 압축공기브레이크의 최신 버전으로서, 시스템의 주요 기능은 다음과 같다.

① 전자제어식 브레이크

제동거리를 단축하고, 브레이크 라이닝의 수명을 연장한다.

② 통합식 커플링 포스 제어(integrated coupling force control)

제동 중 견인차와 피견인차 사이의 커플링 포스(coupling force)가 실질적으로 0(zero)이 되도록 피견인차의 제동효과를 변환시킨다.

③ ABS-제어를 통한 제동

견인차의 조향성과 직진성(=안정성)을 확보한다.

④ TCS를 이용한 발진

한쪽 바퀴 또는 양쪽 바퀴가 미끄러운 노면에서 주행할 때, 접지력(=발진력)을 증가시킨다.

⑤ ESP를 이용한 궤적 안정화(track stabilization)

시스템은 불안정한 주행조건을 인식하고, 임계상황(critical situations) 하에서도 자동차를 제어 가능한 상태를 복귀시킨다.

⑥ **적응식 정속주행**(ACC : Adaptive Cruise Control)

주행속도에 따라, 앞차와의 간격을 일정하게 유지한다.

2. 전자제어 브레이크 시스템

(1) 구조(design)

전자 - 공압식으로 제어되는 브레이크 시스템이다. 전/후 차축용으로 2개의 주제동브레이크 회로, 그리고 주차 브레이크회로를 갖추고 있다.

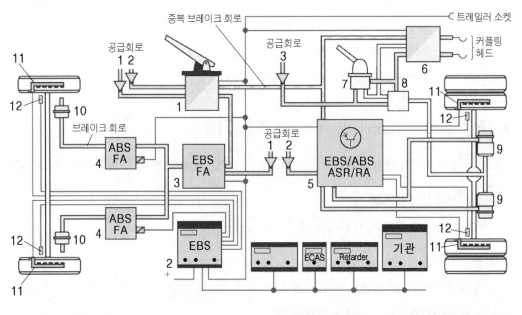

1. 푸트-브레이크 모듈　　　2. EBS ECU　　　　　3. 앞차축 모듈레이터　　　4. 앞차축 ABS 솔레노이드 밸브
5. 뒷차축 EBS/ABS 모듈레이터　6. EBS 트레일러 컨트롤 모듈　7. 주차브레이크 밸브　8. 릴레이 밸브(PCB)
9. 뒷차축 브레이크 실린더　　10. 앞차축 브레이크 실린더　11. 휠 속도센서　　　12. 마모 감지센서

그림 5-82 전자제어 브레이크 시스템(공압식)

(2) 작동 원리

① EBS 제동

운전자가 브레이크 페달을 밟으면, 센트럴-ECU에는 페달행정센서가 장착된 푸트-브레이크

모듈에 의해 신호가 입력된다. CAN을 통해 EBS/ABS 모듈데이터 및 피견인차 브레이크 시스템이 작동된다. 센트럴-ECU는 운전자의 입력에 일치시켜 솔레노이드밸브를 통해서 브레이크 실린더의 제동압력을 제어한다. 휠회전속도센서는 감속도를 계산한다. 라이닝의 마모는 라이닝센서에 의해 감지된다. 피견인차 제어모듈은 피견인차의 브레이크 시스템을 작동시킨다.

② 통합식 커플링-포스 제어

피견인차가 연결된 견인차의 경우, 견인차와 피견인차 사이의 커플링 포스(coupling force)가 실질적으로 0(zero)이 되도록 견인차와 피견인차의 제동압력을 최적화시킨다. 이를 위해서는 차량의 총중량과 하중분포를 계산하여야 한다. 총중량을 계산하기 위해서 가속응답성을 평가한다. 하중분포는 견인차와 피견인차의 제동응답성으로부터 파악한다. 이들 평가된 값들은 ECU에 저장되며, 다음 번 제동을 위한 기초정보로 사용된다. 계산된 제동감속도에 도달하지 않으면, 제동압력은 단계적으로 조금씩 증가한다. 이 과정 역시 ECU에 저장되며, 다음 번 제동에 다시 이용된다.

③ ABS 제동

제동 중 차륜이 잠기는(lock) 경향성은 휠회전속도센서가 감지한다. 휠이 잠기면, 앞차축의 솔레노이드밸브와 ABS-모듈데이터가 작동한다. 승용자동차에서의 ABS-제동과 마찬가지로 제어단계는 압력형성단계, 압력유지단계 및 압력제거단계로 구분된다. 압력이 형성되면(=압력이 증가하면), 더 이상 잠길 위험이 없을 때까지 압축공기는 조절되어 대기로 방출된다.

④ TCS 발진제어

발진단계에서는 TCS-브레이크제어 및 TCS-엔진제어가 간섭하여 접지력을 증대시킨다.

■ TCS 브레이크 제어

차량이 발진할 때 또는 일정속도(예 : 40km/h) 이하에서 가속할 때 차륜이 헛돌면, 헛도는 바퀴는 반대쪽 바퀴와 회전속도가 같아질 때까지 맥동적으로 제동된다. 휠회전속도센서와 압력센서는 이에 필요한 정보를 ECU에 제공한다.

■ TCS 엔진 제어

가속할 때, 양쪽 차륜이 모두 헛돌면, 휠 회전속도로부터 원주속도가 자동차의 주행속도보다 약간 더 높은 값에 도달할 때까지 기관토크를 감소시킨다. TCS 엔진제어는 모든 회전속도 범위에서 효과를 발휘한다.

■ 오프-로드(Off-road) TCS

스위치를 이용하여, 예를 들면, 스노-체인을 장착하고 주행할 때 또는 오프-로드를 주행할 때는 TCS를 스위치 "OFF"시켜, 차량이 꿀꺽거리는(=요동하는) 것을 방지할 수 있다.

⑤ **엔진간섭과 브레이크간섭을 이용한 ESP 제어**

이 시스템은 주로 2가지 방식으로 작동한다.

마찰계수가 낮거나 중간 정도일 경우에는, 언더-스티어링과 오버-스티어링 현상, 그리고 견인차와 피견인차의 잭-나이핑(jackknifing) 현상에 역으로 대응한다.

마찰계수가 중간 정도이거나 높을 경우에는, 롤링(rolling) 현상에 역으로 대응한다.

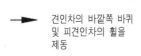
견인차의 바깥쪽 바퀴 및 피견인차의 휠을 제동

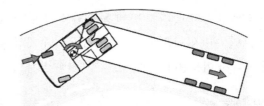

(a) 오버스티어링=잭-나이핑(jack-knifing)

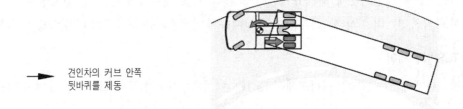
견인차의 커브 안쪽 뒷바퀴를 제동

(b) 언더스티어링=앞 바퀴의 스키딩(skidding)

그림 5-83 오버-스티어링 및 언더-스티어링 중의 ESP 제어

■ 오버-스티어링(over-steering)하는 동안의 제어

예를 들어 커브를 선회할 때, 또는 조향할 때 연결차량이 오버-스티어링하거나 연결차량에 잭-나이핑 현상이 발생하면, ESP는 커브의 바깥쪽 앞바퀴를 제동한다. 이를 통해 생성된 요-토크는 차량을 안정시키는데 도움을 준다.

차량의 잭-나이핑(jackknifing) 현상에 역으로 대응하기 위해서는, 경우에 따라서는 피견인차도 제동시켜야 한다. 이와 같은 방법으로 피견인차의 미끄러짐(sliding) 또는 옆으로 미끄러지는(skidding) 현상을 방지하게 된다.

이와 같은 ESP 기능을 위해서는 피견인차에도 ABS가 장착되어 있어야 한다.

■ 언더-스티어링(under-steering)하는 동안의 제어

차량이 언더 - 스티어링하는 경향성이 발생하면, ESP는 견인차의 다수의 휠을 제동하고, 피견인차의 브레이크에는 맥동적으로 주기적으로 간섭하여, 미끄러짐(sliding)과 옆으로 미끄러지는 현상(skidding)에 역으로 대응을 시도한다. 예를 들어 좌회전 커브길을 주행할 경우, 커브의 안쪽 뒷바퀴를 제동하여 언더-스티어링 경향성에 역으로 대응하는 요-토크를 발생시킨다.

ESP 간섭을 위한, 개별적인 브레이크압력을 계산하기 위해 ECU는 여러 가지 신호들 예를 들면, 마찰계수, 적재하중, 조향각 및 요(yaw) 경향성 등을 필요로 한다. 경우에 따라서는 구동륜이 헛도는 현상을 제어하기 위해 엔진에 간섭하여 기관의 출력도 제한해야 한다.

⑥ **전복 보호**(Rollover protection : ROP)

이 기능을 활용하여, 마찰계수가 높거나 중간 정도일 경우에 차량의 과도한 롤링을 방지하게 된다. 이를 위해서는 먼저 자동차주행속도를 낮추고, 필요할 경우에는 위험한(critical) 롤링상황을 제어할 수 있을 때까지 차량을 제동시킨다.

제9절 제3브레이크
(Retarder and engine brake)

마찰 브레이크가 마찰부의 마멸을 통해서 제동작용을 하는 데 반하여, 제 3 브레이크(=감속 브레이크)는 마멸이 없이 제동에너지를 열에너지로 변환시킨다.

감속브레이크는 자동차가 주행하는 동안에만 작동효력이 있다. 감속브레이크는 특히 긴 언덕길을 내려갈 때, 제동작용을 하여 주제동브레이크의 부하를 감소시켜, 주제동브레이크를 보호하는 기능을 한다. 때로는 정상적인 감속을 위해 주제동브레이크 대신에 사용할 수도 있다.

감속브레이크에는 엔진 브레이크, 와전류 감속기, 유압 감속기, 공기저항 감속기 등이 있으며, 감속브레이크가 작동될 때에도 제동등을 점등시킬 수 있다.

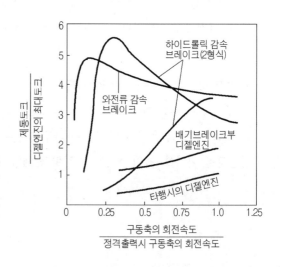

그림 5-84 각종 감속브레이크의 특성곡선

1. 엔진 브레이크(engine brake)

언덕길을 저속기어로 내려갈 때 , 또는 타행주행 중에 연료분사를 중단시키면 기관은 구동륜에 의해 구동되어 제동효과를 발생시킨다. 이 효과는 저속에서보다는 고속에서 더욱 효과적이다.

또 하나의 방법은 기관의 행정과 압축을 관련시켜, 엔진브레이크 효과를 극대화시킬 수 있다.

(1) 단계 1

레버를 조작하면, 압축실에 설치된 콘스탄트(constant) 스로틀이 공기압에 의해 열린다. 압축

행정 중에는 소량의 공기만이 보조밸브를 통해 배기관으로 배출된다. 즉, 압축일을 엔진 브레이크일로 변환시킨다. 잔류 압력은 상사점에서 배출시켜, 압축된 공기에 의해 피스톤이 가속되는 일이 발생하지 않게 한다.

(2) 단계 2 : 콘스탄트(constant) 스로틀 및 배기 플랩(flap) 브레이크

기관에 근접한 배기관에 추가로 설치한 플랩을 닫으면, 배기가스의 배압에 의해 추가로 제동효과가 발생한다. 배기플랩을 닫을 때는 동시에 연료분사도 중단한다. 배기플랩의 조작은 운전자가 3-방향 솔레노이드밸브를 작동시켜, 배기플랩에 연결된 오퍼레이팅 실린더를 압축공기로 조작하는 방법을 주로 이용된다.

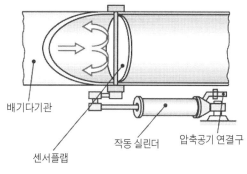

배기다기관 · 센서플랩 · 작동 실린더 · 압축공기 연결구

그림 5-85 배기플랩 브레이크

2. 와전류 브레이크(eddy current brake)

공랭식 와전류 브레이크는 스테이터(stator), 로터(rotor) 및 여자코일(field coil)로 구성되어 있다. 2개의 원판형의 로터는 변속기 출력축과 종감속장치 사이의 추진축에 설치, 고정되어 있다. 따라서 로터는 추진축과 같은 속도로 회전한다. 그리고 여자 코일은 스테이터와 함께 2개의 원판형 로터 중간에 설치, 차체에 고정되어 있다.

코일에 전류를 공급하면, 자장이 형성된다. 이 자장 속에서 로터를 회전시키면, 와전류가 발생되어 자장과의 상호작용에 의해 로터에 제동력이 작용하게 된다. 이때 로터에는 많은 열이 발생하게 되는데, 이 열은 로터에 설치된 에어 블레이드(air blade)를 통해 대기 중으로 방출된다. 와전류 브레이크는 축전지로부터 여자코일에 공급되는 전류를 변화시켜 제어한다.

와전류 브레이크는 구조는 간단하지만 무게가 비교적 무겁다. 그리고 정상적인 작동

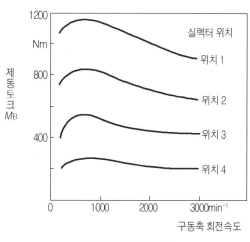

(a) 제동토크특성(예)

상태를 유지하기 위해서는 축전지와 발전기가 정상적이어야 한다. 또 로터가 과열되면 제동력
은 감소한다.

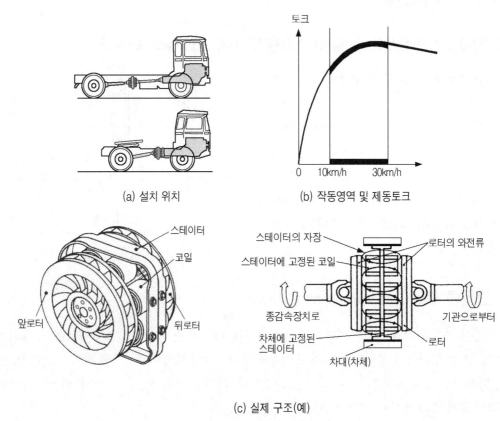

(a) 설치 위치　　　　　　　　　(b) 작동영역 및 제동토크

(c) 실제 구조(예)

그림 5-86 와전류 브레이크(예)

3. 하이드로-다이내믹 브레이크(hydrodynamic brake(retarder))

이 브레이크의 구조는 유체클러치와 같다. 설치위치는 와전류 브레이크와 마찬가지로 변속기
와 종감속/차동장치 사이의 추진축에 설치된다. 스테이터는 차체에 고정되어 있고, 로터는 추진
축 또는 디퍼렌셜에 의해 구동된다. 추진축이 회전하면 로터도 회전한다. 이 기계적 에너지는
로터에 의해 유체의 운동에너지로 변환된다. 유체의 운동에너지는 스테이터에서 열로 변환되어
외부로 방출된다. 즉, 로터의 제동에너지를 유체의 마찰을 이용하여 열에너지로 변환시켜 외부
로 방출한다. 동작유체는 로터에 의해 가속되고, 스테이터에 의해 감속된다.

유압펌프로 동작유체의 유입량을 변화시켜 제어한다. 동작유체 발생된 열은 엔진의 냉각수를 거쳐 열교환기에서 대기로 방출된다.

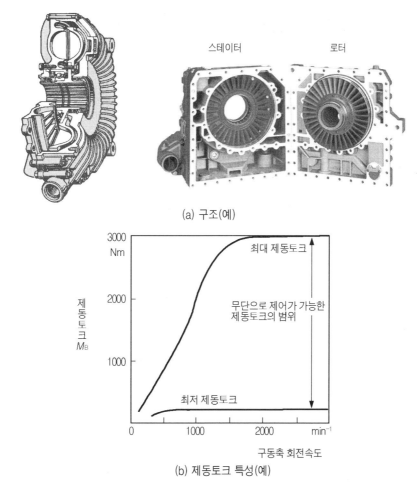

(a) 구조(예)

(b) 제동토크 특성(예)

그림 5-87 하이드로-다이내믹 브레이크

4. 공기저항 감속브레이크(air resistance retarder)

경주용 자동차나 스포츠카에서는 제동시에 공기저항을 증가시키는 방법으로 주제동브레이크의 부하를 감소시키는 방식을 이용하기도 한다.

차량 외부의 적당한 위치에 디플렉터(deflector)를 설치하여, 제동 중에 이 디플렉터를 크게 펼치면, 디플렉터에 작용하는 공기의 저항에 의해 자동차는 추가 제동력을 확보하게 된다.

제10절 브레이크 관련 계산식
(Equations for brake systems)

1. 제동토크와 제동력의 발생

제동할 때, 드럼브레이크의 브레이크 라이닝은 드럼의 안쪽에 확장력을, 그리고 디스크브레이크의 패드는 디스크 마찰면에 압착력을 가한다. 이 힘에 의해 드럼 또는 디스크에는 마찰력(F_u)이 발생된다. 이 마찰력은 접선력으로서, 제동토크(M_{BR})로 작용한다. 그리고 이 제동토크에 의해 각 차륜의 접지면에는 제동력(F_{BR})이 발생된다.

(1) 디스크 브레이크

디스크브레이크의 형식에 따라 1개 또는 4개의 캘리퍼 피스톤이 사용된다. 그러나 피스톤이 1개인 형식에서는 반력을 이용할 수 있는 구조로 되어 있다. 따라서 브레이크 디스크의 두 마찰면에는 항상 똑같은 크기의 압착력이 작용한다. 압착력의 크기를 계산할 때는 브레이크의 구조를 고려하여야 한다.

$$F_u = z \cdot \mu_G \cdot F_{cw}$$

$$F_{cw} = \frac{F_u}{z \cdot \mu_G}$$

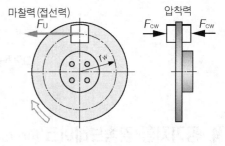

참고도 1

여기서 F_u : 디스크의 유효반경에 발생한 마찰력 [N]
         F_{cw} : 캘리퍼 피스톤의 압착력 [N]
         z : 마찰면의 개수
         μ_G : 미끄럼 마찰계수
         r_w : 디스크의 유효반경 [m]

예제1   디스크의 한 면에 작용하는 압착력(F_{cw})은 3,500N이고, 브레이크 디스크의 마찰면과 브레이크 패드 사이의 미끄럼 마찰계수(μ_G)는 0.4이다. 브레이크 디스크에 작용하는 마찰력의 합(F_u)을 구하라.

【풀이】 $F_u = z \cdot \mu_G \cdot F_{cw} = 2 \times 0.4 \times 3{,}500\text{N} = 2{,}800\text{N}$

(2) 드럼 브레이크

드럼 브레이크에서는 자기작동(self-energizing)작용에 의해 확장력이 증폭된다. 자기작동작용은 드럼 브레이크의 구조와 미끄럼 마찰계수에 따라 변화한다. 브레이크 드럼에 작용하는 마찰력의 크기를 계산할 때는 자기작동의 크기 즉, 자기작동계수(또는 내부 변환비라고도 함)(C)를 고려하여야 한다.(P.375 표5-4, 그림 5-18참조)

$$C = \frac{F_u}{F_{cw}}$$

여기서 F_u : 드럼의 내측 반경에 작용하는 힘[N]
F_{cw} : 휠 실린더 피스톤의 확장력[N]
C : 자기작동계수

따라서 브레이크 드럼의 내측 반경에서 발생된 마찰력의 크기는 다음 식으로 표시된다.

$$F_u = C \cdot F_{cw}$$
$$F_{cw} = \frac{F_u}{C}$$

드럼 브레이크와 디스크 브레이크를 비교하면, 드럼 브레이크에서의 자기작동계수는 디스크 브레이크의 "2 × 마찰계수"에 대응된다.

따라서 디스크 브레이크의 자기작동계수(C^*)는 "$C^* = 2 \cdot \mu_G$"가 성립된다.

예제2   심플렉스(simplex) 브레이크에서 자기작동계수(C)는 1.3이고, 휠 실린더 피스톤의 확장력(F_{cw})은 900N이다. 드럼의 원주에 작용하는 마찰력(F_u)의 크기를 구하라.

【풀이】 $F_u = C \cdot F_{cw} = 1.3 \times 900\text{N} = 1{,}170\text{N}$

(3) 제동토크와 제동력

디스크의 유효반경 또는 드럼의 안쪽 반경에서 발생된 마찰력(F_u)은 차륜에 제동토크(M_{BR})로 작용한다. 이때 토크-암의 길이는 디스크의 유효반경 또는 드럼의 안쪽 반경이 된다. 디스크의 유효반경은 대략 패드의 중간 부근이 된다.

　　브레이크의 제동토크(M_{BR})는 타이어의 동하중 반경(r_{dyn})과 제동력(F_{BR})의 곱으로 표시되는 회전토크에 대응된다.

　　1개의 차륜이 잠기거나(lock) 미끄러지지 않으면서 노면에 전달할 수 있는 최대 제동력($F_{BR.\max}$)은 타이어와 노면 사이의 점착 마찰력(F_{HR})과 같다.

$$M_{BR} = F_u \cdot r_w = F_{BR} \cdot r_{dyn}$$

$$F_{BR} = \frac{F_u \cdot r_w}{r_{dyn}}$$

$$F_u = \frac{F_{BR} \cdot r_{dyn}}{r_w} \qquad F_u = \frac{M_{BR}}{r_w}$$

$$F_{HR} = \mu_H \cdot G_R = F_{BR.\max}$$

$$r_{dyn} = \frac{U_{dyn}}{2\pi}$$

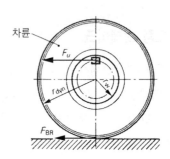

참고도 2

M_{BR}	: 차륜의 제동토크 [Nm]
F_u	: 디스크의 유효반경 또는 드럼의 안쪽 반경에 발생된 마찰력 [N]
F_{BR}	: 타이어 동하중 반경에 작용하는 제동력 [N]
r_w	: 디스크 브레이크의 유효반경 또는 브레이크 드럼의 안쪽 반경 [m]
U_{dyn}	: 타이어의 동하중 원주 [m]
r_{dyn}	: 타이어의 동하중 반경 [m]
F_{HR}	: 타이어의 동하중 반경에 작용하는 점착 마찰력 [N]
G_R	: 타이어에 작용하는 수직력(하중) [N]
$F_{BR.\max}$	: 차륜의 전달가능 최대 제동력(블로킹 직전) [N]
μ_H	: 타이어와 노면 사이의 점착 마찰계수

예제2　디스크 브레이크의 유효반경 r_w = 90mm에 발생된 마찰력은 F_u = 2,800N이다. 그리고 타이어의 동하중 반경 r_{dyn} = 320mm, 노면과 타이어 사이의 마찰계수 μ_H = 0.8, 타이어에 작용하는 수직력 G_R = 6,000N이다. F_{BR}, $F_{BR.\max}$, 그리고 $F_{BR.\max}$ 일 때의 F_u를 구하라.

【풀이】① $F_{BR} = \dfrac{F_u \cdot r_w}{r_{dyn}} = \dfrac{2{,}800\text{N} \times 0.9\text{m}}{0.32\text{m}} = 787.5\text{N}$

② $F_{BR.\max} = F_{HR} = \mu_H \cdot G_R = 0.8 \times 6{,}000\text{N} = 4{,}800\text{N}$

③ $F_u = \dfrac{F_{BR} \cdot r_{dyn}}{r_w} = \dfrac{4{,}800\text{N} \times 0.32\text{m}}{0.09\text{m}} = 17{,}066.7\text{N}$

2. 관성력과 제동력

자동차를 제동하기 위해서는 타이어와 노면 사이의 점착마찰을 이용한다. 자동차의 총제동력(F_B)은 각 차륜에 작용하는 제동력(F_{BR})의 합으로 표시된다. 그리고 총 제동력은 자동차의 무게중심(center of gravity)(참고도3의 S)에 작용하는 것으로 가정한다.

자동차의 총 제동력(F_B)은 제동할 때, 자동차의 질량(m)에 의해 발생되는 관성력(F)과는 그 작용방향이 반대이다. 즉, 제동력과 관성력은 서로 대항한다. 그리고 관성력은 자동차질량(m)과 제동감속도(a)의 곱으로 표시된다.

제동할 때 최대 제동력($F_{BR.\max}$)은 차륜이 잠기기(lock) 직전에 얻을 수 있다. 최대제동력은 자동차중량(G)과 점착마찰계수(μ_H)의 곱으로 표시된다.

$$F_B = 2(F_{BRf} + F_{BRr})$$

$$F = m \cdot a = F_B$$

$$a = \frac{F_B}{m} \qquad a_{\max} = \frac{F_{B.\max}}{m}$$

$$F_{B.\max} = \mu_H \cdot G = \mu_H \cdot m \cdot g$$

$$\mu_H = \frac{F_{B.\max}}{G} \qquad G = \frac{F_{B.\max}}{\mu_H}$$

$$\eta_T = \frac{a_m}{a_{\max}}$$

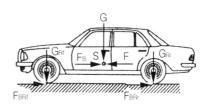

참고도 3

F_B : 총 제동력 [N] (차륜의 원주에 작용하는 제동력의 총합)

F_{BR} : 1개의 차륜에 작용하는 제동력 [N], 앞바퀴(F_{BRf}), 뒷바퀴(F_{BRr})

$F_{BR.\max}$: 도달 가능 최대 제동력 [N]

F : 자동차의 관성력 [N]

m : 자동차 질량 [kg]

a : 제동감속도 [m/s²] g : 중력가속도[m/s²]

$a_{\max}$: 최대 제동감속도 [m/s²]

G : 자동차 중량 [N]

μ_H : 타이어와 노면 사이의 점착 마찰계수

η_T : 시간 효율

예제4 자동차의 질량 m = 1,600kg, 앞바퀴 제동력 F_{BRf} = 3,600N, 뒷바퀴 제동력 F_{BRr} = 1,200N이다. 이 자동차의 제동감속도 a 를 구하라.

【풀이】 총 제동력 $F_B = 2(F_{BRf} + F_{BRr}) = 2(3,600\text{N} + 1,200\text{N}) = 9,600\text{N}$

$$제동감속도 \quad a = \frac{F_B}{m} = \frac{9,600\text{N}}{1,600\text{kg}} = \frac{9,600\text{kg} \cdot \text{m/s}^2}{1,600\text{kg}} = 6\text{m/s}^2$$

예제5 질량 m = 1,500kg의 자동차가 제동감속도 a = 6m/s^2 으로 제동, 정차하였다. 이 자동차의 총제동력(또는 관성력) F_B를 구하라.

【풀이】 $F_B = F = m \cdot a = 1,500\text{kg} \times 6\text{m/s}^2 = 9,000\text{kg} \cdot \text{m/s}^2 = 9,000\text{N}$

참고문제1 50km/h로 주행 중인 자동차가 강체의 벽에 충돌하여 정차하기까지 0.2초가 소요되었다. 이때의 감속도(=가속도)를 구하라.

【풀이】 $a = \dfrac{v_2 - v_1}{3.6\,t} = \dfrac{0 - 50}{3.6 \times 0.2} = -69.4\text{m/s}^2 \approx -7.1\text{g}$

이 문제에서 충돌 시의 감속도는 중력가속도의 약 7.1배로 나타나고 있다. 따라서 충돌시의 충격 에너지가 정상적인 제동시의 에너지에 비해 아주 크다는 것을 알 수 있다.

3. 브레이크 일, 브레이크 출력

정차상태의 자동차를 운동시키기 위해서는 일을 소비해야 한다. 이 일은 전동하는 자동차에 저장되었다가(운동에너지 : kinetic energy), 제동 중에 열(heat energy)로 변환된다.

$F_B = m \cdot a$

$$\boxed{W_B = F_B \cdot S}$$

$S = \dfrac{v^2}{2a}$

$$\boxed{W_B = \dfrac{m \cdot v^2}{2}}$$

$P_B = \dfrac{m \cdot v^2}{2 \cdot t}$

$$\boxed{P_B = \dfrac{W_B}{t}}$$

$t = \dfrac{v}{a} = \dfrac{2 \cdot S}{v}$

W_B : 브레이크 일 [Nm, 또는 J]
m : 자동차 질량 [kg]
a : 제동감속도 [m/s^2]
S : 제동거리 [m]
v : 주행속도 [m/s]
F_B : 총 제동력 [N]
P_B : 브레이크 출력 [Nm/s, W]
t : 제동 소요시간 [s]

예제6 질량 m = 1,500kg의 자동차가 주행속도 80km/h에서 제동, 정차하였다. 그리고 제동감속도 a = 6m/s^{2}이었다. 브레이크 일(W_B)과 브레이크 출력(P_B)을 구하라.

【풀이】　$v = 80\text{km/h} = 80/3.6 = 22.2\text{m/s}$

$$W_B = \frac{m \cdot v^2}{2} = \frac{1,500\text{kg} \times (22.2\text{m/s})^2}{2} = 369,630\text{Nm}$$

$$t = \frac{v}{a} = \frac{22.2\text{m/s}}{6\text{m/s}^2} = 3.7\text{s}$$

$$P_B = \frac{W_B}{t} = \frac{369,630\text{Nm}}{3.7\text{s}} = 99,900\text{W} \approx 100\text{kW}$$

4. 브레이크 테스트, 제동률

차륜 각각의 제동력은 정치식(定置式) 브레이크 테스터 상에서 측정한다. 각 차륜의 제동력을 더하여 총 제동력을 구한다. 그리고 총제동력을 차량 총중량(또는 중량)으로 나누어 제동률을 구한다. 제동률은 일반적으로 백분율(%)로 표시한다.(P.357 표 5-2, 5-3참조)

총 제동력(F_B)은 차륜 각각의 제동력(F_{BR})의 합으로 표시된다.

$$F_B = F_{BRfl} + F_{BRfr} + F_{BRrl} + F_{BRrr}$$

여기서 fl : 앞 좌측차륜, fr : 앞 우측차륜, rl : 뒤 좌측차륜, rr : 뒤 우측차륜

제동률을 계산할 때는 브레이크의 형식 즉, 유압식과 공압식을 구별하는 것이 좋다.

(1) 유압 브레이크의 제동률 (z)

$$z = \frac{F_B}{G_{total}} \cdot 100\%$$

여기서 G_{total} : 차량 총중량(또는 중량) [N]

위 식에 $F_B = m \cdot a$, $G_{total} = m \cdot g$ 를 대입, 정리하면 자동차질량 m이 소거된다.

$$z = \frac{a}{g} \cdot 100\%$$

제동감속도를 계산할 때는 중력가속도(g)의 근사값 $g \approx 10\text{m/s}^2$를 이용하면 편리하다. 중력가속도 근사값 $g \approx 10\text{m/s}^2$를 위 식에 대입, 정리하면 제동감속도(a)는 다음 식으로 표시된다.

$$a \approx \frac{10 \cdot z}{100\%}$$

(2) 공압 브레이크의 제동률(z)

제동력은 일반적으로 공차상태에서 측정한다. 압축공기 브레이크를 장착한 자동차들은 대부분 공차중량에 비해 차량총중량이 대단히 무겁다. 따라서 테스터 상에서는 공차상태이므로 적차상태와 비교하면 최대제동력을 발생시키기 훨씬 이전에 로크(lock) 한계에 도달하게 된다.

제동력은 제어된 압력에 비례하여 증가하므로, 계산압력(P_1)과 제어된 압력(로크 한계값)(P_2) 간의 비율, 그리고 초기압력(대부분 0.4bar정도)을 고려하면 적차상태의 제동률을 계산할 수 있다. 2 - 회로 압축공기 브레이크의 공기압은 대략 6.2bar~8bar 정도이다. 이때 계산압력(P_1)은 $P_1 = 6.5$ bar로 한다.

$$z = \frac{(P_1 - 0.4)F_B}{(P_2 - 0.4)G_{total}} \cdot 100\%$$

여기서 F_B : 총제동력
G_{total} : 총중량
0.4 : 초기 압력[bar]

예제7 F_B = 6,400N, m = 1500kg일 때, 제동률(z)을 구하라.

【풀이】 $z = \dfrac{F_B}{G} \cdot 100\% = \dfrac{F_B}{m \cdot g} \cdot 100\%$

$\qquad = \dfrac{6{,}400\text{kgm/s}^2}{1{,}500\text{kg} \times 9.8\text{m/s}^2} \times 100\% = 43.5\%$

예제8   압축공기 브레이크가 장착된 자동차의 총 제동력 F_B = 4,800N, 자동차 질량 m = 1600kg, P_1 = 6.5bar, P_2 = 4.4bar일 때, 제동률(z)과 제동감속도(a)를 구하라.

【풀이】 $z = \dfrac{(P_1 - 0.4)F_B}{(P_2 - 0.4)G_{total}} \cdot 100\% = \dfrac{6.5 - 0.4}{4.4 - 0.4} \times \dfrac{4{,}800 \times 100}{1{,}600 \times 9.8} \approx 47.8\%$

$\qquad a \approx \dfrac{10 \cdot z}{100\%} = \dfrac{10\text{m/s}^2 \times 47.8\%}{100\%} = 4.78\text{m/s}^2$

5. 제동과정의 분석 (KSR 1145 참조)

(1) 공주거리, 제동거리, 정지거리

위험을 인지하고 제동하여 자동차가 정차할 때까지 진행한 거리 즉, 정지거리(S_S)는 제동거리(S)와 공주거리(S_r)의 합으로 표시된다.

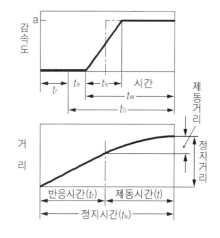

참고도 4 제동과정의 분석

$$S_S = S_r + S$$

$$S = S_S - S_r$$

① 공주(空走)거리(S_r)

공주(空走)거리(S_r)란 운전자가 위험을 인지한 순간부터 브레이크압력이 형성되어 실제 제동이 시작되는 시점(자동차가 감속되기 시작하는 시점)까지의 시간 동안에 자동차가 진행한 거리를 말한다. 공주(空走)거리(S_r)는 자동차의 주행속도(v)와 반응시간(t_r)에 따라 변화한다.

반응시간(t_r)은 0.3초~1.7초 정도로서, 운전자의 반응능력과 브레이크의 반응시간에 의해 결정된다. 반응시간을 운전자 반응시간과 제동력 형성기간으로 세분하기도 한다. 브레이크 반응시간은 브레이크장치 간의 차이가 거의 없으나, 운전자의 반응능력은 개인차가 아주 크다.

$$S_r = v \cdot t_r$$

② 제동거리(S)

제동거리(S)란 실제 제동 중 자동차가 진행한 거리를 말한다. 제동거리(S)는 주행속도(v)와 제동감속도(a) 또는 주행속도(v)와 제동시간(t)을 이용하여 구한다.

$$S = \frac{v^2}{2a}$$

$$S = \frac{v \cdot t}{2}$$

③ **정지거리**(S_S)

정지거리(S_S)는 공주(쏠走)거리(S_r)와 제동거리(S)의 합으로 표시된다.

$$S_S = v \cdot t_r + \frac{v^2}{2a}$$

$$S_S = v \cdot \left[t_r + \frac{t}{2} \right]$$

총 제동시간(t_s)은 반응시간(t_r)과 제동시간(t)의 합으로 표시된다.

$$t_s = t_r + t$$

$$t_s = t_r + \frac{2 \cdot S}{v}$$

예제9   90km/h로 주행 중인 자동차를 제동하여 정차시켰다. 반응시간 $t_r = 0.6\text{s}$ 제동감속도 $a = 5.5\text{m/s}^2$이다. 제동거리(S), 정지거리(S_S), 그리고 총 제동시간(t_s)을 구하라.

【풀이】 $v = 90\text{km/h} = 25\text{m/s}$

$$S = \frac{v^2}{2a} = \frac{(25\text{m/s})^2}{2 \times 5.5\text{m/s}^2} = 56.8\text{m}$$

$$S_S = v \cdot t_r + \frac{v^2}{2a} = 25\text{m/s} \times 0.6\text{s} + 56.8\text{m} = 71.8\text{m}$$

$$t_s = t_r + \frac{2 \cdot S}{v} = 0.6\text{s} + \frac{2 \times 56.8\text{m}}{25\text{m/s}} = 5.1\text{s}$$

(2) 제동거리와 정지거리의 근사식

실제로는 주로 근사식을 이용하여 제동거리(S)와 정지거리(S_S)를 구한다. 이때 반응시간(t_r)과 제동감속도(a)는 평균값을 사용한다.

일반적으로 위에 설명한 식에 반응시간 $t_r = 1.08\text{s}$, 제동감속도 $a = 3.85\text{m/s}^2$을 대입하고, 속도(v)는 시속(km/h)을 그대로 대입하면, 다음과 같은 근사식들이 유도된다. 그리고 각 거리는 모두 m 단위로 표시된다.

① **공주거리**(S_r)

$$S_r \approx 3 \cdot \frac{v}{10}$$

② **제동거리**(S)

$$S \approx \frac{v^2}{100}$$

③ 정지거리(S_S)

$$S_S \approx 3 \cdot \frac{v}{10} + \frac{v^2}{100}$$

예제10 80km/h로 주행 중인 자동차를 제동하여 정차시켰다. 근사식을 이용하여 제동거리(S)와 정지거리(S_S)를 구하라.

【풀이】 $S \approx \dfrac{v^2}{100} = \dfrac{(80)^2}{100} = 64\text{m}$

$S_S \approx 3 \cdot \dfrac{v}{10} + \dfrac{v^2}{100} = 3 \times \dfrac{80}{10} + \dfrac{(80)^2}{100} = 88\text{m}$

(3) 마찰계수(μ_B)를 고려한 제동거리(S)

$$S = \frac{v^2}{2\mu g}$$

$$F \cdot S = \mu \cdot G \cdot S = \frac{1}{2} m v^2$$

(4) 반응시간 $t_r = 0.1\text{s}$ 로 가정할 경우의 정지거리(법규)

$$S_s = \frac{v[\text{km/h}]^2}{254} \times \frac{W(1+\varepsilon)[\text{kgf}]}{F[\text{kgf}]} + \frac{v[\text{km/h}]}{36} \ [\text{m}]$$

여기서　F　: 제동력[N 또는 kgf]　　　　m　: 자동차질량[kg]
　　　　W　: 자동차중량[kgf]
　　　　ε　　: 회전부상당관성질량(중량)계수 [승용차 : 0.05 , 화물차 : 0.07]

$$S_s = \frac{(v[\text{km/h}])^2}{25.92} \times \frac{m(1+\varepsilon)[\text{kg}]}{F[\text{N}]} + \frac{v[\text{km/h}]}{36} \ [\text{m}]$$

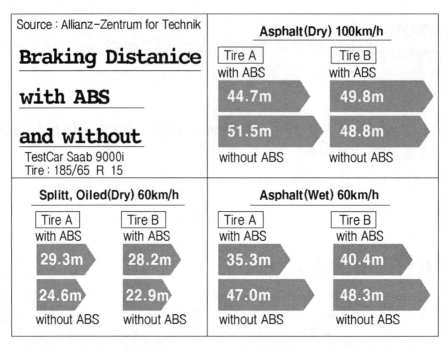

참고도 5 타이어 및 도로 조건에 따른 ABS의 제동거리 비교(예)

※ 타이어 A, B의 트레드의 프로필 형상은 같으나, 트레드 재료의 성분구성이 다름.

휠과 타이어

Wheel and tire : Räder und Reifen

제6장 휠과 타이어

제1절 휠
(Wheel)

휠(wheel)은 타이어와 함께 차량의 하중을 지지하고, 구동력(또는 제동력) 및 횡력을 노면에 전달하는 기능을 한다.

휠의 구비 조건으로 중요한 사항은 다음과 같다.

① 경량일 것.

② 직경이 클 것(직경이 큰 브레이크의 설치를 위한 충분한 공간 확보 및 전동저항의 감소)

③ 강성(rigidity)과 탄성(elasticity)이 클 것(노면으로부터의 충격에 견딜 수 있는 충분한)

④ 방열성이 우수할 것(마찰열 발산)

⑤ 손상 시에 타이어와 휠의 교환이 용이해야 한다.

그러나 무게중심을 낮추고 조향각을 크게 하기 위해서는 타이어가 조립된 상태의 바퀴 직경은 가능한 작아야 한다. 이는 ②항의 내용과는 상반되는 조건이다. 따라서 휠의 직경은 이들 상반되는 조건들의 타협점에서 결정된다.(예 : 휠의 직경은 크게 하고 타이어의 높이는 낮춘다)

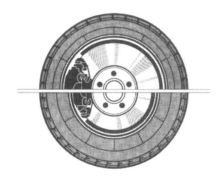

그림 6-1 휠의 크기는 다르나 동일한 동하중 원주(예)

1. 휠의 기본 구조

휠의 기본구조는 그림 6-2와 같다. 타이
어가 장착되는 림(rim), 그리고 허브(hub)
용 구멍과 체결용 볼트구멍이 가공되어 있
는 휠 디스크로 구성된다. 휠 디스크는 스
파이더(spider) 또는 스포크(spoke)로 대체
될 수 있다. 휠과 브레이크 디스크(또는 드
럼)는 휠 허브 플랜지에 볼트 또는 너트로
고정된다.

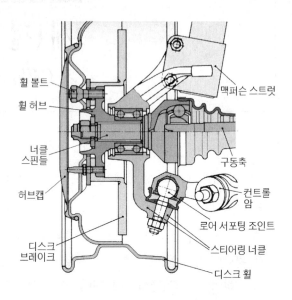

휠은 강판으로 성형하거나, 경합금으로
주조 또는 단조하여 제작한다. 경합금(예 :
GK-Al Si 10 Mg)으로 제작하면 가볍고, 방
열성이 우수하고 브레이크 환기에도 효과
적이다.

그림 6-2 휠 허브에 볼트 조립된 승용차 휠

최근에는 기존의 강철(예 : RSt37)에 비해 40%나 더 가벼운 강철(예 : DP600 또는 HR60)로 제
작한 휠이 많이 사용되고 있다.

(1) 디스크 휠(disk wheel)

주로 강판을 성형, 제작한다. 가볍고, 방열성이 우수하며, 구조가 간단하다. 승용자동차나 경
트럭에 주로 사용된다.

(a) 디스크 휠(disc wheel)　　　(b) 스파이더 휠(spider wheel)　　　(c) 스포크 휠(spoke wheel)

그림 6-3 휠의 종류

(2) 스파이더 휠(spider wheel)

스파이더 휠은 방사선 상으로 림(rim) 지지대가 있어서 강성(rigidity)이 크고, 또 지지대 사이의 공간이 넓기 때문에 브레이크의 냉각효과가 우수하다. 승용자동차에서부터 대형 자동차에 이르기까지 널리 사용된다.

(3) 스포크 휠(spoke wheel)

스포크 휠은 림과 허브를 강철선(鋼鐵線)으로 연결한다. 가볍고, 탄성적이며, 브레이크 냉각효과가 우수하지만, 비싸고, 청소하기가 불편하다. 스포츠카나 2륜차에 주로 사용된다.

2. 휠 림(wheel rim)

(1) 휠 림의 구조

현재 사용되고 있는 휠 림의 일반적인 구조는 그림 6-3과 같다. 험프(hump)는 타이어에 작용하는 횡력(side thrust)에 의해 타이어의 비드(bead)부분이 림의 중심부(well)로 미끄러지는 것을 방지하기 위한 안전 두둑(ridge)이다.

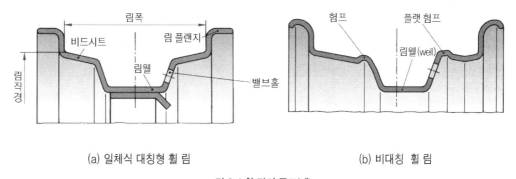

(a) 일체식 대칭형 휠 림　　　　　(b) 비대칭 휠 림

그림 6-4 휠 림의 구조(예)

(2) 휠 림의 종류

휠 림은 그 형상에 따라 분류한다. 많이 사용되는 형식은 아래와 같다. 승용자동차에서는 일체식으로 제작된 드롭-센터 림(drop center rim)이 많이 사용된다. 드롭-센터 림은 대칭 또는 비대칭으로 제작할 수 있다. 대형 상용자동차에서는 림이 여러 조각으로 분할된 얕은 홈 림(Semi-drop center rim)이 주로 사용된다.

표6-1 휠 림의 종류

	깊은 홈 림(Drop Center Rim ; DC) 림의 중앙부를 깊게 제작한 림
	험프가 있는 깊은 홈 림(Drop Center rim with Hump : DCH) 튜브리스(tubeless) 타이어에는 반드시 이 림을 사용해야 한다.
	15° 깊은 홈 림(15° DC)
	얕은 홈 림(Semi-Drop Center rim : SDC) - 5° 2쪽 림　　　3쪽 림　　　4쪽 림　　　가로 분할 림

(3) 휠 림의 표시기호 및 호칭(표 6-2)

표시기호	림 폭 (in)	림 직경 (in)	참고 사항
$6\frac{1}{2}$ J×13H RO 35	$6\frac{1}{2}$	13	J : 램 플랜지의 형상 기호 H : 바깥쪽 비드 시트의 험프 RO 35 : 림 오프셋 35mm
7J × 16 H2	7	16	H2 : 림 어깨 당 각 1개씩 2개의 험프
9.00 × 22.5	9.00	22.5	.5는 15° 깊은 홈 림을 의미함. (15° DC)
9.00-20	9.00	20	SDC : Semi-Drop Center(얕은 홈 림)
W9 × 28	9	28	W : Wide width Rim(광폭 림)
3.75P-13	3.75	13	P : 플랜지 형상 기호
6.50H-16SDC	6.50	16	H : 플랜지 형상 기호 SDC : Semi-Drop Center
× : 일체식 깊은 홈 림, 15° 깊은 홈 림 또는 광폭의 깊은 홈 림 - : 얕은 홈 림, 광폭의 얕은 홈 림			

이 외에도 림의 형상 호칭기호에는 **FH** : 바깥쪽에 Flat Hump, **FH2** : 양쪽에 Flat Hump, **CH** : Combination Hump, **EH** : 확장된 험프(Extended Hump), **TD** 등이 사용된다.

TD는 타이어의 승차감을 향상시키기 위해 플랜지 높이를 낮춘 특수한 림을 말한다. 비드 시트용 그루브(groove)는 타이어의 공기압이 손실되어도 비드가 밀려나지 않도록 비드의 형상에 맞추어져 있다. TD휠의 경우, 림의 폭과 직경을 mm 단위로 표시한다.

(4) 휠 림의 오프셋(그림 6-5 참조)

휠 림의 중심선으로부터 디스크 휠의 안쪽 접촉면(휠 설치 평면)까지의 거리를 말한다.

림 오프셋이 다른 휠을 선택하면, 차륜거리(track)가 변하게 된다. 차륜거리가 변하면, 다른 정렬요소(캠버, 킹핀 - 오프셋 등)도 변한다.

① 정(+)의 오프셋

휠 림의 안쪽 접촉면이 휠 림의 중심선으로부터 바깥쪽에 위치한 경우이다.

② 부(-)의 오프셋

휠 림의 안쪽 접촉면이 휠 림의 중심선으로부터 안쪽에 위치한 경우이다. 이 휠 림을 사용하면 차륜거리가 커지게 된다.

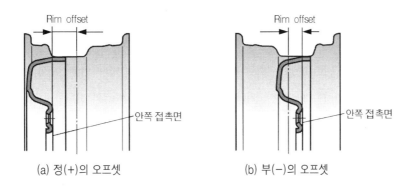

(a) 정(+)의 오프셋   (b) 부(-)의 오프셋

그림 6-5 휠 림의 오프셋

제6장 휠과 타이어

제2절 타이어
(Tire)

타이어는 다음과 같은 조건을 만족해야 한다.

① 자동차의 하중을 충분히 지지할 수 있어야 한다.(하중지수)

② 노면으로부터의 작은 충격을 흡수, 감쇄시킬 수 있어야 한다.(스프링 작용, 탄성)

③ 구동력, 제동력, 횡력 등을 충분히 전달할 수 있어야 한다.(접지성 ; road holding)

④ 구동저항이 적어야 한다.(마찰 및 열 발생이 적어야 한다)

⑤ 수명이 길어야 한다.(내구성)

⑥ 주행 중 소음과 진동이 적어야 한다.

따라서 타이어는 다양한 차종과 도로조건 및 용도에 따라 알맞게 설계되어야 하며, 환경조건 및 용도에 적합한 타이어를 선택, 사용하는 것이 필수적이다.

1. 타이어의 구조

타이어의 종류에 따라 다르지만, 기본적인 구조는 그림 6-6(a)와 같다.

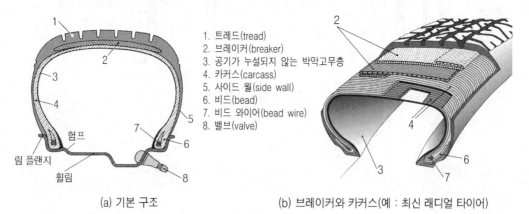

1. 트레드(tread)
2. 브레이커(breaker)
3. 공기가 누설되지 않는 박막고무층
4. 카커스(carcass)
5. 사이드 월(side wall)
6. 비드(bead)
7. 비드 와이어(bead wire)
8. 밸브(valve)

험프
림 플랜지
휠림

(a) 기본 구조

(b) 브레이커와 카커스(예 : 최신 래디얼 타이어)

그림 6-6 타이어의 구조

승용자동차에는 대부분 튜브리스(tubeless) 타이어를 사용하지만, 대형 상용자동차에서는 튜브 타이어를 사용한다. 그리고 스포크 휠의 경우에는 추가로 림 밴드(rim band)를 사용한다. 이는 스포크 살(철선)의 니플 헤드(nipple head)에 의해 튜브가 손상되는 것을 방지하기 위해서이다. 튜브의 사이즈(size)는 타이어의 사이즈에 적합한 것을 사용해야 한다.

타이어는 트레드(tread), 브레이커(breaker), 카커스(carcass), 사이드 월(side wall), 비드 및 비드 와이어(bead with bead wire), 공기누설을 방지하는 구조의 고무막 등으로 구성된다.

(1) 트레드(tread)

노면과 직접 접촉하는 부분으로서, 카커스(carcass)와 브레이커(breaker)의 외부에 접착된 강력한 고무층이다. 트레드에 가공된 길이방향 그루브(groove)는 선회 안정성을 부여하고, 가로방향 그루브는 구동력을 전달하는데 기여한다.

트레드의 접지면적에서 그루브의 면적이 실제로 노면과 접촉하는 면적보다 클 경우를 부(−)의 트레드(negative tread)라고 하는데, 겨울철 또는 젖은 도로를 주행할 때는 장점이 된다.

그러나 주행 중 트레드 접지면의 변형에 의해, 부(−)의 트레드에 밀폐된 공간이 형성될 수 있다. 이 밀폐된 공간이 노면에 빠르게 진입/진출할 때 그루브에 공기가 채워졌다가 빠져나가는 공기 펌핑(pumping) 현상이 발생할 수 있다. 이는 소음을 증가시키는 원인이 된다.

(2) 브레이커(breaker)

트레드와 카커스의 중간에 위치한 코드 벨트(cord belt)로서 외부로부터의 충격이나 외부의 간섭에 의한 내부 코드(cord)의 손상을 방지한다. 고속 고부하 타이어에서는 브레이커를 여러 겹 사용한다.

브레이커 코드의 재질로는 스틸(Steel), 텍스틸(Textile) 또는 아라미드 섬유(Aramid fiber)가 사용된다. 브레이커 코드의 재질에 따라 스틸 타이어, 텍스틸 타이어 등으로 분류하기도 한다.

(3) 카커스(carcass)

강도가 강한 코드-벨트(cord belt)를 겹쳐서 제작한다. 코드의 재질로는 나일론, 레이온, 폴리에스테르, 아라미드 또는 스틸이 사용된다. 타이어의 골격을 형성하는 중요한 부분으로서, 전체 원주에 걸쳐서 안쪽 비드에서 바깥쪽 비드까지 연결된다. 타이어가 받는 하중을 지지하고, 충격을 흡수하고, 공기압을 유지시켜주는 기능을 한다. 주행 중 굴신(屈伸)운동에 대한 내피로성이 강해야 한다.

(4) 비드(bead)

카커스 코드 벨트의 양단이 감기는 철선(steel wire)이다. 강력한 철선에 고무막을 입히고, 나일론 코드 벨트(nylon cord belt)로 감싼 다음에 다시 카커스로 감싼다. 타이어를 림에 강력하게 고정시켜, 구동력, 제동력 및 횡력을 노면에 전달한다.

튜브리스-타이어에서는 추가로 타이어와 림 사이의 기밀을 유지시키는 기능을 한다.

(5) 튜브(tube)

타이어 내부의 공기압을 유지시켜주는 역할을 한다. 두께가 균일하고 공기를 잘 투과시키지 않는 고무로 제조한다.

승용자동차용 타이어의 경우는 대부분 튜브를 따로 사용하지 않고, 타이어의 카커스 층 안쪽 공기가 누설되지 않도록 특수하게 설계하여, 림에 직접 설치하는 튜브리스-타이어(tubeless tire)를 사용한다.

(6) 사이드 월(side wall)

타이어의 옆 부분으로서, 카커스를 보호하고, 또 굴신운동을 하여 승차감을 높여 준다. 사이드 월의 높이가 낮으면 타이어의 강성(rigidity)이 증가하므로, 조향 정밀성이 개선된다. 그러나 승차감은 불량해진다.

2. 타이어의 표시기호/호칭, 하중지수

타이어의 사이드 월에는 표시기호/호칭에서부터 시작해서 제조일자에 이르기까지 중요한 많은 정보들이 표기되어 있다. 예를 들어 제조일자(예 : 0309, 03 ; 제 3주, 09 ; 2009년)가 6년 이상 경과하면 신품 타이어일지라도 폐기할 것을 권장하고 있다.(제조회사들은 10년)

(1) 타이어의 치수 표시

타이어의 치수는 인치(inch)와 밀리미터(mm) 단위로 표시한다. 중요한 치수는 폭(b)과 내경(D)(= 또는 림 직경)이다.

바이어스 타이어는 일반적으로 인치(inch)로 표시하며, 레이디얼 타이어는 폭은 mm 단위로, 타이어 내경(=림 직경)은 인치(inch)로 표시하거나, 폭과 내경을 모두 mm 단위로 표시한다.

그러나 이 값들은 타이어의 실제 치수와 정확하게 일치하지 않는다. 따라서 정확한 값은 제작

사가 제시하는 표준값을 이용한다. 치수는 표준공기압으로 충전된 타이어를 무부하 상태에서
측정한다.

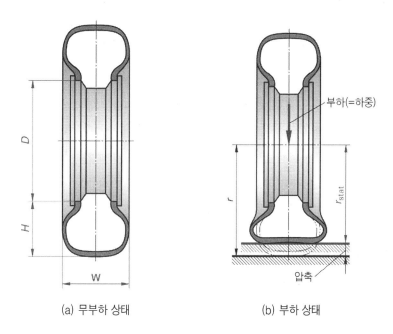

(a) 무부하 상태   (b) 부하 상태

그림 6-7 타이어의 치수

(2) 편평비(扁平比 : Aspect ratio, 높이/폭)

타이어의 높이를 타이어의 폭으로 나누어 백분율로 표시한 값이다. 시중에서는 시리즈로 표
시하기도 한다. 예를 들어 50시리즈, 40 시리즈는 각각 편평비 50%, 40%를 의미한다. 편평비가
60이라면, 높이(H) : 폭(W)의 비율은 0.6 : 1이 된다. 승용자동차에는 편평비가 작은 타이어들이
많이 사용되고 있다.

편평비가 작은 타이어 즉, 광폭 타이어의 장점으로는 브레이크 설치공간을 크게 할 수 있으
며, 선회할 때 측면 안정성이 높고, 측면 비틀림 및 측면 변형에 대한 저항성이 높고, 조향핸들의
동작에 대한 응답성이 더욱더 정밀해진다는 점이다.

그러나 광폭 타이어의 단점으로는 수막현상에 대한 저항성이 불량해지고, 조향하는데 힘이
많이 들고, 고유 스프링작용이 불량해지고, 승차감이 저하된다는 점 등이 있다.

(3) 유효 반경

수직하중을 받고 있는 상태의 타이어의 반경(半徑)은 수직하중을 받고 있지 않는 타이어의 반경보다 더 작다. 또 수직하중을 받는 상태로 정차해 있는 경우는 수직하중을 받는 상태로 주행하는 타이어보다 반경이 더 작은데, 이는 주행 중 타이어 원주부의 원심력이 타이어의 변형에 대해 반작용을 하기 때문이다.

주행 중일 때의 타이어 반경을 동하중 반경(dynamic radius), 정차 중일 때의 타이어 반경을 정하중 반경(static radius)이라고 한다. 그리고 동하중 반경이 정하중 반경보다 더 크다.

자동차의 주행속도를 계산할 때는 타이어의 동하중 반경을 이용하기도 한다. 동하중 반경은 일반적으로 규정 공기압과 규정 적재상태에서 60km/h로 일정한 거리를 주행하여, 주행거리를 차륜의 회전수로 나누고, 다시 2π로 나누어 구한다.

(4) 동적 전동 원주(dynamic rolling circumference ; U_{dyn})

60km/h의 속도로 주행하였을 때, 타이어가 1회전하는 동안에 주행한 거리를 말한다. 표준 공기압과 표준 부하(=하중) 상태에서 측정한다. 속도계의 정확도는 타이어의 동적 전동 원주의 값의 영향을 크게 받는다.

(5) 타이어의 호칭기호

① 승용 자동차용 타이어 호칭기호 (표 6-3)

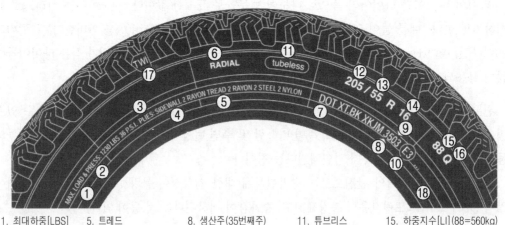

1. 최대하중[LBS]	5. 트레드	8. 생산주(35번째주)	11. 튜브리스	15. 하중지수[LI] (88=560kg)
2. 최대공기압[PSI]	6. 레디얼	9. 생산년도(03=2003년)	12. 타이어폭[mm]	16. 속도기호(Q :160km/h)
3. 플라이	7. DOT(Department	10. ECE 데스트기호	13. 편평비(높이/폭)	17. 트레드 마모표시기[TWI]
4. 사이드 월	of Transportation)	(E3 : 이태리)	14. 림직경(인치)	18. 센터링 라인

그림 6-8(a) 타이어(승용자동차용) 호칭기호(예)

6.40−13	6.40 − 13	타이어 폭(6.40 inch) 바이어스 타이어(150km/h까지) 타이어 내경(=림 직경) 13inch
195/60SR 13	195 /60 SR 13	타이어 폭(185mm) 타이어 높이/폭=60%(편평비 60%) Speed Radial 타이어 내경(=림 직경) 13inch
205/55R 16 88Q	205 /55 R 16 88 Q	타이어 폭(205mm) 타이어 편평비(55%) (높이/폭=55%) Radial 타이어 내경(=림 직경) 16inch 최대 하중지수(Load Index) 88=560kgf 최대속도 표시기호(Q = 160km/h까지)
335/30 ZR 18 (102W)∗		허용최고속도가 2가지로 표기됨. 자동차가 고속용으로 승인을 받으면, 제작사는 허용하중과 속도에 대한 값을 제시해야 함. 괄호안의 표기는 하중지수 102(=850kgf)에서 허용최고속도 W(=270km/h) 임을 의미함. 이 타이어는 주행속도 240km/h 이상(ZR)에서 속도가 10km/h 상승할 때마다 허용하중을 5%씩 낮추어야 한다.

② 트럭 및 버스용 타이어(예) (표 6-4)

6.00−14	6.00 − 13	타이어 폭(6.00 inch) 바이어스 타이어 타이어 내경(=림 직경) 14inch
LT 215/75R 15	LT 215 /75 R 15	Light Truck 타이어 폭(215mm) 타이어 높이/폭=75%(편평비 75%) Radial 타이어 내경(=림 직경) 15inch
9.0R 20K	9.0 R 20 K	타이어 폭(9 inch) Radial 타이어 내경(=림 직경) 20inch 최대속도 표시기호(K : 110km/h까지)

315/80R 22.5 154/150M $\dfrac{156}{150}$L

(그림 6-8(b) 참고)

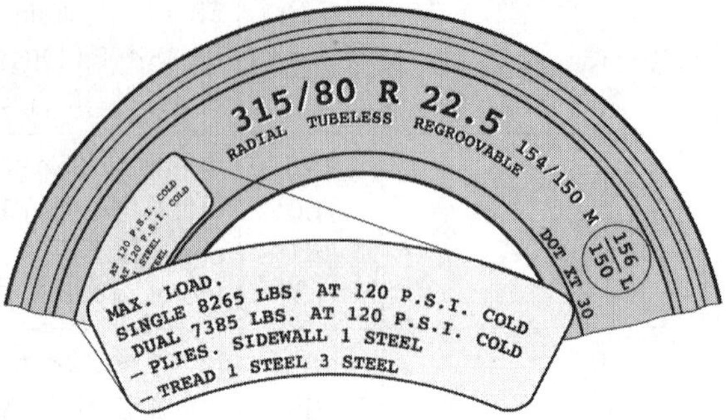

그림 6-8(b) 화물차용 타이어 호칭기호 및 추가 사양

315 /80 R 22.5	타이어 폭(315mm) 타이어 높이/폭=80%(편평비 80%) Radial tire 타이어 내경(=림 직경) 22.5inch
154 / 150M	154 : 복륜일 경우의 하중지수(3,750kgf) 150 : 단륜일 경우의 하중지수(3,350kgf) M : 허용 최대속도(130km/h까지) 최대공기압은 별도로 제시된다(예 : 8.5bar)
156 / 150 L	추가 서비스코드 속도 L=120km/h에서의 하중지수 156/150 복륜일 경우 156(=4,000kgf) 단륜일 경우 150(=3,350kgf)
Regroovable	제작사의 지침에 따라 타이어 트레드 그루브를 다시 커팅하여 사용할 수 있음.
Side wall 1 steel	사이드 월은 1겹의 스틸 코드 층(cord layer)임
Tread 1 steel 3 steel	1 steel : 1 steel cord carcass ply 3 steel : 3 steel cord layer in breaker
single 8265LBS AT 120P.S.I	single tire, 하중 및 압력은 미국/캐나다용 하중 8265LBS(1LBS=0.4536kgf) 공기압 120 P.S.I(1P.S.I = 0.06897bar)에서

③ 속도 표시 기호(speed symbol) (표 6-5)

타이어에 허용 최고속도기호가 표시되어 있을지라도 스노 - 체인을 사용할 경우는 어떤 타이어이든지 약 50km/h이하로 주행하는 것이 좋다.

기호	속도[km/h]	기호	속도[km/h]	기호	속도[km/h]	기호	속도[km/h]
A1	5	B	50	L	120	T	190
A2	10	C	60	M	130	U	200
A3	15	D	65	N	140	H	210
A4	20	E	70	P	150	V	240
A5	25	F	80	Q	160	W	270
A6	30	G	90	R	170	Y	300
A7	35	J	100	S	180	ZR	240 이상
A8	40	K	110				

④ 하중 지수(LI : Load Index) (표 6-6)

LI	kgf	LI	kgf	LI	kgf	LI	kgf	LI	kgf	LI	kgf
1	46.2	51	195	101	825	151	3,450	201	14,500	251	61,500
2	47.5	52	200	102	850	152	3,550	202	15,000	252	63,000
3	48.7	53	206	103	875	153	3,650	203	15,500	253	65,000
4	50.0	54	212	104	900	154	3,750	204	16,000	254	67,000
5	51.5	55	218	105	925	155	3,875	205	16,500	255	69,000
6	53.0	56	224	106	950	156	4,000	206	17,000	256	71,000
7	54.5	57	230	107	975	157	4,125	207	17,500	257	73,000
8	56.0	58	236	108	1,000	158	4,250	208	18,000	258	75,000
9	58.0	59	243	109	1,030	159	4,375	209	18,500	259	77,500
10	60.0	60	250	110	1,060	160	4,500	210	19,000	260	80,000
11	61.5	61	257	111	1,090	161	4,625	211	19,500	261	82,500
12	63.0	62	265	112	1,120	162	4,750	212	20,000	262	85,000
13	65.0	63	272	113	1,150	163	4,875	213	20,600	263	87,500
14	67.0	64	280	114	1,180	164	5,000	214	21,200	264	90,000
15	69.0	65	290	115	1,215	165	5,150	215	21,800	265	92,500
16	71.0	66	300	116	1,250	166	5,300	216	22,400	266	95,000
17	73.0	67	307	117	1,285	167	5,450	217	23,000	267	97,500
18	75.0	68	315	118	1,320	168	5,600	218	23,600	268	100,000
19	77.5	69	325	119	1,360	169	5,800	219	24,300	269	103,000
20	80.0	70	335	120	1,400	170	6,000	220	25,000	270	106,000
21	82.5	71	345	121	1,450	171	6,150	221	25,750	271	109,000
22	85.0	72	335	122	1,500	172	6,300	222	26,500	272	112,000
23	87.5	73	365	123	1,550	173	6,500	223	27,250	273	115,000
24	90.0	74	375	124	1,600	174	6,700	224	28,000	274	118,000
25	92.5	75	387	125	1,650	175	6,900	225	29,000	275	121,000
26	95.0	76	400	126	1,700	176	7,100	226	30,000	276	125,000
27	97.5	77	412	127	1,750	177	7,300	227	30,750	277	128,500
28	100	78	425	128	1,800	178	7,500	228	31,500	278	132,000
29	103	79	437	129	1,850	179	7,750	229	32,500	279	136,000
30	106	80	450	130	1,900	180	8,000	230	33,500		
31	109	81	462	131	1,950	181	8,250	231	34,500		
32	112	82	475	132	2,000	182	8,500	232	35,500		
33	115	83	487	133	2,060	183	8,750	233	36,500		
34	118	84	500	134	1,120	184	9,000	234	37,500		
35	121	85	515	135	2,180	185	9,250	235	38,750		
36	125	86	530	136	2,240	186	9,500	236	40,000		
37	128	87	545	137	2,300	187	9,750	237	41,250		
38	132	88	560	138	2,360	188	10,000	238	42,500		
39	136	89	580	139	2,430	189	10,300	239	43,750		
40	140	90	600	140	2,500	190	10,600	240	45,000		
41	145	91	615	141	2,575	191	10,900	241	46,250		
42	150	92	630	142	2,650	192	11,200	242	47,500		
43	155	93	650	143	2,725	193	11,500	243	48,750		
44	160	94	670	144	2,800	194	11,800	244	50,000		
45	165	95	690	145	2,900	195	12,150	245	51,500		
46	170	96	710	146	3,000	196	12,500	246	53,000		
47	175	97	730	147	3,075	197	12,850	247	54,500		
48	180	98	750	148	3,150	198	13,200	248	56,000		
49	185	99	775	149	3,250	199	13,600	249	58,000		
50	190	100	800	150	3,350	200	14,000	250	60,000	0	45

하중지수는 타이어 1개에 부하되는 최대 허용하중으로서, 타이어의 형식, 최고속도, 공기압 및 캠버에 따라 결정된다.

'Reinforced' 또는 'Extra Load' 라고 명기된 타이어의 경우는 카커스가 보강된 타이어이다. 이들은 동일한 호칭의 타이어에 비해 더 무거운 하중과 더 높은 공기압이 허용된다.

표 6-7 Reinforced tire와 normal tire의 비교

타이어 호칭	Normal			Reinforced (Extra Load)		
	하중지수 LI	허용하중 kgf	공기압 bar	하중지수 LI	허용하중 kgf	공기압 bar
135/80 R 13	70	335	2.4	74	375	2.8
185/70 R 14	88	560	2.5	92	630	2.9
195/65 R 15	91	615	2.5	95	690	2.9
205/50 R 16	87	545	2.5	91	615	2.9

⑤ 플라이 레이팅(PR : ply rating)

플라이 레이팅(PR)이란, "타이어에 사용된 코드(cord)의 강도가 면섬유 몇 장에 해당되는가?" 를 나타낸다. 타이어 공업의 초기에는 타이어 코드의 재료로 면사(綿絲)를 사용하였다. 그 당시에는 실제로 사용한 면사 코드지(ply)의 표층수로 타이어의 강도를 표시하였다. 그러나 타이어 공업이 발달함에 따라 코드지의 재료가 합성섬유 및 금속재료로 바뀌었다. 따라서 타이어 강도의 표시도 플라이(ply) 수에서 플라이 상당수 즉, 플라이 레이팅(PR : Ply Rating)으로 변경되었다. 예를 들어 14PR이라고 하면, 코드지의 표층수에 상관없이, 종전의 면사 코드지 14겹에 해당하는 강도를 가지고 있음을 의미한다.

⑥ 로드 레인지(L.R : load range)(표 6-8)

플라이(ply)와 플라이 레이팅(P.R)이 혼동되기 때문에 로드 레인지(load range)를 사용하기도 한다. 플라이 레이팅과 로드 레인지의 상관관계는 다음과 같다.

L.R	P.R	L.R	P.R	L.R	P.R	L.R	P.R
A	2	D	8	G	14	L	20
B	4	E	10	H	16	M	22
C	6	F	12	J	18	N	24

3. 타이어의 종류

구조, 형상 및 용도에 따라서 그리고 한국공업규격(KS)에 의한 분류 등이 주로 사용된다. 일반적으로 타이어의 종류에 대한 정보는 사이드 월에 명기되어 있다.

여기서는 일반적으로 많이 사용되고 있는 카커스 코드(cord)의 배열각도에 의한 분류, 튜브리스타이어, 겨울용 타이어 등에 대해서 설명하기로 한다.

(1) 다이애거널(diagonal) 타이어와 레이디얼 타이어(카커스 코드의 배열각도에 따른 분류)

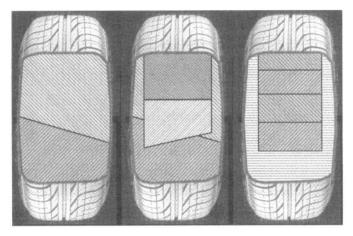

(a) Diagonal　(b) Diagonal with bias belt　(c) Radial

그림 6-9 타이어의 종류

① 다이애거널 타이어(diagonal tire)

카커스 코드의 배열각도가 타이어 트레드 중심선에 대해 약 26~40° 정도인 타이어이다. 일반적인 용도의 경우에는 약 35~38°인 경우가 대부분이고, 스포츠카용은 약 30~34° 정도가 대부분이다.

코드각이 크면, 타이어가 부드러우나 측면 안정성이 약하다. 역으로 코드각이 작으면 딱딱하기는 하지만 측면 안정성이 양호하고, 선회(cornering)속도를 높일 수 있다.

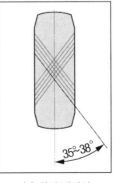
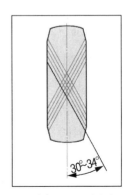

(a) 일반 타이어　(b) 스포츠 타이어

그림 6-10 다이애거널 타이어의 카커스 코드 각도

② 레이디얼 타이어(radial tire)

카커스 코드의 배열각도가 타이어 트레드의 중심선에 대해서 90°인 타이어를 말한다. 그러나 브레이커(breaker) 층의 코드각은 0～20° 정도가 대부분이다. 브레이커 코드가 철선(steel wire)일 경우 "스틸 레이디얼 타이어", 섬유계일 경우 "텍스틸(textile) 레이디얼 타이어"라고 한다.(그림 6-6(b), 6-9(c) 참조)

레이디얼 타이어의 사이드 월은 압축되지만, 변형은 주로 굴신영역(flexing zone)으로 제한된다. 바이어스 타이어에 비해 브레이커 층이 강화되어 있기 때문에 저속에서는 바이어스타이어에 비해 변형이 더 적어, 노면과의 접촉성이 개선된다. 고속에서는 부드러운 카커스 층이 스프링작용을 하기 때문에, 바이어스 타이어에 비해 전동저항이 적다. 추가로 브레이커 층이 측면 안정성을 제공하므로 선회능력도 우수하다.

반면에 사이드 월(side wall)의 기계적 강도가 약하다는 점은 결점이다.

(2) 튜브-타이어와 튜브리스-타이어(tubeless tire)

① 튜브-타이어(tube-tire)

공기의 누설을 막기 위한 얇은 고무 튜브로서, 상용자동차 및 2륜차, 그리고 스포크 휠이 장착된 자동차 등에는 아직도 사용되고 있다.

② 튜브리스-타이어(tubeless-tire)

부틸(Butyl)로 만든, 공기가 새지 않는 고무막을 튜브 대신에 타이어의 안쪽 내벽에 직접 접착한 타이어로서, 공기가 새는 것을 방지한다. 그럼에도 불구하고 시간이 경과함에 따라 공기분자의 확산(diffusion) 손실에 의해 타이어 공기압은 점점 낮아지게 된다.

공기 대신에 질소만을 주입할 경우

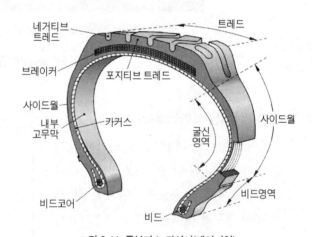

그림 6-11 튜브리스-타이어(레이디얼)

에는 이론적으로 확산손실을 감소시킬 수 있다. 이유는 질소분자가 공기분자보다 더 크기 때문이다. 그러나 공기의 76.8 wt.%(79 vol.%)가 질소라는 점을 고려할 때 큰 의미가 없다. 휠림에 설치된 공기밸브도 공기가 누설되지 않도록 조립되어 있어야 한다. 튜브리스-타이어에는 사이드 월에 'Tubeless(영)' 또는 'sl(독)' 이 명기되어 있다.

튜브리스 - 타이어의 장점으로는 튜브와 타이어 간의 마찰이 없으므로 열의 발생이 적고, 무게가 가볍고, 조립하기 쉽다는 점을 들 수 있다.

(3) 겨울용 타이어(M+S 타이어)와 여름용 타이어

① 겨울용 타이어(M + S 타이어)

과거에 사용했든 굵은 못이 박힌 타이어 트레드와 비교할 때, 오늘날의 겨울용 타이어 트레드는 상대적으로 그루브가 작으며, 작은 핀들이 박혀있다. 작은 핀들은 큰 못에 비해 눈이 덮인 도로 또는 미끄러운 도로표면과의 접촉성이 더 좋다. 트레트 표면의 고무가 저온(예 : $-40℃ \sim 5℃$)에서도 탄성을 유지하도록 하기 위해, 규산(silicic acid, silica) 또는 천연고무를 첨가한다.

겨울용 타이어는 다음과 같은 특성을 가지고 있어야 한다.
- 저온 적응성($-40℃ \sim 5℃$, 남한의 경우는 $-20℃ \sim 15℃$ 정도)
- 높은 "주행속도 친화성"
- 타이어와 노면 간의 높은 접촉성(건조한 도로, 젖은 도로)
- 눈과 얼음 위에서의 높은 견인력
- 낮은 전동저항 및 소음의 최소화
- 진창길 주행능력
- 수막현상에 대한 우수한 적응성
- 조향 정밀성 및 안정성, 내구성

겨울용 타이어는 트레드 그루브의 깊이가 약 4mm 이하일 경우에는 겨울 저항성(winter - proof)을 보장할 수 없다.

② 여름용 타이어
- 기온 적응성($0℃ \sim 50℃$)
- 높은 "주행속도 친화성"(V-, W-, Y-, ZR- 타이어)
- 타이어와 노면 간의 높은 접촉성(건조한 도로, 젖은 도로)
- 수막현상에 대한 우수한 적응성

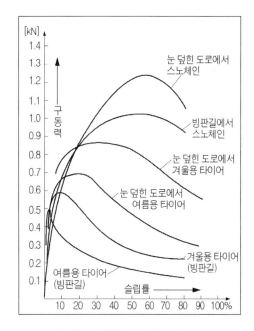

그림 6-12 타이어 종류별 구동력과 슬립률의 비교(예)

- 낮은 전동저항 및 높은 안락성
- 조향 정밀성 및 안정성, 내구성

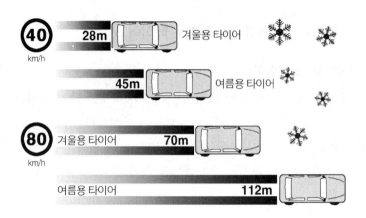

그림 6-13 눈길에서의 타이어 종류별 제동거리 비교(예)

4. 타이어수명에 영향을 미치는 요인들

정상적인 경우, 타이어 수명은 10년까지도 가능한 것으로 보고되고 있다. 그러나 일부 자동차 회사들은 제조일자로부터 6년이 지난 타이어들은 폐기할 것을 권장하고 있다.

(1) 운전 방법(습관)

운전자의 운전습관에 따라, 예를 들면 급발차나 급제동을 자주할 경우에는 타이어에 이상 마모가 발생할 수 있다.

(2) 노면 상태

노면의 굴곡이 심하면, 포장도로에서 보다 마모가 빠르게 된다.

(3) 공기압

타이어의 정상적인 마모를 위해서는 정적공기압을 유지하는 것이 필수적이다.

공기압	120%	100%	90%	60%	40%
수 명	90%	100%	95%	60%	20%

① 타이어에 질소가스(N_2) 주입에 대한 논쟁

타이어에서의 확산 손실(diffusion loss)이란 타이어에 주입된 가스(또는 공기)의 아주 미세한 입자 특히, 원자 또는 분자가 타이어의 재료를 통해 외부로 빠져 나감으로서 나타나는 완만하면서도 미세한 압력 손실을 말한다.

타이어에 질소가스를 주입하는 것은 확산의 관점에서 볼 때, 실질적인 장점이 거의 없음에도 불구하고 일부 회사들은 장점이 많은 것처럼 선전하고 있다. 질소가 공기에 비해 분자의 크기가 더 크기 때문에 공기 대신에 질소를 주입하면 좋다는 말은 확산의 관점에서 논의해 보아야 할 것이다. 하지만 타이어 공기압의 안정성을 개선하는 효과는 아주 미미하다. 공기체적의 약 78%가 이미 질소이기 때문이다.(산소 21%(Vol.), 희귀가스 1%(Vol.), CO_2 0.03%(Vol.))

타이어 공기압의 확산손실은 수개월에 걸쳐 수백분의 1 bar에 불과하다. 타이어에 질소가스를 주입했다고 해서 정기적으로 타이어 공기압을 점검해야하는 운전자의 의무가 면제되는 것은 아니다.

항공기나 레이싱-카에서는 타이어에 질소가스를 주입한다. 직접적인 이유는 사고가 발생했을 때 그리고 이로 인해 화재가 발생했을 경우, 타이어로부터 추가로 공기(산소)가 배출되지 않는다는 이유 때문이다.

② 온도변화와 타이어 공기압의 상관 관계

일반적으로 승용자동차의 경우 타이어 온도가 10℃ 상승하면, 타이어 공기압은 0.1bar 정도 상승한다. 그 반대도 성립한다. 트럭이나 버스 타이어의 경우는 승용자동차 타이어에 비해 공기압이 높기 때문에 온도상승에 따른 압력상승폭도 더 크다. 예를 들어 승용차 타이어가 0.1 bar 상승할 때, 대형트럭 타이어는 0.6bar 정도까지도 상승한다.

(4) 적재 하중

적재하중이 규정값 이상으로 증가하면, 타이어의 마모는 급속히 빨라진다.

하중	80%	100%	120%	140%	160%	180%	200%
수명	156%	100%	70%	50%	39%	31%	25%

(5) 차륜 정렬 상태

정렬상태가 불량하면, 타이어의 이상 마모를 유발시켜, 타이어의 수명이 단축될 수 있다.

(6) 휠 밸런싱(wheel balancing) 상태

휠이 밸런싱되어 있지 않을 경우, 타이어의 이상 마모가 발생할 수 있다.

(7) 주행속도

주행속도가 타이어의 규정속도 이상으로 높아지면, 타이어의 변형과 발열이 심해지게 되어 마모를 촉진시킨다. 일반적으로 타이어에 명시된 규정하중의 80% 적재상태로, 규정속도의 80% 이하로 주행할 것을 권장하고 있다.

(8) 차체 스프링 시스템

차체 스프링 시스템에 이상이 있을 경우, 이상 마모의 원인이 될 수 있다.

5. 고속 주행과 타이어

고속으로 주행할 때 발생하는 고장 중에서 타이어에 의한 고장비율은 대단히 높다. 특히 다음 사항에 유의하여야 한다.

(1) 트레드의 마모

자동차관리법 안전규칙(제 11조)에는 타이어 트레드의 마모한계를 1.6mm로 규정하고 있다. 독일의 경우에는 프로필(profile)은 타이어 트레드 전체에 걸쳐서 1.6mm 이상, 특히 겨울철에는 4mm 이상이어야 한다고 규정하고 있다. 일반적으로 트레드 깊이가 3mm 이하이면, 노면에 약간의 물이 있어도 고속으로 주행할 때는 수막현상이 크게 증대되는 것으로 알려져 있다.

타이어에서 트레드 마모 표시기(TWI : Tread Wear Indicator)의 위치에는 사이드 월에 TWI 또는 삼각형(▲)이 표시되어 있다.

어느 타이어 회사는 승용자동차의 경우 1.6mm, 버스 및 트럭의 경우 3.2mm를 안전 마모한계로 제시하고 있다. 트레드의 마모가 심하면 고속주행 시에 수막현상의 위험이 크게 증대된다.

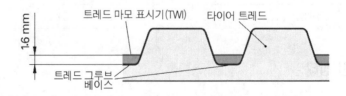

그림 6-14 트레드 마모 표시기(TWI)

아래 표는 승용자동차를 젖은 도로에서 100m/h로 주행 중, 제동하여 측정한 제동거리이다. 트레드의 마모가 증가함에 따라, 제동거리가 증가함을 나타내고 있다.

자동차		경승용차(FF)					대형 승용차(FR), with ABS			
프로필 깊이	mm	8	4	3	2	1	8	3	1.6	1
제동거리	m	76	99	110	129	166	59	63	80	97
	%	100	130	145	170	218	100	107	135	165
트레드 1mm 마모 당 정지거리 증가율		7%		15%	25%	48%	1.4%		20%	50%

주 **수막현상**(水膜現象 ; aquaplaning ; hydroplaning)

강우 등으로 2~3mm 이상의 물로 덮여있는 노면을 차량이 고속으로 주행하면 타이어가 노면에 직접 접촉하여 회전하는 것이 아니라 수막(water film) 위를 떠서 주행하는 현상이 발생한다. 이를 수막현상 이라고 한다. 수막현상이 발생하면, 구동력(=제동력) 등을 노면에 전달할 수 없고 조향성이 상실될 수 도 있다.

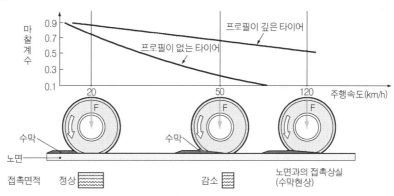

그림 6-15(a) 수막현상

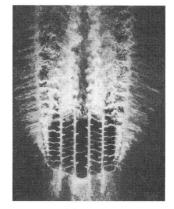

(a) 테스트 장치   (b) 수막현상

그림 6-15(b) 타이어 수막현상 테스트 (예)

그림 6-15(b)의 좌측은 수막현상 테스트 실험실에서 투명한 막을 통해 타이어의 수막현상을 관찰하고, 서로 다른 속도에서 사진을 촬영하는 것을 보여주고 있다. 그림 6-15(b)의 우측 그림은 유리막을 통해 촬영한 타이어의 푸트-프린트이다. 아직까지는 접촉이 양호함을 보여주고 있다.(검은색 프로필 블록)

(2) 공기압

공기 타이어에서는 시간이 경과함에 따라 타이어 공기압이 처음에 비해 점진적으로 아주 조금씩 낮아지는 '확산손실(diffusion loss)' 을 피할 수 없다.

버스나 트럭의 경우는 고속(100km/h)에서도 표준 공기압으로 충분하지만, 승용자동차의 경우는 버스나 트럭보다는 더 높은 속도로 주행하는 경우가 많기 때문에 고속으로 주행할 경우에는 표준 공기압보다 0.3~0.5 bar 정도 더 높은 공기압을 권장하고 있다.

공기압이 낮은 상태에서 고속주행하면 스탠딩 웨이브(standing wave) 현상이 발생하여, 타이어의 수명을 급격히 저하시킬 뿐만 아니라 트레드가 분리되어 떨어져 나가는(tread chunk-out), 아주 위험한 현상이 발생할 수 있다.

다음은 적정 공기압의 예이다.

승용	4 P.R	32~35 PSI	버스/화물 자동차	8P.R	65PSI
				12P.R	95PSI
승합	16 P.R	120~130PSI		16P.R	120~130PSI

주 **스탠딩 웨이브(standing wave) 현상**

주행 중, 타이어는 트레드와 사이드 월에서 발생하는 변형과 그 변형의 복원운동을 반복하면서 회전하게 된다. 주행속도에 비례해서 바퀴의 회전속도도 상승하므로, 고속에서는 트레드의 변형이 복원되기 이전에 다음의 변형을 맞이하게 되어 트레드 부분이 물결모양으로 떠는 현상이 발생하게 된다. 이 현상을 '스탠딩 웨이브' 라고 한다. 이 현상이 심하면 트레드가 떨어져 나가고, 타이어가 파열되는 위험한 상태에 이르게 된다.

그림 6-16은 250km/h로 주행할 때 '175 HR 14' 타이어의 스탠딩 웨이브 현상을 잘 보여주고 있다.

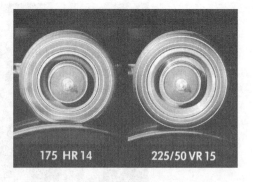

그림 6-16 타이어의 고속주행성능 비교(예)

(3) 주행속도

고속으로 주행하면 타이어에서 심하게 열이 발생하며, 부하도 증대된다. 어떠한 경우에도 타이어의 허용최고속도 이상으로 주행해서는 안 된다. 그리고 승용차 타이어에 'MS'(Mud+Snow)라고 명시된 경우에는 허용최고속도에서 20km/h를, '보강하였음(reinforced)' 이라고 명시된 경우에는 10km/h를, MS*와 'reinforced' 가 동시에 명시된 경우에는 30km/h를 감속한 속도를 허용최고속도로 권장하고 있다. 그러나 최근에는 이와 상관없이 허용최고속도로 주행해도 된다는 회사들이 늘어나고 있다.

DIN 규격 78051에서 발췌한, 타이어 고속주행시험에 관한 내용이다.

시험할 타이어를 해당 림(rim)에 조립한 다음, 규정 공기압으로 충전한다. 타이어에 최대허용하중의 80%에 해당하는 부하를 걸고 고속시험대에서 시험한다.

드럼의 직경 171cm 또는 200cm인 시험대에서 60분간 5단계의 각각 다른 속도에서 시험한다. 마지막 20분 동안은 허용최고속도로 운전한다. 시험 후에 타이어에 손상이 없어야 한다.

손상(예) : 트레드 고무가 떨어져 나감(chunk-out), 플라이의 분리(ply separation), 그루브의 파손(groove cracking), 사이드 월의 파손(side wall cracking) 등.

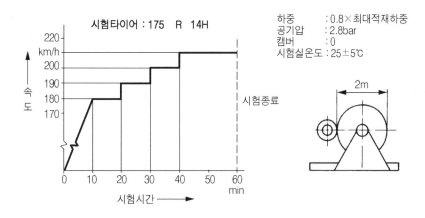

그림 6-17 타이어의 최고속도 시험(DIN78051) - 속도등급H(210km/h)의 경우

6. 런-플랫(run-flat) 시스템

런-플랫 시스템은 특히 고속에서 타이어 공기압의 급격한 감소에 의한 위험한(critical) 주행상황을 방지하거나 또는 제거할 수 있다. 일반적으로 타이어를 교환하지 않고도 가까운 정비공장까지 주행할 수 있다. → RSC = Run-flat System Component

제작사에 따라 다양한 명칭이 사용되고 있다.

- Dunlop 　 : "DSST" 　 Dunlop Self Supporting Technology
- Goodyear : "EMT" 　 Extended Mobility Technology
- Michelin 　 : "ZP" 　 Zero Pressure
- Pirelli 　 : "PMT" 　 Pirelli Total Mobility

런 - 플랫 시스템은 비상운전(limp-home) 특성을 갖춘 휠/타이어 시스템으로서, 2가지 사양으로 분류할 수 있다.
① 기존의 휠 림에 적용할 수 있는 시스템
② 특수한 휠 림과 그에 적합한 타이어를 장착해야 하는 시스템

두 시스템에는 반드시 공기압 감시 시스템의 장착이 필수적이다. 공기압 감시 시스템은 운전자가 적당한 속도로 계속 주행할 수 있도록 공기압에 대한 정보를 제공할 수 있어야 한다.

(1) 기존의 휠 림에 적용할 수 있는 시스템

① CSR(Conti Support Ring)

그림 6-18(a)와 같이 유연한 마운팅(mounting)을 포함한 경금속 링(ring)을 휠 림에 조립한 형식이다. 경경금속 링의 무게는 약 5kg 정도이다. 따라서 각 휠은 약 5kg 정도의 무게가 증가하게 된다.

공기압이 손실되었을 경우에도, 타이어가 경금속 링에 지지되므로, 타이어 사이드 월이 노면과 휠 림 사이에서 짓눌리지 않게 된다. 따라서 공기압이 손실되었을 경우에도 타이어의 파손이나 마찰에 의한 열이 발생되지 않는다. 주행속도를 낮출 경우, 약 200km 정도까지는 계속 주행이 가능하다. 이 방식은 조립 난이도 때문에, 편평비(H/B) 60이하인 타이어용으로 개발되었다.

(a) CSR−시스템

(b) DSST 시스템

그림 6-18 기존의 휠 림을 사용하는 런 - 플랫 시스템

② 자기 지지식 런-플랫 타이어(SSR : Self Supporting Run-flat tire) (예 : DSST)

이 타이어는 기존의 타이어와 비교할 때, 내열고무를 사용하고, 추가로 띠를 삽입하여 사이드 월을 강력하게 보강하였다. 압력이 손실된 상태에서도 타이어는 자신의 사이드 월로 자동차의 하중을 지지할 수 있다. 따라서 비드는 림의 안쪽으로 미끄러지지 않고 자신의 위치를 유지한다. 공기압이 손실된 상태에서도 주행속도 80km/h로 약 200km 정도를 주행할 수 있도록 설계되어 있다. 사이드 월의 보강으로 노면충격흡수성이 불량하여 승차감은 낮다.

(2) 특수한 휠 림과 그에 적합한 타이어를 장착해야 하는 시스템

특수한 휠 림과 그에 적합한 타이어를 사용하는 시스템으로서, 대표적인 시스템에는 Michelin의 PAX-시스템이 있다. PAX-시스템의 구조는 그림 6-19와 같다.

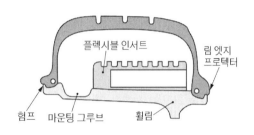

그림 6-19 PAX-시스템

① PAX-시스템의 휠 림-EH2(Extended Hump 2)

림은 아주 편평하고 림 웰(rim well)의 위치에는 아주 작은 조립용 그루브가 있을 뿐이다. 림 플랜지(rim flange)는 없고, 림의 바깥쪽 양단에는 각각 험프(hump)가 있다. 림의 중앙부분이 편평하므로 직경이 큰 브레이크 디스크의 설치가 가능하다.

② PAX-시스템의 타이어

타이어의 사이드 월을 높이는 더 짧게, 강성은 더 크게 증가시켰다. 측력에 의한 타이어 접지면의 변형이 적기 때문에, 노면과의 접촉력은 개선되고 전동저항은 감소된다.

타이어 비드는 각각 험프의 바깥쪽 그루브에 밀착되어 있다. 타이어에 작용하는 모든 힘

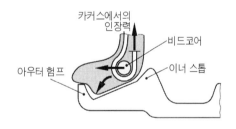

그림 6-20 타이어 비드의 수직 고정력

은 타이어의 카커스에 인장력을 발생시키는 힘으로 작용한다. 따라서 비드는 언제나 그루브에 밀착된 상태를 유지한다. 그리고 수직으로 작용하는 이 고정력은 타이어의 공기압이 손실된 상태에서도 비드가 림으로부터 이탈하지 않도록 한다.(그림 6-20)

③ PAX-시스템의 인서트(insert)

이 인서트는 탄성 링으로서, 림 위에 끼워져 있으며, 부하감당능력이 우수하다. 따라서 타

이어의 공기압이 손실된 상태에서도 타이어가 제 위치를 유지하도록 타이어를 지지한다. 타이어의 공기압이 손실된 상태에서도 80km/h의 속도로 약 200km정도를 주행할 수 있다.

④ PAX-시스템의 타이어 호칭(예)

	205	타이어 폭[mm]
	650	타이어 외경[mm]
205/650 R 440 A	R	Radial 구조
	440	림 시트의 평균 직경[mm]
	A	비대칭 시트

7. 타이어 공기압 감시 시스템(air pressure monitoring system)

타이어 공기압의 손실은 경우에 따라서는 급격히, 또는 천천히 장기간에 걸쳐 이루어진다. 우선 외부물체에 찔리거나, 충돌 또는 운전 부주의로 타이어가 파손되어 순식간에 공기압이 손실되는 경우를 가정할 수 있다.

그림 6-21은 고속 주행 중 타이어가 외부로부터의 이물질에 찔리고, 타이어에 박힌 이 이물질은 임의의 시간 후에 원심력에 의해 다시 타이어로부터 분리되는 경우의 공기압 변화를 도시한 그림이다. 타이어 및 자동차의 종류, 그리고 타이어의 손상 정도에 따라 다르나 약 30~60초 후에 한계압력(규정 공기압의 85%)에 도달함을 알 수 있다. 따라서 이 경우에 최소 30초 이내에 운전자가 이 사실을 인지하면 사고를 미연에 방지할 수 있다. - 공기압 감시시스템은 이와 같은 논리에 근거를 둔 시스템이다.

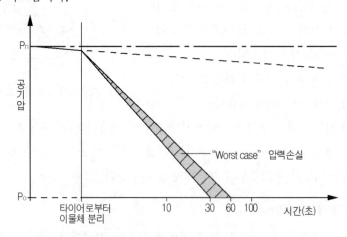

그림 6-21 주행 중 타이어 손상에 의한 공기압손실(예)

이 외에도 튜브나 공기 주입 밸브로부터의 누설, 또는 비드(bead)와 림(rim)사이에서의 미세한 누설에 의해 장기간에 걸쳐 공기압이 조금씩 손실되는 경우가 있을 수 있다. 이와 같은 경우에 공기압의 손실은 1년에 약 30% 정도에 이르는 것으로 보고되고 있다.

유니로열(Uniroyal)사가 운행 중인 자동차를 대상으로 타이어 공기압을 조사한 결과에 따르면 약 17%는 규정값보다 높게, 약 13%는 규정값 범위로, 그리고 약 70%는 규정값보다 낮은 것으로 나타났다. 이 조사결과는 절대 다수의 자동차들이 항상 공기압이 부족한 상태로 운행되고 있음을 의미한다.

타이어의 안정성, 예를 들면 고속주행성능, 제동력 및 선회력을 노면에 전달할 수 있는 능력, 그리고 수막현상에 대한 대처능력 등은 공기압이 규정수준을 유지하고 있을 때만 보장된다.

공기압 감시시스템은 공기압이 일정수준 이하로 낮아지면 경고신호를 발생시키고, 더 낮아져 위험한 상황이 되면 경보를 발하여 운전자가 자동차를 정차시킬 수 있도록 한다.

공기압 감시시스템은 안정성을 향상시킬 뿐만 아니라 경제성을 개선시키는 부수적인 효과도 있다. 공기압이 낮으면 타이어의 마모가 증대되고, 연료소비율이 증가하기 때문이다.

공기압 감시시스템은 간접측정 방식과 직접측정 방식으로 분류할 수 있다.

(1) 간접 측정 방식

공기압이 손실되면 타이어의 전동원주는 작아지고, 차륜의 회전속도는 상승하게 된다. ABS 또는 ESP(Electronic Stability Program) 시스템에 부속된 센서들을 이용하여 각 차륜의 회전속도를 측정하고, 대각선으로 배치된 차륜의 회전속도를 서로 비교하여 평균회전속도를 산출하고, 이 평균회전속도를 이용하여 공기압이 손실된 타이어를 식별한다. 두 차륜 간의 공기압의 차이가 일정값(예 : 30%) 이상이면 먼저 운전자에게 경고신호를 보낸다.

그러나 제어 일렉트로닉은 커브선회 시 또는 급가속할 때와 같은 주행상태를 변별하여, 이 경우에는 경고신호를 발생시키지 않는다. 그리고 제어일렉트로닉에 저장된 알고리즘은 부하와 온도변화도 고려한다. 단 타이어의 규격이 바뀌면 해당 타이어의 전동원주(규정 공기압에서의) 기준값을 다시 입력해야 한다.

(2) 직접 측정 방식

공기압은 타이어에 설치된 압력센서가 직접 측정한다. 아래의 기능들이 충족되어야 한다.
- 공기압은 정차 중 또는 주행 중에도 계속해서 감시되어야 한다.
- 공기압 손실, 공기압 감소 및 타이어 펑크는 조기에 운전자에게 알려져야 한다.

- 개별 휠의 인식 및 휠의 위치확인은 자동적으로 이루어져야 한다.
- 시스템과 부품의 진단은 서비스공장에서 가능해야 한다.

이 시스템은 다음과 같은 부품으로 구성된다.
- 각 차륜마다 1개 이상의 압력센서
- 타이어 공기압 감시용 안테나
- 디스플레이를 포함한 계기판
- 타어 공기압 감시용 ECU
- 기능 선택 스위치

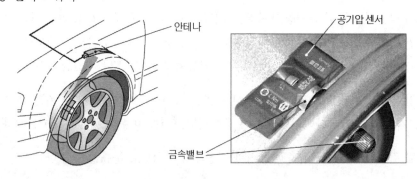

그림 6-22 타이어 공기압센서와 안테나

① 타이어 공기압센서

타이어 공기 주입 밸브(금속제)에 볼트로 체결되어 있다. 따라서 타이어 또는 림을 교환할 때 다시 사용할 수 있다. 추가로 온도센서, 발신용 안테나, 측정 일렉트로닉 및 제어 일렉트로닉, 수명이 약 7년인 배터리 등이 집적되어 있다. 공기압은 온도에 따라 변화하므로, ECU에서는 감지한 온도와 압력을 기준온도 20℃에서의 값으로 환산한다.

타이어를 교환할 때 센서의 파손을 방지하기 위해서는, 타이어를 센서가 설치된 쪽의 반대쪽 부분을 눌러서 분리시켜야 한다.

② ECU

발신 안테나로부터 다음과 같은 정보들을 수신한다.
- 개별 차륜의 식별 번호(ID code)
- 현재의 공기압과 온도
- 리튬(Lithium) 전지의 상태

ECU는 타이어 공기압 감시를 위해 안테나로부터 수신한 신호들을 평가하여, 우선순위에 따라 디스플레이를 통해서 운전자에게 정보를 제공한다. 타이어를 교환하였을 경우, 예를 들면 앞차축 타이어를 뒤차축으로, 또는 그 반대로 교환하였을 경우에 변경된 압력으로 ECU를 다시 코딩하야야 한다.

예를 들면, 공기압을 수정하였을 경우에는 그때마다 엔진 점화스위치를 OFF하고, 단자 15 ON 상태에서 일정 시간 동안(예 : 최소한 6초 이상) 버튼을 눌러 시스템을 초기화해야 한다.

③ 개별 차륜 인식

ECU는 자동차에 부속된 센서들을 식별하고, 이를 저장한다. ECU는 주행 중에도 센서들을 식별하여, 근접해 있는 자동차들의 센서에 의한 간섭을 방지한다.

④ 시스템 메시지 우선순위 1(그림 6-23 참조)

이 메시지는 주행안전성을 더 이상 보장할 수 없음을 의미하는, 경고 메시지이다.
- 신호 한계값(threshold) 2에 미달될 경우(예 : 저장된 규정압력 2.3 bar에서, 0.4bar 강하)
- 신호 한계값(threshold) 3에 미달될 경우(예 : 최저압력 한계, 그림에서 1.7bar)
- 분당 압력손실이 규정값(예 : 0.2bar) 이상일 경우.

⑤ 시스템 메시지 우선순위 2(그림 6-23 참조)

다음의 경우에 메시지를 통해 운전자에게 정보를 제공한다.
- 신호 한계값(threshold) 1에 미달될 경우(예 : 저장된 규정압력 2.3 bar에서, 0.2bar 강하)
- 동일 차축의 타이어 간의 압력차가 일정 수준(예 : 0.4bar) 이상일 경우.
- 시스템이 스위치 OFF되었거나 또는 고장일 경우.

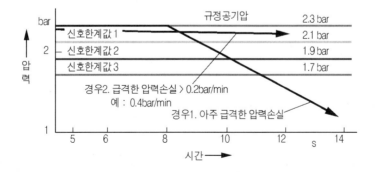

그림 6-23 시스템 메시지 그래프

제6장 휠과 타이어

제3절 타이어의 동력전달특성
(*Force transferring characteristics of tire*)

주행거동과 주행안락성을 해석하고 최적화시키기 위해서는 가능한 한 정확한 타이어의 특성도가 먼저 작성되어야 한다. 일반적으로 승용자동차용 타이어와 경(輕)상용자동차 타이어의 특성도가 널리 이용되고 있다.

타이어는 수직력(normal forces ; F_N), 직진방향의 힘(longitudinal forces ; F_X), 그리고 횡력(lateral force ; F_L)을 전달할 수 있어야 하고, 이 3개의 축에 작용하는 토크를 흡수할 수 있어야 한다.

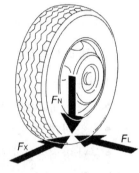

그림 6-24 타이어에 작용하는 힘

노면과 타이어의 접촉면적을 푸트 - 프린트(foot print : Latsch)라 한다. 푸트 - 프린트는 그림 6-25와 같이 타이어이 종류와 크기 및 편평비(H/B)에 따라 다르다. 자동차에 작용하는 모든 힘은 이 푸트 - 프린트를 통해 노면에 전달되거나 또는 노면으로부터 푸트-프린트를 거쳐 차체에 전달된다. 일반적으로 편평비가 증가할수록 푸트-프린트는 그림 6-25와 같이 정사각형에 가까운 형태가 되며, 푸트-프린트가 넓어짐에 따라 단위면적 당 하중부하는 감소한다.

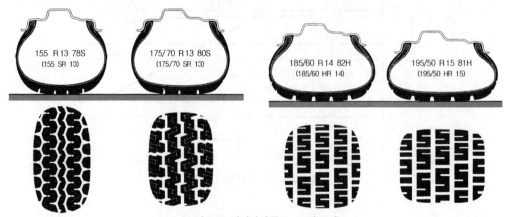

그림 6-25 타이어의 푸트 - 프린트(예)

능동 안전 특히, 양호한 주행거동을 위해서 타이어는 아래의 조건들을 만족시켜야 한다.
　① 직진방향의 힘(구동력 또는 제동력)의 전달능력
　② 선회(cornering) 능력 → 횡력에 대한 저항성
　③ 직진 특성
　④ 고속주행 내구성
　⑤ 내 저항성

주행거동과 관련된 내용 중 중요한 사항에 대하여 간략하게 설명하기로 한다.(P.194, 제2장 11절 구동륜 슬립제어, P.404 제5장 6절 전자제어 섀시 참조)

1. 수직력(normal force : Normalkraft) → Z축 방향의 힘 : F_N

타이어는 자동차의 하중을 지지하는 요소로서 수직력(대부분 자동차의 중량)을 노면 위에 지지하는 기능을 한다. 따라서 탄성체인 타이어는 하중에 의해 노면에 압착된다.

수직력은 접지면적에 균등하게 분포되는 것으로 가정하지만, 실제로는 그렇지 않다. 타이어의 종류(레이디얼과 바이어스)에 따라 수직력 분포상태가 크게 다르다. 그림 6-26(a)는 속도 60km/h로 전동(rolling)중인 레이디얼 타이어 푸트-프린트의 수직력 분포상태를 나타내고 있다. 그리고 그림 6-26(b)는 바이어스 타이어 푸트-프린트의 수직력 분포상태이다. 바이어스 타이어에 비해 레이디얼 타이어에서의 수직력 분포상태가 상대적으로 균일함을 알 수 있다. 이 사실은 접지성 측면에서 볼 때, 레이디얼 타이어가 바이어스 타이어에 비해 상대적으로 우수하다는 것을 의미한다.

타이어의 스프링 기능과 감쇠기능은 자동차의 진동을 흡수하는 데 큰 영향을 미친다. 그러나 수평방향 운동역학(horizontal dynamic)에는 거의 영향을 미치지 않는다.

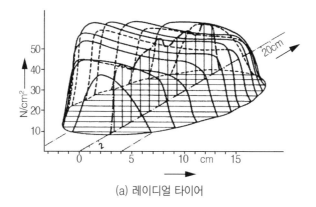

(a) 레이디얼 타이어

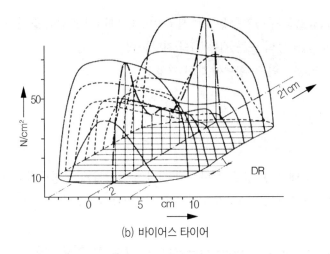

(b) 바이어스 타이어

그림 6-26 전동 중인 타이어 푸트-프린트 상의 수직력 분포상태

2. 직진방향의 힘(longitudinal forces : Längskräfte) → X축 방향의 힘 : F_X

직진방향의 힘은 그림 6-24에 도시된 바와 같이 자동차의 길이방향으로 작용하는 힘을 말한다. 타이어는 자동차의 길이(x축) 방향으로 구동력과 제동력을 전달한다.

전달 가능한 최대 구동력(=제동력)은 타이어와 노면 간의 마찰계수에 의해 제한된다.

$$F_{X.\max} = \mu_H \cdot F_N \quad\cdots\cdots\cdots\cdots\cdots\cdots\cdots (6\text{-}1)$$

여기서 $F_{X.\max}$: 구동력 또는 제동력 [N] μ_H : 점착마찰계수
F_N : 수직력 [N]

최대 제동토크 예를 들면, '$F_{X.\max} \cdot r_{st}$'를 초과하면 타이어는 노면 위에서 더 이상 점착상태를 유지할 수 없게 된다. 그러면 구동 중에는 바퀴가 헛돌고(spin), 제동 중에는 바퀴가 로크(lock)되게 된다. 즉, 차륜과 노면 사이에 슬립(slip)이 발생하게 된다.

슬립(slip)할 때, 전달 가능한 힘($F_{X.G}$)은 미끄럼 마찰계수(μ_G)에 의해서 제한된다.

일반적으로 미끄럼 마찰계수(μ_G)는 점착 마찰계수(μ_H)보다 작다.

$$F_{X.G} = \mu_G \cdot F_N \quad\cdots\cdots\cdots\cdots\cdots\cdots\cdots (6\text{-}2)$$

구동토크 또는 제동토크 전달시 슬립이 발생하면, 차륜의 회전속도와 자동차 주행속도 간에 차이가 발생하게 된다. 이 속도차 때문에 타이어와 노면 사이에는 부분적으로 상대운동이 발생된다. 그리고 이 상대운동에 의해 접촉면에서 타이어는 변형된다. 즉, 직진방향의 접촉면 변형에 의해 푸트-프린트도 이동한다.(그림 6-27 참조)

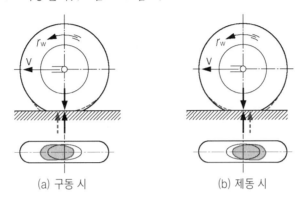

(a) 구동 시   (b) 제 동 시

그림 6-27 제동력(구동력)전달 시 타이어의 변형과 푸트-프린트의 이동

직진방향 즉 x축 방향 슬립(longitudinal slip ; λ_x)은 목적에 따라 제동슬립(λ_{xb})과 구동슬립(λ_{xd})으로 정의 한다. 타이어의 동하중 반경을 r_{dyn}, 차륜의 원주각속도를 ω_R이라고 하면, 제동슬립(λ_{xb})과 구동 슬립(λ_{xd})은 각각 다음과 같이 표시된다.

구동슬립(λ_{xd})은

$$\lambda_{xd} = \frac{r_{dyn} \cdot \omega_R - v}{r_{dyn} \cdot \omega_R} \quad \cdots\cdots\cdots\cdots\cdots (6\text{-}3)$$

또는 백분율(%)로

$$\lambda_{xd} = \left(1 - \frac{v}{r_{dyn} \cdot \omega_R}\right) \cdot 100\% \quad \cdots\cdots\cdots\cdots (6\text{-}3a)$$

제동 슬립(λ_{xb})은

$$\lambda_{xb} = \frac{v - r_{dyn} \cdot \omega_R}{v} \quad \cdots\cdots\cdots\cdots\cdots (6\text{-}4)$$

또는 백분율(%)로

$$\lambda_{xb} = \left(1 - \frac{r_{dyn} \cdot \omega_R}{v}\right) \cdot 100\% \quad \cdots\cdots\cdots\cdots (6\text{-}4b)$$

차륜에 회전속도센서를 장착한 경우, 예를 들면 ABS가 장착된 자동차에서는 주행속도를 비-구동륜(non-driven wheel)의 회전속도로부터 연산한다. 후륜구동방식(FR)에서는 앞 좌/우 차륜 회전속도의 평균값을 그 자동차의 차륜회전속도로 본다.

구동륜과 피동륜의 회전속도를 이용하여 근사적으로 구동슬립(λ_{xd})을 계산할 수 있다.

$$\lambda_{xd} = \left(1 - \frac{n_{fm}}{n_r}\right) \cdot 100\% \quad \cdots\cdots\cdots\cdots\cdots\cdots\cdots\cdots\cdots\cdots\cdots\cdots\cdots (6\text{-}5)$$

여기서 n_{fm} : 앞 차륜의 평균 회전속도 n_r : 뒤 차륜의 회전속도

제동시에는 모든 차륜에 제동력 즉, 길이(x축)방향의 힘이 작용한다. 따라서 차륜회전속도(n_i)를 이용하여 제동슬립(λ_{xb})을 계산하고자 할 경우에는 추가로 자동차 주행속도(v)를 측정해야 한다. → 기준 주행속도 측정(예 : 무 - 접촉식).

동하중 반경(r_{dyn})이 일정할 경우, 각 차륜의 제동슬립(λ_{xb})을 근사적으로 구할 수 있다.

$$\lambda_{xb} = \left(1 - \frac{n_i}{v} \cdot \frac{\pi \cdot r_{dyn}}{30}\right) \cdot 100\% \quad \cdots\cdots\cdots\cdots\cdots\cdots\cdots\cdots\cdots\cdots (6\text{-}6)$$

여기서 n_i : 차륜 회전속도 [min⁻¹] r_{dyn} : 차륜의 동하중 반경 [m]
        v : 자동차 주행속도 [m/s]

마찰계수 ' $\mu = F_X/F_N$ '를 동력전달계수라고도 한다. 마찰계수는 슬립의 함수이다. 그림 6-28은 건조한 아스팔트(콘크리트) 도로에서 제동했을 때 승용차 타이어의 마찰계수/슬립의 상관관계이다. 최대 동력전달계수는 점착마찰계수(μ_H)로 표시된다. 승용자동차 타이어는 일반적으로 슬립 10 ~ 20%에서 최대 점착마찰계수($\mu_{H.\max}$)에 도달한다. 슬립이 증가함에 따라 마찰계수는 점점 감소하여 100% 슬립할 때는 미끄럼 마찰계수(μ_G)가 된다.

점착마찰계수와 미끄럼마찰계수 사이는 불안정 영역이다. 마찰계수가 최대점을 지난 다음부터 슬립은 급격히 증대되어 순식간에 슬립 100%가 된다. 그러면 차륜은 미끄럼 상태에 돌입한다.

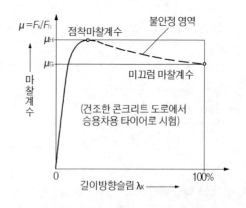

그림 6-28 제동(구동)슬립과 마찰계수의 관계(예)

마찰계수/슬립 곡선의 형태는 여러 가지 요소들의 영향을 받는다. 그림 5-44(a)는 노면의 상태에 따른 영향을 잘 나타내고 있다. 그리고 그림 6-29는 주행속도와 마찰계수의 상관관계이다. 주행속도가 상승함에 따라 마찰계수(μ_H 와 μ_G)는 약간 감소하는 것으로 나타난다.

수막이 형성된 노면을 주행할 경우에는 주행속도와 프로필 깊이가 마찰계수에 큰 영향을 미친다. 동시에 수막의 두께가 척도가 된다. 수막현상에 의해 미끄럼 마찰계수는 0.1이하로 낮아진다.(그림 6-30 참조)

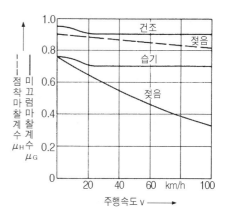

그림 6-29 주행속도가 마찰계수에 미치는 영향

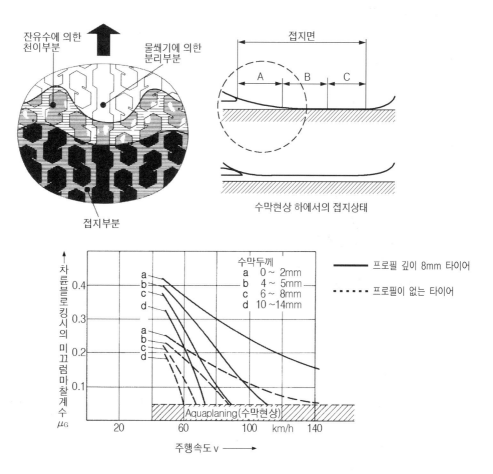

그림 6-30 수막현상 상태에서의 미끄럼 마찰계수(예)

3. 횡력(lateral forces : Seitenkräfte) - F_L

주행궤적(track)을 유지하기 위해서는 타이어의 선회(cornering) 특성이 가장 중요하다. 자동차의 주행방향을 변경시키기 위해서는 타이어를 통해서 옆방향으로 힘을 가해야 한다.

조향각을 변경시키면 차륜은 원래의 주행방향으로부터 벗어나게 된다. 이 동작에 의해 탄성체인 타이어는 노면과의 접촉면에서 옆방향으로 변형된다. 이 변형에 의해 횡력(lateral forces)이 발생한다.

이제 차륜은 더 이상 휠 림의 중심선을 따라 전동하지 않고, 휠 림의 중심선에 대해 슬립각(slip angle : Schräglaufwinkel) α인 상태로 전동한다.(그림 6-31 참조)

차륜 접지점에서의 속도 벡터(vector)는 휠 림의 중심선과 슬립각 α를 형성한다.(그림 6-32 참조). 이에 따라 접지면에는 옆방향으로 미끄럼 속도 '$v \sin\alpha$'가 발생한다. 이 옆방향 미끄럼 속도 '$v \sin\alpha$'가 바로 사이드 - 슬립(side slip) 즉, 횡활(橫滑)의 원인이 된다.

이 사이드 - 슬립(λ_y)은 실제 주행속도 'v'와 노면과 타이어 간의 상대 옆방향속도 즉, 옆 미끄럼속도 '$v \sin\alpha$'와의 비율로 표시된다.

$$\lambda_y = \frac{v \sin\alpha}{v} = \sin\alpha \cdot 100\% \cdots\cdots\cdots\cdots\cdots\cdots\cdots\cdots (6\text{-}7)$$

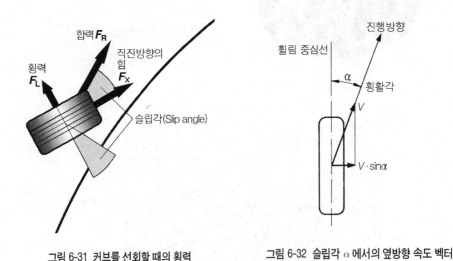

그림 6-31 커브를 선회할 때의 횡력   그림 6-32 슬립각 α에서의 옆방향 속도 벡터

직진방향 힘에 대한 마찰계수 곡선과 마찬가지로, 옆방향으로의 동력전달도 슬립의 영향을 받는다. 직진방향의 마찰계수(μ_H와 μ_G)와 대응시켜 옆방향 마찰계수(μ_s)를 정의할 수 있다.

$$\mu_s = \frac{F_L}{F_N} \quad \text{···(6-8)}$$

그림 6-33은 승용자동차 타이어의 횡방향 마찰계수(μ_s)와 사이드 슬립(λ_y)의 상관 관계를 각기 다른 노면에서 측정한 예이다. 그림에서 곡선의 최대값을 직진의 경우와 마찬가지로, 횡방향 점착마찰계수(μ_{sH})로 정의한다. 오늘날 사용되는 타이어의 횡방향 점착마찰계수(μ_{sH})는 슬립률 15~35% 범위 내에 존재하며, 최대값의 크기와 위치는 수직력의 크기에 따라 결정된다.

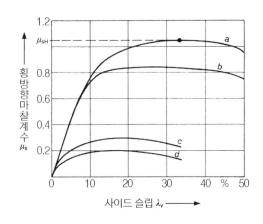

a. 건조한, 거친 콘크리트 도로
b. 건조한, 매끄러운 콘크리트 도로
c. 딱딱한 눈길
d. 거친 빙판

그림 6-33　횡방향 마찰계수(μ_s)와 사이드-슬립(λ_y)의 상관관계

정상적인 주행영역에서 횡방향(lateral side)으로의 슬립은 직진방향으로의 슬립과는 달리, 슬립률 100%에 이르지 않는다. 사이드 슬립 100%($\lambda_y = 100\%$)란 타이어가 옆방향($\alpha = 90°$)으로 미끄러짐을 의미한다. 이와 같은 경우는 특별한 상황 또는 사고 시에 볼 수 있을 뿐이다. 대부분의 경우에는, 사이드 슬립 $\lambda_y = 20$ ~25%에서 이미 한계영역에 돌입한다.

그림 6-34는 승용자동차 타이어(175 HR 14, 공기압 2.3bar)의 전형적인 횡력(F_L)과 횡활각(α)의 상관 관계를 수직력을 변수로 하여 도시한 곡선이다. 곡선은 대부분 횡활각 12

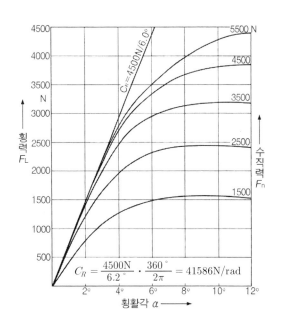

$$C_R = \frac{4500N}{6.2°} \cdot \frac{360°}{2\pi} = 41586N/rad$$

그림 6-34　횡력과 횡활각의 상관관계

~15°에서 중단된다. 그 이유는 정상 주행영역에서는 횡활각이 그다지 크지 않기 때문이다. 그리고 수직력(F_N)이 증가함에 따라 횡력(F_L)도 증가한다.

횡력은 접지면 중심에 작용하지 않고, 거리 n_R만큼 후방에 작용한다. 이 간격을 타이어 캐스터(tire caster) 또는 뉴메틱 트레일(pneumatic trail)이라고 한다.(그림 6-36 참조)

횡활(side slip) 시에 타이어 캐스터 즉, 레버 암(lever arm)에 복원토크가 발생한다.

복원토크(self-aligning torque : M_{SR})는 횡활각(α)을 감소시키려고 한다. 복원토크를 횡활 토크(side-slip torque)라고도 한다.

$$M_{SR} = F_L \cdot n_R \quad \cdots\cdots\cdots\cdots\cdots\cdots\cdots\cdots\cdots\cdots\cdots\cdots\cdots\cdots\cdots\cdots\cdots \text{(6-9)}$$

그림 6-35는 타이어(175 HR 14, 공기압 2.3bar)의 복원토크와 횡활각의 상관관계를 나타내고 있다. 복원토크는 수직력에 비례하며, 횡활각 $\alpha = 3 \sim 6°$에서 최대임을 알 수 있다.

횡력의 구성과 복원토크의 발생을 간단한 타이어 모델을 이용하여 명확하게 설명할 수 있다. 그림 6-36은 타이어를 위에서 내려다 본 그림(평면도)으로, 빗금을 친 부분은 타이어의 접지면적(foot print)이다.

그림 6-36(a)는 직진주행할 때 타이어 접지면의 상태도이다. 재료고무와 타이어 구조의 불균일성 때문에 직진주행할 때에도

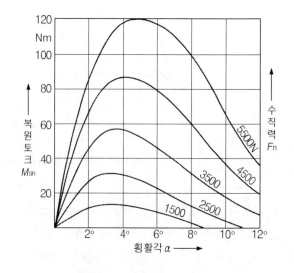

그림 6-35 타이어의 복원토크와 횡활각의 상관관계(예)

이미 아주 작은, 소위 선회력 제로(zero cornering force) 상태가 된다. → 각(angle) 효과와 원추효과. 제로 선회력은 자동차의 직진성에 영향을 미친다.

횡활각 α로 차륜의 운동방향이 약간 변경되면 타이어 접지면은 그림 6-36(b)와 같이 옆방향으로 약간 변형된다. 이 변형에 의해 횡력 F_L이 발생된다. 접지면으로 진입하는 타이어 원주상의 점 X는 타이어와 노면 사이의 마찰에 의해 휠림의 중심선에 대해 각 α로 변위된다.

이 변위에 의해 접지면의 고무입자에는 인장력이 발생한다. 인장력은 그림 6-36(c)와 같이 팽팽하게 당겨진 작은 옆방향-스프링들로 나타낼 수 있다. 점 X에 매어진 스프링은 점 X영역의

고무입자와 노면 사이의 점착력을 초과할 때까지 계속 인장된다. → 최대 인장점(X_1)

최대 인장점 X_1부터 접지면이 노면과 분리되는 점(X_2)까지 사이의 접지면에서는 타이어의 폭 중심선방향으로 부분적인 미끄럼이 발생한다. → 노면 이탈점(X_2)

이 옆방향 가상 스프링의 장력은 급격히 소멸되지 않기 때문에, 점이 노면으로부터 분리된 후에도 자신의 원래 위치로 복귀하는 데는 극히 짧은 시간이지만 시간적 지연이 따른다. → 복귀점(X_3)

마찬가지로 노면에 진입하기 전에 타이어 원주 상에는 점(X_0)부터 이미 약간은 옆방향으로 변형되기 시작한다. → 변형 개시점(X_0)

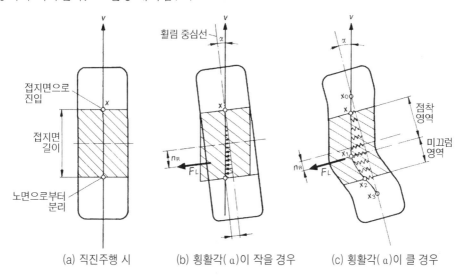

그림 6-36 횡력(F_L)과 복원토크(M_{SR})를 설명하기 위한 타이어 모델

횡력의 합은 차륜의 허브중심에 작용하는 것이 아니라, 변형단면의 중심(重心 ; center of gravity)에 작용한다. 그림 6-36(c)에서 보면, 중심(重心)은 변형단면(삼각형)의 꼭짓점으로서 접지면의 후반부에 위치한다. 따라서 복원토크(M_{SR})가 발생된다.

$$M_{SR} = F_L \cdot n_R \quad \text{··· (6-10)}$$

그림 6-36(b)와 같이 횡활각(α)이 작을 경우, 푸트-프린트는 아직 노면에 점착상태를 유지하고 있고, 가상 옆방향 스프링은 직선특성을 가지고 있다고 가정하면, 횡력(F_L)과 횡활각(α) 사이에는 서로 1차 비례관계가 성립한다.(그림 6-36(b)참조)

$$F_L = C_R \cdot \alpha\,[(\mathrm{N/rad}) \cdot \mathrm{rad}] \quad \cdots\cdots\cdots\cdots\cdots\cdots\cdots\cdots\cdots\cdots\cdots\cdots\cdots\cdots\cdots\cdots\cdots\cdots\cdots \text{(6-11)}$$

위 식에서 C_R을 타이어의 횡활 강성(side - slip stiffness) 또는 코너링 파워(cornering power ; C.P.)라고 한다. 횡활 강성 C_R은 횡력/횡활각 선도에서 곡선의 초기 기울기 즉, 직선부의 기울기와 같다. 그리고 또 횡활 강성(C_R)을 수직력(또는 접지하중)으로 나눈 값을 코너링 계수(cornering coefficient)라고 한다.(그림 6-34 참조)

일반적으로 대부분의 운전자들은 횡력/횡활각 선도의 직선영역을 벗어나지 않는 선에서 운전하게 된다. 횡력/횡활각 선도의 직선영역은 타이어와 노면상태에 따라 다르나, 점착성 노면에서 옆방향 가속도 3~4m/s²까지 유효한 것으로 알려져 있다.

횡활각(α)이 더 커지면, 먼저 푸트-프린트의 후반부에 부분적으로 미끄럼이 발생한다. 이렇게 되면 횡력(F_L)은 더 이상 횡활각(α)에 비례하지 않고, 오히려 감소한다. 따라서 접지면 변형단면의 중심(重心 : center of gravity)은 다시 전방으로 이동한다. 그렇게 되면 타이어의 캐스터(n_R)도 감소한다. 따라서 횡활각이 비교적 작을 때, 복원토크는 최대값을 유지한다. (그림 6-35 참조)

횡활각(α)이 증가하면 증가할수록 푸트-프린트의 미끄럼영역은 점점 전방으로 확대되어, $\alpha = 90°$가 되면 푸트-프린트 전체가 미끄럼 상태에 돌입하게 된다.

그림 6-37은 이와 같은 타이어의 특성들, 예를 들면 횡력(F_L), 횡활각(α), 수직력(F_N), 복원토크(M_{SR}), 그리고 타이어 캐스터(n_R) 간의 상관 관계를 하나의 그래프에 도시한 것으로서, 이를 고우-선도(Gough-diagram)라고 한다.

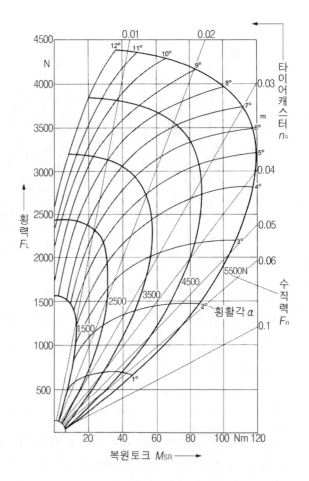

그림 6-37 Gough-선도(예 : 타이어 175 HR 14, 공기압 2.3bar)

차륜정렬요소인 캠버(camber ; γ)도 횡력을 발생시킨다. (그림 6-38 참조). 캠버 스러스트(camber thrust)의 작용방향은 차륜의 기울기 방향과 일치한다. 일반적으로 캠버가 작을 경우, 캠버 스러스트(F_γ)는 수직력(F_N)을 이용한 근사식으로 표시할 수 있다.

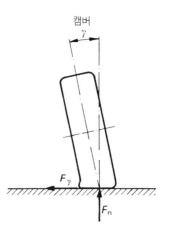

$$F_\gamma = k_\gamma \cdot \gamma \cdot F_N \quad \cdots\cdots\cdots\cdots\cdots\cdots (6\text{-}12)$$

그림 6-39에는 캠버가 횡력과 복원토크에 미치는 영향이 도시되어 있다. 시험 타이어의 규격은 175/70 HR 14, 공기압은 2.4bar, 그리고 타이어에 가해진 수직하중은 8,000N이

그림 6-38 캠버 스러스트(camber thrust)

다. 그림에서 캠버값이 부(−)의 값으로 증가함에 따라 곡선은 거의 평행하게 전위되고 있음을 알 수 있다. 즉, 다른 조건이 모두 같고 캠버가 변수일 경우라면, 부(−)의 캠버로 진행함에 따라 횡력은 증가하고, 복원토크는 감소한다.(그림 6-39 참조)

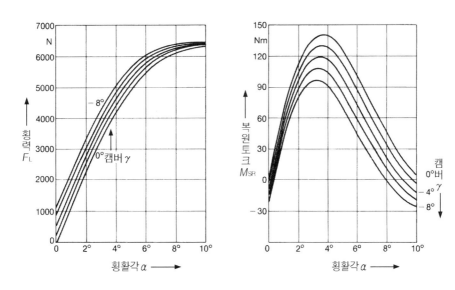

그림 6-39 캠버가 횡력과 복원토크에 미치는 영향.

횡력(F_L)과 직진력(구동력 또는 제동력)(F_X)이 동시에 작용할 때, 그 합력은 쿨롱의 마찰원(Coulomb's frictional circle)에서와 마찬가지로 특정 한계값을 초과하지 않는다. 이때의 한계값($\mu_{max} \cdot F_N$)을 Kamm의 원(Kamm's circle)에 표시할 수 있다.(그림 6-40 참조)

이때의 마찰계수는 다음 식으로 표시된다. 식에서 $\mu_{\max}$ 는 노면과 타이어에 따라 변화하는 최대 마찰계수이다.

$$\sqrt{\frac{F_x^2 + F_L^2}{F_N}} \leq \mu_{\max} \quad \cdots\cdots\cdots\cdots\cdots\cdots\cdots (6\text{-}13)$$

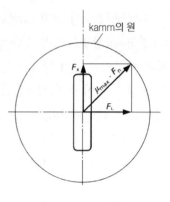

그림 6-40 Kamm의 원

전달가능 최대횡력은 횡력과 직진력(구동력 또는 제동력) 이 동시에 작용할 경우가 직진력이 작용하지 않을 경우보다 더 작다. 횡력에 대한 직진력(구동력 또는 제동력)의 영향은 그림 6-41에 도시되어 있다.

시험 타이어의 규격은 165 R 15 86 S이고, 공기압 1.5bar, 그리고 타이어에 부하된 수직력은 3000N이다.

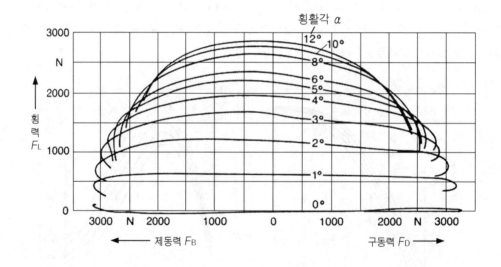

그림 6-41 직진력이 횡력에 미치는 영향(예)

제4절 휠 밸런싱
(Wheel balancing)

1. 일반 수칙

(1) 휠 림 관련

① 사용하는 타이어에 적합한, 규정된 림을 사용한다.

② 림에서 녹을 제거하고, 균열 및 손상을 점검한다. 균열이 있는 림은 교환한다.

③ 휠 너트(또는 볼트)는 대각선으로, 규정토크로 조인다. 상용자동차의 경우에는 50km 주행 후에 규정토크로 다시 조인다. 주행 중 부하를 가한 상태에 적합 시키기 위해서 이다.

④ 분할 림을 교환할 경우에는 세트(set)로 교환한다. 일반적으로 세트별로 동일한 기호가 각인되어 있다. 단품교환은 않는다.

(2) 타이어 관련

① 자동차 제작사에서 순정품으로 규정한 타이어를 사용하여야 한다.

② 레이디얼 타이어와 바이어스 타이어를 혼용해서는 안 된다.

③ 동일 차축의 좌/우에는 규격, 프로필 형상, 마모도 등이 동일한 것만을 사용해야 한다.

④ 트레드의 프로필 깊이는 트레드 전체 면적에 걸쳐서 항상 1.6mm 이상이어야 한다.

⑤ 공기압은 항상 규정값으로 또는 규정값보다 약간 높게 조정한다.

⑥ 최고 주행속도가 50km/h 이상인 자동차의 타이어는 항상 정적/동적으로 평형상태를 유지하고 있어야 한다. 주기적으로 평형(balancing) 상태를 점검하여야 한다.

⑦ 타이어의 수명은 운전습관, 정기적인 점검(공기압, 마모상태, 또는 외부손상) 등에 크게 좌우된다. 급가속 및 급제동할 때, 차륜이 헛돌거나(spin), 로크(lock)되면 타이어의 이상 마모가 촉진된다. 정기적으로 점검하고, 또 급가속이나 급제동은 가능하면 피해야 한다.

⑧ 대형 트럭용 타이어의 경우, 공기압이 규정 공기압의 150%를 초과해서는 절대로 안된다.

그리고 어떠한 경우에도 공기압이 10bar를 초과해서는 안 된다.

⑨ 복륜 타이어의 경우, 직경이 큰 타이어를 안쪽에 설치해야 한다.

2. 신품 타이어를 조립할 때의 유의사항

휠 림과 타이어를 조립, 규정공기압으로 충전한 다음, 정치식 휠밸런서에 장착하고 다음 순서로 작업한다. 이때 공기주입밸브, 튜브, 림 밴드(rim band) 등도 모두 신품으로 교환한다.

(1) 타이어와 휠 림에 조립 기준점이 없을 경우

① 타이어의 진원도(원주방향 런-아웃)를 점검하고, 반경이 가장 작은 부분에 표시를 한다.

② 휠 림의 진원도를 점검하고, 반경이 가장 큰 부분에 표시를 한다.

③ 휠 림의 옆방향 런-아웃(lateral run-out)을 점검한다.

　　※ 한계값 → 보통의 강판 림 ：최대 1.0mm

　　　　　　　경금속 림 　　：최대 0.5mm

④ 휠 림에 이상이 없으면 휠밸런서에서 타이어를 분리시킨 다음, 공기를 배출시킨다.

앞서 ①과 ②에서 표시한 부분을 서로 일치시키고 다시 규정 공기압으로 충전한다.

이어서 휠밸런서에 다시 장착한다.

⑤ 휠 림과 타이어의 옆방향 런-아웃 합을 타이어의 사이드 월(side wall)에서 측정한다.

대부분의 승용자동차용 휠의 한계값은 최대 1.5mm이다.

⑥ 앞서 ⑤항의 점검에서 이상이 없으면 이제 휠을 밸런싱한다.

(2) 타이어와 휠 림에 조립 기준점이 표시되어 있을 경우

① 제작회사에서 표시한 조립 기준점을 서로 일치시켜 조립한다.

(예 : 타이어에 표시된 녹색 점과 휠 림에 표시된 조립 기준점을 일치시킨다.)

② 조립 기준점이 표시되어 있지 않고, 단지 가벼운 점만 표시되어 있을 경우에는, 이 점과 휠 림의 공기밸브를 일치시킨다.

(예 : 타이어에 표시된 적색 점과 휠 림의 공기밸브를 일치시킨다.)

③ 휠 림과 타이어의 옆방향 런-아웃을 점검한다. → 1)항 참조.

이상이 없으면 휠을 밸런싱한다.

3. 차륜의 평형(wheel balancing : Reifenauswuchten)

(1) 차륜의 불평형(unbalance : Unwucht)

차륜의 불평형 즉, 휠의 언밸런스는 타이어 또는 림의 질량분포가 불균일할 때 발생된다. 예를 들면, 트레드 두께의 불균일, 공기밸브 등에 그 원인이 있다. 불평형에 의한 원심력은 차륜의 회전속도의 제곱에 비례하여 증가한다.

차륜이 정적, 동적으로 평형이 되어있지 않으면 일정속도 이상에서 불평형에 의한 차륜의 진동과 스프링 아래질량의 고유진동이 공진하여 조향핸들까지 크게 진동하는 현상이 발생되게 된다. 이 진동은 타이어와 현가장치 부품의 마멸을 촉진시킬 뿐만 아니라, 안전운전을 저해하는 요소가 된다. 이와 같은 이유에서 최고 주행속도가 50km/h이상인 자동차의 차륜은 반드시 정적, 동적으로 평형(balancing)이 되어 있어야 한다.

① 정적 불평형(static unbalance : statische Unwucht)

> **실험1** 수평축에 설치된 차륜을 자유롭게 회전하도록 회전시켜 보자. 차륜이 스스로 정지할 때, 회전축 중심의 아래에 위치하는 부분에 표시를 한 다음에 다시 회전시켜 보자. 또 회전 중인 차륜을 임의로 정지시켜, 그 위치가 유지되는지 살펴보자.

> **결과1** 차륜이 스스로 정지할 때 회전축 중심의 아래에 위치하는 부분이 일정하지 않고, 회전 중 임의로 정지시키면 어느 위치에서나 정지한다. → 정적 평형(static balance)
>
> **결과2** 차륜이 스스로 정지할 때 회전축 중심의 아래에 위치하는 부분이 항상 일정하며, 임의로 정지시킬 때, 어느 위치에서나 정지하지는 않는다. 진자운동을 하다가 결국은 스스로 정지할 때와 동일한 위치가 회전축 중심의 아래에 온다. → 정적 불평형(static unbalance)

정적 불평형 상태란 차륜의 어느 일부분의 무게가 다른 부분에 비해 무겁다는 의미이다. 무거운 부분만이 회전한다고 가정해 보면, 노면에서 반원형의 궤적을 그리면서 가/감속을 반복하게 된다. 그리고 무거운 부분이 노면으로 향할 때는 노면을 두들기고, 노면에서 위로 향할 때는 차륜을 들어 올리게 된다. 즉, 차륜을 상하로 진동시키게 된다. 불평형량이 크고 또 주행속도가 일정 수준에 이르면 차륜은 상하로 크게 진동하며, 그 충격은 조행핸들에 까지 전달되게 된다.

정적 불평형에 의한 차륜의 상하진동 →　휠 홉(wheel hop : Springen des Rades) 또는 휠 트램핑(wheel tramping).

정적 불평형 상태를 제거하기 위해서는 무거운 부분의 정반대 위치 즉, 회전축 중심의 12시 위치에 평형추(balance weight)를 추가한다. → 정적 평형

그러나 실제로는 타이어의 원주부분에 평형추를 부착하지 않고, 휠 림에 부착한다. 따라서 실제의 불평형량(m_1)보다는 큰 평형추(m_2)를 1/2씩 나누어 휠 림의 내/외측에 부착하게 된다.

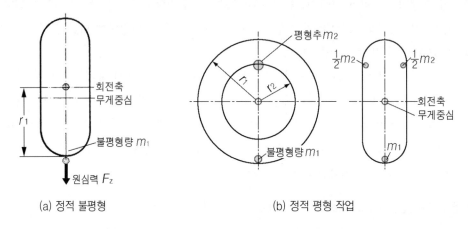

(a) 정적 불평형   (b) 정적 평형 작업

그림 6-42 차륜의 정적 불평형과 정적 평형

② **동적 불평형**(dynamic unbalance : dynamische Unwucht)

그림 6-43에서 차륜은 여전히 정적 평형상태이다. 그러나 축을 빠른 속도로 회전시키면 질량 m_1, m_2에 의한 원심력이 축 중심선에 직각방향으로 회전토크를 발생시킨다. 이 상태가 바로 동적 불평형 상태이다. 동적 불평형에 의해 차륜은 좌/우로 진동하게 된다. → 워블 (wobble : Taumeln) 또는 시미(shimmy : Flattern)(그림 6-43 참조)

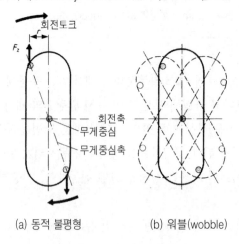

(a) 동적 불평형   (b) 워블(wobble)

그림 6-43 동적 불평형과 워블(wobble)

참 고

불평형에 의한 원심력의 크기를 계산하여, 그 영향을 살펴보자. 보통의 전자식 휠밸런서의 경우, 불평형량을 5g단위로 지시한다. 따라서 기계의 정밀도 오차만을 고려하드라도 5g의 불평형은 휠밸런서에서 완전 평형시킨 차륜에도 항상 존재할 가능성이 있다. 5g의 미소량의 불평형과 속도의 함수관계를 살펴보자.

예제1 주행속도 72km/h, 타이어 동하중 반경 r_1=0.304m, 휠 림의 반경 r_2=0.165m, 림 플랜지에 부착된 불평형량은 5g이다. 원심력의 크기는? 그리고 주행속도가 2배일 때와 불평형량이 2배일 경우의 원심력의 크기도 구하라.

m=0.005kg, v_{car}=72km/h=20m/s, r_2=0.165m, $v_{rim.fl}$≈11m/s 이므로,

① 주행속도 72km/h에서의 불평형량 0.005kg에 의한 원심력($F_{cf.72}$)은

$$F_{cf.72} = \frac{m \cdot v^2}{r_2} = \frac{0.005\text{kg} \times (11\text{m/s})^2}{0.165\text{m}} = 3.7\text{kgm/s}^2 = 3.7\text{N}$$

② 주행속도 144km/h에서의 불평형량 0.005kg에 의한 원심력($F_{cf.144}$)은

$$F_{cf.144} = \frac{m \cdot v^2}{r_2} = \frac{0.005\text{kg} \times (22\text{m/s})^2}{0.165\text{m}} = 14.7\text{kgm/s}^2 = 14.7\text{N}$$

③ 주행속도 72km/h에서의 불평형량 0.010kg에 의한 원심력($F_{cf.72}^*$)은

$$F_{cf.72}^* = \frac{m \cdot v^2}{r_2} = \frac{0.01\text{kg} \times (11\text{m/s})^2}{0.165\text{m}} = 7.4\text{kgm/s}^2 = 7.4\text{N}$$

④ 주행속도 144km/h에서의 불평형량 0.01kg에 의한 원심력($F_{cf.144}^*$)은

$$F_{cf.144}^* = \frac{m \cdot v^2}{r_2} = \frac{0.01\text{kg} \times (22\text{m/s})^2}{0.165\text{m}} = 29.4\text{kgm/s}^2 = 29.4\text{N}$$

위 계산 결과를 살펴보면, 다른 조건이 모두 같고 불평형량이 2배일 경우, 원심력은 2배로 증가한다. 그러나 주행속도가 2배일 경우에는 원심력은 4배로 증가한다. 즉, 원심력은 속도의 제곱에 비례한다.

위의 예에서 속도가 3배일 경우(216km/h), 원심력은 9배로서 33.3N이 된다. 단지 5g의 불평형량이 주행속도 206km/h에서는 자신의 질량의 660배에 해당하는 부하로 증폭됨을 알 수 있다. 즉, 저속에서는 문제가 되지 않는 미소한 불평형이 고속에서는 안전운전을 위협할 수 있다는 것을 증명하는 좋은 예이다. 이와 같은 이유에서 특히 고속차량에서는 불평형량이 아주 작을지라도 반드시 수정해야 한다.

우측 그림은 주행속도 200km/h에서 공기주입밸브(약 10g)에는 약 7.5kgf의 원심력이 작용하고 있음을 나타내고 있다. 따라서 공기주입밸브가 노후되었을 경우에는 파손되어, 공기압이 급격하게 손실될 수도 있다.

(2) 차륜의 평형(balancing : Auswuchten)

타이어, 림, 브레이크 드럼(또는 디스크)에는 정적, 동적으로 불평형이 발생할 수 있다. 이들 정적, 동적 불평형은 반드시 제거해야 한다. 평형추의 무게와 부착위치는 휠밸런서를 이용하여 결정한다. 동적으로 평형된 차륜이라면 정적 불평형은 없다.

차륜의 밸런싱(balancing) 작업순서는 다음과 같다.
  ① 정치식 휠밸런서를 이용하여 타이어와 휠 즉, 차륜을 정적, 동적으로 밸런싱한다.
  ② 정치식 휠밸런서에서 시험한 차륜을 자동차에 부착하고, 다이내믹 휠밸런서를 이용하여 차륜과 브레이크드럼을 포함한 동적 밸런싱 상태를 점검한다.
  ③ 작업순서 ②에서 불평형량이 규정값(예 : 승용자동차에서는 20g)을 초과하면, 차륜과 브레이크 드럼의 볼트 체결위치를 볼트구멍 1~2개 정도 회전시켜 재조립하고, 다시 밸런싱한다. 그래도 규정값(예 : 20g)이상의 불평형 상태이면 드럼의 런-아웃, 허브 베어링의 유격 등을 점검하여야 한다.
  ④ 평형추의 무게와 부착위치는 휠밸런서에 나타난 정보에 따른다. 단 이미 평형추가 부착되어 있을 경우에는 다음 방법에 의거 평형추의 위치를 수정한다.

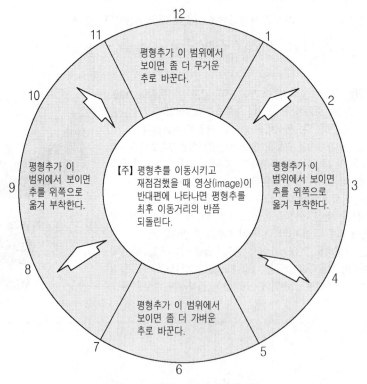

그림 6-44 평형추 위치 수정작업 요령

자동차 성능 및 성능시험

Vehicle performance and performance test

제1절 주행저항과 구동력
(Tractive resistance & driving force)

자동차가 주행 중 받는 저항을 주행저항이라 한다.

주행저항(tractive resistance)은 기관출력에 의해 극복되어야 한다.

총 주행저항은 기관으로부터 차륜에 전달되어야 할 구동력(주로 자동차를 전진시키기 위한)을 결정한다. 주행저항과 기관의 회전토크, 그리고 동력전달계 효율의 상호관계로부터 주행성능 즉, 최고속도, 등반능력 및 가속능력 등이 결정된다.

일반적으로 고도가 높아짐에 따라 기관의 출력은 감소한다. 따라서 특히 상용자동차의 경우는 고도가 100m 높아질 때마다 견인차와 트레일러의 총중량을 각각 10%씩 낮추도록 권장하는 회사들도 있다.

1. 주행저항(tractive resistance or running resistance : Fahrwiderstand)

주행저항은 차륜에 그리고 자동차 전체에 작용할 수 있다. 전진운동에 대항하여 차륜에 작용하는 저항을 차륜저항이라고 한다. 자동차 전체에 작용하는 저항으로는 공기저항, 기울기 저항(=구배저항이라고도 함) 및 가속저항 등이 있다.

(1) 구름저항(rolling resistance : Rollwiderstand)

구름저항은 자동차가 수평 노면 위를 굴러 이동할 때, 받는 저항의 총합으로
　① 타이어를 변형시키는 저항,
　② 자동차 각부의 마찰,
　③ 노면을 변형시키는 저항 등으로 구성된다.

평지를 직진 주행하는 자동차의 차륜저항의 대부분은 구름저항, 소위 전동저항이다. 그리고 구름저항의 대부분은 평지를 주행할 때 회전하는 타이어의 변형에 소요되는 일에 의해서 발생

된다. 물론 노면이 연약할 경우 또는 수막현상 하에서는 지표면(또는 수막)의 변형에 소요되는 일도 고려하여야 한다. 그러나 자동차 각부의 마찰 즉, 내부저항은 동력전달계의 효율로서 고려된다. 따라서 구름저항에서는 외부저항만을 취급한다.

구름저항에서 취급하는 외부저항으로는 타이어의 변형저항과 노면의 변형저항이 있다. 그러나 포장도로의 표면은 변형되지 않는 것으로 가정하면, 타이어의 변형만을 고려하면 된다. 그림 7-1은 타이어의 변형과 구름저항의 상관관계를 나타내고 있다.

그림 7-1에서 차륜의 허브 중심에 수직으로 작용하는 힘(F_Z)과 그 반력(F_N)에 의해 타이어는 노면에서 압착되어 접지면 소위, 푸트-프린트(foot print)를 형성한다. 푸트-프린트에서의 압력분포는 비대칭이다.(그림 6-26 참조)

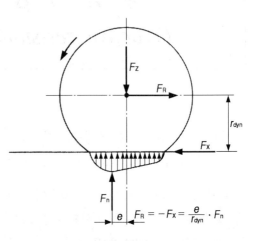

$$F_R = -F_X = \frac{e}{r_{dyn}} \cdot F_n$$

그림 7-1 전동하는 차륜에 작용하는 힘

그리고 총 반력(F_N)은 푸트-프린트의 중심으로부터의 거리 'e'에 작용한다. 가속되지 않고 자유롭게 굴러가는 차륜에서의 토크 평형은 다음 식으로 표시된다.

$$- F_X \cdot r_{dyn} = F_N \cdot e$$

구름저항 F_R은 그림 7-1에서 '$- F_X = F_R$'이므로

$$F_R = \frac{e}{r_{dyn}} \cdot F_N \quad \cdots\cdots\cdots\cdots\cdots\cdots\cdots\cdots\cdots\cdots\cdots\cdots (7\text{-}1)$$

식 (7-1)에서 e를 '구름마찰의 레버 암'이라고 한다. 그리고 r_{dyn}은 타이어의 동하중 반경, e/r_{dyn}은 구름저항계수(f_R)이다. e/r_{dyn}을 구름저항계수(f_R)로 대체하면 식 (7-1)은 식 (7-1(a))가 된다.

$$F_R = f_R \cdot F_N \quad \cdots\cdots\cdots\cdots\cdots\cdots\cdots\cdots\cdots\cdots\cdots\cdots\cdots (7\text{-}1a)$$

식 (7-1)로부터 구름저항은 수직력 또는 반력에 비례한다. 또 구름저항계수(f_R)는 타이어의 변형(e)이 클수록, 타이어의 동하중 반경(r_{dyn})이 작을수록 커진다는 것도 알 수 있다. 예를 들면 구름저항계수는 대형 상용자동차에서 보다 소형자동차에서 더 크게 나타난다.

타이어의 변형은 공기압과 수직력의 영향을 크게 받는다.(그림 7-2참조). 일반적으로 공기압이 낮을 경우에 구름저항계수는 증가한다. 그림 7-2는 수직력과 타이어 공기압이 각각 일정할 경우, 구름저항계수의 변화를 나타내고 있다. 구름저항은 이 외에도 타이어 형식(구조, 고무재료 배합, 직경)과 주행속도의 영향을 받는다.

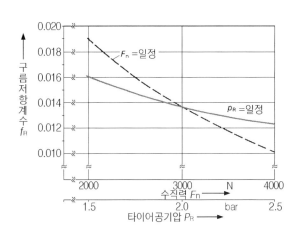

그림 7-2 공기압과 수직력에 따른 구름저항계수의 변화

또 노면이 연약할 경우에는 노면의 변형정도가 구름저항계수(f_R)에 큰 영향을 미치게 된다. 오프-로드(off-road) 자동차의 경우, 속도와 관계없이 구름저항계수(f_R)를 정의할 수 있다.

딱딱한 노면 즉, 포장도로에서의 구름저항계수(f_R)는 속도와 관계없이 일정한 부분과 속도의 영향을 받는 부분의 합으로 표시할 수 있다.

$$f_R = f_{R0} + f_{R1}(v) + f_{Rn}(v^n) \quad \cdots\cdots\cdots\cdots\cdots\cdots\cdots\cdots\cdots\cdots\cdots\cdots\cdots \quad (7\text{-}2)$$

일반적으로 승용자동차 타이어의 구름저항계수는 주행속도 150km/h에 근접할 때까지는 주행속도에 관계없이 거의 일정한 것으로 알려져 있다. 즉, 주행속도 150km/h까지는 식(7-2)에서 '$f_{Rn}(v^n) \approx 0$'을 적용할 수 있다. 그러나 그 이상의 주행속도에서는 반드시 고차 항을 고려하여야 한다.

일반적으로 승용자동차용 타이어에는 아래의 근사식을 적용할 수 있는 것으로 알려져 있다.

$$f_R = f_{R0} + f_{R1}\frac{v}{100} + f_{R1}\frac{v^4}{100^4} \quad \cdots\cdots\cdots\cdots\cdots\cdots\cdots\cdots\cdots\cdots\cdots \quad (7\text{-}3)$$

여기서 v : 자동차 주행속도 [km/h]

그림 7-3에 언급된 타이어들은 주행속도 150km/h 이상에서 구름저항계수가 급격하게 증가하는 것을 잘 나타내고 있다.

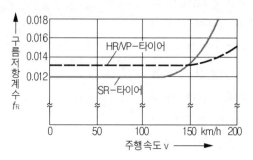

그림 7-3 주행속도에 따른 구름저항 계수의 변화

젖은 도로상에서는 추가로 물의 비산저항을 고려하여야 한다. 타이어의 접지면에 존재하는 물은 강제적으로 접지면 외부로 배출되게 된다. 이때의 추가저항은 수막의 두께, 타이어 폭, 그리고 주행속도의 영향을 받는다. 수막이 두껍고, 또 주행속도가 높을 경우에는 수막현상 (hydro-planning)이 발생하게 된다.(그림 6-15, 그림 6-30 참조)

일반적으로 타이어의 구름저항계수를 개선하는 데는 한계가 따른다. 그리고 도로표면의 상태가 구름저항계수에 절대적인 영향을 미친다. 도로조건에 따른 공기타이어의 구름저항계수(f_R)는 대략 표 7-1과 같다. 구름저항계수는 실험으로 구한다.

표 7-1 도로조건에 따른 구름저항계수

차륜 종류	도로 상태	구름저항계수(f_R)
승용차용 공기 타이어	콘크리트(건조)	0.01~0.02
	콘크리트(젖음)	0.02~0.03
	아스팔트(건조)	0.01~0.02
	아스팔트(젖음)	0.02~0.03
	자갈+타르(건조)	0.02~0.03
	비포장 도로(딱딱함)	0.05
	농로/모랫길	0.1~0.35
상용차용 공기 타이어	콘크리트, 아스팔트(건조)	0.006~0.01
기차용 금속 차륜	철로(건조)	0.001~0.002

차륜저항으로는 이 외에도 베어링 저항, 토(toe) 저항 등을 고려할 수 있다. 그러나 이들 저항은 구름저항에 비하면 아주 작다. 따라서 직진의 경우에는 대부분 이를 무시한다.(커브를 선회할 때는 추가로 선회저항을 고려하여야 한다.)

예제1 총질량 m=1,380kg의 승용자동차가 건조한 아스팔트 포장도로를 90km/h(=25m/s)의 속도로 주행 중이다. 구름저항(F_R)과 구름저항출력(P_R)을 구하라? (단, 구름저항계수(f_R)는 f_R= 0.015이다.)

【풀이】 ① $F_R = f_R \cdot F_N = f_r \cdot m \cdot g = 0.015 \times 1,380\text{kg} \times 9.8\text{m/s}^2$
$$= 203\text{kgm/s}^2 = 203\text{N}$$

② $P_R = \dfrac{F_R \cdot v}{1,000} = \dfrac{203\text{N} \times 25\text{m/s}}{1,000} \approx 5.1\text{kW}$

(2) 공기저항(air resistance : Luftwiderstand)

공기유동(air flow) 중에 노출된 물체가 운동할 때는 공기력의 영향을 받게 된다. 주행 중인 자동차의 진행방향에 반대방향으로 작용하는 공기력을 공기저항(F_{air})이라 한다.

공기저항은 공기밀도(ρ), 앞 투영 단면적(A), 주행속도(v) 그리고 자동차 형상의 영향을 크게 받는다.

① 주행풍의 합성속도(v_{res})

바람의 속도 w, 그리고 차체의 길이방향 축(x축)에 대한 주행풍의 유입각 τ 에 따라, 속도 v로 직진 주행하는 자동차에 유입되는 주행풍의 합성속도(v_{res})가 결정된다. 직진 주행할 때에는 그림 7-4와 같이 코사인(cosine)법칙을 이용한다.

$$v_{res} = \sqrt{v^2 + w^2 + 2v \cdot w \cdot \cos\tau'} \quad \cdots\cdots (7\text{-}4)$$

여기서 τ' : 자동차 길이방향(x) 축선과 바람의 방향이 만드는 각

주행풍의 유입각 τ 는

$$\cos\tau = \frac{(v_{res})^2 + v^2 - w^2}{2 \cdot v_{res} \cdot v} \quad \cdots\cdots (7\text{-}5)$$

바람이 정면 또는 뒤에서 불 때는 τ' = 0 또는 180°이므로 식은 간단해진다.

바람에 정면에서 불 때 : $v_{res} = v + w$ $\cdots\cdots$ (7-6a)

바람이 뒤에서 불 때 : $v_{res} = v + w$ $\cdots\cdots$ (7-6b)

바람이 측면에서 불 때는 $\tau' = 90°$이므로

$$v_{res} = \sqrt{v^2 + w^2} \quad \cdots\cdots\cdots \quad (7\text{-}7)$$

그리고 유입각 τ 는

$$\tan\tau = \frac{w}{v} \quad \cdots\cdots\cdots\cdots \quad (7\text{-}8)$$

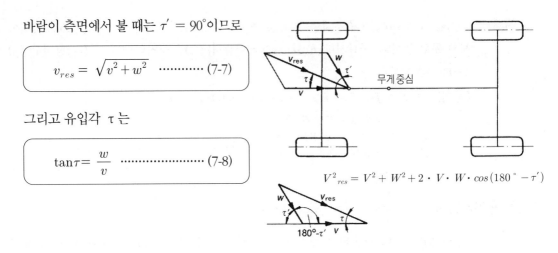

$$V^2_{res} = V^2 + W^2 + 2 \cdot V \cdot W \cdot \cos(180° - \tau')$$

그림 7-4 주행풍의 합성속도 결정

그림 7-5는 바람이 측면에서 불 때, 주행속도, 바람의 속도, 주행풍의 합성속도의 관계를 나타내고 있다. 실제 주행 중에는 도로의 진행경로와 바람의 방향이 일정하지 않으므로, 유입각 τ 는 계속적으로 변화하게 된다.

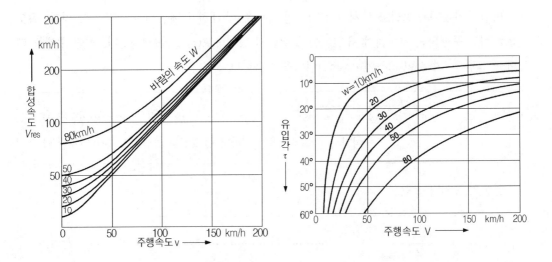

그림 7-5 주행속도(v)와 바람속도(w)에 따른 주행풍의 합성속도(v_{res})와 유입각(τ)의 상관관계

② 앞 투영 단면적(frontal projected area)(A)

앞 투영 단면적이란 자동차 전면에서 연직면에 자동차를 투영했을 때의 단면적으로서, 그림 7-6과 같이 구한다. 실제로는 설계도면으로부터도 구할 수 있다. 단위는 [m^2]을 사용한다.

앞 투영 단면적(A)의 경험값은 일반적으로 승용자동차에서는 $A = 1.5 \sim 2.5\text{m}^2$ 범위, 그리고 상용자동차에서는 $A = 4 \sim 9\text{m}^2$의 범위가 대부분이다.

앞 투영 단면적(A)을 근사적으로 구할 때는 식 (7-9)를 이용한다.

$$A \approx 0.8 \cdot b \cdot h \quad \cdots\cdots\cdots\cdots\cdots\cdots (7\text{-}9)$$

여기서 b : 자동차의 폭 [m]

        h : 자동차의 높이 [m]

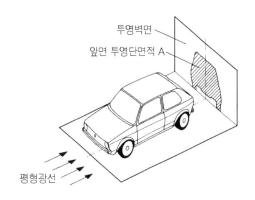

그림 7-6 자동차의 앞 투영 단면적 구하기

③ 공기밀도(ρ)

공기밀도(ρ)는 공기압력 p [bar]와 공기온도 t [℃]에 따라 변화한다. 공기밀도는 식 (7-10)을 이용하여 근사적으로 구할 수 있다. 단위는 [kg/m³]이다.

$$\rho = \frac{348.7 \cdot p\,[\text{bar}]}{273.2 + t\,[\text{℃}]}\,[\text{kg}/\text{m}^3] \quad \cdots\cdots\cdots\cdots\cdots\cdots\cdots\cdots\cdots\cdots\cdots\cdots (7\text{-}10)$$

일반적으로 해발 0m, 기압 1013hPa, 기온 20℃에서의 공기밀도 $\rho \approx 1.22\text{kg/m}^3$을 이용한다.

④ 공기저항계수(c_w)

자동차의 공기저항은 앞서 설명한 ① 합성속도(v_{res}), ② 앞 투영 단면적(A), ③ 공기밀도(ρ)의 영향 외에도 자동차의 형상과 표면 거칠기의 영향을 크게 받는다.

예를 들면 라디에이터 그릴의 크기, 앞 유리의 경사각도, 자동차 표면과 공기와의 마찰, 그리고 자동차 뒤 유리에서의 와류(turbulence) 등등, 여러 가지 요소의 영향을 받는다. 이와 같은 자동차의 공기역학적 형상에 의한 영향을 총체적으로 고려하여 공기저항 계수(c_w)를 정의한다.

공기저항계수는 공기역학적 상관관계의 복잡성 때문에 계산으로 구하지 않고, 풍동(wind tunnel : Windkanal)(그림 7-8 참조)에서 실측한다. 도로를 주행하면서 공기저항계수를 측정할 수도 있으나, 이 방법은 재현성이 충분하지 않다.

　　그림 7-7은 유입각 τ의 변화에 따른 접선력(c_T)을 풍동에서 실측한 자료이다. 자동차의 형상에 따라, 주행풍의 유입각도에 따라 그 값이 크게 다르다는 것을 알 수 있다. 그림 7-7에서 유입각 $\tau = 0$일 때의 접선력이 바로 공기저항계수(c_w)이다. 공기저항계수가 낮을수록 공기저항은 감소한다. 즉, 공기저항 계수가 낮을수록 좋다.

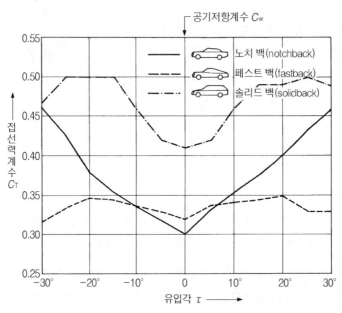

그림 7-7 유입각(τ)과 접선력(c_T)의 상관관계

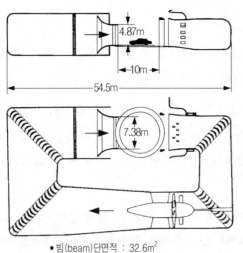

- 빔(beam)단면적 : 32.6m²
- 바람의 최고속도 : 270km/h
- 구동출력 : 3000kW

(a) Daimler Benz AG

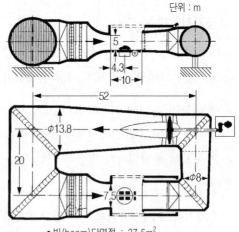

- 빔(beam)단면적 : 37.5m²
- 바람의 최고속도 : 180km/h
- 구동출력 : 2600kW
- 온도 : −35〜+40℃

(b) Volkswagenwerk AG

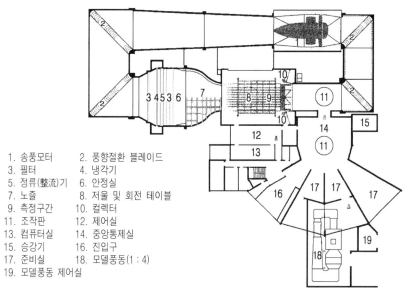

1. 송풍모터　　2. 풍향절환 블레이드
3. 필터　　　　4. 냉각기
5. 정류(整流)기　6. 안정실
7. 노즐　　　　8. 저울 및 회전 테이블
9. 측정구간　　10. 컬렉터
11. 조작판　　　12. 제어실
13. 컴퓨터실　　14. 중앙통제실
15. 승강기　　　16. 진입구
17. 준비실　　　18. 모델풍동(1 : 4)
19. 모델풍동 제어실

(c) Posche AG(Göttinger 형식)

그림 7-8 전형적인 풍동(예)

> **참고**　1998년 8월에 완공된 현대자동차의 풍동은 전체길이 224m(가로 100.2m×세로 54.7m), 시험부 직경 φ=8.4m, 최고속도 200km/h, 소음 58dB/(100km/h), 모터출력 3,400PS이다.

공기저항계수는 주로 물체의 형상에 따라 큰 차이가 있다.(표 7-2참조). 표 7-2에는 물체의 기본형상에 따른 공기저항계수를 열거하였다. 그리고 표 7-3에는 자동차의 공기저항계수에 영향을 미치는 여러 가지 요소들 중에서 몇 가지 예를 들고 있다. 공기저항계수를 낮추는 요인에는 (－)를, 공기저항계수를 높이는 요인에는 (＋)를 부가하였다.

표 7-2 물체의 기본형상에 따른 공기저항계수

물체 형상			물체 형상		
	디스크, 평판	1.1		긴 실린더 $R_e < 200,000$	1.0
				$R_e > 450,000$	0.35
	개방된 반구	1.4		수평 평판 $\ell : d = 30$	
	볼 $R_e < 200,000$	0.45		$R_e \approx 500,000$	0.78
	$R_e > 250,000$	0.20		$R_e \approx 200,000$	0.66
	유선형 회전체 $\ell : d = 6$	0.05		유선형 날개 $\ell : d = 18$ $\ell : d = 8$ $\Big\} R_e \approx 10^6$ $\ell : d = 5$ $\ell : d = 2$ $R_e \approx 2 \cdot 10^5$	0.2 0.1 0.08 0.2

표 7-3 공기저항계수에 영향을 미치는 요소들(예)

영향 요소	공기저항계수 증감률(Δc_w) %	영향 요소	공기저항계수 증감률(Δc_w) %
차고 30mm 감소 시	약 −5 %	매끄러운 휠 캡	−1 ~ −3 %
광폭 타이어	+2 ~ +4 %	틈새의 매꿈	−2 ~ −5 %
차체 하부에 커버를 씌움	−1 ~ −7 %	외부 후사경	+2 ~ +5 %
열린 창문	약 5 %	브레이크 냉각장치	+2 ~ +5 %
차 실내 환기	약 +1 %	열린 선-루프	약 2 %
방열기와 기관으로 유입되는 공기유동	+4~ +14 %	루프를 이용하여 서프-보드 운반 시	약 +40 %

표 7-4는 여러 가지 모델의 자동차를 대상으로 풍동에서 실측한 공기저항계수(c_w), 앞 투영 단면적(A) 및 '$c_w \cdot A$'의 값이다.

차륜은 주행 중 팬(fan)과 같은 기능을 한다. 차륜의 팬(fan) 저항은 차륜을 회전시켜 측정한다. 그러나 총 공기저항에 비하면 차륜의 팬(fan)저항은 아주 작기 때문에 무시한다.

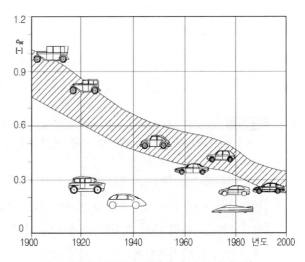

그림 7-9 공기저항계수의 개선 추세 (예 : 승용자동차)

표 7-4 승용자동차의 공기저항계수 (예)

자동차 명	공기저항계수 c_w	앞 투영 단면적 $A[\text{m}^2]$	$c_w \cdot A[\text{m}^2]$
AUDI 100	0.311	2.05	0.638
FIAT UNO ES	0.335	1.83	0.613
Mercedes−Benz 300E	0.295	2.06	0.608
Opel Kadett GSI	0.312	1.91	0.596
Opel Omega	0.280	2.06	0.577
Porsche 944 TURBO	0.321	1.86	0.597
Renault 25 TS	0.312	2.04	0.636

공기저항계수(c_w)의 경험값은 일반적으로 승용자동차에서는 $c_w = 0.25 \sim 0.4$ 범위, 그리고 상용자동차에서는 $c_w = 0.4 \sim 0.9$ 범위가 대부분이다.

⑤ **공기저항(F_{air})과 공기저항 출력(P_{air})**

공기저항(F_{air})은

$$F_{air} = c_w \cdot A \cdot \frac{\rho}{2} \cdot (v_{res})^2 \quad \text{..} \quad \text{(7-113)}$$

여기서 F_{air} : 공기저항[N] A : 앞 투영 단면적[m²],
ρ : 공기밀도[kg/m³] v_{res} : 바람속도와 자동차속도의 합성속도[m/s]

식 (7-11)에서 v_{res}의 단위를 [km/h]로 하면,

$$F_{air} \approx 0.0386 \cdot c_w \cdot A \cdot \rho \cdot (v_{res})^2 \quad \text{..} \quad \text{(7-11a)}$$

공기저항 출력(P_{air})은 식 (7-12)로 표시되며, 단위는 W(watt)이다.

$$P_{air} = F_{air} \cdot v = c_w \cdot A \cdot \frac{\rho}{2} \cdot (v_{res})^2 \cdot v \quad \text{..} \quad \text{(7-12)}$$

식 (7-12)에서 각각의 단위를 P_{air}[kW], F_{air}[N], v와 (v_{res})[km/h], A[m²], 그리고 $\rho = 1.202 \text{kg/m}^3$ (해발 200m에서의 값)을 적용하면

$$P_{air} \approx 12.9 \times 10^{-6} \cdot c_w \cdot A \cdot (v_{res})^2 \cdot v \quad \text{..} \quad \text{(7-12a)}$$

표 7-5 자동차의 형상에 따른 공기저항 계수와 공기저항 출력

	공기저항계수 C_w	공기저항출력[kW] A=2m², 바람의 속도=0일 때			
		40km/h	80km/h	120km/h	160km/h
무개차	05~0.7	1	7.9	27	63
스테이션 웨곤	0.5~0.6	0.91	7.2	24	58
폰톤형	0.4~0.55	0.78	6.3	21	50

		공기저항계수 C_w	공기저항출력[kW] A=2m², 바람의 속도=0일 때			
			40km/h	80km/h	120km/h	160km/h
	쐐기형 쿠페 전조등, 범퍼 일체, 차체에 부속. 휠, 차체하부 피복됨. 냉각풍 유입 최적화	0.3~0.4	0.58	4.6	16	37
	전조등과 모든 차륜은 차체 내에, 차체하부 피복	0.2~0.25	0.37	3.0	10	24
	K-형	0.23	0.38	3.0	10	24
	최적 유선형	0.15~0.20	0.29	2.3	7.8	18
	화물자동차 · 피견인차	0.8~1.5	–	–	–	–
	2륜차	0.6~0.7	–	–	–	–
	버스	0.6~0.7	–	–	–	–
	유선형 버스	0.3~0.4	–	–	–	–

예제2 예제1에서 총질량 m=1,380kg인 승용자동차가 건조한 아스팔트 포장도로를 90km/h (= 25m/s)의 속도로 주행 중이라고 하였다. 이 자동차는 공기저항계수 $c_w = 0.329$, 앞 투영 단면적 A=1.89m²이다. 공기저항(F_{air})과 공기저항 출력(P_{air})을 구하라. (단 공기밀도는 $\rho = 1.202$kg/m³, 바람의 속도 $w = 0$이다.)

그리고 속도가 2배, 3배로 증가할 때의 공기저항 출력(P_{air})과 구름저항(=전동저항) 출력 (P_R)을 비교하라.

【풀이】 ① $F_{air} = c_w \cdot A \cdot \dfrac{\rho}{2} \cdot (v_{res})^2$

$$= 0.329 \times 1.89 \mathrm{m}^2 \times \frac{1.202 \mathrm{kg/m}^3}{2} \times (25 \mathrm{m/s})^2 = 233.6 \mathrm{kgm/s}^2 = 233.6 \mathrm{N}$$

② $P_{air} = \dfrac{F_{air} \cdot v}{1,000} = \dfrac{233.6 \mathrm{N} \times 25 \mathrm{m/s}}{1,000} = 5.84\,[\mathrm{kW}]$

예제 1에서 주행속도 90km/h(=25m/s)에서의 구름저항출력은 $P_R = 5.1\,[\mathrm{kW}]$이었 다. 따라서 이 속도에서의 구름저항출력과 공기저항출력은 거의 같다.

같은 방법으로 계산하면 속도가 2배, 3배로 되었을 때, 각각의 출력은 다음과 같다.

③ 주행속도가 2배일 때, ← 180km/h(=50m/s)

구름저항 출력 $P_R = 10.2$kW

공기저항 출력 $P_{air} = 46.7$kW

④ 주행속도가 3배일 때, ← 270km/h(＝75m/s)

　구름저항 출력 P_R = 15.3kW

　공기저항 출력 P_{air} = 157.6kW

풀이 ③과 ④로부터 구름저항출력(P_R)은 속도에 1차적으로 비례하나, 공기저항출력(P_{air})은 속도의 3제곱으로 증가함을 알 수 있다. 즉, 속도가 증가함에 따라 공기저항은 급격히 증가한다. 따라서 승용 자동차의 경우, 고속에서의 주행저항의 대부분은 공기저항임을 알 수 있다.

(3) 기타 저항

구름저항(＝전동저항)과 공기저항 외에도 기울기 저항과 가속저항을 고려할 수 있다.

① **기울기 저항**(hill climbing resistance : Steigungswiderstand) : F_S

기울기 저항(F_S)이란 자동차가 비탈길을 오를 때, 중력의 진행 반대방향 분력에 의해 자동차의 무게중심(center of gravity)에 뒤 방향으로 작용하는 일종의 저항을 말한다. 구배저항 또는 등반저항이라고도 한다. 그러나 언덕길을 내려 갈 때는 자동차 질량(또는 중량)이 구동력을 지원하는 힘으로 작용한다.

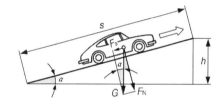

$$\sin\alpha = \frac{h}{s} \qquad \sin\alpha = \frac{Fs}{G} \qquad G = m \cdot g$$

그림 7-10 기울기 저항

기울기 저항(F_S)은 자동차의 질량(또는 중량)(m)과 노면의 기울기(α)에 따라 변화한다.

$$F_S = m \cdot g \cdot \sin\alpha \quad \cdots\cdots\cdots\cdots\cdots\cdots\cdots\cdots\cdots\cdots\cdots\cdots\cdots\cdots\cdots\cdots\cdots\cdots (7\text{-}13)$$

일반적으로 노면의 기울기는 각도로 표시하지 않고, 백분율(%)로 표시한다. 기울기 10%란 수평거리 100m에 높이 10m일 경우의 값이다. 즉 기울기 백분율(q)는 다음과 같이 정의된다.

$$q = \tan\alpha$$

각 α 가 작을 때는 sin 값과 tan 값이 거의 같다. 그리고 기울기저항을 계산할 때 5%의 오차를 허용한다면, 기울기(q) 30%까지는 다음 식을 사용할 수 있다.

$$\sin\alpha \approx \tan\alpha = q \quad\text{··· (7-14)}$$

그러므로 식 (7-13)은 식 (7-15)와 같이 간단히 표시할 수 있다.

$$F_S = m \cdot g \cdot q \quad\text{·· (7-15)}$$

대부분의 가파른 도로들도 기울기 30%를 초과하는 경우가 드물기 때문에, 거의 모든 도로에 대해서 식 (7-15)를 적용할 수 있다. 농용도로나 산악도로 등에서는 기울기가 클 경우가 있다. 이 경우에는 식 (7-13)을 적용하면 된다.

예제3 총중량 16t의 화물자동차가 기울기 4%의 언덕길을 등반주행하고 있다. 이 자동차의 기울기 저항(F_S)을 구하라.

【풀이】 $F_S \approx m \cdot g \cdot q = 16{,}000\text{kg} \times 9.8\text{m/s}^2 \times 0.04 = 6{,}272\text{[N]}$

예제4 총중량 $G = 15{,}000\text{N}$의 승용자동차가 길이 300m, 높이 9m의 언덕길을 등반주행하고 있다. 구배저항(F_S)과 경사각(α)을 구하라.

【풀이】 $F_S = G \cdot \dfrac{h}{s} = 15{,}000\text{N} \times \dfrac{9\text{m}}{300\text{m}} = 450\text{[N]}$

$\sin\alpha = 9/300 = 0.03 \qquad \alpha = 1.72°$

② 가속저항(acceleration resistance : Beschleunigungwiderstand) : F_i

주행 중인 자동차의 속도를 증가시키는 데 필요한 힘을 가속저항이라고 한다. 일반적으로 물체의 운동속도를 상승시키려면, 그 물체의 관성력을 극복해야 한다. 따라서 가속저항을 관성저항(inertia resistance)이라고도 한다.

자동차를 1개의 강체(rigid body)로 보면 자동차가 가속될 때, 자동차 전체는 주행방향으로 가속된다. → 병진가속운동.

그러나 그 내부의 기관과 동력전달계의 회전부품들은 주행방향으로는 물론이고, 회전방향으로도 가속되어야 한다. → 병진가속운동과 회전가속운동.

즉, 가속저항에서는 이들 회전부의 관성을 극복하는데 소요되는 회전력을 별도로 고려하여야 한다. 결과적으로 자동차의 질량이 증가된 것과 같은 현상으로 나타난다.

이를 고려하면 가속저항(F_i)은 식 (7-16)으로 표시할 수 있다.

$$F_i = (m + \Delta m) \cdot a \quad \text{......................} \quad (7\text{-}16)$$

여기서 F_i : 가속저항 [N] m : 자동차 총질량 [kg]

a : 가속도 [m/s^2] Δm : 회전부분 상당질량 [kg]

식 (7-16)에서 회전부분 상당질량(equivalent mass of rotation ; Δm)은 자동차에 따라 정해지는 고유의 값으로서, 회전부분의 형상과 질량, 회전속도에 따라 크게 달라진다.

회전부분 상당질량은 부품도면이나 실물의 진동주기를 측정하여 구할 수 있으나, 상당히 복잡한 계산이 된다. 실제로는 자동차 총질량(m)과 회전부분 상당질량(Δm)의 비(ε)를 이용한다.

$$F_i = m(1 + \epsilon) \cdot a \quad \text{......................} \quad (7\text{-}16a)$$

여기서 $\epsilon = \Delta m / m$

ϵ (epsilon)의 값은 총 기어비(변속비 × 종감속비)의 제곱에 비례한다. 상용자동차는 승용자동차에 비해 변속비가 크기 때문에, 가속저항도 증대된다. 즉, 상용자동차는 승용자동차에 비해 가속에 많은 힘을 필요로 한다. 역으로 말하면 가속이 쉽게 이루어지지 않는다.

참고로 ϵ 의 경험값은 다음과 같다.

- 승용자동차   5단 기어에서 $\epsilon = 0.05 \sim 0.07$

   1단 기어에서 $\epsilon = 0.25 \sim 0.45$

- 화물(상용)   1단 기어에서 $\epsilon = \sim 2.0$까지

③ **견인저항**(towing resistance : Zughakenwiderstand) : F_t

견인저항은 피견인차의 모든 저항의 합으로 표시되며, 피견인차의 개별 저항은 앞서 구한 방법과 동일한 방법으로 구한다.

피견인차의 공기저항은 견인차와 피견인차 주위의 공기유동 때문에 크게 달라진다. 견인차와 피견인차의 앞 투영 단면적(A)이 같을 경우에도 피견인차의 공기저항은 일반적으로 견인차의 공기저항에 10~15%를 추가한다. 또 커브를 선회할 때에도 피견인차의 커브저항은 크게 증가한다.

따라서 정확한 견인저항을 계산을 하기 위해서는 이들 요소들을 고려하여야 한다.

(4) 총 주행저항(total tractive resistance : Gesamtfahrwiderstand) : F_W

총 주행저항(F_W)이란 자동차가 주행 중, 그때그때 마다의 운전점에서 자동차의 운동에 대항하여 발생하는 개별 저항들의 총합을 말한다. 총 주행저항은 식 (7-17)로 표시할 수 있다.

$$총 주행저항 = 구름저항+공기저항+구배저항+가속저항+견인저항$$
$$F_W = F_R + F_{air} + F_S + F_i + F_t \quad \cdots\cdots\cdots\cdots\cdots\cdots (7\text{-}17)$$

특수한 경우, 예를 들면 자동차가 피견인차를 견인하지 않은 상태로 평지를 일정속도로 주행할 경우를 고려할 수 있다. → 정상 주행상태(normal driving condition)

이 경우, 구배저항(F_S), 가속저항(F_i), 견인저항(F_t)은 각각 0(zero)이다. 따라서 식 (7-17)은 식 (7-17a)와 같이 표현된다.

$$F_{W0} = F_R + F_{air} \quad \cdots\cdots\cdots\cdots\cdots\cdots\cdots\cdots (7\text{-}17\text{a})$$

주행속도가 주행저항에 미치는 영향측면에서 고찰하면, 식 (7-17a)는 식 (7-18)로 표시할 수 있다. 즉, 주행저항을 속도의 함수로 표시할 수 있다.

$$F_W = f(v) \quad \cdots\cdots\cdots\cdots\cdots\cdots\cdots\cdots\cdots (7\text{-}18)$$
$$여기서 \quad v : 자동차 주행속도$$

또 식 (7-18)은 주행속도와 관계없이 일정한 저항(c_1)과 주행속도의 제곱에 비례하는 저항($c_2 v^2$)의 합으로 나누어 생각할 수 있다.
- 식 (7-18a) 참조

식 (7-18a)에서 첫 번째 항은 자동차의 질량에, 2 번째 항은 자동차의 주행속도에 좌우된다. 식 (7-18a)를 그래프로 도시하면, 주행저항 곡선의 기본 형태는 그림 7-11과 같다.

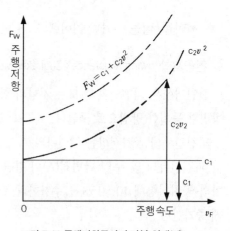

그림 7-11 주행저항곡선의 기본 형태(예)

$$F_W = F_R + F_{air} + F_S + F_i$$

$$= f_R \cdot m \cdot g + c_w \cdot A \cdot \frac{\rho}{2} \cdot (v_{res})^2 + m \cdot g \cdot \sin\alpha + m(1+\Delta m) \cdot a$$

$$= \left(f_R + \sin\alpha + \frac{(1+\epsilon) \cdot a}{g} \right) m \cdot g + c_w \cdot A \cdot \frac{\rho}{2} \cdot (v_{res})^2$$

$$= c_1 + c_2 v^2 \quad \cdots\cdots\cdots\cdots\cdots\cdots\cdots\cdots\cdots\cdots\cdots\cdots\cdots\cdots\cdots\cdots\cdots\cdots\cdots (7\text{-}18a)$$

여기서 c_1 : 상수로 취급할 수 있는 부분(자동차질량, 차륜저항 등)

$c_2 v^2$: 공기저항요소와 같이 속도의 제곱에 비례하는 저항요소들

(5) 주행저항출력(tractive resistance power : Fahrwiderstandleistung) : P_W

주행저항출력(P_W)이란 각 운전점에서 단위시간 당 소비되는 에너지를 말한다. 즉, 주행저항출력(P_W)은 총 주행저항(F_W)과 자동차 주행속도(v)의 곱으로 표시된다.(식 7-19)

$$출력 = \frac{일}{시간} = \frac{(힘 \times 거리)}{시간} = 힘 \times \frac{거리}{시간} = 힘 \times 속도$$

$$P_W = F_W \cdot v \quad \cdots\cdots\cdots\cdots\cdots\cdots (7\text{-}19)$$

식(7-19)의 F_W 대신에 식(7-18a)를 대입하여 정리하면 식 (7-19a)와 같이 된다.

$$P_W = c_1 \cdot v + c_2 \cdot v^2 \quad \cdots\cdots\cdots (7\text{-}19a)$$

정상주행상태(피견인차를 견인하지 않고 평지를 정속도로 주행할 경우)의 주행저항출력(식 7-19a)은 그림 7-12와 같이 표현할 수 있다.

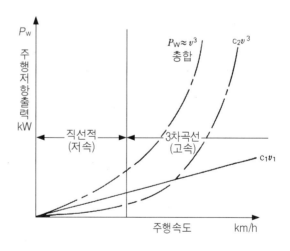

그림 7-12 주행저항출력곡선의 기본형태(예)

(6) 주행저항의 실제 계산(예제 5)

① 주행조건과 주행저항

노면 기울기 $\tan\alpha = 0.02$, 자동차 주행속도 $v = 80\text{km/h} (= 22.2\text{m/s})$, $g = 9.81\text{m/s}^2$, 가속도 $a = 0.2\text{m/s}^2$, 공기밀도 $\rho = 1.226\text{kg/m}^3$, 바람의 속도 $w = 0$,

제원 및 저항		승용 자동차	상용자동차
질량(mass)	; m	2,000kg	38,000kg
중량(weight)	; $G = m \cdot g$	2000×9.81=19,620N	372,780N
동하중 반경	; r_{dyn}	0.3m	0.5m
구름저항계수	; $f_R(const.)$	0.02(공기압 2.3bar)	0.008(공기압 7bar)
앞 투영 단면적	; A	1.8㎡	7.0㎡
공기저항계수	; c_w	0.3	1.0(+trailer)
관성질량/총 질량	; ε	0.1	0.2
$F_R = f_R \cdot m \cdot g$		392.4N	2,982N
$F_{air} = c_w \cdot A \cdot \dfrac{\rho}{2} \cdot (v_{res})^2$		163.1N	2,115N
$F_S = m \cdot g \cdot \sin\alpha$		392.4N	7,456N
$F_i = m(1+\epsilon) \cdot a$		440.0N	9,120N
$F_W = F_R + F_{air} + F_S + F_i$		1,388N	21,673N

② 결과 분석

상용자동차는 승용자동차에 비해 기울기저항과 가속저항이 대단히 크다. 측, 총 저항에 대한 기울기저항과 가속저항의 비율이 대단히 높다.

정상 주행상태(평지를 정속으로 주행할 경우, 구배저항과 가속저항은 0이다)의 저항을 총 저항으로 나누어 그 비율을 구하면 다음과 같다.

■ 승용 자동차의 경우

$$\frac{F_R + F_{air}}{F_W} = \frac{392.4 + 163.1}{1,388} = 0.40 = 40\%$$

■ 상용 자동차의 경우

$$\frac{F_R + F_{air}}{F_W} = \frac{2,982 + 2,115}{21,673} = 0.235 = 23.5\%$$

위의 예에서, 상용자동차의 정상주행상태의 저항은 총저항의 1/4에 지나지 않는다. 따라서 구름저항과 공기저항보다는 구배저항과 가속저항이 대단히 크다는 것을 알 수 있다.

　　승용자동차에서는 정상주행상태의 저항이 총저항의 약 40%이다. 따라서 구배저항과 가속 저항의 합이 정상상태의 주행저항에 대해 상용자동차에서 만큼 큰 차이가 나지 않음을 알 수 있다.

　　또 시험속도(80km/h = 22.2m/s)에서 승용자동차에서는 구름저항이 공기저항의 약 2배에 달한다. 그러나 전동저항은 주행속도에 관계없이 일정한 반면에, 공기저항은 주행속도의 제곱에 비례한다. 따라서 고속(예 : 200km/h = 55.5m/s)에서는 공기저항이 1,020N으로서 구름저항(392.4N)의 약 2.6배로 급격하게 상승함을 알 수 있다. 즉, 고속에서는 승용자동차의 주행저항의 대부분은 공기저항임을 쉽게 알 수 있다. 따라서 승용자동차에서는 공기역학적 설계가 가장 중요한 요소이다.

　　그러나 상용자동차에서는 80km/h(=22.2m/s)에서 전동저항이 공기저항보다 약간 크게 나타나고 있다. 또 상용자동차의 최고속도(예 : 100km/h=27.8m/s)와 적재하중을 고려하면 상용자동차의 주행저항의 대부분은 구름저항, 구배저항 및 가속저항이다. 즉 상용자동차의 최고속도를 고려할 때 공기저항이 차지하는 비중이 승용자동차에 비해 상대적으로 작다. 그러므로 상용자동차에서는, 특히 총중량(=공차중량＋적재중량) 상태에서의 등반성능을 우선적으로 고려한다.

2. 구동력(tractive force : Fahrleistung) : F_D

앞서 설명한 각종 저항의 총합(총 주행저항 : F_W)은 동력원(=기관)으로부터 차륜에 전달되는 구동력(F_D)을 결정한다.

$$F_W = F_D = \frac{M_{wh}}{r_{dyn}} \quad \text{……………………………………………………} (7\text{-}20)$$
$$\text{여기서} \quad M_{wh} : \text{차륜의 구동토크}$$

구동륜의 슬립(slip) 손실을 무시하면, 차륜에서의 구동출력(P_D)은 식 (7-21)과 같다.

$$P_D = F_D \cdot v \quad \text{………………………………………………………………} (7\text{-}21)$$

차륜에 전달된 구동력(F_D)과 기관의 회전토크(M_M)와의 관계는 식 (7-22)로 표시된다.

$$F_D = \frac{M_M \cdot \eta_T \cdot i_G \cdot i_D}{r_{dyn}} \quad \text{……………………………………………} (7\text{-}22)$$
$$\text{여기서} \quad \eta_T : \text{동력전달계의 효율(약 0.95~0.85)}$$
$$i_G : \text{변속비,} \quad i_D : \text{종감속 기어비}$$

3. 주행성능선도 (출력/차속선도)

기관으로부터 차륜에 전달된 구동력은 대부분 자동차 주행속도와 관련시켜 도시한다. 앞서 설명한 주행저항과 구동력을 하나의 그래프에 도시하면 임의의 점에서의 주행상태를 쉽게 판독할 수 있다. 이 선도를 주행성능선도(그림 7-13)라 한다. 주행선도 상에서 구동력과 주행저항의 차이는 여유구동력으로서 가속, 또는 등판에 이용된다.

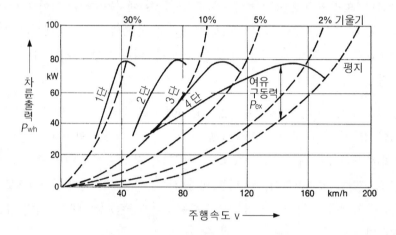

그림 7-13 주행성능선도(출력/차속선도)(예)

4. 구동력선도 (구동력/차속선도)

구동력선도란 일반적으로 주행저항(F_W)과 구동력(F_D)의 상관관계를 나타낸 선도이다. 예제를 이용하여 기관성능곡선으로부터 구동력/차속 선도에 이르는 과정을 살펴보기로 하자.

예제6 어떤 승용자동차의 제원은 아래와 같다. 이 자동차를 주행영역 0km/h~150km/h에서 운전하고자 한다. 구동력/차속선도를 작성하라.

승용자동차의 제원 :
자동차질량 m = 1,380kg, 전동저항계수 f_R = 0.01, 공기저항계수 c_w = 0.42,
앞 투영단면적 A = 2.3m^2, 공기밀도 ρ = 1.23kg/m^3,
타이어의 동하중 원주 $2 \cdot \pi \cdot r_{dyn}$ = 1,760mm, 동력 전달계의 효율 η_T = 0.9이다.

【풀이】 동력전달계의 총 감속비($i_T = i_G \times i_D$)는 각 단에서 다음과 같다.

$$i_{T1} = 15.4, \ i_{T2} = 9.43, \ i_{T3} = 6.12, i_{T4} = 4.1$$

그리고 기관성능곡선은 그림 7-14와 같고, 성능곡선에서 판독한 값은 아래 표와 같다.

기관 회전속도 $n_M[min^{-1}]$	1,200	2,000	3,000	4,000	5,000	6,000
기관 회전토크 $M_M[Nm]$	80	105	111	109	101	88
기관 제동출력 P_{eff} [kW]	10	22	34.8	45.5	53	55.2

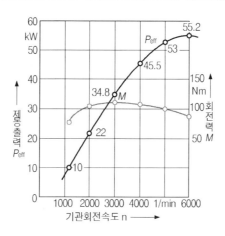

그림 7-14 기관 성능곡선도

(1) 구동력(tractive force : Antriebskraft) : F_D

기관성능곡선에 주어진 값(n_M, M_M)으로부터 기관의 제동출력을 구하고, 이를 이용하여 각 단에서의 구동력을 구한다. 이어서 각 단에서 도달 가능한 속도를 구하여 그래프에 기입한다.

기관성능	기관 회전속도 $n_M[min^{-1}]$		1,200	2,000	3,000	4,000	5,000	6,000
	기관 회전토크 $M_M[Nm]$		80	105	111	109	101	88
	기관 제동출력 P_{eff} [kW]		10	22	34.8	45.5	53	55.2
구동력(F_D) $F_D = \dfrac{M_M \cdot \eta_T \cdot i_T}{r_{dyn}}[N]$		1단	3960(1)	5198(2)	5495(3)	5396(4)	5000(5)	4356(6)
		2단	2425	3183	3364	3304	3061	2667
		3단	1574	2066	2184	2144	1987	1731
		4단	1054	1384	1463	1436	1331	1160
주행속도(v) $v = \dfrac{3.6 \cdot 2 \cdot \pi \cdot r_{dyn} \cdot n_M}{60 \cdot 1000 \cdot i_T}[km/h]$		1단	8.2(1)	13.7(2)	20.6(3)	27.4(4)	34.3(5)	41.1(6)
		2단	13.4	22.4	33.6	44.8	56	67
		3단	20.7	34.5	51,7	69	86.2	103.5
		4단	30.8	51.5	77.2	103	128.7	154.5

해당 주행속도에서의 구동력을 각 단별로(6개의 점을) 구동력/주행속도선도에 기입한다. 그리고 각 단별로 6개의 점을 차례로 실선으로 연결한다.

이제 임의의 주행속도에서의 구동력을 선도에서 판독할 수 있을 것이다.(그림 7-15에서 각 단별로 도시된 활모양의 굵은 실선)

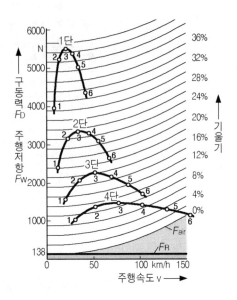

그림 7-15 구동력/주행속도 선도

(2) 주행저항

① 구름저항(F_R)

중력가속도 $g \approx 10\mathrm{m/s}^2$로 보면 구름저항은 다음과 같다.

$$F_R = f_R \cdot m \cdot g = 0.01 \times 1,380\mathrm{kg} \times 10\mathrm{m/s}^2 = 138\mathrm{N}$$

② 공기저항(F_{air})

문제에서 공기밀도 $\rho = 1.23\mathrm{kg/m}^3$이고, 바람의 속도는 0(zero)이므로 공기저항의 식 (7-11)은 다음과 같이 간략화 된다.

$$F_{air} = 0.615 \cdot c_w \cdot A \cdot v^2 \quad\text{..} \text{(7-11b)}$$

식 (7-11b)를 이용하여 공기저항을 구하면 다음과 같다.

$v = 50\mathrm{km/h}(= 13.8\mathrm{m/s})$에서 　　$F_{air} = 0.615 \times 0.42 \times 2.3 \times 13.8^2 = 113\mathrm{N}$

$v = 100\mathrm{km/h}(= 27.8\mathrm{m/s})$에서 　　$F_{air} = 0.615 \times 0.42 \times 2.3 \times 27.8^2 = 459\mathrm{N}$

$v = 150\mathrm{km/h}(= 41.7\mathrm{m/s})$에서 　　$F_{air} = 0.615 \times 0.42 \times 2.3 \times 41.7^2 = 1,033\mathrm{N}$

③ 구배저항(F_S)

구배저항은 "$F_S = m \cdot g \cdot \sin\alpha = m \cdot g \cdot q$"를 이용하여 구한다.(예 : 구배 2%)

구배 $q = 2\%$에서　$F_S = m \cdot g \cdot q = 1,380\mathrm{kg} \times 10\mathrm{m/s}^2 \times 0.02 = 276[\mathrm{N}]$

(3) 구동력/주행속도선도 작성법

가로축에 주행속도 $v\,[\mathrm{km/h}]$, 세로축에 구동력 $F_D\,[\mathrm{N}]$과 주행저항 $F_W\,[\mathrm{N}]$을 기입한다.

구름저항은 속도에 관계없이 일정하므로, 각 속도에서의 공기저항의 값에 구름저항을 더하여 각각 해당 주행속도에 기입한다. 그리고 이들 점을 연결하면 평지(기울기 0%)를 정속으로 주행할 때의 주행저항곡선이 된다.(그림 7-15에서 가장 아래에 위치한 F_{air} 곡선)

만약 기울기를 2%로 분할한다면 기존의 주행저항곡선의 각 점에 구배저항(예 : 구배 2%에서 276N)만큼을 더하여 곡선을 그리면 된다. 이때 새로운 곡선은 구배저항을 포함한 총 주행저항곡선으로 평지를 정속 주행할 때의 주행곡선과 기울기는 같다. 다만 간격은 구배저항만큼 위로 올라가게 된다.(그림 7-15에서 구배곡선참조)

(4) 구동력/주행속도선도 판독

① 최고 주행속도

그림 7-15에서 4단으로 평지를 주행할 때의 주행저항곡선과 4단에서의 구동력곡선이 만나는 점이 이 자동차의 최고속도이다.(예 : 최고속도 150km/h)

② 최대 등반각(＝구배)

그림 7-15에서 1단에서 최대 구동력점(3)(예 : 5,495N)과 구배저항을 포함한 총 저항곡선의 교점은 기울기 42%를 약간 상회하고 있음을 알 수 있다. 따라서 대략 'tanα = 0.42'가 최대 등반각($\alpha \approx 22\,°$)임을 알 수 있다.

③ 여유구동력(F_{ex}) → 가속이나 등반에 이용

그림 7-15에서 임의의 단에서의 구동력곡선이 총 주행저항곡선보다 위에 위치할 때, 그 차이를 여유구동력이라 한다. 여유구동력은 가속이나 등반에 사용된다.

반대로 총 주행저항이 구동력보다 클 경우라면, 자동차는 감속되게 된다.

$$F_{ex} = F_D - F_W \quad\text{...} \quad (7\text{-}23)$$

제7장 자동차 성능 및 성능시험

제2절 타이어와 노면 간의 동력전달
(Power transfer between road surface and tire)

P.508~P.520 6-3 타이어의 동력전달 특성 참조

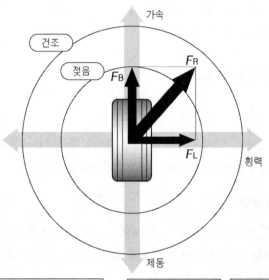

주행방법에 따른 힘의 변화(접지면에서)

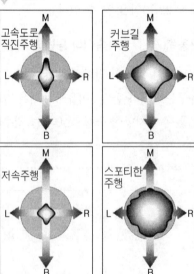

제3절 자동차 성능시험
(Performance test of vehicles)

자동차 성능시험에는 고도의 기술과 방대한 시설(예 : 주행시험장, 시험장비 등등)을 필요로 한다. 여기서는 주행시험과 관련된 KS규격을 중심으로 일부 시험에 대해서만 설명한다.

1. 시험 조건(Requirements for test) – (KSR 1006 참조)

(1) 시험 자동차

시험자동차는 시험목적에 따라 적절히 장비하고, 하중은 특별한 지시가 없을 때에는 적차상태로 한다.

① 적차상태 → 차량 총중량(질량)

적차상태는 공차상태의 자동차에 승차정원의 인원이 승차하고, 최대적재량의 물품이 적재된 상태를 말한다. 이 경우 승차인원 1인의 중량을 65kgf으로 하고, 좌석정원의 인원은 정 위치에, 입석정원의 인원은 입석에 균등하게 승차하고, 물품은 물품적재장치에 균등하게 적재한 것으로 한다. 이 상태에서의 총중량(질량)을 차량총중량(질량)이라 한다.

② 공차상태 → 차량중량(질량)

공차상태란 자동차가 원동기 및 연료장치에 연료, 윤활유, 냉각수 등의 전량을 탑재하고, 필요한 고정적인 설비를 설치하는 등 운행에 필요한 장비(예비부품, 공구, 기타의 휴대물품은 제외한다)를 갖춘 상태를 말한다. 이 상태의 중량(질량)을 차량중량(질량)이라 한다.

(2) 시험 장소

① 다음의 시험은 평탄하고 수평인 직선의 포장도로에서 한다.

속도계 눈금보정, 연료소비시험, 브레이크시험, 가속시험, 타행시험, 최고속도시험

② 가파른 비탈길시험은 가능한 한 경사가 일정한 가파른 비탈길에서 하고, 타이어가 미끄러지지 않게 한다.

③ 긴 비탈길 및 견인시험은 노면의 포장을 필요로 하는 것은 아니나, 좋은 상태에 있는 도로에서 한다.

④ 운행시험은 실제 시험자동차가 실용되는 때에 주행하는 대표적 도로를 선택하되, 여러 가지 비탈길 등이 포함되어 있는 것이 좋다.

⑤ 시동시험은 특별히 한랭 시에 시동상태를 시험하는 경우가 많다. 이 경우에는 한랭지를 선택하든가, 아니면 저온의 실내에서 시험한다.

(3) 측정 방법

① 측정오차를 줄이기 위해 시험자동차의 시험주행은 가능한 한 풍속 3m/s이하일 때에 실시하고, 또 평탄한 도로에서 원칙적으로 왕복 주행하여, 그 평균값을 취한다.

② 방열기의 냉각수온도, 오일 팬의 윤활유온도, 변속기 및 감속기 내의 윤활유온도의 측정은 직접 물 또는 윤활유에 온도계를 담가 측정한다.

③ 견인시험, 비탈길시험 등에서 최종 정차 시에 방열기 내의 냉각수온도를 측정할 때에는 기관을 공운전하면서 측정함을 원칙으로 한다.

④ 자동차에 장착된 속도계로 속도를 측정하고자 할 때에는 시험 전에 규정된 방법에 따라 속도계의 눈금을 보정하고, 그 오차를 조사하여 둔다.

⑤ 시험개시 전에 준비운전을 행하고, 기관 및 기타의 부분들을 운전상태로 예열하여 둔다.

2. 섀시 동력계를 이용한 출력측정(power measurement with chassis dynamometer)

섀시 동력계에서 자동차를 운전하여 기관의 제동출력(P_{eff})을 계산할 수 있다. 자동차주행속도(v)와 구동력(F_D)을 측정하여 이를 기초로 기관의 제동출력을 계산한다. 이때 동력전달계의 효율(η_T)을 고려하여야 한다.

$$P_{eff} = \frac{F_D \cdot v}{3{,}600 \cdot \eta_T}[\text{kW}] \quad \cdots\cdots\cdots\cdots\cdots\cdots\cdots\cdots\cdots\cdots\cdots\cdots \quad (7\text{-}24)$$

여기서 P_{eff} : 기관의 제동출력 [kW]

F_D : 구동륜에서 측정한 구동력 [N]

v : 시험속도(= 주행속도) [km/h]

η_T : 동력전달계의 효율

참 고

● **동력전달계의 효율 (η_T)**

일반적으로 동력전달계의 효율 평균값은 약 90~91% 정도로 본다. 그러나 실제 경험값은 이보다 조금 낮다.

[실제 경험값]　승용자동차　　　　　　　　$\eta_T = 0.85 \sim 0.9$

화물자동차　　　　　　　　$\eta_T = 0.80 \sim 0.85$

화물자동차(총륜구동방식)　$\eta_T = 0.72 \sim 0.75$

견인자동차　　　　　　　　$\eta_T = 0.5 \sim 0.6$

그러나 자동차 구동륜출력 즉, 자동차 출력(P)은 새시동력계에 나타난 구동력 [N]에 주행속도 [km/h]를 곱하여 곧바로 구한다.

$$P = \frac{F_D \cdot v}{3,600}\,[\text{kW}] \quad\text{(7-25)}$$

출력은 기온과 기압, 그리고 습도의 영향을 받는다. 그러나 열대지방을 제외하고는 습도의 영향은 그리 크지 않은 것으로 알려져 있다. 따라서 일반적으로 기온과 기압만을 고려한다. 표준상태란 기압은 1기압(760mm Hg, 760torr, 1013hPa), 기온은 293K(20℃, 68 F)를 말한다.

대기온도 t ℃, 대기압 B torr일 때 표준상태로 환산한 출력(P_{std})과 측정출력($P_{meas.}$)과의 관계는 식 (7-26)으로 표시된다.(DIN 70020)

$$P_{std} = P_{meas.} \cdot \frac{760}{B} \cdot \sqrt{\frac{273+t}{273}} \quad\text{(7-26)}$$

예제7　어떤 승용자동차를 새시동력계에서 운전, 측정한 자료는 $F_D = 740\text{N}$, $v = 120\text{km/h}$, $\eta_T = 0.9$이다. 기관의 제동출력(P_{eff})과 구동륜출력(P)을 구하라.

【풀이】① $P_{eff} = \dfrac{F_D \cdot v}{3,600 \cdot \eta_T} = \dfrac{740 \times 120}{3,600 \times 0.9} = 27.4\,[\text{kW}]$

② $P = \dfrac{F_D \cdot v}{3,600} = \dfrac{740 \times 120}{3,600} = 24.7\,[\text{kW}]$

3. 연료소비율 측정(measurement of fuel consumption) - (KSR 1008참조)

자동차 연료소비율은 자동차의 용도, 배기량, 화물적재상태, 주행조건, 주행속도 등에 따라 차이가 많다. 따라서 일정한 조건하에서 연료소비율을 측정한다.

KSR 1008에 따르면 평탄한 직선, 포장도로에서 정속도로 왕복운전하면서 측정하도록 규정하고 있다. 또 시험연료는 KSM 2612(자동차용 휘발유)에 규정된 것과 상응하는 것으로 하고, 시험구간은 보통 500~2000m이고, 변속기 기어는 톱기어(top gear), 주행속도는 가능한 한 고속에서 시험한다.

그러나 모드운전할 때에는 공차상태의 자동차에 2인(130kgf)이 승차한 자동차를 섀시동력계에서 모드 운전하여 연료소비율을 측정한다.

(1) 승용자동차의 연료소비율 - DIN 70 030-1에서 발췌

승용자동차의 연료소비율은 다음 3가지 방법으로 측정한다.

① 섀시동력계상에서 모드 운전하여 측정한다.(사이클 운전)

② 일반도로에서 90km/h로 정속운전하면서 측정한다.(50% 적재상태)

③ 고속도로에서 120km/h로 정속운전하면서 측정한다.(50% 적재상태)

그리고 연료소비율의 단위는 [ℓ/100km]이고, 표시는 ① × ② × ③으로 한다. 예를 들면 모드 운전할 때 연료소비량이 14.2ℓ/100km, 90km/h 정속 운전할 때 9.5ℓ/100km, 120km/h 정속 운전할 때 11.5ℓ/100km이면, 연료소비율은 "$14.2 \times 9.5 \times 11.5$"로 표기된다.

$$C = \frac{100 \cdot m}{\rho \cdot s} \quad\text{.. (7-27)}$$

여기서 C : 연료소비율 [ℓ/100km] m : 시험 중 소비연료 [kg]

ρ : 연료밀도 [kg/ℓ] s : 시험 거리 [km]

또 소비연료를 체적으로 계량했을 경우에는 식(7-27a)를 적용한다.

$$C = \frac{100 \cdot V}{s} \quad\text{.. (7-27a)}$$

여기서 V : 시험 중 소비연료 [ℓ]

예제8 모드 운전하여 연료소비율을 측정하였다. 시험자료는 다음과 같다. 연료소비율[ℓ/100km]을 구하라. (단 $m = 239\text{g}$, $\rho = 0.74\text{kg}/\ell$, $s = 2,200\text{m}$ 이다.)

【풀이】 $C = \dfrac{100 \cdot m}{\rho \cdot s} = \dfrac{100 \times 0.239}{0.74 \times 2.2} = 14.68\,[\ell/100\text{km}] \approx 14.7\,[\ell/100\text{km}]$

(2) 승용자동차 이외의 자동차의 연료소비율(예 : DIN70030-2에서 발췌)

버스와 화물자동차, 그리고 2륜 자동차의 경우에는 비교적 장거리(약 10km)를 왕복주행하면서 측정한다. 이때 실제 상황을 반영시키기 위하여, 측정한 연료소비량의 약 10%(계수 1.1)정도를 추가한 양을 기준으로 연료소비율을 구한다. 추후 검정측정 시에도 피할 수 없는 상황을 고려하기 위한 오차로 +5%까지는 인정한다.

$$k = \frac{1.1 \cdot K \cdot 100}{s}\,[\ell/100\text{km}] \quad \cdots\cdots\cdots\cdots\cdots\cdots\cdots\cdots\cdots\cdots\cdots\cdots (7\text{-}28)$$

여기서 k : 연료소비율 [ℓ/100km]
　　　　K : 측정 시 연료소비율 [ℓ/100km]
　　　　s : 측정 거리[km]

예제9 DIN 70030 - 2에 따라 연료소비율을 측정하였다. 연료 1.58 l 로 20km를 주행하였다. 100km당 연료소비율을 구하라.

【풀이】 $k = \dfrac{1.1 \cdot K \cdot 100}{s} = \dfrac{1.1 \times 1.58\ell \times 100}{20\text{km}} = 8.69\,[\ell/100\text{km}]$

4. 브레이크 성능시험(Test of brake-performance) - (KSR 1009참조)

제동력은 정치식(定置式), 또는 이동식 브레이크 테스터를 이용한다. 자세한 내용은 다음을 참고한다.

5. 가속시험(acceleration test) - (KSR 1010 참조)

가속시험은 발진가속시험(정지상태에서 발진)과 단계별 가속시험(임의의 초속도에서 시작)으로 구분한다.

(1) 발진 가속시험

자동차를 정지상태에서 변속기와 가속페달을 자유로이 사용하여 급가속하고 200m 및 400m의 표점까지 진행하는 데 소요된 시간을 측정하고, 또 표점을 통과할 때의 주행속도도 측정한다.

(2) 단계별 가속시험

안정된 주행을 할 수 있는 10km/h의 정수배의 초속도부터 가속페달의 조작만으로 급가속하여 속도계의 지시가 최초에 10km/h의 정수배의 값에 도달한 때부터 10km/h씩 증가하는데 소요된 시간을 순차적으로 측정한다.

6. 타행성능시험(coasting performance test) - (KSR 1011 참조)

타행(coasting)이란 주행 중 동력을 차단하고 관성주행을 계속하는 것을 말한다. 주행 중 동력을 차단하면 주행속도는 서서히 감소하여 결국, 자동차는 정지되게 된다. 즉, 자동차의 관성에너지는 내부저항(동력전달계의 저항)과 외부저항(구름저항과 공기저항 등)을 극복하는데 사용되어 결국은 0(zero)이 되게 된다.

타행성능시험은 주행저항 측면에서 같은 종류의 자동차의 양부를 판정하는데 이용되기도 한다.

(1) 타행성능시험 방법(KSR 1011 참조)

① 평탄한 직선, 포장도로에서 왕복으로 타행하여 측정한다.
② 시험도로 중앙에 100m의 타행구간을 설정한다.
③ 타행측정구간의 시발점에 이르기 까지는 변속기어를 중립으로 하고, 50m, 100m의 측정구간을 타행하는 데 소요된 시간을 측정한다.
④ ③항의 타행측정구간 100m를 주행하는데 소요된 시간은 20±2s의 범위 내에 들도록 한다.
⑤ ③항의 측정값을 다음 식에 대입하여 시험속도에 따른 감속도 및 타행성능을 구한다.

$$V = \frac{360}{t_2} \quad \cdots\cdots (7\text{-}29)$$

$$b = \frac{100}{t_2} \cdot \left(\frac{1}{t_1} - \frac{1}{t_2 - t_1} \right) \quad \cdots\cdots\cdots\cdots\cdots\cdots\cdots\cdots\cdots\cdots \text{(7-29a)}$$

$$f = \frac{b}{g} \quad \cdots\cdots\cdots\cdots\cdots\cdots\cdots\cdots\cdots\cdots\cdots\cdots\cdots\cdots\cdots\cdots\cdots \text{(7-29b)}$$

$$R = (W + W_f) \cdot b \quad \cdots\cdots\cdots\cdots\cdots\cdots\cdots\cdots\cdots\cdots\cdots\cdots \text{(7-29c)}$$

여기서 V : 시험속도 [km/h] $\qquad$ b : 감속도 [m/s²]
$\quad$ g : 중력가속도 [m/s²] $\qquad$ f : 타행계수
$\quad$ t_1 : 측정구간(50m) 타행 소요 시간 [s] $\quad$ t_2 : 측정구간(100m) 타행 소요 시간 [s]
$\quad$ R : 타행력 [N] $\qquad$ W : 시험 시 차량총질량 [kg]
$\quad$ W_1 : 시험 시 차량질량 [kg] $\qquad$ W_f : 회전부분 상당질량 [kg]

다만 W_f 를 알 수 없을 경우에는 다음과 같이 가정한다.

$\quad$ $W_f = 0.07 W_1$: 트럭

$\quad$ $W_f = 0.05 W_1$: 승용자동차, 소형트럭, 버스

(2) 타행 주행시험을 통해 공기저항계수 및 전동저항계수 구하기

바람이 없는 날, 평탄한 도로에서, 일정속도에서 변속기어를 중립으로 하고 자동차를 타행시켜, 평균감속도 및 공기저항계수, 전동저항계수 등을 계산으로 구할 수 있다.

이 방법은 주행속도 100km/h 이내의 차량(예 : 버스)에 적용할 수 있다.

예 타행 초속도는 고속에서 60km/h, 저속에서 15km/h이고, 자동차의 질량 $m = 1,500$kg, 자동차의 앞 투영단면적 $A = 2.5$m²이다. 타행종료속도 및 소요시간은 측정하고, 나머지 값들을 계산으로 구한 결과는 아래와 같다.

	1차 실험(고속)	2차 실험(저속)
초기 속도 종료 속도 소요 시간	$v_{a1} = 60$km/h $v_{b1} = 55$km/h (측정) $t_1 = 4$s (측정)	$v_{a1} = 15$km/h $v_{b1} = 10$km/h (측정) $t_2 = 7.6$s (측정)
평균 주행속도	$v_1 = \dfrac{v_{a1} + v_{b1}}{2} = 57.5$km/h	$v_2 = \dfrac{v_{a2} + v_{b2}}{2} = 12.5$km/h
평균 감속도	$a_1 = \dfrac{v_{a1} - v_{b1}}{t_1} = 1.25\dfrac{\text{km/h}}{\text{s}}$	$a_2 = \dfrac{v_{a2} - v_{b2}}{t_2} = 0.66\dfrac{\text{km/h}}{\text{s}}$

	1차 실험(고속)	2차 실험(저속)
공기저항계수	$c_w = \dfrac{6m \cdot (a_1 - a_2)}{A \cdot (v_1^2 - v_2^2)} = 0.65$	
전동저항계수	$f_R = \dfrac{28.2(a_2 \cdot v_1^2 - a_1 \cdot v_2^2)}{10^3 \cdot (v_1^2 - v_2^2)} = 0.018$	

7. 최고속도 시험(maximum speed test) - (KSR 1012 참조)

최고속도시험은 다음과 같이 한다.

① 평탄한 직선, 포장도로에서 공차상태로 시험한다.

② 시험도로는 폭 6m이상, 길이 2,200m 이상의 포장도로에서 중앙 200m를 측정구간으로 하고, 양단은 보조주행구간으로 사용한다. 측정구간에는 100m마다 표점을 설치한다. 다만, 시험도로 양단 각각의 500m는 다소 굴곡이 있어도 무방하다.

③ 보조 주행구간 1,000m에서 시험자동차를 주행, 가속하여 측정구간에 도달할 때까지는 최고속도를 유지하여야 한다. 다만 필요에 따라 보조 주행구간을 단축할 수 있다.

④ 측정구간에서 제 1표점과 제 2표점 사이와 제 2표점과 제 3표점 사이를 주행하는데 소요된 시간을 측정하여 최고속도를 결정한다. 시험자동차에 장착된 속도계로 주행속도를 측정하고, 이를 참고한다.

⑤ 최고속도 측정 중, 자동차 각 부분의 고속에 대한 작동상황 및 안전도 등을 관찰한다.

> **예** 중앙 표점구간 200m를 3초에 주파하였다면, 최고속도 v_{max} 는 ?
>
> 【풀이】 $v_{max} = \dfrac{200\text{m}}{3\text{s}} \times 3.6 \dfrac{\text{km}}{\text{m}} \cdot \dfrac{\text{s}}{\text{h}} = 240\text{km/h}$

8. 가파른 비탈길 시험(steep hill climbing test) - (KSR 1013 참조)

가파른 비탈길 시험은 경사가 일정한 비탈길에서 시행한다.

① 시험도로는 미끄럼을 방지할 수 있는 구조의 인공적으로 만든 비탈길이 이상적이다. 경우에 따라서는 단단한 토질 또는 잔디 등의 자연적인 비탈길로 하고, 일정한 구배의 길이 20m이상의 측정구간이 있어야 한다. 또한 측정구간에는 발진에 적합한 5m의 보조주행 도로를 둔다.

② 측정구간을 통과하는데 소요된 시간을 측정한다. 다만 도중에 비탈길 오르기가 불가능하게 되었을 때는, 그 지점까지의 소요시간을 측정한다.

③ 사용 변속기어는 발진할 때부터 최저 단으로 하고, 또한 변속하지 않는 것으로 한다.

④ 완전히 비탈길을 올랐을 때는 더 가파른 비탈길에서 시험하고, 최대등반능력을 판정한다. 다만, 적당한 비탈길이 없을 때는 동일한 비탈길에서 상단기어를 사용하여 비탈길 오르기가 가능한 기어를 결정하고, 또는 적재중량을 증가하고, 능력한도를 판정한다.

⑤ 비탈길 오르기가 불가능할 때는 적재량을 줄이든가, 구배가 낮은 비탈길에서 시험한다.

⑥ 차륜이 미끄러져서 비탈길 오르기가 불가능할 경우에는 타이어체인을 사용하거나, 또는 미끄럼을 방지하고 시험한다.

⑦ 시험 결과를 다음 식에 대입하여 등반소요출력(P_s)을 구한다.

$$P_s = \frac{m \cdot g \cdot L \cdot \sin\alpha}{1000 \cdot t} \quad \cdots\cdots\cdots\cdots\cdots\cdots\cdots\cdots\cdots\cdots\cdots\cdots\cdots\cdots\cdots\cdots\cdots\cdots \text{(7-30)}$$

여기서　P_s : 등반 소요출력 [kW]　　m : 자동차 총질량 [kg]
　　　　　g : 중력가속도 [m/s^2]　　L : 등반거리 [m]
　　　　　α : 구배 [°]　　　　　　t : 등판소요시간 [s]

9. 긴 비탈길 시험(long hill climbing test) - (KSR 1014 참조)

긴 비탈길 시험은 반드시 포장도로에서 하지 않아도 된다.

① 시험도로는 기울기 약 7°의 긴 비탈길로서 노면의 상태가 양호한 도로 10km를 선택한다.

② 시험자동차에 연료소비량 측정장치를 장착한다.

③ 시험측정구간에서 적절히 변속하고, 가장 짧은 시간에 비탈길을 오른 뒤에 주행거리, 주행 소요시간, 연료소비량, 각부 온도(예 : 냉각수, 엔진오일, 변속기 오일, 감속기 오일 등)를 측정하고, 또한 변속기어의 사용상황을 관찰한다.

10. 모랫길 시험(sand road driving test) - (KSR 1016 참조)

시험장소는 모래와 자갈이 섞여 있지 않은 평탄한 모랫길로서 기울기 약 5°의 비탈길을 택한다. 그리고 시험 자동차에는 연료소비량 측정장치를 부착한다. 운행 중 앞차의 바퀴자국을 피하여 운행한다.

모랫길 시험은 다음 항목에 대하여 실시한다.

(1) 속도시험

평탄한 모랫길 150m를 선정하여, 양단에서 각각 25m를 보조 주행구간으로 하고, 중간에 100m를 측정구간으로 한다. 이 구간을 최고속도로 주행하고, 소요시간, 변속단 및 운전이 가능한 바퀴자국의 최대깊이를 측정한다. 속도시험 중에 변속하여서는 안 된다.

(2) 최소 회전반경 시험

평탄한 모랫길에서 선회 가능한 최소 회전반경을 측정한다.

(3) 비탈길 시험

구배 약 5° 정도의 비탈진 모랫길에서 비탈을 오를 수 있는 능력 즉, 등반능력을 시험한다. 시험방법은 등반능력시험 규정(KSR 1013)을 준용한다.

(4) 운행시험

비교적 장거리(약 4~8km)의 모랫길을 운행하면서, 연료소비량, 각 부분의 온도 등을 측정한다. 시험 및 분석방법은 운행시험방법(KSR 1018)을 준용한다.

11. 자동차 운행시험(driving test of vehicles) - (KSR 1018 참조)

자동차 운행시험은 다음과 같이 실제 도로에서 실시한다.

(1) 시험도로 조건

시험 도로는 평지, 비탈길, 긴 비탈길, 포장도로, 자갈길 등을 포함하는 약 200km 이상을 선택한다. 시험도로를 적당히 여러 구간으로 구분하고, 그 각 구간 및 전체를 통하여 측정을 실시한다.

(2) 시험 자동차

소정의 적차상태로서 연료소비량 측정장치, 온도계 등 측정에 필요한 장비를 갖춘 상태의 자동차를 사용한다.

(3) 시험 방법

① 출발점에서 각종 계기의 지시값을 판독, 기록한다.
② 실제 운행할 때와 같은 방법으로 운전한다. 운행 도중에 자동차 각부(특히 기관, 변속기, 브레이크 및 조향장치의 상태), 가속상황, 승차감, 그리고 노면의 상황 등을 기록한다.
③ 도착점에서 역시 출발할 때와 마찬가지로 각종 계기의 지시값을 판독, 기록한다.
④ 운행시험 후에 필요에 따라서는 분해검사방법(KSR 1019)에 따라 분해점검하고, 강도 및 마모상황을 관찰, 기록한다.

12. 소음 측정(noise test)

주행 중 가속소음과 정차상태의 자동차에서의 배기소음 및 경적소음을 규제한다.

(1) 소음 이론

① 고유 음향 임피던스(Specific acoustic impedance) : z

소리가 임의의 매질(예 : 공기)을 통과하여 멀리 도달하면, 그 매질의 저항 때문에 소리는 작아지게 된다. 이 저항은 전기에서의 저항과 비슷하게 매질의 입자속도 u 에 반비례하며, 그 매질에서의 동적 압력(dynamic pressure) p 에 비례한다.

$$z = \frac{p}{u} \left[\frac{\text{N·s}}{\text{m}^3} \right] \quad \cdots\cdots\cdots\cdots\cdots\cdots\cdots\cdots\cdots\cdots\cdots\cdots\cdots \quad (7\text{-}31)$$

자유공간에서 공기를 통하여 전파되는 음파의 고유 음향 임피던스 z 는 매질의 밀도 $\rho[\text{kg}/\text{m}^3]$ 와 음속 $c[\text{m}/\text{s}]$ 의 곱으로 표시되며,

정상조건(1bar, 20℃)에서, 고유 음향 임피던스 z 는

$$z = \frac{p}{u} = \rho c = 407 \left[\frac{\text{N·s}}{\text{m}^3} \right] \quad \cdots\cdots\cdots\cdots\cdots\cdots\cdots\cdots\cdots\cdots\cdots \quad (7\text{-}32)$$

이 된다.

② **소리의 세기**(sound intensity) : I

음원으로부터 방사되는 방향에 수직인(반지름에 직교되는 평면) 위치의 단위면적을 통과하는 소리의 에너지 율은

$$I = \frac{p^2}{\rho c} \left[\frac{\text{J}}{\text{m}^2\text{s}} \right] \quad\text{(7-33)}$$

기준이 되는 소리의 세기 즉, 소리 세기의 기준값 I_0는

기준 음압 $p_0 = 0.0002[\mu\text{bar}]$

20℃에서의 $\rho c = 407 \left[\dfrac{\text{N}\cdot\text{s}}{\text{m}^3} \right]$를 식(7-33)에 대입하여 구한다.

$$I_0 = 10^{-12} \left[\frac{\text{W}}{\text{m}^2} \right] = 10^{-16} \left[\frac{\text{W}}{\text{cm}^2} \right] \quad\text{(7-34)}$$

③ **음향 출력**(sound power) : W

$$W = I \times S\,[\text{W}] \quad\text{(7-35)}$$
$$\text{여기서} \quad S : \text{음원의 방사 표면적}$$
$$I : \text{표면에서의 소리의 세기}$$

기준 음향출력 W_0는

표준 구(球) 표면적 $S_0 = 10^4\,[\text{cm}^2]$ 와

기준 소리의 세기 $I_0 = 10^{-16}\,[\text{W}/\text{cm}^2]$ 를 곱하여 구한다.

$$W_0 = I_0 S_0 = 10^{-16} \times 10^4 = 10^{-12}\,[\text{W}] \quad\text{(7-36)}$$

예 : ① Boeing 747(엔진 4개) $5 \times 10^5\,[\text{W}]$
    ② 우주선 이륙 시 로켓에서 발생되는 소리 $5 \times 10^7\,[\text{W}]$
    ③ 인간의 가청소리의 최소출력 $1 \times 10^{-12}\,[\text{W}]$
    ④ 보통 일상의 대화 $1 \times 10^{-6}\,[\text{W}]$

위의 예 ③과 ④에서 보면 그 차이가 1×10^{-6} [W]로 소리의 크기를 음향출력으로 나타내면 불편한 점이 많다. 따라서 단위 dB(decibel)을 사용한다.

④ dB(decibel)의 정의

임의의 소리 세기 기준값에 대한 다른 값의 상용 대수비(log 비)

■ 소리 세기의 레벨(Intensity Level : IL)

$$
IL = 10 \log 10 \frac{I}{I_0} [\text{dB}] \quad \cdots\cdots\cdots\cdots\cdots\cdots\cdots\cdots\cdots\cdots\cdots\cdots\cdots\cdots\cdots\cdots (7\text{-}37)
$$

여기서 I : 소음원에 의한 소리의 세기
I_0 : 소리 세기에 대한 기준값(가청 소리의 최소값)
$$I_0 = 10^{-12} \left[\frac{\text{W}}{\text{m}^2} \right]$$

■ 음향출력 레벨(Power Level : PWL)

$$
PWL = 10 \log 10 \frac{W}{W_0} [\text{dB}] \quad \cdots\cdots\cdots\cdots\cdots\cdots\cdots\cdots\cdots\cdots\cdots\cdots\cdots\cdots (7\text{-}38)
$$

예 : 말소리의 음향출력 레벨

$$
10 \log 10 \frac{1 \times 10^{-6}}{1 \times 10^{-12}} = 10 \log (1 \times 10^6) = 60 [\text{dB}]
$$

■ 음압 레벨(Sound Pressure Level : SPL)

$$
SPL = 10 \log 10 \frac{\dfrac{p^2}{\rho c}}{\dfrac{p_0^2}{\rho c}} = 10 \log 10 \frac{p^2}{p_0^2} = 2 \times 10 \log 10 \frac{p}{p_0} = 20 \log 10 \frac{p}{p_0} [\text{dB}]
$$

여기서, 기준음압 $p_0 = 2 \times 10^{-5} \left[\dfrac{\text{N}}{\text{m}^2} \right]$ ← 1000Hz의 최소가청 음압 $\cdots\cdots$ (7-39)

예를 들면 보통 대화하는 목소리의 음압레벨은 60dB로서 기준음압과의 비는 1000 : 1이 된다.

⑤ 등감곡선

우리 인간의 귀에는 100Hz, 50dB의 소리의 크기와 1000Hz, 40dB의 소리가 똑같은 크기로 들린다. 즉, 1000Hz, 40dB의 소리의 감각은 100Hz, 40dB의 소리의 감각보다 10배 크다.

따라서 1000Hz의 순음을 기준으로 그 감각 레벨과 같은 크기로 들리는 다른 주파수의 순음의 감각 레벨을 라우드니스 레벨(loudness level)이라 하고, 단위로는 phon(폰)을 사용한다.

- phone 단위로 소리의 크기를 인간이 듣고, 그 소리를 phon 단위로 2배 증가시켜도 인간의 귀에는 2배 크게 들리지 않는다. 소리의 실감 척도로는 sone(손)을 사용한다.

- 1sone : 1000Hz, 40phon의 소리를 기준으로 한 소리의 크기

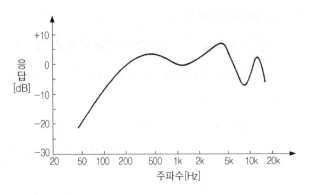

그림7-16 인간 귀의 주파수 응답곡선

1sone의 소리를 먼저 듣고 그 소리의 2배로 실감하는 소리의 크기를 2sone이라고 한다.

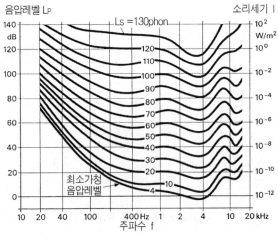

그림 7-17 등감곡선(ISO R 226)

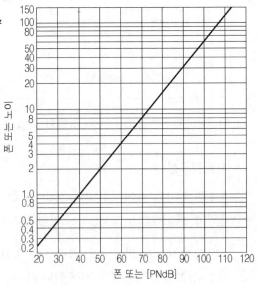

그림 7-18 sone과 phon의 상관관계

⑥ 청감보정특성

등감곡선에 가까운 보정회로(＝청감보정회로)를 사용한 소음계로 측정하면, 근사적으로 소리의 감각적인 크기를 알 수 있다.

실제 소음계에는

A 특성(40phon)

B 특성(70phon)

C 특성(85phon)의 등감곡선에 유사한 감도를 나타내도록 주파수를 보정하였다.

D 특성은 충격음 측정에 사용한다.

A 특성은 인간의 귀의 감각량과 비슷한 특성으로 소음규제법에서는 주로 A특성을 사용하며, A 특성으로 측정한 소음의 크기는 단위 dB(A)를 사용한다.

C 특성은 거의 평탄한 주파수 특성을 가지고 있으며, 측정단위는 dB(C)를 사용한다. 주로 주파수 분석에 사용한다. 배기소음은 dB(A), 가속소음은 dB(A), 경적소음은 dB(C)로 측정한다.

예를 들어 A특성으로 측정한 값과 C특성으로 측정한 값의 차이로서 소음의 주파수 구성을 판별할 수 있다. 즉, C특성으로 측정한 값이 A특성으로 측정한 값보다 훨씬 크면 저주파수가 주성분이고, C특성으로 측정한 값이 A특성으로 측정한 값과 비슷하면 고주파수가 주성분이다.

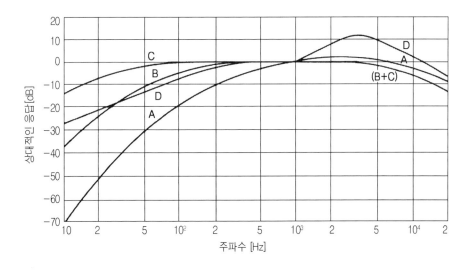

그림 7-19 A, B, C, D 보정회로의 주파수 특성

⑦ 소리세기의 레벨 IL

$$
\begin{aligned}
IL &= 10\log_{10}\frac{I}{I_0} = 10\log_{10}\left(\frac{I}{1\times10^{-12}}\right) = 10\log_{10}(I \cdot 1\times10^{12}) \\
&= 10\log_{10} I + 10\log_{10}10^{12} = 10\log_{10} I + 12\times10\log_{10} \\
&= 10\log_{10} I + 120[\text{dB}]
\end{aligned}
$$

$$\cdots\cdots\cdots (7\text{-}40)$$

* 여기서　$I_0 = 1\times10^{-12}[\text{W}/\text{m}^2]$

$$
\begin{aligned}
\log_{10}(A \cdot B) &= \log_{10} A + \log_{10} B \\
\log_{10}\left(\frac{A}{B}\right) &= \log_{10} B - \log_{10} A
\end{aligned}
$$

⑧ 음향출력 레벨 PWL

$$
PWL = 10\log_{10}\frac{W}{W_0} = 10\log_{10}\left(\frac{W}{1\times10^{-12}}\right) \qquad\cdots\cdots\cdots (7\text{-}41)
$$

$$
\begin{aligned}
&= 10\log_{10}(W \cdot 1\times10^{12}) \\
&= 10\log_{10} W + 10\log_{10}10^{12} \\
&= 10\log_{10} W + 12\times10\log_{10} \\
&= 10\log_{10} W + 120[\text{dB}]
\end{aligned}
$$

* 여기서　$W_0 = 1\times10^{-12}[\text{W}]$

⑨ 음압 레벨 SPL

$$
SPL = 20\log_{10}\frac{p}{p_0} \fallingdotseq 20\log_{10} p + 94[\text{dB}] \qquad\cdots\cdots\cdots (7\text{-}42)
$$

여기서　$p_0 = 2\times10^{-5}\left[\dfrac{\text{N}}{\text{m}^2}\right]$

(2) 소음 측정의 법적 근거

① 소음진동규제법 제32조 (제작차 소음 허용 기준)

② 소음진동규제법 제33조 (제작차 인증)

③ 소음진동규제법 제34조 (제작차의 소음검사 등)

(3) 소음 검사의 종류

① 주행 시 가속 소음 검사　　② 근접 배기 소음 검사

③ 경적 소음 검사

(4) 운행 자동차의 근접 배기소음 및 경적소음 측정

① 적용범위

소음을 과다하게 배출하는 차량, 배기다기관 및 소음기를 훼손 또는 탈거한 차량, 고(高) 소음 경음기 또는 쌍 경음기를 부착한 차량, 노후 대형버스 및 화물차, 2륜자동차 등)의 배기소음 및 경적소음 측정에 적용한다.

② 측정 장소의 선정

- 가능한 한 주위로부터 음의 반사와 흡수 및 암소음에 의한 영향을 받지 않는 개방된 장소로서 마이크로폰 설치 중심으로부터 반경 3m 이내에는 돌출 장애물이 없는 아스팔트 또는 콘크리트 등으로 평탄하게 포장되어 있어야 하며, 주위 암소음의 크기는 자동차로 인한 소음의 크기보다 가능한 10dB 이하이어야 한다.
- 마이크로폰 설치 위치의 높이에서 측정한 풍속이 2m/s 이상일 때에는 마이크로폰에 방풍망을 부착하여야 하고, 10m/s 이상일 때에는 측정을 삼가야 한다.

③ 측정 기기들

- 소음측정기는 KSC-1502에서 정한 보통소음계 또는 이와 동등 이상으로서 마이크로폰, 레벨 범위 변환기, 교정장치, 청감보정회로, 동특성 조절기, 출력단자, 지시계 등으로 구성되어야 한다. 지시계의 동 특성은 "빠름 동특성(Fast)"을 사용하여 측정한다.
- 자동기록장치는 소음측정기에 연결된 상태에서 정밀도 및 동특성 등의 성능이 보통(지시)소 음 측정기 이상의 성능을 가진 것이어야 하며, 동특성을 선택할 수 있는 경우에는 "빠름(Fast) 동특성" 에 준하는 상태에서 사용하여야 한다. 출력 데이터를 기록, 보존할 수 있어야 한다.

- 차속 측정장치 : 가속주행소음 측정 시 자동차의 진입속도와 탈출속도를 정확히 측정할 수 있어야 한다.
- 가속 확인 장치 : 가속주행소음 측정 때 소음측정구간 진입 시(탈출점까지) 가속페달을 끝까지 밟아 스로틀밸브를 완전히 연 상태임을 시험자동차의 외부에서 확인할 수 있는 장치로써 필요한 경우만 사용한다.
- 회전속도계 : 시험자동차의 원동기 회전속도를 정확하게 측정하는 기기이다.
- 측정 기기들은 제작자 사용설명서에 준하여 조작하고 측정 전에 충분한 예열 및 교정을 실시하여야 한다.

④ 운행 자동차 소음 검사 전 확인 사항

■ 소음 덮개
- 검사기준 : 출고 당시에 부착된 소음 덮개에 떼어지거나 훼손되어 있지 아니 할 것
- 검사상태 : 소음 덮개 등이 떼어지거나 훼손되었는지 여부를 육안으로 확인, 보완할 것.

■ 배기관 및 소음기
- 검사기준 : 배기관 및 소음기를 확인하여 배출 가스가 최종 배출구 전에 유출되지 아니 할 것
- 검사상태 : 자동차를 들어 올려 배기관 및 소음기의 이상 상태를 확인하여 배출가스가 최종 배출구 전에서 유출되는지의 여부를 확인한다.

■ 경음기
- 검사기준 : 경음기가 추가로 부착되어 있지 아니 할 것
- 검사상태 : 경음기를 육안으로 확인하거나, 3초 이상 작동시켜 경음기의 추가 장착 여부를 귀로 확인한다.

⑤ 배기소음 측정방법

- 자동차의 변속기어를 중립위치로 하고 정지가동(아이들링)상태에서 자동차를 원동기 최고출력 시의 75% 회전속도에서 4초 동안 운전하여 그 동안에 자동차로부터 배출되는 배기소음의 최대값을 측정한다. 다만, 원동기 회전속도계를 사용하지 아니하고 배기소음을 측정할 때에는 정지가동상태에서 원동기 최고회전속도로 배기소음을 측정하고, 이 경우 측정값의 보정은 중량자동차는 5dB(A), 중량자동차 이외의 자동차는 7dB(A)을 측정값에서 뺀 값을 최종 측정값으로 한다. 또한 승용자동차 중 원동기가 차체 중간 또는 뒤쪽에 장착된 자동차는 배기소음 측정값에서 8dB(A)을 뺀 값을 최종 측정값으로 한다.

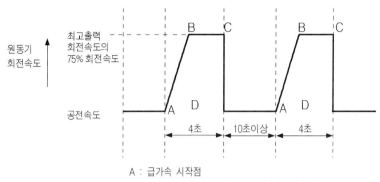

A : 급가속 시작점
B ↔ C : 최고출력 회전속도의 75% 회전속도 유지시간
C : 급가속 종료점

그림 7-20 근접 배기소음 측정순서

■ 마이크로폰의 설치 위치

측정 대상 자동차의 배기관 끝으로부터 배기관 중심선에 45° ± 10°의 각(차체의 외부면으로부터 먼 쪽 방향)을 이루는 연장선 방향으로 0.5m 떨어진 지점이어야 하며, 동시에 지상으로부터의 높이는 배기관 중심높이에서 ±0.05m인 위치에 마이크로폰을 설치한다. (지상으로부터의 최소높이는 0.2m 이상이어야 한다)

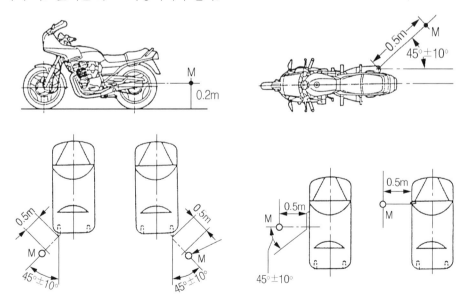

그림 7-21 운행 자동차 배기소음 측정 시 마이크로폰 설치 위치

또한, 자동차의 배기관이 차체상부에 수직으로 설치되어 있는 경우의 마이크로폰 설치위치는 배기관 끝으로부터 배기관 중심선의 연직선의 방향으로 0.5m 떨어진 지점을 지나는 동시에 지상높이가 배기관 중심높이 ±0.05m인 위치로 하며, 그 방향은 지면의 상향으로 배기관 중심선에 평행하는 방향이어야 한다. 다만, 자동차의 배기관이 2개 이상일 경우에는 인도 측과 가까운 쪽 배기관에 대하여 마이크로폰을 설치하여야 한다. 기타 같은 방향에서 설명되지 아니한 배기관의 경우, 마이크로폰의 설치위치는 배기소음 측정값을 가장 크게 나타내는 위치이어야 한다.

⑥ 경적소음 측정방법

- 자동차의 원동기를 가동시키지 않은 정차상태에서 자동차의 경음기를 5초 동안 작동시켜 그 동안에 경음기로부터 배출되는 소음의 최대값을 측정하며, 2개 이상의 경음기가 연동하여 음을 생성하는 경우에는 연동하는 상태에서 측정하고, 축전지는 측정개시 전에 규정 충전된 상태이어야 한다. 다만, 교류식 경음기를 장치한 경우에는 원동기 회전속도가 $3,000 \pm 100\text{min}^{-1}$인 상태이어야 한다.

■ 마이크로폰의 설치 위치

마이크로폰 설치위치는 경음기가 설치된 위치에서 가장 소음도가 크다고 판단되는 자동차의 면에서 전방으로 2m 떨어진 지점을 지나는 연직선으로부터의 수평거리가 0.05m 이하인 동시에 지상 높이가 1.2 ± 0.05m(이륜자동차, 측차부 이륜자동차 및 원동기 부착 자전거는 1 ± 0.05m)인 위치로 하고 그 방향은 당해 자동차를 향하여 차량중심선에 평행하여야 한다.

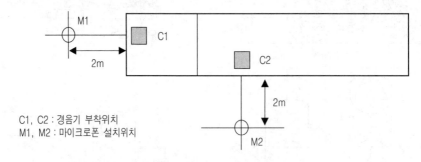

C1, C2 : 경음기 부착위치
M1, M2 : 마이크로폰 설치위치

그림 7-22 경적소음 측정 시 마이크로폰의 설치 위치

⑦ 측정값의 산출

- 측정 항목별로 자동차로 인한 소음의 크기는 소음측정기 지시값(자동기록장치를 사용한 경우에는 자동기록장치의 기록치)의 최대값을 측정값으로 하며, 암소음의 크기는 소음측정기 지시값의 평균값으로 한다.

- 자동차로 인한 소음크기의 측정은 자동기록장치를 사용하여 기록하는 것을 원칙으로 하고 측정항목별로 2회 이상 실시하여야 하며, 각 측정값의 차이가 2dB을 초과할 때에는 각각의 측정값은 무효로 한다.
- 암소음의 측정은 각 측정 항목별로 측정을 실시하기 직전 또는 직후에 연속하여 10초 동안 실시하며, 순간적인 충격음 등은 암소음으로 취급하지 않는다.
- 자동차로 인한 소음과 암소음의 측정값의 차이가 3dB 이상 10dB 미만인 경우에는 자동차로 인한 소음 측정값으로부터 아래 표의 보정값을 뺀 값을 최종 측정값으로 하고, 차이가 3dB 미만일 경우에는 측정값을 무효로 한다.

암소음에 대한 보정값　　　　　(단위 : dB(A), dB(C))

자동차 소음과 암소음의 측정값 차이	3	4 – 5	6 – 9
보정값	3	2	1

- 2회 이상 측정값(보정한 값 포함) 중 가장 큰 값을 최종 측정값으로 한다.

(5) 주행 시 가속소음 측정 방법

① 주행 시 가속소음 측정 장소 개략도(예)

그림 (7-23)에서 A－A′ 는 진입선, B－B′ 는 탈출선이다. 그리고 음영 영역(테스트 영역)은 ISO 10844에 적합한 포장재로 포장되어 있어야 하는 최소 영역이다. 그림에서 숫자의 단위는 m이다.

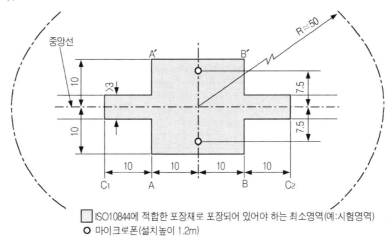

그림 7-23　주행 시 가속소음 시험장 (예)

② 주행 시 가속소음 측정

자동차가 주행 중 가속할 때 발생하는 소음으로써, 자동차의 지정 변속단에서의 최대출력 시의 이론속도의 3/4, 또는 50 km/h 중 낮은 속도로 소음측정구간 진입선(A-A′) 직전까지 정속으로 주행하다가 진입선(A-A′)에 진입한 직후, 곧바로 가능한 한 급격하게 가속페달을 끝까지 밟아 자동차가 전부하(full load) 상태에 도달하게 한다. 이 상태를 자동차의 뒤 범퍼 의 선단이 탈출선(B-B′)에 도달할 때까지 유지한다. 자동차가 진입선에 진입하여 탈출선을 통과하는 동안에 발생하는 소음의 최대값을 측정한다. 승용자동차의 경우, 현재의 규정값은 약 74 ~76dB(A)이다.

(6) 주요 국가들의 소음시험장 및 소음시험 방법 비교

① 소음 시험장의 조건

	우리나라	미 국	ECE	ISO
도로	건조하고 평탄한 콘크 리트 및 아스팔트 도로	건조하고 평탄한 콘크 리트 및 아스팔트 도로	건조하고 평탄한 콘크 리트 및 아스팔트 도로	ISO 10844의 조건을 충족하는 아스팔트 콘 크리트 도로
측정 장소 의 조건	측정점 반경 20m 이내 에 음의 흡수 및 반사가 없는 개방된 장소로 주 위의 암소음의 크기는 자동차에서 발생하는 소음의 크기보다 최소 한 10dB 이하인 장소	측정점 반경 30m 이내 에 음의 흡수 및 반사가 없는 개방된 장소로 주 위의 암소음의 크기는 자동차에서 발생하는 소음의 크기보다 최소 한 10dB 이하인 장소	측정점 반경 50m 이내 에 음의 흡수 및 반사가 없는 개방된 장소로 주 위의 암소음의 크기는 자동차에서 발생하는 소음의 크기보다 최소 한 10dB 이하인 장소	측정점 반경 50m 이내 에 음의 흡수 및 반사가 없는 개방된 장소로 주 위의 암소음의 크기는 자동차에서 발생하는 소음의 크기보다 최소 한 10dB이하인 장소
풍속	마이크로폰의 높이에서 5 m/s 이내인 지역	마이크로폰의 높이에서 19km/h 이내인 지역	마이크로폰의 높이에서 5 m/s 이내인 지역	마이크로폰의 높이에서 5m/s이내인 지역

② 주요 국가들의 소음규제 현황

구 분	법, 규정	주관부처/시험기관	소음검사항목	비 고
우리 나라	– 소음·진동규제법 – 환경부 고시	– 환경부/ 국립환경연구원	– 가속 주행소음 – 근접 배기소음 – 경적 소음	– 강제 인증

미 국	– CFR 40 PART 205
	  (중량자동차)
	  주, 시, COUNTY
	  별로 규제
		– EPA/제작사
		– 주, 도시,COUNTY
		  정부/제작사
			– 가속 주행소음	–제작사 자체시험 후 주, 도시,
				  COUNTY에 인증서 LETTER
				  제출
				– 승용차의 경우 연방규제는 없
				  으며 일부 주(시카고, 네바다,
				  플로리다 등)에서만 규제.
				– 중량자동차 : 대형트럭, 버스

유 럽	– EEC 70/157,
	  84/424, 92/97
	– ECE R51–01
		– 각국 정부기관/
		  인증기관
			– 가속 주행소음
			– 근접 배기소음
			  (참고로 제출)
			– 경적 소음
				– 제작사는 소음을 인증신청하
				  고, 인증기관은 입회 시험하고
				  시험 결과에 대한 자료를 국가
				  기관에 제출하면 인가서 발급.
				– 각 국가별로 인증기관이 지정
				  되어 있고 인증기관별로 시험
				  기능 항목이 지정되어 있음.
				– 정부기관도 국가별로 지정되
				  어 있음.
				– '96.1.1.이후부터 통합인증
				  (WHOLE VEHICLE TYPE
				  APPROVAL)으로 EEC 12개
				  회원국에서 강제 시행 .
				–근접 배기소음은 참고로 제출

③ 주요 국가들의 소음시험 방법

구 분	적재조건	가 속 주 행 소 음				배 기 소 음	
		마이크로폰 위치	사용변속기어	진 입 속 도	가속구간	마이크로폰 위치	엔진 회전속도
우리나라	공차	중심선으로 부터 우측7.5m에 지상(수직) 1.2m 높이로 설치	2~4단 : 2단 5단 이상 : 3단 보조변속기(8단 이상) : 최고 변속단의 1/2단	50km/h 또는 사용변속단의 최고출력 시속도의 3/4 속도 중 낮은 속도	측정점 전후 10m	배기관의 중심선 으로 부터 45° 사각의 0.5m 거리 에서 배기관의 높이로 설치 (단 지상 최소 높이 20cm)	최고출력시 회전속도의 3/4 회전속도
일 본	적차	〃	2~4단 : 2단 5단 이상 : 3단 보조변속기를 갖춘 경우 : N/2단	〃	〃	〃	〃
미 국	–	중심선으로 부터 우측 15m에 지상(수직) 1.2m 높이로 설치	최고단	최대 엔진 회전속도의 2/3속도	측정점 전후 15m	–	–
유 럽 (ISO)	공차	중심선으로 부터 7.5m에 지상(수직) 1.2m 높이로 설치하여 자동차의 양쪽에서 측정함	2~4단 : 2단 5단 이상 : 2단 과 3단에서 측정하여 평균 값 사용(2회 이 상 측정), ISO에 서는 4회 이상 측정	우리나라와 동일	우리 나라와 동일	우리나라와 동일	우리나라 와 동일

참고문헌

- Braess/Seiffert(Hrsg.) Handbuch Kraftfahrzeugtechnik, 3. Auflage, Vieweg Verlag, Wiesbaden, 2003
- Wallentowitz/Reif(Hrsg.) Handbuch Kraftfahrzeugelektonik, Grundlagen, Komponenten, Systeme, Anwendungen 1. Auflage, Vieweg Verlag, Wiesbaden, 2006
- Jörnsen Reimpell, Fahrwerktechnik VOGEL-Buchverlag, Würzburg
  * Grundlagen 2003
  * Federung Fahrwerkmechanik 2003
  * Stoßdämper 2004
  * Lenkung 2004
  * Radaufhängungen 2005
  * Reifen und Räder 2005
- Karl-Ernst Hailer, Skriptum der an der FHTE gehaltenen Vorlesung SS 1992, WS 92/93.
  * Fahrzeugtechnik
  * Fahrzeugtechnik
  * Antriebstechnik
  * Fahrwerk
- Adam Zomotor, Fahrwerktechnik:Fahrverhalten VOGEL-Buchverlag, Würzburg 2003.
- Wolf-Heinrich Hucho, Aerodynamik des Automobils VOGEL-verlag, Würzburg 2004.
- Alfred Preukschaft, Fahrwerktechnik:Antriebsartenbn VOGEL-verlag, Würzburg 2005
- Hans-Peter Klug, Nutzfahrzeug-Bremsanlagen VOGEL-Buchverlag, Würzburg 2004
- M.Mitschke, Dynamik der Kraftfahrzeuge Springer-Verlag, Berlin Heidelberg
  * Band A. Antrieb und Bremsung, 2004.
  * Band B. Schwingungen, 2004.
- Horst Klingenberg, Automobile-Meßtechnik, Band A Springer-Verlag, Berlin 1991.
- Buschmann / Koessler, Handbuch der Kfz-technik Band 1.2, Wilhelm Heyne Verlag, München 1976.
- Bussien, Automobiltechnisches Handbuch 18.Auflage, 2 Bände, Cram-Verlag, Berlin 1965.
- Bosch-Kraftfahrtechnisches Taschenbuch 25.Auflage, VDI Verlag, Düsseldorf 2003.
- Rolf Gscheidle, Fachkunde Kraftfahrzeugtechnik 28. Auf. Verlag Europa-Lehrmittel, Hann-Gruiten 2004.
- Rolf Gscheidle, Tabellenbuch Kraftfahrzeugtechnik 15. Auf. Verlag Europa-Lehrmittel, Hann-Gruiten 2005.

- H.Beyer, R.Grimme, Fachkenntnisse für Kfz-mechaniker(Technologie) Verlag Handwerk und Technik, Hamburg 2005.
- Friedrich Niese, Kraftfahrzeugtechnik 3.Auflage, Verlag Ernst Klett, Stuttgart 2004.
- Werner Schwoch, Das Fachbuch vom Automobil Georg Westermann Verlag, Braunschweig 2005.
- Peter Gerigk, Detlef Bruhn, Kraftfahrzeugtechnik Georg Westermann Verlag, Braunschweig 2006.
- A.Kuhlmann, Auto und Verkehr bis 2000 Springer-Verlag . Verlag TÜV Rheinland, Berlin 1984.
- Ulrich Seiffert, Peter Walzer, Automobiltechnik der Zukunft VDI-Verlag, Düsseldorf 1989.
- K.P.Backfisch/D.Heinz, Das Reifenbuch Motorbuch-Verlag, Stuttgart 1992.
- K.P.Backfisch/D.Heinz, Das neue Reifenbuch Motorbuch-Verlag, Stuttgart 2000.
- Hans Jörg Leyhausen, Die Meisterprüfung im Kfz-Handwerk 1,2 10.Auflage, Vogel-Buchverlag, Würzburg 2004.
- Autodata-Testwerte Fust, Wever & Co GmbH, 2008.
- Bosch Technische Unterichtung Robert Bosch GmbH, Stuttgart
  * Pkw-Bremsanlagen 1989.
  * Druckluftbremsanlage:Anlagepläne 1989.
  * Druckluftbremsanlage:Geräte 1985.
  * Druckluftbremsanlage:Symbole 1985.
- Bremsenhandbuch von Alfred Teves GmbH Bartsch-Verlag, Ottobrunn 2004.
- Jack Frank J. Thiessen/Davis N.Dales, Automotive Principles & Service 4th Edition, Prentice Hall Career & Technology, Englewood Cliffs, New Jersey 1994.
- Erjavec/Robert Scharff, Automotive Technology(A system approach), DELMAR PUBLISHERS INC. Albany, New York 1992
- James E. Duffy, Modern Automotive Technology The Goodheart-Willcox Company, INC. Tinley Park, Illinois 2000.
- William H. Crouse, automotive mechanics McGrow-Hill, New York 1993.
- SAE Handbook, Volume 4, SAE 2008.
- ATZ, Franckh,sche Verlagshandlung, Stuttgart 1982-2008.
- MTZ, Franckh,sche Verlagshandlung, Stuttgart 1985-2008.
- Repair Manuals from Automobile Companies
  * 기아, 르노삼성, 지엠 대우, 현대, BMW, DAIMLER BENZ, FORD, GM, MAZDA, MITSUBISH, OPEL, PEUGEOT, TOYOTA, VOLVO, VW.(가나다, 알파벳 순)

찾아보기

ㅅ

ㅇ

ㅎ

영문

기타

■ 저자(Author)

공학박사 **김 재 휘**(Kim, Chae-Hwi)

ex-Prof. Dr. - Ing. Kim, Chae-Hwi
Incheon College KOREA POLYTECHNIC Ⅱ. Dept. of Automobile Technique
E-mail : chkim11@gmail.com

최신자동차공학시리즈-4
◈ **첨단 자동차섀시**
정가 28,000원

2009년 9월 7일 초 판 발 행	엮 은 이 : 김 재 휘
2015년 2월 23일 제2판1쇄발행	발 행 인 : 김 길 현
2025년 1월 5일 제3판3쇄발행	발 행 처 : (주)골든벨

등   록 : 제 1987-000018호
ⓒ 2009 *Golden Bell*
I S B N : 978-89-7971-627-6-94550
I S B N : 978-89-7971-623-8(세트)

㉾ 04316 서울특별시 용산구 원효로 245(원효로 1가 53-1) 골든벨빌딩 5~6F
● TEL : 도서 주문 및 발송 02-713-4135 / 회계 경리 02-713-4137
내용 관련 문의 02-713-7452 / 해외 오퍼 및 광고 02-713-7453
● FAX_ 02-718-5510 ● 홈페이지_ www.gbbook.co.kr ● E-mail_ 7134135@ naver.com
※ 파본은 구입하신 서점에서 교환해 드립니다.

첨단 자동차가솔린기관(오토기관)

공학박사 김재휘 著 / 4·6배판(B5), 양장 / 614쪽

SI-기관의 기본구조와 작동원리에서부터 밸브타이밍제어, 동적과급, 전자제어 가솔린분사장치, 최신점화장치, 방켈기관, 하이브리드기관, 연료전지, 연료와 연소, 배기가스테크닉 그리고 기관성능에 이르기까지 최신기술에 대해 상세하게 설명한, 현장 실무자 및 자동차공학도의 필독서

첨단 자동차 디젤기관

공학박사 김재휘 著 / 4·6배판(B5), 양장 / 436쪽

디젤기관의 역사, 구조와 작동원리, 분사이론 및 최신 전자제어 디젤분사장치에 이르기까지 자동차산업의 최근 경향을 반영, 체계적으로 설명하였으며, 특히 커먼레일분사장치, 유닛 인젝션 시스템 및 디젤 배기가스 후처리 기술 등에 대한 최신 정보를 망라한, 자동차공학도와 현장실무자의 필독서.

첨단 자동차 전기 · 전자

공학박사 김재휘 著 / 4·6배판(B5), 양장 / 662쪽

전기·전자 기술의 급속한 발전에 따라 고도의 테크닉들이 자동차에 도입, 적용되고 있는 현실을 감안하여 전기·전자 기초이론에서부터 자동차 전기·전자장치의 원리 및 구조 기능에 이르기까지 자동차산업의 최근 경향을 반영시켜 체계적으로 설명한, 자동차공학도와 현장실무자의 필독서.

첨단 자동차 섀시

공학박사 김재휘 著 / 4·6배판(B5), 양장 / 584쪽

주행 역학에서부터 시작하여 전자제어 차체제어기술 및 유압식 현가장치, 무단 자동변속기, ABS, BAS, EPS, SBC ASR 등에 이르기까지 자동차 산업의 최근 경향을 자세하게 체계적으로 설명한, 자동차 공학도와 현장 실무자의 필독서.

자동차전자제어연료분사장치(가솔린)

공학박사 김재휘 著 / 4·6배판(B5), 양장 / 472쪽

주행 역학에서부터 시작하여 전자제어 차체제어기술 및 유압식 현가장치, 무단 자동변속기, ABS, BAS, EPS, SBC ASR 등에 이르기까지 자동차 산업의 최근 경향을 자세하게 체계적으로 설명한, 자동차 공학도와 현장 실무자의 필독서.

하이브리드 전기자동차

공학박사 김재휘 著 / 4·6배판(B5), 양장 / 396쪽

하이브리드 자동차의 정의 및 도입 배경, 역사에서부터 직렬·병렬·복합 하이브리드, 스타트·스톱 모드, 회생제동, 전기 주행, 직류 전동기, 3상 동기 전동기, 영구자석 동기 전동기, 3상 유도 전동기, 스위치드 릴럭턴스 모터, 각종 연료전지 시스템, 고효율 내연기관, 대체 열기관, 니켈-수산화금속 축전지, 리튬-이온 축전지, 슈퍼-캐퍼시터, 플라이 휠 에너지 저장기, 유압 하이브리드, 주파수 변환기, DC/DC 컨버터, PMSM & BLDC까지 설명한 자동차 공학도의 필독서

카 에어컨디셔닝

공학박사 김재휘 著 / 4·6배판(B5), 양장 / 530쪽

공기조화, 냉동기의 이론 사이클, 오존과 온실가스, 냉매, 냉매 사이클, 냉동기유, 몰리에르선도와 증기압축 냉동 사이클, 압축기, 응축기, 수액기, 건조기와 어큐뮬레이터, 팽창밸브와 오리피스 튜브, 증발기 유닛, 하이브리드 자동차, 전기자동차, 공기조화장치의 운전, 에어컨 시스템의 고장진단 및 정비방법까지 상세하게 설명한 자동차 공학도와 현장실무자의 필독서